KB173759

한 입 크기로 잘라 먹는

리액트

한 입 크기로 잘라 먹는 리액트: 자바스크립트 기초부터 애플리케이션 배포까지

초판 1쇄 발행 2023년 4월 6일 **2쇄 발행** 2023년 12월 18일 **지은이** 이정환 **펴낸이** 한기성 **펴낸곳** (주)도서출판인사이트 **편집** 신승준 **영업마케팅** 김진불 **제작·관리** 이유현, 박미경 **용지** 월드페이퍼 **출력·인쇄** 예림인쇄 **제본** 예림바인딩 **등록번호** 제2002-000049호 **등록일자** 2002년 2월 19일 **주소** 서울특별시 마포구 연남로5길 19-5 **전화** 02-322-5143 **팩스** 02-3143-5579 **이메일** insight@insightbook.co.kr **ISBN** 978-89-6626-394-3 책값은 뒤표지에 있습니다. 잘못 만들어진 책은 바꾸어 드립니다. 이 책의 정오표는 https://blog.insightbook.co.kr에서 확인하실 수 있습니다.

프로그래밍 인사이트

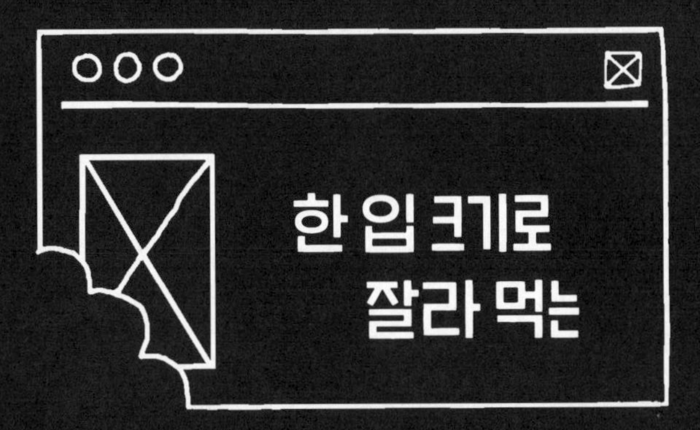

인사이트

차례

지은이의 글

리액트는 프런트엔드의 대표 기술로서 요즘은 이를 사용하지 않고 개발한 웹 서비스를 찾기 힘들 정도로 개발자에게 많은 사랑을 받고 있습니다. 넷플릭스, 페이스북, 에어비앤비, 인스타그램, 트위터가 리액트로 만들어졌다는 사실만으로도 이 기술의 영향력을 짐작할 수 있습니다. 전 세계 개발자를 대상으로 매년 실시하는 여러 설문조사에서도 리액트는 가장 많이 사용하는 프런트엔드 기술로 꼽힙니다. 이렇듯 인기가 높다 보니 리액트는 대다수 프로그래머 양성 기관(국비 지원 학원, 부트캠프 등)의 기본 교육 과정 중 하나가 되었고, 프런트엔드 개발자 구인 공고에서도 관련 유경험자를 많이 찾고 있는 게 현실입니다.

프런트엔드 기술에는 리액트 말고도 뷰(Vue), 스벨트(Svelte), 솔리드(SolidJS) 등이 있습니다. 그러나 리액트의 기본 개념을 잘 알아 두면 향후에 다른 기술은 쉽게 공부할 수 있습니다. 스벨트, 솔리드와 같이 새롭게 공개되는 기술 역시 리액트를 기본 개념으로 해서 만들어지기 때문입니다. 피아노를 잘 익혀 두면 다른 악기를 배우는 게 쉬운 것처럼, 리액트를 잘 익혀 두면 다른 웹 프런트엔드 기술에 대한 습득 속도가 한결 빨라집니다.

지금 당장 리액트를 사용하고 싶다고요? 하지만 리액트는 금세 배워 사용할 수 있는 만만한 기술은 아닙니다. 리액트는 Node.js 기반의 자바스크립트 라이브러리입니다. 따라서 자바스크립트와 Node.js를 모르면 리액트를 다루기 어렵습니다. 리액트는 선수 학습으로 알아야 할 내용이 제법 많은 편입니다.

안타깝게도 오늘날 대다수 리액트 강의나 책에서는 수강생이나 독자가 자바스크립트를 잘 안다고 가정합니다. 심지어 리액트 공식 문서도 여러분이 이미 자바스크립트에 익숙하리라고 간주합니다. 물론 이런 가정이 문제가 있다거나 나쁘다는 의미는 아닙니다. 자바스크립트나 Node.js만 다루는 책이나 강의도 많기에 이를 먼저 학습한 다음 리액트를 배우면 되니까요. 그러나 자바스크립트나 Node.js를 다루는 책이나 강의가 리액트를 다루기 위해 꼭 필요한 지식만 알려주는 경우는 드뭅니다. 그러다 보니 학습자 입장에서는 어떤 개념과 문법이 리액트를 다루는 데 필요한 건지, 더 유심히 보고 익혀야 할 것은 무엇인지 파악하기 어렵습니다. 상당히 먼 길을 돌아가는 일이 종종 발생합니다.

저자는 이런 방법으로 공부하던 독자가 방향과 흥미를 잃고 중도에 포기하는 사례를 종종 보았습니다. 그래서 좀 더 쉽게 갈 수 있는 지름길이 없을까 고민하다가 《한 입 크기로 잘라 먹는 리액트》 강좌를 개설했고 인연이 닿아 책으로 출간하기에 이르렀습니다.

《한 입 크기로 잘라 먹는 리액트》는 전반부에 리액트를 배우기 위해 꼭 필요한 자바스크립트 문법(기초 & 심화 문법)과 Node.js의 기초를 다룹니다. 따라서 HTML과 CSS에 대한 기본 지식만 있다면, 이들 선수 지식을 익히고 나서 바로 리액트를 시작할 수 있습니다. 리액트를 배우려는 독자들이 굳이 먼 길을 돌아가지 않고도 바로 리액트 프로젝트를 시작할 수 있습니다. 독자의 시간을 아끼는 데 이 책이 제대로 한몫했으면 좋겠습니다.

이 책을 집필하면서 중요하게 생각한 몇 가지 원칙이 있습니다. 첫째는 처음부터 끝까지 친절하려고 했습니다. 익숙하지 않은 용어, 프로그램 설치 등 독자가 낯설어 하는 영역에 대해서는 설명과 그림 예시 등으로 상세히 설명하려고 했습니다. 둘째는 아무리 어렵고 복잡한 개념이라도 천천히 쉽게 풀어 설명하려고 했습니다. 개념 설명은 논리적 오류나 비약을 피하면서도 위키백과에 적혀 있을 법한 딱딱한 정의보다는 그림과 실생활 예시로 최대한 쉽게 설명하려 했습니다. 그리고 예제는 복합적인 기능을 한 번에 설명하기 보다는 가능한 한 이를 잘게 쪼개 점층적으로 공부하도록 구성했습니다. 그래야 리액트의 개념과 동작 원리를 제대로 이해할 수 있을 테니까요. "한 입 크기로 잘라 먹는다"라는 이 책의 제목도 바로 이런 생각들을 반영해 나온 겁니다. 마지막으로 새로운 내용이 등장하면 이를 배워야 하는 이유를 충분히 납득할 수 있도록 설명하려고 했습니다. 어떤 내용이 아무리 중요하다고 해도 독자 입장에서 필요성을 느끼지 못하면 흥미도 학습 효과도 떨어집니다. 따라서 새로운 개념이나 기능을 배우기 전에 항상 이전 과정을 돌아보며 이것을 왜 배우는지, 언제 사용하는지 등을 설명하려 했습니다.

"더 쉽게 설명할 수 있을 것 같은데?"

학교에서 교수님의 강의를 들으면서 늘 떠올린 생각입니다. 그럴 때마다 저는 잽싸게 노트북을 펴고 더 쉽게 설명하기 위한 나만의 수업 자료를 만들었습니다. 그리고 그날 저녁 선배, 후배, 동기들을 빈 강의실에 불러 모아 마이크를 잡고 보충 수업을 했습니다. 어떤 보상을 바라고 한 행동은 아닙니다. 그럴 이유가 없었습니다.

모두 제가 좋아서 했던 일이기 때문입니다. 누구라도 저를 통해 하나라도 더 재밌게 알 수 있다면 그것으로 저는 행복했습니다. 이 책도 같은 마음으로 썼습니다. 단 한 명이라도 이 책이 리액트를 쉽고 재밌게 공부하는 데 도움이 된다면 저자는 그것으로 만족합니다. 부디 이 책이 여러분에게 큰 도움이 되길 바랍니다.

이 책의 구성

《한 입 크기로 잘라 먹는 리액트》는 총 11개의 장과 3개의 프로젝트로 구성되어 있습니다.

1장 자바스크립트 기초

리액트는 자바스크립트 라이브러리입니다. 따라서 자바스크립트에 익숙하지 않다면 리액트는 학습하기 어렵습니다. 1장에서는 자바스크립트가 어떤 언어인지 알아봅니다. 온라인 에디터를 이용해 자바스크립트의 기본 문법을 살펴보고 실습합니다. 자바스크립트의 기본 지식이 있는 분은 2장부터 볼 것을 권장합니다.

2장 자바스크립트 실전

기초 자바스크립트 문법만으로 리액트를 다룰 수는 없습니다. 2장에서는 객체의 특징이나 배열 메서드, 날짜 객체, 동기 및 비동기 처리같이 실무에서 자주 사용하는 자바스크립트 문법을 집중적으로 배웁니다. 이 과정이 여러분의 자바스크립트 실력을 한 단계 업그레이드해 줄 겁니다.

3장 Node.js

자바스크립트의 역사는 Node.js 등장 이후 격변했습니다. 리액트 또한 Node.js를 기반으로 동작합니다. 따라서 리액트를 배우려면 Node.js에 대한 기초 지식이 필요합니다. 3장에서는 Node.js란 무엇인지, 어떤 배경에서 탄생했는지 알아봅니다. 실습 환경을 구성하면서 Node.js의 기본 사용법도 함께 배웁니다.

4장 리액트 시작하기

새로운 기술을 배울 때는 이 기술의 특징과 동작 원리를 이해하는 게 중요합니다. 4장에서는 리액트 기술의 역사적 배경과 특징을 살펴보고, 첫 번째 앱을 만들면서 리액트의 동작 원리까지 함께 알아봅니다.

5장 리액트의 기본 기능 다루기

리액트는 대규모 웹 애플리케이션을 개발하기 위한 다양한 기능을 제공합니다. 5장에서는 리액트 기술의 핵심이라고 할 수 있는 컴포넌트, Props, State 같은 기본 기능을 실습으로 알아봅니다. 이 장은 리액트의 기본 기능을 망라하고 있기 때문에 천천히 학습하면서 개념과 동작 원리를 완벽히 이해하는 장으로 삼아야 합니다.

프로젝트 1: [카운터] 앱 만들기

기본 기능을 익혔다면 이제 의미 있는 무언가를 만들어야 합니다. 코딩의 즐거움은 무언가를 만들 때 비로소 발현됩니다. 프로젝트 1에서는 리액트를 이용해 손쉬운 [카운터] 앱을 만듭니다. 이 과정에서 자연스럽게 리액트 앱을 만들기 위한 분석과 설계 방식도 함께 알게 됩니다.

Simple Counter

현재 카운트 :

115

-1 -10 -100 +100 +10 +1

6장 라이프 사이클과 리액트 개발자 도구

리액트 컴포넌트의 라이프 사이클을 이해하면 더 복잡한 기능도 간단히 구현할 수 있습니다. 앞서 만든 [카운터 앱]을 이용해 리액트 컴포넌트의 라이프 사이클을 이해합니다. 그리고 리액트 앱을 효과적으로 사용하도록 도와주는 리액트 개발자 도구를 만나 봅니다.

프로젝트 2: [할 일 관리] 앱 만들기

웹 서비스 개발에서 가장 기본적인 기능을 하나 고른다면 데이터를 다루는 CRUD(추가, 조회, 수정, 삭제) 기능입니다. 리액트에서도 데이터를 다루는 CRUD 기능이 매우 중요합니다. 프로젝트 2에서 [할 일 관리] 앱을 만들면서 리액트가 데이터를 어떻게 다루는지 살펴봅니다. 이 과정을 거치면 간단한 앱 정도는 능히 도전해 볼 수 있는 능력을 갖추게 될 겁니다.

오늘은

Mon Jan 02 2023

새로운 Todo 작성하기

새로운 Todo... 추가

Todo List

검색어를 입력하세요

React 공부하기 2023. 1. 2. 삭제

빨래 널기 2023. 1. 2. 삭제

노래 연습하기 2023. 1. 2. 삭제

7장 useReducer와 상태 관리

리액트의 상태를 관리할 때는 많은 양의 코드가 필요합니다. 그러나 하나의 파일 또는 함수에 많은 코드가 있다면 유지 보수가 어렵습니다. 7장에서는 상태 관리 코드를 어떻게 분리하는지 살펴보면서 [할 일 관리] 앱을 한 단계 업그레이드합니다.

8장 최적화

모바일의 발달로 오늘날 웹 서비스를 더 빠르게 동작하는 일은 매우 중요해졌습니다. 이 장에서는 리액트 앱을 최적화하는 여러 도구와 기법을 알아봅니다. 프로젝트 2에서 만든 [할 일 관리] 앱을 최적화합니다.

9장 컴포넌트 트리 전체에 데이터 공급하기

리액트는 컴포넌트가 부모-자식 관계로 서로 이어진 계층 구조를 이루며 단방향으로 데이터를 전달합니다. 이런 구조는 데이터의 흐름을 파악하기는 쉽지만 몇 가지 문제점을 일으킵니다. 이 장에서는 리액트 계층 구조에서 일어날 수 있는 문제들을 살펴보면서 Context를 이용해 이를 효과적으로 해결하는 방법을 살펴봅니다. 이 과정에서 [할 일 관리] 앱을 새롭게 리팩토링합니다.

프로젝트 3. 감정 일기장 만들기

프로젝트 3에서는 여러 페이지로 구성된 좀 더 복잡한 리액트 앱 [감정 일기장]을 만듭니다. [감정 일기장]을 만들며 지금까지 배운 리액트 개념을 다시 복습하고 더 깊이 이해합니다. 또한 실무에서 사용하는 여러 유용한 기법도 함께 배웁니다.

10장 웹 스토리지 이용하기

프로젝트 3에서 만든 [감정 일기장]은 별도의 데이터베이스가 없어 데이터를 보관할 수 없습니다. 이 장에서는 브라우저의 데이터베이스인 웹 스토리지를 이용해 데이터를 영구적으로 보관하는 방법을 알아봅니다.

11장 감정 일기장 배포하기

프로젝트로 앱을 만들었지만 배포하지 않는다면, 자신 외에 아무도 이 앱을 사용할 수 없습니다. 이 장에서는 파이어베이스를 이용해 앞서 만든 [감정 일기장] 앱을 실제로 웹에 배포하는 법을 알아봅니다.

학습 자료

이 책은 코드를 직접 작성하는 실습 예제가 풍부하게 실려있습니다. 만약 실습 도중 오류가 발생하여 원본 코드를 확인하고 싶을 때는 다음 링크에서 확인할 수 있습니다.

https://github.com/winterlood/one-bite-react

예제 코드는 장(chapter) 또는 프로젝트(project) 단위로 정리되어 있습니다.

실습 강의

이 책은 유데미, 인프런에서 시연되고 있는 온라인 강의 《한 입 크기로 잘라 먹는 리액트》를 기반으로 제작되었습니다. 강의 내용을 더 쉽고 짜임새 있게 다듬었기 때문에 내용이 100% 일치하지는 않지만, 책과 강의 모두 비슷한 구성으로 이루어져 있습니다. 또한 강의에서는 저자가 어떤 순서로 코드를 작성하는지 직접 눈으로 살펴볼 수 있기에 책과 강의를 동시에 학습하는 것도 괜찮습니다.

유데미: *https://www.udemy.com/course/winterlood-react-basic/?referralCode=CB775FCF68FAC7B4BF4C*

인프런: *https://www.inflearn.com/course/한입-리액트*

이 책의 독자에게는 30% 할인된 가격으로 강의를 볼 수 있도록 할인 쿠폰을 보내드립니다. 아래 주소의 구글 폼에 신청하면 등록한 이메일 또는 연락처로 쿠폰을 보내드립니다(주말 제외).

쿠폰 신청하기: *https://forms.gle/vPBKP6VoqEByM1ni6*

학습 커뮤니티

이 책을 읽다가 궁금한 점이 있거나 잘 안되는 부분이 있다면 언제든지 자유롭게 질문할 수 있습니다. 저자는 상시로 질의하고 응답할 수 있는 커뮤니티를 운영합니다. 이 커뮤니티에서는 채용이나 커리어 관련 이야기도 자유롭게 나눌 수 있습니다. 카카오 공개 채팅방으로 운영하고 있는데, 이미 약 550명의 강의 수강생이 참여하고 있습니다. 공개 채팅방 참가 링크는 다음 깃허브 저장소 '커뮤니티' 섹션에 적혀 있습니다. 언제든 궁금한 점이 있으면 이 커뮤니티를 이용해 주길 바랍니다.

https://github.com/winterlood/one-bite-react

비밀번호: wlreact

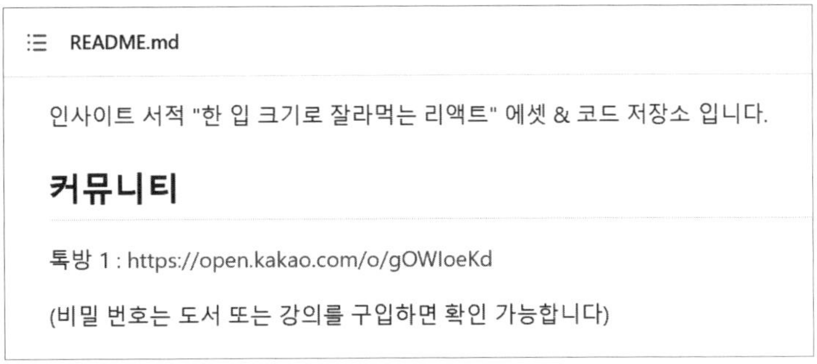

README.md

인사이트 서적 "한 입 크기로 잘라먹는 리액트" 에셋 & 코드 저장소 입니다.

커뮤니티

톡방 1 : https://open.kakao.com/o/gOWIoeKd

(비밀 번호는 도서 또는 강의를 구입하면 확인 가능합니다)

리액트 프로그램 버전

이 책에서는 2022년 3월에 출시된 리액트 18 버전을 사용합니다.

감사의 글

이 책을 선택해 주신 독자분께 감사를 드립니다. 이 책으로 인해 여러분이 리액트와 좋은 친구가 될 수 있기를 진심으로 응원합니다.

먼저 책을 쓰는 과정에서 많은 도움을 주신 인사이트 출판사의 신승준 님과 관계자들께 감사를 드립니다. 잘 읽히는 글쓰기부터 효과적인 내용 배치, 코드 테스트에 이르기까지 여러 방면으로 많은 도움을 주셨습니다. 새 책을 쓰게 된다면 꼭 다시 함께 작업하고 싶습니다

책을 쓰기로 결심한지 1년이 다 지나서야 겨우 마무리가 되었습니다. 퇴근한 후 약 6개월에 걸쳐 두세 시간씩 짬을 내어 책을 쓰다 보니 심신이 힘들었습니다. 그럴 때마다 슬럼프에 빠지지 않게 도와준 소중한 동료 김효빈, 신다민, 이종원 님에게 감사를 드립니다.

《한 입 크기로 잘라 먹는 리액트》 수강생 여러분에게도 감사를 전합니다. 강의를 떠나 강사인 저를 응원해 주셨기에 지칠 때마다 큰 힘이 되었습니다. 앞으로 더 좋은 학습 콘텐츠로 보답하겠습니다.

저자에게 첫 온라인 강의 기회를 준 IT 교육 기획자 고영재 님께 감사를 드립니다. 파이썬 강의를 만들겠다는 과거의 저를 말려 주신 덕택에 이렇게 책까지 쓸 수 있게 되었습니다.

영원한 멘토인 정원모 님께 감사를 드립니다. 때론 인자하게, 때론 엄하게 가르쳐 주셨기에 대학 시절의 방황을 끝내고 프로그래밍에 재미를 붙일 수 있었습니다. 비록 지금은 세상을 떠나셔서 만날 수 없지만 평생 그 은혜만은 잊지 않겠습니다.

가톨릭대학교 오재원, 박정흠, 김경호 교수님께 감사를 드립니다. 교수님의 가르침으로 알을 깨고 나오는 법을 배웠고, 소중한 동료를 만날 수 있었습니다. 그리고 무엇이든 스스로 배울 수 있는 사람으로 거듭날 수 있었습니다.

마지막으로 무엇이든 두려워하지 않고 도전하는 대담한 용기와 자세를 가르쳐 주신 어머니 이은숙, 아버지 이원욱 님께 감사를 드립니다. 그간 사랑으로 가르쳐 주신 덕분에 제가 세상을 자유롭게 누빌 수 있게 되었습니다.

베타테스터의 글

여기에 실린 글은 이 책을 먼저 읽고 오류나 문제점을 짚어 주신 베타테스터의 솔직하면서도 생생한 감상 모음입니다.

"자바스크립트 기초부터 차근차근 알려 주는 리액트 책은 처음 만나 봅니다. 헷갈리는 개념도 예시 코드로 쉽게 풀어 설명하는 정말 친절한 책입니다. 처음 리액트에 도전한다면 이 책으로 입문해보는 걸 추천합니다"

김기현 님

"자바스크립트에 대한 기초 지식을 쌓고 리액트를 막 공부하려는 분께 추천합니다. 복잡한 개념도 예시로 쉽게 설명하고 있고, 실무에서는 어떤 식으로 활용되는지도 알려줍니다. 덕분에 리액트에 대한 전반적인 지식을 쌓을 수 있었습니다."

정미경 님

"검색해도 이해가 어려운 용어를 〈Tip〉이나 〈여기서 잠깐!〉 코너에서 알려 주어 좋았습니다. 객체와 참조, 리액트 앱의 동작 원리, 브라우저의 렌더링 과정, 가상 돔이 업데이트되는 과정 등 필요한 핵심 개념을 글과 그림으로 쉽게 알려 줍니다. 자바스크립트도 기초 문법만이 아니라 깊이 있는 내용까지 다루고 있어 매우 유익했습니다."

김민욱 님

"프로젝트 책이다 보니 자바스크립트와 리액트에 대한 기초 지식을 딱 필요한 만큼만 설명했고, 추상적인 개념들도 비유를 들어 적절히 설명했습니다. 무엇보다 예제들이 좋았습니다. 길지 않은 코드임에도 실무에서 이 코드가 어떤 식으로 쓰이는지 알려 주어 도움이 되었습니다. 중요 코드에 대한 코멘트가 바로 밑에 있어 이해하는 데 도움이 되었습니다. 실습 위주로 되어 있는 이 책을 먼저 읽어 기본 흐름을 파악한 후에, 이론을 깊이 다룬 책을 본다면 유익하겠다는 생각이 들었습니다."

오광영 님

"가장 좋았던 것은 자바스크립트를 자세히 다루었다는 점입니다. 시중의 리액트 책은 자바스크립트의 설명이 부족하거나 어색해 잘 이해되지 않았던 경우가 많았고, 다루는 중요 함수도 적었습니다. 또한 이 책은 이론도 자세합니다. 이 책을 완독한다면 프런트엔드 직군 면접 때 단골로 나오는 '변수 호이스팅에 대해 설명하시오', '브라우저 DOM과 리액트의 Virtual DOM에 대해 설명하시오'와 같은 질문에도 자신 있게 답할 수 있을 것 같습니다."

김동현 님

"구글링이 필요 없을 정도로 설명이 친절합니다. 핵심 개념을 받아들이기 쉽게 설명하기 때문에 막힘 없이 따라갈 수 있었고, 실무에서 자주 사용하는 기법까지 소개되어 있습니다. 자바스크립트 기초부터 리액트를 활용한 예제까지 다루고 있기에 웹 개발의 흐름을 모두 배울 수 있습니다. 리액트를 배우고자 한다면 이 책 한 권이면 충분하다고 생각합니다."

신승빈 님

"저같이 리액트에 입문하는 이에게 좋은 책입니다. 기술의 탄생 배경은 물론 어려운 용어에 대한 상세 설명까지 리액트의 거의 모든 내용을 망라하고 있습니다. 단계별 실습 프로젝트도 담고 있어 따라 하는 과정에서 리액트를 보다 깊이 이해할 수 있었습니다."

이동환 님

"자바스크립트 기초부터 리액트까지 한 번에 배울 수 있어 좋았습니다. 또한 설명이 상세해서 초보 비전공자가 공부하기에 좋았는데, 〈여기서 잠깐〉이나 〈TIP〉 같은 구성이 이런 디테일을 더해 주는 듯했습니다. 리액트를 어떻게 공부할지 막막하다면 이 책으로 시작하는 걸 추천합니다."

원도윤 님

"입문자 입장에서는 모든 내용을 한 번에 이해할 수는 없었지만, 깔끔한 이미지나 주석 등의 보조 도구가 있어 이해에 많은 도움이 되었습니다. 웹 개발은 실전에서 도움이 되는 게 중요한데, 기본 개념에 머물지 않고 이를 응용하는 내용까지 포함하고 있어 유용했습니다. 꼭 추천합니다."

조상아 님

"제목 그대로, 한 입 크기 음식을 먹을 때처럼 리액트 프로그래밍을 쉽게 배우는 책입니다. 프로젝트 파트에서는 리액트 기능뿐만 아니라 요구사항 분석과 같이 완성도 있는 프로젝트를 만들기 위한 내용도 포함되어 있습니다. 이 책을 완독한다면 리액트를 사용해 원하는 프로젝트를 만들 수 있을 것으로 예상됩니다. 무엇보다 공식 문서를 읽을 때보다 잘 읽히고 이해가 잘 됩니다. 쉽게 설명해 주시려는 게 느껴집니다."

장승휘 님

"이 책은 리액트를 배우고 싶은데 자바스크립트를 전혀 모르는, 아니 개발 공부를 전혀 한 적이 없는 초보자까지도 공부할 수 있겠다는 생각이 듭니다. 상냥한 느낌이 들 정도로 리액트를 처음 공부하는 사람을 위한 예시나 비유가 적절합니다. 저처럼 이해가 안 되면 다음 장을 못 넘기는 사람들에게 추천하고 싶습니다."

이현경 님

"장마다 학습 목표를 제시해 무엇을 배우는지 이해할 수 있었고 그로 인해 집중도가 높아졌습니다. 어려운 전공 서적들과는 달리 설명과 예시가 쉽게 구성되어 있어 친절하게 과외받는 느낌이었습니다. 비전공자는 용어에 좀 더 초점을 두게 되는데, 사소한 용어도 〈여기서 잠깐〉 코너로 설명되고 있어 내심 소름 돋았습니다. 또한 리액트 책인데도 자바스크립트를 자세히 다루고 있어 마치 두 마리 토끼를 잡는 것 같은 느낌입니다"

이진희 님

"자바스크립트, 리액트를 처음 배우는 사람도 거부감 없이 학습할 수 있는 정도의 난이도로 구성되어 있습니다. 제가 다른 리액트 서적은 전혀 본 적이 없어 비교는 불가능하지만, 이 책은 왕초보인 제게도 어렵지 않게 다가왔습니다. 기본기에서 시작해 프로젝트를 하나씩 구현해 보는 과정이 점점 흥미롭게 다가왔습니다."

도윤서 님

1장

자바스크립트 기초

이 장에서 주목할 키워드

- 자바스크립트
- 변수와 상수
- 자료형
- 연산자
- 조건문
- 반복문
- 함수
- 콜백 함수
- 스코프
- 객체
- 배열

> **이 장의 학습 목표**
> - 자바스크립트는 어떤 언어인지 알아봅니다.
> - 자바스크립트 실습을 위한 코드샌드박스 웹 에디터에 대해 알아봅니다.
> - 자바스크립트의 기초 문법을 배웁니다.

처음 만나는 자바스크립트

단점 없이 모든 상황에서 최고의 성능을 보장하는 프로그래밍 언어는 없으며 앞으로도 없을 겁니다. 탄생 과정을 보면 프로그래밍 언어는 대부분 당면 문제를 해결하는 데 초점을 맞추어 개발되었습니다. 따라서 상황에 맞게 적절한 언어, 기술을 선택하는 것은 프로그래머가 엔지니어로서 갖춰야 할 기본적인 소양입니다.

상황에 맞게 적절한 언어를 선택하기 위해서는 언어가 어떤 목적을 위해 개발되었는지, 어떠한 특징이 있는지, 어떤 상황에서 사용하는지 등을 알 필요가 있습니다. 사용법을 본격적으로 살펴보기 전에 자바스크립트가 어떤 언어이고, 어떤 목적으로 개발되었는지 알아보겠습니다.

자바스크립트는 어떤 언어인가?

요즘은 자바스크립트로 서버도 개발하는 등 역할의 폭이 확대되었지만, 자바스크립트는 원래 웹(Web) 페이지를 만들 때 사용하는 언어입니다.

여러분들이 서핑 과정에서 만나게 되는 인터넷 웹 페이지는 다음과 같은 세 개의 언어로 만들어집니다.

- HTML: 웹 페이지 요소의 배치
- CSS: 웹 페이지 요소의 스타일링
- 자바스크립트: 웹 페이지 요소의 동작 정의

웹 개발에서 세 언어의 역할과 기능을 좀 더 구체적으로 살펴보겠습니다.

> **TIP**
> 웹 브라우저는 기본적으로 이 세 언어 외에는 받아들일 수 없습니다. 웹 서버를 C#이나 자바로 개발했다고 해도, 웹 브라우저에는 HTML, CSS, 자바스크립트로 이루어진 결과물을 전달해야 합니다.

HTML

HTML(HyperText Markup Language)은 텍스트, 이미지, 버튼, 메뉴 등과 같이 웹 페이지에 나타나는 모든 요소의 배치와 내용을 기술하는 언어입니다. HTML만 사용해도 웹 페이지를 만들 수 있지만, 이것만으로 스타일을 정의하거나 사용자와 요소 간의 상호작용을 처리하기는 어렵습니다. HTML로 개발한 웹 페이지는 웹 브라우저에 띄운 움직이지 않는(정적인) 온라인 신문 같은 겁니다.

CSS

CSS(Cascading Style Sheets)는 색상이나 크기처럼 웹 페이지 요소의 스타일을 정할 때 사용하는 언어입니다. HTML과 CSS를 이용해 개발하면 좀 더 완성도 있는 웹 페이지를 제작할 수 있지만, 여전히 사용자와 상호작용할 수 없기 때문에 이들 언어로 개발한 웹 서비스는 정적인 수준에 머물게 됩니다.

자바스크립트

자바스크립트는 마치 사람의 근육처럼 웹 페이지에 동적인(움직임이 있는) 기능을 장착할 수 있게 도와줍니다. 버튼의 클릭, 정보의 입력, 페이지 스크롤, 페이지 이동 등 웹 브라우저에서 이루어지는 모든 동작은 자바스크립트로 구현한 기능들입니다.

위키피디아처럼 정보 전달을 주된 목적으로 하던 웹 서비스 시절은 지나가고, 이제는 페이스북, 넷플릭스처럼 사용자와 상호작용하는 것이 주된 목적인 웹 애플리케이션이 시장을 대표하고 있습니다. 이런 시장의 변화에 따라 오늘날 자바스크립트의 중요성은 점점 더 커지고 있습니다.

자바스크립트는 어떻게 실행되나?

자바스크립트는 '자바스크립트 엔진'이라는 프로그램이 해석해 실행합니다. 자바스크립트 엔진은 기본적으로 웹 브라우저에 탑재되어 있습니다. 그러므로 앞으로 3장에서 소개할 Node.js와 같은 별도의 실행 환경을 설치하지 않는 한, 자바스크립트를 실행하려면 반드시 웹 브라우저가 있어야 합니다.

이번에는 웹 브라우저에서 아주 간단한 자바스크립트 코드를 작성해 보겠습니다. 웹 브라우저의 종류로는 사파리(Safari), 크롬(Chrome), 파이어폭스(Firefox), 오페라(Opera) 등 여러 가지가 있습니다. 이 책의 실습을 위해서는 구글에서 개발한 크롬을 이용합니다. 크롬은 자바스크립트 엔진의 대명사라 할 수 있는 V8을 사용하는 웹 브라우저입니다.

실습 컴퓨터에 크롬 브라우저가 없는 독자는 원활한 실습을 위해 구글 홈페이지 등에서 크롬을 다운로드해 설치한 다음 실습을 진행합니다. 크롬 설치는 간단하기 때문에 이 책의 독자라면 충분히 혼자서도 설치할 수 있습니다.

크롬 설치가 끝나고 실행하면 다음과 같은 화면이 나옵니다.

TIP
크롬을 설치하면서 구글 계정이 없는 분은 계정을 만들기 바랍니다. 이 책의 에디터 사용과 [감정 일기장] 앱 배포 시 꼭 필요합니다. 구글 계정을 만드는 방법은 일반적인 회원 가입과 거의 같습니다.

그림 1-1 구글 홈페이지

[그림 1-1]처럼 [새 탭]이라는 이름이 붙은 구글 홈페이지가 나옵니다.

이 상태에서 개발자를 위해 여러 유용한 기능을 제공하는 크롬 개발자 도구를 실행하겠습니다. 개발자 도구는 상단 주소 표시줄 가장 오른쪽에 있는 아이콘을 클릭하면 나오는 메뉴에서 [도구 더보기]-[개발자 도구]를 차례로 선택하면 됩니다.

TIP
단축키를 이용하면 더 쉽게 실행할 수 있습니다.

윈도우: F12 또는 Ctrl + Shift + I

MacOS: Option + Command + I

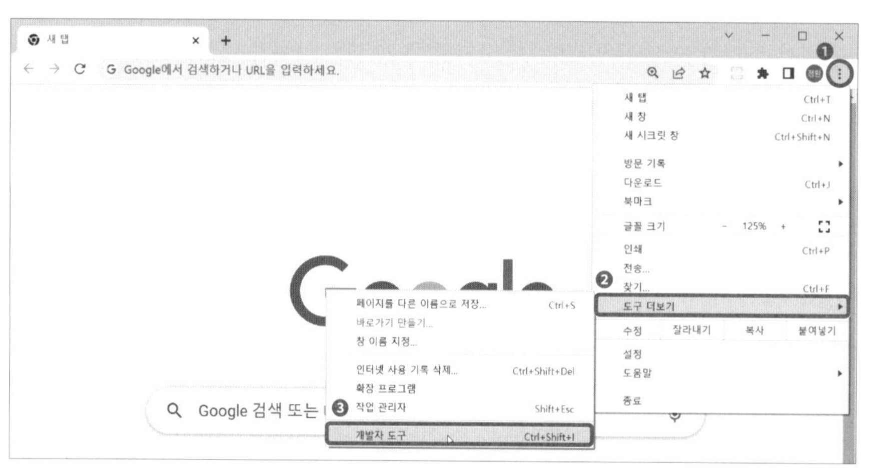

그림 1-2 크롬 개발자 도구 실행하기

[그림 1-3]은 크롬 홈페이지에서 개발자 도구를 실행한 화면입니다.

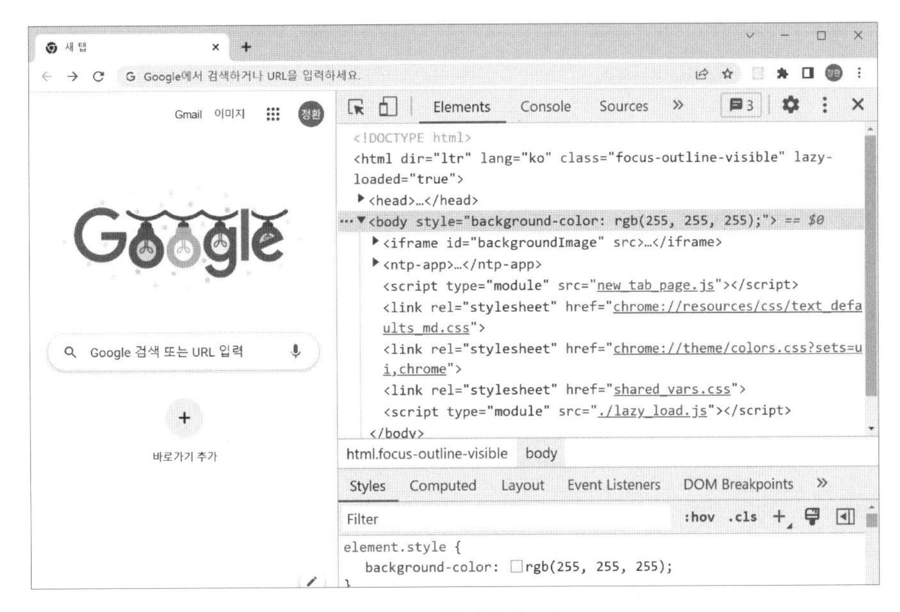

그림 1-3 크롬 개발자 도구

개발자 도구를 실행하면 크롬 브라우저 오른쪽에 개발자 도구 창이 나타납니다. 개발자 도구 창 상단에는 여러 개의 탭이 있습니다. 그 중에서 [Console] 탭(이하 콘솔이라고 함)을 선택합니다.

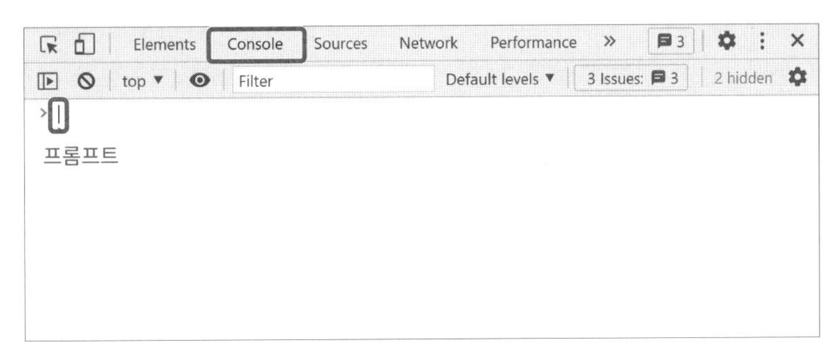

그림 1-4 개발자 도구의 [Console] 탭

콘솔은 자바스크립트의 동작을 기록(로그)하거나 표시할 목적으로 사용합니다. 처음 [Console] 탭을 선택하면 파란색 화살표(>) 기호 오른쪽에 커서가 깜빡이면서 어떤 명령을 입력할 때까지 대기하고 있습니다. 이 커서를 '프롬프트(Prompt)'라고 합니다.

프롬프트에 다음과 같이 간단한 자바스크립트 명령을 입력하고 Enter 키를 누릅니다.

```
console.log("안녕 자바스크립트");
```

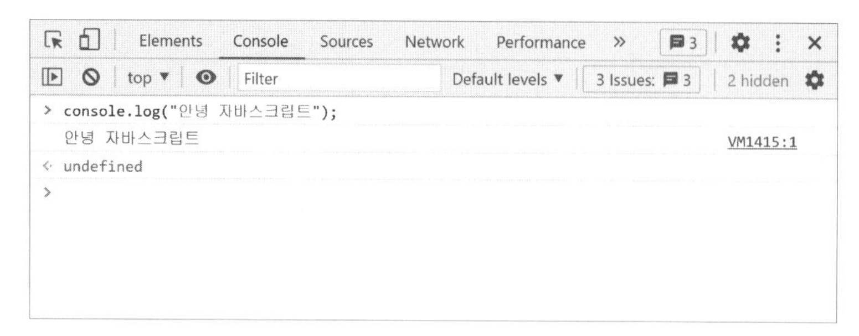

그림 1-5 콘솔에서 자바스크립트 명령 입력

console.log는 괄호 안의 문자열을 콘솔에 출력하는 명령어입니다. **안녕 자바스크립트**라는 문자열이 다음 줄에 바로 출력됩니다. 정상적으로 잘 출력되는지 직접 수행하고 확인합니다.

축하합니다! 여러분은 방금 첫 번째 자바스크립트 코드를 실행하는 데 성공했습니다.

웹 에디터로 자바스크립트 편집하기

크롬 개발자 도구의 콘솔에서 코드를 작성하고 실행해, 자바스크립트 엔진이 정상적으로 동작하는지 시험해 보았습니다. 다만 콘솔에서 자바스크립트를 작성하면 코드를 한 줄 입력할 때마다 바로 실행되기 때문에 아주 간단한 코드만 작성할 수 있습니다. 앞으로 독자와 함께 작성할 코드는 최소 50줄 길게는 200줄 이상 되는 코드도 있기 때문에, 한 줄 입력할 때마다 바로 실행되는 환경에서는 코드를 작성하기가 상당히 불편합니다.

따라서 크롬처럼 자바스크립트 엔진을 사용하면서도 여러 줄에 걸쳐 코드를 입력하고 편집할 수 있는 웹 에디터를 하나 소개하겠습니다. 이 책에서 소개할 웹 에디터는 코드샌드박스입니다.

코드샌드박스는 샌드박스(Sandbox, 모래통) 단위로 웹 언어(HTML, CSS, 자바스크립트)를 입력하고 편집할 수 있는 웹 에디터입니다. 이 에디터는 여러분의 컴퓨터에 별도로 설치하거나 환경 설정할 필요 없이 코드샌드박스 사이트에 접속하면 편리하게 코딩할 수 있는 환경을 제공합니다.

TIP
샌드박스에는 어린아이가 마음껏 뛰어놀다가 넘어져도 다치지 않는 안전한 놀이 환경이라는 뜻이 있습니다.

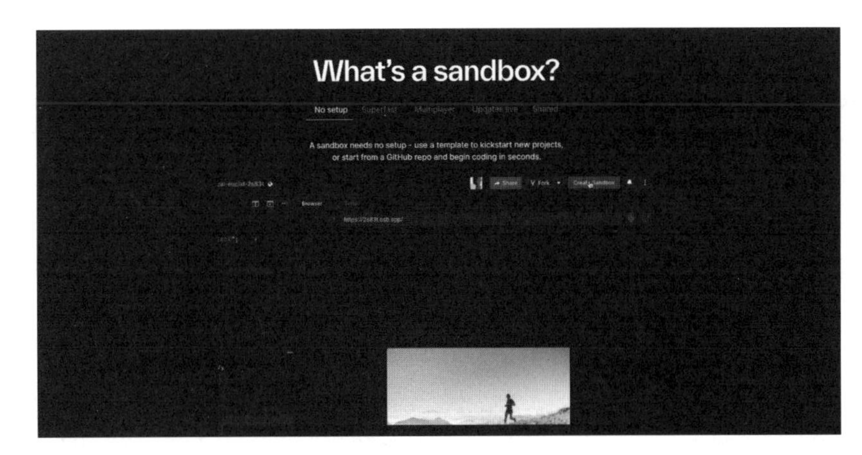

그림 1-6 코드샌드박스란?

크롬 브라우저에서 다음 주소를 입력합니다.

https://codesandbox.io

코드샌드박스 사이트에 접속하면 다음과 같은 페이지가 나옵니다.

TIP
독자가 이 사이트에 접속할 즈음에는 책에서 제공하는 페이지 이미지와 많이 달라질 수 있습니다. 수시로 변동하는 UI로 인해 혼란을 겪는 독자를 위해 코드샌드박스 사이트의 UI가 변경될 때마다 변동에 따른 사이트 사용법을 아래 링크에서 제공합니다. 참고하시길 바랍니다. *https://github.com/winterlood/one-bite-react/blob/main/CodeSandbox.md*

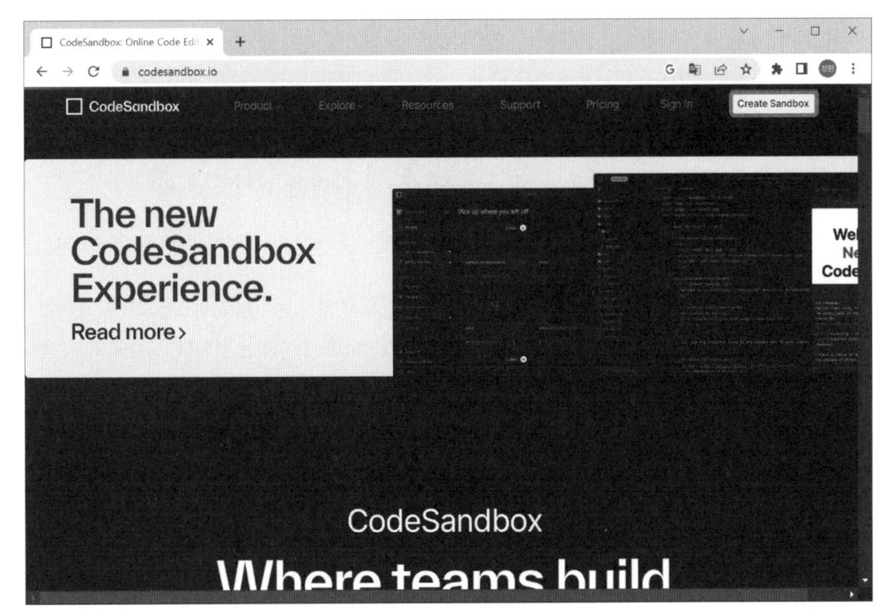

그림 1-7 코드샌드박스 홈페이지

우측 상단의 〈Create Sandbox〉 버튼을 클릭합니다. 자바스크립트 언어를 실습할 샌드박스를 만듭니다.

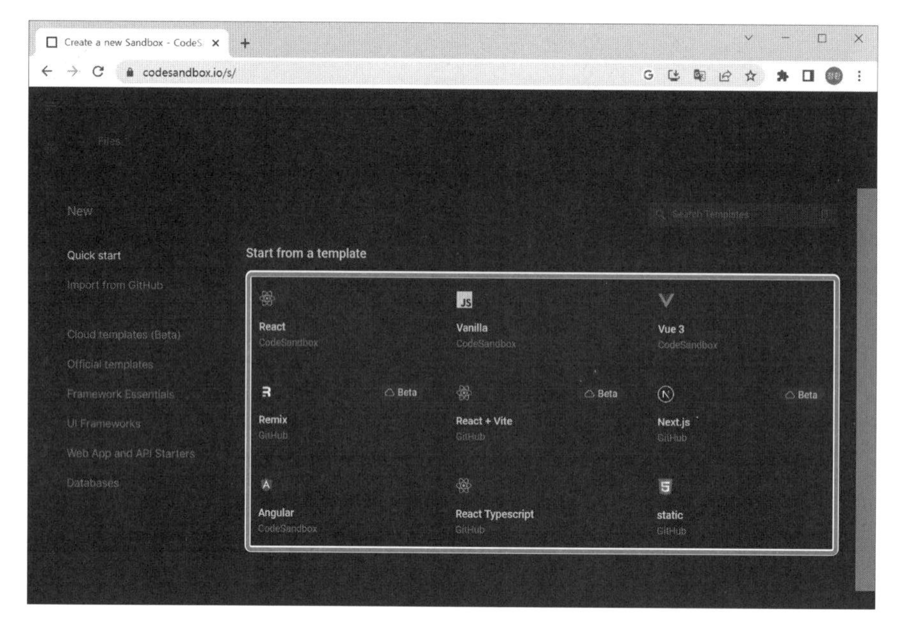

그림 1-8 Start from a template 페이지

Start from a template 페이지가 나옵니다.

이 페이지에서 구성하길 원하는 프로그래밍 환경을 고르게 되어 있습니다. 1장에서는 자바스크립트를 공부할 예정이므로 'Vanilla' 환경에서 작업할 수 있게 설정해야 합니다. Start from a template에서 Vanilla를 클릭합니다. 해당 메뉴가 보이지 않는다면 우측 상단에 있는 검색 폼에서 Vanilla를 입력해 검색하면 됩니다.

TIP

Vanilla를 클릭하면 페이지 상단에 Sign in 하라는 메시지가 나올 수 있습니다. GitHub, Google, Apple 계정 중 하나를 선택하게 되어 있습니다. 앞에서 만든 구글 계정으로 접속하면 됩니다.

여기서 잠깐

Q: Vanilla는 무엇인가요?

Vanilla JS는 어떤 라이브러리나 프레임워크도 적용되지 않은 순수한 자바스크립트를 의미합니다. 위키백과에 따르면 Vanilla 단어의 어원은 스페인어로 '콩'이라는 뜻인데, 오늘에 와서 '핵심' 또는 '근본'이라는 뜻으로 확장되었다고 합니다.

약간의 로딩 시간이 지나면 자바스크립트를 실습할 수 있는 샌드박스가 나타납니다.

[그림 1-9]처럼 샌드박스 페이지는 크게 3개의 창으로 구성되어 있습니다. 가장 왼쪽에 있는 창은 파일 탐색, 검색 등 제어 기능들을 모아 놓은 공간입니다. 가운데 창은 코드를 작성하는 에디터(Editor) 공간입니다. 마지막으로 오른쪽 창은 결과물을 브라우저나 콘솔(Console)에서 확인하는 공간입니다.

실습하기 전에 몇 가지 환경을 설정하겠습니다. 샌드박스 오른쪽 창 하단을 보면

그림 1-9 Vanilla 자바스크립트 페이지

[Console], [Problems] 두 개의 탭이 보입니다. 크롬 개발자 도구의 콘솔에서 자바스크립트를 작성했던 것처럼, 코드샌드박스에서도 콘솔을 이용합니다. 다만 코드샌드박스에서는 코드를 입력하는 에디터가 따로 있기 때문에 해당 콘솔은 결과를 확인하는 용도로 활용합니다.

[Console] 탭을 클릭하면 다음과 같이 화면 우측 하단에 콘솔이 활성화됩니다.

그림 1-10 [Console] 탭 활성화

[Console] 탭 바로 위에는 [Browser] 탭의 결과물이 나타나는데, 지금은 [Browser]

탭이 필요하지 않습니다. 따라서 [Console] 탭의 영역을 더 확장합니다. [Console] 탭과 [Browser] 탭의 경계에 마우스 포인터를 두면 드래그할 수 있도록 마우스 커서가 활성화됩니다. 이 마우스 커서를 이용해 [Console] 탭을 상단 끝까지 밀어 올리면 됩니다.

그림 1-11 [Console] 탭을 상단까지 키우기

[그림 1-11]과 같이 오른쪽 창이 콘솔로 꽉 차도록 만듭니다.

다음에는 에디터 설정을 하겠습니다. [그림 1-12]와 같이 코드샌드박스 우측 상단에 있는 아이콘을 선택하면 나오는 메뉴에서 [Preferences]를 클릭합니다.

Preferences 창이 나옵니다. Preferences 창 왼쪽에는 환경 설정에 필요한 여러 메뉴가 나열되어 있습니다. 이 메뉴 중 'Preview' 항목을 클릭합니다.

[그림 1-13]과 같이 오른쪽 창에 Preview 페이지가 나타납니다. Preview 페이지

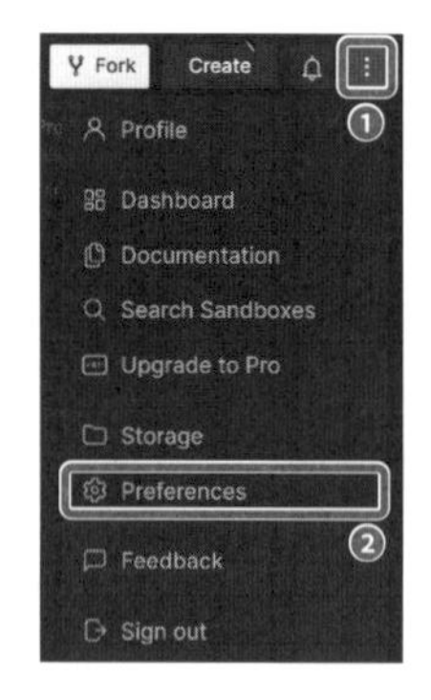

그림 1-12 코드샌드박스의 환경 설정 메뉴

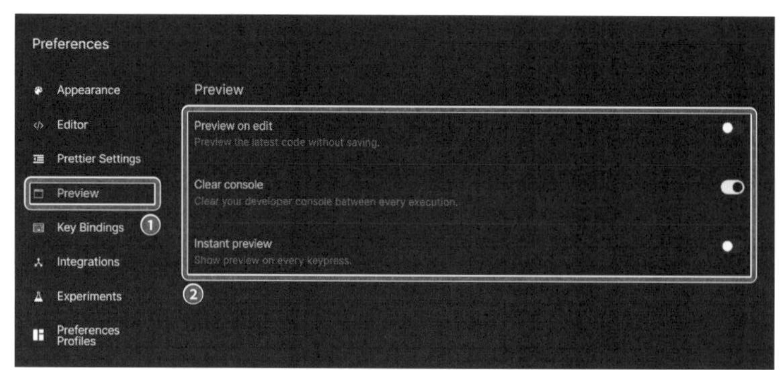

그림 1-13 코드샌드박스의 환경 설정

에는 세 가지 설정 옵션이 있습니다. 가장 위에 있는 'Preview on Edit'와 가장 아래에 있는 'Instant Preview' 옵션은 자바스크립트를 입력할 때마다 실행 결과를 바로 보여주는 기능입니다. 아직 자바스크립트가 익숙하지 않은 입문자는 이런 동작이 낯설 수 있으므로 스위치를 클릭해 둘 다 비활성화합니다.

그러면 샌드박스와 관련한 환경 설정도 모두 끝났습니다. 빈 곳을 클릭해 원래의 화면으로 돌아갑니다.

이제 생성한 샌드박스에서 간단한 코드를 작성하겠습니다. 샌드박스가 처음 생성되면 페이지 중앙에는 index.js라는 이름의 탭이 자동으로 생성됩니다. 이 탭에 있는 코드를 모두 삭제하고 다음과 같이 입력합니다.

```
console.log("안녕 코드샌드박스");
```

코드를 입력하고 파일 저장 단축키 Ctrl+S를 눌러 index.js를 저장합니다.

TIP
MacOS: Command+S

그림 1-14 코드샌드박스에서 코드 입력하고 저장하기

[index.js] 탭에서 코드를 작성하고 저장하면 코드 실행 결과가 바로 오른쪽 콘솔에 나타납니다.

앞으로 코드샌드박스에서 진행할 자바스크립트의 실습은 ① 책에 있는 코드 입력, ② 저장(Ctrl+S), ③ 오른쪽 콘솔에서 결과를 확인하는 과정으로 이루어집니다.

변수와 상수

이제 자바스크립트 문법을 본격적으로 살펴보는 시간입니다. 코드샌드박스에서 예제 코드를 직접 실습하면서 알아볼 예정이므로 실습 환경 구축을 모두 끝마치고 진행하기를 바랍니다.

변수

변수란 프로그램을 실행하는 과정에서 변경될 수 있는 값을 저장하는 저장소입니다. 또한 변수는 어떤 값을 이름으로 가리킬 때 사용하는 기능이기도 합니다.

자바스크립트에서 변수는 다음과 같이 만듭니다.

```
let age = 25;
```

코드를 입력하면 25라는 값은 이제부터 age라는 이름으로 부를 수 있습니다. 이때의 age를 '변수'라고 합니다. 자바스크립트는 변수를 만들 때 키워드 `let`을 앞에 붙입니다.

이 코드는 영어로 "let age equal 25"라고 읽는데, "age는 25와 같다"라는 뜻입니다. 키워드 `let`을 붙여 없던 변수를 만들면 "변수를 선언한다"라고 하며, age = 25처럼 값을 변수에 지정하면 '할당한다'고 표현합니다.

이 코드처럼 변수를 선언함과 동시에 값을 할당할 수도 있는데, 이것을 다른 말로 "변수를 초기화한다"라고 합니다. 자바스크립트에서 변수의 초기화는 선택 사항입니다. 언제든 변숫값은 변경할 수 있기 때문에 반드시 초기화할 필요는 없습니다.

다음은 초기화하지 않은 변수의 선언 예입니다.

CODE

```
//초기화하지 않은 변수 선언 예
let age;
age = 25;

console.log(age); ①
```

OUTPUT

```
25
```

① console.log는 괄호 안의 값(인수라고 함)을 콘솔에 출력하는 기능이라고 했습니다. 괄호 안에는 값이 아닌 변수 이름을 넣을 수도 있습니다. 이때는 해당 변숫값을 출력하라는 명령이 되는데, 변수 age의 값인 25를 출력합니다.

// 표시는 주석입니다. 주석이란 코드의 내용이 무엇인지 알아볼 수 있도록 개발자가 설명을 달아 놓은 문자입니다. 주석은 프로그램에서 코드로 해석하지도 실행하지도 않습니다. // 기호를 사용하면 //가 시작하는 부분은 코드로 인식하지 않습니다. /*~*/를 이용하면 여러 줄을 한꺼번에 주석으로 만들 수 있습니다.

변수는 이렇게 값을 가리키는 이름이면서 동시에 저장소입니다.

변수에 저장한 값은 프로그램을 실행하는 도중에 변경할 수 있습니다.

TIP
코드샌드박스의 [Console] 탭 상단의 아이콘 ⊘을 클릭하면 콘솔에 출력했던 결과를 모두 제거하고 화면을 초기화합니다. 결과물이 쌓이면 적절히 콘솔 화면을 초기화하는 게 필요합니다.

CODE

```
let age = 25;
console.log(age);

age = 30;
console.log(age);
```

OUTPUT

```
25
30
```

변수 age에 25를 저장하고 콘솔에 출력한 다음, 값을 30으로 변경하고 다시 출력했습니다. 25가 출력되고 이어서 30이 출력되는 것을 확인할 수 있습니다.

변수는 이름으로 구분하기 때문에 let으로 변수를 선언할 때는 이름을 중복해서 사용할 수 없습니다.

```
let name = 1;
let name = 2;   ERROR name은 이미 선언되었습니다.
```

자바스크립트에서는 키워드 var로도 변수를 선언할 수 있습니다.

CODE

```
var age = 25; ①
console.log(age);

var age = 30; ②
console.log(age);
```

OUTPUT

```
25
30
```

키워드 var로 선언한 변수 역시 let처럼 프로그램 실행 과정에서 값을 변경할 수 있습니다. 그런데 코드에서 무언가 이상한 점이 보이지 않나요? ①에서 이미 age라는 이름으로 변수를 선언했고, ②에서도 같은 이름으로 변수를 선언했음에도 오류가 발생하지 않습니다.

var를 이용한 변수 선언은 let과는 달리 이름을 중복해 선언해도 실행할 수 있습니다. 그러나 변수를 선언하면서 같은 이름을 또 쓸 수 있도록 허용하면, 코드가 많아지고 복잡해질 때 프로그래머가 실수할 가능성이 커집니다. 키워드 var는 이런 기능 외에도 여러 가지 독특한 특징을 갖고 있습니다. var를 사용하면 혼란을 야기하고 코드의 복잡도를 높이는 까닭에 가급적 변수 선언 키워드로는 let을 사용해야 합니다.

상수

상수 역시 변수처럼 이름을 가진 저장 공간입니다. 그러나 상수는 변수와 달리 프로그램 실행 과정에서 값을 변경할 수 없습니다.

다음은 간단하게 상수를 선언하고 값을 할당하는 예입니다.

CODE
```
const age = 25;

console.log(age);
```

OUTPUT
```
25
```

상수는 절대 변하지 않는 값을 저장할 때 사용하는 이름입니다. '불변'이라는 뜻을 가진 constant라는 단어에서 유래했기 때문에 'const'라는 키워드를 붙여 선언합니다. const로 상수를 선언하면, 해당 값을 변경하는 실수를 미연에 방지할 수 있습니다.

```
const birth = "1997.01.07";

birth = "2022.02.27";   ERROR birth는 상수이므로 값을 변경할 수 없습니다.
```

반면 선언과 동시에 할당하는 초기화 과정이 필요치 않은 변수와 달리, 상수는 선언과 동시에 값을 할당하는 과정이 꼭 필요합니다.

다음은 값을 초기화하지 않고, 상수만 선언한 예입니다.

```
const age;  ERROR 상수 선언과 함께 반드시 초기화를 해야 합니다.
age = 25;
```

명명 규칙

변수와 상수는 이름을 갖는다는 공통점이 있습니다. 이렇듯 변수 또는 상수에 이름을 정하는 행위를 변수의 명명 또는 네이밍(naming)이라고 합니다.

자바스크립트에서는 변수나 상수의 이름을 프로그래머가 자유롭게 정할 수 있는 편입니다. 다만 명명 규칙이라고 해서 반드시 지켜야 할 규칙이 4가지 있습니다. 이들 명명 규칙을 지키지 않으면 오류가 발생합니다.

명명 규칙은 변수와 상수 모두 동일하게 적용되므로, 편의상 변수와 상수를 합쳐 '변수'라고 하겠습니다.

기호 사용 규칙

명명 규칙의 첫 번째는 기호 사용 규칙입니다. 자바스크립트에서 변수의 이름에는 한글을 포함해 문자, 숫자 그리고 특수 기호의 일부를 사용할 수 있습니다. 특수 기호는 _와 $만 허용하며 그 외의 기호는 사용할 수 없습니다.

다음은 기호 사용 규칙을 지키지 않은 변수 선언 예입니다.

```
let ^age = 25;  ERROR 허용되지 않는 기호 사용
```

다음은 기호 사용 규칙을 잘 지켜 변수를 선언한 예입니다.

```
let $age = 25;
let human_age = 25;
```

TIP
JQuery는 HTML 요소를 조작할 때 사용하는 자바스크립트 라이브러리로 매우 다양한 기능을 지원합니다.

$와 _ 기호는 여러 상황에서 매우 유용하게 사용합니다. $ 기호는 jQuery를 사용할 때처럼 이 변수가 별도의 라이브러리 객체라는 것을 가리킬 때 사용합니다. 그리고 _ 기호는 변수 이름이 두 단어 이상으로 이루어진 합성어일 때 가독성을 높이기 위해 사용합니다.

CODE

```
const user_name = "이정환";
const $ = "jQuery";

console.log(user_name);
console.log($);
```

OUTPUT

```
이정환
jQuery
```

숫자 사용 규칙

명명 규칙 두 번째는 숫자 사용 규칙입니다. 변수 이름으로 숫자를 사용할 수 있습니다. 다만 한 가지 금지 사항이 있는데, 변수의 이름을 숫자로 시작해서는 안 된다는 규칙입니다.

다음은 숫자 사용 규칙을 어긴 사례입니다.

```
let 2022year = "good";  ERROR 숫자는 변수 이름 앞에 올 수 없습니다.
```

2022year는 숫자가 변수 이름 앞에 있어 적합하지 않습니다. 만약 변수 이름에 숫자를 사용하려면 특수 기호와 함께 사용해야 합니다.

```
let _2022year = "good";
```

굳이 숫자를 앞에 쓸 필요가 없다면 변수의 이름 중간이나 뒤에 배치하는 게 좋습니다.

```
let year2022 = "good";
```

예약어 규칙

명명 규칙 세 번째는 예약어(Reserved Words) 규칙입니다. 예약어란, 예약된 단어라는 뜻입니다. `let`, `const` 키워드처럼 예약어란 자바스크립트에서 이미 사용하기로 약속한 단어입니다. 따라서 예약어는 변수명으로 사용할 수 없습니다.

다음은 예약어 `let`을 변수 이름으로 사용한 예입니다.

```
let let = "good";  ERROR  let은 예약어입니다.
```

자바스크립트가 정한 예약어는 개수도 많고 다양하지만, 다른 프로그래밍 언어에서도 자주 사용하는 키워드가 대부분입니다. 따라서 억지로 외우지 않아도 자주 접하면 금방 익숙해집니다. 만약 기호, 숫자 명명 규칙에 따라 이름을 지정했음에도 오류가 발생했다면, 이미 선언한 변수 이름이거나 예약어를 이름으로 지정했을 확률이 높습니다.

예약어의 종류는 자바스크립트 버전이 바뀔 때마다 추가 또는 삭제됩니다. 예약어의 종류는 다음 사이트에서 확인할 수 있습니다.

https://www.w3schools.com/js/js_reserved.asp

대소 문자 구별

위에서 소개한 3가지 규칙은 지키지 않으면 오류가 발생합니다. 하지만 대소 문자를 구별하는 명명 규칙은 직접적인 오류가 발생하지 않습니다. 그러나 이 규칙을 인지하지 못한 상태에서 변수의 이름을 짓게 되면, 의도치 않은 오류가 발생할 수 있습니다.

자바스크립트는 변수 이름에서 대소 문자를 구별(Case-Sensitive)합니다. 다음 예제 코드에서 선언한 두 변수는 다른 변수입니다.

CODE
```
let code = 1;
let Code = 2;

console.log(code);
console.log(Code);
```

OUTPUT
```
1
2
```

자바스크립트는 변수의 대소 문자를 구별하기 때문에 `code`와 `Code`처럼 혼동할 수 있는 변수명을 사용하는 것은 바람직하지 않습니다. 특히 여러 사람이 협업하는 개발 환경이라면 타인이 선언한 변수와 자신이 선언한 변수를 혼동할 수 있으니 조심해야 합니다.

좋은 변수 이름

명명 규칙을 모두 만족하더라도 다음과 같이 변수의 이름을 짓는 것은 좋지 않습니다.

```
// 좋지 못한 변수 이름
let a = 1;
let b = 1;
let c = a - b;
```

이 코드는 변수 a와 b가 무엇을 의미하는 값인지, c는 또 어떤 변수인지 아무런 정보가 없어 어떻게 동작할지 짐작할 수 없습니다. 만약 동료가 이렇게 코드를 작성한다면 프로그래밍을 함께 하기가 힘들 겁니다. 변수 이름은 그 이름만으로도 어떤 역할을 하고, 어떻게 동작할지 유추할 수 있도록 작성하는 게 좋습니다.

다음은 앞의 코드와 동일하게 동작하지만 바르게 변수 이름을 지은 예입니다.

```
// 변수 이름을 잘 지은 사례
let salesCount = 1;
let refundCount = 1;
let totalSalesCount -  salesCount - refundCount;
```

salseCount라는 이름으로 판매 수량을, refundCount라는 이름으로 환불 수량을 각각 저장합니다. 그리고 totalSalesCount에는 판매 수량에서 환불 수량을 제한 총판매 수량을 저장합니다. 변수 이름을 잘 지으면, 이름만으로도 해당 변수가 어떤 역할을 하는지 알 수 있는 것은 물론, 어떤 프로그램인지도 대략 파악할 수 있습니다.

변수 이름을 잘못 지으면 코드 수정이 까다로워지고, 동료와의 협업도 힘들어집니다. 따라서 수많은 사람이 협업해 코드를 작성하는 회사나 단체에서는 자체적인 표기법을 정해 사용하기도 합니다. 코드 표기법은 단체나 회사마다 조금씩 다를 수 있지만 이해하기 쉬운 코드를 작성하려는 목적은 모두 동일합니다.

변수명 표기법

다음은 대표적인 변수명 표기법입니다.

1. 카멜 표기법(Camel-Expression)

모든 단어의 첫 글자를 대문자로 표기하는 방법인데, 변수 이름이 마치 낙타의 등처럼 굽은 모습을 연상시킨다고 하여 붙여진 이름입니다. 단 맨 앞에 오는 단어의 첫 글자는 소문자로 시작합니다.

변수 이름을 띄어 쓰면 오류가 발생하기 때문에 다음과 같이 여러 단어가 합쳐진 합성어를 사용해 이름을 지으면 가독성이 떨어집니다.

```
let totalsalescount = 20;
```

카멜 표기법을 사용하면 단어가 많고 길더라도 가독성이 좋아집니다.

```
let totalSalesCount = 10;
```

2. 파스칼 표기법(Pascal-Expression)

카멜 표기법과 달리 모든 단어의 첫 글자를 대문자로 표기하는 방법입니다. 다음은 파스칼 표기법을 이용해 복잡한 이름을 지은 예입니다.

```
let TotalSalesCount = 10;
```

파스칼 표기법은 보통 클래스나 함수의 이름을 지을 때 많이 사용합니다.

3. 스네이크 표기법(Snake-Expression)

특수 기호 _를 활용하는 표기법으로, 단어 사이에 '_'를 넣습니다. 다음은 스네이크 표기법으로 복잡한 이름을 지은 예입니다.

```
let total_sales_count = 10;
```

3가지 표기법은 대중적으로 많이 사용하는 표기법이니 잘 알아 두길 바랍니다.

자료형

자바스크립트의 자료형을 알아보겠습니다. 간단한 실습을 병행하면서 자바스크립트 자료형의 특징을 살펴보겠습니다.

자료형과 원시 자료형

자료형(Type, 타입이라고도 함)이란 값을 성질에 따라 분류한 것입니다. 예를 들어 25라는 값은 숫자형, **'안녕'**이라는 값은 문자열 등 값을 그 성질에 따라 분류한 것을 자료형이라고 합니다.

자바스크립트는 자료형을 크게는 원시 또는 객체 자료형으로 나누고, 작게는 8개의 세부 자료형으로 나눕니다. 이번 절에서는 8개의 자료형 가운데 원시 자료형 5개를 먼저 살펴보겠습니다. 나머지 객체 자료형에 해당하는 객체, 배열, 함수는

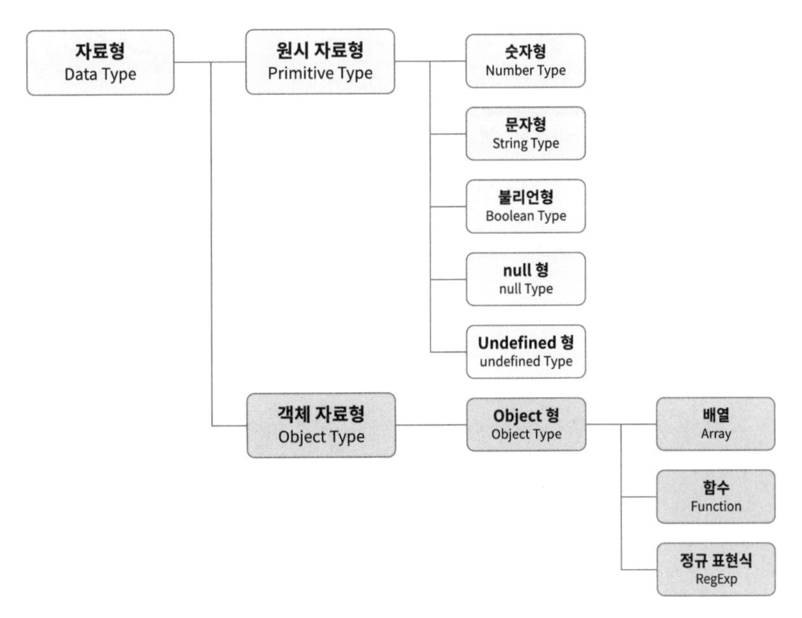

그림 1-15 자바스크립트의 자료형

뒤에서 상세히 다룰 예정이며, 정규 표현식은 이 책에서 다루지 않습니다.

원시 자료형을 원시 타입 또는 기본 타입이라고 합니다. 원시 자료형은 한 번에 단 하나의 값만 가질 수 있는 타입입니다. 한 번에 단 하나의 값만 가질 수 있다는 것은 반대로 말하면 동시에 여러 개의 값을 가질 수 없다는 뜻이 됩니다.

예를 들어 원시 자료형의 대표 격인 숫자형은 말 그대로 숫자를 의미하는 자료형으로 다음과 같이 한 번에 두 개 이상의 값을 가질 수 없습니다.

```
let age = 25, 30; ERROR 문법 오류
```

이렇듯 중간에 값이 변할 수는 있지만 둘 이상의 값을 동시에 가질 수 없는 자료형을 원시 자료형이라고 합니다. 원시 자료형은 다시 총 5개의 자료형으로 세분화됩니다.

숫자형

자바스크립트에서 숫자형(Number Type)은 수의 종류를 구분하지 않습니다. 즉, 소수, 음수, 실수와 같은 수를 모두 포함하는 자료형입니다.

```
let age = 25;
let tall = 175.9;
let minus = -20;
```

C나 자바 언어가 정수와 소수를 각각 다른 자료형으로 구분하는 것과 달리, 자바스크립트는 모든 종류의 숫자를 '숫자형' 하나로 처리합니다.

자바스크립트 숫자형은 덧셈, 뺄셈, 곱셈, 나눗셈의 사칙연산을 수행합니다.

CODE
```
console.log(1 + 2);
console.log(1 * 2);
console.log(1 - 2);
console.log(1 / 2);
```

OUTPUT
```
3
2
-1
0.5
```

기본 사칙연산 외에도 '모듈러(Modulo) 연산'이라고 하여, `%` 기호를 이용해 나머지를 구합니다.

CODE
```
console.log(1 % 2);
```

OUTPUT
```
1
```

숫자형에는 정수, 실수 말고도 일반적이지 않은 몇 가지 값이 있습니다.

```
let inf = Infinity;
let mInf = -Infinity;
let nan = NaN;
```

`Infinity`는 양의 무한대, `-Infinity`는 음의 무한대를 의미하는 값입니다. 이 값들은 최솟값이나 최댓값을 구할 때 주로 사용합니다. 또한 `Infinity`는 `0`으로 어떤 수를 나눈 결과이기도 합니다

CODE
```
console.log(1 / 0);
```

OUTPUT
```
Infinity
```

자바나 C 언어에서는 `0`으로 어떤 수를 나누면 오류가 발생하지만, 자바스크립트는 이렇게 `Infinity`라는 결과를 얻게 된다는 점이 특이합니다.

`NaN`은 Not a Number라는 뜻으로 표현이 불가능한 숫자형의 결과를 표현할 때 사용하는 값입니다. 예를 들어 숫자와 문자열을 곱하면 정상적인 연산의 결과물이 나올 수 없으므로 `NaN`이라는 값을 얻습니다.

다음은 `NaN`이 발생하는 잘못된 수치 연산의 예입니다.

CODE
```
const nan1 = 1 * "hello";
const nan2 = 1 - "hello";
const nan3 = 1 / "hello";
```

OUTPUT
```
NaN
NaN
NaN
```

```
console.log(nan1);
console.log(nan2);
console.log(nan3);
```

자바스크립트에 NaN이라는 값이 있기 때문에 수학 연산이 안전합니다. 숫자가 아닌 문자열을 곱하는 등 수학적으로 불가능한 연산을 명령해도 자바스크립트는 NaN이라는 값을 반환할 뿐 오류를 일으키거나 프로그램을 멈추지 않습니다. 그래서 자바스크립트는 다른 언어에 비해 "안전한 수학 연산이 가능하다"라고 말합니다.

문자형

문자형(String Type)은 사람의 이름과 같은 문자열을 포함하는 자료형입니다. 다음은 자바스크립트의 문자형을 이용해 저자의 이름을 변수에 저장한 예입니다.

```
let myName = "이정환";
```

어떤 값이 문자형이라는 것을 알리기 위해서는 이 코드처럼 큰따옴표 또는 작은따옴표로 감싸야 합니다.

문자형에 덧셈 연산자를 사용하면 두 개의 문자를 이어 붙입니다.

CODE

```
let name = '이정환';
let welcomeText ='님 반가워요!';
let resultWelcomeText = name + welcomeText;

console.log(resultWelcomeText);
```

OUTPUT

```
이정환님 반가워요!
```

큰따옴표나 작은따옴표 말고 백틱(``)을 이용해도 문자형을 만들 수 있습니다. 백틱은 키보드에서 물결 표시와 함께 있는 `를 의미합니다.

CODE

```
let guestName = "이정환"; ①
let greetingText = `welcome ${guestName}!`; ②

console.log(greetingText);
```

OUTPUT

```
welcome 이정환!
```

① 변수 guestName에 "이정환"이라는 문자열을 저장합니다.

② 변수 greetingText에 백틱으로 감싼 문자열을 저장합니다. 백틱으로 감싼 문자열은 따옴표로 감싼 문자열과 동일한 문자형이지만, ${ } 안에 있는 변숫값도 문자열로 변환합니다. 결과적으로 변수 greetingText에는 welcome 이정환!이라는 문자열이 저장됩니다.

백틱을 이용하면 문자열 사이에 변수를 사용할 수 있어, 값이 변하는 동적인 문자열을 생성할 때 유용합니다. 백틱을 이용한 문자열을 흔히 '템플릿 리터럴(Template Literal)'이라고도 합니다. 앞으로도 자주 사용하니 익숙해질 수 있도록 다음 코드를 직접 작성해 연습하기 바랍니다.

CODE
```
let name = "이정환";
let location = "역곡";
let introduce = `${name}은 ${location}에 살고 있습니다.`;

console.log(introduce);
```

OUTPUT
```
이정환은 역곡에 살고 있습니다.
```

불리언, null, undefined

원시 자료형의 나머지 자료형으로 불리언, null, undefined가 있습니다. 예제를 보면서 이들 자료형을 간단히 살펴보겠습니다.

불리언 형(Boolean Type)은 참(true) 또는 거짓(false)만을 저장하는 자료형입니다. 우리 일상에서 이런 예를 찾자면 불을 껐다 켰다 하는 스위치에 비유할 수 있습니다.

CODE
```
let isSwitchOn = false;

console.log(isSwitchOn)
```

OUTPUT
```
false
```

불리언 형은 작업을 성공적으로 종료했는지, 어떤 값이 있는지 등을 확인할 때 유용하게 사용합니다.

null은 "아무것도 없다"라는 뜻으로, 변수에 아무런 값도 할당할 필요가 없을 때 사용합니다.

CODE
```
let emptyVar = null;

console.log(emptyVar);
```

OUTPUT
```
null
```

대다수 프로그래밍 언어에서 null은 하나의 값으로 단순하게 취급하지만, 자바스크립트에서는 독립적인 자료형으로 분류합니다.

마지막으로 소개할 원시 자료형은 '미정의 값'이라는 뜻을 가진 undefined입니다.

C나 자바 언어에서는 변수를 생성하고 아무런 값도 할당하지 않으면 null을 갖지만, 자바스크립트에서는 null 대신 undefined를 갖게 됩니다.

CODE
```
let realEmptyVar;

console.log(realEmptyVar)
```

OUTPUT
```
undefined
```

정상적인 할당이 이루어지지 않았을 때 자동으로 할당되는 undefined는 자바스크립트 프로그래밍에서 상당히 많은 오류를 일으키는 주범이기도 합니다.

지금까지 숫자형, 문자형, 불리언, null, undefined로 이루어진 5개의 원시 자료형을 알아보았습니다.

형 변환

다른 자료형끼리 서로 연산한다고 가정해 보겠습니다. 예컨대 숫자와 문자를 서로 더하는 연산이라면, 프로그래밍에서는 먼저 숫자를 문자로 변환하고 나서 문자와 문자를 이어 붙이는 연산을 수행합니다. 숫자를 문자로 변환하는 것처럼(그 반대의 경우도 해당) 서로 같은 자료형으로 만드는 작업이 선행되어야 연산이 정상적으로 이루어지기 때문입니다. 이렇듯 어떤 값의 자료형을 다른 자료형으로 변환하는 것을 '형 변환'이라고 합니다.

형 변환에는 프로그래머가 의도적으로 자료형을 변환하는 '명시적 형 변환'과 자바스크립트 엔진이 알아서 변환하는 '묵시적 형 변환'이 있습니다.

묵시적 형 변환

묵시적 형 변환은 자바스크립트 엔진이 스스로 알아서 변환하는 작업입니다. 다음은 묵시적으로 형 변환이 일어나는 예입니다.

CODE
```
let number = 10;
let string = "20";

const result = number + string; ①
console.log(result);            ②
```

OUTPUT
```
1020
```

① 숫자형 변수 number와 문자형 변수 string을 더한 값을 변수 result에 저장합니다.

② 출력 명령에 변수 result를 전달했더니 문자열 1020을 출력합니다.

이런 결과가 나온 까닭은 숫자와 문자의 덧셈에서 자바스크립트가 암묵적으로 숫자를 문자로 형 변환해 계산했기 때문입니다. 문자형 간의 덧셈 연산은 두 문자를 이어 붙인 결과가 된다고 하였습니다. 따라서 결과는 1020이 됩니다.

이렇듯 프로그래머가 의도하지 않았음에도 자바스크립트가 직접 자료형을 적절히 변환하는 것을 묵시적 형 변환이라고 합니다.

명시적 형 변환

명시적 형 변환은 묵시적 형 변환과 반대로 내장 함수 등을 이용해 프로그래머가 의도적으로 어떤 자료형을 다른 자료형으로 변경하는 작업입니다.

TIP 대다수 프로그래밍 언어는 프로그래밍에서 자주 사용하는 기능을 모아 함수 형태로 제공합니다. 이 함수를 내장 함수라고 합니다.

숫자형으로 변환

다음은 문자열을 숫자로 명시적으로 형 변환하는 예입니다.

CODE
```
let strA = "10";
let strB = "10개";

let numA = Number(strA);
let numB = Number(strB);

console.log(numA);
console.log(numB);
```

OUTPUT
```
10
NaN
```

함수 Number는 자바스크립트가 기본적으로 제공하는 내장 함수로, 제공된 문자열을 숫자로 변환해 반환합니다. 그러나 변수 strB처럼 숫자가 아닌 문자를 포함한 문자열은 정상적으로 변환되지 않기 때문에 NaN을 반환합니다.

만약 숫자뿐만 아니라 문자도 함께 포함된 문자열을 숫자로 변환하고 싶다면, 함수 parseInt를 사용합니다.

CODE
```
let strA = "10";
let strB = "10개";

let numA = parseInt(strA, 10); ①
let numB = parseInt(strB, 10);

console.log(numA);
console.log(numB);
```

OUTPUT
```
10
10
```

① 변수 strA와 10을 괄호 안에 전달합니다. 문자열 strA를 10진수 숫자로 형 변환합니다.

함수 parseInt는 Number처럼 괄호 안에 있는 문자열을 숫자로 변환하는 자바스크립트의 내장 함수입니다. Number와 달리 괄호 안에 두 개의 값을 콤마로 구분해 전달하는데, 첫 번째 값은 변환하려는 문자열이고, 두 번째 값은 진수입니다.

함수 Number가 숫자가 아닌 문자를 포함한 문자열을 변환할 수 없는 반면, 함수 parseInt는 문자열에서 숫자만 추려 반환하기 때문에 문자와 숫자가 섞여 있는 문자열도 숫자로 변환할 수 있습니다. 단 함수 parseInt가 동작할 때는 문자열의 첫 문자부터 숫자로 변환하므로, 문자열이 숫자가 아닌 문자로 시작한다면 NaN을 반환하게 되니 주의해야 합니다.

CODE

```
let str = "파이팅 2023";
let num = parseInt(str, 10);

console.log(num);
```

OUTPUT

```
NaN
```

문자열을 숫자로 변환하는 작업은 실무에서 많이 활용하는 기능입니다. 따라서 앞서 제시한 두 방법과 그 차이점을 잘 알고 있다면 많은 도움이 됩니다.

문자열로 변환

다음은 숫자형을 문자열로 명시적으로 형 변환하는 예입니다.

CODE

```
let num = 2022;
let str = String(num);

console.log(str);
```

OUTPUT

```
2022
```

변수 num에 저장된 숫자 2022를 함수 String을 이용해 문자열로 변환합니다. String 역시 자바스크립트 내장 함수로 인수로 제공한 값을 문자열로 변환해 반환합니다.

CODE

```
let varA;
let varB = null;
let varC = true;

let strA = String(varA);
let strB = String(varB);
let strC = String(varC);

console.log(strA);
```

OUTPUT

```
undefined
null
true
```

```
console.log(strB);
console.log(strC);
```

문자열로 형 변환하는 것은 대체로 예측할 수 있는 방식으로 일어납니다. undefined 값은 문자열 undefined, null 값은 문자열 null, true 값은 문자열 true로 변환됩니다.

불리언으로 변환

불리언 값으로 변환하는 내장 함수로는 Boolean이 있습니다.

CODE

```
let varA = "하이";
let varB = 0;
let varC = "";

let boolA = Boolean(varA);
let boolB = Boolean(varB);
let boolC = Boolean(varC);

console.log(boolA);
console.log(boolB);
console.log(boolC);
```

OUTPUT

```
true
false
false
```

"하이"라는 문자열은 true, 숫자 0은 false, 빈 문자열은 false로 각각 변환됩니다. 자바스크립트에서 불리언 변환은 truthy & falsy 규칙을 따릅니다. 이 내용은 2장에서 자세히 살펴볼 예정이니 여기서는 특정 값을 불리언으로 변환하게 되면 true 또는 false를 반환한다는 점만 기억하기 바랍니다.

연산자

연산자란 +, -, *, / 등과 같이 프로그래밍 언어에서 다양한 연산을 수행할 때 도움을 주는 기호 또는 문자입니다. 자바스크립트는 기본 사칙연산 외에도 여러 형태의 유용한 연산을 수행할 수 있는 다양한 연산자를 제공합니다.

대입 연산자

대입 연산자(=)는 가장 기본이 되는 연산자로서 변수에 값을 할당하는 역할을 합니다. 대입 연산자 =의 왼쪽에는 값을 저장할 변수를, 오른쪽에는 값이나 또 다른 변수를 지정합니다.

```
let number = 1; ①
```

① 변수 number에 값 1을 할당합니다

> **TIP**
> 결합 방향이란 같은 수식 내에 우선순위가 같은 연산자가 둘 이상 있을 때, 어느 연산을 먼저 수행할지 결정하는 일입니다.

대입 연산자를 사용할 때 피연산자의 결합 방향은 오른쪽에서 왼쪽으로 진행되므로 다음과 같이 연쇄적인 할당이 가능합니다. 다음 예를 살펴보겠습니다.

CODE

```
let numA = 1;
let numB;
let numC;

numB = numC = numA; ①
console.log(numA, numB, numC);
```

OUTPUT

```
1 1 1
```

① 대입 연산자의 결합 방향은 오른쪽에서 왼쪽이므로 수식의 계산은 numC = numA를 먼저 수행하고, 다음으로 numB = numC를 수행합니다.

모든 변수에는 값 1이 동일하게 저장됩니다.

산술 연산자

산술 연산자는 덧셈(+), 뺄셈(-), 곱셈(*), 나눗셈(/), 나머지 연산(%)처럼 프로그래밍에 필요한 가장 기본적인 계산 기능을 수행하는 연산자입니다.

CODE

```
let numberA = 1;
let numberB = 2;

console.log(numberA + numberB);
console.log(numberA - numberB);
console.log(numberA * numberB);
console.log(numberA / numberB);
console.log(numberA % numberB);
```

OUTPUT

```
3
-1
2
0.5
1
```

산술 연산자는 곱셈, 나눗셈, 나머지 연산자가 덧셈, 뺄셈 연산자보다 우선순위가 더 높습니다. 만일 연산자가 동등한 우선순위를 가질 때는 왼쪽에서 오른쪽으로 차례대로 계산합니다.

CODE

```
let numberA = 1 + 2 * 10;

console.log(numberA);
```

OUTPUT

```
21
```

소괄호를 사용하면 원하는 연산부터 먼저 수행할 수 있습니다.

CODE

```
let numberA = (1 + 2) * 10;

console.log(numberA);
```

OUTPUT

```
30
```

복합 대입 연산자

복합 대입 연산자는 대입 연산자와 산술 연산자의 기능을 함께 이용할 때 사용합니다. 복합 대입 연산자를 사용하지 않고 값이 이미 들어 있는 어떤 변수에 10을 더하려면, 다음과 같이 코드를 작성해야 합니다.

CODE

```
let number = 10;
number = number + 10;

console.log(number)
```

OUTPUT

```
20
```

복합 대입 연산자를 사용하면 동일한 코드를 좀 더 간단하게 표현할 수 있습니다.

CODE

```
let number = 10;
number += 10; ①

console.log(number)
```

OUTPUT

```
20
```

① number의 값에 10을 더합니다.

이렇듯 복합 대입 연산자는 산술 연산자와 대입 연산자를 서로 이어 붙여(+=) 사용합니다.

복합 대입 연산자는 모든 산술 연산자와 함께 사용할 수 있습니다.

CODE

```
let number = 10;

number += 10;
console.log(number);

number -= 10;
console.log(number);

number *= 10;
console.log(number);

number /= 10;
console.log(number);
```

OUTPUT

```
20
10
100
10
0
```

```
number %= 10;
console.log(number);
```

증감 연산자

증감 연산자는 값을 1씩 늘리거나 줄일 때 사용하는 연산자입니다. 이 증감 연산자는 다음과 같이 덧셈 또는 뺄셈 연산자를 두 개 연달아 붙여 사용합니다.

CODE

```
let a = 1;
a++; ①
console.log(a);

let b = 1;
b--; ②
console.log(b);
```

OUTPUT

```
2
0
```

> ① 변수 a에 저장된 값에 1을 더합니다.
> ② 변수 b에 저장된 값에서 1을 뺍니다.

a++처럼 증감 연산자를 변수 a 뒤에 두면, 증감 연산의 결과는 연산자가 있는 다음 행부터 반영됩니다.

CODE

```
let a = 1;
console.log(a++);
console.log(a);

let b = 1;
console.log(b--);
console.log(b);
```

OUTPUT

```
1
2
1
0
```

피연산자인 변수 뒤에 증감 연산자를 두는 것을 '후위 연산'이라고 하며, 이 연산의 결과는 다음 행부터 적용된다는 특징이 있습니다.

만일 증감 연산을 작성한 행에서 반영하고 싶다면 증감 연산자를 변수 앞에 두면 됩니다.

CODE

```
let a = 1;
console.log(++a);
console.log(a);

let b = 1;
```

OUTPUT

```
2
2
0
0
```

```
console.log(--b);
console.log(b);
```

증감 연산자를 피연산자인 변수 앞에 두어 증감 연산을 작성한 행부터 적용하는 것을 '전위 연산'이라고 합니다.

논리 연산자

논리 연산자는 참(true)과 거짓(false)을 포함하는 불리언 값을 다룰 때 사용하는 연산자입니다.

논리 연산자에는 3종류가 있습니다.

논리 연산자	설명
OR(||)	둘 중 하나라도 참이면 참
AND(&&)	둘 중 하나라도 거짓이면 거짓
NOT(!)	참이면 거짓, 거짓이면 참

표 1-1 논리 연산자

OR 연산을 할 때는 키보드의 원화₩키와 함께 있는 | 기호를 두 개 이어 붙인 ||를 사용합니다. OR 연산은 연산에 참여하는 두 개의 피연산자 중 하나라도 참이면 참을 반환합니다.

CODE

```
let boolA = true;
let boolB = false;

console.log(boolA || boolB);
```

OUTPUT

```
true
```

AND 연산은 키보드의 숫자 7과 함께 있는 & 기호를 두 개 이어 붙인 &&를 사용합니다. AND 연산은 연산에 참여하는 두 개의 피연산자 중 하나라도 거짓이면 거짓을 반환합니다.

CODE

```
let boolA = true;
let boolB = false;

console.log(boolA && boolB);
```

OUTPUT

```
false
```

NOT 연산은 느낌표 기호(!)를 사용합니다. 다른 두 논리 연산자와는 달리 피연산자가 하나뿐인 연산자로 피연산자의 값이 거짓이면 참, 참이면 거짓으로 바꾸어 반환합니다.

TIP
전원 스위치의 on/off처럼 참을 거짓으로, 거짓을 참으로 바꾸는 기능을 특별히 '토글(Toggle)' 기능이라고 합니다.

```
let boolA = true;
let boolB = false;

console.log(!boolA);
console.log(!boolB);
```

OUTPUT
```
false
true
```

비교 연산자

비교 연산자는 말뜻 그대로 두 값을 비교하는 연산자입니다. 자바스크립트에는 다양한 비교 연산자가 있습니다. 하나씩 살펴보겠습니다.

비교 연산자	설명
===	같다
!==	같지 않다
>	크다
>=	크거나 같다
<	작다
<=	작거나 같다

표 1-2 비교 연산자

같다

대입 연산자인 = 기호를 3개 이어 붙인 ===을 사용하며, 두 값이 같은지 확인합니다. ===을 동등 비교 연산자라고도 합니다.

```
let numberA = 2;
let numberB = 2;
let numberC = '2';

console.log(numberA === numberB); ①
console.log(numberB === numberC); ②
```

OUTPUT
```
true
false
```

① 변수 numberA와 numberB가 같은 값을 가지므로 출력 결과는 true가 됩니다.

② 변수 numberB와 numberC의 값은 같아 보이지만 두 변수의 자료형은 숫자형과 문자형으로 각각 다릅니다. 출력 결과는 false가 됩니다.

이 코드는 C, 자바, 파이썬 등 다른 언어를 조금이라도 다뤄본 사람이라면 약간 어색할 수 있습니다. 왜냐하면 자바스크립트에서는 값이 동등한지 비교할 때 == 연산자가 아닌 === 연산자를 사용하기 때문입니다. 자바스크립트 역시 다른 언어처럼 == 연산자를 사용할 수 있지만, 그런데도 ===을 사용하는 이유는 자바스크립트의 == 연산자는 값만 비교할 뿐 자료형은 비교하지 않기 때문입니다.

```
let numberA = 2;
let numberB = 2;
let numberC = '2';
```

OUTPUT
```
true
false
true
```

```
console.log(numberA === numberB);
console.log(numberB === numberC);
console.log(numberB == numberC); ①
```

① === 연산자가 아닌 == 연산자를 사용해 두 변수의 값을 비교하고 결과를 출력합니다.

값과 자료형을 모두 비교하는 === 연산자를 사용할 때는 거짓으로 나온 결과가 == 연산자를 사용할 때는 값만 비교하므로 참이 됩니다.

같지 않다

자바스크립트에서 두 값이 다른지 비교할 때는 같은지 비교하는 동등 비교 연산자 ===에서, 맨 앞의 =를 !로 바꾼 !== 연산자를 사용합니다.

CODE

```
let numberA = 2;
let numberB = 2;
let numberC = "2";

console.log(numberA !== numberB); ①
console.log(numberB !== numberC); ②
console.log(numberB != numberC);  ③
```

OUTPUT

```
false
true
false
```

① numberA와 numberB는 값과 자료형이 모두 일치하기 때문에 출력 결과는 거짓이 됩니다.

② numberB와 numberC의 값은 같지만, 자료형은 다르기 때문에 출력 결과는 참이 됩니다.

③ numberB와 numberC는 자료형은 다르지만, 값은 같기 때문에 출력 결과는 거짓이 됩니다.

!== 연산자는 값과 자료형 중 하나라도 다르면 참으로 판단합니다. 반면 != 연산자는 자료형은 비교하지 않고 값이 다르면 참으로 판단합니다.

대소 비교

두 값의 크고 작음을 비교할 때는 다음과 같이 부등호 모양의 > 또는 <를 사용합니다.

CODE

```
let numberA = 1;
let numberB = 2;
let numberC = 3;

console.log(numberA < numberB); ①
console.log(numberA > numberB); ②
console.log(numberB < numberC); ③
console.log(numberB > numberC); ④
```

OUTPUT

```
true
false
true
false
```

① numberA가 numberB보다 작기 때문에 출력 결과는 참이 됩니다.

② numberA가 numberB보다 크지 않기 때문에 출력 결과는 거짓이 됩니다.

③ numberB가 numberC보다 작기 때문에 출력 결과는 참이 됩니다.

④ numberB가 numberC보다 크지 않기 때문에 출력 결과는 거짓이 됩니다.

대소 관계 연산자 > 또는 <에 대입 연산자 =을 붙여, 두 값이 서로 '크거나 같다(>=)' 혹은 '작거나 같다(<=)'처럼 비교할 수 있습니다.

CODE

```
let numberA = 1;
let numberB = 2;
let numberC = 2;

console.log(numberA <= numberB); ①
console.log(numberA >= numberB); ②
console.log(numberB <= numberC); ③
console.log(numberB >= numberC); ④
```

OUTPUT

```
true
false
true
true
```

① numberA가 numberB보다 작거나 같기 때문에 출력 결과는 참이 됩니다.

② numberA가 numberB보다 크거나 같지 않기 때문에 출력 결과는 거짓이 됩니다.

③ numberB가 numberC보다 작거나 같기 때문에 참이 됩니다.

④ numberB가 numberC보다 크거나 같기 때문에 참이 됩니다.

null 병합 연산자

null 병합 연산자(Nullish Coalescing Operator)는 값이 확정된 변수를 찾을 때 사용하는 연산자입니다. 자바스크립트에서는 값이 '없음'을 나타내는 자료형으로 null과 undefined가 있습니다. null이나 undefined가 있는 변수를 값이 확정되지 않은 변수라고 합니다. null 병합 연산자 ??을 사용하면, 값이 확정된 변수를 쉽게 찾아낼 수 있습니다.

CODE

```
let varA = 10;
let varB = 20;
let varC;

console.log(varA ?? varB); ①
console.log(varC ?? varB); ②
```

OUTPUT

```
10
20
```

① varA의 값은 10, varB의 값은 20으로 둘 다 값이 확정되었습니다. 이때 null 병합 연산에서는 ?? 연산자 기준 왼쪽의 값을 연산 결과로 반환합니다.

② varB의 값은 20, varC는 값을 할당하지 않아 undefined 값을 갖습니다. 이때 null 병합 연산에서는 값이 확정된 변수인 varB의 값을 연산 결과로 반환합니다.

실무에서 null 병합 연산자를 이용하면 다음과 같은 상황을 간단하게 해결할 수 있습니다.

요구사항 : 변수 user에 해당 사용자의 이름이 있다면 이름을, 이름이 없다면 닉네임을 저장하시오.

CODE

```
let name;
let nickname = "winterlood";

let user = name ?? nickname; ①

console.log(user);
```

OUTPUT

```
winterlood
```

① 변수 name과 nickname 중 확정된 변숫값을 user에 저장합니다. name에는 값이 없으므로 변수 user에는 nickname의 값이 저장됩니다.

결국 변수 user에는 문자열 winterlood가 저장되어 출력됩니다.

변수 name에 **"이정환"**이라는 문자열을 입력해 값을 확정한다면 어떻게 될까요?

CODE

```
let name = "이정환";
let nickname = "winterlood";

let user = name ?? nickname; ①

console.log(user);
```

OUTPUT

```
이정환
```

① null 병합 연산자는 두 피연산자의 값이 모두 확정되면 왼쪽의 값을 결과로 반환합니다.

따라서 변수 user에는 문자열 **이정환**이 저장되어 출력됩니다.

동적 타이핑과 typeof 연산자

자바스크립트는 변수에 숫자를 저장했다가 문자로 바꿔도 오류가 발생하지 않습니다. 자바스크립트 변수는 값을 저장할 때마다 자료형이 동적으로 결정되기 때문입니다. 쉽게 말해 변수에 숫자를 저장했다면 해당 변수는 숫자 자료형이 되고, 이후 문자를 저장하면 문자 자료형으로 바뀝니다. 저장하는 변숫값에 따라 변수의 자료형도 함께 변경되는 특징을 '동적 타이핑(Dynamic Typing)'이라고 합니다.

자바스크립트 자료형의 이러한 유연함은 때로는 단점이 되기도 합니다. 프로그래머가 다음과 같이 변수의 자료형이 변경되었다는 사실을 모르고 코드를 작성하면 프로그램이 의도치 않게 동작하거나 오류가 발생할 수 있습니다.

CODE

```
let varA = 1;
varA = '이정환';

console.log(++varA); ①
```

OUTPUT

```
NaN
```

① 변수 varA의 값을 숫자형으로 오인하고 증감 전위 연산자를 사용하였습니다. 이 경우 NaN을 출력하여 의도한 대로 동작하지 않습니다.

이런 상황을 대비해 변수 varA의 자료형이 무엇인지 확인할 필요가 있습니다. typeof 연산자를 이용하면 변수의 자료형을 확인할 수 있습니다

CODE

```
let varA = 1;
varA = '이정환';

console.log(typeof varA); ①
```

OUTPUT

```
string
```

① typeof 연산자는 변수의 자료형을 문자형(string)으로 출력합니다.

typeof 연산자는 앞으로 배울 조건문에서 변수의 자료형에 따라 각기 다른 코드를 수행하도록 만들 때 사용됩니다.

삼항 조건 연산자

삼항 조건 연산자(또는 삼항 연산자)는 유일하게 자바스크립트에서 3개의 피연산자를 취하는 연산자입니다.

삼항 연산자는 다음과 같이 ? 앞에 조건식을 작성하고, 콜론(:)을 기준으로 앞은 조건식이 참일 때 그리고 뒤는 조건식이 거짓일 때 수행할 명령을 작성하면 됩니다.

```
조건식 ? 참일 때 명령 수행 : 거짓일 때 명령 수행
```

다음 예제는 typeof와 삼항 연산자를 함께 사용하는데, 변수의 자료형에 따라 다른 동작을 수행합니다.

CODE

```
const varA = "안녕하세요";

typeof varA === "string"
  ? console.log("문자 자료형")
  : console.log("문자 자료형이 아님"); ①
```

OUTPUT

```
문자 자료형
```

TIP
코드의 길이가 길어 가독성을 위해 줄바꿈하였습니다. 삼항 연산자의 문법은 동일합니다.

① 변수 varA가 문자형이면 콜론(:) 앞의 명령을 수행하고, 그렇지 않으면 뒤의 명령을 수행합니다.

계속해서 다음은 삼항 연산자를 이용해 값이 홀수인지 짝수인지 판별하는 간단한 예입니다.

CODE

```
let num = 1;

num % 2 === 0 ? console.log("짝수") : console.log("홀수"); ①
```

OUTPUT

홀수

① num % 2 === 0은 삼항 연산자의 조건식입니다. 조건식은 변수 num의 값을 2로 나누었을 때 나머지가 0인지 묻고 있습니다. 나머지가 0이라는 것은 변수에 저장된 값이 짝수라는 의미입니다. 따라서 조건식이 참(짝수)이면 전반부의 console.log("짝수")를 실행하고, 그렇지 않으면 후반부의 console.log("홀수")를 실행합니다.

변수 num의 값을 바꿔가며 어떤 값이 나오는지 직접 확인해 보길 바랍니다.

삼항 연산자는 조건식에 따라 다른 명령을 수행할 때 사용하지만 다음과 같이 값을 반환할 수도 있습니다.

CODE

```
let num = 1;
let result = num % 2 === 0 ? "짝수" : "홀수";

console.log(result);
```

OUTPUT

홀수

삼항 연산자에서 참과 거짓에 따라 수행하는 명령 대신에 값을 입력하면 조건식에서 정한 값을 반환합니다. 코드에서 num % 2의 값은 0이 아니므로 변수 result에는 **홀수**라는 문자열이 저장됩니다.

조건문

조건문이란 특정 조건을 만족할 때 원하는 동작을 수행하게 하는 프로그래밍의 기본 문법 중 하나입니다. 자바스크립트의 조건문에는 if 문과 switch/case 문이 있습니다.

if 문

if는 영어로 '만약'이라는 뜻입니다. 따라서 if 문은 "만약 A라면 B를 하고, 그렇지 않으면 C를 하라"와 같이 조건에 따라 각기 다른 명령을 수행하도록 만들 때 사용합니다.

if 문은 if 키워드 다음의 소괄호(())에 조건식을 입력하고, 중괄호({})에서는 해당 조건식이 참일 때 수행할 명령을 입력합니다.

```
if (조건식) {
  조건식이 참일 때 수행할 명령
}
```

다음은 if 문을 사용해 제공한 숫자가 10 이상인지 판단하는 예제입니다.

CODE

```
let num = 11;

if (num >= 10) {
  console.log("num은 10 이상입니다.");
}
```

OUTPUT

```
num은 10 이상입니다.
```

변수 num의 값은 11로 10보다 큽니다. 따라서 조건식을 만족하기 때문에 중괄호에 작성한 명령을 수행합니다. 변수 num의 값을 9로 바꾼다면 어떻게 될까요? 조건식을 만족하지 않기 때문에 중괄호에 작성한 명령을 수행하지 않습니다. 따라서 콘솔에는 아무것도 출력되지 않습니다.

if 문에서는 명령을 여러 줄에 걸쳐 입력해도 얼마든지 수행할 수 있습니다.

CODE

```
let num = 11;

if (num >= 10) {
  console.log("조건 일치!");
  console.log("num은 10 이상입니다.");
}
```

OUTPUT

```
조건 일치!
num은 10 이상입니다.
```

조건식을 만족하지 않을 때 수행할 코드를 따로 작성하고 싶다면, 다음과 같이 else 키워드를 사용하면 됩니다.

```
if (조건식) {
  참일 때 수행하는 명령
}
else {
  거짓일 때 수행하는 명령
}
```

다음은 if 문에서 else를 사용하여 거짓일 때 수행할 명령을 추가한 예제입니다

CODE

```
let num = 9;

if (num >= 10) {
  console.log("조건 일치!");
```

OUTPUT

```
조건 불일치!
num은 10보다 작습니다.
```

```
  console.log("num은 10 이상입니다.");
} else {
  console.log("조건 불일치!");
  console.log("num은 10보다 작습니다.");
}
```

변수 num의 값은 9이므로 if 문의 조건식을 만족하지 않습니다. 따라서 조건식을 만족하지 않으면 else 중괄호 내부의 명령을 차례로 실행합니다. 이렇듯 if ~ else 문을 이용하면, 조건이 참인지 거짓인지에 따라 두 가지 각기 다른 동작을 수행하는 코드를 구현할 수 있습니다.

그런데 참과 거짓 말고도 또 다른 조건을 추가하려면 어떻게 프로그래밍해야 할까요? else if 문은 두 개 이상의 조건이 있는 경우에 사용하는 조건문입니다.

CODE

```
let num = 5;

if (num >= 10) {
  console.log("num은 10 이상입니다.");
} else if (num >= 5) {
  console.log("num은 5 이상입니다.");
} else {
  console.log("num은 5 미만입니다.");
}
```

OUTPUT

```
num은 5 이상입니다.
```

if 문의 조건식이 거짓이면, 바로 다음 else if 문에서 조건식을 다시 검사합니다. else if 문의 조건식이 참이면 이 문에 있는 명령을 수행합니다. 예제에서 변수 num의 값은 5이므로, else if 문의 조건식을 만족합니다. 따라서 else if 문의 명령을 수행하여 num은 5 이상입니다.를 출력합니다.

조건이 여러 개가 있어도 상관없습니다. else if 문은 여러 개 중첩해 사용할 수 있습니다. 다음은 중첩 else if 문을 사용해, 코드에 따라 해당 국가의 이름을 출력하는 예입니다.

CODE

```
let country = "ko";

if (country === "ko") {
  console.log("한국");
} else if (country === "us") {
  console.log("미국");
} else if (country === "dk") {
  console.log("덴마크");
```

OUTPUT

```
한국
```

```
} else {
  console.log("미분류");
}
```

else if 문을 중첩해 사용하면 조건에 맞게 각기 다른 명령을 수행할 수 있습니다.

switch 문

switch 문은 중첩 if 문처럼 비교할 조건이 많을 때 사용하는 조건문입니다. switch 문은 식이나 값을 case 문과 비교해 정확히 일치할 때만 수행합니다.

CODE

```
let fruit = "apple";

switch (fruit) {    ①
  case "apple": {  ②
    console.log("사과");
    break;         ③
  }
  case "banana": {
    console.log("바나나");
    break;
  }
  default: {
    console.log("우리가 찾는 과일이 아님");
  }
}
```

OUTPUT

```
사과
```

① switch 문은 오른쪽 소괄호에 있는 변수 fruit의 값을 기준으로 이 값이 어떤 case에 해당하는지 판단합니다.

② 변수 fruit의 값은 apple이므로 이 case 문의 조건과 일치합니다. 따라서 해당 case에 작성한 명령을 수행합니다.

③ case 문에서 명령을 수행한 다음 break 문을 만나면 switch 문을 종료합니다.

switch 문에서는 break 문을 사용합니다. case 문에서 수행할 명령을 작성하고, break를 입력해 "실행할 명령이 끝났다"라고 알려주어야 합니다. break 문을 작성하지 않아도 오류가 발생하지는 않습니다. 그러나 break를 입력하지 않으면, 조건식과 일치해 실행한 case 문 이후의 명령까지 모두 차례로 수행합니다.

다음은 그 예를 보여주고 있습니다.

CODE

```
let fruit = "apple";

switch (fruit) {
  case "apple": {
```

OUTPUT

```
사과
바나나
우리가 찾는 과일이 아님
```

```
    console.log("사과");
  }
  case "banana": {
    console.log("바나나");
  }
  default: {
    console.log("우리가 찾는 과일이 아님");
  }
}
```

swtich 문은 조건식과 일치하는 case 문의 명령을 수행한 후에도, 다음에 작성한 명령까지 모두 수행하려는 속성이 있습니다. 따라서 적절하게 break 문을 입력해 원하는 case 문만 수행하도록 해야 합니다. default 문은 비교하는 식 또는 값이 어떤 case와도 일치하지 않을 때 수행하는 명령입니다. default 문은 선택적으로 사용할 수 있으므로 생략해도 오류가 발생하지 않습니다.

조건이 여러 개인 경우에 switch 문을 사용하면 if 문보다 가독성 있는 코드를 작성할 수 있습니다. 만약 조건이 많음에도 불구하고 if 문과 else if 문을 중첩해서 코드를 작성하면, 다음 예처럼 보기만 해도 복잡해 보이는 코드를 작성해야 합니다.

CODE

```
let country = "ko";

if (country === "ko") {
  console.log("한국");
} else if (country === "us") {
  console.log("미국");
} else if (country === "dk") {
  console.log("덴마크");
} else if (country === "do") {
  console.log("도미니카공화국");
} else if (country === "mx") {
  console.log("멕시코");
} else if (country === "ch") {
  console.log("스위스");
} else if (country === "es") {
  console.log("스페인");
} else {
  console.log("미분류");
}
```

OUTPUT

```
한국
```

switch 문을 이용하면 간결하면서도 가독성 있는 코드를 작성할 수 있습니다.

CODE

```
let country = "ko";

switch (country) {
  case "ko": {
    console.log("한국");
    break;
  }
  case "us": {
    console.log("미국");
    break;
  }
  case "dk": {
    console.log("덴마크");
    break;
  }
  case "do": {
    console.log("도미니카공화국");
    break;
  }
  case "mx": {
    console.log("멕시코");
    break;
  }
  case "ch": {
    console.log("스위스");
    break;
  }
  case "es": {
    console.log("스페인");
    break;
  }
  default: {
    console.log("미분류");
  }
}
```

OUTPUT

```
한국
```

자바스크립트의 조건문으로 if 문과 switch 문을 알아보았습니다. 상황에 따라 적절히 선택해 사용하면 됩니다. 보통 조건의 개수는 많으나 조건별로 수행할 식이 짧다면 switch 문을 사용하고, 조건은 많지 않으나 조건별로 수행할 식이 길거나 복잡하다면 if 문을 사용합니다.

반복문

프로그래밍에서 동일하거나 유사한 동작이 반복해서 나올 때는 반복문(Loop)을 사용합니다. 반복문 역시 조건문처럼 프로그래밍의 가장 기초적인 문법 중 하나입니다.

반복문의 유용성과 for 문

예를 들어 1부터 100까지 콘솔에 출력한다고 가정해 봅시다. 반복문을 쓰지 않는다면 어떻게 프로그래밍해야 할까요? 1부터 100까지 콘솔에 출력하기 위해서는 console.log를 100번 작성해야 할 겁니다.

```
console.log(1);
console.log(2);
(...)
console.log(99);
console.log(100);
```

TIP
(...)는 중략 표시입니다. 앞서 살펴본 코드는 책의 지면을 고려해 생략한다는 표시입니다.

반복문을 사용하면 100줄의 코드를 다음과 같이 단 3줄로 구현할 수 있습니다.

CODE
```
for (let i = 1; i <= 100; i++) {
  console.log(i);
}
```

100줄의 코드를 무려 3줄로 줄여 간결하게 작성했습니다.

자바스크립트의 반복문에는 for 문, while 문, do while 문 등이 있습니다. 이 책에서는 가장 널리 사용하는 for 문을 중점적으로 살펴봅니다. 자바스크립트의 for 문은 C, 자바, 파이썬 등 대다수 프로그래밍 언어가 사용하는 문법과 크게 다르지 않습니다.

다음은 for 문의 기본 사용법입니다.

```
for (초기식; 조건식; 증감식) {
  실행할 명령
}
```

for 문은 조건식과 일치하지 않을 때까지 반복하면서 중괄호에 있는 명령을 수행합니다.

for 문은 지금까지 살펴본 문법 가운데 구성 요소가 가장 많습니다. 다음 코드에서 for 문을 구성하는 요소의 목적과 역할을 자세히 알아보겠습니다.

CODE

```
for (let idx = 1; ① idx <= 100; ② idx++ ③) {
  console.log(idx); ④
}
```

① 반복문에 사용할 변수를 초기화하는 식입니다. 초기식은 처음에 한 번만 수행합니다. 초기식에서 선언한 변수는 반복할 때마다 ③의 증감식으로 값이 변동되기 때문에 '카운터 변수'라고도 합니다. 카운터 변수는 보통 하나를 선언하지만 둘 이상의 카운터 변수가 필요할 경우에는 콤마(,)를 이용해 구분합니다. 카운터 변수는 반복문 외부에서는 사용할 수 없습니다.

② 조건식은 언제까지 반복할 것인지 정의하는 식입니다. 반복할 때마다 조건을 검사하여 조건이 참이면 반복을 계속하고 거짓이면 반복을 멈춥니다. 조건식 idx <= 100;은 초기식에서 선언한 카운터 변수 idx가 100을 초과하면 반복을 종료하겠다는 뜻입니다.

③ 증감식은 반복할 때마다 카운터 변수를 증가 또는 감소하는 식입니다. 이 코드처럼 증감 연산자인 ++과 --를 주로 사용하는데, 가끔은 복합 대입 연산자를 쓰기도 합니다. 증감식 idx++은 반복할 때마다 변수 idx의 값을 1씩 증가합니다.

④ 반복 수행의 대상이 되는 명령은 반복할 때마다 실행됩니다. 중괄호 블록 안에서는 초기식에서 정의한 카운터 변수를 사용할 수 있습니다. 이 명령은 카운터 변수 1이 101이 될 때까지 모두 100번에 걸쳐 반복 실행합니다.

반복문 강제 종료하기, 건너뛰기

break 문을 사용하면 조건식에서 정의한 반복문의 종료 조건과 상관없이 반복을 강제로 종료할 수 있습니다.

CODE

```
for (let idx = 1; idx <= 100; idx++) {
  if (idx > 10) { ①
    console.log("반복문 종료!");
    break;
  }
  console.log(idx);
}
```

OUTPUT

```
1
(...)
10
반복문 종료!
```

① 반복문 내부에 작성한 조건식(10보다 클 때)을 만족하면 콘솔에 반복문 종료!를 출력합니다. 계속해서 break 문을 실행하면서 반복을 즉시 종료합니다.

결괏값을 보면 for 문 안에 작성한 if 문의 조건이 10보다 클 때 반복을 종료하므로 1부터 10까지 숫자만 출력하고 있습니다.

continue 문은 break 문과 유사하게 동작하지만, 반복을 멈추는 대신 다음 반복 과정으로 건너뜁니다. 다음은 continue 문을 이용해 1부터 10까지의 숫자 중 홀수만 출력하는 예입니다.

CODE
```
for (let idx = 1; idx <= 10; idx++) {
  if (idx % 2 === 0) { ①
    continue;
  }
  console.log(idx);
}
```

OUTPUT
```
1
3
(...)
9
```

> ① 변수 idx를 2로 나누어 나머지가 0이라는 것은 idx의 값이 짝수라는 뜻입니다. if 문에서 idx가 짝수면 continue 문을 만나게 됩니다. continue 문을 만나면 다음 명령 console.log(idx)를 실행하는 대신 다음 반복 과정으로 바로 건너뛰게 됩니다.

결과적으로 이 코드는 idx가 홀수일 때만 console.log(idx) 명령을 실행하게 됩니다.

함수

자바스크립트 코드를 작성하다 보면 유사하게 동작하는 코드를 작성할 때가 있습니다. 그러나 동일하거나 유사한 코드를 필요하다고 매번 만들게 되면 불필요한 중복 코드가 생깁니다. 자바스크립트에서는 공통으로 사용하는 유사 코드를 하나로 묶어 '함수'라는 이름으로 사용할 수 있습니다.

함수가 필요한 이유

함수의 사용법을 본격적으로 알아보기 전에, 함수는 언제 사용하는 게 유용한지 사례를 통해 살펴보겠습니다. 다음은 주어진 높이와 너비를 이용해 직사각형의 면적을 출력하는 간단한 예입니다.

CODE
```
let width = 10;
let height = 20;
let area = width * height;

console.log("면적: ", area)
```

OUTPUT
```
면적: 200
```

직사각형의 넓이를 한 개가 아닌 두 개 구해야 한다면 다음과 같이 작성합니다.

CODE

```
let width1 = 10;
let height1 = 20;
let area1 = width1 * height1;

let width2 = 100;
let height2 = 200;
let area2 = width2 * height2;

console.log("면적: ", area1);
console.log("면적: ", area2);
```

OUTPUT

```
면적: 200
면적: 20000
```

직사각형을 구하는 방법은 첫 번째나 두 번째나 다 똑같습니다. 두 직사각형의 넓이 변수 area1과 area2는 이름과 값만 다를 뿐, 높이와 너비를 곱해 넓이를 구하는 방법은 동일합니다. 같은 방식으로 10개가 넘는 직사각형의 넓이를 구한다면 어떻게 될까요? 이런 식으로 유사하게 동작하는 코드를 중복해 작성하면, 코드는 길어지고 가독성도 현저히 떨어집니다.

함수를 사용하면 유사하게 동작하는 중복 코드를 하나의 블록 단위로 묶을 수 있습니다. 그리고 이 블록에 이름을 붙여 원할 때마다 호출해 사용할 수 있습니다. 한마디로 더 간결하고 구조적인 프로그래밍이 가능하게 됩니다.

함수 선언

함수는 '이름이 붙은 명령들의 모음'이라고 말할 수 있습니다. 예를 들어 직사각형의 넓이를 구하는 함수를 만든다고 하면, 높이와 너비를 곱해 넓이를 구하는 명령만을 모아 하나의 함수로 구성할 수 있습니다.

자바스크립트에서는 기본적으로 다음과 같이 함수를 만듭니다.

```
function 함수 이름 (매개변수) {
  함수가 수행하는 명령
}
```

자바스크립트에서는 function이라는 키워드를 사용해 함수를 만듭니다. function 키워드 바로 다음에는 함수의 이름, 그 다음에는 매개변수가 오며, 마지막으로 중괄호로 감싼 곳에 함수가 수행할 명령을 작성합니다. 매개변수는 함수에 값을 전달하는 일종의 매개체입니다. 매개변수의 설명과 사용법은 다음 단원에서 자세히 다룹니다.

만약 환영 인사를 하는 기능을 함수로 만든다고 하면 다음과 같이 작성할 수 있습니다.

```
function greeting() {
  console.log("안녕하세요!");
}
```

이렇게 만든 함수는 greeting이라는 이름으로 **안녕하세요!**라는 문자열을 콘솔에 출력하는 기능을 갖게 됩니다.

이와 같이 함수를 정의하는 작업을 '함수 선언'이라고 합니다.

함수 호출

함수를 선언했다고 해서 함수를 바로 실행할 수 있는 것은 아닙니다. 함수는 이름을 불러 주어야 실행되는데, 이를 '함수 호출'이라고 합니다.

CODE

```
function greeting() {
  console.log("안녕하세요!");
}

greeting();  // greeting 함수 호출
```

OUTPUT

```
안녕하세요!
```

함수를 호출하면 미리 선언해 두었던 함수를 실행합니다. 정확히는 호출하면 함수를 선언할 때 중괄호에 작성했던 명령을 실행합니다. 결국 함수 선언은 호출하면 바로 실행할 수 있도록 준비하는 작업이라고 생각할 수 있습니다.

지금까지 작성했던 자바스크립트 코드는 실행하면, 위에서부터 아래로 순서대로 한 줄씩 수행됩니다. 그런데 함수를 호출하면 코드의 실행 흐름이 바뀝니다. 다음 예에서 코드의 실행 순서를 눈여겨보길 바랍니다.

CODE

```
function greeting() {          ①
  console.log("안녕하세요!");  ④
}

console.log("함수 시작 전");   ②
greeting();                    ③
console.log("함수 종료");      ⑤
```

OUTPUT

```
함수 시작 전
안녕하세요!
함수 종료
```

① 함수를 선언합니다.

② 함수 시작 전이라는 문자열을 콘솔에 출력합니다

③ 함수 greeting을 호출합니다. 기존에 순서대로 진행되던 코드의 흐름은 여기서 멈추고, 호출된 함수를 수행하기 위해 선언한 곳으로 흐름이 이동합니다.

④ 함수가 실행되면서 콘솔에 안녕하세요!를 출력합니다.

> ⑤ 호출된 함수가 동작을 모두 종료하면 코드의 흐름은 다시 원래대로 돌아오며 ③ 이후의 코드를 수행합니다. 콘솔에 함수 종료를 출력합니다.

함수가 어떻게 동작하는지 알아보았습니다. 다음에는 함수를 이용해 직사각형의 넓이를 구하는 코드를 작성하겠습니다.

CODE
```
function getArea() {
  let width = 10;
  let height = 20;
  let area = width * height;

  console.log(area);
}
```

getArea라는 이름의 함수는 너비와 높이를 곱해 넓이를 구한 다음 콘솔에 출력합니다. 자주 사용하는 코드를 함수로 만들어 두면, 매번 작성하지 않아도 필요할 때 호출해 직사각형의 넓이를 쉽게 구할 수 있습니다.

다음은 함수 getArea를 호출하는 예제입니다.

CODE
```
function getArea() {
  let width = 10;
  let height = 20;
  let area = width * height;
  console.log(area);
}

getArea();
```

OUTPUT
```
200
```

함수의 인수와 매개변수

앞서 작성한 직사각형을 구하는 함수 getArea는 부족한 면이 있습니다. 언제나 똑같은 넓이만 반환하기 때문입니다. 이 함수에는 너비와 높이의 값이 언제나 고정적으로 제공됩니다. 이 문제를 해결하기 위해서는 함수 getArea를 호출할 때, 구하려는 직사각형의 너비와 높이의 값을 함수에 전달하면 됩니다. 그러면 함수 getArea는 전달받은 높이와 너비를 계산해 새 넓이의 값을 반환합니다.

자바스크립트에서는 '인수'와 '매개변수'라는 기능을 이용해 함수를 호출하면서 값을 주고받습니다. 다음은 함수 getArea에 높이와 너비의 값을 전달하는 예입니다

CODE

```
function getArea(width, height) {  ②
  let area = width * height;
  console.log(area);
}

getArea(10, 20); ①
```

OUTPUT

```
200
```

① 함수를 호출하면서 이번에는 소괄호에 두 개의 값을 콤마로 구분하여 작성합니다. 작성한 값은 호출한 함수로 전달되는데, 이 값을 '인수(argument)'라고 합니다.

② 함수를 선언할 때, 함수의 선언부에는 인수로 전달된 값을 저장할 변수 이름을 소괄호에 작성합니다. 이렇듯 인수로 전달된 값을 함수에서 사용할 수 있게 저장하는 변수를 '매개변수(parameter)'라고 합니다. 코드에서 width는 10, height는 20이라는 값을 받게 됩니다.

인수와 매개변수는 자주 혼동되는 단어입니다. 인수는 함수를 호출하면서 넘겨주는 값이고, 매개변수는 함수에서 넘겨받은 인수를 저장하는 변수입니다. 즉 인수는 '값', 매개변수는 그 값을 저장할 '변수'로 생각하면 이해하기 쉽습니다.

함수 반환

보통 누군가를 부르면 돌아오는 대답이 있기 마련입니다. 자바스크립트의 함수 또한 호출에 대한 답으로 값을 반환할 수 있습니다. 함수에서 값을 반환하려면 return 문을 사용합니다.

CODE

```
function getArea(width, height) {
  let area = width * height;
  return area; ①
}

let result = getArea(10, 20); ②
console.log(result);
```

OUTPUT

```
200
```

① 함수 내에 return 문을 사용하면, return 문에 있는 값을 '반환'합니다. 참고로 함수가 돌려주는 값을 '반환값'이라고 합니다.

② ①에서 반환한 값을 변수 result에 저장합니다. 반환값은 함수 호출의 결괏값이기도 합니다.

함수는 return 문으로 수행한 결과를 반환합니다. 한 가지 주의할 점은 함수에서 더 동작할 코드가 남았더라도 return 문을 만나면 함수는 종료된다는 사실입니다.

CODE

```
function getArea(width, height) {
  let area = width * height;
```

OUTPUT

```
200
```

```
  return area;             ①
  console.log("함수 종료"); ②
}

let result = getArea(10, 20);
console.log(result);
```

① 함수 getArea는 return 문을 만나면 값을 반환하고 바로 종료합니다.

② ①에서 값을 반환함과 동시에 함수가 종료되기 때문에 이 명령은 수행되지 않습니다.

중첩 함수

자바스크립트는 함수 내에서 또 다른 함수를 선언할 수 있습니다. 특정 함수 내부에서 선언된 함수를 '중첩 함수(Nested Function)'라고 합니다.

CODE

```
function greeting() {
  function greetingWithName(name) { ①
    console.log(`hello! ${name}`);
  }

  let name = "이정환";
  greetingWithName(name); ②
}

greeting();
```

OUTPUT

```
hello! 이정환
```

① 함수 greeting 안에서 greetingWithName이라는 함수를 선언합니다. 이 함수는 중첩 함수입니다. 이름을 전달받아 템플릿 리터럴을 이용해 인사말을 출력합니다.

② 함수 greeting 내에서 선언한 함수 greetingWithName을 호출하면서 인수로 이정환이라는 값을 담은 변수 name을 전달합니다.

TIP
템플릿 리터럴은 문자 자료형을 배울 때 살펴보았습니다. 백틱을 이용해 문자열을 감싸며, 그 내부에서 ${변수 이름} 형식으로 동적으로 문자열을 생성하는 문법입니다.

중첩 함수를 많이 두면 가독성을 헤치는 단점이 있으나, 적절히 활용하면 함수 내에서 서로 역할을 분담할 수 있어 중복 코드를 방지하는 데 도움이 됩니다.

함수와 호이스팅

호이스팅(Hoisting)이란 프로그램에서 변수나 함수를 호출하거나 접근하는 코드가 함수 선언보다 위에 있음에도 불구하고, 마치 선언 코드가 위에 있는 것처럼 동작하는 자바스크립트만의 독특한 기능입니다. 다음 예제를 보면 쉽게 이해할 수 있습니다.

CODE
```
func();

function func() {
  console.log("hello");
}
```

OUTPUT
```
hello
```

이 코드에서는 함수 func을 선언도 하기 전에 호출하지만 오류가 발생하지 않습니다. 즉, 함수 func에 대한 선언이 호출 코드보다 아래에 있지만, 마치 호출보다 먼저 함수를 선언한 것처럼 자연스럽게 동작합니다.

자바스크립트에서 함수는 선언하기 전에도 호출할 수 있는데, 이런 기능을 '호이스팅'이라고 합니다. 이런 현상이 일어나는 이유는 자바스크립트의 내부 알고리즘 때문입니다. 자바스크립트는 코드를 실행하기 전에 준비 단계를 거칩니다. 준비 단계에서 중첩 함수가 아닌 함수들은 모두 찾아 미리 생성해 둡니다. 자바스크립트 코드는 이런 준비 단계를 거친 다음에 실행됩니다. 따라서 함수 선언 코드를 호출보다 늦게 작성해도 자연스럽게 호출할 수 있습니다.

자바스크립트의 독특한 특징의 하나인 호이스팅은 코드 내에서 함수 선언의 위치를 강제하지 않기 때문에 더 유연한 프로그래밍을 작성하는 데 도움을 줍니다.

함수 표현식

자바스크립트는 함수 선언 말고도 함수를 만드는 또 다른 방법이 있습니다. 바로 '함수 표현식'을 이용하는 방법입니다. 함수 표현식이란 함수를 생성하고 변수에 값으로 저장하는 방법입니다.

CODE
```
let greeting = function() {
  console.log("hello");
};

greeting();
```

OUTPUT
```
hello
```

자바스크립트에서는 함수를 숫자나 문자열처럼 값으로 취급합니다. 그래서 변수에 함수를 저장할 수 있습니다. 변수에 함수를 저장하면 변수 이름으로 호출할 수 있습니다. 이렇게 함수를 변수의 값으로 저장해 생성하는 방법을 함수 표현식이라고 합니다.

이 코드에서는 함수를 만들 때 이름을 생략했습니다. 이 함수는 변수의 이름인

greeting으로 호출하기 때문에 굳이 함수에 이름을 달지 않았습니다. 이렇게 이름을 정의하지 않은 함수를 '익명 함수'라고 합니다.

다음은 선언한 함수를 변수에 저장해 사용하는 예입니다.

CODE

```
function greetFunc() {
  console.log("hello");
}

greetFunc();

let greeting = greetFunc; ①
greeting();
```

OUTPUT

```
hello
hello
```

① 변수 greeting에 함수 greetFunc을 저장합니다.

한 가지 주의할 점은 함수를 변수에 저장할 때에는 함수 호출과 달리 소괄호를 명시하지 않습니다.

함수 표현식으로 만든 함수는 함수 선언으로 만든 함수와는 달리 호이스팅되지 않습니다.

CODE

```
funcA();
funcB();    ERROR funcB는 정의되지 않았으며 함수가 아닙니다

function funcA() {
  console.log("func A");
}

let funcB = function() {
  console.log("func B");
};
```

OUTPUT

```
hello
```

funcA는 함수 선언으로 만들었기 때문에 호이스팅의 대상입니다. 따라서 함수 선언 전에도 호출할 수 있지만, funcB에 저장한 함수는 호이스팅되지 않습니다. 함수 표현식을 사용하여 저장한 함수는 선언이 아닌 '값'으로 취급하기 때문에 호이스팅을 하지 못합니다.

콜백 함수

앞서 함수 표현식에서 자바스크립트는 함수를 값으로 취급해 변수에 저장할 수 있음을 알았습니다. 따라서 함수는 다른 함수의 인수(=값)로도 전달할 수 있는데, 이를 '콜백 함수(Callback Function)'라고 합니다.

다음은 간단한 콜백 함수의 예입니다.

CODE
```
function parentFunc(callBack) {  // 매개변수 callBack에는 함수 childFunc이 저장됩니다
  console.log("parent");
  callBack();
}

function childFunc() {
  console.log("child");
}

parentFunc(childFunc); ①
```

OUTPUT
```
parent
child
```

함수 선언으로 2개의 함수 parentFunc과 childFunc을 만들었습니다. 그리고 ①에서 함수 parentFunc을 호출하면서 인수로 함수 childFunc을 전달합니다. 따라서 함수 parentFunc의 매개변수 callback에는 함수 childFunc이 저장됩니다.

TIP
콜백 함수를 인수로 받는 함수를 고차 함수(Higher-Order Function, HOF)라고 합니다.

함수 parentFunc을 호출하면 먼저 parentFunc은 parent를 콘솔에 출력합니다. 그런 다음 매개변수 callback에 저장된 함수를 호출합니다. 매개변수 callback에는 ①에서 인수로 전달된 함수 childFunc이 저장되어 있습니다. 따라서 함수 callback을 호출하면 함수 childFunc이 실행되어 child를 콘솔에 출력합니다.

콜백 함수가 필요한 이유

그렇다면 콜백 함수는 왜 필요할까요? 콜백 함수가 어떤 상황에서 필요한지 살펴보기 위해 0부터 전달받은 숫자만큼 반복하는 함수를 하나 만들겠습니다.

CODE
```
function repeat(count) { ①
  for (let idx = 0; idx < count; idx++) {
    console.log(idx + 1);
  }
}

repeat(5);
```

OUTPUT
```
1 2 3 4 5
```

① 함수 repeat는 매개변수 count만큼 반복하면서 현재의 반복이 몇 번째인지 콘솔에 출력합니다.

만일 함수 repeat와 동일한 구조로 반복하는 반복문이지만 다른 기능이 추가로 필요하다면 어떻게 하는 게 좋을까요? 일반적으로 다음과 같이 새 함수를 만들 겁니다.

CODE

```
function repeat(count) {
  for (let idx = 0; idx < count; idx++) {
    console.log(idx + 1);
  }
}

function repeatDouble(count) { ①
  for (let idx = 0; idx < count; idx++) {
    console.log((idx + 1) * 2);
  }
}

repeatDouble(5);
```

OUTPUT

```
2 4 6 8 10
```

① 함수 repeatDouble은 매개변수 count만큼 반복하면서 현재의 반복 횟수에 2를 곱한 값을 콘솔에 출력합니다.

함수 repeatDouble은 repeat처럼 전달된 숫자만큼 반복하는 작업은 동일하지만, 반복문에서 수행하는 명령이 조금 다릅니다.

함수가 동일한 기능을 갖더라도 특정 부분이 달라 새 함수를 만들게 되면 중복 코드가 발생합니다. 콜백 함수를 사용하면 이러한 문제를 효과적으로 해결할 수 있습니다.

CODE

```
function repeat(count, callBack) {         ③
  for (let idx = 0; idx < count; idx++) { ④
    callBack(idx + 1);
  }
}

function origin(count) { ①
  console.log(count);
}

repeat(5, origin); ②
```

OUTPUT

```
1 2 3 4 5
```

① 매개변수를 콘솔에 출력하는 함수 origin을 만듭니다.

② 함수 repeat를 호출하고 인수로 5와 함수 origin을 전달합니다.

③ 함수 repeat가 호출되면 매개변수 count에는 숫자 5를 저장하고, callback에는 함수 origin을 저장합니다.

④ 0부터 4까지 총 5회 반복할 때마다 매개변수 callback에 저장한 함수 origin을 호출하고 idx + 1을 인수로 전달합니다. 따라서 함수 origin은 함수 repeat의 반복문에서 총 5회 호출되면서 숫자 1부터 5까지 콘솔에 출력합니다.

만일 함수 repeat에서 반복문의 동작을 변경하고 싶다면, 새 함수를 만들어 repeat의 인수로 전달하면 됩니다.

CODE

```
function repeat(count, callBack) { ③
  for (let idx = 0; idx < count; idx++) {
    callBack(idx + 1);
  }
}

function origin(count) {
  console.log(count);
}

function double(count) { ①
  console.log(count * 2);
}

repeat(5, double); ②
```

OUTPUT

```
2 4 6 8 10
```

① 매개변수에 2를 곱해 콘솔에 출력하는 함수 double을 만듭니다.

② 함수 repeat의 인수로 함수 double을 전달합니다. 이제 함수 repeat의 매개변수 callback에는 함수 double이 저장됩니다.

③ 함수 repeat의 반복문에서 반복할 때마다 매개변수 callback에 저장된 함수 double을 호출하고 인수로 idx + 1을 전달합니다. 따라서 2 4 6 8 10이 콘솔에 출력됩니다.

만일 함수 repeat 내에서 또 다른 일을 하고 싶다면, 새 함수를 만들고 인수로 전달해 콜백 함수를 교체하면 됩니다. 콜백 함수를 이용하면 상황에 맞게 하나의 함수가 여러 동작을 수행하도록 만들 수 있습니다.

함수 표현식을 이용한 콜백 함수

콜백 함수는 함수 표현식으로도 만들 수 있습니다. 다음은 함수 표현식을 이용한 콜백 함수의 예입니다.

CODE

```
function repeat(count, callBack) {
  for (let idx = 0; idx < count; idx++) {
    callBack(idx + 1);
  }
}

const double = function(count) { ①
  console.log(count * 2);
};
```

OUTPUT

```
2 4 6 8 10
```

```
repeat(5, double); ②
```

> ① 받은 인수에 2를 곱해 콘솔에 출력하는 익명 함수를 만들어 double에 저장합니다.
>
> ② 변수 double에 저장된 함수를 repeat의 인수로 전달해 콜백 함수로 사용합니다.

변수 double에 저장한 익명 함수를 다시 사용할 필요가 없는 상황이라면, 다음과 같이 익명 함수를 직접 인수 형태로 전달해도 됩니다. 그럼 코드를 더 줄일 수 있습니다.

CODE

```
function repeat(count, callBack) {
  for (let idx = 0; idx < count; idx++) {
    callBack(idx + 1);
  }
}

repeat(5, function(count) { ①
  console.log(count * 2);
});
```

OUTPUT

```
2 4 6 8 10
```

> ① 함수 repeat를 호출하며 첫 번째 인수로는 숫자 5, 두 번째 인수로는 콜백 함수로 활용할 익명 함수를 직접 생성해 전달합니다. 그럼 익명 함수는 함수 repeat의 매개변수 callback에 저장되어 repeat 내에서 호출할 수 있게 됩니다.

함수 호출과 함께 익명 함수를 인수로 전달하여 콜백 함수를 사용하는 예는 다른 언어에서 찾아보기 힘든 문법이므로 처음에는 어색하게 느껴질 수 있습니다. 그러나 앞으로 자바스크립트 프로그래밍을 진행하다 보면, 이런 예제를 무수히 만나므로 금방 익숙해집니다.

화살표 함수

화살표 함수는 익명 함수를 매우 간결하게 작성할 때 사용하는 함수 표현식의 단축 문법입니다. 화살표 함수는 다음과 같은 형식으로 사용합니다.

```
let funcA = (매개변수) => 반환값;
```

화살표 함수 funcA는 다음 함수와 동일합니다.

```
let funcA = function(매개변수) {
  return 반환값;
};
```

다음은 이름을 전달받아 템플릿 리터럴 형식으로 인사말을 반환하는 간단한 화살표 함수의 예입니다.

CODE

```
let greeting = (name) => `hello ${name}`;

const greetingText = greeting("이정환");

console.log(greetingText);
```

OUTPUT

```
hello 이정환
```

만약 화살표 함수 본문이 여러 줄이면 다음과 같이 중괄호를 사용하면 됩니다.

CODE

```
let greeting = (name) => {
  let greetingText = `hello ${name}`;
  return greetingText;
};

console.log(greeting("이정환"));
```

OUTPUT

```
hello 이정환
```

다만 화살표 함수 본문에 중괄호를 사용하면, 함수를 선언할 때처럼 값을 반환할 때 return 문을 써주어야 합니다.

콜백 함수로 사용할 함수 또한 다음과 같이 화살표 함수로 작성할 수 있습니다.

CODE

```
let isConfirm = true;

function confirm(onYes, onNo) {
  if (isConfirm) onYes();
  else onNo();
}

confirm(
  () => console.log("승인"), ①
  () => console.log("거부")  ②
);
```

OUTPUT

```
승인
```

> ① 함수 confirm의 첫 번째 인수로 콘솔에 '승인'을 출력하는 화살표 함수를 전달합니다. 이 함수는 매개변수 onYes에 저장됩니다.
>
> ② 함수 confirm의 두 번째 인수로 콘솔에 '거부'를 출력하는 화살표 함수를 전달합니다. 이 함수는 매개변수 onNo에 저장됩니다.

화살표 함수는 함수를 간결하게 쓸 수 있다는 장점 외에도 다른 특징이 많지만, 지금 다루기에는 너무 어려우므로 그 내용에 대해서는 차차 설명하겠습니다.

스코프

자바스크립트의 변수와 함수는 생성과 동시에 접근하거나 호출할 때 일정한 제약을 갖는데, 이를 스코프(Scope)라고 합니다. 스코프는 변수나 함수의 제약 범위를 뜻합니다.

전역, 지역 스코프

변수가 전역 스코프를 갖는다는 것은 해당 변수를 코드 어디에서나 접근할 수 있다는 의미입니다. 반면 변수가 지역 스코프를 갖는다는 것은 특정 영역에서만 해당 변수에 접근할 수 있다는 의미입니다. 어떤 경우에 변수나 함수가 전역 또는 지역 스코프를 갖는지 예제를 보면서 알아보겠습니다.

다음은 함수 외부에 선언한 변수를 함수 내부에서 접근하는 예입니다.

CODE

```
let a = 1; ①

function foo() {
  console.log(a);
}

function bar() {
  console.log(a);
}

foo();            ②
bar();            ③
console.log(a); ④
```

OUTPUT

```
1
1
1
```

① 함수 외부에 변수 a를 선언하고 1로 초기화했습니다.

② 함수 foo를 호출합니다. 함수 foo가 실행되어 변수 a를 콘솔에 출력합니다.

③ 함수 bar를 호출합니다. 함수 bar가 실행되어 변수 a를 콘솔에 출력합니다.

④ ①에서 선언한 변수 a를 콘솔에 출력합니다.

변수 a는 조건문이나 반복문 또는 함수의 중괄호 내부에서 선언하지 않았습니다. 이 경우 변수 a는 전역 스코프를 갖습니다. 따라서 코드 어디에서나 이 변수에 접근할 수 있습니다. 이렇듯 전역 스코프를 갖는 변수를 '전역 변수(Global Variable)'라고 합니다.

다음은 함수 내부에 변수를 선언하고, 함수 외부에서 그 변수에 접근하는 예입니다.

CODE
```
function foo() {
  let a = 1; ①
}

console.log(a); ② ERROR a는 정의되지 않았습니다.
```

① 변수 a를 함수 foo 내부에서 선언하였습니다.
② 함수 foo 외부에서 변수 a에 접근합니다. 이 코드를 실행하면 오류가 발생합니다. 변수 a에 접근할 수 없기 때문입니다.

변수 a는 함수 내부에 선언되었습니다. 이 경우 변수 a는 지역 스코프를 갖습니다. 따라서 변수를 선언한 함수 내부에서만 접근할 수 있습니다. 이렇듯 지역 스코프를 갖는 변수를 '지역 변수(Local Variable)'라고 합니다. 자바스크립트의 변수는 선언한 위치에 따라 자신에게 접근할 수 있는 범위가 결정되는데, 이를 '변수의 스코프'라고 합니다.

변수를 함수 내부에 선언했을 때만 지역 스코프를 갖는 것은 아닙니다. 조건문이나 반복문과 같이 블록 내부에서 선언해도 변수는 지역 스코프를 갖습니다. 다음은 조건문 내부에 변수를 선언하고 해당 변수를 조건문 외부에서 접근하는 예입니다.

CODE
```
if (true) {
  let a = 1; ①
}

console.log(a); ② ERROR a는 정의되지 않았습니다.
```

① 조건문 내부에서 변수 a를 선언합니다.
② 조건문 외부에서 변수 a에 접근합니다. 이 코드를 실행하면 오류가 발생합니다. 변수 a는 조건문 내부에서 선언했기 때문에 지역 스코프를 갖습니다.

다음은 반복문 내부에 변수를 선언하고 해당 변수를 반복문 외부에서 접근하는 예입니다.

CODE
```
for (let i = 0; i < 10; i++) {
  let a = 1; ①
}

console.log(a); ② ERROR a는 정의되지 않았습니다.
console.log(i); ③ ERROR i는 정의되지 않았습니다.
```

① 반복문 내부에서 변수 a를 선언합니다.

② 반복문 외부에서 변수 a에 접근합니다.

③ 반복문 외부에서 반복문의 카운터 변수 i에 접근합니다.

이 코드를 실행하면 오류가 발생합니다. 변수 a는 반복문 내부에서 선언되어 지역 스코프를 갖기 때문입니다. 또한 반복문의 카운터 변수 i 또한 반복문 내부에서 선언한 변수와 동일하게 지역 스코프를 갖습니다. 따라서 변수 a와 i는 반복문 외부에서 접근할 수 없습니다.

변수가 아닌 함수도 스코프를 갖습니다. 다음은 함수가 또 다른 함수를 호출하는 예입니다.

CODE

```
function foo() {
  console.log("foo");
}

function bar() {
  foo();
  console.log("bar");
}

bar();
```

OUTPUT

```
foo
bar
```

두 개의 함수 foo와 bar를 선언한 다음, 함수 bar를 호출합니다. 그리고 함수 bar에서는 다시 함수 foo를 호출합니다. 이때 함수 foo는 조건문이나 반복문 또는 다른 함수 내부에서 선언하지 않았기 때문에 전역 스코프를 갖습니다. 따라서 코드 어디에서나 호출할 수 있습니다.

다음은 함수 내부에 중첩 함수를 만들고 함수 외부에서 이 중첩 함수를 호출하는 예입니다.

CODE

```
function foo() {
  console.log("foo");

  function bar() { ①
    console.log("bar");
  }
}

bar(); ②   ERROR  bar는 정의되지 않았습니다.
```

① 함수 foo 내부에서 중첩 함수 bar를 선언합니다.

② 함수 bar를 호출합니다.

이 코드는 실행하면 오류가 발생합니다. 함수 bar는 함수 foo 내부에서 선언한 중첩 함수입니다. 이렇듯 함수 내부에서 선언한 함수 bar는 지역 스코프를 갖습니다. 따라서 함수 foo 외부에서 호출할 수 없습니다.

조건문이나 반복문 내부에 선언한 함수도 지역 스코프를 갖습니다. 다음은 조건문 내부에 함수를 선언하고 해당 함수를 조건문 외부에서 호출하는 예입니다.

CODE
```
if (true) {
  function foo() {
    console.log("bar");
  }
}

foo();   ERROR foo는 정의되지 않았습니다.
```

이 코드를 실행하면 오류가 발생합니다. 함수 foo는 조건문 내부에서 선언되었습니다. 따라서 이 함수는 지역 스코프를 가지며 조건문 외부에서 호출할 수 없습니다.

다음은 반복문 내부에 함수를 선언하고 해당 함수를 반복문 외부에서 호출하는 예입니다.

CODE
```
for (let i = 1; i < 10; i++) {
  function bar() {
    console.log("bar");
  }
}

bar();   ERROR bar는 정의되지 않았습니다.
```

이 코드를 실행하면 오류가 발생합니다. 함수 bar를 반복문 내부에서 선언했습니다. 따라서 이 함수 역시 지역 스코프를 가지며 반복문 외부에서 호출할 수 없습니다.

블록, 함수 스코프

자바스크립트의 변수나 함수는 중괄호로 둘러싸인 부분을 뜻하는 '블록(Block)'을 기준으로 지역 스코프가 결정됩니다. 블록 기준으로 지역 스코프를 정한다고 해서 '블록 스코프'라고 합니다. 대다수 언어는 변수를 선언한 블록에 따라 지역 스코프가 정해집니다.

그러나 자바스크립트의 지역 스코프는 블록 스코프 외에도 한 가지 더 있습니다. 바로 함수를 기준으로 지역 스코프를 정하는 '함수 스코프'입니다.

블록 스코프 (Block Scope)	함수 스코프 (Function Scope)
블록 내부에서 선언한 변수가 갖는 스코프	함수 내부에서 선언한 변수가 갖는 스코프

표 1-3 자바스크립트의 지역 스코프

var 키워드로 선언한 변수는 블록 스코프를 갖는 let이나 const 키워드와 달리 함수 스코프를 갖습니다. 다음은 조건문 내부에서 var로 변수를 선언한 예입니다.

CODE
```
if (true) {
  var a = 1;
}

console.log(a);
```

OUTPUT
```
1
```

var로 선언한 변수 a는 조건문 내부에서 선언했으나 조건문 외부에서 접근할 수 있습니다. 이는 var로 선언한 변수가 블록 스코프가 아닌 함수 스코프이기 때문입니다. 함수 스코프라는 것은 함수 내부에서 선언한 변수만 지역 스코프를 갖는다는 의미입니다. 따라서 함수가 아닌 조건문의 블록 내부에서 선언한 변수 a는 전역 스코프를 갖습니다.

다음은 함수 내부에서 var로 변수를 선언한 예입니다.

CODE
```
function foo() {
  var a = 1;
}

console.log(a); ①     ERROR a는 정의되지 않았습니다.
```

var로 선언한 변수 a는 함수 foo 내부에서 선언했기 때문에 함수 스코프를 갖습니다. 따라서 외부에서 a에 접근하려면 오류가 발생합니다.

var는 대다수 프로그래밍 언어에서는 잘 쓰지 않는 '함수 스코프'를 갖고 있습니다. 앞서 var를 사용하면 변수의 이름을 중복해 사용해도 아무런 문제가 발생하지 않았습니다. 이렇듯 var는 프로그래머를 혼란에 빠뜨릴 여지가 많습니다. 따라서 보다 보편적인 let이나 const 키워드를 이용해 변수를 선언하기를 권합니다. 이 책도 var 키워드를 사용하지 않습니다.

객체

객체는 숫자형이나 문자형과 같은 원시 자료형과 달리 다양한 값을 담는 자료형입니다. 실무에서 객체는 여러 상황에서 매우 유용하게 활용됩니다

객체 생성과 프로퍼티

자바스크립트에서는 2가지 방법으로 객체를 생성할 수 있는데, 다음과 같이 '리터럴' 또는 '생성자' 문법을 사용합니다.

```
let objA = {}; ①          // '객체 리터럴' 문법
let objB = new Object();  // '객체 생성자' 문법
```

> ① objA에 빈 중괄호를 할당해 객체를 생성합니다. 빈 중괄호({})를 사용해 객체를 선언하는 방식을 '객체 리터럴'이라고 합니다. 문법이 간결해 주로 이 방법으로 객체를 생성합니다.

빈 객체가 아닌 데이터가 있는 객체를 생성하려면, 다음과 같이 key와 value 쌍으로 이루어진 '프로퍼티'를 작성하면 됩니다.

```
let person = {   프로퍼티
  name: "이정환", ①
  age: 25        ②
}
```

> ① key는 name, value는 "이정환"인 프로퍼티입니다.
>
> ② key는 age, value는 25인 프로퍼티입니다.

프로퍼티는 속성이라는 뜻으로 객체를 설명하는 정보입니다. 객체 person은 사람을 의미하므로 "사람의 속성으로 이름과 나이가 있다"라고 생각하면 쉽습니다. 객체는 프로퍼티를 여러 개 가질 수 있으며, 각각은 콤마로 구분합니다.

프로퍼티의 key는 문자형을 사용하며 중복해 사용할 수 없습니다.

```
let person = {
  name: "이정환",
  age: 25,
  age: 30  CAUTION key가 중복되면 가장 마지막 프로퍼티만 남게 됩니다.
};
```

프로퍼티의 value 값은 여러 자료형으로 구현할 수 있지만, 프로퍼티의 key는 반드시 문자형만 사용합니다. 그리고 프로퍼티의 key는 중복해도 오류가 발생하지는 않지만, key가 중복되면 객체에는 마지막에 작성한 프로퍼티만 남습니다.

하나의 key가 하나의 프로퍼티에 해당하기 때문에, 보통 key 이름으로 프로퍼티를 구별합니다. 예를 들어 key가 name인 프로퍼티는 'name 프로퍼티'라고 부릅니다. 만일 복수의 단어로 이루어진 key를 사용하려면 반드시 따옴표로 묶어 주어야 합니다.

```
let person = {
  name: "이정환",
  age: 25,
  "like cat": true ①
}
```

> ① 복수로 이루어진 단어인 "like cat"을 새 프로퍼티의 key로 사용하기 위해 따옴표로 묶어 주었습니다.

객체 프로퍼티 다루기

객체는 key와 value로 이루어진 프로퍼티의 모음입니다. 객체에서 프로퍼티를 찾고, 추가하고, 삭제하는 등의 모든 연산은 key를 이용해 수행합니다.

프로퍼티 접근

key를 이용하면 객체의 프로퍼티에 접근할 수 있습니다. 접근 방법에는 2가지가 있습니다. 다음 예제 코드로 살펴보겠습니다.

CODE

```
let person = {
  name: "이정환",
  age: 25,
  "like cat": true
};

const personName = person.name;  ①  // 점 표기법
const personAge = person["age"]; ②  // 괄호 표기법

console.log(personName);
console.log(personAge);
```

OUTPUT

```
이정환
25
```

> ① 객체 이름 뒤에 점(.)을 찍고 프로퍼티의 key를 명시해 해당 프로퍼티의 value에 접근하는 방식입니다. 점 표기법이라고 합니다.
>
> ② 객체 이름 뒤에서 대괄호([])를 열고, 그 안에 원하는 프로퍼티의 key를 문자열로 명시하여 해당 프로퍼티의 value에 접근하는 방식입니다. 괄호 표기법이라고 합니다.

프로퍼티 추가

새로운 프로퍼티를 추가하는 방법 역시 매우 간단합니다. 다음 코드와 같이 점 표기법과 괄호 표기법을 이용해 새로운 프로퍼티를 추가할 수 있습니다.

CODE
```
let person = {
  name: "이정환",
  age: 25,
  "like cat": true
};

person.gender = "male";              ① // 점 표기법을 이용한 프로퍼티 추가
person["nickname"] = "winterlood"; ② // 괄호 표기법을 이용한 프로퍼티 추가

console.log(person.gender);
console.log(person["nickname"]);
```

OUTPUT
```
male
winterlood
```

추가하려는 프로퍼티의 key가 고정적이라면, ①과 같이 작성하는 게 훨씬 간단하지만, key가 변수에 저장된 값처럼 유동적이라면 ②에서 사용한 괄호 표기법을 이용합니다.

다음은 key와 value가 유동적인 프로퍼티를 괄호 표기법으로 객체에 추가하는 예입니다.

CODE
```
function addProperty(obj, key, value) {
  obj[key] = value; ②
}

let obj = {};

addProperty(obj, "a", 1); ①
addProperty(obj, "b", 2);
addProperty(obj, "c", 3);

console.log(obj);
```

OUTPUT
```
{a: 1, b: 2, c: 3}
```

① 함수 addProperty를 호출하고 인수로 객체 obj와 key, value 값을 각각 전달합니다. 함수처럼 객체도 값입니다. 따라서 함수를 호출할 때 인수로 전달할 수 있습니다.

② 함수 addProperty는 매개변수에 저장한 객체 obj, key, value를 이용해 괄호 표기법으로 새 프로퍼티를 추가합니다.

괄호 표기법을 이용하면 좀 더 유연하게 새 프로퍼티를 생성할 수 있습니다.

프로퍼티 수정

다음은 객체의 프로퍼티를 수정하는 간단한 예입니다.

CODE

```
let cat = {
  name: "치삼이",
  age: 4
};

cat.name = "치삼";
cat["age"] = 5;

console.log(cat);
```

OUTPUT

```
{name: "치삼", age: 5}
```

프로퍼티의 value를 수정할 때에도 점 표기법이나 괄호 표기법을 이용하면 됩니다.

프로퍼티 삭제

다음은 프로퍼티를 삭제하는 간단한 예입니다.

CODE

```
let cat = {
  name: "치삼이",
  age: 4
};

delete cat.name;
delete cat["age"];

console.log(cat);
```

OUTPUT

```
{}
```

프로퍼티를 삭제할 때도 점 표기법이나 괄호 표기법을 이용합니다.

상수 객체의 프로퍼티

앞에서 const로 선언한 상수는 값을 변경할 수 없다고 했습니다. 그렇다면 상수로 선언한 객체는 프로퍼티를 추가하거나 수정하는 등의 내용 조작이 불가능할까요? 다음 예를 살펴보겠습니다.

CODE

```
const obj = {
  a: 1,
  b: "text"
};
```

OUTPUT

```
{a: 2, c: undefined}
```

```
obj.a = 2;
obj.c = undefined;
delete obj.b;

console.log(obj);
```

그렇지 않습니다. 객체를 서랍장이라고 한다면 상수로 선언한 객체는 마치 내장형 서랍장에 비유할 수 있습니다. 내장형 서랍장은 위치를 옮기거나 제거하거나 교체할 수 없지만, 서랍장 안의 물건은 얼마든지 자유롭게 넣다 뺐다 할 수 있습니다. 마찬가지로 상수로 만든 객체도 객체 자체를 없애지 않는 한, 프로퍼티를 자유롭게 추가하거나 삭제, 수정할 수 있습니다.

in 연산자

객체에 존재하지 않는 프로퍼티에 접근하면, undefined를 반환합니다.

CODE

```
let obj = {
  a: 1
};

console.log(obj.b); ①
```

OUTPUT

```
undefined
```

> ① 객체 obj에는 b라는 key를 갖는 프로퍼티가 없습니다. 이렇게 존재하지 않는 프로퍼티에 접근하면 undefined를 반환합니다.

undefined를 반환하는 이런 객체의 특징을 이용해 특정 프로퍼티의 존재 여부를 확인할 수 있습니다.

CODE

```
let obj = {
  a: 1
};

let isPropertyExist = obj.b !== undefined; ①

console.log(isPropertyExist);
```

OUTPUT

```
false
```

> ① obj.b는 존재하지 않는 프로퍼티에 대한 접근이므로 undefined를 반환합니다. 따라서 undefined가 맞으므로 변수 isPropertyExist의 값은 false가 됩니다.

undefined를 이용해 비교하는 방식도 잘 동작하지만, 프로퍼티의 value에는 undefined를 할당하는 경우도 있으므로 완벽한 방법이라 보기 어렵습니다. 객체에서 해당 프로퍼티의 존재 여부를 확인할 때는 주로 in 연산자를 이용합니다.

CODE

```
let person = {
  age : 10
};

let isNameExist = "name" in person; ①

console.log(isNameExist);
```

OUTPUT

```
false
```

① in 연산자 왼쪽에 존재 여부를 확인하려는 프로퍼티의 key를 문자열로 명시하고, 오른쪽에 객체를 명시하면 프로퍼티의 존재를 확인할 수 있습니다.

메서드

객체에서 값(value)이 함수인 프로퍼티를 '메서드'라고 합니다.

CODE

```
let person = {
  name: "이정환",
  sayHi: function() {
    console.log("안녕");
  }
};

person.sayHi();
```

OUTPUT

```
안녕
```

객체 person의 sayHi 프로퍼티는 value가 곧 함수입니다. 이 프로퍼티를 특별히 '메서드'라고 하는데, 메서드는 데이터가 아니라 객체의 동작을 정의합니다.

배열

배열은 순서가 있는 요소의 집합이자 여러 개의 항목을 담는 리스트입니다. 배열은 거의 모든 프로그래밍 언어에서 사용합니다. 그만큼 다양한 상황에서 유용하게 활용하는 자료형입니다.

배열 선언

자바스크립트에서는 두 가지 방법으로 빈 배열을 생성합니다.

```
let arrA = new Array();  // 배열 생성자
let arrB = [];           // 배열 리터럴
```

두 번째 방법을 '배열 리터럴'이라고 하며 문법이 간결하기 때문에 특별한 이유가 없으면 이 방법으로 배열을 생성합니다.

만약 배열을 생성하면서 값도 할당하고 싶다면, 대괄호 안에서 콤마로 값을 구분해 입력하면 됩니다.

```
let food = ['짜장면', '피자', '치킨']
```

배열의 값으로 어떤 자료형도 사용할 수 있습니다. 배열은 다른 배열은 물론 객체나 함수 등도 모두 저장합니다.

```
let arr = [
  1,
  "1",
  true,
  null,
  undefined,
  () => {},
  function () {},
  [1, 2, 3],
  { a: 1 }
];
```

자바스크립트의 배열은 다른 언어와는 달리 길이가 고정되어 있지 않습니다. 따라서 배열 요소를 추가 또는 삭제함에 따라 길이가 늘거나 줄어듭니다.

배열 인덱스

배열과 객체 둘 다 여러 데이터를 저장할 수 있고, 저장할 데이터의 자료형에도 아무런 제약이 없습니다. 배열과 객체의 한 가지 차이점은 객체는 key가 있지만 배열은 그렇지 않다는 점입니다.

객체에서는 특정 데이터에 접근할 때 key를 이용하지만, 배열은 데이터의 위치를 key처럼 사용할 수 있는 인덱스가 있습니다. 배열에서 특정 데이터에 접근하려면 데이터의 위치를 나타내는 인덱스를 객체의 괄호 표기법처럼 사용하면 됩니다.

CODE

```
let food = ["짜장면", "피자", "치킨"];

console.log(food[0]);
console.log(food[1]);
console.log(food[2]);
```

OUTPUT

```
짜장면
피자
치킨
```

인덱스란 배열 요소의 위치를 0부터 시작하는 숫자로 순서대로 표현한 것입니다. 배열은 인덱스 기능을 이용해 배열 food의 요소를 짜장면 0, 피자 1, 치킨 2와 같이 순서대로 번호를 매깁니다.

인덱스를 이용하면 배열 요소를 수정하거나 추가할 수 있습니다.

CODE

```
let food = ["짜장면", "피자", "치킨"];

food[2] = "파스타"; ①
food[3] = "레몬";   ②

console.log(food);
```

OUTPUT

```
["짜장면", "피자", "파스타", "레몬"]
```

① 2번 인덱스가 가리키고 있는 "치킨"을 "파스타"로 변경합니다

② 3번 인덱스로 새로운 배열 요소를 추가합니다. 값은 "레몬"으로 할당합니다.

이것으로 자바스크립트의 기초 문법을 모두 마칩니다. 2장에서는 리액트를 사용하면서 실무에서 자주 사용하게 될 자바스크립트의 심화 문법을 집중적으로 다룹니다.

2장

자바스크립트 실전

이 장에서 주목할 키워드

- truthy & falsy
- 단락 평가
- 객체와 참조
- 배열과 객체의 반복
- 구조 분해 할당
- 스프레드 연산자
- 배열 메서드
- Date 객체
- 동기와 비동기

이 장의 학습 목표

- 실무에서 자주 사용하게 될 자바스크립트 문법을 배웁니다.
- 객체의 특징과 배열 메서드 등을 깊이 있게 알아봅니다.
- 동기, 비동기 개념을 알아봅니다.

truthy & falsy

자바스크립트는 불리언 자료형의 참(true)이나 거짓(false)이 아닌 값도 상황에 따라 참, 거짓으로 평가하는 특징이 있습니다. 자바스크립트의 이런 특징을 'truthy & falsy'라고 하는데, 매우 유용하게 쓰입니다.

truthy & falsy한 값

자바스크립트에서는 어떤 값을 '거짓'으로 판별하고(falsy), 참으로 평가하는지(truthy) 살펴보겠습니다

falsy한 값이란 불리언 자료형의 거짓(false)은 아니지만 거짓과 같은 의미로 쓰이며, 조건식에서 거짓(false)으로 평가합니다. falsy한 값으로는 undefined, null, 0, -0, NaN, "", 0n 7가지가 있습니다. 코드샌드박스에서 다음 예제를 실행해 보면 쉽게 이해할 수 있습니다.

CODE

```
if (!undefined) {
  console.log("undefined는 falsy한 값입니다.");
}
if (!null) {
  console.log("null은 falsy한 값입니다.");
}
if (!0n) {
  console.log("0n은 falsy한 값입니다.");
}
if (!0) {
  console.log("0은 falsy한 값입니다.");
}
if (!-0) {
  console.log("-0은 falsy한 값입니다.");
}
if (!NaN) {
  console.log("NaN은 falsy한 값입니다.");
}
```

OUTPUT

```
undefined는 falsy한 값입니다.
null은 falsy한 값입니다.
0n은 falsy한 값입니다.
0은 falsy한 값입니다.
-0은 falsy한 값입니다.
NaN은 falsy한 값입니다.
""는 falsy한 값입니다.
```

```
if (!"") {
  console.log('""는 falsy한 값입니다.');
}
```

> **TIP**
> 0n은 BigInt 자료형의 값입니다. BigInt는 길이 제약 없이 정수를 다룰 수 있는 숫자 자료형입니다.

undefined, null, 0n, 0, -0, NaN, ""(빈 문자열)는 모두 조건식에서 거짓(false)으로 평가되는 falsy한 값입니다. 따라서 이 값 앞에 ! 연산자를 붙이면 참이 되어 if 문을 수행합니다. 마지막 if 문의 큰따옴표("") 대신 작은따옴표('')나 백틱(``)으로 만든 빈 문자열도 똑같은 의미입니다.

truthy한 값은 불리언 자료형의 참(true)은 아니지만 참과 같은 의미로 쓰이며, 조건식에서 참(true)으로 평가됩니다. falsy한 값을 제외한 모든 값은 truthy한 값이라 생각하면 쉽게 이해할 수 있습니다.

CODE

```
const num = "false";

if (num) {
  console.log("true");
} else {
  console.log("false");
}
```

OUTPUT

```
true
```

문자열 "false"는 불리언 자료형의 false가 아닙니다. 빈 문자열("")을 제외하고, 문자열은 그 자체로 truthy한 값이며 조건식에서 참(true)으로 평가합니다.

truthy & falsy 응용하기

truthy 또는 falsy한 값은 조건식을 간결하게 만듭니다. 자주 활용되는 세 가지 응용 예를 살펴보겠습니다.

'값이 비었다'는 의미는 특정 변수의 값이 undefined나 null일 때 쓰이는 표현입니다. undefined나 null 값 모두 falsy하기 때문에 조건문에서 특정 변수에 값이 있는지 없는지 확인할 때 사용합니다.

CODE

```
let varA;

if (varA) {
  console.log("값이 있음");
} else {
  console.log("값이 없음");
}
```

OUTPUT

```
값이 없음
```

변수 varA는 선언만 하고 값을 할당하지 않았으므로 undefined 값입니다. undefined는 falsy한 값으로 조건식에서 거짓으로 평가합니다. 따라서 콘솔에는 **값이 없음**을 출력합니다.

숫자 자료형에서는 0과 -0 그리고 NaN을 제외한 모든 값은 truthy합니다. 따라서 조건문에서 특정 변숫값이 0, -0 또는 NaN인지 확인할 때 사용합니다.

CODE

```
const num = -0;

if (num) {
  console.log("양수이거나 음수입니다.");
} else {
  console.log("0이거나 -0이거나 NaN입니다.");
}
```

OUTPUT

```
0이거나 -0이거나 NaN입니다.
```

빈 문자열을 제외한 모든 문자열은 truthy한 값입니다. 조건문에서 문자열이 공백인지 아닌지 확인하는 용도로 자주 사용합니다.

CODE

```
const str = "";

if (str) {
  console.log("공백 아님");
} else {
  console.log("공백임");
}
```

OUTPUT

```
공백임
```

단락 평가

1장 논리 연산에서 살펴보았듯이 true || false와 같은 비교식은 첫 번째 피연산자의 값이 true이므로 두 번째 피연산자의 값이 무엇이든 연산 결과는 true입니다. 또한 false && true와 같은 식은 첫 번째 피연산자의 값이 false이므로 두 번째 피연산자가 무엇이든 연산 결과는 false입니다.

TIP
논리 연산에 대해서는 30쪽을 참고하세요.

이렇듯 논리 연산에서 첫 번째 피연산자의 값만으로 해당 식의 결과가 확실할 때, 두 번째 값은 평가하지 않는 것을 '단락 평가(Short-Circuit Evaluation)'라고 합니다. 단락 평가는 다른 표현으로 '지름길 평가'라고도 합니다.

단락 평가에는 AND와 OR 논리 연산자의 특징을 이용하는 두 가지 방식이 있습니다. 이번 절에서는 두 가지 단락 평가에 대해 살펴보겠습니다.

AND 단락 평가

AND를 의미하는 && 연산자는 피연산자의 값이 하나라도 거짓이면 거짓을 반환합니다. 따라서 왼쪽에 위치한 첫 번째 피연산자 값이 false면, 단락 평가가 이루어지므로 두 번째 피연산자는 계산하지 않습니다.

CODE

```
function calcA() {
  console.log("a");
  return false;
}

function calcB() {  // 호출되지 않음
  console.log("b");
  return true;
}

console.log(calcA() && calcB());
```

OUTPUT

```
a
false
```

첫 번째 피연산자 함수 calcA의 반환값이 거짓이므로, 두 번째 피연산자는 계산하지 않습니다. 따라서 함수 calcB는 호출되지 않습니다. 이는 콘솔에 b가 출력되지 않는 것으로 확인할 수 있습니다.

AND 단락 평가를 이용해 오류 방지하기

단락 평가는 불리언이 아닌 truthy & falsy한 값을 사용할 때도 적용할 수 있습니다.

CODE

```
function calcA() {
  console.log("a");
  return undefined;
}

function calcB() {
  console.log("b");
  return true;
}

console.log(calcA() && calcB());
```

OUTPUT

```
a
undefined
```

결과를 보면 undefined를 출력합니다. AND 논리 연산의 결과가 true나 false가 아니라 undefined인 이유는 논리 연산에 참여한 피연산자의 값이 불리언 값이 아니기 때문입니다. AND나 OR 논리 연산은 피연산자의 값이 truthy 또는 falsy하면 해당

값을 그대로 반환합니다. 따라서 함수 calcA가 falsy한 값인 undefined를 반환하므로, 이 값이 그대로 논리 연산의 결괏값이 됩니다.

이런 특징을 이용하면 오류를 방지하는 데 큰 도움이 됩니다.

CODE
```
function getName(person) { ①
  return person.name;  ERROR TypeError: undefined에서 프로퍼티를 읽을 수 없다.
}

let person;
let name = getName(person); ②

console.log(name);
```

① 함수 getName은 매개변수 person의 name 프로퍼티 값을 반환합니다.

② 함수 getName을 호출하고 인수로 person을 전달합니다. 이때 person의 값은 undefined입니다.

함수 getName은 매개변수 person에 저장한 값이 객체일 것으로 예상합니다. 그러나 person에 실제로 저장된 값은 undefined입니다. 따라서 undefined 값에 객체의 점 표기법으로 접근하므로 프로퍼티를 읽을 수 없다는 오류 메시지를 출력합니다.

조건문으로 오류를 방지할 수 있습니다.

CODE
```
function getName(person) {
  if (person !== undefined) { ①
    return person.name;
  } else {
    return "매개변수가 객체가 아닙니다.";
  }
}

let person;
let name = getName(person);

console.log(name);
```

OUTPUT
```
매개변수가 객체가 아닙니다.
```

① 매개변수 person의 값이 undefined가 아닐 때만 name 프로퍼티에 접근합니다.

오류는 일단 해결했지만 조금 부족합니다. 함수 getName에 전달하는 인수가 null일 때에도 오류가 발생할 수 있기 때문입니다.

CODE
```
function getName(person) {
  if (person !== undefined) {  ①
    return person.name; ERROR TypeError: null에서 프로퍼티를 읽을 수 없다.
```

```
  } else {
    return "매개변수가 객체가 아닙니다";
  }
}

let person = null;
let name = getName(person);

console.log(name);
```

① 매개변수 person의 값이 null이므로 조건을 만족하여 name 프로퍼티에 접근합니다.

함수 getName의 인수로 null 값을 전달했습니다. 그 결과 조건문은 만족하지만, null 값에 객체의 점 표기법을 사용해 접근하면 마찬가지로 프로퍼티를 읽을 수 없다는 오류 메시지가 발생합니다.

조건문에서 이 오류를 방지하려면 다음과 같이 조건을 수정해야 합니다.

CODE

```
function getName(person) {
  if (person !== undefined && person !== null) { ①
    return person.name;
  } else {
    return "매개변수가 객체가 아닙니다.";
  }
}

let person = null;
let name = getName(person);

console.log(name);
```

OUTPUT

```
매개변수가 객체가 아닙니다.
```

① 매개변수 person의 값이 undefined나 null이 아닐 때에만 name 프로퍼티에 접근합니다.

문제는 일단 해결되었습니다. 그러나 자바스크립트로 프로그래밍을 하다 보면 객체를 매개변수에 저장해 사용하는 일이 많습니다. 그럴 때마다 오류를 방지하기 위해 복잡한 조건문을 작성하는 것은 그다지 효율적이지 않습니다.

단락 평가를 이용하면 이 문제를 쉽게 해결할 수 있습니다.

CODE

```
function getName(person) {
  return person && person.name; ①
}

let person = { name: "이정환" };

let name1 = getName(undefined);
```

OUTPUT

```
undefined
null
이정환
```

```
let name2 = getName(null);
let name3 = getName(person);

console.log(name1);
console.log(name2);
console.log(name3);
```

① 매개변수 person의 값이 false 또는 falsy한 값이라면 단락 평가를 수행합니다.

지금까지 복잡해 보였던 문제를 단락 평가를 이용하면 간단히 해결할 수 있습니다. 함수 getName의 매개변수 person이 undefined, null과 같은 falsy한 값이라면, person.name을 계산하지 않으므로 이제는 유사 오류가 발생하지 않습니다.

OR 단락 평가

OR 연산을 의미하는 || 연산자는 피연산자의 값이 하나라도 참이면 참을 반환합니다. 따라서 왼쪽에 위치한 첫 번째 피연산자의 값이 true면, 단락 평가가 이루어져 두 번째 피연산자 값은 계산하지 않습니다.

CODE

```
function calcA() {
  console.log("a");
  return true;
}

function calcB() {
  console.log("b");
  return false;
}

console.log(calcA() || calcB()); ①
```

OUTPUT

```
a
true
```

첫 번째 피연산자인 함수 calcA의 반환값이 참이므로, 두 번째 피연산자의 값은 계산하지 않습니다. 따라서 함수 calcB는 호출되지 않습니다.

TIP
calcB가 호출되지 않는 것은 b가 콘솔에 출력되지 않는 것으로 확인할 수 있습니다.

AND처럼 OR 단락 평가 역시 불리언이 아닌 truthy & falsy한 값을 사용할 때도 적용할 수 있습니다.

CODE

```
const name = "이정환" || undefined;

console.log(name);
```

OUTPUT

```
이정환
```

"이정환"은 truthy한 값이므로 두 번째 피연산자를 계산하지 않습니다. 따라서 name에 "이정환"이 저장됩니다.

OR 단락 평가와 null 병합 연산자

TIP
null 병합 연산자에 대해서는 33~34쪽을 참고하세요.

이번에는 OR(||) 연산자를 이용한 단락 평가와 1장에서 살펴본 null 병합 연산자의 차이점을 알아보겠습니다.

CODE
```
const varA = 0;
const varB = "이정환";

const resultA = varA || varB; ①
const resultB = varA ?? varB; ②

console.log(resultA);
console.log(resultB);
```

OUTPUT
```
이정환
0
```

① varA는 falsy한 값, varB는 truthy한 값이기 때문에 || 연산의 결과 varB의 값인 이정환을 resultA에 저장합니다.
② varA와 varB에서 첫 번째로 확정된 값은 varA의 0입니다. 따라서 이 값을 resultB에 저장합니다.

||의 단락 평가는 null 병합 연산자와 유사한 듯 보이지만 혼동해서는 안 됩니다. null 병합 연산자는 값이 null이나 undefined가 아닌 확정된 피연산자를 찾습니다. 따라서 truthy와 falsy로 동작하는 || 연산자와는 엄밀히 다른 동작을 수행합니다.

객체 자료형 자세히 살펴보기

자바스크립트에서 원시 자료형을 제외한 모든 자료형은 객체 자료형입니다. 1장에서 살펴본 배열과 함수 역시 객체 자료형입니다. 자바스크립트는 다른 언어와 달리 배열과 함수를 사용할 때 주의할 점이 있는데, 이번 절에서 이를 살펴보겠습니다.

배열과 함수가 객체인 이유

1장에서 자바스크립트의 자료형은 크게 원시 자료형과 객체 자료형으로 구분된다고 배웠습니다. 자바스크립트의 원시 자료형을 제외한 모든 자료형은 객체 자료형입니다. 따라서 논리적으로 배열과 함수 역시 객체 자료형입니다.

배열은 인덱스로 연속적인 값을 저장하는 데 특화된 자료형입니다. 자바스크립트의 배열은 객체 자료형에 몇 가지 기능을 추가해 다른 언어의 배열처럼 동작하는 특수한 객체라고 할 수 있습니다. 따라서 자바스크립트의 배열에는 일반 객체에 있는 프로퍼티와 메서드가 있습니다.

예컨대 자바스크립트의 배열에는 길이를 나타내는 length 프로퍼티가 있습니다.

CODE
```
const arr1 = [1, 2, 3];
console.log(arr1.length); ①

const arr2 = [1, 2, 3, 4];
console.log(arr2.length); ②
```

OUTPUT
```
3
4
```

① 배열 arr1의 길이는 현재 3이므로 arr.length의 값은 3입니다.

② 배열 arr2의 길이는 현재 4이므로 arr.length의 값은 4입니다.

또한 배열은 객체이므로 배열 조작을 위한 메서드가 있습니다.

CODE
```
const arr = [1, 2, 3];
arr.push(4);

console.log(arr);
```

OUTPUT
```
[1, 2, 3, 4]
```

push 메서드는 배열 마지막 요소 뒤에 값을 추가하는 메서드입니다.

이렇듯 자바스크립트의 배열은 객체여서 이를 쉽게 다루도록 도와주는 유용한 프로퍼티와 메서드가 여럿 있습니다. 이들 프로퍼티와 메서드는 추후에 더 자세히 살펴보겠습니다.

자바스크립트의 함수 또한 객체입니다. 그리고 함수는 값으로 취급됩니다. 이러한 특징 때문에 함수를 값으로 저장하는 함수 표현식이 가능하고, 다른 함수에 인수로 전달할 수 있는 겁니다.

자바스크립트의 배열에 길이를 저장하는 length 프로퍼티가 있듯이, 함수에도 함수의 이름을 저장하는 name 프로퍼티가 있습니다.

CODE
```
function myFunction() {
  console.log("hi");
}

console.log(myFunction.name);
```

OUTPUT
```
myFunction
```

함수의 name 프로퍼티는 해당 함수의 이름을 저장합니다.

객체와 참조

원시 자료형은 하나의 값을 저장하지만 함수와 배열 같은 객체 자료형은 여러 개의 값을 저장합니다. 원시 자료형은 값을 크기가 일정한 공간에 저장합니다. 그러나 객체 자료형은 값이 동적으로 늘어나거나 줄어들기 때문에 일정한 크기의 공간에 저장할 수 없습니다.

객체 자료형은 값의 크기가 유동적으로 변하기 때문에 자바스크립트는 참조(Reference)라는 기능을 이용합니다. 참조란 실제로 값을 저장하는 것이 아니라 값을 저장한 곳의 주소만 저장하는 방식입니다.

원시 자료형과 객체 자료형의 저장 방식 비교

원시 자료형은 값을 변수에 저장할 때 값 그대로 저장합니다.

```
let numA = 1;
let numB = 2;
```

이 코드를 그림으로 표현하면 [그림 2-1]과 같습니다.

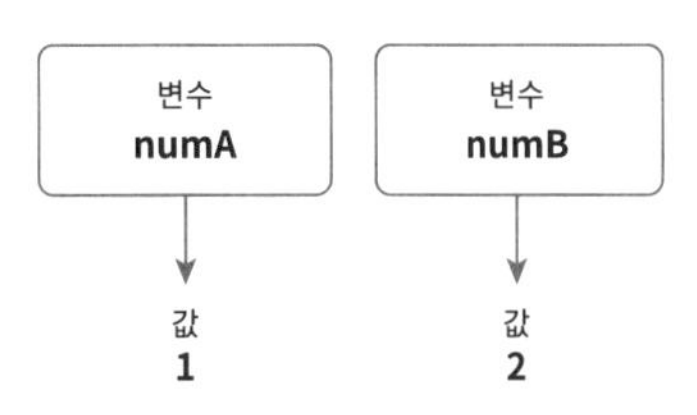

그림 2-1 원시 자료형의 값 저장

반면 객체 자료형 즉 참조 자료형은 값을 이렇게 저장하지 않습니다. 코드와 그림을 보며 살펴보겠습니다.

```
let person = {
  name: "이정환"
};
```

이 코드를 그림으로 표현하면 [그림 2-2]와 같습니다.

객체는 컴퓨터의 메모리 어딘가에 저장되고, 변수 person은 객체를 참조할 수 있는 주솟값을 저장합니다. 이 값을 참좃값이라고 합니다.

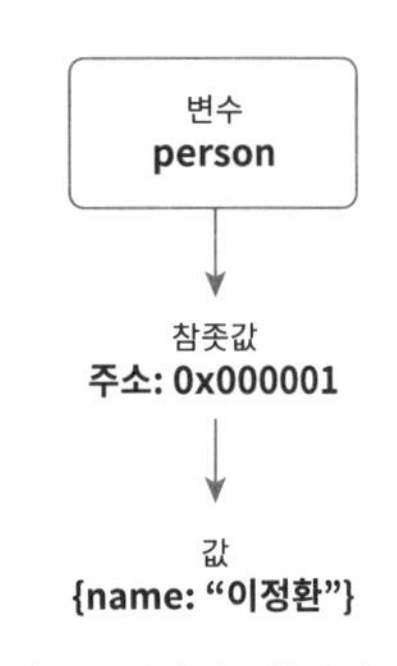

그림 2-2 객체 자료형의 값 저장

계속해서 코드와 같이 객체를 복사하면 변수에는 참좃값이 저장되고 실제 객체의 값은 복사되지 않습니다. 즉, 두 변수는 동일한 참좃값을 가지며, 하나의 객체를 동시에 참조하는 형태가 됩니다.

```
let person = {
  name: "이정환"
};

let man = person;
```

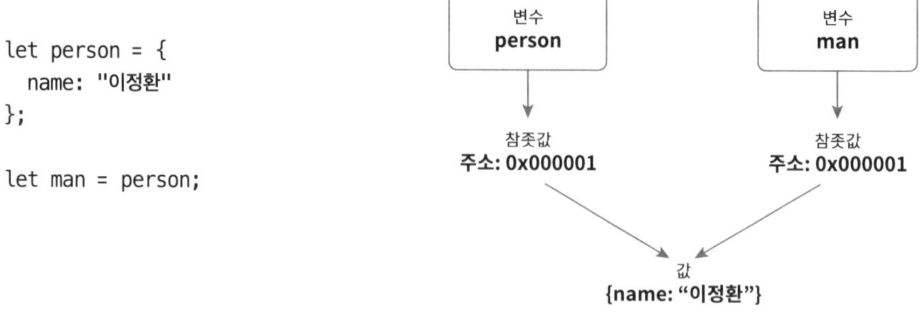

그림 2-3 하나의 객체를 두 변수가 참조

변수 man에 저장한 객체에 새 프로퍼티를 추가하고, person, man 둘 다 출력하면 동일한 결과가 나옵니다.

CODE

```
let person = {
  name: "이정환"
};

let man = person;
man.age = 25;

console.log(person);
console.log(man);
```

OUTPUT

```
{name: "이정환", age: 25}
{name: "이정환", age: 25}
```

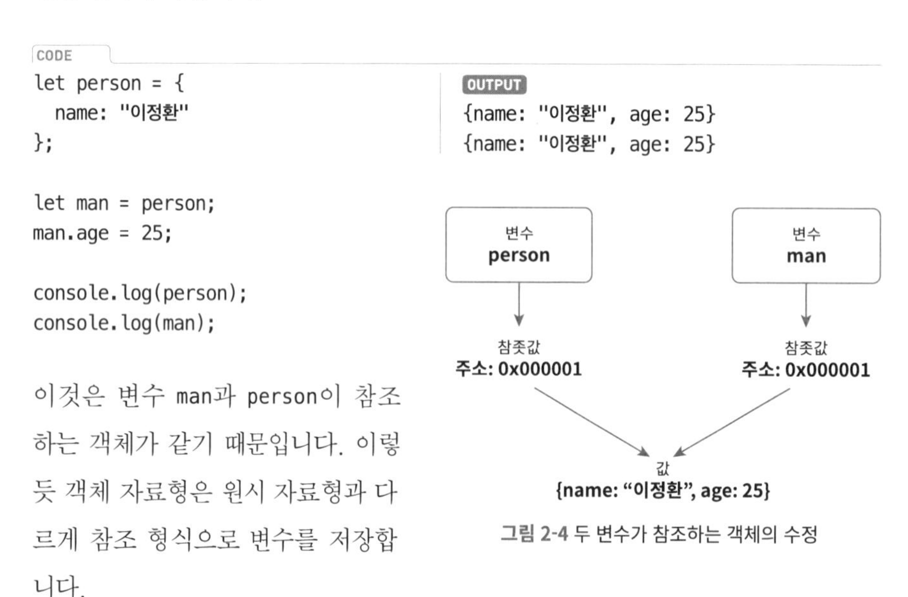

그림 2-4 두 변수가 참조하는 객체의 수정

이것은 변수 man과 person이 참조하는 객체가 같기 때문입니다. 이렇듯 객체 자료형은 원시 자료형과 다르게 참조 형식으로 변수를 저장합니다.

참조에 의한 비교

객체 자료형과 원시 자료형은 저장 방식이 다르기 때문에 값을 비교하는 방법도 다릅니다. 다음은 동일한 값을 원시 자료형으로 저장한 두 변수를 비교하는 예입니다.

CODE

```
let numA = 1;
let numB = 1;

console.log(numA === numB);
```

OUTPUT

```
true
```

변수 numA와 numB에 저장한 값은 값도 자료형도 모두 같습니다. 따라서 비교 결과는 참입니다.

다음은 동일한 값을 객체 자료형으로 저장한 두 변수를 비교한 예입니다.

CODE

```
let person = {
  name: "이정환"
};

let man = {
  name: "이정환"
};

console.log(person === man);
```

OUTPUT

```
false
```

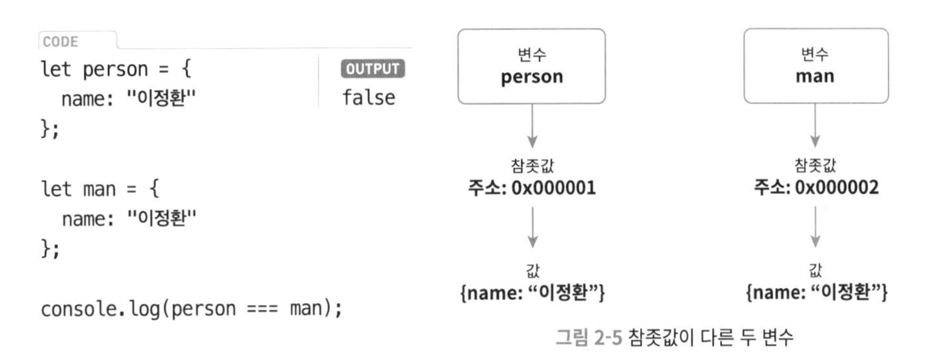

그림 2-5 참좃값이 다른 두 변수

변수 person과 man에 저장한 객체는
서로 완벽하게 같습니다. 그러나 두 값을 비교하면 false를 반환합니다. 이는 객체 자료형을 비교할 때는 값이 아닌 참좃값을 비교하기 때문입니다. 객체는 생성될 때 고유한 참좃값을 갖습니다. 변수 person과 man에 저장된 참좃값은 서로 다릅니다. 따라서 객체 person과 man은 내부적으로는 값이 같지만 각각 별개의 객체입니다.

객체를 비교할 때는 값이 아닌 참좃값을 비교합니다. 이를 '참조에 의한 비교'라고 합니다.

배열이나 함수도 객체이므로 당연히 동일한 결과가 나타납니다.

CODE

```
let arr1 = [1, 2, 3];
let arr2 = [1, 2, 3];

console.log(arr1 === arr2);
```

OUTPUT

```
false
```

변수 arr1과 arr2에 저장한 배열은 값은 같지만 서로 다른 객체입니다. 참좃값을 비교하므로 결과는 거짓이 됩니다.

CODE
```
let func1 = () => {
  console.log("func");
};

let func2 = () => {
  console.log("func");
};

console.log(func1 === func2);
```

OUTPUT
```
false
```

변수 func1과 func2에 저장한 함수는 내부 동작은 같지만 서로 다른 객체입니다. 참좃값이 다르므로 결과는 거짓입니다. 이 예제는 화살표 함수를 서로 비교했지만 함수 선언식으로 만든 함수의 결과도 동일합니다.

반복문 응용하기

반복문을 이용하면 배열과 객체에 저장한 값에 쉽게 접근할 수 있습니다.

배열과 반복문

배열은 순서대로 데이터를 저장하는 특징이 있습니다. 따라서 웹 서비스 게시판이나 피드의 게시물 리스트를 생성할 때 반복문과 결합해 자주 사용합니다. 배열과 반복문을 결합해 사용하는 방법에는 여러 형태가 있습니다. 가장 널리 활용되는 방법 몇 가지를 소개하겠습니다.

TIP
피드란 콘텐츠를 스크롤해 볼 수 있도록 비슷하게 생긴 블록을 나열해 놓은 것입니다. 여러 콘텐츠를 사용자가 쉽게 볼 수 있도록 만들었습니다. 인스타그램이나 페이스북이 대표적인 예입니다.

인덱스를 이용한 순회

배열에는 데이터의 저장 순서를 의미하는 인덱스가 있습니다. 인덱스를 0부터 1씩 증가하며 차례대로 데이터에 접근하면 배열의 모든 요소에 접근할 수 있습니다.

CODE
```
let arr = [1, 2, 3, 4];

for (let idx = 0; idx < 4; idx++) {
  console.log(arr[idx]);
}
```

OUTPUT
```
1
2
3
4
```

배열의 길이가 고정적이고 프로그램을 실행하는 과정에서 변경되지 않는다면, 이렇게 배열의 길이를 명시적으로 작성해도 됩니다. 그러나 자바스크립트의 배열은 저장 요소의 개수에 따라 길이가 자동으로 늘어나고 줄어드는 동적인 특징이 있기 때문에, 프로그램을 실행하는 과정에서 배열의 길이를 가늠하기가 어렵습니다. 이때 프로퍼티 length를 이용하면 쉽게 배열의 현재 길이를 알아낼 수 있습니다.

CODE
```
let arr = [1, 2, 3, 4];
const len = arr.length;

console.log(len);
```

OUTPUT
```
4
```

프로퍼티 length로 배열의 현재 길이를 알 수 있으므로, 더 안전하게 for 문과 결합해 사용합니다.

CODE
```
let food = ["짜장면", "피자", "치킨"];

for (let i = 0; i < food.length; i++) { ①
  console.log(food[i]);
}
```

OUTPUT
```
짜장면
피자
치킨
```

> ① 프로퍼티 length로 for 문의 조건식을 작성하면, 배열의 길이가 변동되어도 종료 조건에 맞게 배열 요소에 접근합니다. food.length가 3이므로 for 문은 인덱스 번호가 0, 1, 2일 때까지 순회합니다.

for 문과 프로퍼티 length를 이용해 배열을 순회할 때는 한 가지 주의할 점이 있습니다. 프로퍼티 length는 배열의 길이를 반환할 뿐, 마지막 인덱스 번호는 반환하지 않습니다. 자바스크립트에서 인덱스는 항상 0부터 시작하므로 마지막 요소의 인덱스는 배열의 길이보다 1 작습니다. 따라서 반복문의 종료 조건은 i <= food.length가 아니라 i < food.length로 설정해야 합니다.

for...of 문을 이용한 순회

프로퍼티 length를 사용하지 않고 배열을 순회하는 방법이 있습니다. for 문의 특수한 형태인 for...of 문은 배열을 더 간결하게 순회합니다.

CODE
```
let food = ["짜장면", "피자", "치킨"];

for (let item of food) {
  console.log(item);
}
```

OUTPUT
```
짜장면
피자
치킨
```

for...of 문은 for 문과 달리 of 뒤의 배열에서 요소를 하나씩 순서대로 꺼내 변수 item에 저장합니다. for...of 문을 이용하면 인덱스를 이용한 방식보다 더 간결하게 배열을 순회합니다.

객체와 반복문

자바스크립트로 프로그래밍하다 보면 배열이 아닌 객체를 순회하는 경우도 종종 발생합니다. 반복문을 이용해 객체에 저장된 프로퍼티를 순회하는 방법을 살펴보겠습니다.

Object.keys를 이용한 key 순회

객체 메서드인 Object.keys는 객체 프로퍼티의 key를 배열로 반환합니다.

CODE

```
let person = {
  name: "이정환",
  age: 25,
  location: "경기도"
};

const keyArr = Object.keys(person);

console.log(keyArr);
```

OUTPUT

```
["name", "age", "location"]
```

Object.keys 메서드는 인수로 전달한 객체에서 프로퍼티의 key만 배열로 만들어 반환합니다. 이렇게 만든 key 배열을 for...of 문으로 순회하겠습니다.

CODE

```
let person = {
  name: "이정환",
  age: 25,
  location: "경기도"
};

const keyArr = Object.keys(person); ①

for (let key of keyArr) { ②
  console.log(key);
}
```

OUTPUT

```
name
age
location
```

① Object.keys 메서드는 인수로 전달한 객체에서 프로퍼티의 key만을 배열로 반환합니다.
② for...of 문으로 배열 keyArr를 순회하며 가져온 해당 key를 출력합니다.

이번에는 괄호 표기법으로 프로퍼티의 key뿐만 아니라 value도 불러오겠습니다.

CODE

```
let person = {
  name: "이정환",
  age: 25,
  location: "경기도"
};

const keyArr = Object.keys(person);

for (let key of keyArr) {
  let value = person[key]; ①
  console.log(key, value);
}
```

OUTPUT

```
name 이정환
age 25
location 경기도
```

① 괄호 표기법으로 현재 key 프로퍼티의 value를 하나씩 불러옵니다.

Object.values를 이용한 value 순회

자바스크립트에는 `Object.keys` 말고도 프로퍼티의 value만 배열로 반환하는 `Object.values` 메서드가 있습니다. 이번에는 `Object.values` 메서드로 객체 프로퍼티의 value만 불러옵니다.

CODE

```
let person = {
  name: "이정환",
  age: 25,
  location: "경기도"
};

const valueArr = Object.values(person); ①

for (let value of valueArr) {
  console.log(value);
}
```

OUTPUT

```
이정환
25
경기도
```

① `Object.values` 메서드는 인수로 전달한 객체에서 프로퍼티의 value만을 배열로 반환합니다.

for...in 문을 이용한 순회

배열을 순회할 때의 `for...of` 문처럼, 객체를 순회할 때는 `for...in` 문을 사용합니다. `for...in` 문으로 객체를 순회하면, `for` 문보다 더 간결한 코드를 작성할 수 있습니다.

CODE

```
let person = {
  name: "이정환",
  age: 25,
  location: "경기도"
};

for (let key in person) { ①
  const value = person[key];
  console.log(key, value);
}
```

OUTPUT

```
name 이정환
age 25
location 경기도
```

① for...in 문은 in 오른쪽에 있는 객체에서 프로퍼티의 key를 하나씩 순서대로 변수 key에 저장합니다. 즉, 객체 프로퍼티의 key를 순회합니다.

`for...in` 문을 사용하면 `Object.keys` 메서드보다 더 간단하게 객체를 순회할 수 있습니다.

구조 분해 할당

구조 분해 할당(Destructuring Assignment)은 말뜻 그대로 구조를 분해해 할당하는 문법입니다. 배열이나 객체에서 요소를 해체해 개별 변수에 그 값을 담을 때 사용합니다.

배열의 구조 분해 할당

다음은 배열에서 값을 하나씩 변수에 할당하는 예입니다.

CODE

```
let arr = [1, 2, 3];

let one = arr[0];
let two = arr[1];
let three = arr[2];

console.log(one, two, three);
```

OUTPUT

```
1 2 3
```

구조 분해 할당하면 코드를 다음과 같이 간결하게 작성할 수 있습니다.

CODE

```
let arr = [1, 2, 3];
let [one, two, three] = arr; ①

console.log(one, two, three);
```

OUTPUT

```
1 2 3
```

① 배열 arr의 값을 순서대로 변수 one, two, three에 할당합니다. 변수 one에는 배열 arr의 인덱스 0번 요소, 변수 two에는 1번 요소, 변수 three에는 2번 요소가 각각 저장됩니다.

배열을 구조 분해 할당하면, 저장된 요솟값을 변수 선언과 동시에 순서대로 할당합니다.

이번에는 3개 요소로 이루어진 배열에서 0과 1번 인덱스의 요소만 구조 분해 할당해 변수에 저장하겠습니다.

CODE

```
let arr = [1, 2, 3];
let [one, two] = arr;

console.log(one, two);
```

OUTPUT

```
1 2
```

배열의 길이와 할당할 변수의 개수가 일치하지 않아도 오류가 발생하지 않습니다. 배열의 구조 분해 할당에서는 대괄호 속에서 선언한 변수만큼 순서대로 할당할 뿐입니다.

이번에는 배열의 길이보다 할당할 변수의 개수가 더 많은 경우입니다.

CODE

```
let arr = [1, 2];
let [one, two, three] = arr;

console.log(one, two, three);
```

OUTPUT

```
1 2 undefined
```

할당할 변수의 개수가 배열의 길이보다 많아도 오류가 발생하지 않습니다. 다만 배열의 길이를 넘는 변수에는 `undefined`가 할당됩니다. `undefined`는 오류의 주범이므로 항상 주의해야 합니다.

객체의 구조 분해 할당

배열뿐만 아니라 객체도 구조 분해 할당이 가능합니다. 3개의 프로퍼티가 있는 객체를 생성하고 구조 분해 할당으로 프로퍼티의 `value`를 변수에 할당하겠습니다.

CODE

```
let person = {
  name: "이정환",
  age: 25,
  location: "경기도"
};
```

OUTPUT

```
이정환 25 경기도
```

```
let { name, age, location } = person;

console.log(name, age, location);
```

객체를 구조 분해 할당할 때는 데이터 저장 순서가 아니라 key를 기준으로 합니다. 변수 name, age, location에는 person 객체 프로퍼티의 value가 key를 기준으로 각각 할당됩니다.

함수의 매개변수가 객체일 때 구조 분해 할당하기

이번에는 객체 프로퍼티를 매개변수로 저장하는 함수에서 구조 분해 할당하겠습니다.

CODE

```
function func({ name, age, location }) {
  console.log(name, age, location);
}

let person = {
  name: "이정환",
  age: 25,
  location: "경기도"
};

func(person);
```

OUTPUT

```
이정환 25 경기도
```

함수 func에서는 전달된 객체에서 프로퍼티의 value를 매개변수 name, age, location에 각각 구조 분해 할당합니다. 객체를 전달할 때 이 문법을 함수의 매개변수에 적용하면, 필요한 프로퍼티만 전달할 수도 있어 코드가 훨씬 더 유연해집니다.

이번에는 구조 분해 할당하면서 동시에 변수 이름도 변경하겠습니다.

CODE

```
function func({ name: n, age: a, location: l }) {
  console.log(n, a, l);
}

let person = {
  name: "이정환",
  age: 25,
  location: "경기도"
};

func(person);
```

OUTPUT

```
이정환 25 경기도
```

객체의 구조 분해 할당 과정에서 매개변수의 이름을 새롭게 바꿀 수 있습니다. 변수 이름 옆에 콜론(:)과 함께 새 변수명을 쓰면, 새 이름으로 값이 할당됩니다.

스프레드 연산자와 rest 매개변수

이번 절에서는 반복이 가능한 객체에서 값을 개별 요소로 분리하는 스프레드 연산자와 개별 요소를 다시 배열로 묶는 rest 매개변수에 대해 알아보겠습니다.

스프레드 연산자

스프레드(Spread) 연산자는 '...' 기호로 표기하는데, 전개 연산자라고도 부릅니다. 스프레드 연산자를 이용하면 배열, 문자열, 객체 등과 같이 반복이 가능한 객체의 값을 개별 요소로 분리할 수 있습니다.

스프레드 연산자와 배열, 객체

다음 예제를 살펴보면, 스프레드 연산자를 쉽게 이해할 수 있습니다.

CODE

```
let arrA = [1, 2, 3];
let arrB = [...arrA, 4, 5, 6]; ①

console.log(arrB);
```

OUTPUT

```
[1, 2, 3, 4, 5, 6]
```

> ① 변수 arrB는 첫 번째 요소에 또 다른 배열 ...arrA를 저장합니다. 여기서 ...arrA처럼 스프레드 연산자 기호가 변수 앞에 붙게 되면, 이 배열은 개별 요소로 분리되어 저장됩니다. 따라서 arrB에는 arrA 요소의 1, 2, 3이 순서대로 할당되고, 그 뒤로 4, 5, 6이 할당됩니다.

이해를 돕기 위해 ①과 같이 스프레드 연산자 ...arrA로 저장하지 않고 배열 arrA를 다른 배열에 그냥 저장한다면 어떻게 될까요? 즉, arrB = [arrA, 4, 5, 6]이라면 arrB에는 [[1, 2, 3], 4, 5, 6]이 저장됩니다. 차이점을 잘 구분하길 바랍니다.

객체를 다룰 때도 스프레드 연산자는 매우 유용합니다.

CODE

```
let objA = {
  a: 1,
  b: 2
};

let objB = {
  ...objA, ①
  c: 3,
```

OUTPUT

```
{a: 1, b: 2, c: 3, d: 4}
```

```
  d: 4
};

console.log(objB);
```

① objA 프로퍼티를 objB의 프로퍼티로 나열합니다. 따라서 objB는 objA의 a와 b 프로퍼티를 개별 요소로 포함합니다.

스프레드 연산자와 함수

스프레드 연산자는 함수를 호출할 때도 이용합니다. 이번에는 스프레드 연산자로 배열 요소를 분리하여 함수의 인수로 전달하겠습니다.

CODE

```
function func(a, b, c) {
  console.log(a, b, c);
}

let arr = [1, 2, 3];
func(...arr); ①
```

OUTPUT

```
1, 2, 3
```

① ...arr은 변수 arr에 저장된 배열을 개별 요소로 분리합니다. 따라서 인수로 3개의 값 1, 2, 3을 전달하는 것과 같은 효과를 얻게 됩니다. 그 결과 함수 func의 매개변수 a, b, c에는 순서대로 1, 2, 3이 저장됩니다.

매개변수에서 구조 분해 할당과 스프레드 연산자의 차이

함수의 매개변수에 구조 분해 할당하는 과정은 함수를 호출할 때 전달하는 인수가 1개이고 그 값이 객체인 경우입니다. 반면 스프레드 연산자를 이용해 인수를 전달하면 인수가 1개가 아닌 여러 개로 나뉘어 전달됩니다. 따라서 매개변수 역시 여러 개 선언해야 합니다. 두 가지 방법을 잘 구분해야 합니다.

rest 매개변수

rest 매개변수는 나머지 매개변수라고 하며, 스프레드 연산자처럼 기호 '...'으로 표기합니다. 스프레드 연산자는 배열이나 객체처럼 반복 가능한 값을 개별 요소로 분리하지만, rest 매개변수는 반대로 개별 요소를 배열로 묶습니다.

CODE

```
function func(...rest) {
  console.log(rest);
}

func(1, 2, 3, 4);
```

OUTPUT

```
[1, 2, 3, 4]
```

매개변수로 사용할 변수의 이름 앞에 ...을 붙이면 rest 매개변수가 됩니다. rest 매개변수는 함수에 전달한 인수들을 순차적으로 배열에 저장합니다. 따라서 변수 rest에 저장되는 값은 [1, 2, 3, 4]가 됩니다.

다음은 다른 매개변수와 함께 사용하는 rest의 예입니다.

CODE

```
function func(param, ...rest) {
  console.log(param);
  console.log(rest);
}

func(1, 2, 3, 4);
```

OUTPUT

```
1
[2, 3, 4]
```

rest 매개변수와 다른 매개변수를 함께 사용하는 경우, 인수는 순차적으로 왼쪽부터 오른쪽으로 할당됩니다. 따라서 매개변수 param에는 첫 번째 인수 1이, 나머지 인수들은 순차적으로 변수 rest에 배열로 할당됩니다.

다음은 rest 매개변수를 사용할 때 주의할 점입니다.

CODE

```
function func(...rest, param) {  ERROR rest 매개변수는 마지막에 작성해야 합니다.
  console.log(param);
  console.log(rest);
}

func(1, 2, 3, 4);
```

rest 매개변수는 먼저 선언한 매개변수에 할당된 인수를 제외하고 나머지를 모두 배열에 저장합니다. 따라서 반드시 매개변수에서 마지막에 선언되어야 합니다.

배열과 메서드

앞서 자바스크립트의 배열은 일반 객체에 기능을 추가해 만든 특수한 객체라고 하였습니다. 따라서 자바스크립트는 배열을 쉽게 다룰 수 있도록 여러 메서드를 제공합니다. 이런 메서드를 '배열 메서드'라고 합니다. 배열 메서드는 실무에서 자주 사용하므로 종류와 사용 방법을 잘 익혀두는 게 좋습니다. 이번 절에서는 자주 쓰는 배열 메서드를 직접 실습하면서 익혀보겠습니다.

요소의 추가 및 삭제 메서드

배열 요소란 배열에 담긴 하나의 값입니다. 배열은 여러 개의 값을 동적으로 저장합니다. 이번 단원에서는 배열 요소를 자유롭게 추가, 수정, 삭제할 수 있는 배열 메서드에 대해 알아봅니다.

push

push는 배열 맨 끝에 요소를 추가하고 새로운 길이를 반환하는 메서드입니다.

CODE
```
let food = ["짜장면", "피자", "치킨"];
const newLength = food.push("탕수육"); ①

console.log(food);
console.log(`새로운 배열의 길이: ${newLength}`);
```

OUTPUT
```
["짜장면", "피자", "치킨",
 "탕수육"]
새로운 배열의 길이: 4
```

① push 메서드를 호출하고 인수로 추가하려는 요소를 전달합니다.

콘솔의 결과를 보면 새로운 요소가 배열 맨 끝에 추가되고, 새로운 배열의 길이로 4를 반환합니다.

push 메서드로 여러 요소를 추가하려면 콤마로 구분해 전달하면 됩니다.

CODE
```
let food = ["짜장면", "피자", "치킨"];
const newLength = food.push("탕수육", "라자냐");

console.log(food);
console.log(`새로운 배열의 길이: ${newLength}`);
```

OUTPUT
```
["짜장면", "피자", "치킨",
 "탕수육", "라자냐"]
새로운 배열의 길이: 5
```

push 메서드로 콤마로 구분한 두 개의 인수, **"탕수육"**과 **"라자냐"**를 전달해 배열에 추가했습니다. push 메서드는 무조건 배열 맨 끝에 요소를 추가합니다. 배열 중간이나 맨 앞에 요소를 추가하려면 다른 메서드를 사용해야 합니다.

pop

pop은 배열의 맨 끝 요소를 제거하고, 제거한 요소를 반환하는 메서드입니다.

CODE
```
let food = ["짜장면", "피자", "치킨"];
const removedItem = food.pop(); ①

console.log(removedItem);
console.log(food);
```

OUTPUT
```
치킨
["짜장면", "피자"]
```

① pop 메서드를 호출해 배열 food의 맨 끝 요소인 "치킨"을 제거합니다. pop 메서드는 제거한 값을 반환하므로 removedItem에는 "치킨"이 저장됩니다.

빈 배열에서 pop 메서드를 사용하면, 제거할 요소가 없기 때문에 undefined를 반환합니다.

CODE

```
let food = [];
const removedItem = food.pop();

console.log(removedItem);
console.log(food);
```

OUTPUT

```
undefined
[]
```

shift

shift는 pop 메서드와 반대로 배열의 맨 앞 요소를 제거하고, 제거한 요소를 반환하는 메서드입니다.

CODE

```
let food = ["짜장면", "피자", "치킨"];
const removedItem = food.shift(); ①

console.log(removedItem);
console.log(food);
```

OUTPUT

```
"짜장면"
["피자", "치킨"]
```

① shift 메서드를 호출해 배열 food의 맨 앞 요소인 "짜장면"을 제거합니다. shift 메서드는 제거한 값을 반환하므로 removedItem에는 "짜장면"이 저장됩니다.

unshift

unshift는 push와 반대로 배열 맨 앞에 요소를 추가하고, 새 배열의 길이를 반환하는 메서드입니다.

CODE

```
let food = ["짜장면", "피자", "치킨"];
const newLength = food.unshift("갈비찜");  ①

console.log(food);
console.log(`새로운 배열의 길이: ${newLength}`);
```

OUTPUT

```
["갈비찜", "짜장면", "피자",
 "치킨"]
새로운 배열의 길이: 4
```

① unshift 메서드를 호출하고 인수로 추가하려는 요소를 전달합니다.

콘솔의 결과를 보면, 배열 맨 앞에 **"갈비찜"**이 추가되고 새로운 배열의 길이로 4가 반환됩니다.

unshift 메서드로 배열 맨 앞에 여러 요소를 추가하려면, push와 마찬가지로 요소를 콤마로 구분해 전달하면 됩니다.

shift와 unshift는 느립니다

배열은 여러 요소를 순서대로 저장하는 자료구조이며, 0부터 시작하는 인덱스로 배열 요소에 접근합니다. 이 규칙은 배열에서 반드시 유지되어야 할 원칙입니다.

unshift 메서드로 배열 맨 앞에 요소를 추가하면, 새 요소가 인덱스 0이 되어 나머지 배열 요소의 인덱스는 모두 하나씩 뒤로 밀립니다. 또한 shift 메서드로 0번 인덱스 요소를 제거하면, 기존 요소의 인덱스는 모두 하나씩 앞으로 당겨져야 합니다.

반면 push나 pop 메서드는 배열의 마지막 요소를 추가 또는 제거하는 것이므로 기존 요소들의 인덱스는 변함이 없습니다. 따라서 이들 메서드가 shift나 unshift보다 성능이 더 좋습니다.

slice

slice 메서드는 마치 가위처럼 기존 배열에서 특정 범위를 잘라 새로운 배열을 반환합니다. 이때 원본 배열은 수정되지 않는다는 점에 유의합니다. 문법은 다음과 같습니다.

```
arr.slice(start, end);
```

slice 메서드에서는 잘라내려는 배열의 범위를 지정하는 두 개의 인수를 전달합니다. start는 잘라낼 범위의 시작, end는 잘라낼 범위의 끝을 지정하는 인덱스입니다. 다만 한 가지 주의할 점은 end로 범위의 끝을 지정하면, 그 범위는 end 인덱스 전까지입니다.

CODE
```
const arr = [1, 2, 3];
const sliced = arr.slice(0, 2); ①

console.log(arr);
console.log(sliced);
```

OUTPUT
```
[1, 2, 3]
[1, 2]
```

① slice 메서드에서 start를 0, end를 2로 하여 인수를 전달합니다. 따라서 배열 arr의 0번에서 1번 인덱스까지 잘라 새로운 배열을 반환합니다.

출력 결과를 보면 기존 배열(arr)은 수정되지 않는다는 것을 알 수 있습니다.

slice 메서드에서 start만 전달하고 end를 전달하지 않으면, start부터 배열 끝까지 잘라낸 새 배열을 반환합니다.

CODE

```
const arr = [1, 2, 3];
const sliced = arr.slice(2); ①

console.log(sliced);
```

OUTPUT

```
[3]
```

> ① slice 메서드에 start로 2만 전달했으므로 2번 인덱스부터 배열 맨 끝까지 잘라낸 새 배열을 반환합니다.

음숫값을 인덱스로 전달해도 됩니다. 만약 end 없이 start만 음수 인덱스로 전달하면, 배열 맨 끝부터 전달한 음수의 절댓값만큼 잘라낸 새 배열을 반환합니다.

CODE

```
const arr = [1, 2, 3, 4, 5];

console.log(arr.slice(-1)); ①
console.log(arr.slice(-2));
console.log(arr.slice(-3));
console.log(arr.slice(-4));
console.log(arr.slice(-5));
```

OUTPUT

```
[5]
[4, 5]
[3, 4, 5]
[2, 3, 4, 5]
[1, 2, 3, 4, 5]
```

> ① 음숫값을 인덱스로 전달해 배열의 맨 끝부터 음수의 절댓값만큼 잘라낸 배열을 반환합니다. 인덱스 번호는 기본적으로 0에서 시작하지만, 뒤에서부터 셀 때는 -1이 첫 번째 인덱스 번호입니다.

concat

concat은 서로 다른 배열을 이어 붙여 새 배열을 반환하는 메서드입니다.

CODE

```
let arrA = [1, 2];
let arrB = [3, 4];
let arrC = arrA.concat(arrB); ①

console.log(arrC);
console.log(arrA); ②
```

OUTPUT

```
[1, 2, 3, 4]
[1, 2]
```

> ① 배열 arrA에서 concat 메서드를 호출하고 인수로 배열 arrB를 전달합니다. 결과는 arrA 뒤에 arrB를 이어 붙인 새 배열을 반환합니다.
> ② concat 메서드는 앞서 살펴본 slice 메서드처럼 원본 배열을 수정하지 않습니다.

이번에는 concat 메서드에 인수로 배열이 아닌 객체를 전달합니다.

CODE

```
let arrA = [1, 2];
let arrB = { a: 1, b: 2 };
let arrC = arrA.concat(arrB);

console.log(arrC);
```

OUTPUT

```
[1, 2, { a: 1, b: 2 } ]
```

concat 메서드에서 인수로 배열을 전달하면 요소를 모두 이어 붙이지만, 객체는 하나의 요소로 인식해 삽입됩니다.

순회 메서드

일반적으로 배열을 순회할 때는 앞서 살펴본 반복문을 많이 이용합니다. 그러나 자바스크립트는 반복문 말고도 배열 순회 메서드를 제공합니다. 이 책에서는 순회 메서드 가운데 자주 사용하는 forEach의 사용법을 알아보겠습니다.

forEach는 배열의 모든 요소에 순서대로 접근해 특정 동작을 수행하는 메서드입니다. forEach 메서드의 문법은 다음과 같습니다.

```
function cb(item, index, array) {
  // 요소에 무언가를 할 수 있습니다.
}

arr.forEach(cb);
```

forEach는 인수로 함수를 요구하는 메서드입니다. 함수 호출 과정에서 인수로 전달되는 함수를 '콜백 함수'라고 했습니다. forEach 메서드는 배열 요소 각각을 순회하면서, 인수로 전달한 콜백 함수가 정의한 대로 요소를 동작시킵니다. 이 콜백 함수에는 3개의 매개변수가 제공됩니다.

TIP
콜백 함수에 대해서는 51~52쪽을 참고하세요.

- item: 현재 순회하는 배열 요소
- index: 현재 순회하는 배열 요소의 인덱스
- array: 순회 중인 배열

다음은 forEach 메서드로 모든 배열 요소를 인덱스와 함께 출력하는 예입니다.

CODE
```
function cb(item, idx) { ②
  console.log(`${idx}번째 요소: ${item}`);
}

const arr = [1, 2, 3];

arr.forEach(cb); ①
```

OUTPUT
```
0번째 요소: 1
1번째 요소: 2
2번째 요소: 3
```

TIP
idx, arr은 index, array를 줄인 겁니다. 코드에서는 이렇게 줄여 사용하는 경우가 많습니다.

① 배열 arr에서 forEach 메서드를 호출하고 인수로 함수 cb를 전달합니다.

② forEach 메서드의 콜백 함수로 전달된 함수 cb는 각각의 배열 요소에 대해 정의한 동작을 수행합니다.

배열 arr의 모든 요소에 대해 함수 cb를 실행합니다. 그 결과 함수 cb는 총 3번 실행되는데, 그때마다 인덱스와 배열 요소가 순서대로 매개변수로 저장되고 값을 콘솔에 출력합니다.

forEach로 전달되는 콜백 함수는 함수 표현식이나 화살표 함수로 간략하게 표현할 수 있습니다.

CODE

```
const arr = [1, 2, 3];
arr.forEach((item, idx) => { ①
  console.log(`${idx}번째 요소: ${item}`);
});
```

OUTPUT

```
0번째 요소: 1
1번째 요소: 2
2번째 요소: 3
```

① forEach 메서드를 호출하면서 인수로 화살표 함수를 생성해 전달합니다.

화살표 함수는 앞선 예제의 함수 cb와 동일한 역할을 합니다. 따라서 배열 arr의 모든 요소에 대해 한 번씩 실행됩니다.

탐색 메서드

배열 탐색이란 배열에서 특정 조건을 만족하는 요소를 찾아내는 행위입니다. 탐색 메서드를 활용하면 간단하게 배열에서 특정 요소를 검색할 수 있습니다.

indexOf

indexOf는 배열에서 찾으려는 요소의 인덱스를 반환하는 메서드입니다. indexOf 메서드는 두 개의 인수를 전달하며 문법은 다음과 같습니다.

```
arr.indexOf(item, fromIndex);
```

item은 찾으려는 요솟값, fromIndex는 탐색을 시작할 인덱스 번호입니다.

CODE

```
let arr = [1, 3, 5, 7, 1];

console.log(arr.indexOf(1, 0)); ①
```

OUTPUT

```
0
```

① 배열 arr에서 indexOf 메서드를 호출하고, 인수로 찾으려는 값 1, 탐색을 시작할 인덱스 번호 0을 전달합니다. 따라서 탐색 시작 인덱스 0부터 1씩 늘려가며 검색하는데, 찾으려는 값이 첫 번째에 있으므로 인덱스 번호 0을 반환합니다.

두 번째 인수인 fromIndex는 생략할 수 있습니다. 생략하면 배열의 0번째 인덱스부터 탐색합니다. 또한 fromIndex의 값을 음수로 지정할 수 있는데, 그러면 탐색 위치는 배열의 맨 뒤에서부터 시작합니다. 예를 들어 위 예제에서 fromIndex를 -1로 전달하면 4번 인덱스부터 탐색을 시작합니다

CODE

```
let arr = [1, 3, 5, 7, 1];

console.log(arr.indexOf(1));     ①
console.log(arr.indexOf(1, -1)); ②
```

OUTPUT

```
0
4
```

① fromIndex를 생략하면 0번 인덱스부터 탐색합니다. 그 결과 가장 가까운 곳에 있는 요소 1의 인덱스 번호 0을 반환합니다

② 두 번째 인수 fromIndex를 음수로 전달하면, 배열의 맨 끝에서부터 전달한 음수의 절대값만큼 앞으로 이동한 위치부터 탐색을 시작합니다

찾으려는 요소가 배열에 없다면 -1을 반환합니다.

CODE

```
let arr = [1, 3, 5, 7, 1];

console.log(arr.indexOf(4)); ①
```

OUTPUT

```
-1
```

① 배열 arr에 값이 4인 요소가 없으므로 탐색에 실패하여 -1을 반환합니다.

두 번째 인수 fromIndex의 값이 배열의 길이보다 크거나 같은 경우에도 -1을 반환합니다.

CODE

```
let arr = [1, 3, 5, 7, 1];

console.log(arr.indexOf(7, 9)); ①
```

OUTPUT

```
-1
```

① 배열 arr의 마지막 인덱스 번호는 4이므로 9번 인덱스 번호에서 탐색하는 것은 불가능합니다. 따라서 탐색에 실패하여 -1을 반환합니다.

indexOf는 엄격한 비교 연산자(===)로 요소를 비교하므로 자료형이 다르면 다른 값으로 평가합니다.

CODE

```
let arr = [1, 3, 5, 7, 1];

console.log(arr.indexOf("3")); ①
```

OUTPUT

```
-1
```

① 배열 arr에는 숫자형 3은 존재하지만, 문자형 "3"은 존재하지 않습니다. 따라서 탐색에 실패하며 -1을 반환합니다.

TIP
객체 자료형의 참조에 대해서는 81~83쪽을 참고하세요.

indexOf는 ===로 값을 비교하기 때문에 특정 조건을 만족하는 객체를 탐색할 수 없습니다. 앞서 살펴보았듯이 객체 자료형은 값을 비교하는 게 아니라 참조값을 비교하기 때문입니다.

CODE
```
let arr = [{ name: "이정환" }, 1, 2, 3];

console.log(arr.indexOf({ name: "이정환" })); ①
```

OUTPUT
```
-1
```

① 찾으려는 값으로 객체를 인수로 전달합니다. 동일한 프로퍼티를 가진 객체가 배열 arr에 있지만, 객체 간에는 참조값을 비교하기 때문에 탐색에 실패하며 -1을 반환합니다.

indexOf 메서드로는 객체 자료형의 값을 탐색할 수 없습니다. 이를 위해서는 findIndex와 같은 다른 메서드를 사용해야 하는데 이는 뒤에서 살펴보겠습니다.

includes

includes 메서드는 배열에 특정 요소가 있는지 판별합니다. 문법은 다음과 같습니다.

```
arr.includes(item, fromIndex)
```

includes 메서드는 indexOf처럼 item과 fromIndex를 인수로 전달하며 사용법도 같습니다.

CODE
```
let arr = [1, 3, 5, 7, 1];

console.log(arr.includes(3));
console.log(arr.includes("생선"));
```

OUTPUT
```
true
false
```

includes 메서드는 인수로 전달한 요소가 배열에 존재하면 true, 그렇지 않으면 false를 반환합니다. indexOf는 탐색에 성공하면 해당 요소의 인덱스 번호를 반환하지만, includes는 불리언 값 true를 반환합니다.

findIndex

findIndex 메서드는 indexOf처럼 배열에서 찾으려는 요소의 인덱스 번호를 찾아 반환합니다. 문법은 다음과 같습니다.

```
arr.findIndex( callback(item, index, array) );
```

findIndex는 indexOf와는 달리 인수로 콜백 함수를 전달하는데, 이 함수를 '판별 함수'라고 합니다. 배열에서 이 판별 함수를 만족하는 첫 번째 요소의 인덱스 번호를 반환하며, 그런 요소가 없다면 -1을 반환합니다. 판별 함수에는 3개의 매개변수(현재 요소 item, 현재 인덱스 index, 탐색 대상 배열 array)가 제공되며, 이 변수로 판별식을 만듭니다.

CODE

```
function determine(item, idx, arr) { ②
  if (item % 2 === 0) {
    return true;
  } else {
    return false;
  }
}

let arr = [1, 3, 5, 6, 8];
let index = arr.findIndex(determine); ①

console.log(index);
```

OUTPUT

```
3
```

① findIndex 메서드를 호출하고 인수로 판별 함수 determine을 전달합니다.

② 판별 함수 determine은 item이 짝수면 true를 반환하고, 그렇지 않으면 false를 반환합니다.

판별 함수 determine은 배열 arr 각 요소에 대해 순차적으로 실행하며 판별 결과를 true나 false로 반환합니다. findIndex 메서드가 true를 반환하면 탐색에 성공한 것이므로 탐색을 멈춥니다. 이때 findIndex는 탐색을 멈춘 인덱스 번호를 반환합니다. 결과는 배열 arr에서 처음으로 짝숫값이 나오는 인덱스 번호 3을 반환합니다.

화살표 함수와 삼항 연산자를 이용하면 코드를 더 간결하게 만들 수 있습니다.

CODE

```
let arr = [1, 3, 5, 6, 8];
let index = arr.findIndex((item) =>
  item % 2 === 0 ? true : false
);

console.log(index);
```

OUTPUT

```
3
```

실무에서는 화살표 함수와 삼항 연산자를 이용해 함수를 간결하게 작성하는 경우가 많으니 이런 문법에 익숙해져야 합니다.

이번에는 findIndex로 배열에서 프로퍼티 name의 값이 **"이정환"**인 요소의 인덱스 번호를 찾아보겠습니다.

CODE

```
let arr = [
  { name: "이종원" },
  { name: "이정환" },
  { name: "신다민" },
  { name: "김효빈" }
];

let index = arr.findIndex((item) => item.name === "이정환"); ①
console.log(index);
```

OUTPUT

```
1
```

① findIndex에서 name 프로퍼티의 값이 "이정환"인 요소를 찾는 판별 함수를 직접 인수로 전달합니다. true를 반환하는 요소의 인덱스 번호를 index에 저장합니다.

indexOf는 엄격한 비교 연산자 '==='를 사용하므로 객체 자료형을 찾아내기 어렵지만, findIndex는 판별 함수를 이용해 배열에서 조건과 일치하는 객체 요소를 찾아냅니다.

find

find 메서드는 findIndex처럼 인수로 판별 함수를 전달하고, 배열에서 이를 만족하는 요소를 찾습니다. find는 findIndex와는 달리 인덱스가 아닌 요소를 반환합니다.

CODE

```
let arr = [
  { name: "이종원" },
  { name: "이정환" },
  { name: "신다민" },
  { name: "김효빈" }
];

let element = arr.find((item) => item.name === "이정환"); ①
console.log(element);
```

OUTPUT

```
{name: "이정환"}
```

① 배열 arr에서 name 프로퍼티의 값이 "이정환"인 요소를 찾아 변수 element에 저장합니다.

find 메서드는 배열에서 특정 조건을 만족하는 요소를 찾을 때 유용하게 사용합니다.

filter

filter 메서드는 배열에서 조건을 만족하는 요소만 모아 새로운 배열로 반환하는 메서드입니다. 문법은 find, findIndex 메서드와 거의 비슷합니다.

```
arr.filter( callback(item, index, array) );
```

filter 메서드로 다음 객체 배열에서 취미가 '축구'인 사람을 모두 찾아 새로운 배열로 반환하겠습니다.

CODE

```
let arr = [
  { name: "이종원", hobby: "축구" },
  { name: "이정환", hobby: "영화" },
  { name: "신다민", hobby: "축구" },
  { name: "김효빈", hobby: "노래" }
];

let filteredArr = arr.filter( ①
  (item) => item.hobby === "축구"
);

console.log(filteredArr);
```

OUTPUT

```
▼(2) [Object, Object]
 ▼0: Object
 name: "이종원"
 hobby: "축구"
 ▼1: Object
 name: "신다민"
 hobby: "축구"
```

TIP 콘솔에 출력된 [Object, Object] 왼쪽의 삼각형(▶)을 클릭하면 요소의 값을 확장하여 볼 수 있습니다.

① 배열 arr의 요소 중 hobby 프로퍼티의 값이 "축구"인 요소만 모아 새로운 배열로 만들어 filteredArr에 저장합니다.

지금까지 5가지 배열 탐색 메서드를 알아보았습니다. 배열 탐색 메서드는 검색, 카테고리, 필터링 등 여러 상황에서 매우 유용하게 사용합니다.

변형 메서드

배열을 변형하거나 요소를 재정렬하는 메서드인 배열 변형 메서드를 살펴보겠습니다.

map

map은 배열 각각의 요소에 대한 함수 호출 결과를 모아 새 배열을 만들어 반환하는 메서드입니다. 문법은 다음과 같습니다.

```
arr.map( callback(item, index, array) );
```

map 메서드는 콜백 함수를 인수로 전달합니다. 이 콜백 함수에는 현재 요소 item, 인덱스 index, map 메서드를 호출한 배열 array가 매개변수로 제공됩니다.

map 메서드로 배열의 모든 요소에 3을 곱해 얻은 값을 새 배열로 만들겠습니다.

CODE

```
let arr = [1, 2, 3, 4];
let newArr = arr.map((item) => item * 3); ①

console.log(newArr);
```

OUTPUT

```
[3, 6, 9, 12]
```

> ① 배열 arr의 모든 요소에 대해 콜백 함수를 실행합니다. 콜백 함수는 매개변수로 제공된 배열 요소에 3을 곱해 반환하므로, 새롭게 만든 newArr에는 배열 arr의 모든 요소에 3을 곱한 결과가 저장됩니다.

이번에는 map 메서드로 객체를 저장하는 배열을 다른 형태로 구성하겠습니다.

CODE

```
let arr = [
  { name: "이종원", hobby: "축구" },
  { name: "이정환", hobby: "영화" },
  { name: "신다민", hobby: "축구" },
  { name: "김효빈", hobby: "노래" }
];

let newArr = arr.map((item) => item.name); ①

console.log(newArr);
```

OUTPUT

```
▼(4) ["이종원", "이정환", "신다민", "김효빈"]
  0: "이종원"
  1: "이정환"
  2: "신다빈"
  3: "김효빈"
```

> ① map 메서드의 인수로 전달한 콜백 함수는 각 요소의 name 프로퍼티 값을 반환합니다. 결과적으로 newArr에는 기존 arr에서 사람 이름만 따로 모은 배열이 저장됩니다.

map 메서드는 이렇게 배열을 새로운 형태로 바꿀 수 있기 때문에 활용도가 매우 높습니다. 앞으로 자주 사용하게 되니 꼭 기억하길 바랍니다.

sort

sort는 배열의 요소를 정렬할 때 사용하는 메서드입니다. 문법은 다음과 같습니다.

```
arr.sort( compare( a, b ) )
```

sort 메서드에서는 하나의 콜백 함수를 인수로 전달합니다. 이 함수는 비교 함수로 사용되는데, 필수 사항은 아닙니다. 비교 함수를 생략하면 사전순, 오름차순으로 정렬합니다.

CODE

```
let arr = ["b", "a", "c"];

arr.sort();

console.log(arr);
```

OUTPUT

```
["a", "b", "c"]
```

sort 메서드로 문자로 이루어진 배열 arr을 사전순, 오름차순으로 정렬했습니다. 여기서 한 가지 중요한 사실이 있는데, sort 메서드는 기존 배열 자체를 정렬한다는 겁니다. 다시 말해 정렬된 새로운 배열을 반환하는 게 아니라, 기존 배열 요소를 다시 정렬한다는 점에 주의하길 바랍니다.

이번에는 문자가 아닌 숫자로 이루어진 배열을 sort 메서드로 정렬합니다.

CODE

```
let arr = [10, 5, 3];
arr.sort();

console.log(arr);
```

OUTPUT

```
[10, 3, 5]
```

무언가 결과가 이상합니다. 오름차순으로 정렬한 것도 아니고, 내림차순으로 정렬한 것도 아닙니다. 이것은 sort 메서드가 기본적으로 요소를 문자열로 취급해 사전순으로 정렬하기 때문입니다.

이때 비교 함수가 필요합니다. 비교 함수는 배열 요소 두 개를 인수로 전달하는데, 이 함수의 반환값에 따라 정렬 방식이 달라집니다.

- 비교 함수가 양수를 반환
  a와 b 중 b의 위치가 a보다 앞이어야 한다는 것을 의미.
- 비교 함수가 음수를 반환
  a와 b 중 a의 위치가 b보다 앞이어야 한다는 것을 의미.
- 비교 함수가 0을 반환
  비교 함수가 0을 반환하면, a와 b는 정렬 순서가 동일하다는 것을 의미.

이번에는 비교 함수를 이용해 오름차순으로 배열을 정렬하겠습니다.

CODE

```
function compare(a, b) {
  if (a > b) {
    return 1;
  } else if (a < b) {
    return -1;
  } else {
    return 0;
  }
}

let arr = [10, 5, 3];
```

OUTPUT

```
[3, 5, 10]
```

```
arr.sort(compare);

console.log(arr);
```

비교 함수를 자세히 살펴보면, 다음과 같은 방식으로 동작합니다.

- a가 b보다 클 때
  a가 b보다 크면 양수 1을 반환하며, a는 b의 뒤로 갑니다.
- a가 b보다 작을 때
  a가 b보다 작으면 음수 -1을 반환하며, a는 b의 앞으로 갑니다.
- a와 b가 같을 때
  a와 b가 같다면 자리를 바꾸지 않습니다.

정리하면 a는 b보다 크면 뒤로 가고 작으면 앞으로 옵니다. 따라서 배열의 모든 요소에 대해 비교 함수를 실행하면 배열은 오름차순으로 정렬됩니다. sort 메서드는 비교 함수를 이용해 대부분의 정렬을 수행합니다.

join

join 메서드는 배열 요소를 모두 연결해 하나의 문자열로 반환합니다. 문법은 다음과 같습니다.

```
arr.join( separator )
```

join 메서드에는 분리 기호로 사용하는 구분자(separator)를 인수로 전달하는데, 이는 필수 사항은 아닙니다. 구분자는 배열 요소를 합칠 때 각각의 요소를 구분하는 문자열이며, 생략하면 콤마(,)를 기본값으로 제공합니다.

CODE

```
let arr = ["안녕", "나는", "이정환"];

console.log(arr.join());     ①
console.log(arr.join("-")); ②
```

OUTPUT

```
안녕,나는,이정환
안녕-나는-이정환
```

① 구분자를 생략했으므로, 각 요소는 콤마로 구분합니다.

② 구분자 "-"를 각 요소를 구분하기 위해 사용합니다.

reduce

reduce는 배열 요소를 모두 순회하면서 인수로 제공한 함수를 실행하고, 단 하나의 결괏값만 반환하는 메서드입니다. map 메서드와 유사하지만 하나의 결과만을 반환한다는 차이가 있습니다.

```
arr.reduce( ( acc, item, index, array ) => {
  (...)
}, initial );
```

reduce 메서드는 호출할 때 2개의 인수를 전달합니다. 첫 번째 인수로 콜백 함수를 전달하며, 두 번째 인수로는 initial(초깃값)을 전달합니다. reduce 메서드의 첫 번째 인수로 전달하는 콜백 함수를 특별히 '리듀서'라고 부릅니다. 이 리듀서 함수는 map이나 forEach 메서드가 전달하는 콜백 함수처럼 배열의 모든 요소에 대해 각각 실행되는데, 4개의 매개변수를 제공받습니다. 리듀서에 제공되는 매개변수의 역할은 다음과 같습니다.

- acc: 누산기(accumulator)라는 뜻으로 이전 함수의 호출 결과를 저장합니다. reduce 메서드의 두 번째 인수 initial이 이 acc의 초깃값이 됩니다.
- item: 현재의 배열 요소입니다.
- index: 현재의 배열 인덱스입니다.
- array: reduce 메서드를 호출한 배열입니다.

acc의 초깃값인 인수 initial은 필수 사항은 아니며, 전달하지 않으면 배열의 첫 번째 요소가 acc의 초깃값이 됩니다. reduce 메서드를 이용하면 코드 한 줄로 배열 모든 요소의 누적값을 구할 수 있습니다.

CODE

```
let arr = [1, 2, 3, 4, 5];
let result = arr.reduce((acc, item) => acc + item, 0);

console.log(result);
```

OUTPUT

```
15
```

이 코드에서 reduce 메서드에 전달한 첫 번째 인수인 리듀서는 누산기인 acc와 현재의 배열 요소인 item, 2개의 매개변수만 제공받습니다. 리듀서는 배열 요소의 개수만큼 5번 실행됩니다. 동작 과정을 자세히 살펴보면 다음과 같습니다

반복 1	반복 2	반복 3	반복 4	반복 5	결과
acc **0**	acc **0+1**	acc **0+1+2**	acc **0+1+2+3**	acc **0+1+2+3+4**	return **0+1+2+3+4+5 (15)**
item **1**	item **2**	item **3**	item **4**	item **5**	

그림 2-6 reduce의 동작 과정

- 반복 1

  reduce 메서드에서 initial로 0을 전달했으므로, acc의 초깃값은 0입니다. 첫 번째로 접근하는 배열 요소 item의 값은 1이므로 0+1을 반환합니다.

- 반복 2

  현재 acc는 반복 1의 리듀서 함수가 반환한 결과인 0+1이며, item은 2입니다. 따라서 0+1+2를 반환합니다.

- 반복 3

  현재 acc는 반복 2의 리듀서 함수가 반환한 결과인 0+1+2이며, item은 3입니다. 따라서 0+1+2+3을 반환합니다

- 반복 4

  현재 acc는 반복 3의 리듀서 함수가 반환한 결과인 0+1+2+3이며, item은 4입니다. 따라서 0+1+2+3+4를 반환합니다

- 반복 5

  현재 acc는 반복 4의 리듀서 함수가 반환한 결과인 0+1+2+3+4이며, item은 5입니다. 따라서 0+1+2+3+4+5를 반환합니다

reducer 메서드의 호출 결과는 마지막으로 반복했을 때의 acc 값입니다. 따라서 redcuer의 호출 결과는 0+1+2+3+4+5인 15가 됩니다.

Date 객체와 날짜

자바스크립트에는 시간을 표현하는 Date 객체가 있습니다. Date는 배열이나 함수처럼 특수한 목적을 수행하기 위해 기능이 추가된 객체입니다. Date 객체는 날짜와 시간을 저장하며 이와 관련한 유용한 메서드도 함께 제공합니다.

Date 객체를 활용하면 특정 게시물의 생성 시간을 저장하거나 오늘의 날짜를 출

력하거나 타이머를 만드는 등 시간과 관련된 기능을 쉽게 구현할 수 있습니다. 이번 절에서는 자바스크립트의 Date 객체를 자세히 살펴보겠습니다.

Date 객체 생성하기

1장에서 객체를 알아볼 때, 객체 생성 방법으로 생성자 문법과 리터럴 문법 2가지가 있다고 배웠습니다. 그런데 Date 객체는 리터럴 문법이 아닌 생성자 문법으로만 만들 수 있습니다.

Date 객체는 다음과 같이 new 키워드로 생성합니다

CODE
```
let date = new Date();

console.log(date);
```

OUTPUT
```
현재 날짜 및 시간
```

생성자인 Date()에 아무런 인수도 전달하지 않으면 생성 당시의 시간, 즉 현재의 날짜와 시간이 저장된 Date 객체를 반환합니다.

생성자란?

자바스크립트의 생성자는 객체를 생성하는 함수입니다. Date 객체는 리터럴이 아닌 생성자로 만듭니다. 생성자로 객체를 만들 때 특정 시간 등의 정보를 인수로 전달하면, 객체를 생성함과 동시에 초기화할 수 있습니다.

Date 객체와 협정 세계시(UTC)

자바스크립트는 전 세계 프로그래머가 공용으로 사용하는 언어이기 때문에, Date 객체는 특정 지역의 시간대에 맞게 동작하지 않고, 협정 세계시라고 부르는 UTC(Universial Time Coordinated)를 기준으로 동작합니다.

협정 세계시

협정 세계시인 UTC는 국제 표준 시간으로 쓰이는 시각입니다. 협정 세계시는 시간의 시작을 **1970년 1월 1일 0시 0분 0초**를 기준으로 하며, 이 시작 시각을 'UTC+0'시라고 표현합니다.

자바스크립트의 Date 객체에는 특정 시간을 '타임 스탬프'를 기준으로 저장하고 수정하는 기능이 있습니다. 타임 스탬프란 특정 시간이 UTC+0시인 1970년 첫날을

기점으로 흘러간 밀리초(ms)의 시간입니다. 따라서 Date 객체를 생성할 때 생성자에 인수로 **0**을 전달하면, UTC+0시를 기준으로 0밀리초 후의 시간을 Date 객체로 생성해 반환합니다.

CODE
```
let Jan01_1970 = new Date(0);

console.log(Jan01_1970);
```
OUTPUT Thu Jan 01 1970 09:00:00 GMT+0900 (한국 표준시)

변수 Jan01_1970에 저장된 Date 객체를 출력하면, UTC+0시에 해당하는 **1970년 1월 1일 0시 0분 0초**를 출력합니다. 그런데 출력값을 자세히 살펴보면 **1970년 1월 1일 9시 0분 0초**로 출력되는 것을 볼 수 있는데, 이는 한국 표준시가 UTC보다 9시간이 빠르기 때문입니다. 따라서 한국 표준시 기준으로는 UTC+09:00로 표현합니다.

타임 스탬프

타임 스탬프란 특정 시간이 UTC+0시인 1970년 첫날을 기준으로 흘러간 밀리초(ms)의 시간을 의미한다고 했습니다. 이번에는 UTC+0시로부터 하루 뒤인 1970년 1월 2일을 저장하는 Date 객체를 생성하겠습니다.

Date 객체에는 타임 스탬프를 인수로 전달할 수 있는데, 그러면 UTC+0시부터 인수로 전달된 타임 스탬프 이후의 시간 정보를 갖는 Date 객체를 반환합니다. 쉽게 말하면 Date 객체 생성자에 하루 24시간에 해당하는 밀리초를 인수로 전달하면, UTC+0시에서 하루가 지난 값을 반환합니다. 하루에 해당하는 밀리초인 24 * 3600 * 1000을 Date 생성자의 인수로 전달하겠습니다.

TIP
1초는 1000밀리초, 1시간은 3600(60×60)초, 하루는 24시간이기 때문에 24×3600×1000을 계산하면 하루를 의미하는 밀리초가 나옵니다.

CODE
```
let Jan02_1970 = new Date(24 * 3600 * 1000);

console.log(Jan02_1970);
```
OUTPUT Fri Jan 02 1970 09:00:00 GMT+0900 (한국 표준시)

UTC+0시를 기준으로 하루 뒤인 1970년 1월 2일에, 한국 표준시 9시간이 더해져 값이 출력되었습니다.

생성된 Date 객체에서 역으로 타임 스탬프를 구할 수도 있습니다.

CODE
```
let Jan02_1970 = new Date(24 * 3600 * 1000);

console.log(Jan02_1970.getTime());
```
OUTPUT
86400000

Date 객체의 getTime 메서드는 해당 객체에서 시간에 해당하는 타임 스탬프를 반환합니다. 변수 Jan02_1970에는 1970년 1월 1일부터 24 * 3600 * 1000 밀리초 후의 시간을 Date 객체가 저장하고 있으므로, 86400000이라는 타임 스탬프값을 반환합니다.

원하는 날짜로 Date 객체 생성하기

Date 객체 생성자에 밀리초에 해당하는 인수를 전달하면, UTC+0시부터 해당 인수만큼 시간을 더한 Date 객체를 반환합니다.

그렇다면 2000년 10월 10일을 저장하는 Date 객체를 생성하려면 어떻게 해야 할까요? 밀리초를 계산해서 인수로 전달해야 할까요? 아닙니다. UTC+0시부터 2000년 10월 10일을 밀리초 단위로 계산하여 인수로 전달하는 것은 매우 어렵고 비효율적인 방법입니다.

문자열로 특정 날짜 전달하기

Date 객체 생성자에 문자열로 표현된 날짜를 인수로 전달하면, 해당 날짜를 기준으로 Date 객체를 만들어 반환합니다.

```
CODE
let date1 = new Date("2000-10-10/00:00:00"); ①
let date2 = new Date("2000.10.10/00:00:00"); ②
let date3 = new Date("2000/10/10/00:00:00"); ③
let date4 = new Date("2000 10 10/00:00:00"); ④

console.log("1:", date1);  OUTPUT 1: Tue Oct 10 2000 00:00:00 GMT+0900 (한국 표준시)
console.log("2:", date2);  OUTPUT 2: Tue Oct 10 2000 00:00:00 GMT+0900 (한국 표준시)
console.log("3:", date3);  OUTPUT 3: Tue Oct 10 2000 00:00:00 GMT+0900 (한국 표준시)
console.log("4:", date4);  OUTPUT 4: Tue Oct 10 2000 00:00:00 GMT+0900 (한국 표준시)
```

이 코드는 2000년 10월 10일이 저장된 4개의 Date 객체를 생성합니다. 4개의 Date 객체 생성자에 인수로 전달하는 날짜는 각각 다른 형식의 문자열입니다. Date 객체 생성자는 전달 형식이 다른 문자열을 자동으로 분석해 적절한 날짜를 설정합니다. 보통은 ①~④ 형태의 날짜로 많이 작성하는데, 모든 형태의 문자열을 자동으로 분석할 수 있는 것은 아닙니다. 분석 가능한 다른 형태를 더 알고 싶다면 다음 링크를 참고하길 바랍니다.

https://developer.mozilla.org/ko/docs/Web/JavaScript/Reference/Global_Objects/Date/parse

숫자로 특정 날짜 전달하기

밀리초가 아니라 year, month, date, hours, minutes, seconds, milliseconds 순서로, 날짜와 시간에 해당하는 숫자를 전달해 원하는 Date 객체를 생성할 수도 있습니다.

CODE
```
let date1 = new Date(2000, 10, 10, 0, 0, 0, 0);
let date2 = new Date(2000, 9, 10);

console.log("1:", date1);   OUTPUT 1: Fri Nov 10 2000 00:00:00 GMT+0900 (한국 표준시)
console.log("2:", date2);   OUTPUT 2: Tue Oct 10 2000 00:00:00 GMT+0900 (한국 표준시)
```

변수 date1은 year는 2000, month는 10, date는 10 그리고 hours, minutes, seconds, milliseconds는 모두 0을 전달해 생성한 Date 객체입니다. 그런데 결과를 보면 월(month)의 출력이 Oct(10월)가 아닌 Nov(11월)입니다. 이는 Date 객체가 해당 월의 시작을 1이 아니라 0부터 시작하기 때문입니다. 따라서 1월은 0, 12월은 11로 전달해야 원하는 출력 결과를 얻을 수 있습니다. 변수 date2에서는 month에 9를 전달한 결과 10월인 Oct를 출력했습니다.

타임 스탬프로 날짜 생성하기

타임 스탬프를 이용해 날짜를 생성하는 것도 가능합니다. 타임 스탬프는 숫자로 표현되어 있기 때문에 문자열이나 객체보다 저장 공간을 훨씬 적게 차지하여 빠른 비교와 탐색이 가능합니다. 따라서 데이터베이스에서 날짜와 시간을 저장할 때는 타임 스탬프 형태로 저장합니다.

CODE
```
let date = new Date(2000, 9, 10);
let timeStamp = date.getTime(); ①
console.log(timeStamp);

let dateClone = new Date(timeStamp); ②
console.log(dateClone);
```

OUTPUT
```
971103600000
Tue Oct 10 2000 00:00:00 GMT+0900 (한국 표준시)
```

① Date 객체의 getTime 메서드는 Date 객체에 저장된 날짜를 타임 스탬프로 변환해 반환합니다.

② Date 객체 생성자에 타임 스탬프값을 인수로 전달하면 자동 분석하여 적절한 날짜를 반환합니다.

Date 객체에서 날짜 요소 얻기

날짜 요소란 연, 월, 일, 시간, 분, 초처럼 날짜를 구성하는 개별 요소입니다. 이번에는 Date 객체 메서드로 날짜 요소를 어떻게 얻는지 살펴보겠습니다.

getFullYear

getFullYear 메서드는 Date 객체에서 네 자릿수의 연도(year)를 반환합니다.

CODE

```
let date = new Date(2000, 9, 10);

console.log(date.getFullYear());
```

OUTPUT

```
2000
```

출력 결과를 보면 네 자릿수 연도 2000을 반환합니다.

이전에는 연도를 얻기 위해 getYear 메서드를 사용했지만, 해당 메서드는 최신 자바스크립트 버전에서는 더 이상 사용하지 않습니다. 이전에 개발된 프로그램 소스에서는 아직도 이 메서드의 흔적을 찾을 수 있는데, 앞으로는 사용하지 않는 게 좋습니다.

getMonth

getMonth 메서드는 Date 객체에서 0에서 11로 표현되는 월(月)을 반환합니다.

CODE

```
let date = new Date(2000, 9, 10);

console.log(date.getMonth());
```

OUTPUT

```
9
```

자바스크립트의 Date 객체는 월을 0부터 11까지 사이의 숫자로 반환하면서 표기는 1월부터 12월로 하므로 다소 혼란스럽습니다. 월 데이터를 사용할 때는 각별히 주의해야 합니다.

getDate

getDate 메서드는 Date 객체에서 일(日)을 반환합니다.

CODE

```
let date = new Date(2000, 9, 10);

console.log(date.getDate());
```

OUTPUT

```
10
```

getDate 메서드가 Date 객체에서 10일을 반환합니다.

getDay

getDay 메서드는 0부터 6으로 표현되는 요일을 반환합니다. 0은 항상 일요일이며, 6은 토요일입니다.

CODE
```
let date = new Date(2000, 9, 10);

console.log(date.getDay());
```

OUTPUT
```
2
```

getDay 메서드가 2를 반환하고 있습니다. 2는 화요일입니다.

getHours, getMinutes, getSeconds, getMilliseconds

각각 시간, 분, 초, 밀리초를 반환하는 메서드입니다.

CODE
```
let date = new Date(2000, 9, 10);

console.log(date.getHours());
console.log(date.getMinutes());
console.log(date.getSeconds());
console.log(date.getMilliseconds());
```

OUTPUT
```
0
0
0
0
```

Date 객체에 시간과 관련해서는 아무런 값도 인수로 전달하지 않았기 때문에 각각의 시간, 분, 초, 밀리초가 반환한 값은 0입니다.

Date 객체의 날짜 요소 수정하기

Date 객체에는 저장된 날짜 요소를 개별적으로 수정할 수 있는 메서드가 있습니다. 예제로 살펴보겠습니다.

setFullYear

setFullYear는 Date 객체의 연도를 수정할 때 사용하는 메서드입니다.

CODE
```
let date = new Date(2000, 9, 10);
date.setFullYear(2021);

console.log(date);
```

OUTPUT
```
Sun Oct 10 2021 00:00:00 GMT+0900 (한국 표준시)
```

연도의 값이 바뀐 것을 알 수 있습니다.

setMonth

setMonth는 Date 객체의 월을 수정할 때 사용하는 메서드입니다.

CODE

```
let date = new Date(2000, 9, 10);
date.setMonth(10);

console.log(date);
```

OUTPUT

```
Fri Nov 10 2000 00:00:00 GMT+0900 (한국 표준시)
```

setDate

setDate는 Date 객체의 일을 수정할 때 사용하는 메서드입니다.

CODE

```
let date = new Date(2000, 9, 10);
date.setDate(11);

console.log(date);
```

OUTPUT

```
Wed Oct 11 2000 00:00:00 GMT+0900 (한국 표준시)
```

setHours, setMinutes, setSeconds

각각 시, 분, 초를 수정할 때 사용하는 메서드입니다.

CODE

```
let date = new Date(2000, 9, 10);

date.setHours(1);
date.setMinutes(1);
date.setSeconds(1);

console.log(date);
```

OUTPUT

```
Tue Oct 10 2000 01:01:01 GMT+0900 (한국 표준시)
```

시, 분, 초의 값이 변경되었습니다.

Date 객체 출력하기

Date 객체에는 현재 저장된 시간을 다양한 형태의 문자열로 반환하는 메서드가 있습니다. 이 메서드를 이용해 Date 객체에 저장된 시간을 콘솔에 출력하겠습니다.

toString

Date 객체의 toString 메서드는 현재 저장된 시간을 문자열로 반환합니다. 이 메서드를 사용하면 Date 객체를 콘솔에 출력했을 때와 동일한 형태의 문자열을 얻을 수 있습니다. 이것은 자바스크립트 엔진이 Date 객체를 출력할 때, 자동으로 해당 객체의 toString 메서드를 호출하기 때문입니다.

CODE
```
const today = new Date(2000, 9, 10, 22);

console.log(today.toString());  OUTPUT Tue Oct 10 2000 22:00:00 GMT+0900 (한국 표준시)
```

toDateString

toDateString은 시간을 제외하고 현재의 날짜만 출력하는 메서드입니다.

CODE
```
const today = new Date(2000, 9, 10, 22);

console.log(today.toDateString());
```

OUTPUT
```
Tue Oct 10 2000
```

toLocaleString, toLocaleDateString

toLocaleString과 toLocaleDateString은 '현지화'된 날짜와 시간을 반환합니다. 현지화란 Date 객체에 있는 날짜와 시간을, 현재 우리가 속한 시간대에 맞게 변환한다는 뜻입니다.

CODE
```
const today = new Date(2000, 9, 10, 22);

console.log(today.toLocaleString());
console.log(today.toLocaleDateString());
```

OUTPUT
```
2000. 10. 10. 오후 10:00:00
2000. 10.10
```

toLocaleString 메서드는 날짜와 시간을 모두 반환하지만, toLocaleDateString은 날짜만 반환합니다. 한국은 Asia/Seoul 시간대에 속하기 때문에 '오후'처럼 현지화된 반환값을 볼 수 있습니다. 해외에서 이 책을 실습하고 있다면 속한 시간대에 맞게 현지화된 날짜와 시간을 만나게 됩니다.

Date 객체 응용하기

Date 객체는 실무에서 다양하게 이용합니다. 따라서 여러 상황에 맞게 사용할 수 있도록 충분하게 연습해 둘 필요가 있습니다. 지금까지 배운 Date 객체의 사용법과 메서드를 이용해 실무에서 자주 활용하는 몇 가지 기능을 추가로 알아보겠습니다.

TIP
여기에 나오는 응용 예제는 뒤에서 만들 프로젝트에서 실제로 구현할 내용입니다. 잘 숙지하길 바랍니다.

n월씩 이동하기

오늘날 캘린더 또는 일정 예약과 관련한 웹 서비스에서는 월 단위로 달력을 이동할 수 있는 기능을 제공합니다. Date 객체를 응용해 날짜를 n월씩 이동하는 기능을 구현하겠습니다.

CODE
```
function moveMonth(date, moveMonth) {  ①
  const curTimestamp = date.getTime(); ②
  const curMonth = date.getMonth();    ③

  const resDate = new Date(curTimestamp); ④
  resDate.setMonth(curMonth + moveMonth); ⑤
  return resDate;
}

const dateA = new Date("2000-10-10");
console.log("A: ", dateA);

const dateB = moveMonth(dateA, 1);
console.log("B: ", dateB);

const dateC = moveMonth(dateA, -1);
console.log("C: ", dateC);
```

OUTPUT
```
A : Tue Oct 10 2000 09:00:00 GMT+0900 (한국 표준시)
B : Fri Nov 10 2000 09:00:00 GMT+0900 (한국 표준시)
C : Sun Sep 10 2000 09:00:00 GMT+0900 (한국 표준시)
```

① 함수 moveMonth에는 Date 객체와 이동할 월(month)인 moveMonth, 두 개의 매개변수가 있습니다.
② 매개변수 date에 저장된 Date 객체의 타임 스탬프를 변수 curTimestamp에 저장합니다.
③ 매개변수 date에 저장된 Date 객체에서 월을 구해 변수 curMonth에 저장합니다.
④ 변수 resDate를 만들고 새로운 Date 객체를 생성합니다. Date 객체를 만들면서 ②에서 구한 타임 스탬프값(curTimestamp)을 인수로 전달합니다. 결과적으로 변수 resDate에는 date 객체와 동일한 타임 스탬프값이 들어 있는 Date 객체가 저장됩니다.
⑤ 변수 resDate에 저장된 Date 객체에서 setMonth 메서드를 호출해 기존 월에 moveMonth만큼 더한 월을 새로운 월로 저장합니다.

결론적으로 함수 moveMonth를 호출하면 moveMonth만큼 월을 앞으로 또는 뒤로 이동시킵니다.

배열에서 이번 달에 해당하는 날짜만 필터링하기

이번에는 여러 개의 Date 객체를 저장하고 있는 배열에서 이번 달에 해당하는 Date 객체만 필터링해 새 배열로 만들겠습니다.

CODE

```
function filterThisMonth(pivotDate, dateArray) { ①
  const year = pivotDate.getFullYear();
  const month = pivotDate.getMonth();

  const startDay = new Date(year, month, 1, 0, 0, 0, 0); ②
  const endDay = new Date(year, month + 1, 0, 23, 59, 59); ③

  const resArr = dateArray.filter( ④
    (it) =>
      startDay.getTime() <= it.getTime() &&
      it.getTime() <= endDay.getTime()
  );

  return resArr;
}

const dateArray = [
  new Date("2000-10-1"),
  new Date("2000-10-31"),
  new Date("2000-11-1"),
  new Date("2000-9-30"),
  new Date("1900-10-11")
];

// 오늘은 2000년 10월 10일이라고 가정합니다.
const today = new Date("2000-10-10/00:00:00");
const filteredArray = filterThisMonth(today, dateArray);

console.log(filteredArray);
```

TIP 코드에 등장하는 (it)는 item의 약자입니다. filter 메서드는 103~104쪽을 참고하세요.

OUTPUT

```
0: Sun Oct 01 2000 00:00:00 GMT+0900 (한국 표준시)
1: Tue Oct 31 2000 00:00:00 GMT+0900 (한국 표준시)
```

① 함수 filterThisMonth에는 인수로 전달된 두 개의 매개변수가 있습니다. dateArray는 코드에서 작성한 Date 객체 배열이며, pivotDate는 필터링할 월이 있는 Date 객체입니다.

② 이번 달의 가장 빠른 시간은 1일 0시 0분 0초로 설정하여 구합니다.

③ 이번 달의 가장 늦은 시간은 다음 달 0일의 23시 59분 59초(이번 달의 가장 마지막 날을 의미)로 설정해 구합니다.

④ filter 메서드를 이용해 dateArray에서 이번 달에 속하는 요소만 필터링합니다. 서로 다른 Date 객체를 비교할 때는 getTime 메서드로 타임 스탬프를 기준으로 비교합니다. 특정 Date 객체가 더 크다는 것은 이 객체가 더 미래에 있는 시간이라는 뜻입니다.

이번 달에 해당하는 날짜가 있는 Date 객체를 필터링하기 위해서는 다음과 같이 2 가지 작업이 필요합니다.

1. 이번 달에서 가장 빠른 시간, 가장 늦은 시간 구하기
2. 1번에서 구한 시간 내에 포함되는 Date 객체를 필터링하기

출력 결과를 보면 2000년 10월 1일에서 10월 31일 사이에 있는 배열 요소만 출력됩니다.

왜 이달의 가장 늦은 시간이 다음 달 0일 23시 59분 59초인가요?

자바스크립트의 Date 객체에서 date 즉 일을 0으로 설정하면 해당 월 바로 이전 월의 마지막 날을 의미합니다. 즉 2000년 10월 0일은 2000년 9월의 마지막 날입니다.

비동기 처리

비동기 처리를 이용하면 오래 걸리는 작업이 종료될 때까지 기다리지 않고 다음 작업을 수행하는 등 유연한 프로그래밍이 가능합니다. 이번 절에서는 자바스크립트의 비동기 처리에 대해 알아보겠습니다.

동기와 비동기

자바스크립트에서 코드는 기본적으로 작성한 순서에 따라 위에서부터 아래로 순차적으로 실행합니다.

CODE

```
console.log("1번");
console.log("2번");
console.log("3번");
```

OUTPUT

```
1번
2번
3번
```

이처럼 순차적으로 코드를 실행하는 것을 동기(Synchronous)라고 합니다. 동기는 은행 창구 시스템에 비유할 수 있습니다. 은행 창구에서는 한 번에 한 명의 고객만 응대합니다. 따라서 은행을 방문했을 때 누군가 이미 창구에 있다면 상담이 종료되기까지 기다려야 합니다. 이렇듯 동기는 앞의 작업을 완료해야 다음 작업을 실행할 수 있습니다. 자바스크립트는 기본적으로 동기적으로 동작합니다. 동기적으로 동작하는 코드는 작성된 순서에 따라 작업이 진행되므로 작업의 흐름을 파악하기 쉽습니다.

그런데 다음과 같이 오래 걸리는 작업을 빨리 끝날 작업보다 먼저 실행하게 되면 지연 문제가 생깁니다.

```
function longTask() {
  // 10초 이상 걸리는 작업
}

function shortTask() {
  // 매우 빠르게 끝나는 작업
}

longTask();
shortTask();
```

이 코드에서 함수 shortTask는 빨리 끝나는 작업이지만 longTask가 완료되어야 실행할 수 있습니다. 따라서 진행할 모든 작업의 속도는 전체적으로 느려질 수밖에 없습니다.

이 문제를 해결하려면 앞의 작업과 관계없이 다른 작업을 별도로 진행해야 합니다. 이렇듯 특정 작업을 다른 작업과 관계없이 독립적으로 동작하게 만드는 것을 비동기(Asynchronous)라고 합니다.

함수 setTimeout을 이용하면 작업을 비동기적으로 처리할 수 있습니다.

CODE

```
setTimeout(function() { ①
  console.log("1번!");
}, 3000);

console.log("2번!");
```

OUTPUT

```
2번!
1번!
```

① 함수 setTimeout은 두 번째 인수로 전달된 시간(밀리초)만큼 기다린 다음, 첫 번째 인수로 전달한 콜백 함수를 실행합니다. 따라서 이 코드에서는 3초(3000밀리초)만큼 기다린 다음 콜백 함수를 실행합니다.

이 코드는 다음과 같이 화살표 함수를 이용해 더 간결하게 작성할 수 있습니다.

CODE

```
setTimeout(() => { ①
  console.log("1번!");
}, 3000);

console.log("2번!"); ②
```

OUTPUT

```
2번!
1번!
```

함수 setTimeout은 비동기적으로 동작하는 함수입니다. 따라서 setTimeout이 종료될 때까지 기다리지 않고 바로 다음 코드를 실행할 수 있습니다.

비동기는 카페에 비유할 수 있습니다. 카페의 종업원은 한 번에 여러 주문을 받습니다. 그리고 고객은 제조 순서대로 음료를 받게 됩니다. 고객은 앞서 주문한 음료가 모두 제조되기까지 기다렸다 주문할 필요가 없습니다. 앞선 작업이 종료되기까지 기다려야 했던 은행의 작업 방식과는 다릅니다.

다음은 비동기적으로 동작하는 카페를 자바스크립트 코드로 구현한 예입니다.

CODE

```
function orderCoffee(coffee, time) { ①
  setTimeout(() => {
    console.log(`${coffee} 제조 완료`);
  }, time);
}

orderCoffee("달콤한 커피", 4000);
orderCoffee("레몬 티", 2000);
orderCoffee("시원한 커피", 3000);
```

OUTPUT

```
레몬 티 제조 완료
시원한 커피 제조 완료
달콤한 커피 제조 완료
```

> ① 함수 orderCoffee는 제조할 커피 이름인 coffee와 제조에 걸리는 시간 time, 두 가지를 매개변수로 저장합니다. 이 함수에서는 함수 setTimeout을 호출해 time만큼 기다린 다음 콘솔에 커피 제조가 완료되었다고 출력합니다.

코드에서는 **달콤한 커피**, **레몬 티**, **시원한 커피** 순으로 주문하였으나, 제조 시간이 빠른 순으로 음료가 출력됩니다. 따라서 제조가 빠른 순인 **레몬티**, **시원한 커피**, **달콤한 커피** 순으로 출력됩니다. 이렇듯 비동기 작업은 동기 작업과는 달리 작업의 실행 순서와 완료 순서가 일치하지 않습니다.

콜백 함수로 비동기 처리하기

다음은 1초를 기다린 다음 전달한 인수에 2를 곱해 콘솔에 출력하는 함수입니다.

CODE

```
function double(num) {
  setTimeout(() => {
    const doubleNum = num * 2;
    console.log(doubleNum);
  }, 1000);
}

double(10);
```

OUTPUT

```
20
```

이 코드를 실행하면 1초 후에 20이 출력됩니다. 그런데 이때 함수 double의 결과를 반환하게 하려면 어떻게 해야 할까요?

CODE

```
function double(num) {
  return setTimeout(() => {
    const doubleNum = num * 2;
    return doubleNum;  ①
  }, 1000);
}

const res = double(10);
console.log(res);
```

OUTPUT

```
알 수 없는 숫자
```

① 함수 setTimeout에서 인수로 전달한 콜백 함수가 변수 doubleNum을 반환합니다.

이 코드를 실행하면 10의 2배인 20이 아닌, 알 수 없는 숫자가 출력됩니다. 심지어 다시 실행하면 또 다른 숫자가 출력됩니다. 이는 반환값이 함수 setTimeout에서 인수로 전달한 콜백 함수가 반환하는 게 아니기 때문입니다. 함수 setTimeout은 타이머의 식별 번호를 반환합니다. 따라서 콘솔에 출력된 알 수 없는 숫자는 인수로 전달한 콜백 함수의 반환값이 아니라 타이머의 식별 번호일 뿐입니다.

함수 setTimeout은 자바스크립트의 내장 함수입니다. 그리고 콜백 함수는 함수 setTimeout에 전달하는 인수일 뿐입니다. 따라서 콜백 함수의 반환값과 함수 setTimeout의 반환값은 무관합니다.

콜백 함수의 인수로 2를 곱한 결괏값을 전달하면, 간단하게 비동기 작업의 결괏값을 반환값으로 사용할 수 있습니다.

CODE

```
function double(num, cb) {
  setTimeout(() => {
    const doubleNum = num * 2;
    cb(doubleNum); ②
  }, 1000);
}

double(10, (res) => { ①
  console.log(res);
});

console.log("마지막"); ③
```

OUTPUT

```
마지막
20
```

① 함수 double을 호출하며 두 번째 인수로 화살표 함수로 만든 콜백 함수를 전달합니다. 콜백 함수는 함수 double의 매개변수 cb에 저장되며, 호출되면 인수로 전달된 값을 콘솔에 출력합니다.
② 비동기 작업이 완료되면 콜백 함수를 호출해 연산의 결괏값을 인수로 전달합니다.
③ 앞서 호출한 함수 double이 비동기 작업이므로 해당 작업의 종료를 기다리지 않고 ③이 먼저 실행됩니다.

이렇듯 콜백 함수를 이용하면 비동기 작업의 결괏값을 사용할 수 있습니다. 이것은 카페에서 음료 제조가 완료되면 주문 번호로 고객에게 알리는 것과 유사합니다. 고객은 음료를 주문한 다음, 주변을 둘러보거나 핸드폰을 보는 등 제조가 완료될 때까지 다른 일을 하며 기다립니다. 종업원이 제조가 완료되었음을 알리면 그때 비로소 음료를 받습니다. 음료 주문은 비동기 작업을 요청하는 것이고 음료가 완성되어 고객을 호출하는 것은 비동기 작업이 완료된 후 콜백 함수를 호출하는 것과 같습니다.

프로미스 객체를 이용해 비동기 처리하기

프로미스(Promise)는 비동기 처리를 목적으로 제공되는 자바스크립트 내장 객체입니다. 프로미스는 `Date` 객체처럼 특수한 목적을 위해 다양한 기능을 추가한 객체입니다. 프로미스를 이용하면 콜백 함수를 이용한 비동기 처리보다 더 쉽게 비동기 작업을 수행할 수 있습니다.

프로미스는 비동기 작업을 진행 단계에 따라 3가지 상태로 나누어 관리합니다.

- 대기(Pending) 상태: 작업을 아직 완료하지 않음
- 성공(Fulfilled) 상태: 작업을 성공적으로 완료함
- 실패(Rejected) 상태: 작업이 모종의 이유로 실패함

대기 상태에서 작업을 성공적으로 완료하는 것을 해결(resolve)이라고 합니다. 작업을 해결하면 해당 작업은 성공 상태가 됩니다. 반대로 대기 상태에서 작업이 모종의 이유(오류 발생 등)로 실패하는 것을 거부(reject)라고 합니다. 작업이 거부되면 해당 작업은 실패 상태가 됩니다.

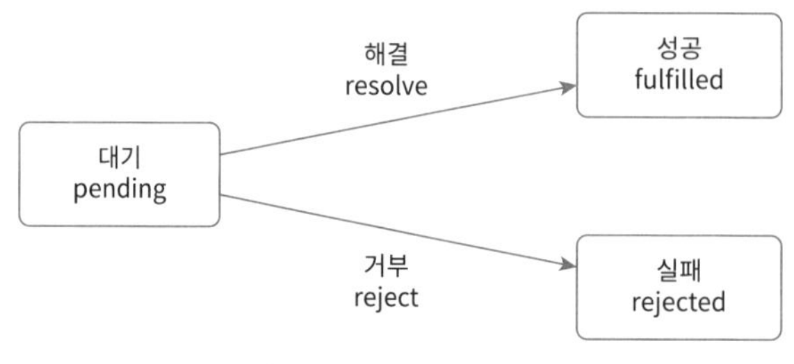

그림 2-7 프로미스의 3가지 상태

유튜브로 동영상을 시청하는 상황을 떠올리면 쉽게 이해할 수 있습니다. 시청자가 특정 영상을 시청하기 위해 클릭하면 해당 영상을 불러옵니다. 영상 로딩 작업은 비동기적으로 동작합니다. 즉, 영상이 로딩되기까지 사용자는 다른 영상을 탐색하거나 댓글을 다는 등의 행동을 할 수 있습니다.

영상 로딩 과정에서 영상이 로딩 중인 상태를 '대기 상태'라고 할 수 있습니다. 그리고 정상적으로 영상이 로딩되었다면 이를 '해결'이라고 할 수 있으며, 이 상태를 '성공 상태'라고 말할 수 있습니다. 만약 영상이 모종의 이유로 로딩되지 못했다면 이를 '거부'라고 할 수 있으며, 이 상태는 '실패 상태'라고 말할 수 있습니다.

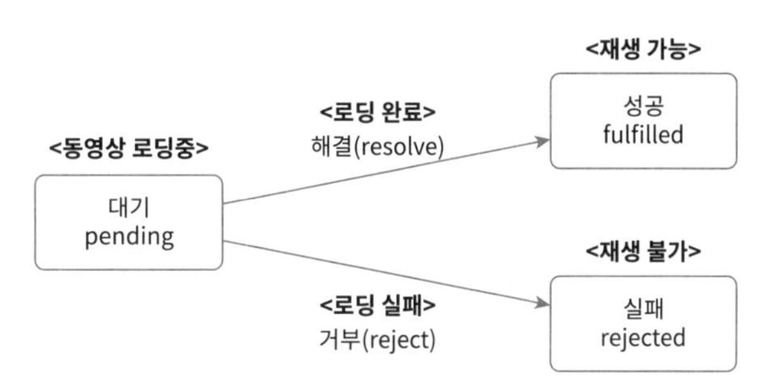

그림 2-8 유튜브에 빗댄 프로미스 객체의 3가지 상태

프로미스 객체는 다음과 같이 만듭니다.

```
const promise = new Promise(실행 함수); ①
```

① 프로미스 객체를 생성하여 상수 promise에 저장합니다.

프로미스 객체를 만들 때 인수로 실행 함수(Executor)를 전달합니다. 실행 함수란 비동기 작업을 수행하는 함수입니다. 이 함수는 프로미스 객체를 생성함과 동시에 실행되며 2개의 매개변수를 제공받습니다.

다음은 프로미스 객체를 생성해 간단한 실행 함수를 인수로 전달하는 예입니다.

CODE

```
const promise = new Promise(
  function (resolve, reject) { ①
    setTimeout(() => {
      console.log("안녕");
    }, 500);
  }
);
```

OUTPUT

```
안녕
```

① 이 함수는 새롭게 생성된 프로미스 객체의 실행 함수입니다. 프로미스 객체를 생성함과 동시에 실

> 행되며 2개의 매개변수를 제공받습니다. 프로미스 객체는 생성과 동시에 실행 함수를 실행해 콘솔에 안녕이라고 출력합니다.

실행 함수가 제공받는 2개의 매개변수는 다음과 같습니다.

- resolve: 비동기 작업의 상태를 성공으로 바꾸는 함수
- reject: 비동기 작업의 상태를 실패로 바꾸는 함수

앞서 살펴보았듯이 프로미스는 비동기 작업의 상태를 대기(Pending), 성공(Fulfilled), 실패(Rejected)로 나누어 관리합니다. 실행 함수가 제공받는 2개의 매개변수는 대기 상태의 비동기 작업을 성공 또는 실패 상태로 변경하는 역할을 합니다.

다음은 실행 함수에서 매개변수로 제공된 resolve를 호출하여 작업 상태를 성공 상태로 변경하는 예입니다.

CODE

```
const promise = new Promise(
  function (resolve, reject) {
    setTimeout(() => {
      resolve("성공") ①
    }, 500);
  }
);
```

> ① 실행 함수에 매개변수로 제공된 resolve를 호출해 비동기 작업의 성공을 알리며 작업의 결괏값을 인수로 전달합니다.

실행 함수는 0.5초 기다린 다음 resolve를 호출해 이 비동기 작업의 상태를 성공 상태로 변경합니다. 이때 resolve를 호출하며 인수로 전달한 값 **"성공"**은 비동기 작업의 결괏값이 됩니다. 이 결괏값을 비동기 작업이 아닌 곳에서 이용하려면 다음과 같이 프로미스 객체의 then 메서드를 이용하면 됩니다. then 메서드는 인수로 전달한 콜백 함수의 비동기 작업이 성공했을 때 실행됩니다.

CODE

```
const promise = new Promise(
  function (resolve, reject) {
    setTimeout(() => {
      resolve("성공");
    }, 500);
  }
);
```

OUTPUT

```
성공
```

```
promise.then(function (res) { ①
  console.log(res);
});
```

> ① then 메서드를 호출하고 인수로 콜백 함수를 전달합니다. 이 콜백 함수는 비동기 작업이 성공했을 때, 즉 실행 함수가 resolve를 호출했을 때 실행됩니다.

실행 함수에서 0.5초 기다린 다음 resolve를 호출하고 인수로 **"성공"**을 전달합니다. 따라서 then 메서드에 인수로 전달한 콜백 함수가 실행됩니다. 이때 콜백 함수의 매개변수에는 **"성공"**이라는 문자열이 전달됩니다.

실행 함수에서 reject를 호출하면 비동기 작업의 상태를 실패로 변경합니다. 이때 then 메서드에 전달한 콜백 함수는 실행되지 않습니다.

CODE

```
const promise = new Promise(
  function (resolve, reject) {
    setTimeout(() => {
      reject("실패") ①
    }, 500);
  }
);

promise.then(function (res) { ②
  console.log(res);
});
```

> ① 실행 함수에서 reject를 호출하여 이 작업이 실패했음을 알리고 인수로 "실패"를 전달합니다.
> ② 비동기 작업이 실패했으므로 then 메서드에 인수로 전달한 콜백 함수는 실행되지 않습니다.

then 메서드는 작업이 성공했을 때 실행할 콜백 함수를 설정합니다. 따라서 작업이 실패했을 때 실행할 콜백 함수를 설정하려면 다음과 같이 catch 메서드를 사용해야 합니다.

CODE

```
const promise = new Promise(
  function (resolve, reject) {
    setTimeout(() => {
      reject("실패")
    }, 500);
  }
);

promise.then(function (res) {
  console.log(res);
```

OUTPUT

실패

```
});

promise.catch(function (err) { ①
  console.log(err);
});
```

> ① 비동기 작업이 실패하면 catch 메서드에 인수로 전달한 콜백 함수가 실행됩니다. 이때 실행 함수에서 reject에 전달한 인수가 매개변수로 제공됩니다.

이렇듯 프로미스의 then과 catch 메서드를 이용하면 작업이 성공하거나 실패했을 때 실행할 콜백 함수를 별도로 설정할 수 있어 좀 더 유연하게 비동기 작업을 처리할 수 있습니다.

3장

Node.js

이 장에서 주목할 키워드

- Node.js
- npm
- 비주얼 스튜디오 코드
- 패키지
- package.json
- 모듈 시스템
- 라이브러리

이 장의 학습 목표

- Node.js가 무엇인지 알아봅니다.
- Node.js와 비주얼 스튜디오 코드를 설치하고 실습합니다.
- Node.js의 패키지와 모듈 시스템에 대해 알아봅니다.

Node.js란?

자바스크립트의 역사는 Node.js의 등장 이전과 이후로 나뉠 만큼, Node.js는 자바스크립트 생태계에 지대한 영향을 미쳤습니다. 이 책의 최종 학습 목표인 리액트 또한 Node.js를 기반으로 작동합니다. 따라서 이번 절에서는 Node.js가 무엇인지 간단히 알아보겠습니다.

자바스크립트는 웹 브라우저에 내장된 자바스크립트 엔진으로 실행됩니다. 그래서 자바스크립트를 실행하는 웹 브라우저를 자바스크립트의 구동 환경이라는 뜻에서 '자바스크립트 런타임'이라고도 표현합니다.

그렇다면 자바스크립트 생태계에 혁신적인 변화를 가져온 Node.js는 무엇일까요? 한마디로 Node.js는 또 하나의 자바스크립트 런타임입니다. Node.js 등장 이전에는 웹 브라우저가 유일한 자바스크립트 런타임이었습니다. 따라서 자바스크립트는 웹 브라우저 외에서는 사용할 수 없었습니다. 그러나 독립적인 자바스크립트 런타임인 Node.js가 등장한 이후에는 어떤 환경에서도 자바스크립트를 실행할 수 있게 되었습니다. 결국 웹 서버나 모바일 애플리케이션을 개발할 때도 자바스크립트를 이용하는 등 언어의 활용 범위가 넓어졌고, 이를 사용하는 개발자도 늘어나게 되었습니다.

영어권 최대 개발자 Q&A 사이트인 스택오버플로(Stackoverflow)에서는 매년 전 세계 개발자를 대상으로 설문 조사를 진행합니다. 2022년에 진행한 설문에서 전체 응답자 중 65%의 개발자가 자바스크립트를 사용한다고 밝혀, 자바스크립트는 개발자가 가장 많이 사용하는 프로그래밍 언어가 되었습니다.

Stackoverflow의 더 자세한 통계는 다음 링크에서 확인할 수 있습니다.

https://survey.stackoverflow.co/2022/#section-most-popular-technologies-programming-scripting-and-markup-languages

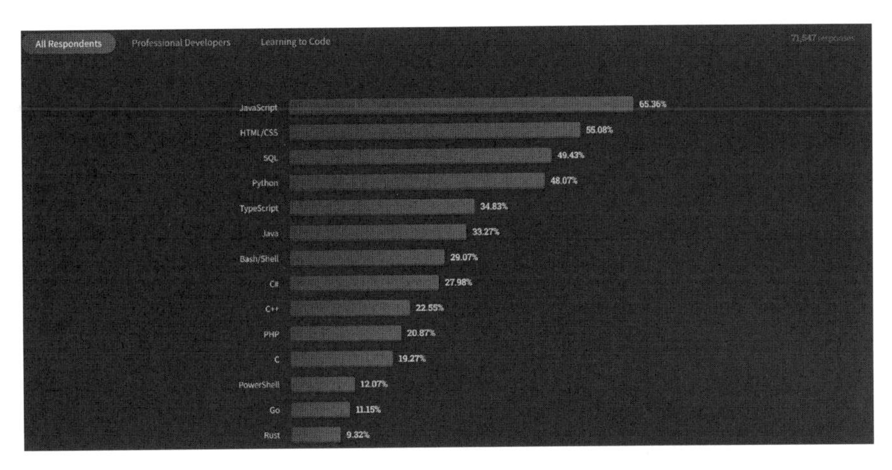

그림 3-1 Stackoverflow의 언어별 개발자 통계

Node.js를 서버 개발 기술로 잘못 알고 있는 경우가 꽤 있습니다. 하지만 Node.js는 단순 자바스크립트 런타임입니다. 게임과 게임기에 비유하자면 자바스크립트는 게임이고 Node.js는 게임을 구동하는 게임기에 비유할 수 있습니다.

리액트를 잘 다루기 위해서는 Node.js 학습이 선행되어야 합니다. Node.js에는 리액트를 효율적으로 다루는 여러 도구들이 내장되어 있을 뿐만 아니라, 궁극적으로 Node.js가 리액트로 만든 자바스크립트 애플리케이션을 구동하기 때문입니다.

Node.js 환경 설정하기

Node.js를 제대로 사용하기 위한 사용자 기본 환경 설정부터 먼저 진행합니다. 그리고 Node.js를 설치합니다. 설치 이후에는 명령 프롬프트를 이용해 올바른 버전이 설치되었는지 확인하겠습니다

윈도우 사용자 계정 이름 바꾸기

여러분 PC의 사용자 계정명이 한글로 되어 있다면, Node.js 설치 및 향후 이용 과정에서 문제가 발생할 수 있습니다. 따라서 Node.js 설치 전에 윈도우의 사용자 계정을 영문명으로 변경해야 합니다.

1. 윈도우에서 [시작]-[설정]을 클릭해 제어판을 엽니다. 계속해서 제어판에서 '계정' 항목을 클릭합니다.

그림 3-2 제어판에서 계정 클릭하기

2. 사용자 정보가 나옵니다. 이때 본인의 계정 이름이 영어로 되어 있다면 굳이 변경하지 않아도 됩니다. 한글 계정이라면 왼쪽 메뉴에 있는 '가족 및 다른 사용자'를 클릭합니다. 그리고 다시 오른쪽 페이지에서 '이 PC에 다른 사용자 추가' 항목의 〈+〉 버튼을 클릭합니다.
3. '이 사람은 어떻게 로그인합니까?' 대화상자가 나옵니다. 대화상자 하단에 파란색 글자로 표시되어 있는 '이 사람의 로그인 정보를 가지고 있지 않습니다.'를 클릭합니다.

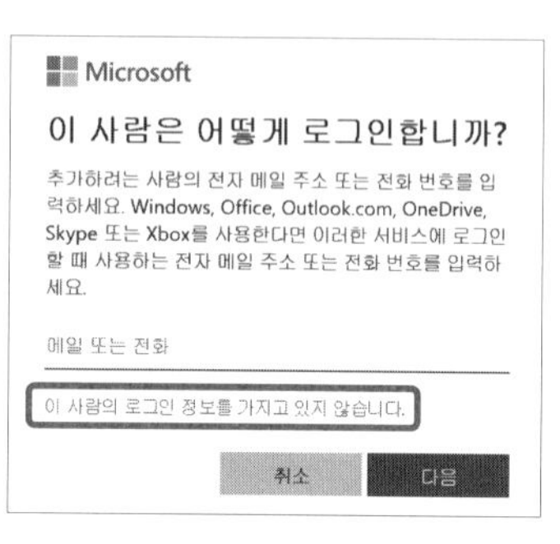

그림 3-3 로그인 정보 없음을 클릭하기

4. '아래 사항에 동의함'이라는 개인 정보 제공을 요구하는 대화상자가 나옵니다. 두 개의 항목 오른쪽에 있는 '자세히' 항목을 클릭해야 〈동의〉 버튼이 활성화됩니다. 개인 정보 요구 항목을 모두 읽은 다음, 〈동의〉 버튼을 클릭합니다.
5. [그림 3-4]처럼 '계정 만들기' 대화상자가 나오면 아래의 'Microsoft 계정 없이 사용자 추가' 항목을 클릭합니다.

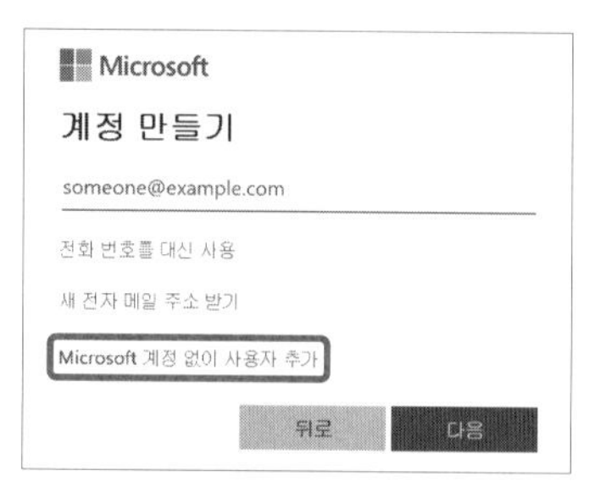

그림 3-4 계정 만들기에서 Microsoft 계정 없이 사용자 추가 클릭

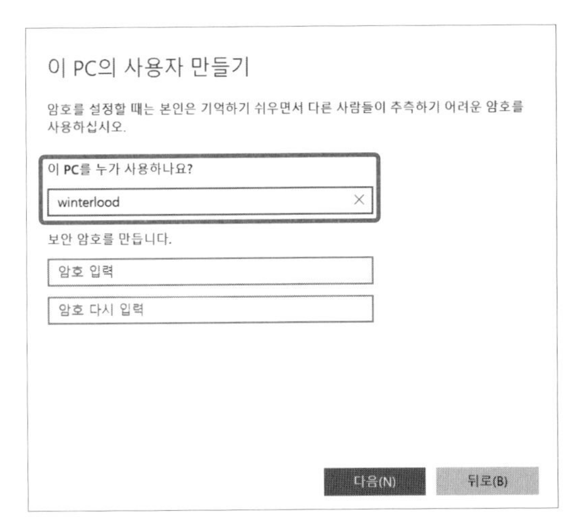

그림 3-5 이 PC의 사용자 만들기에서 영문 이름으로 변경하기

6. '이 PC의 사용자 만들기' 대화상자가 나옵니다. 여기서 사용자 이름을 여러분이 원하는 영문명으로 지정하면 됩니다. 모두 지정하고 〈다음〉 버튼을 클릭합니다.
7. 제어판의 '가족 및 다른 사용자' 항목이 다시 나옵니다. 앞에서 지정한 이름으로 새로운 사용자가 추가되었는지 확인합니다.

이제 윈도우의 기존 계정을 로그아웃하고 새로 변경한 계정으로 로그인합니다. 그럼 영문 사용자 계정으로 새로운 윈도우 환경이 만들어집니다. 윈도우 환경 구성에는 약간의 시간이 걸립니다. 앞으로 이 책의 실습은 이 계정으로 로그인해 진행하면 됩니다.

TIP
새로운 윈도우 환경에서 크롬 브라우저를 다시 설치해야 할 수도 있습니다. 크롬의 구글 계정은 기존 계정을 똑같이 이용하면 됩니다.

Node.js 설치

Node.js를 별도의 프로그램으로 사용하기 위해서는 설치 과정이 필요합니다. Node.js를 설치하면 지금까지 이용했던 코드샌드박스를 사용하지 않아도 여러분의 PC(또는 다른 실습 환경)에서 직접 자바스크립트 코드를 실행할 수 있습니다.

Node.js는 다음 주소의 공식 홈페이지에서 다운로드할 수 있습니다.

https://nodejs.org/ko/

Node.js 공식 웹 사이트에 접속하면, 페이지 중간에 두 개의 버튼이 나옵니다.

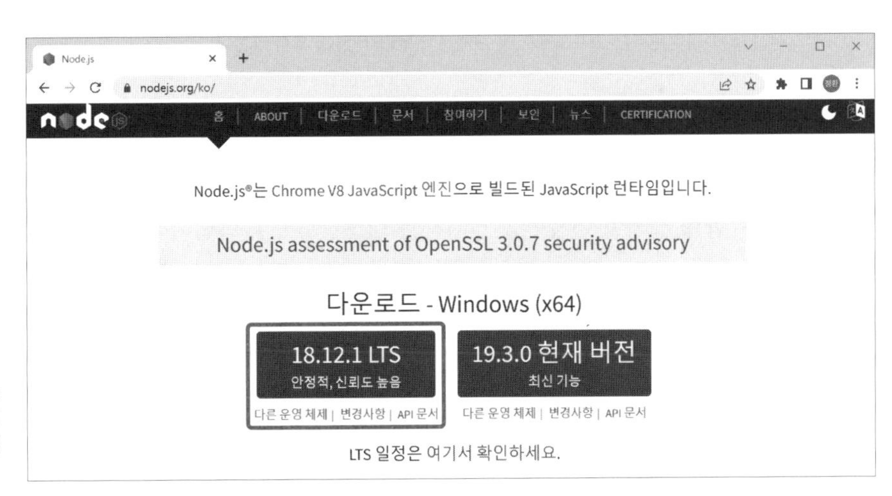

그림 3-6 Node.js 홈페이지

TIP
독자가 이 책으로 Node.js를 설치할 때는 버전이 다를 수 있습니다. 최신 LTS 버전으로 설치하면 됩니다.

왼쪽 버튼에 적혀 있는 LTS란 Long Term Support의 약자로 장기적으로 지원하는 안정적인 버전이라는 뜻입니다. 보안 취약점이나 결함에 대한 유지 보수를 오랫동안 지원한다는 의미여서 이 책에서는 안정적인 LTS 버전의 Node.js를 사용합니다.

Node.js 버전은 X.Y.Z 형태로 유지되며 X가 짝수인지 홀수인지에 따라 버전 수명이 크게 달라집니다. 18.12.1 버전처럼 X가 짝수인 버전은 LTS 버전으로, 최소 3년 이상 지원되는 안정적인 버전이므로 특별한 이유가 없는 한 대다수 기업에서는 LTS 버전을 사용합니다. 19.1.0 버전처럼 X가 홀수인 버전은 실험 버전입니다. 이 버전은 평균 1년 또는 그 이하의 짧은 기간만 지원합니다.

두 개의 버튼 중 왼쪽에 있는 〈…LTS〉 버튼을 클릭하면 설치 파일이 자동으로 다운로드됩니다. 특별한 설정을 하지 않았다면 사용자의 다운로드 폴더에 설치 파일이 저장됩니다. 다운로드 폴더로 이동해 방금 다운받은 설치 파일을 더블 클릭합니다.

Node.js 설치 과정은 다음 순서로 진행하면 됩니다.

1. 설치 프로그램이 정상적으로 실행된다면 [설치 마법사] 대화상자가 나옵니다. 〈Next〉 버튼을 클릭합니다.
2. Node.js의 라이선스에 동의하라는 대화상자가 나타납니다. 하단의 체크박스를 선택해 라이선스에 동의하고 〈Next〉 버튼을 클릭합니다.

Node.js는 오픈소스로 MIT 라이선스를 채택하고 있습니다. MIT 라이선스는 미국의 매사추세츠 공과대학교에서 자기 학교의 소프트웨어 공학도들을 돕기 위해 개발했습니다. MIT 라이선스는 매우 관대한 라이선스로서 주요 내용을 요약하면 다음과 같습니다.

1. 이 소프트웨어를 누구라도 무상으로 제한 없이 사용해도 좋다. 단, 저작권 표시 및 허가 표시를 소프트웨어의 모든 복제물 또는 중요 부분에 기재해야 한다.
2. 저자 또는 저작권자는 소프트웨어에 관해서 아무런 책임을 지지 않는다.

3. Node.js를 설치할 경로를 정하는 대화상자가 나타납니다. 기본 경로로 설치할 것을 권장합니다. 〈Next〉 버튼을 클릭합니다.
4. Node.js와 함께 설치할 기능들을 설정하는 대화상자가 나타납니다. 기본 설정 그대로 〈Next〉 버튼을 클릭합니다.
5. "필요한 도구를 자동으로 설치하겠느냐?"고 묻는 대화상자가 나타납니다. 여러 가지 편리한 도구를 자동으로 설치해 주기 때문에 별도의 설정 문제를 걱정

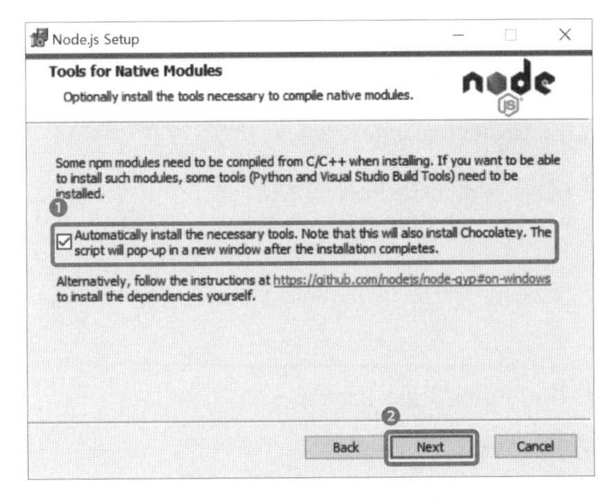

그림 3-7 필요한 도구 자동 설치

하지 않아도 됩니다. 따라서 Node.js에 익숙치 않은 사용자라면 이 기능을 설치하는 게 좋습니다.

[그림 3-7]과 같이 체크박스를 선택한 다음, 〈Next〉 버튼을 클릭합니다.

6. 이제 Node.js를 설치할 준비를 모두 끝마쳤습니다. 〈Install〉 버튼을 클릭합니다.
7. Node.js 설치가 진행됩니다. 1분에서 5분 정도의 시간이 걸립니다. 설치 시간이 너무 오래 걸리거나 오류가 발생한다면 네트워크 환경이 원활한 곳에서 다시 시도하기 바랍니다.

Node.js의 설치를 완료했습니다. 이제 웹 브라우저를 사용하지 않아도 실습 환경(PC)에서 Node.js를 이용해 자바스크립트를 실행할 수 있습니다.

Node.js 설치 확인하기

Node.js와 관련 프로그램이 모두 정상적으로 설치되었는지 윈도우의 명령 프롬프트를 이용해 확인하겠습니다.

Node.js 버전 확인하기

윈도우에서 명령 프롬프트를 실행하려면 ⊞+R을 눌러 나온 [실행] 대화상자에서 cmd를 입력하고 〈확인〉 버튼을 클릭하면 됩니다.

TIP
MacOS는 Command + Spacebar를 눌러 스포트라이트(spotlight)를 활성화한 다음, '터미널'을 검색하여 실행합니다.

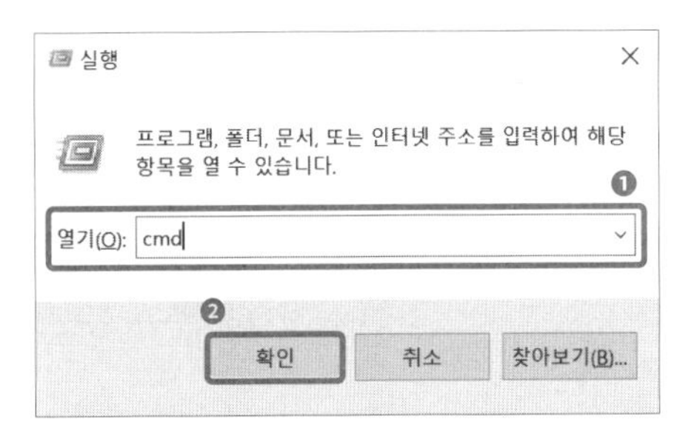

그림 3-8 윈도우의 명령 프롬프트 실행

[그림 3-9]처럼 [명령 프롬프트] 창이 나옵니다. 이제부터 설명의 편의를 위해 이 명령 프롬프트를 '터미널'이라고 하겠습니다.

터미널에서 node -v를 입력하고 Enter 키를 누릅니다.

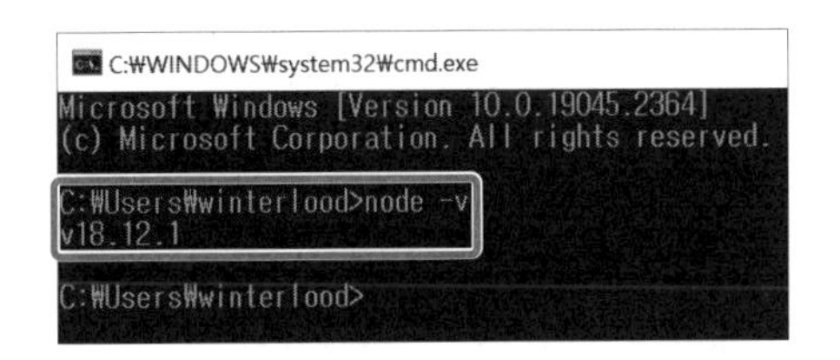

그림 3-9 명령 프롬프트 창에서 node.js의 버전 확인하기

Node.js가 정상적으로 설치되었다면 현재 설치된 버전이 출력됩니다. 만약 오류가 발생하거나 버전이 나타나지 않으면 설치 과정이 잘못된 것입니다. Node.js 관련 파일을 모두 삭제한 다음 설치를 다시 진행해야 합니다. 출력된 버전(X.Y.Z)의 LTS 버전 문제일 수도 있으니 관련 파일을 모두 삭제한 다음, Node.js를 다시 설치하길 바랍니다.

TIP
윈도우에서 Node.js 파일을 삭제하려면, 제어판의 [설정]-[앱]에서 Node를 검색하여 제거하면 됩니다.

npm 버전 확인하기

Node.js를 설치하면 npm이라는 도구도 함께 설치됩니다. npm(Node Package Manager)은 Node.js의 프로젝트 단위인 '패키지'를 관리하는 도구입니다.

마찬가지로 터미널에서 `npm -v`를 입력합니다.

npm이 잘 설치되었다면 마찬가지로 현재 설치된 버전이 출력됩니다. Node.js와 npm 버전 모두 잘 출력되었다면 이제 본격적으로 실습 환경에서 자바스크립트를 실행할 수 있습니다.

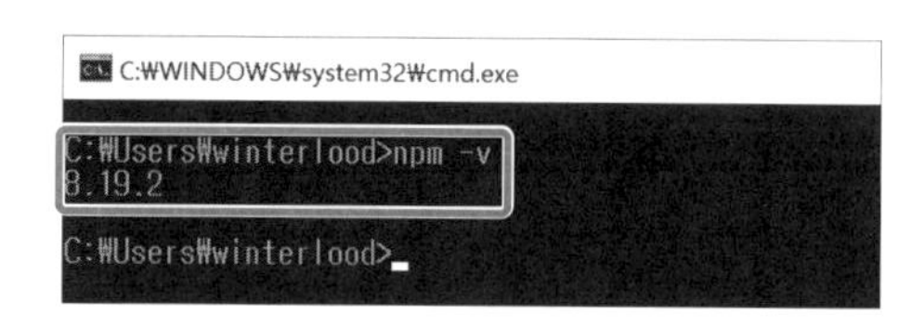

그림 3-10 npm 버전 확인

여기서 잠깐

npm -v를 입력했는데 오류가 나타나거나 버전이 정상적으로 출력되지 않는다면 Node.js를 설치할 때 문제가 발생했을 가능성이 높습니다. Node.js를 삭제한 다음 설치를 다시 진행하길 바랍니다.

비주얼 스튜디오 코드

지금까지 자바스크립트를 실습할 때는 코드샌드박스를 이용했습니다. 코드샌드박스는 웹 브라우저 기반 소스 코드 에디터입니다. 코드샌드박스는 파일을 저장하면 자동으로 코드 라인을 정렬해 주는 등 소스 코드 편집에 특화된 여러 기능을 제공합니다.

그러나 이제부터는 자바스크립트를 웹 브라우저가 아닌 Node.js를 이용해 실행하기 때문에 더 이상 코드샌드박스를 이용하지 않습니다. 따라서 이번 절에는 데스크톱 환경의 소스 코드 에디터 비주얼 스튜디오 코드(Visual Studio Code)를 설치하고 사용하는 방법을 알아보겠습니다.

비주얼 스튜디오 코드 설치하기

비주얼 스튜디오 코드는 마이크로소프트가 개발한 오픈소스 코드 에디터입니다.

국내 및 전 세계 개발자들이 많이 사용하는 소스 코드 에디터로, 윈도우, MacOS, 리눅스 운영체제를 모두 지원합니다. 2022년 스택오버플로 개발자 설문에서 가장 많은 개발자가 사용하고 있는 소스 코드 에디터로 선정되기도 하였습니다. 만약 비주얼 스튜디오 코드를 이미 사용하고 있고, 능숙하게 다룬다면 이번 단원의 내용은 건너뛰어도 괜찮습니다.

비주얼 스튜디오 코드 공식 홈페이지에 접속합니다.

TIP
Visual Studio Code와 Visual Studio를 헷갈리지 마세요. 둘은 서로 다른 에디터입니다.

https://code.visualstudio.com/

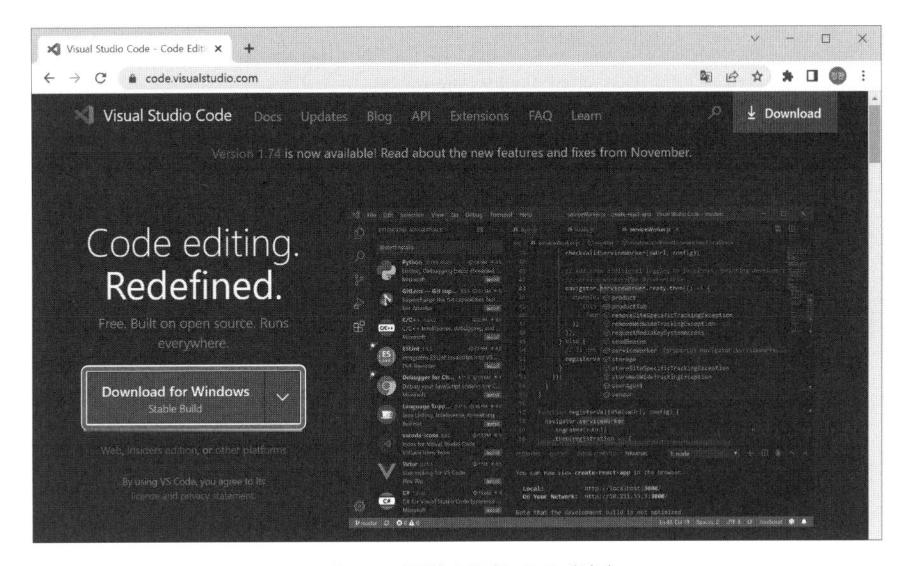

그림 3-11 비주얼 스튜디오 코드 페이지

홈페이지 중간에 있는 〈Download for …〉 버튼을 클릭해 설치 파일을 다운로드합니다. 자신의 시스템 환경에 따라 버튼의 내용은 바뀝니다. 저자처럼 윈도우를 사용하는 사용자라면 〈Download for Windows〉 버튼이 나올 것이고, 맥 사용자라면 〈Download for Mac〉 버튼이 나올 겁니다.

운영체제에 맞게 다운로드한 파일은 특별한 설정을 하지 않았다면 다운로드 폴더에 저장됩니다. 다운로드 폴더에서 파일을 더블 클릭하여 설치를 시작합니다.

비주얼 스튜디오 코드 설치는 다음 과정을 따라 진행하면 됩니다. 대부분 설치 마법사가 제시하는 기본 설정 그대로 따라 설치하면 됩니다.

1. 설치 프로그램을 실행하면 라이선스 계약에 동의하는지 묻는 대화상자가 나타납니다. 비주얼 스튜디오 코드 역시 MIT 라이선스를 따르는 오픈소스 프로젝트

로 누구나 무료로 사용할 수 있습니다. 라이선스 약관에 동의한 후 〈다음〉 버튼을 클릭합니다.

2. 프로그램을 설치할 경로를 결정하는 대화상자가 나타납니다. 기본으로 설정된 곳에 설치할 것을 권장합니다. 〈다음〉 버튼을 클릭합니다.
3. [시작] 메뉴에 등록할 프로그램 이름을 설정하는 대화상자가 나타납니다. 별도 수정 없이 〈다음〉 버튼을 클릭합니다.
4. 비주얼 스튜디오 코드를 설치하면서 추가로 수행할 작업을 선택하는 대화상자가 나타납니다. [그림 3-12]처럼 기본값으로 아래 2개의 체크박스에 이미 표시되어 있습니다. 수정 없이 기본 설정을 유지한 채, 〈다음〉 버튼을 클릭합니다.

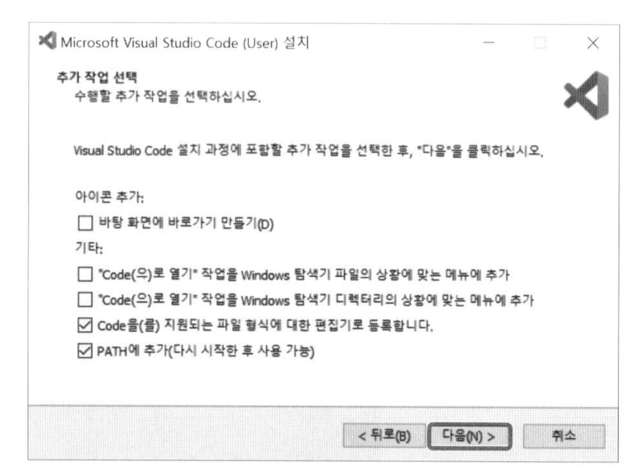

그림 3-12 비주얼 스튜디오 코드에서 추가로 수행할 작업 선택

5. 설치 준비가 모두 완료되었습니다. 〈설치〉 버튼을 클릭해 설치합니다.
6. 설치를 실행하고 나서 3~5분이 지나면 모두 완료됩니다. 만약 문제가 발생했다면 설치 파일을 다시 다운로드받아 이 과정을 처음부터 다시 진행하길 바랍니다.
7. 설치가 모두 완료되었습니다. 〈종료〉 버튼을 클릭해 종료합니다.

한국어 설정을 위한 확장 기능 설치하기

비주얼 스튜디오 코드의 기본 언어 설정은 영어입니다. 언어 설정을 한국어로 변경하기 위해 확장 기능(Extension)을 설치하겠습니다. 설치할 확장 기능은 한국어 팩(Korean Language Pack for Visual Studio Code)입니다.

설치가 완료된 비주얼 스튜디오 코드를 실행합니다. 정상적으로 설치되었다면 윈도우 [시작] 메뉴에서 [Visual Studio Code]를 클릭하면 됩니다.

비주얼 스튜디오 코드의 첫 화면이 [그림 3-13]과 같이 실행됩니다.

다음으로 [그림 3-14]와 같이 화면 맨 왼쪽에 나열된 5개의 아이콘 중 마지막에 있는 Extensions 아이콘을 클릭합니다. 그러면 확장 기능을 검색하는 Search Extensions in Marketplace 검색 폼이 나옵니다. 이 검색 폼에서 `korean`을 입력했을 때, 최상단에 나오는 아이템을 클릭하면 한국어 팩을 설치할 수 있습니다. 오른쪽에 나타난 페이지에서 〈Install〉 버튼을 클릭해 확장 기능을 설치합니다.

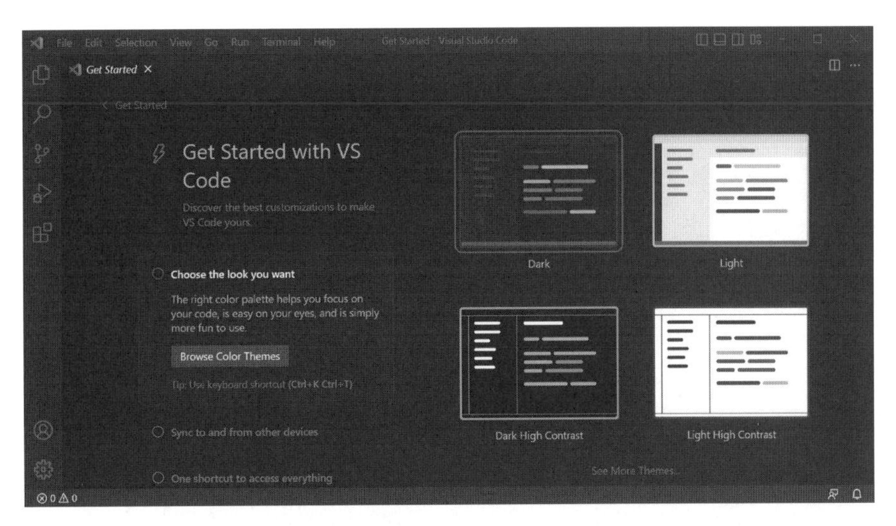

그림 3-13 비주얼 스튜디오 코드 실행하기

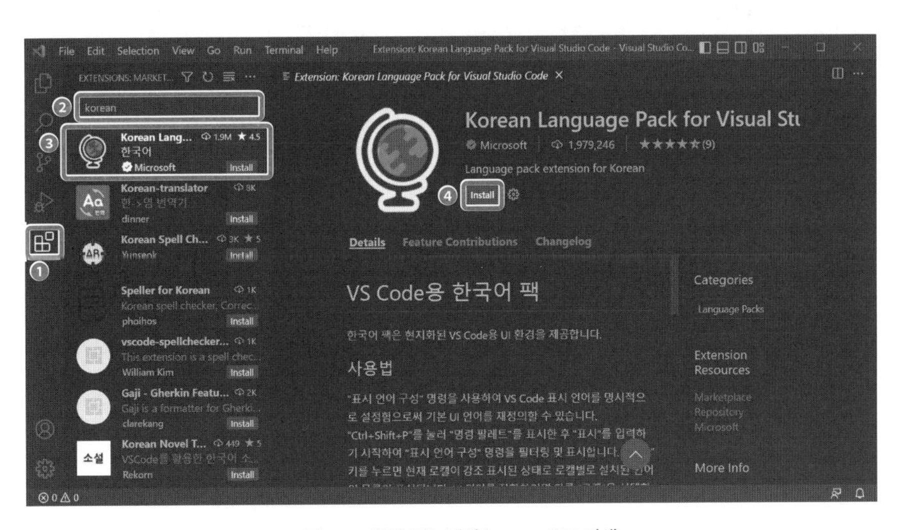

그림 3-14 확장 기능에서 korean으로 검색

확장 기능을 설치하면 〈Install〉 대신 〈Uninstall〉 버튼이 표시됩니다. 그리고 페이지 오른쪽 하단에 [그림 3-15]와 같이 다시 시작하겠냐고 묻는 알림(Notification) 대화상자가 나타납니다. 한국어 팩은 설치 이후 비주얼 스튜디오 코드를 다시 시작해야 적용되므로 알림 대화상자에서 〈Change Language and Restart〉 버튼을 클릭합니다.

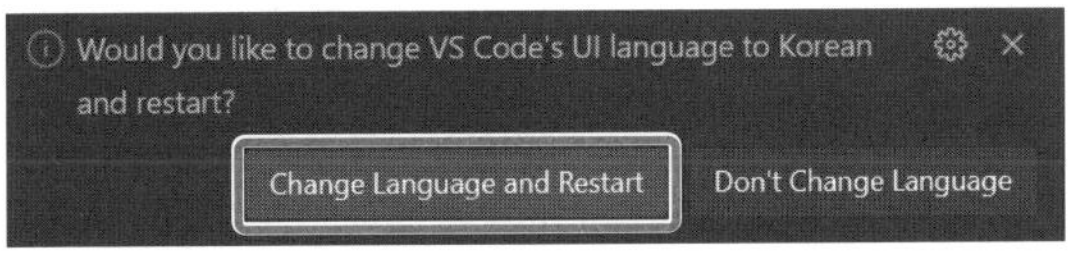

Would you like to change VS Code's UI language to Korean and restart?

Change Language and Restart | Don't Change Language

그림 3-15 한국어 팩 설치 시 나타나는 알림 대화상자

만약 알림 대화상자가 보이지 않으면 수동으로 직접 프로그램을 종료한 다음, 다시 실행하면 됩니다. 다시 실행하면 비주얼 스튜디오 코드가 한국어로 표시됩니다.

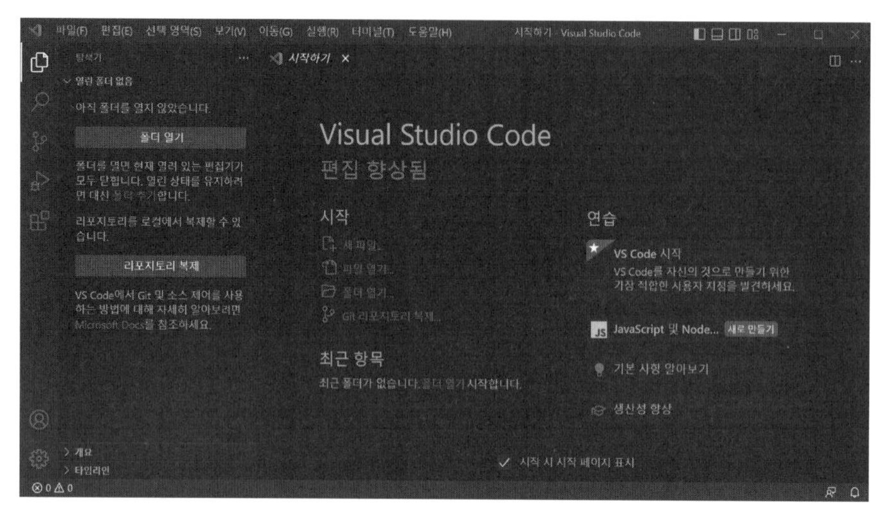

그림 3-16 한국어 설정 완료

Node.js로 자바스크립트 실행하기

비주얼 스튜디오 코드에서 자바스크립트 코드를 작성하고 Node.js로 실행하겠습니다. 이번 장에서 사용할 실습 코드를 저장하기 위해 [그림 3-17]과 같이 C 드라이브 문서 폴더에 새로운 폴더 chapter3을 만듭니다.

계속해서 비주얼 스튜디오 코드 왼쪽 탐색기 창에 있는 〈폴더 열기〉 버튼을 클릭한 다음, 문서 폴더에 있는 chapter3을 찾아서 엽니다.

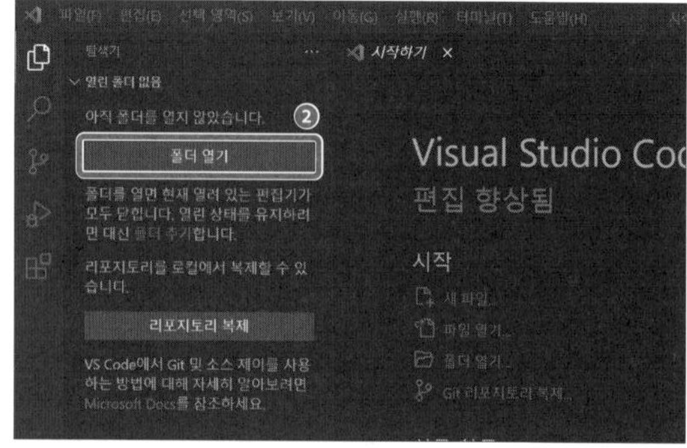

그림 3-17 폴더 만들고 비주얼 스튜디오 코드에서 열기

비주얼 스튜디오 코드에서 폴더를 열면 "이 폴더에 있는 파일의 작성자를 신뢰합니까?"라는 경고 대화상자가 나타납니다. 〈예, 작성자를 신뢰합니다. …〉를 클릭하면 됩니다.

비주얼 스튜디오 코드 탐색기 창에 현재 열린 폴더의 이름이 표시됩니다. 폴더명에 마우스 포인터를 갖다 대면 나타나는 아이콘 중에서 파일을 새로 만드는 아이콘을 클릭합니다. 그럼 새 파일명을 입력할 수 있는데, 이름은 'sample.js'라고 명명합니다.

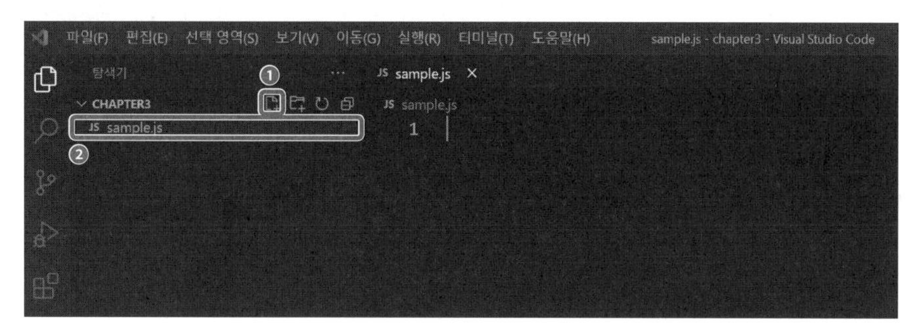

그림 3-18 새로운 파일 만들기

파일을 만들고 이름을 입력했다면 오른쪽 소스 코드 편집기에서 간단한 자바스크립트 코드를 작성합니다.

```
console.log("hello");
```

단축키 Ctrl+S를 눌러 sample.js 파일에서 변경한 내용을 저장합니다.

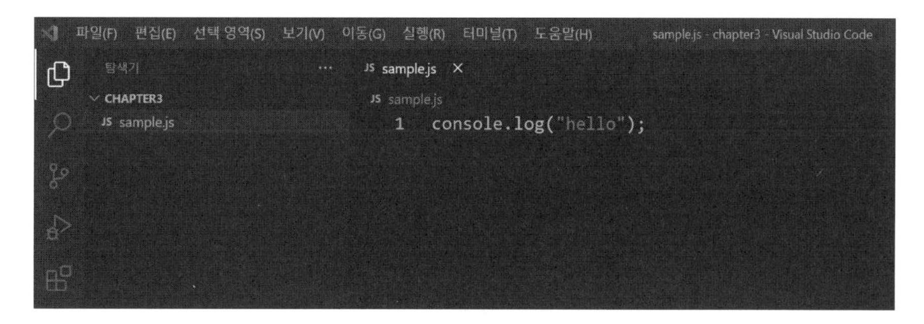

그림 3-19 sample.js 파일에 간단한 코드 작성하기

이제 Node.js로 sample.js를 실행하겠습니다. Node.js로 자바스크립트 파일을 실행하려면 터미널에서 명령어를 입력해야 합니다. 단축키 Ctrl+J를 눌러 비주얼 스튜디오 코드의 터미널을 엽니다.

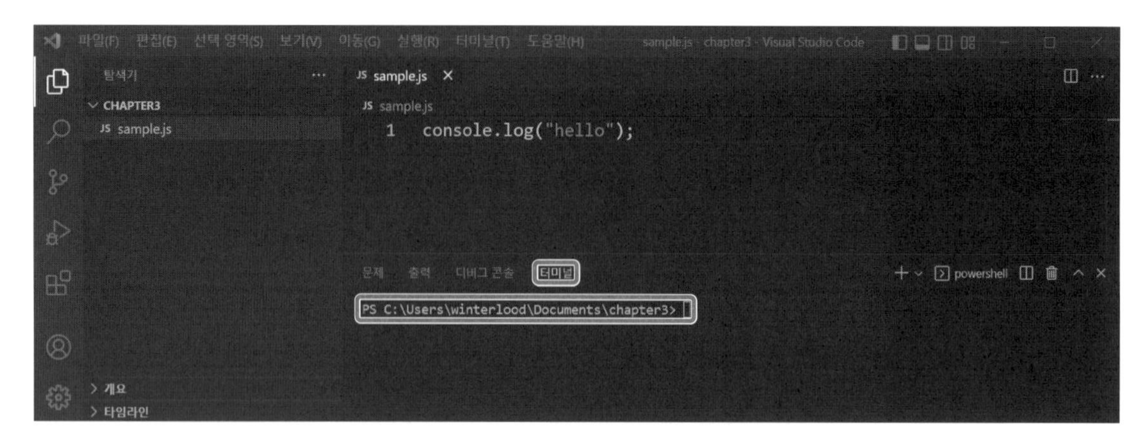

그림 3-20 비주얼 스튜디오 코드에서 터미널 실행

비주얼 스튜디오 코드의 터미널은 편집기 하단에 새 창이 열리면서 표시됩니다. 이 창에는 모두 4개의 탭 메뉴가 있습니다. 만일 터미널이 활성화되어 있지 않다면 [터미널] 탭을 클릭하면 됩니다.

터미널이 열리면 커서가 깜빡이면서 명령을 받아 실행할 수 있는 프롬프트 상태가 나타납니다. 프롬프트 왼쪽에는 현재 비주얼 스튜디오 코드가 접근하고 있는 폴더 경로가 있습니다. 앞서 폴더 열기로 불러왔으므로, 경로가 chapter3에 있는지 확인하길 바랍니다.

터미널에서 다음 명령어를 입력해 sample.js를 실행합니다.

```
node sample.js
```

`node sample.js`는 Node.js에게 sample.js를 실행하라는 명령입니다. 이 명령에 따라 sample.js가 실행되어 터미널에는 `hello`가 출력됩니다.

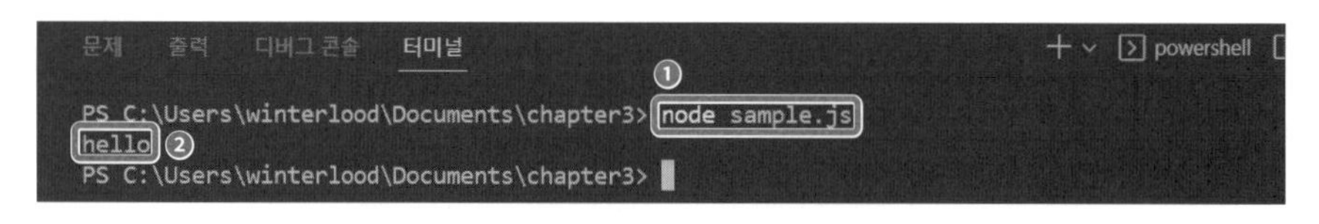

그림 3-21 Node.js에서 sample.js 실행하기

Node.js 패키지

앞서 만든 파일은 터미널에서 문자열을 출력하는 아주 간단한 프로그램입니다. 그러나 복잡한 프로그램을 만들기 위해서는 여러 개의 자바스크립트 파일이 필요합니다.

왜 여러 개의 파일이 필요할까요? 옷을 구매할 수 있는 쇼핑몰 프로그램을 만든다고 가정해 봅시다. 이 쇼핑몰 프로그램에는 아마도 구매, 장바구니, 회원 가입 등과 같은 여러 복잡한 기능들이 필요할 겁니다. 이 기능들을 구현하는 코드를 파일 하나에 모두 작성한다면 코드의 길이가 너무 길어집니다. 작성할 때는 문제가 되지 않을 수도 있지만, 수정을 위해 다시 파일을 연다면 수정할 부분을 찾아 한참을 스크롤해야 할지 모릅니다. 일반적으로 복잡한 프로그램을 구현할 때는 기능별로 파일을 나누어 작성합니다.

하나의 프로젝트에서 여러 자바스크립트 파일을 Node.js를 이용해 실행할 때는 패키지(Package) 형태로 구성합니다. 패키지는 Node.js에서 여러 개의 자바스크립트 파일을 실행하고 관리하는 일종의 관리 단위입니다.

패키지 만들기

이번에는 Node.js 패키지를 직접 만들겠습니다. 앞서 언급했듯이 패키지는 여러 파일을 마치 하나의 파일처럼 다룰 수 있게 해주는 관리 단위입니다. 그런데 패키지 단위로 여러 파일을 관리하려면 최상위 폴더인 '루트 폴더'가 필요합니다. 앞에서 만들었던 chapter3을 루트 폴더로 이용하겠습니다.

패키지를 생성하려면 npm을 이용해야 합니다. npm은 Node Package Manager의 약자로, Node.js 패키지를 관리하는 도구라고 했습니다. npm에서는 패키지를 관리하기 위한 유용하고 간편한 명령어와 기능들을 제공합니다.

비주얼 스튜디오 터미널에서 다음 명령어를 입력합니다.

```
npm init
```

`npm init`는 Node.js 패키지를 초기화하는 명령어입니다. 초기화란 Node.js 패키지를 구성하는 데 필요한 최소한의 구성 요소를 자동으로 생성하는 과정입니다.

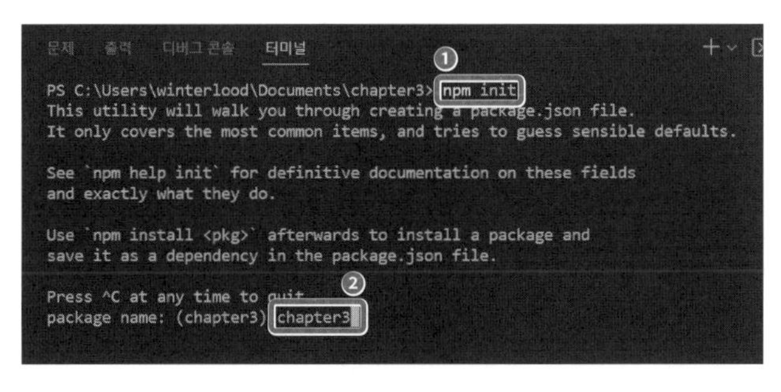

그림 3-22 npm init 이후 패키지 이름 입력하기

`npm init`를 실행하면 패키지 이름을 입력하라는 프롬프트가 나타납니다. 폴더 이름과 동일하게 chapter3을 입력하고 Enter 키를 누릅니다.

패키지 이름을 입력하고 나면 버전, 설명 등의 패키지 구성에 필요한 사항을 계속 물어봅니다. 어떤 텍스트도 입력하지 않고 모든 물음에 대해 Enter 키를 누릅니다.

구성을 완료하면 [그림 3-23]과 같이 Is This OK? 라는 문구와 함께 설정할 패키지의 속성들을 보여줍니다. yes를 입력하고 Enter 키를 눌러 패키지 초기화를 완료합니다.

패키지 구성이 완료되면 비주얼 스튜디오 코드 탐색기 창 루트 폴더(chapter3) 아래에 package.json이라는 파일이 생성됩니다.

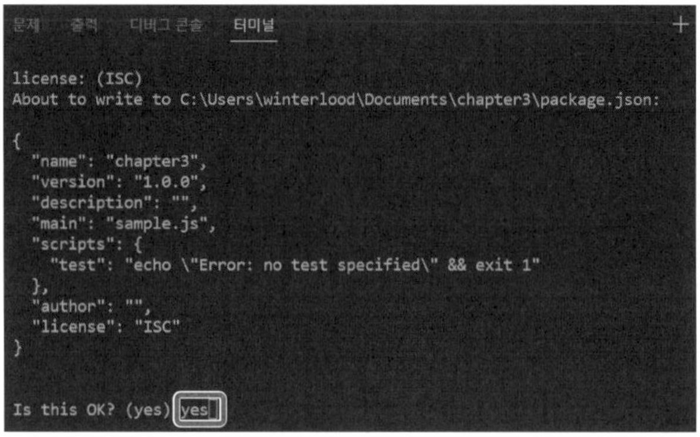

```
license: (ISC)
About to write to C:\Users\winterlood\Documents\chapter3\package.json:

{
  "name": "chapter3",
  "version": "1.0.0",
  "description": "",
  "main": "sample.js",
  "scripts": {
    "test": "echo \"Error: no test specified\" && exit 1"
  },
  "author": "",
  "license": "ISC"
}

Is this OK? (yes) yes
```

그림 3-23 패키지 초기화 완료하기

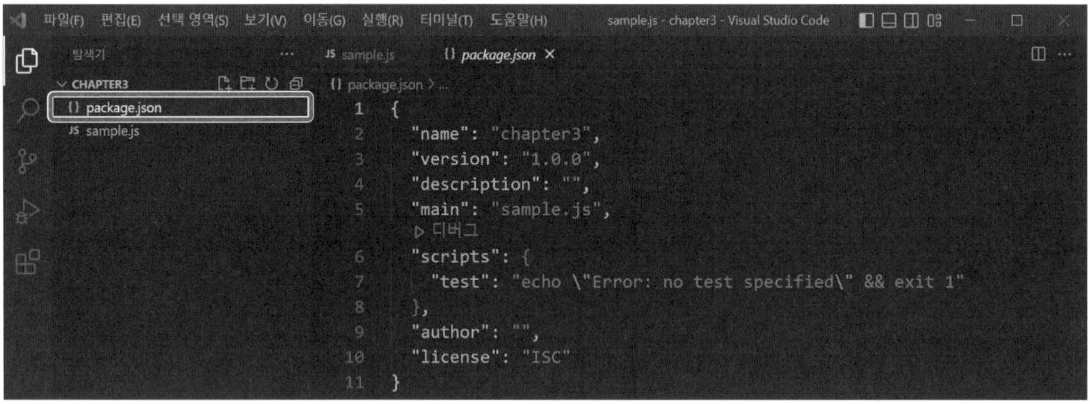

```
{
  "name": "chapter3",
  "version": "1.0.0",
  "description": "",
  "main": "sample.js",
  "scripts": {
    "test": "echo \"Error: no test specified\" && exit 1"
  },
  "author": "",
  "license": "ISC"
}
```

그림 3-24 pacakage.json 확인하기

초기화된 패키지의 package.json에는 기본적으로 다음 항목들이 존재합니다.

- name: 패키지 이름
- version: 패키지 버전
- description: 패키지 설명(보통 패키지로 구성한 프로그램의 목적을 작성)
- main: 패키지의 소스 코드 파일 중 메인 역할을 담당하는 소스 코드 파일
- scripts: 패키지를 쉽게 다루기 위해 지정한 매크로 명령어
- author: 패키지를 만든 사람
- license: 패키지의 라이선스

이렇듯 package.json은 패키지의 메타 정보를 저장하는 파일입니다. Node.js는 package.json에서 패키지 정보를 확인하여 적절한 방식으로 프로그램을 가동합니다.

패키지 스크립트 사용하기

Node.js 패키지의 package.json에는 scripts라는 항목이 있습니다. 이 scripts 항목은 복잡한 명령어를 간단한 명령어로 변경하는 일종의 매크로 기능을 지원합니다. scripts 항목을 직접 수정하고 사용해 보겠습니다.

현재 패키지의 루트 폴더 아래에 index.js라는 파일을 생성하고 다음과 같이 코드를 작성합니다. 앞서 비주얼 스튜디오 코드 사용법에서 배운 대로 새 파일 아이콘()을 클릭해 파일을 생성하면 됩니다.

```
console.log("index run");
```

현재 루트 폴더의 파일 구성은 다음과 같아야 합니다.

```
CHAPTER3
  index.js
  package.json
  sample.js
```

작성한 index.js를 실행하기 위해서는 node 명령어와 함께 경로를 명시해야 합니다. 그러나 package.json의 scripts 항목을 이용하면 아주 간단하게 index.js를 실행할 수 있습니다.

package.json의 scripts 항목을 다음과 같이 수정합니다.

file : chapter3/package.json

```
{
  (...)
  "scripts": {
    "start": "node index.js",
    "test": "echo \"Error: no test specified\" && exit 1"
  },
  (...)
}
```

원래는 앞서 작성한 index.js 파일을 실행하려면 터미널에서 node ./index.js라고 입력해야 합니다. 그러나 간단하게 명령을 내릴 수 있도록 package.json의 scripts 항목에 start를 새롭게 추가하였습니다. 다음 명령어를 터미널에서 입력합니다.

```
npm run start
```

npm run 명령은 뒤에 나오는 스크립트를 실행합니다. 즉, npm run start를 입력하면 package.json에 기록한 scripts에서 일치하는 명령어를 찾아 실행합니다. start 항목에 node index.js라고 지정했기 때문에 해당 명령어를 실행합니다

그림 3-25 npm run start로 index.js 실행하기

index.js가 실행되면 터미널에 문자열 index run을 출력합니다.

Node.js 모듈 시스템

지금까지 Node.js로 하나의 파일을 제어하는 간단한 실습을 해보았습니다. 그러나 복잡한 애플리케이션을 만들려면 파일 하나로는 부족합니다. 이번 절에서는 여러 파일로 이루어진 패키지에서 각각의 파일이 다른 파일을 불러와 사용하는 모듈 시스템에 대해 알아보겠습니다.

모듈과 모듈 시스템

모듈이란 독립적으로 존재하는 프로그램의 일부로 재사용이 가능한 것들을 말합니다. 모듈은 모니터나 마우스 같은 컴퓨터의 주변장치에 비유할 수 있습니다. 모니터나 마우스는 독립적으로 존재할 수 있기 때문에 사용자의 컴퓨터에서 분리해 다른 컴퓨터에 연결할 수 있습니다. 마찬가지로 프로그래밍에서 모듈은 마치 컴퓨터 부품처럼 독립적으로 존재하는 것으로, 다른 프로그램의 부품으로 활용할 수 있습니다.

앞서 언급한 웹 쇼핑몰 구축 상황을 다시 떠올려 보겠습니다. 대다수 웹 쇼핑몰 프로그램에는 로그인, 장바구니, 상품 구매 기능이 있습니다. 이 기능들은 역할별로 분리되어 있으며, 모듈로 구성하면 다른 웹 서비스를 구축할 때 언제든지 재사용할 수 있습니다. 이렇듯 재사용할 수 있

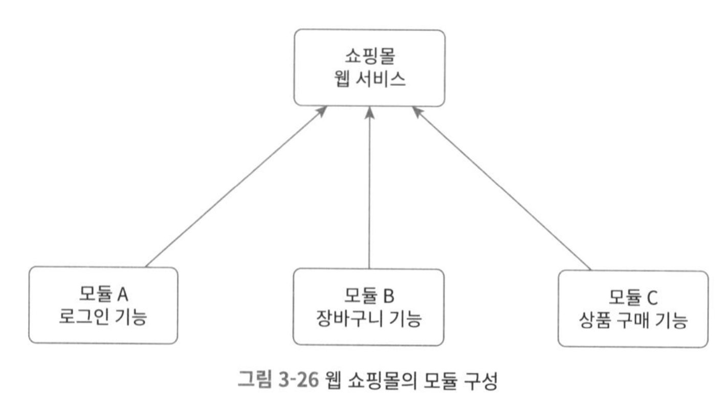

그림 3-26 웹 쇼핑몰의 모듈 구성

고 독립적으로 존재하는 프로그램의 일부를 모듈이라 합니다.

자바스크립트에서는 독립된 하나의 파일을 '모듈'이라고 부릅니다. 자바스크립트 모듈은 대개 특정 정보를 담은 하나의 객체거나 특정 목적을 지닌 복수의 함수로 구성하는 경우가 많습니다.

모듈을 사용하는 방법을 '모듈 시스템'이라고 합니다. 자바스크립트에는 다양한 모듈 시스템이 있습니다. 이 책에서는 리액트에서 사용하는 ES 모듈 시스템을 중심으로 살펴보겠습니다

ES 모듈 시스템

ES 모듈 시스템은 ECMAScript 모듈 시스템의 약자로, 줄여서 ESM이라고 합니다. ESM은 가장 최근에 개발된 모듈 시스템으로, 리액트, Vue와 같은 최신 프런트엔드 기술은 모두 ESM을 채택하고 있습니다.

ESM 사용 설정하기

Node.js는 기본적으로 ESM이 아닌 CJS 모듈 시스템을 사용합니다. 따라서 ESM 모듈 시스템을 사용하려면, package.json에서 설정을 변경해야 합니다.

TIP
CJS는 CommonJS의 약자로 Node.js의 기본 모듈 시스템입니다. 문법 내용이 ESM과 약간 차이가 있습니다.

CODE file : chapter3/package.json

```
{
  "name": "chapter3",
  "version": "1.0.0",
  "description": "",
  "main": "sample.js",
  "scripts": {
    "start": "node index.js",
    "test": "echo \"Error: no test specified\" && exit 1"
  },
  "author": "",
  "license": "ISC",
  "type": "module" ①
}
```

① "type": "module" 항목을 추가하면, Node.js 패키지는 모듈 시스템으로 ESM을 사용하게 됩니다.

package.json에서 설정을 변경하지 않고 ESM 문법을 사용하면 오류가 발생합니다.

json 파일은 콤마가 중요합니다.

package.json과 같이 json 확장자가 있는 파일은 마지막 항목 외에는 항목 끝에 반드시 콤마(,)를 입력해야 합니다. 따라서 `"type":"module"`을 추가하려면, 윗 줄에 있는 `"license":"ISC"` 항목 뒤에 콤마(,)를 추가해야 합니다.

개별 내보내기

자바스크립트에서 모듈은 단지 하나의 파일일 뿐입니다. 그래서 모듈의 정의처럼 '독립적이고 재사용이 가능'한 자바스크립트 파일은 다른 파일에서 불러와 사용할 수 있습니다.

모듈이 필요한 이유는 특정 파일의 값이나 함수를 다른 파일에서 공유하기 위함입니다. 그런데 특정 값이나 함수를 다른 파일에서 공유하려면, 먼저 해당 파일에서 내보내(export)는 공유 설정 작업이 선행되어야 합니다.

chapter3 루트 폴더에 circle.js 파일을 생성하고 다음 코드를 입력합니다.

CODE file : chapter3/circle.js

```
const PI = 3.141592; ①

function getArea(radius) { ②
  return PI * radius * radius;
}

function getCircumference(radius) { ③
  return 2 * PI * radius;
}
```

① 수학에서 원주율을 뜻하는 PI를 상수 3.141592로 선언했습니다.
② 함수 getArea는 매개변수 radius에 저장한 반지름으로 원의 넓이를 계산해 반환합니다.
③ 함수 getCircumference는 매개변수 radius에 저장한 반지름으로 원의 둘레 길이를 계산해 반환합니다.

circle.js에 선언한 한 개의 상수와 두 개의 함수를 내보내겠습니다. ESM에서는 다음과 같이 `export` 키워드를 변수나 함수 선언 앞에 붙이면 해당 값을 모듈에서 내보낼 수 있습니다.

CODE file : chapter3/circle.js

```
export const PI = 3.141592;

export function getArea(radius) {
```

```
  return PI * radius * radius;
}

export function getCircumference(radius) {
  return 2 * PI * radius;
}
```

한 번에 여러 값을 내보낼 때는 export를 다음과 같이 사용합니다.

CODE file : chapter3/circle.js

```
const PI = 3.141592;

function getArea(radius) {
  return PI * radius * radius;
}

function getCircumference(radius) {
  return 2 * PI * radius;
}

export { PI, getArea, getCircumference }; ①
```

① 모듈에서 상수 PI와 함수 getArea, getCircumference를 한 번에 내보냅니다.

이렇게 필요한 값이나 함수를 내보내면 이제 다른 파일(모듈)에서 불러와 사용할 수 있습니다.

개별 불러오기

ESM은 C, 자바, 파이썬처럼 import 문으로 모듈에서 값을 불러옵니다. import 문을 이용해 index.js에서 circle.js가 내보낸 값을 불러옵니다.

index.js에서 앞서 작성한 내용은 삭제하고 다음과 같이 코드를 작성합니다.

CODE file : chapter3/index.js

```
import { PI, getArea, getCircumference } from "./circle.js"; ①

console.log(PI, getArea(1), getCircumference(1));
```

OUTPUT 3.141592 3.141592 6.283184

① 모듈 circle.js에서 3개의 값 PI, getArea, getCircumference를 불러옵니다

터미널에서 npm run start 명령어로 index.js를 실행하면 해당 값을 정상적으로 불러오는지 확인할 수 있습니다.

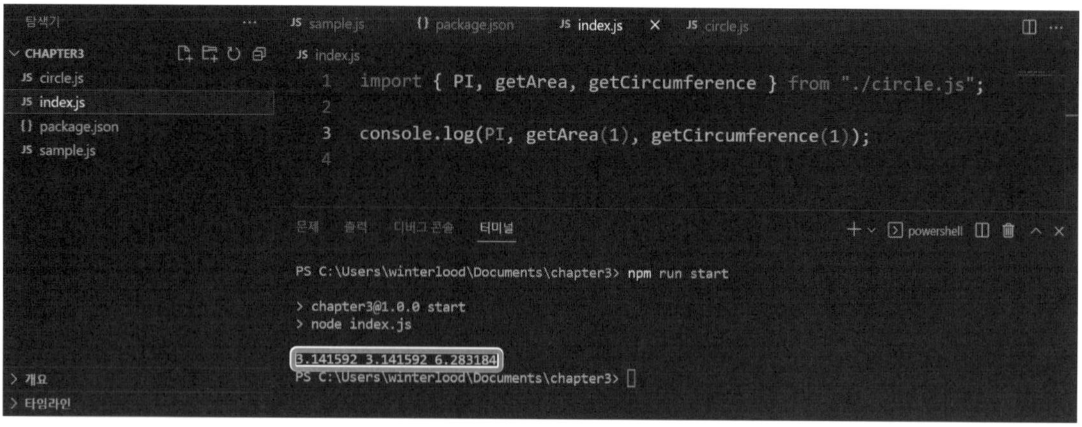

그림 3-27 모듈에서 내보낸 값 불러오기

전부 불러오기

ESM에서는 불러올 값이 많다면, `import * as A from B` 형식으로 모듈이 내보낸 값을 한 번에 불러올 수 있습니다.

index.js에서 `import * as A from B` 형식으로 모듈을 불러오도록 수정하겠습니다.

CODE file : chapter3/index.js

```
import * as circle from "./circle.js"; ①

console.log(circle.PI, circle.getArea(1), circle.getCircumference(1)); ②
```

OUTPUT 3.141592 3.141592 6.283184

① 모듈 circle.js가 내보낸 값을 모두 불러와 변수 `circle`에 프로퍼티로 저장합니다.
② `circle.PI`와 같이 점 표기법으로 특정 모듈에 접근합니다.

`npm run start` 명령으로 출력 결과를 확인할 수 있습니다.

기본값으로 내보내기

ESM에서는 `export` 키워드 다음에 `default`를 붙여 모듈의 기본값으로 내보낼 수 있습니다.

```
export default 10; // 모듈의 기본값
```

모듈의 기본값으로 내보내면 다른 모듈이 이 값을 불러올 때 다른 이름을 붙여도 상관없습니다.

```
import name from './some-module.js';
```

지금까지 export로 내보낸 값은 중괄호로 내보낸 이름과 동일한 이름으로 불러와야 했습니다. 반면 export default 명령으로 내보내면 자유롭게 이름을 지정할 수 있습니다.

circle.js를 다음과 같이 수정합니다.

CODE file : chapter3/circle.js

```
const PI = 3.141592;

function getArea(radius) {
  return PI * radius * radius;
}

function getCircumference(radius) {
  return 2 * PI * radius;
}

export default { ①
  PI,
  getArea,
  getCircumference,
};
```

① PI, getArea, getCircumference를 프로퍼티로 하는 객체를 기본값으로 내보냅니다.

circle.js에서 기본값으로 내보낸 값들을 index.js에서 불러옵니다.

CODE file : chapter3/index.js

```
import circle from "./circle.js"; ①

console.log(circle.PI, circle.getArea(1), circle.getCircumference(1));
                                    OUTPUT 3.141592 3.141592 6.283184
```

① circle.js의 기본값을 불러와 circle에 저장합니다.

모듈의 기본값으로 불러올 때는 중괄호를 이용해 이름을 명시하지 않아도 되며, 이름도 자유롭게 지정할 수 있습니다. 다만 기본값으로 내보내지 않은 모듈에서 값을 불러오면 오류가 발생합니다.

다음과 같이 circle.js에서 기본값으로 내보내지 않도록 수정합니다.

CODE file : chapter3/circle.js

```
const PI = 3.141592;

function getArea(radius) {
```

```
  return PI * radius * radius;
}

function getCircumference(radius) {
  return 2 * PI * radius;
}

export {
  PI,
  getArea,
  getCircumference,
};
```

```
ERROR SyntaxError: The requested module './circle.js'
does not provide an export named 'default'
```

모듈 circle.js는 `export default`로 내보낸 기본값이 없습니다. 따라서 index.js에서 중괄호 없이 기본값으로 내보낸 값을 불러오면 오류가 발생합니다.

라이브러리 사용하기

Node.js 패키지에서는 외부 패키지를 설치해 사용할 수 있습니다. 외부 패키지란 자신이 만든 Node.js 패키지를 서버에 올려 다른 사람도 사용할 수 있도록 배포한 파일입니다. 외부 패키지를 이용하면 모든 기능을 사용자가 직접 개발하지 않아도 됩니다. 필요한 부분이 있다면 해당 기능을 수행하는 외부 패키지를 찾아 설치하면 됩니다.

외부 패키지를 다른 말로 라이브러리라고 합니다. 라이브러리는 프로그램을 개발할 때 공통으로 사용할 수 있는 기능들을 모아 모듈화한 것입니다. 라이브러리는 완전한 프로그램은 아니며 특정 기능만을 수행합니다. 예를 들어 자바스크립트에서 유명한 'Lodash'는 배열, 객체를 다루는 데 필요한 복잡한 기능들을 단순한 함수 형태로 만들어 제공해 주는 라이브러리입니다.

바퀴를 다시 발명하지 마라!

"바퀴를 다시 발명하지 마라"라는 프로그래밍 격언이 있습니다. 이 격언은 이미 누군가 훌륭하게 만들어 놓은 것을 다시 만들기 위해 고생하지 말라는 뜻입니다.

자바스크립트 생태계는 이 격언의 가장 좋은 예시입니다. 자바스크립트 생태계에서는 '오픈소스' 정신이라는 큰 목적을 위해 수많은 프로그래머가 훌륭한 부품들을 만들어 배포하고 있습니다. 누구나 이 부품을 자유롭게 사용할 수 있으며, 원한다면 부품을 개선하여 오픈소스 발전에 기여할 수도 있습니다.

이런 환경 덕택에 짧은 기간 내에 자바스크립트를 활용한 새로운 기술들이 수없이 탄생하였으며, 앞으로도 더 멋진 작품들이 세상에 쏟아져 나올 겁니다. 이 책의 학습 목표인 리액트 또한 이러한 배경에서 탄생한 오픈소스 프로젝트입니다.

라이브러리 설치하기

패키지 관리 도구인 npm(Node Package Manager)을 직접 개발한 팀이 관리하는 npmjs.com이라는 웹 사이트가 있습니다. npmjs.com에는 전 세계 개발자들이 만든 라이브러리가 등록되어 있으며, 누구나 여기서 라이브러리를 탐색하고 설치할 수 있습니다. npmjs.com에 등록한 대다수 라이브러리는 오픈소스이므로 설치를 위한 어떠한 권한도 비용도 요구하지 않습니다.

이번에는 npmjs.com에 접속해 라이브러리를 탐색하고 설치하겠습니다. 다음 URL을 입력해 홈페이지에 접속합니다.

https://www.npmjs.com

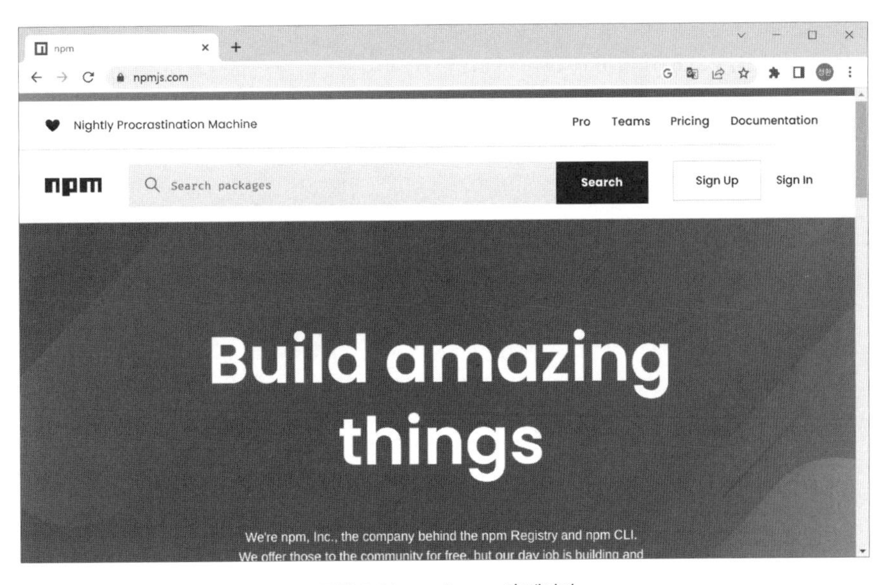

그림 3-28 npmjs.com 홈페이지

실습을 위해 `lodash` 라이브러리를 설치하고 사용해 보겠습니다. `lodash`는 주간 평균 다운로드 수가 5천만에 이르는 세계적으로 유명한 라이브러리입니다. 국내외 많은 기업에서 사랑받고 있으며 실무에서도 자주 사용됩니다.

npmjs.com 페이지의 상단 검색 폼에서 'lodash'를 입력해 검색합니다.

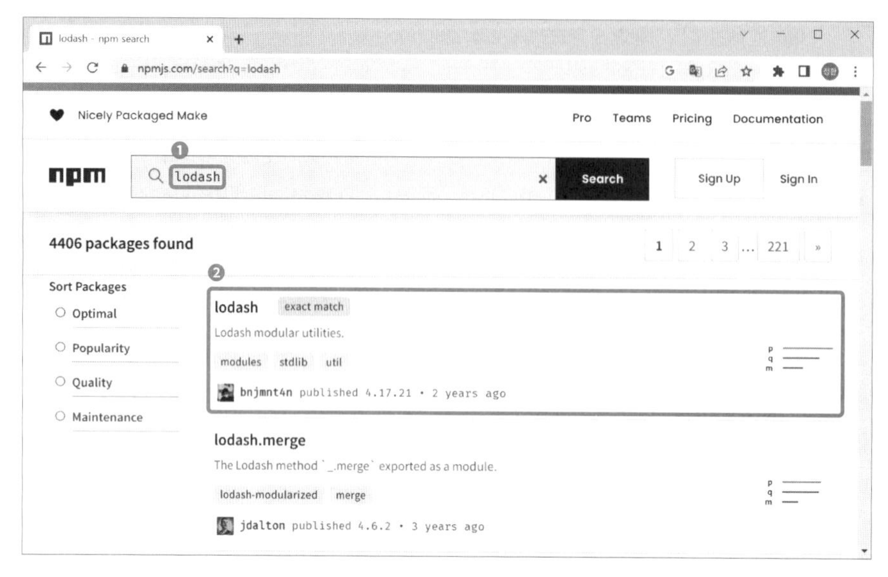

그림 3-29 검색 폼에서 lodash 검색

검색 결과 여러 라이브러리가 나타납니다. 이 중 'exact match(정확히 일치)'라는 태그가 붙은 라이브러리를 클릭하면 해당 라이브러리의 상세 페이지로 이동합니다.

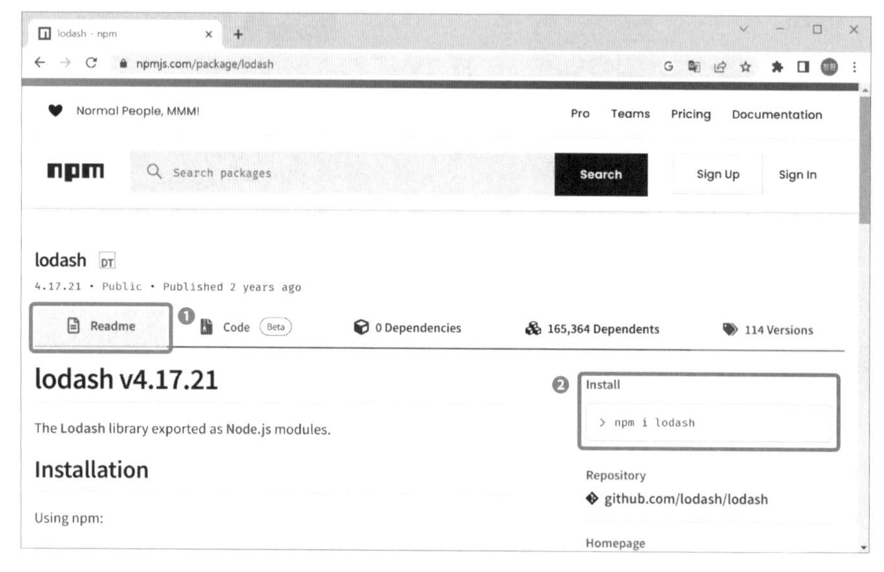

그림 3-30 lodash 상세 페이지

라이브러리 상세 페이지는 [그림 3-30]처럼 탭 단위로 정보를 나누어 제공합니다. 여러 탭에서 처음에 기본으로 활성화되어 있는 탭은 [Readme]입니다. [Readme] 탭은 라이브러리에 대한 설명, 사용 방법, 설치 방법 등에 대한 중요 정보를 제공합니다.

[Readme] 탭의 우측 상단 Install 항목에는 `npm i lodash`와 같이 이 라이브러리를 설치하는 명령어가 나타납니다. `npm i`는 `npm install`로 대체해 사용할 수도 있습니다. `npm i` 다음에 필요한 라이브러리 이름을 입력하면 npmjs.com 서버에서 불러와 패키지를 자동으로 설치합니다.

chapter3 패키지에 `lodash`를 설치하겠습니다. 비주얼 스튜디오 코드에서 터미널을 열고, 작업 경로가 이 패키지의 루트 폴더가 맞는지 확인한 다음 명령어를 입력합니다.

```
npm i lodash
```

터미널에서 `npm i lodash`를 입력하면 `lodash` 설치가 진행됩니다. 라이브러리 설치는 라이브러리의 크기에 비례하는데, 적게는 10초, 많게는 1분 이상이 소요될 수 있습니다.

라이브러리 설치가 끝나면 터미널에 `added 1 package`라는 메시지가 나타납니다. 현재 패키지에 1개의 라이브러리를 추가(설치)했다는 뜻입니다.

만약 에러가 발생한다면 다음 항목을 확인합니다.

- 인터넷 환경이 원활한지 확인합니다.
- 터미널의 현재 작업 경로가 chapter3 폴더의 경로와 일치하는지 확인합니다.
- Node.js와 npm의 설치가 정상적으로 이루어졌는지 다시 확인합니다.
- MacOS 사용자라면 명령어 앞에 sudo를 붙여 실행합니다.

라이브러리 설치 이후 패키지의 변화

라이브러리를 설치하면 chapter3 패키지에는 다음과 같이 3가지 변화가 일어납니다.

- 패키지 루트에 `lodash` 라이브러리를 저장하는 'node_modules' 폴더가 생성됩니다.
- package.json에 `lodash` 라이브러리의 정보를 저장하는 `dependencies` 항목이 추가됩니다.

• 패키지 루트 아래에 package-lock.json이라는 이름의 파일이 생성됩니다.

패키지에서 `lodash` 라이브러리를 설치하면 일어나는 사항들을 좀 더 자세히 알아보겠습니다.

node_modules

패키지에 라이브러리를 설치하면 자동으로 'node_modules' 폴더가 생성됩니다. 이 폴더는 라이브러리가 실제로 설치되는 곳입니다. 비주얼 스튜디오 코드에서 이 폴더를 열어 보겠습니다.

그림 3-31 node_modules에서 lodash 폴더 열기

node_modules 폴더에는 앞서 설치한 라이브러리 lodash 폴더가 있습니다. 그리고 lodash 폴더에는 이 라이브러리의 소스 코드 파일들이 있습니다. 이렇듯 node_modules 폴더는 패키지에 설치된 라이브러리가 실제로 저장되는 곳입니다. 패키지에 node_modules 폴더가 이미 있는 상황에서 새로운 라이브러리를 설치하면, 이 폴더에는 지금 설치한 라이브러리의 폴더가 추가됩니다.

package.json의 dependencies

패키지에 라이브러리를 설치하면 package.json에 `dependencies` 항목이 추가됩니다. package.json 파일을 열어 `dependencies` 항목이 추가되었는지 확인합니다.

```
{} package.json > {} dependencies
1  {
2    "name": "chapter3",
3    "version": "1.0.0",
4    "description": "",
5    "main": "sample.js",
     ▷ 디버그
6    "scripts": {
7      "start": "node index.js",
8      "test": "echo \"Error: no test specified\" && exit 1"
9    },
10   "author": "",
11   "license": "ISC",
12   "type": "module",
13   "dependencies": {
14     "lodash": "^4.17.21"
15   }
16 }
```

그림 3-32 package.json dependencies에 추가된 lodash 확인하기

`dependencies`(의존) 항목에서는 이 패키지에 설치한 라이브러리의 이름과 버전이 표시되어있습니다. Node.js 패키지에서 `dependencies`란 이 패키지를 실행하기 위해 필요한 추가 라이브러리라는 뜻입니다.

TIP
lodash의 버전을 자세히 보면 ^X.Y.Z 형태로 ^가 버전 코드 앞에 붙어 있습니다. ^는 캐럿이라고 부르며, 캐럿과 함께 표기된 버전은 버전의 범위(Version Range)를 뜻합니다.

package-lock.json

패키지에 라이브러리를 설치하면 package-lock.json 파일이 자동으로 생성됩니다. package-lock.json은 설치된 라이브러리의 버전을 정확히 밝히기 위해 존재하는 파일입니다. 이 파일을 별도로 생성하는 이유는 package.json의 `dependencies`에는 설치된 라이브러리의 정확한 버전이 아니라 버전의 범위(Version Range)만 있기 때문입니다.

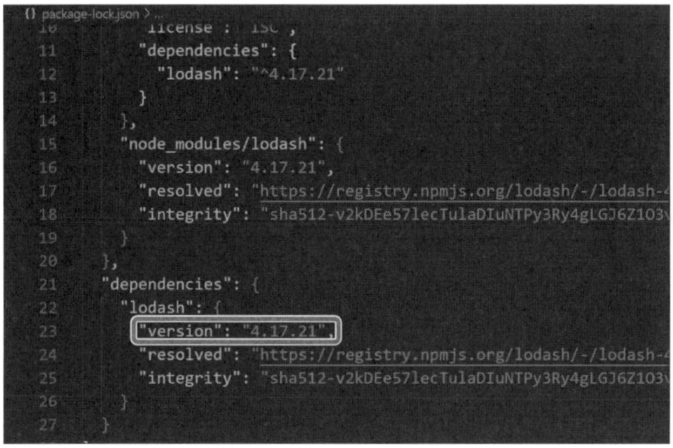

```
{} package-lock.json > ...
10        "license": "ISC",
11        "dependencies": {
12          "lodash": "^4.17.21"
13        }
14      },
15      "node_modules/lodash": {
16        "version": "4.17.21",
17        "resolved": "https://registry.npmjs.org/lodash/-/lodash-4
18        "integrity": "sha512-v2kDEe57lecTulaDIuNTPy3Ry4gLGJ6Z1O3v
19      }
20    },
21    "dependencies": {
22      "lodash": {
23        "version": "4.17.21",
24        "resolved": "https://registry.npmjs.org/lodash/-/lodash-4
25        "integrity": "sha512-v2kDEe57lecTulaDIuNTPy3Ry4gLGJ6Z1O3v
26      }
27    }
```

그림 3-33 package-lock.json에서 lodash의 정확한 버전 확인하기

따라서 패키지에 설치된 라이브러리의 정확한 버전을 알려면 package-lock.json을 확인해야 합니다. package-lock.json을 열어 앞서 설치한 `lodash`의 버전을 확인합니다.

2022년 9월 19일 기준으로 `lodash`의 최신 버전은 4.17.21입니다. `lodash`는 오픈소스로 버전이 꾸준히 업데이트되는 프로젝트이므로, 여러분이 설치했을 때는 이 책의 예제와 다른 버전일 가능성이 높습니다. 이 책에서는 버전이 달라져도 변하지 않는 예제만 엄선해 다루므로, 다르더라도 크게 신경 쓰지 않아도 됩니다.

라이브러리 다시 설치하기

node_modules 폴더는 외부 라이브러리가 실제로 설치되는 곳이기 때문에 Node.js 패키지 중에서 용량이 가장 큽니다. Node.js 패키지를 인터넷에 올리거나 공유할 때는 보통 이 폴더는 제외하고 공유합니다.

따라서 패키지를 공유한 사람은 공유한 패키지에 node_modules가 존재하지 않으므로 라이브러리를 사용하지 못합니다. 공유자가 이 라이브러리를 사용하기 위해서는 자신의 터미널에서 `npm install` 명령을 수행해야 합니다. 그럼 공유한 package.json과 package-lock.json에 있는 정보를 토대로 node_modules를 다시 만듭니다.

`npm install` 명령어는 공유한 패키지에서 package.json의 `dependencies`에 표시한 버전 범위와 package-lock.json에 표시한 정확한 버전 이름을 이용해 node_modules 폴더에 필요한 패키지를 자동으로 설치합니다. 만약 이 패키지에 pack age-lock.json이 없다면 packge.json의 버전 범위를 기반으로 라이브러리를 설치합니다.

chapter3 패키지에서 node_modules 폴더를 삭제합니다. 그리고 `npm install` 명령어를 터미널에서 입력합니다. 이때 터미널의 작업 경로는 당연히 패키지의 루트 폴더여야 합니다.

그림 3-34 라이브러리 다시 설치하기

`npm install`을 수행하면 node_modules 폴더가 다시 생성됩니다. 따라서 패키지를 배포할 때 용량이 큰 node_modules는 공유할 필요 없이 package.json과 package-lock.json만 공유하면 이 명령어를 이용해 라이브러리를 다시 설치할 수 있습니다.

라이브러리 사용하기

외부 라이브러리를 설치했으니 라이브러리 `lodash`를 직접 사용해 보겠습니다. 다음과 같이 index.js를 수정하고 `npm run start`로 실행합니다.

CODE file: chapter3/index.js

```
import lodash from "lodash"; ①

const arr = [1, 1, 1, 2, 2, 1, 1, 4, 4, 3, 2];
const uniqueArr = lodash.uniqBy(arr); ②

console.log(uniqueArr);
```

OUTPUT

```
[ 1, 2, 4, 3 ]
```

① 라이브러리를 불러올 때는 경로와 확장자를 명시하지 않아도 됩니다. `lodash` 라이브러리를 불러와 내보내기한 기본값을 변수 `lodash`에 저장합니다.

② `lodash`의 `uniqBy` 메서드는 인수로 전달한 배열에서 중복값을 제거하고 반환합니다.

`lodash`는 `uniqBy` 메서드 외에도 배열과 객체를 위한 수많은 기능을 제공합니다. `lodash`의 더 많은 기능에 대해서는 아래 `lodash` 공식 문서에서 확인할 수 있습니다.

https://lodash.com/docs

4장

리액트 시작하기

이 장에서 주목할 키워드

- 리액트
- 컴포넌트
- 렌더링
- 돔(Dom)과 버추얼 돔
- Create React App
- 앱 생성과 실행
- 앱 동작 원리

이 장의 학습 목표

- 리액트의 개념과 특징을 알아봅니다.
- 리액트 앱을 만들고 생성된 앱의 구성 요소를 살펴봅니다.
- 리액트 앱이 동작하는 실질적인 원리를 알아봅니다.

리액트의 특징

프로그래밍 기술을 이해하고 잘 활용하기 위해서는 이 기술이 왜 만들어졌는지, 어떤 특징을 가졌는지 알 필요가 있습니다. 따라서 이번 절에서는 리액트의 탄생 배경과 그 특징에 대해 좀 더 깊이 들여다 보겠습니다. 일정 정도는 설명 위주의 내용이 되겠지만, 리액트의 특징을 제대로 알아 두면 앞으로 진행할 예제 실습과 프로젝트 수행에 중요한 밑거름이 됩니다.

리액트의 탄생

리액트는 복잡한 웹 서비스를 쉽고 빠르게 개발할 수 있는 Node.js의 라이브러리 가운데 하나입니다. 페이스북, 인스타그램, 넷플릭스 등 이름만 들어도 고개가 끄덕여지는 서비스를 개발한 기술이며, 지금도 전 세계 개발자들의 사랑을 듬뿍 받는 개발 도구입니다.

[그림 4-1]처럼 StateOfJavaScript에서는 리액트가 2016년부터 2022년까지 가장 많은 프로그래머가 사용하는 프런트엔드 기술이라는 통계를 공개한 바 있습니다.

TIP
StateOfJavaScript는 2016년부터 꾸준히 전 세계 자바스크립트 개발자들을 대상으로 설문 조사를 하며 그 결과를 매년 통계로 공개하는 서비스입니다.

리액트는 페이스북 개발팀이 만들어 2013년 오픈소스로 세상에 공개했습니다. 출시 초기부터 페이스북은 동시대에 나온 웹 서비스 중 유독 인터렉션(Interaction)이 많았습니다. 여기서 인터렉션은 상호작용, 소통이라는 뜻으로, 좋아요 버튼이나 채팅처럼 사용자와 웹 서비스 간에 양방향으로 소통하는 기능을 지칭합니다.

당시 대다수 기술은 정적인 웹을 구축하는 데 초점을 두고 있었기 때문에 페이스북이 원하는 다양한 인터렉션을 구현하기 힘들었습니다. 그래서 페이스북 개발팀은 서비스의 변화가 많고 사용자와 상호작용이 원활한 대규모 웹 애플리케이션을 쉽게 구축할 수 있는 기술이 필요했습니다. 그래서 이 기술을 직접 만들기로 하였고, 그 결과로 탄생한 것이 리액트입니다.

리액트는 변화가 자주 일어나는 대규모 애플리케이션을 구축할 때 필요한 여러

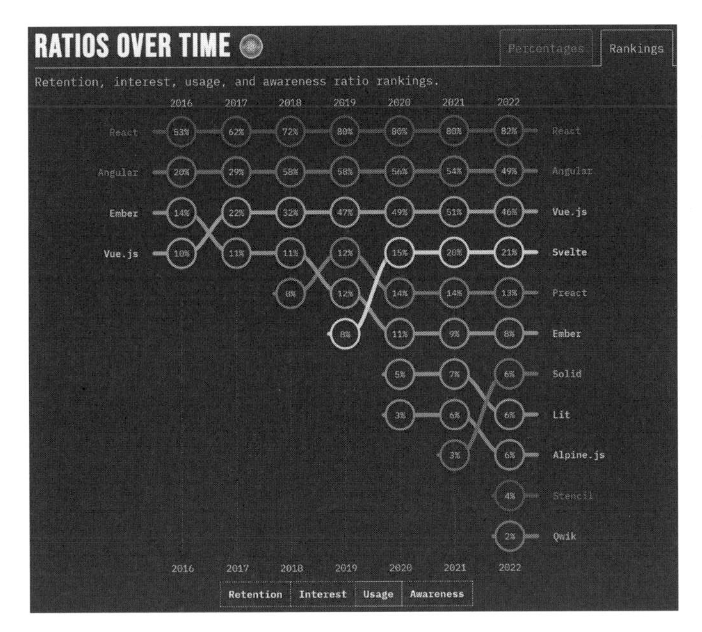

그림 4-1 StateOfJavaScript 2022 프런트엔드 기술 사용량 조사 통계
출처: *https://2022.stateofjs.com/en-US/libraries/front-end-frameworks*

기능을 구비하고 있습니다. 이번 절에서는 이러한 리액트의 3가지 특징을 살펴보겠습니다.

컴포넌트 기반의 유연성

리액트는 유연성이 있기 때문에 새로운 기능을 추가하거나 기능을 업그레이드할 때 코드를 많이 수정하지 않아도 됩니다. 유연성이 없을 때 어떤 문제가 발생하는지 그리고 리액트가 채택한 '컴포넌트' 개념이 유연성 문제를 어떻게 해결하는지 살펴보겠습니다.

중복 코드와 유연하지 못한 구조

다음은 두 페이지로 구성한 아주 간단한 홈페이지의 소스 코드입니다. 이 코드를 굳이 따라 작성할 필요는 없습니다.

CODE index.html

```
<!DOCTYPE html>
<html>
  <body>
    <!-- HEADER -->
    <header>
      <h1>안녕하세요 이정환입니다</h1>
    </header>
    <article>
      <h3>여기는 HOME입니다</h3>
    </article>
  </body>
</html>
```

CODE about.html

```
<!DOCTYPE html>
<html>
  <body>
    <!-- HEADER -->
    <header>
      <h1>안녕하세요 이정환입니다</h1>
```

```
    </header>
    <article>
      <h3>여기는 ABOUT입니다. </h3>
    </article>
  </body>
</html>
```

index.html은 index 페이지, about.html은 about 페이지입니다. 이 두 페이지의 구성은 매우 유사하며, <header> 태그는 내용이 완전히 똑같습니다.

홈페이지에서 앞으로 추가할 페이지 또한 이 페이지들과 동일한 내용의 헤더 요소가 있다고 가정해 보겠습니다. 예를 들어 other.html 페이지를 하나 더 추가해 보겠습니다.

CODE other.html

```
<!DOCTYPE html>
<html>
  <body>
    <!-- HEADER -->
    <header>
      <h1>안녕하세요 이정환입니다</h1>
    </header>
    <article>
      <!-- 페이지별로 필요한 요소를 작성합니다 -->
    </article>
  </body>
</html>
```

other.html 역시 똑같은 내용의 헤더 요소가 있습니다. 따라서 앞으로 새 페이지를 추가할 때 <header> 태그 요소는 기존 페이지의 소스 코드에서 복사하여 붙여 넣고, <article> 태그에서 해당 페이지에 필요한 요소만 새롭게 작성하면 됩니다.

이 홈페이지의 <header> 태그처럼 동일한 내용을 여러 번 작성해야 하는 코드를 흔히 중복 코드라고 합니다. 코드의 중복

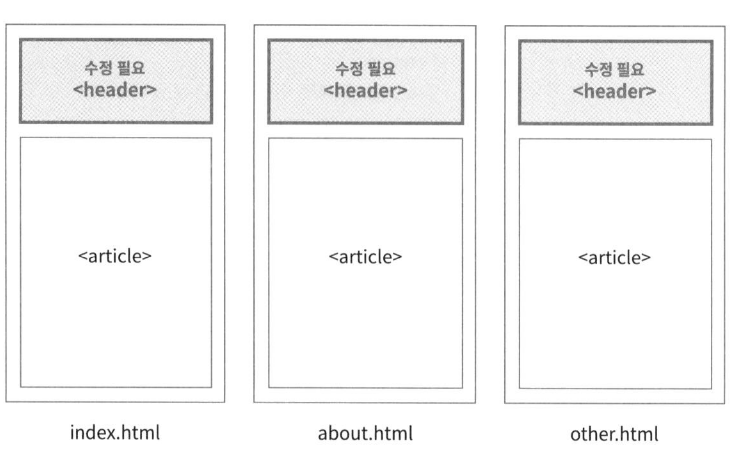

그림 4-2 중복 코드를 수정해야 할 때

은 유연성을 크게 해칩니다. 만약 이 홈페이지 <header> 태그에서 수정이 생기면, 모든 페이지에서 이 태그를 변경해야 하기 때문입니다.

이런 식의 페이지 구성은 유연하지 못합니다. 페이지의 수가 많고, 기능 수정 또는 추가가 잦은 대규모 애플리케이션을 구축할 때는 적합하지 않습니다.

컴포넌트 기반의 유연한 구조

리액트는 모듈화를 이용해 중복 코드를 제거합니다. 즉, 여러 페이지에서 공통으로 사용하는 코드를 '컴포넌트' 단위의 모듈로 만들어 놓고 필요할 때 호출해 사용합니다. 컴포넌트는 리액트를 대표하는 중요 개념 중 하나인데, 이 개념에는 '페이지를 구성하는 요소'라는 의미가 포함되어 있습니다.

앞에서 문제의 원인이었던 <header> 태그를 컴포넌트로 만들면 다음과 같습니다.

CODE MyHeader.js

```
function MyHeader() {
  return (
    <header>
      <h1>안녕하세요 수정된 이정환입니다.</h1>
    </header>
  );
}
```

자바스크립트 함수 MyHeader는 <header> 태그를 반환합니다. 이렇게 HTML 요소를 반환하는 함수를 리액트에서는 '컴포넌트'라고 합니다. 만약 <header> 태그가 필요한 페이지가 있다면 언제든지 이 컴포넌트를 불러와 사용하면 됩니다.

TIP
주의! 이 코드는 컴포넌트의 이해를 돕기 위한 예제입니다. 따라서 실제로 동작하지는 않습니다. 참고로 <!-- -->는 HTML의 주석 표현입니다.

CODE index.html

```
<!DOCTYPE html>
<html>
  <body>
    <!-- MyHeader.js에서 불러온 header 요소 -->
    <MyHeader /> ①
    <article>
      <h3>여기는 HOME입니다</h3>
    </article>
  </body>
</html>
```

① MyHeader 컴포넌트를 불러와 사용합니다.

index.html 외에 다른 페이지에서도 이 컴포넌트를 불러와 위와 같은 방식으로 똑

같이 사용할 수 있습니다. 만약 `Header` 컴포넌트에 변경 사항이 있어 코드를 수정하면, 일괄적으로 모든 페이지에 자동으로 반영되므로 기능 하나를 수정하기 위해 모든 페이지를 수정할 필요가 없습니다.

컴포넌트를 더 자세히 이해하기 위해 리액트로 개발한 간단한 서비스를 살펴보겠습니다. [그림 4-3]은 그날의 감정과 함께 일기를 기록하는 서비스인 [감정 일기장]입니다. [감정 일기장]은 여러분이 실제로 구현하게 될 이 책의 최종 프로젝트입니다. [감정 일기장]은 리액트로 개발하기 때문에 다음과 같은 컴포넌트로 구성되어 있습니다.

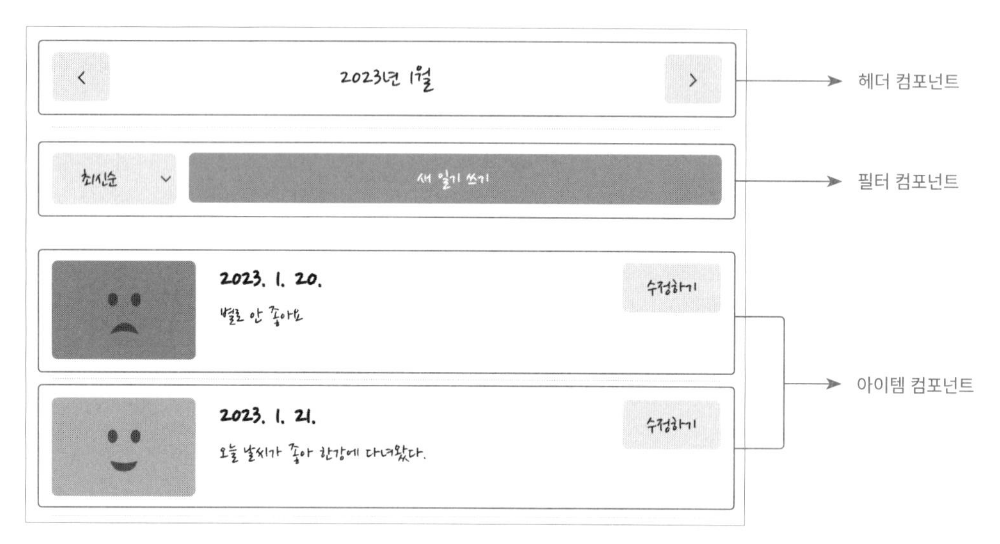

그림 4-3 [감정 일기장]의 컴포넌트

상단에 헤더가 있고 중간에는 필터 그리고 여러 개의 일기 아이템 컴포넌트가 있습니다. 헤더는 현재 날짜를, 필터는 일기 아이템의 필터링을, 아이템 컴포넌트는 여러 개의 일기 정보를 각각 표시합니다. 각각의 컴포넌트는 독립적인 기능을 수행하면서도 조화롭게 하나의 페이지를 구성합니다.

리액트의 컴포넌트는 어떤 페이지에서도 불러올 수 있습니다. 예를 들어 A 페이지에서 헤더 컴포넌트가 필요하면 해당 페이지로 불러오면 되고, B 페이지에서 필요하면 똑같은 방식으로 불러와 사용하면 됩니다. 필요가 없어지면 삭제하면 그만입니다. 이렇듯 리액트에서는 컴포넌트를 마치 조립용 레고 블록처럼 다룰 수 있어 매우 유연하게 페이지를 구성합니다.

쉽고 간단한 업데이트

업데이트란 웹 페이지의 정보를 교체하는 일입니다. 업데이트의 좋은 예로 오늘날 대표적인 SNS로 자리 잡은 인스타그램(Instagram)의 '좋아요' 기능이 있습니다.

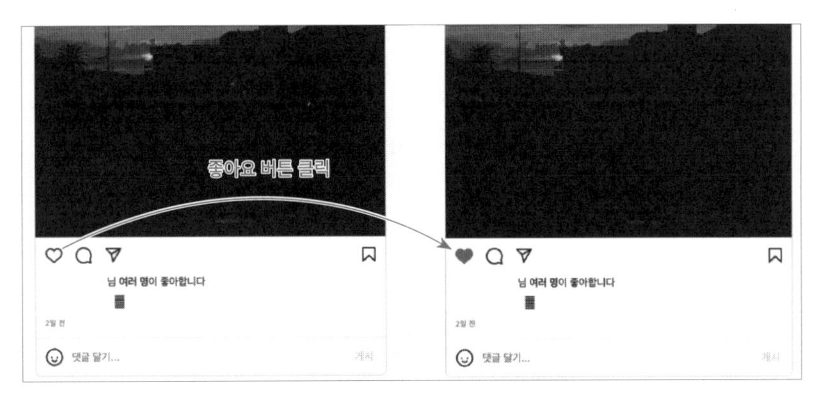

그림 4-4 인스타그램 좋아요 클릭

인스타그램에서는 다른 사람이 올린 게시물에서 하트 모양 아이콘을 클릭해 '좋아요'를 표시할 수 있습니다. 좋아요 아이콘을 클릭하면 아이콘은 붉은색으로 변합니다.

웹에서 페이지를 업데이트하려면 문서 객체 모델(Document Object Model, DOM)을 조작해야 합니다. 문서 객체 모델은 줄여서 돔(Dom)이라고 부릅니다. 앞으로는 문서 객체 모델을 돔이라고 하겠습니다. 돔은 HTML 코드를 트리 형태로 변환한 구성물입니다. 돔은 웹 브라우저가 직접 생성하며, HTML 코드를 렌더링하기 위해 만듭니다. 렌더링(Rendering)이란 브라우저가 웹의 3가지 언어 HTML, CSS, 자바스크립트를 해석해 페이지의 요소를 실제로 그려내는 과정입니다.

간단한 돔의 예를 보면 쉽게 이해할 수 있습니다.

[그림 4-5]의 왼쪽 HTML 코드는 오른쪽의 돔으로 변환됩니다. 돔은 돔 API(DOM API)를 제공하는데, 자바스크립트는 이 API로 돔에 접근해 요소를 수정, 추가, 삭제할 수 있습니다.

TIP API(Application Programming Interface)는 특정 대상을 손쉽게 사용하거나 제어할 목적으로 사용하는 도구입니다. 돔 API는 자바스크립트를 이용해 돔을 조작하는 다양한 기능을 지원하는 도구입니다.

HTML CODE

```
<html>
  <head></head>
  <body>
    <h1>hi</h1>
  <body>
</html>
```

돔(Document Object Model)

html
head
body
h1
"hi"

그림 4-5 간단한 돔의 예

다음은 자바스크립트로 돔에 접근해 요소를 수정하는 예입니다.

CODE
```
<!DOCTYPE html>
<html>
  <head>
    <meta charset="UTF-8" />
    <script>
      function onClickButton() {
        const h1Elm = document.getElementById("h1"); ②
        h1Elm.innerText = "반가워요!";               ③
      }
    </script>
  </head>
  <body>
    <h1 id="h1">안녕하세요!</h1>
    <button onclick="onClickButton()">인사말 바꾸기</button> ①
  </body>
</html>
```

① 버튼을 클릭하면 함수 onClickButton이 실행됩니다.

② document는 돔을 의미합니다. getElementById 메서드는 돔에서 인수로 전달한 태그의 id 요소를 찾아 반환합니다. 결론적으로 태그 <h1 id='h1'>이 상수 h1Elm에 저장됩니다.

③ innerText는 돔 요소의 텍스트입니다. h1Elm에 저장된 요소의 텍스트를 "반가워요!"로 변경합니다.

이 코드를 실행하면 제목과 버튼이 있는 페이지가 나타나고, 버튼을 클릭하면 자바스크립트 함수가 실행되어 돔을 수정합니다. 그 결과 제목의 문구가 **안녕하세요!**에서 **반가워요!**로 바뀝니다.

[그림 4-6]은 페이지에서 버튼을 클릭하면 일어나는 과정을 그림으로 표현한 내용입니다.

자바스크립트로 돔을 조작하면 페이지를 새롭게 렌더링하여 업데이트합니다.

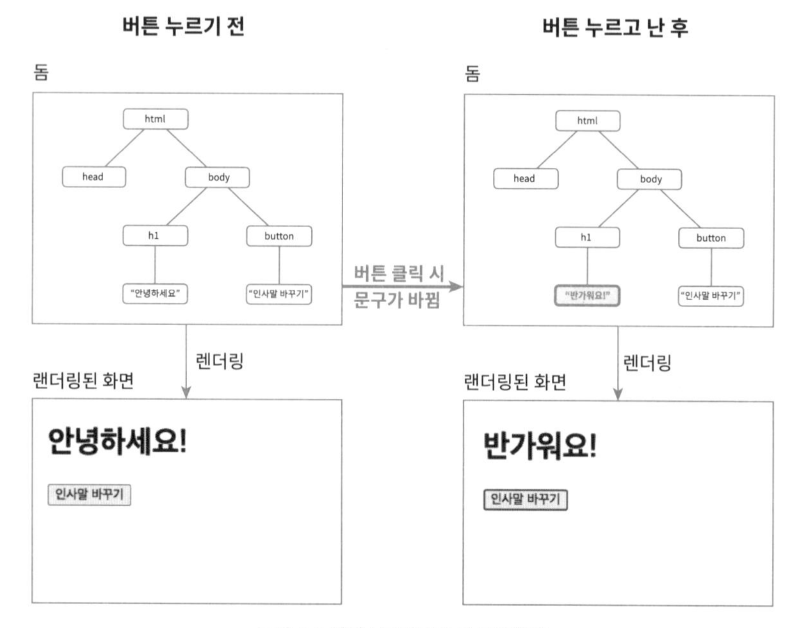

그림 4-6 자바스크립트로 돔 조작하기

그런데 돔에서 원하는 요소를 찾고 수정 사항을 반영하는 일은 언제나 간단하지 않습니다. 돔은 트리 구조로 이루어져 있기 때문에 구성이 복잡하면 정확히 원하는 요소를 찾기 어렵습니다.

리액트는 이 문제를 아주 파격적인 방식으로 해결합니다. 사용자의 특정 행동(예를 들어 좋아요 버튼 클릭)이 일어나거나 데이터가 바뀌어 업데이트가 필요하면, 어떤 요소를 어떻게 업데이트할지 고민하지 않습니다. 교체가 필요한 요소는 삭제하고, 새롭게 수정 사항을 반영한 요소를 다시 만들어 통째로 업데이트합니다. 리액트의 이런 동작 방식은 마치 자동차가 고장 나면 일일이 망가진 부품을 찾아내 수리하기보다 아예 새 차로 바꾸는 행위와 비슷합니다.

따라서 리액트를 이용하면 어떤 부분을 어떻게 업데이트할지 고민하지 않아도 간단하게 페이지를 업데이트할 수 있습니다. 그래서 복잡한 인터렉션을 지원하는 웹 서비스 개발에 더 집중할 수 있습니다.

빠른 업데이트

빠른 업데이트는 웹 서비스의 성능을 좌우하는 중요한 요소입니다. 만약 사용자가 버튼을 클릭할 때마다 페이지를 업데이트하는 데 5초 이상 걸린다면 매우 짜증이 날 겁니다.

리액트는 빠른 업데이트를 제공합니다. 이번에는 리액트가 빠르게 페이지를 업데이트하기 위해 어떤 기능을 지원하는지 살펴보겠습니다.

브라우저는 어떻게 페이지를 표시할까?

업데이트는 결국 브라우저가 페이지를 다시 렌더링하는 행위입니다. 예를 들어 버튼을 클릭했을 때 버튼의 색상을 파란색에서 빨간색으로 바꾸려면 브라우저가 페이지를 다시 렌더링해야 합니다. 따라서 리액트가 어떻게 빠르게 업데이트하는지 알려면 브라우저의 렌더링 과정을 먼저 이해할 필요가 있습니다.

브라우저의 렌더링 과정은 [그림 4-7]처럼 크게 4단계로 구분할 수 있습니다.

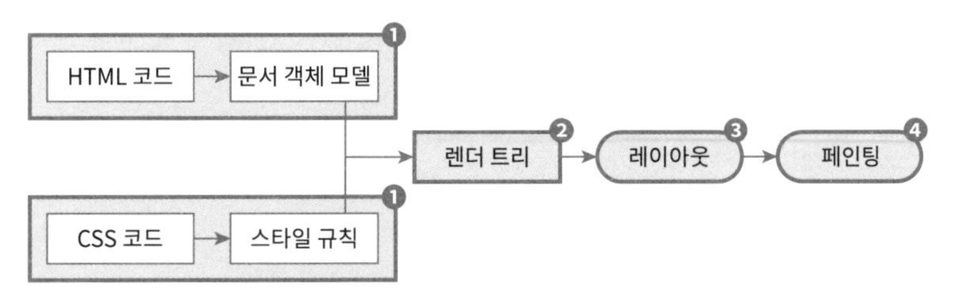

그림 4-7 브라우저의 렌더링 과정

① HTML 코드를 해석해 돔으로 변환합니다. 마찬가지로 CSS 코드도 해석해 스타일 규칙(Style Rules)으로 변환합니다.

② 페이지에 어떤 요소가 있고 어디에 있는지를 아는 돔과 돔 각각의 요소에 스타일을 정의하는 스타일 규칙을 합쳐 렌더 트리(Render Tree)를 만듭니다.

③ 렌더 트리 정보를 바탕으로 요소의 위치를 픽셀(px) 단위로 계산합니다. 이 과정을 레이아웃이라고 합니다. 레이아웃은 렌더링 과정에서 가장 많은 연산을 요구하는 작업입니다.

④ 레이아웃 작업을 거치면 해당 정보를 바탕으로 요소를 실제로 페이지에 그립니다. 이 과정을 페인팅이라고 합니다. 페인팅 역시 레이아웃과 더불어 렌더링 과정에서 가장 많은 연산을 요구하는 작업입니다.

돔이 변경되면 브라우저는 업데이트를 위해 렌더링 과정을 다시 반복합니다. 앞서 살펴본 렌더링 과정에서 요소의 위치를 결정하는 레이아웃과 요소를 실제로 페이지에 표시하는 페인팅 과정은 많은 연산을 동반합니다. 따라서 돔의 업데이트가 필요 이상으로 많아지면 브라우저의 성능을 떨어뜨리게 됩니다. 브라우저의 성능이 떨어지면 소위 랙(lag) 현상이 일어나거나 심할 경우 응답 불능 상태에 빠집니다.

TIP
랙(lag)은 컴퓨터 통신이 일시적으로 지연되는 것을 나타낼 때 사용하는 용어지만, 웹에서 페이지의 응답이 느려지는 현상을 지칭하기도 합니다.

버추얼 돔을 이용한 효율적인 업데이트

페인팅과 레이아웃을 여러 번 수행하지 않으려면 여러 번의 업데이트를 모았다가 업데이트가 필요할 때 한 번에 처리하는 편이 효율적입니다. 리액트는 이를 위해 버추얼 돔(Virtual DOM)을 활용합니다. 버추얼 돔은 가상의 돔이라는 뜻으로, 실제 돔의 사본입니다. 리액트에서는 페이지에서 변경 사항이 발생하면 먼저 버추얼 돔을 업데이트하는 식으로 변경 사항을 모았다가 한 번에 실제 돔을 업데이트합니다.

[그림 4-8]은 3번의 업데이트가 버추얼 돔에서 발생한 상황과 실제 돔의 업데이트 과정을 묘사한 그림입니다. 버추얼 돔을 3번 변경할 동안 실제 돔에는 아무런 변화가 없습니다. 변경 사항이 모두 종료되면, 변경 사항을 모았다가 한 번에 실제 돔을 업데이트합니다.

결과적으로 리액트에서는 여러 번의 업데이트를 모아 한 번에 수행하므로, 업데이트가 잦아도 브라우저의 성능을 떨어뜨리지 않습니다.

버츄얼 돔(가상 돔)의 업데이트

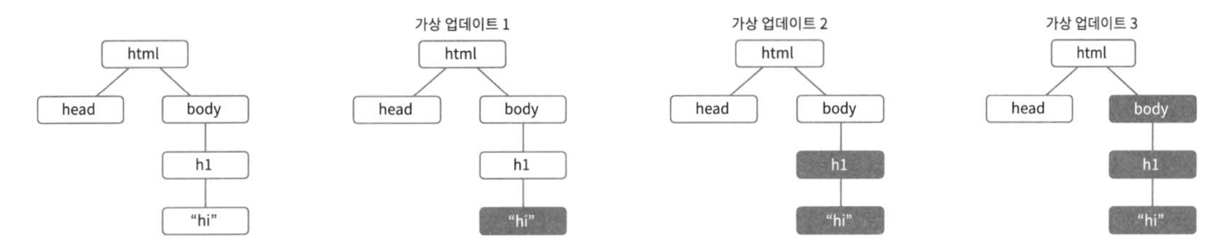

실제 돔의 업데이트

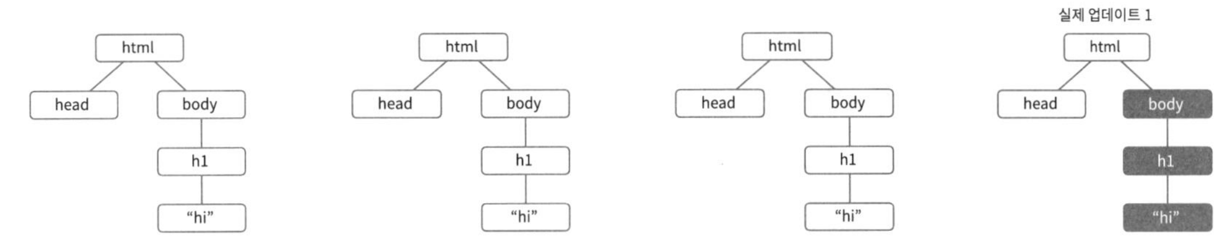

그림 4-8 버추얼 돔의 업데이트와 실제 돔 업데이트

리액트 앱 만들기

이번 절에서는 리액트 앱을 직접 만들고 어떻게 사용하는지 알아보겠습니다. 리액트 앱은 리액트로 만든 웹 서비스입니다. 리액트 웹이 아닌 앱으로 부르는 까닭은 리액트로 만든 웹 서비스는 마치 애플리케이션처럼 다양하게 상호작용할 수 있는 기능을 제공하기 때문입니다. 다시 말해 페이스북의 채팅 또는 좋아요 버튼 같은 서비스는 마치 사용자와 실시간으로 상호작용하는 응용 프로그램(Application, App)과 흡사하기 때문입니다.

Create React App으로 리액트 앱 만들기

리액트 앱은 처음 만들 때 꽤 복잡한 설정을 직접 해주어야 합니다. Node.js를 많이 사용해 본 사람에게는 쉬울 수 있지만 입문자에게는 꽤나 큰 장벽입니다. 따라서 이 책에서는 리액트 앱을 만들기 위해 Create React App이라는 Node.js 라이브러리를 이용할 예정입니다. Create React App은 복잡한 설정 없이 리액트 앱을 만들어 주는 고마운 라이브러리입니다.

Create React App은 보일러 플레이트입니다.

Create React App처럼 복잡한 설정 없이 쉽게 프로젝트를 생성하도록 돕는 개발 도구를 보일러 플레이트라고 합니다. 보일러 플레이트란 '보일러를 찍어내는 틀'이라는 의미를 담고 있습니다. 보일러 플레이트를 이용하면 처음 보일러를 만들 때처럼 복잡한 구조를 염두에 두지 않고도 쉽게 보일러를 만들 수 있습니다.

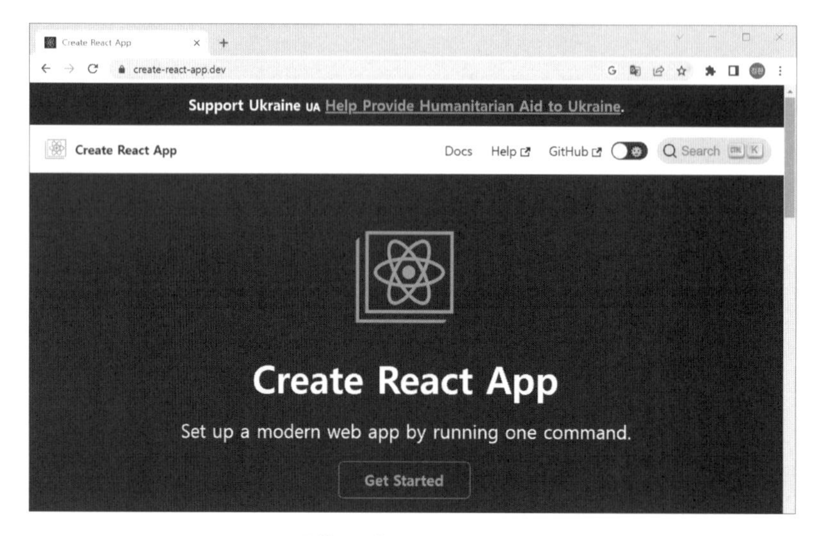

그림 4-9 Create React App

Create React App은 줄여서 CRA라고도 합니다. CRA는 리액트를 개발하고 운영하는 Meta(전 페이스북)가 직접 개발하고 운영하는 공식 보일러 플레이트입니다.

https://*create-react-app.dev*

리액트 앱을 생성하기 위해 루트 폴더를 먼저 만들겠습니다. 문서(Documents) 폴더 아래에 chapter4 폴더를 생성한 다음 비주얼 스튜디오 코드에서 이 폴더를 엽니다.

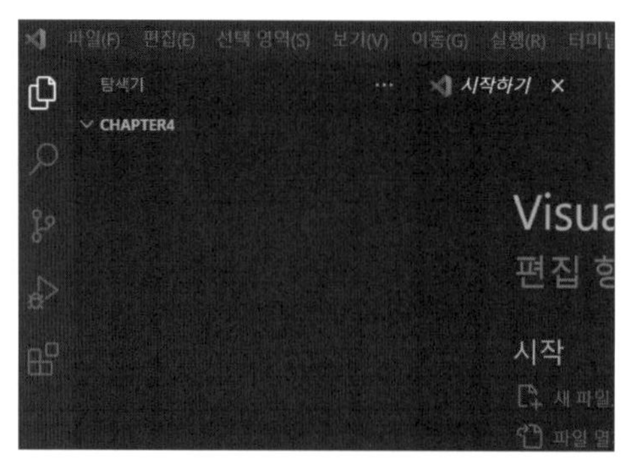

그림 4-10 chapter4 폴더를 만들고 비주얼 스튜디오 코드에서 열기

chapter4 폴더를 열었다면 이제 Create React App으로 리액트 앱을 생성합니다. 단축키 Ctrl+J를 눌러 비주얼 스튜디오 코드의 터미널을 열고 다음 명령어를 입력합니다.

```
npx create-react-app . //점(.)은 현재 폴더를 의미합니다.
```

이 코드는 현재 폴더에 새로운 리액트 앱을 만들라는 명령어입니다.

npx는 무엇인가요?

npx(Node Package Execute)는 '노드 패키지 실행'이라는 뜻의 명령어입니다. npx는 npm처럼 Node.js를 처음 설치할 때 함께 설치됩니다. npx를 이용하면 특정 라이브러리를 항상 최신 버전으로 실행할 수 있습니다. Create React App 같은 보일러 플레이트는 새로운 리액트 앱을 생성하려는 목적으로 사용하므로 특정 패키지에 설치해 두고 사용할 필요가 없습니다. 또 시간이 지나 업그레이드되면 새 버전이 npmjs.com에 출시됩니다. 따라서 항상 최신 버전의 리액트 앱을 생성하기 위해서는 npx 명령을 이용해야 합니다.

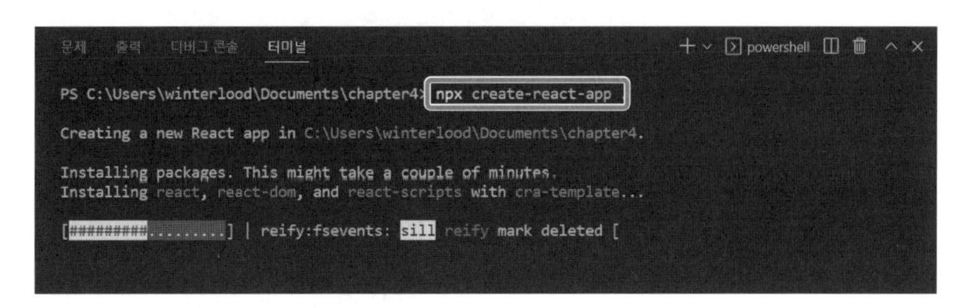

그림 4-11 chapter4 루트 폴더에서 Create React App 생성하기

TIP
이때 Need to install the following packages: ...라는 메시지가 나오면 y를 입력하면 됩니다.

기본으로 설정된 리액트 앱을 자동으로 만드는 작업이 시작됩니다. 생성 시간은 평균 5분 내외입니다.

만약 이 과정이 지나치게 오래 걸리면 네트워크 환경을 바꿔 보기 바랍니다. npx 명령어와 관련해 오류가 발생하면 Node.js 설치가 잘못되었을 가능성이 높습니다. LTS 버전의 Node.js가 설치되었는지 확인하고 아니라면 Node.js를 다시 설치해야 합니다.

2022년 10월 기준으로 Node.js의 최신 LTS 버전은 18버전입니다. 따라서 현재 설치된 Node.js가 16버전 또는 18버전인지 확인하고, 이들 버전이 아니라면 기존 버전을 모두 제거한 후 다시 설치하기 바랍니다.

리액트 앱이 만들어지면 [그림 4-12]처럼 `Success! Created...`라는 메시지와 함께 리액트 앱을 사용하기 위한 다양한 명령어가 출력됩니다.

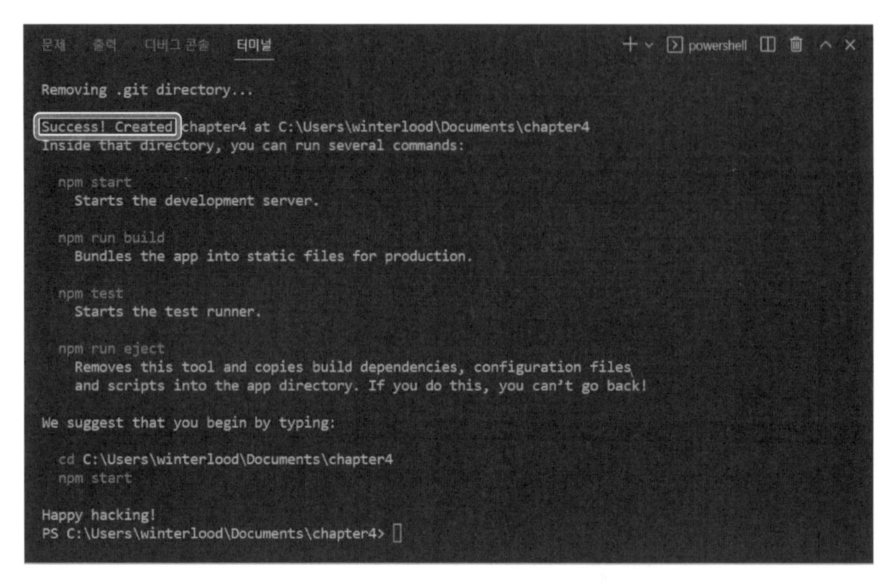

그림 4-12 Create React App으로 리액트 앱 생성

리액트 앱의 구성 요소 살펴보기

Create React App으로 리액트 앱을 만들었으므로 어떤 요소가 생성되었는지 살펴보겠습니다. 비주얼 스튜디오 코드에서 chapter4를 클릭하면 새롭게 생성한 리액트 앱의 구성 요소들을 살펴볼 수 있습니다.

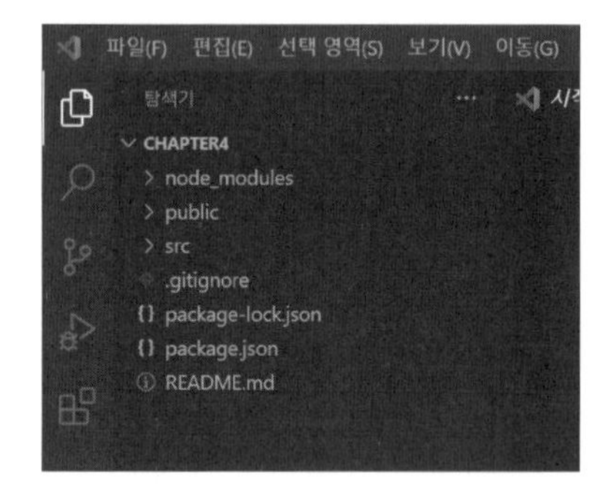

그림 4-13 리액트 앱 생성 후의 chapter4

Create React App으로 생성한 리액트 앱 또한 Node.js 패키지입니다. 따라서 이 루트 폴더 아래에는 package.json, package-lock.json, node_modules 같은 Node.js 패키지 구성 파일이 존재합니다.

그런데 [그림 4-13]을 보면 3장에서 살펴본 외부 라이브러리를 설치하는 폴더 node_modules 외에도 public, src와 같은 폴더도 보입니다. 이 폴더는 Create React App이 자동으로 생성한 폴더들입니다. Create React App은 리액트 앱을 생성함과 동시에 앱이 동작하는 데 필요한 파일과 폴더를 자동으로 생성합니다. 이런 파일과 폴더 모음을 다른 말로 '템플릿(Template)'이라고 합니다.

그럼 Create React App이 자동으로 생성한 템플릿 파일과 폴더를 대략 살펴보겠습니다. package.json에서 'dependencies' 항목을 보면 Create React App으로 생성한 리액트 앱에는 어떤 라이브러리가 설치되는지, 리액트 버전은 몇 버전인지 등에 대한 정보를 알 수 있습니다.

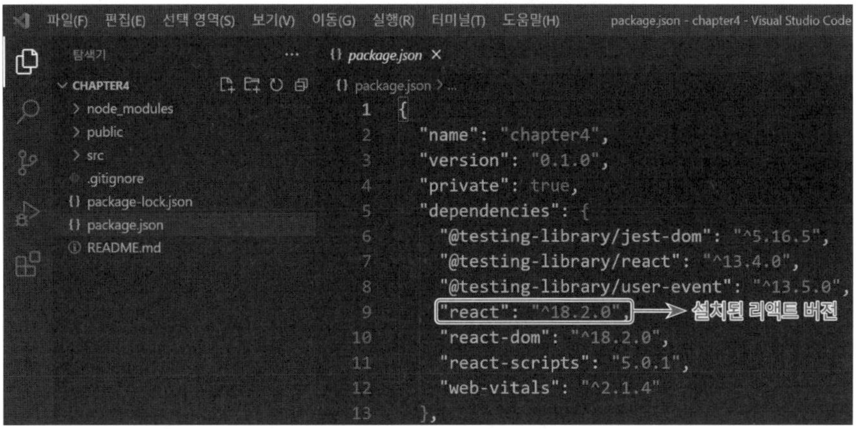

```
{
  "name": "chapter4",
  "version": "0.1.0",
  "private": true,
  "dependencies": {
    "@testing-library/jest-dom": "^5.16.5",
    "@testing-library/react": "^13.4.0",
    "@testing-library/user-event": "^13.5.0",
    "react": "^18.2.0",
    "react-dom": "^18.2.0",
    "react-scripts": "5.0.1",
    "web-vitals": "^2.1.4"
  },
```

설치된 리액트 버전

그림 4-14 package.json을 열어 리액트 버전 확인하기

public 폴더는 리액트에서 공통으로 사용하는 폰트 파일, 이미지 파일 등을 저장하는 폴더입니다. favicon.ico, index.html, logo192.png, logo512.png, manifest.json, robots.txt 등의 파일들이 기본으로 포함되어 있습니다.

src 폴더는 소스(source) 폴더라는 뜻으로 프로그래밍 소스를 저장하는 폴더입니다. 이 폴더는 리액트를 사용하는 동안 자바스크립트 파일들을 한데 모아놓는 곳으로, 프로젝트에서 사용할 소스 파일을 저장합니다.

리액트 앱 실행하기

명령어를 이용해 리액트 앱을 실행하고 종료하겠습니다. 리액트 앱을 실행하는 명령어는 package.json의 `scripts`에 작성되어 있습니다.

TIP
scripts의 의미에 대해서는 3장 145쪽을 참고하세요.

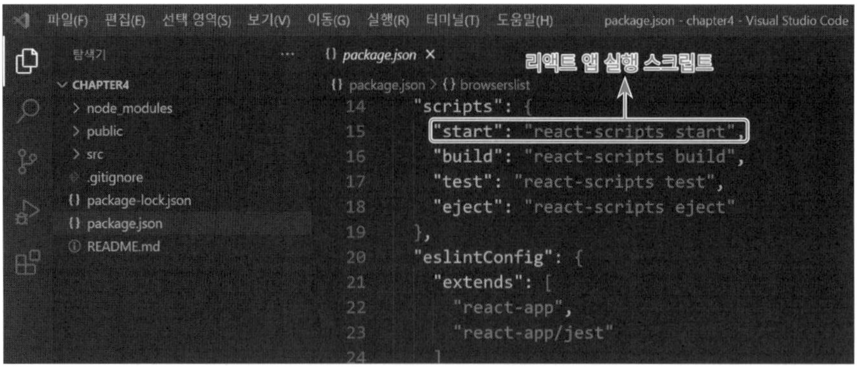

그림 4-15 pacakge.json의 scripts 확인하기

package.json의 `scripts`에는 `start` 명령으로 리액트 앱을 실행하는 스크립트가 있습니다. 비주얼 스튜디오 코드 터미널에서 다음 명령을 입력해 `start` 스크립트를 실행합니다.

```
npm run start
```

이 스크립트를 실행하면 리액트 앱을 실행합니다. 자동으로 크롬 웹 브라우저에서 새 탭이 열리면서 리액트 앱의 주소인 http://localhost:3000에 접속합니다.

[그림 4-16]은 Create React App이 설정한 초기 템플릿 페이지입니다. 이 페이지는 나중에 사용자가 원하는 모습으로 얼마든지 변경할 수 있습니다.

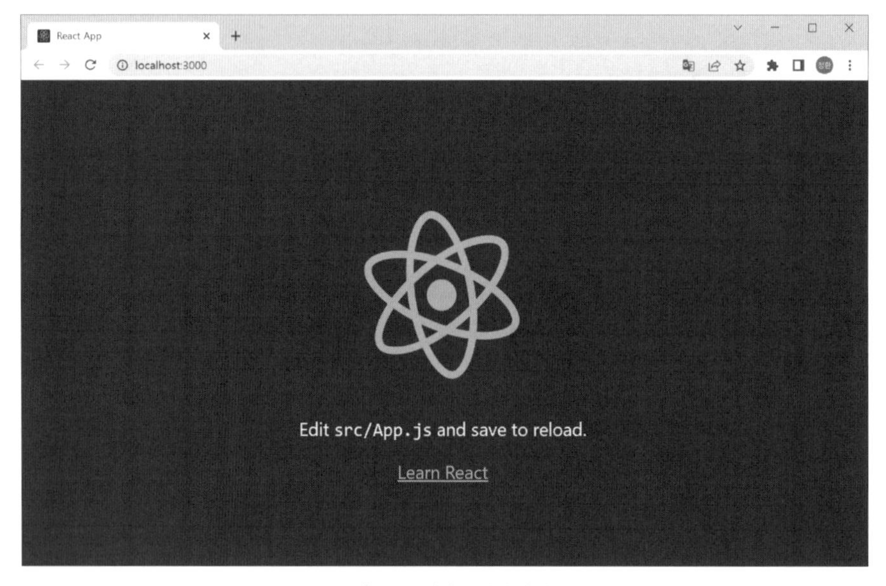

그림 4-16 리액트 앱의 실행

비주얼 스튜디오 코드의 터미널에서도 리액트 앱을 실행했다는 메시지가 [그림 4-17]과 같이 출력됩니다.

```
문제   출력   디버그 콘솔   터미널
Compiled successfully!

You can now view chapter4 in the browser.

  Local:            http://localhost:3000
  On Your Network:  http://192.168.0.14:3000

Note that the development build is not optimized.
To create a production build, use npm run build.

webpack compiled successfully
```

그림 4-17 터미널의 리액트 앱 실행 메시지

비주얼 스튜디오 코드 터미널에서 실행 중인 리액트 앱을 종료하는 방법 역시 간단합니다. 터미널에서 키보드 Ctrl+C를 누르면 **일괄 작업을 끝내시겠습니까 (Y/N)?**라는 메시지가 출력됩니다. 현재 작업(리액트 앱)을 종료할 것인지 묻는데, 이때 y를 입력하면 종료됩니다. 리액트 앱을 종료하면 터미널에서 프롬프트가 다시 활성화됩니다.

리액트 앱을 종료하면, 브라우저에서 주소 http://localhost:3000과의 접속 또한 자동으로 종료됩니다. 따라서 브라우저에서 새로고침하면 '사이트에 연결할 수 없음' 페이지가 나옵니다.

TIP
브라우저에서 새로고침하는 단축키는 F5 키입니다. 앞으로 자주 사용하게 되니 꼭 기억해 두길 바랍니다.

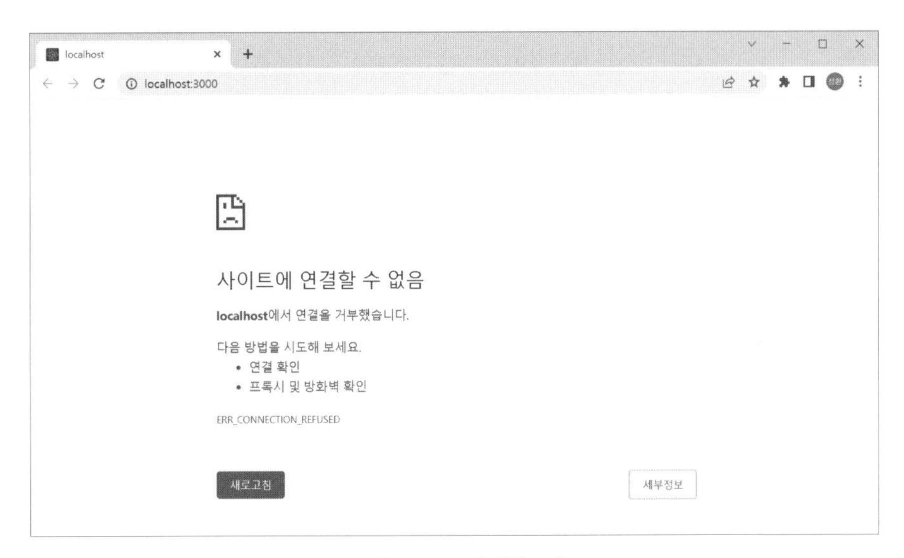

그림 4-18 종료된 리액트 앱

리액트 앱의 동작 원리

지금까지 리액트 앱을 생성하고 어떤 요소가 있는지 확인하고 실행까지 해보았습니다. 이번 절에서는 리액트 앱이 어떻게 동작하는지 그 원리를 좀 더 자세히 살펴보겠습니다.

리액트 앱에는 어떻게 접속하는 걸까?

앞서 `create-react-app` 명령으로 리액트 앱을 만들고 `npm run start` 명령으로 앱을 구동해 보았습니다. 그 결과 리액트 앱을 실행하면 http://localhost:3000으로 접속한다는 사실을 알게 되었습니다.

그렇다면 어떤 원리로 리액트 앱에 접속하는 걸까요? 결론부터 말하자면 Create React App으로 만든 리액트 앱에는 웹 서버가 내장되어 있습니다. 즉, `npm run start` 명령을 실행하면 브라우저가 리액트 앱에 접속하도록 앱에 내장된 웹 서버가 동작합니다. 결국 내장된 웹 서버 주소로 브라우저가 자동으로 접속합니다.

웹 서버는 브라우저의 요청에 따라 필요한 웹 페이지를 보내주는 컴퓨터입니다. 예를 들어 네이버 웹 서버는 사람들이 접속할 수 있는 http://naver.com이라는 주소를 갖고 있습니다. 해당 주소로 접속 요청이 들어오면 웹 서버에서 네이버의 웹 페이지를 보내줍니다.

네이버 웹 서버에 접속하려면 https://naver.com이라는 주소를 입력하듯이 웹 서버에는 자신만의 주소가 있습니다. Create React App으로 생성한 리액트 앱의 주소는 기본적으로 http://localhost:3000으로 설정되어 있습니다. 그러므로 이 주소로 요청해야 앞에서 생성한 리액트 앱에 접속할 수 있습니다.

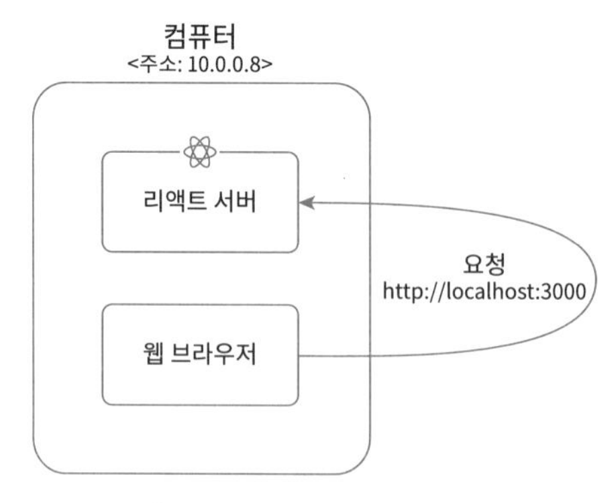

그림 4-19 웹 서버가 내장된 리액트 앱

그렇다면 localhost:3000이라는 주소는 어떤 의미일까요? 먼저 localhost는 내 컴퓨터의 주소를 가리킵니다. 따라서 localhost 주소로 무언가를 요청하면, 해당 요청은 여러분의 컴퓨터에 전달됩니다. 이것은 마치 우체국에 가서 여러분의 집 주소로 편지를 보내는 것과 같은 원리입니다.

localhost 뒤에 콜론(:)과 함께 나오는 3000은 포트(port) 번호입니다. 포트 번호는 컴퓨터에서 실행되고 있는 서버를 구분하는 번호입니다. 컴퓨터에는 기본적으로 하나의 주소가 있는데, 이 주소로 요청을 받습니다. 그런데 컴퓨터에 여러 개의 서버가 실행되고 있다면, 요청을 받았을 때 어떤 서버에 대한 요청인지 모호할 수 있습니다. 따라서 서버별로 포트 번호를 정해놓으면, 해당 포트 번호에 대한 요청이 들어올 때만 응답하는 식으로 작업을 선별해 처리할 수 있습니다.

Create React App으로 만든 리액트 앱의 기본 포트 번호는 3000번입니다. 따라서 http://localhost:3000과 같이 localhost 3000번 포트의 서버로 접속을 요청해야 정상적으로 리액트 앱에 접속할 수 있습니다.

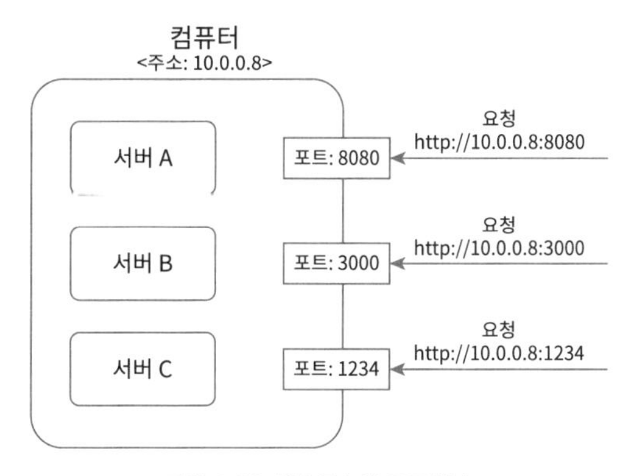

그림 4-20 서버 주소와 포트 번호

결국 `npm run start` 명령으로 리액트 앱을 실행하면 내장된 웹 서버가 실행되면서 http://localhost:3000 주소로 접속하게 됩니다.

리액트 앱의 동작 원리 상세 보기

리액트 앱을 실행하고 http://localhost:3000 주소로 접속하면 [그림 4-16]에서 살펴보았듯이 애니메이션처럼 움직이는 리액트 로고 페이지가 나옵니다. 이 페이지 하단에는 `"Edit src/App.js and save to reload"`라는 문장이 있는데, src 폴더의 App.js를 수정하고 저장하여 다시 로드하라는 뜻입니다.

비주얼 스튜디오 코드에서 src 폴더의 App.js를 열어보면 **App** 함수가 작성되어 있습니다. 이 함수의 **return** 문을 다음과 같이 수정하고 Ctrl+S로 저장합니다.

CODE file : src/App.js

```
import logo from "./logo.svg";
import "./App.css";

function App() {
  return (
    <div className="App">
      <h2>안녕하세요</h2>
    </div>
  );
}
export default App;
```

이제 페이지의 렌더링 결과가 달라집니다. 함수 **App**처럼 HTML을 반환하는 자바스크립트 함수를 컴포넌트라고 했습니다. 컴포넌트는 이름과 함께 부르기 때문에 이제부터 **App** 컴포넌트라고 하겠습니다.

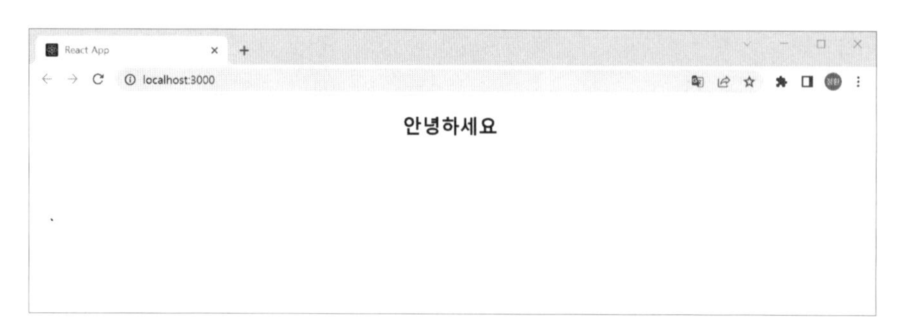

그림 4-21 App.js를 수정하고 저장하기

이처럼 페이지의 렌더링 결과가 달라진 이유는 무엇일까요? 이를 이해하려면 리액트 앱이 어떻게 동작하는지 알 필요가 있습니다.

사용자가 주소 http://localhost:3000으로 리액트 앱에 대한 서비스를 요청하면, 리액트 앱 서버는 우선 웹 페이지 파일인 public 폴더의 index.html을 보냅니다. 일반적으로 특정 웹 서비스에 접속하면 처음 만나는 페이지는 대체로 index.html 파일입니다. 따라서 index.html을 열어 보면 왜 이런 결과가 나오는지 알 수 있습니다.

index.html을 열어 실제 페이지를 브라우저에 표시하는 **<body>** 태그를 확인하겠습니다.

CODE file : public/index.html

```
(...)
<body>
    <noscript>You need to enable JavaScript to run this app.</noscript>
    <div id="root"></div>
    (...)
(...)
</body>
```

그러나 index.html의 <body> 태그에는 브라우저가 자바스크립트를 실행할 수 없을 때만 나타나는 <noscript> 태그와 id가 root인 빈 <div> 태그밖에 없습니다. 따라서 index.html에는 페이지에 표시할 만한 요소가 하나도 없습니다.

뭔가 이상합니다. 분명 index.html에는 페이지에 표시할 만한 요소가 하나도 없는데, http://localhost:3000으로 리액트 앱에 접속하면 앞서 App 컴포넌트에서 수정했던 내용을 페이지가 표시하기 때문입니다.

이를 이해하려면 개발자 도구 [Element] 탭에서 <head> 태그에 작성된 <script defer src=".../bundle.js"> 태그를 확인해야 합니다. 수정한 페이지로 돌아가 개발자 도구를 열고 [Element] 탭에서 이 태그를 찾아 클릭합니다.

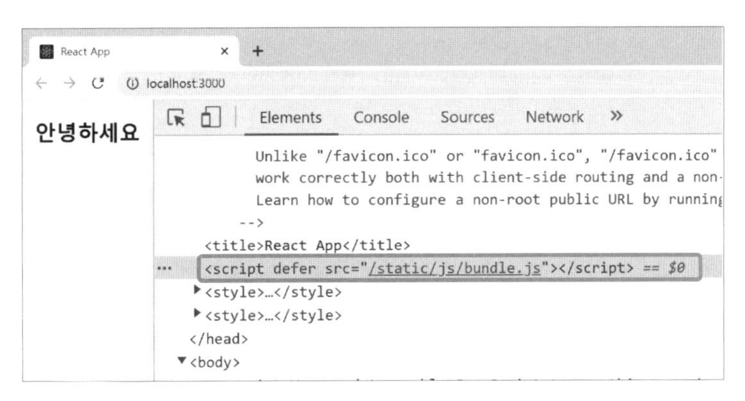

그림 4-22 개발자 도구를 열어 <head> 태그의 <script> 태그 확인

<script>는 리액트 앱에 접속하면 자동으로 index.html에 추가되는 태그입니다. <script> 태그는 '/static/js/' 경로에 있는 bundle.js라는 자바스크립트 파일을 불러와 실행합니다.

여기서 잠깐

bundle은 꾸러미, 묶음이라는 뜻입니다. bundle.js는 src 폴더에 있는 자바스크립트 파일을 한데 묶어 놓은 파일입니다. 이렇게 여러 자바스크립트 파일을 하나로 묶는 작업을 번들링이라고 하며, 그 결과물인 bundle.js를 번들 파일이라고 합니다.

bundle.js는 src 폴더에 있는 index.js와 이 파일이 불러온 모듈을 하나로 묶어 놓은 파일입니다. 결국 이 번들 파일은 index.js가 작성한 코드에 따라 동작합니다. 따라서 index.js에 어떤 내용이 있는지 살펴봐야 리액트 앱의 동작을 제대로 이해할 수 있습니다.

src 폴더에 있는 index.js에는 다음과 같은 코드가 작성되어 있습니다.

CODE file : src/index.js

```
import React from 'react';
import ReactDOM from 'react-dom/client';
import './index.css';
import App from './App';
import reportWebVitals from './reportWebVitals';

const root = ReactDOM.createRoot(document.getElementById('root'));
root.render(
  <React.StrictMode>
    <App />
  </React.StrictMode>
);

// If you want to start measuring performance in your app, pass a function
// to log results (for example: reportWebVitals(console.log))
// or send to an analytics endpoint.
// Learn more: https://bit.ly/CRA-vitals reportWebVitals();
```

index.js 파일에는 약 17줄의 코드가 작성되어 있습니다. 구체적으로 살펴보겠습니다.

먼저 살펴볼 것은 import 문입니다.

```
import App from './App';
```

index.js에서는 import 문으로 App.js에 있는 App 컴포넌트를 포함해 여러 개의 모듈을 불러옵니다.

다음으로 살펴볼 부분은 ReactDom.createRoot 메서드입니다.

```
const root = ReactDOM.createRoot(document.getElementById('root'));
```

ReactDOM.createRoot는 인수로 전달한 요소를 리액트 앱의 루트로 만들어 반환하는 메서드입니다. 여기서 루트란 뿌리라는 뜻이며, 트리 형태의 돔에서 자바스크립트 함수로 작성된 컴포넌트들의 루트 요소를 가리킵니다. ReactDOM.createRoot 메서드에 인수로 `document.getElementById('root')`를 전달하는데, 이 메서드는 돔에서 `id`가 'root'인 요소를 찾아 반환합니다.

이 코드의 의미를 다시 정리하면 돔에서 `id`가 'root'인 요소를 루트로 만들어 `root`라는 변수에 저장합니다. `id`가 `root`인 요소는 이미 앞에서 살펴보았습니다. 바로 public 폴더의 index.html에 있는 `<div>` 태그가 바로 루트 요소입니다.

계속해서 다음으로 살펴볼 부분은 `ReactDom.createRoot` 메서드 바로 아래에 위치한 `root.render` 메서드입니다.

```
root.render(
  <React.StrictMode>
    <App />
  </React.StrictMode>
);
```

변수 `root`에는 현재 리액트의 루트가 저장되어 있습니다. `render` 메서드는 인수로 리액트 컴포넌트를 전달하는데, 이 컴포넌트를 돔 루트에 추가합니다. 따라서 `render` 메서드가 수행되면 전달된 리액트 컴포넌트가 돔에 추가되어 페이지에 나타납니다. 결론적으로 이 코드는 `App` 컴포넌트를 돔 루트에 추가하므로, 페이지에 `App` 컴포넌트에서 정의한 HTML 요소가 표시됩니다.

http://localhost:3000에서 개발자 도구를 열고, [Elements] 탭에서 리액트의 루트 요소로 사용된 `<div id='root'>`를 클릭하면, 해당 요소 아래에 App 컴포넌트가 반환하는 HTML 요소가 추가되어 있음을 확인할 수 있습니다.

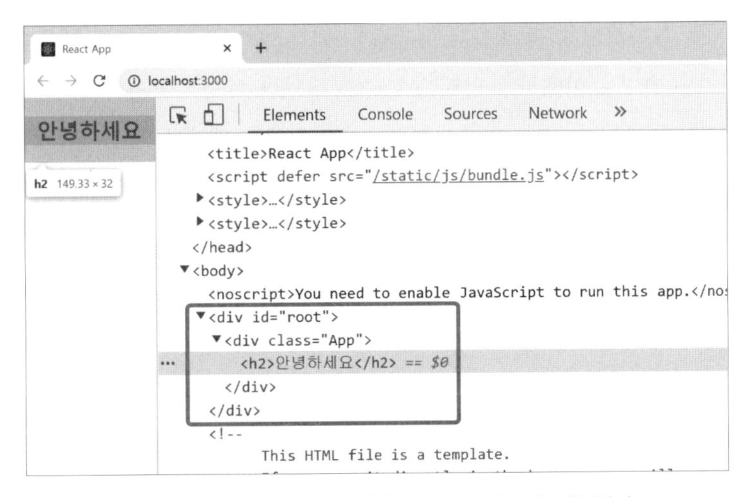

그림 4-23 <div id='root'> 아래에 추가된 App 컴포넌트 확인하기

지금까지 리액트 앱의 동작 원리를 살펴보았습니다. 리액트 앱의 동작 방식을 다시 한번 정리하면 다음과 같습니다.

1. localhost:3000으로 접속을 요청하면 public 폴더의 index.html을 반환합니다.
2. index.html은 src 폴더의 index.js와 해당 파일이 가져오는 자바스크립트 파일을 한데 묶어 놓은 bundle.js를 불러옵니다. `<script>` 태그에서 자동으로 추가합니다.
3. bundle.js가 실행되어 index.js에서 작성한 코드가 실행됩니다.
4. index.js는 `ReactDOM.createRoot` 메서드로 돔에서 리액트 앱의 루트가 될 요소를 지정합니다.
5. `render` 메서드를 사용해 돔의 루트 아래에 자식 컴포넌트를 추가합니다. 결과적으로 `App` 컴포넌트가 렌더링됩니다.

약간 복잡해 보이지만 리액트 앱의 기본 원리와 동작을 차근차근 살펴보았습니다. 지금은 모든 내용을 완전히 이해하지 못하더라도 큰 문제는 없습니다. 앞으로 진행할 예제들과 프로젝트를 구현하면서 리액트 앱의 동작 원리가 다시 궁금해지면 다시 한번 4장으로 돌아와 살펴보길 바랍니다.

리액트 앱의 기본 원리 그리고 동작 방식을 잘 몰라도 몇 가지 예제 정도만 배우면 간단한 리액트 앱을 만들 수 있습니다. 입문자 입장에서는 그런 방식이 더 빠르게 결과물을 만들어 낼 수 있으니 효율적이라고 생각할 수도 있습니다.

그러나 실력 있는 프런트엔드 개발자로 성장하려면 언제나 기초가 중요합니다. 실무에서는 상상하기 힘들 정도로 복잡한 리액트 앱을 직접 다뤄야 합니다. 이때 동작 원리를 제대로 이해하고 있지 못한다면 다양한 상황에 효율적으로 대처하기 어렵습니다. 또 새로운 기능이 공개되거나 추가되었을 때에도 학습 속도가 상대적으로 더디게 될 겁니다.

5장

리액트의 기본 기능 다루기

이 장에서 주목할 키워드

- 컴포넌트 구현
- 컴포넌트 트리
- JSX
- Props
- 이벤트
- State
- 리렌더링
- 사용자 입력 관리
- Ref
- 리액트 훅

이 장의 학습 목표

- 리액트의 핵심 개념인 컴포넌트에 대해 알아봅니다.
- 컴포넌트 간에 값을 전달하는 Props를 알아봅니다.
- 리액트 앱의 상태를 관리하는 State에 대해 알아봅니다.

컴포넌트

개발자들은 리액트를 컴포넌트 기반의 UI 라이브러리(Component-Based UI Library)라고 소개합니다. 페이지의 모든 요소를 컴포넌트 단위로 쪼개어 개발하고, 완성된 컴포넌트를 마치 레고 조립하듯이 하나로 합쳐 페이지를 구성하기 때문입니다. 리액트로 웹 서비스를 개발할 때는 컴포넌트를 여러 개 만들어 이를 적절히 조합해서 만들곤 합니다. 이번 절에서는 리액트의 핵심 개념 중 하나인 컴포넌트를 자세히 살펴보겠습니다.

실습 환경 설정하기

본격적인 실습에 앞서 5장에서 사용할 새 리액트 앱을 만들겠습니다. 실습 환경 구축은 4장에서 Create React App으로 chapter4 리액트 앱을 생성했던 방법과 동일합니다.

TIP Create React App를 이용한 리액트 앱 생성은 171쪽을 참고하세요.

리액트 앱 만들기

문서(Documents) 폴더 아래에 chapter5 폴더를 만든 다음 비주얼 스튜디오 코드에서 생성한 폴더를 엽니다. 단축키 Ctrl+J를 눌러 터미널을 열고, 다음 명령어로 새로운 리액트 앱을 만듭니다.

```
npx create-react-app .
```

사용하지 않는 파일 삭제하기

혼동을 피하고자 src 폴더에서 실습에 사용하지 않을 파일 일부를 제거합니다. 다음 파일을 제거합니다.

- src/App.test.js
- src/logo.svg

- src/reportWebVitals.js
- src/setupTest.js

TIP
테스트 코드는 코드가 정상적으로 실행되는지 실제 프로그램 작동 전에 테스트를 목적으로 작성하는 코드입니다.

이 파일들은 Create React App이 자동으로 생성한 파일들로 테스트 코드를 작성하거나 리액트 앱의 성능을 살필 때 사용합니다. 진행할 실습에서는 사용하지 않으므로 삭제합니다.

파일을 모두 삭제하면 src 폴더는 [그림 5-1]과 같은 상태가 됩니다.

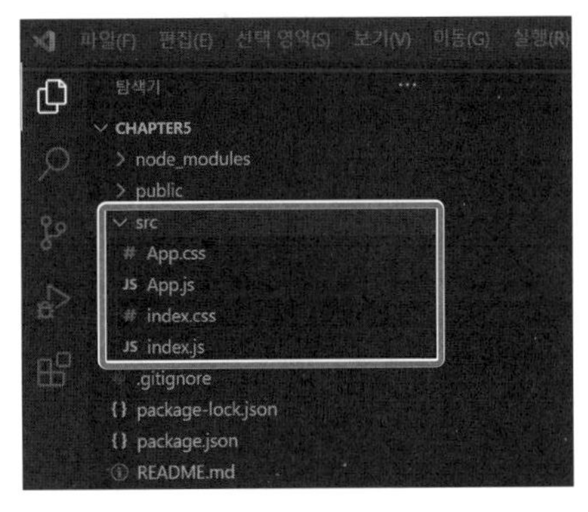

그림 5-1 4개의 파일을 삭제하고 난 후의 src 폴더

사용하지 않을 코드 삭제하기

이번에는 Create React App이 자동으로 생성하지만, 실습에서 사용하지 않을 코드를 모두 삭제합니다.

다음과 같이 src 폴더의 index.js에서 주석(//)으로 표시한 코드는 모두 삭제합니다.

CODE file : src/index.js

```
import React from "react";
import ReactDOM from "react-dom/client";
import "./index.css";
import App from "./App";
// import reportWebVitals from "./reportWebVitals"; ①

const root = ReactDOM.createRoot(document.getElementById("root"));
root.render(
// <React.StrictMode>  ②
    <App />
// </React.StrictMode> ③
);

// If you want to start measuring performance in your app, pass a function
// to log results (for example: reportWebVitals(console.log))
// or send to an analytics endpoint. Learn more: https://bit.ly/CRA-vitals
// reportWebVitals(); ④
```

① reportWebVitals.js는 앞서 삭제한 파일 가운데 하나입니다. 이 파일을 불러오는 import 문을 삭제합니다. reportWebVitals는 리액트 앱의 성능 측정 용도로 사용하는 파일입니다.

② React.StrictMode는 리액트 앱 내부의 잠재적인 문제를 검사하는 도구입니다. 프로그래머가 예상하지 못한 코드상의 부작용을 탐지하거나 구버전 리액트 기능을 사용하는지 등을 살핍니다. 이 설정이 있으면 리액트 입문자에게 혼란을 줄 수 있어 제거합니다.

③ ②와 동일한 이유로 삭제합니다.

④ ①과 동일한 이유로 삭제합니다.

추가로 ③과 ④ 사이에 있는 주석도 모두 제거합니다. 불필요한 코드를 제거하면 index.js의 코드는 다음과 같습니다.

CODE file : src/index.js

```
import React from "react";
import ReactDOM from "react-dom/client";
import "./index.css";
import App from "./App";

const root = ReactDOM.createRoot(document.getElementById("root"));
root.render(<App />);
```

다음으로 src 폴더의 App.js에서 사용하지 않을 코드를 삭제합니다.

CODE file : src/App.js

```
import logo from "./logo.svg"; ①
import "./App.css";

function App() {
  return (
    <div className="App">
      <header className="App-header"> ②
        <img src={logo} className="App-logo" alt="logo" />
        <p>
          Edit <code>src/App.js</code> and save to reload.
        </p>
        <a
          className="App-link"
          href="https://reactjs.org"
          target="_blank"
          rel="noopener noreferrer"
        >
          Learn React
        </a>
      </header>
    </div>
  );
}
export default App;
```

① src 폴더의 logo.svg는 앞서 삭제한 파일이므로 해당 파일을 불러오는 import 문을 삭제합니다.

② 사용하지 않을 <header> 태그 전체를 삭제합니다.

불필요한 코드를 모두 삭제하면 App.js는 다음과 같이 단순해집니다.

CODE file : src/App.js

```
import "./App.css";

function App() {
  return <div className="App"></div>; ①
}
export default App;
```

> ① <div className='App'>를 삭제하면 오류가 발생합니다. JSX 문법을 위반하기 때문입니다. JSX 문법에 대해서는 다음 절에서 자세히 다루겠습니다.

불필요한 파일과 코드를 모두 제거했다면, 터미널에서 npm run start 명령으로 리액트 앱을 시작합니다. App.js의 내용을 대부분 삭제했으므로 빈 페이지가 나옵니다. 오류가 아니므로 걱정하지 않아도 됩니다.

첫 컴포넌트 만들기

리액트 컴포넌트는 주로 자바스크립트의 클래스나 함수를 이용해 만듭니다. 클래스로 컴포넌트를 만드는 방식은 기본 설정 코드를 작성하는 등 함수로 만드는 컴포넌트에 비해 단점이 많아 지금은 선호하지 않습니다. 리액트 공식 문서에서도 클래스보다는 함수로 컴포넌트를 만들 것을 권장하고 있습니다. 이 책에서도 다루지 않습니다.

함수 컴포넌트 만들기

함수를 이용해 App.js에서 첫 번째 리액트 컴포넌트를 만들겠습니다. App.js를 다음과 같이 수정합니다.

CODE file : src/App.js

```
import "./App.css";

function Header() { ①
  return (
    <header>
      <h1>header</h1>
    </header>
  ); ②
}

function App() {
  return <div className="App"></div>;
}
export default App;
```

① 함수를 이용해 Header라는 이름의 컴포넌트를 App 컴포넌트 밖에서 만듭니다.
② Header 컴포넌트는 HTML을 반환합니다. 여러 줄로 이루어진 HTML을 반환할 때는 return 문에서 반환할 HTML을 소괄호로 감싼 다음 세미콜론(;)을 꼭 붙여 주어야 합니다.

페이지에서 헤더 역할을 담당할 Header 컴포넌트를 만들었습니다. 이렇듯 함수를 이용하면 매우 간단하게 리액트 컴포넌트를 만들 수 있습니다. 즉, 함수를 선언하고 해당 함수가 HTML 요소를 반환하도록 만들면 됩니다. 함수를 사용해 만든 컴포넌트를 특별히 함수 컴포넌트라고 합니다.

현재 Header 컴포넌트는 페이지에 렌더링하는 아무런 설정도 하지 않았기 때문에 저장(〈Ctrl〉+〈S〉)해도 빈 페이지만 표시할 뿐입니다.

참고로 함수 선언식이 아니라 화살표 함수로도 컴포넌트를 만들 수 있습니다.

CODE file : src/App.js

```
import "./App.css";

const Header = () => { ①
  return (
    <header>
      <h1>header</h1>
    </header>
  );
};

function App() {
  return <div className="App"></div>;
}
export default App;
```

① 화살표 함수를 이용해 Header 컴포넌트를 만듭니다.

화살표 함수를 이용하면 컴포넌트 코드를 훨씬 간결하게 만들 수 있습니다.

컴포넌트의 이름은 항상 대문자로 시작하기

함수 컴포넌트를 만들 때 한 가지 주의할 점이 있습니다. 컴포넌트 함수 이름의 첫 글자는 항상 영어 대문자여야 합니다. 그 이유는 리액트 컴포넌트를 HTML 태그와 구분하기 위해서입니다.

```
const header = () => { // 리액트 컴포넌트로 인식하지 않음
  return (
    <header>
      <h1>header</h1>
    </header>
  );
};
```

컴포넌트 이름의 첫 글자를 대문자로 작성하지 않아도 에러가 발생하지는 않습니다. 그러나 정상적인 리액트 컴포넌트로 인식하지 않기 때문에 의도치 않은 결과가 나타날 수 있으며, 리액트가 제공하는 여러 유용한 기능도 사용할 수 없습니다.

컴포넌트를 페이지에 렌더링하기

Header 컴포넌트를 페이지에 렌더링하려면 App에서 이 컴포넌트를 자식 요소로 배치해야 합니다. App 컴포넌트를 다음과 같이 수정합니다.

CODE file : src/App.js

```
import "./App.css";

const Header = () => {
  (...)
};

function App() {
  return (
    <div className="App">
      <Header /> ①
    </div>
  );
}
export default App;
```

① App의 return 문에서 Header 컴포넌트를 마치 HTML처럼 태그로 감싸 작성합니다.

TIP
리액트 컴포넌트를 반환하는 HTML 태그는 닫는 태그를 반드시 표기해야 합니다. 이를 JSX의 닫힘 규칙이라고 합니다.

리액트는 다른 컴포넌트를 태그로 감싸 사용합니다. 이때 App처럼 다른 컴포넌트를 return 문 내부에 포함하는 컴포넌트를 '부모 컴포넌트'라고 합니다. 반대로 Header처럼 App의 return 문에 포함된 컴포넌트를 '자식 컴포넌트'라고 합니다. 이렇게 부모의 return 문에 자식을 포함하는 행위를 "자식 컴포넌트를 배치한다"라고 표현합니다.

Header를 App의 자식 컴포넌트로 배치했다면, 저장하고 페이지에서 어떤 변화가 있는지 확인합니다.

Header 컴포넌트를 페이지에 렌더링했습니다.

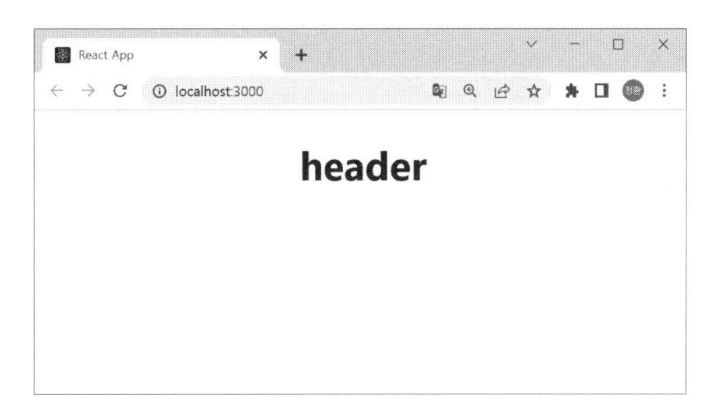

그림 5-2 자식인 Header 컴포넌트를 페이지에 표시

컴포넌트의 계층 구조

앞서 App에서 Header 컴포넌트를 자식으로 배치했더니 페이지에서 Header를 렌더링했습니다. 왜 그런 걸까요?

그 이유는 리액트가 컴포넌트를 페이지에 렌더링하는 과정을 되짚어 보면 쉽게 이해할 수 있습니다. 4장에서 Create React App으로 생성한 리액트 앱의 구성을 배우면서 index.js를 잠시 살펴본 적이 있습니다. index.js에서는 App 컴포넌트를 리액트의 루트 요소 아래에 배치해 렌더링한다고 하였습니다.

기억을 되살리는 의미에서 index.js 파일을 다시 클릭합니다.

CODE file: src/index.js

```
import React from "react";
import ReactDOM from "react-dom/client";
import "./index.css";
import App from "./App";

const root = ReactDOM.createRoot(document.getElementById("root"));
root.render(<App />); ①
```

① 리액트의 루트 요소 아래에 App 컴포넌트를 배치해 렌더링합니다.

index.js를 보면 페이지에 렌더링하는 컴포넌트는 App 하나뿐입니다. 따라서 새로운 컴포넌트를 페이지에 렌더링하려면 이 컴포넌트를 App의 자식으로 배치해야 합니다. 단지 컴포넌트를 생성한다고 해서 바로 페이지에 렌더링하지는 않습니다. 리액트에서 부모는 자식 컴포넌트의 모든 HTML을 함께 반환합니다. 예컨대 chapter5 앱이라면 App는 Header 컴포넌트의 HTML도 함께 반환합니다. 따라서 Header를 자식으로 배치한 App 컴포넌트의 예는 HTML로 작성한 다음 코드와 의미상으로 동일합니다.

CODE src/App.js

```
import "./App.css";

function App() {
  return (
    <div className="App">
      <header> ①
        <h1>header</h1>
      </header>
    </div>
  );
}
```

```
export default App;
```

① 자식 컴포넌트 Header의 반환값과 동일한 HTML 코드입니다.

리액트는 자식으로 배치한 컴포넌트를 부모와 함께 렌더링합니다. 만약 페이지에 렌더링할 컴포넌트가 [그림 5-3]과 같이 3개가 필요하다면, 각각을 컴포넌트로 만든 다음 App의 자식으로 배치해야 합니다.

리액트에서 컴포넌트를 페이지에 렌더링하려면, App의 자식으로 배치하거나 Header처럼 자식으로 이미 배치된 컴포넌트의 또 다른 자식으로 배치해야 합니다.

리액트 컴포넌트는 [그림 5-3]처럼 부모-자식 관계라는 계층 구조를 형성합니다. 컴포넌트의 계층 구조를 다른 말로 '컴포넌트 트리'라고 합니다. 그리고 컴포넌트 트리에서 App는 항상 최상위에 존재하므로 이를 '루트 컴포넌트'라고 부릅니다.

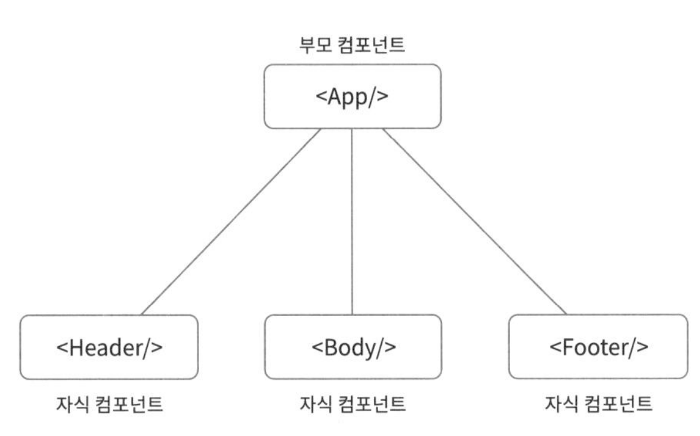

그림 5-3 부모 App에 3개의 자식 컴포넌트 Header, Body, Footer 배치하기

컴포넌트별로 파일 분리하기

리액트에서는 보통 하나의 파일에 하나의 컴포넌트를 만듭니다. 이유는 하나의 파일에 여러 컴포넌트를 만들면 코드의 가독성이 떨어지기 때문입니다.

이번에는 컴포넌트를 여러 파일로 나누고, App.js에서 불러와 App 컴포넌트의 자식으로 배치하겠습니다. 그 전에 컴포넌트 파일만을 따로 모아 보관할 폴더를 하나 만들겠습니다.

리액트 앱 chapter5의 src에 component라는 이름으로 폴더를 만듭니다. 계속해서 이 폴더에 Header 컴포넌트를 담당할 Header.js를 생성합니다.

Header.js에서 다음과 같이 컴포넌트를 작성하고 내보냅니다.

TIP
비주얼 스튜디오 코드의 폴더 생성은 새파일 아이콘 옆에 있는 새폴더 아이콘(📁)을 클릭하면 됩니다.

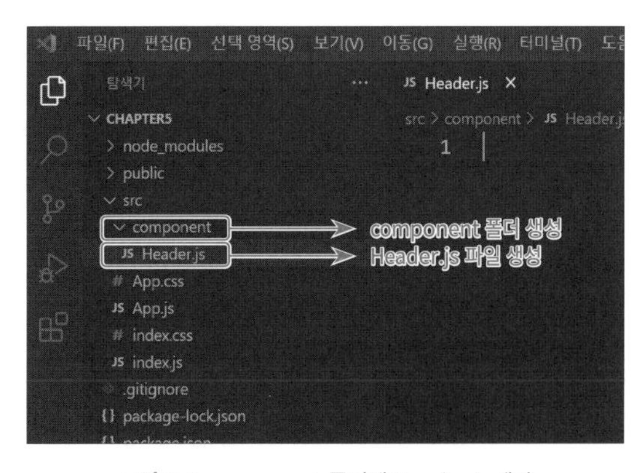

그림 5-4 component 폴더에 Header.js 생성

CODE file : src/component/Header.js

```
function Header() {
  return (
    <header>
      <h1>header</h1>
    </header>
  );
}
export default Header; ①
```

① Header 컴포넌트를 다른 파일에서 사용할 수 있도록 내보냅니다. 이때 원하는 이름으로 불러올 수 있도록 모듈의 기본값으로 내보냅니다.

TIP 모듈의 기본값으로 내보내는 방법은 150쪽을 참고하세요.

App.js에서 App 컴포넌트 바깥에 만들었던 Header 코드는 모두 삭제합니다.

CODE file : src/App.js

```
import "./App.css";

function App() {
  return (
    <div className="App">
      <Header />
    </div>
  );
}
export default App;
```

Header 컴포넌트를 삭제하고 저장하면 페이지에서 오류가 발생합니다. 이는 App 컴포넌트의 자식으로 배치한 Header를 찾을 수 없기 때문입니다.

오류가 발생한 이유는 Header 컴포넌트가 App.js에 선언되어 있지 않고, 다른 파일에서 불러오지도 않기 때문입니다. 리액트에서 선언되지 않은 컴포넌트를 사용할 때, "(컴포넌트 이름) is not defined"와 같은 오류가 발생합니다.

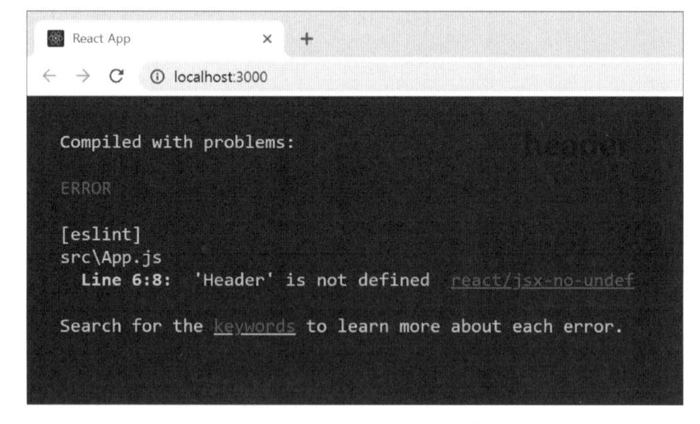

그림 5-5 Header 컴포넌트를 정의하지 않았다는 오류 메시지

오류 메시지에 당황할 필요 없습니다.

[그림 5-5]의 오류 메시지를 보면 오류가 발생한 파일 src/App.js에서 Header가 정의되지 않았다고 알려줍니다. 따라서 Header 컴포넌트를 선언했는지 또는 다른 파일에서 불러왔는지 확인

하면 금세 오류의 원인이 무엇인지 찾을 수 있습니다.

대다수 프로그래밍 언어나 도구들은 친절한 오류 메시지를 제공합니다. 따라서 오류가 발생하면 당황하지 말고 메시지를 천천히 읽으며 그 원인을 생각해 보세요. 해결의 실마리를 쉽게 찾을 수 있습니다.

오류를 해결하려면 App.js에서 Header 컴포넌트를 불러와야 합니다.

CODE file : src/App.js

```
import "./App.css";
import Header from "./component/Header"; ①

function App() {
  return (
    <div className="App">
      <Header />
    </div>
  );
}
export default App;
```

① Header.js에서 기본값으로 내보낸 Header 컴포넌트를 App.js로 불러옵니다. 이때 경로 './component/Header'의 '.'은 지금 작성하고 있는 파일(App.js)이 있는 위치를 나타낼 때 사용하는 표현입니다. Header.js는 component 폴더에 있으므로 현재 위치를 기준으로 경로를 표시해 불러와야 합니다.

파일을 저장하고 Header 컴포넌트를 잘 렌더링하는지 확인합니다.

결과를 보면 Header 컴포넌트를 잘 렌더링하고 있습니다.

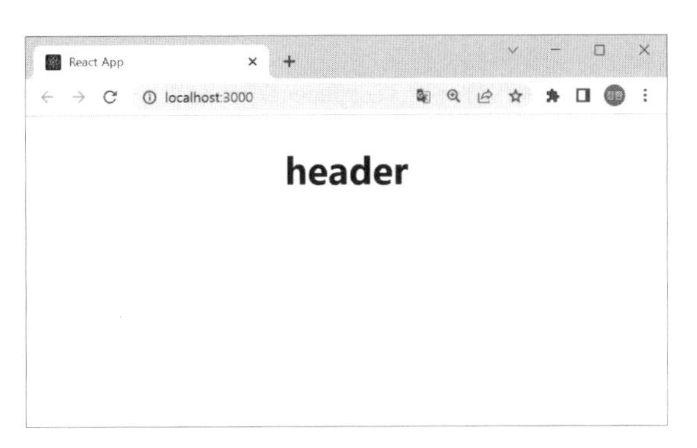

그림 5-6 Header.js에서 Header 컴포넌트를 불러와 렌더링한 페이지

다음으로 페이지의 몸통 역할을 수행할 Body와 페이지 정보를 표시할 Footer 컴포넌트를 만들겠습니다. component 폴더에 Body.js와 Footer.js를 각각 만들고 다음과 같이 코드를 작성합니다.

CODE file : src/component/Body.js

```
function Body() {
  return (
    <div>
      <h1>body</h1>
    </div>
  );
}
export default Body;
```

CODE file : src/component/Footer.js

```
function Footer() {
  return (
    <footer>
      <h1>footer</h1>
    </footer>
  );
}
export default Footer;
```

이제 component 폴더에는 Header.js, Body.js, Footer.js 3개의 파일이 존재해야 합니다.

Body와 Footer를 페이지에 렌더링하려면 App.js에서 두 컴포넌트를 불러와 App의 자식으로 배치해야 합니다. App.js를 다음과 같이 수정합니다.

CODE file: src/App.js

```
import "./App.css";
import Header from "./component/Header";
import Body from "./component/Body";
import Footer from "./component/Footer";

function App() {
  return (
    <div className="App">
      <Header />
      <Body />
      <Footer />
    </div>
  );
}
export default App;
```

파일을 저장하고 페이지에서 Header, Body, Footer 컴포넌트를 잘 렌더링하는지 확인합니다.

3개의 컴포넌트를 잘 렌더링하고 있습니다.

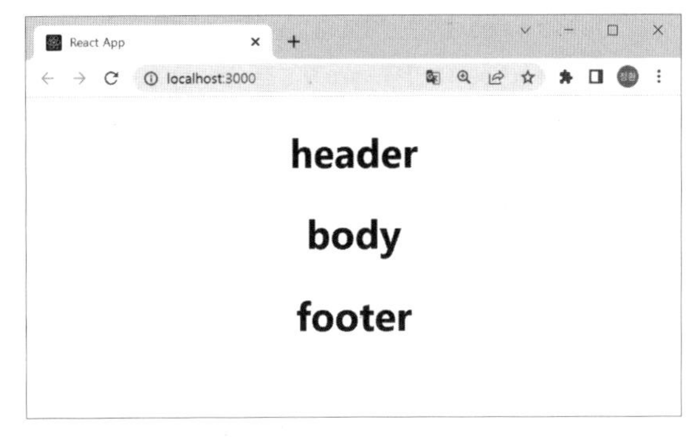

그림 5-7 Header, Body, Footer 컴포넌트를 페이지에서 렌더링하기

JSX

지금까지 리액트의 핵심이라고 할 수 있는 컴포넌트의 개념을 살펴보았고, 첫 번째 컴포넌트도 만들었습니다. 이번 절에서는 컴포넌트를 만들 때 사용하는 JSX 문법을 자세히 살펴보겠습니다.

JSX란?

리액트에서 컴포넌트는 자바스크립트 함수로 만드는데, 특이하게도 이 함수는 HTML 값을 반환합니다. 이렇듯 자바스크립트와 HTML 태그를 섞어 사용하는 문법을 JSX(자바스크립트 XML)라고 합니다. JSX는 자바스크립트의 확장 문법입니다.

JSX는 공식 자바스크립트 문법은 아닙니다. 그러나 JSX는 대다수 리액트 개발자가 사용하는 문법이며, 리액트 공식 문서의 예제로도 사용합니다. 심지어 리액트 개발팀 또한 JSX 문법의 사용을 적극 권장하고 있습니다.

JSX 문법을 이용하면 HTML 태그에서 자바스크립트의 표현식을 직접 사용할 수 있습니다. 비주얼 스튜디오 코드에서 component 폴더의 Body.js를 다음과 같이 수정합니다.

CODE　　file : src/component/Body.js

```
function Body() {
  const number = 1; ①
  return (
    <div>
      <h1>body</h1>
      <h2>{number}</h2> ②
    </div>
  );
}
export default Body;
```

① 상수 number를 선언하고 값 1을 저장합니다.

② 상수 number의 값을 <h2> 태그로 감싸 렌더링합니다. 이때 상수 number가 자바스크립트 표현식이라는 걸 표현하기 위해 중괄호({})를 사용합니다.

Body.js를 수정했다면 저장하고 페이지에서 상수 number 값을 잘 렌더링하는지 확인합니다.

상수 number에 저장한 값 1을 잘 렌더링하고 있습니다.

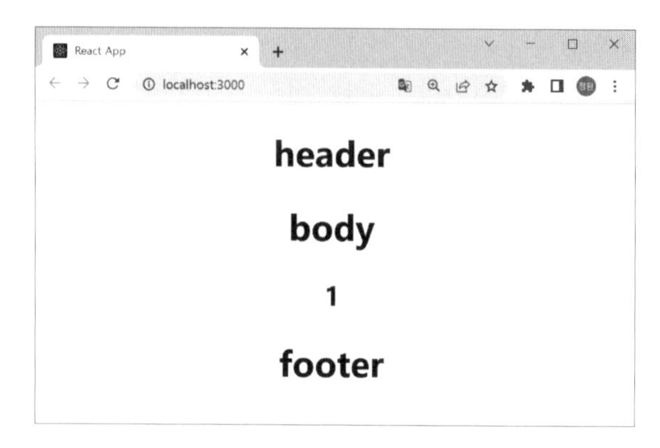

그림 5-8 변수 number를 페이지에 렌더링하기

JSX와 자바스크립트 표현식

표현식이란 값으로 평가되는 식입니다. 즉, `10 + 20` 같은 식은 결국 `30`으로 평가되기 때문에 표현식이라고 합니다. JSX는 자바스크립트 표현식을 HTML 태그와 함께 사용할 수 있어 가독성 있는 코드를 작성할 수 있습니다.

그럼 JSX에서 자주 사용하는 표현식을 하나씩 살펴보겠습니다.

산술 표현식

산술 표현식이란 숫자로 표현되는 식을 말합니다. component 폴더의 Body.js를 다음과 같이 수정합니다.

CODE file : src/component/Body.js

```
function Body() {
  const numA = 1;
  const numB = 2;
  return (
    <div>
      <h1>body</h1>
      <h2>{numA + numB}</h2> ①
    </div>
  );
}
export default Body;
```

① numA + numB는 두 변수를 더한 연산식입니다. 이 연산식은 숫자로 평가되는 산술 표현식이므로 JSX 문법과 함께 사용합니다.

결과를 확인하면 1 + 2를 계산한 값 3을 렌더링합니다.

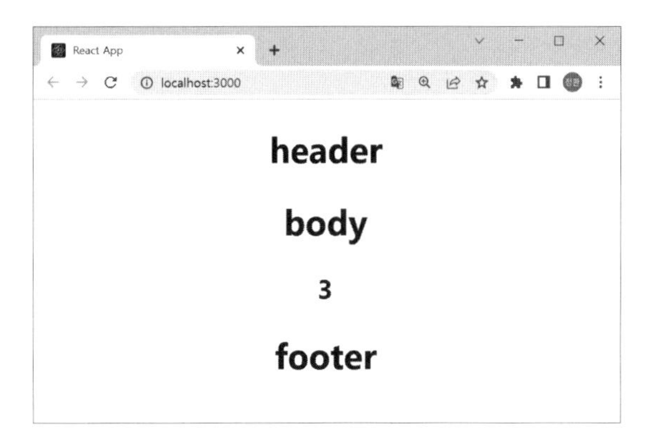

그림 5-9 산술 표현식 사용하기

문자열 표현식

문자열 표현식이란 문자열 또는 문자열로 평가되는 식을 말합니다. component 폴더의 Body.js를 다음과 같이 수정합니다.

CODE file : src/component/Body.js

```
function Body() {
  const strA = "안녕";
  const strB = "리액트";
  return (
    <div>
      <h1>body</h1>
      <h2>{strA + strB}</h2> ①
    </div>
  );
}
export default Body;
```

① strA + strB는 문자열과 문자열을 이어 붙입니다. 문자열을 반환하는 표현식이므로 JSX 문법과 함께 사용합니다.

결과를 확인하면 **안녕리액트**를 렌더링합니다.

그림 5-10 문자열 표현식 사용하기

논리 표현식

논리 표현식이란 참이나 거짓으로 평가되는 식입니다. component 폴더의 Body.js를 다음과 같이 수정합니다.

CODE file : src/component/Body.js

```
function Body() {
  const boolA = true;
  const boolB = false;
  return (
    <div>
      <h1>body</h1>
      <h2>{boolA || boolB}</h2> ①
    </div>
  );
}
export default Body;
```

① boolA || boolB는 참 또는 거짓인 불리언 값을 반환하는 표현식으로 JSX 문법과 함께 사용합니다.

결과를 확인하면 [그림 5-11]과 같습니다.

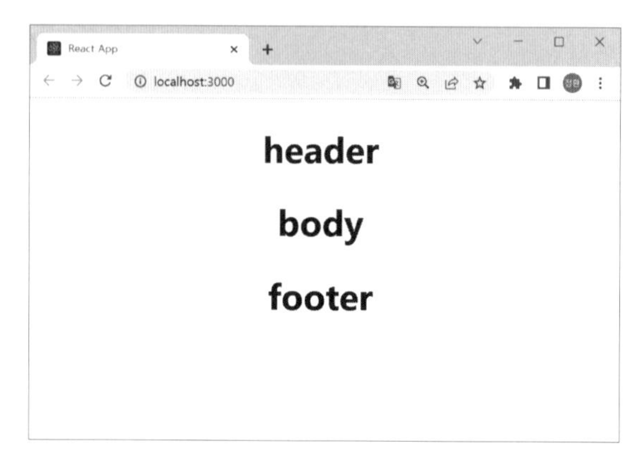

그림 5-11 논리 표현식 사용하기

아무런 결과도 렌더링하지 않았지만 오류는 아닙니다. 논리 표현식의 결과인 불리언 값은 숫자나 문자열과 달리 페이지에 렌더링되지 않습니다. 만일 불리언 값을 페이지에 렌더링하고 싶다면, 다음과 같이 형 변환 함수를 이용해 문자열로 바꿔 주어야 합니다.

TIP
문자열 형 변환 함수에 대해 다시 살펴보려면 1장 25쪽을 참고하세요.

CODE file : src/component/Body.js

```
function Body() {
  const boolA = true;
  const boolB = false;
  return (
    <div>
      <h1>body</h1>
      <h2>{String(boolA || boolB)}</h2> ①
    </div>
  );
}
export default Body;
```

① String()은 숫자나 불리언 값을 문자열로 변환하는 형 변환 함수로, 자바스크립트에서 기본으로 제공합니다.

결과를 확인하면 문자열 true를 렌더링합니다.

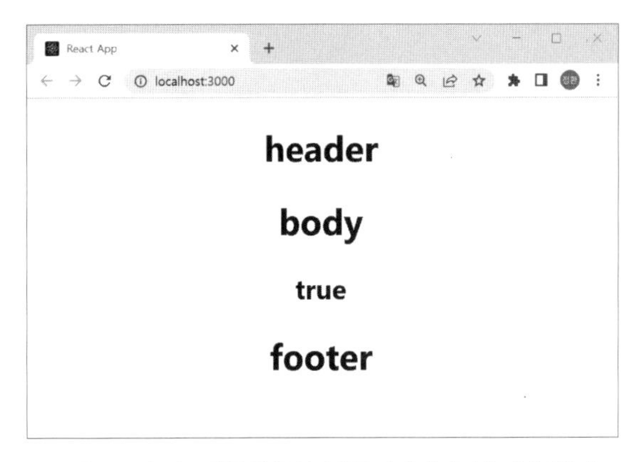

그림 5-12 논리 표현식 값을 문자열로 바꿔 페이지에 렌더링하기

사용할 수 없는 값

JSX는 값을 반환하는 자바스크립트 표현식을 사용할 수 있습니다. 그러나 모든 값을 사용할 수 있는 것은 아닙니다. 원시 자료형에 해당하는 숫자, 문자열, 불리언, null, undefined를 제외한 값을 사용하면 오류가 발생합니다.

Body 컴포넌트에서 객체 자료형을 JSX 문법으로 사용해 보겠습니다. component 폴더의 Body.js를 다음과 같이 수정합니다.

CODE file : src/component/Body.js

```
function Body() {
  const objA = {
    a: 1,
    b: 2,
  };

  return (
    <div>
      <h1>body</h1>
      <h2>{objA}</h2>
    </div>
  );
}
export default Body;
```

객체 자료형 값을 반환하는 표현식을 JSX 문법으로 작성한 다음, 저장하면 페이지에는 아무것도 나타나지 않습니다. 개발자 도구의 콘솔을 열어 보면 오류가 발생했다는 것을 알 수 있습니다.

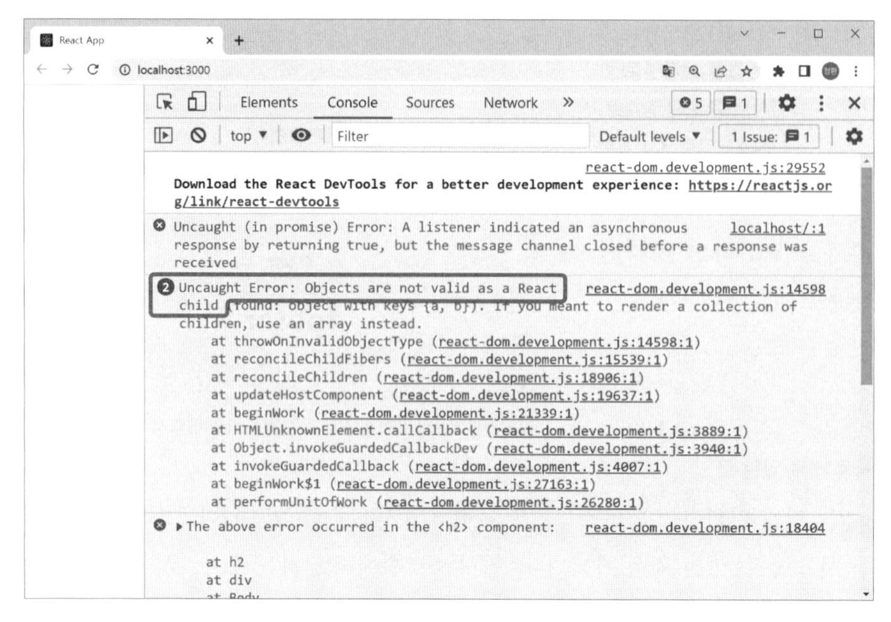

그림 5-13 JSX에서 객체 자료형 값을 지원하지 않아 오류 발생

콘솔의 내용을 살펴보면 "Object are not valid as a React Child"라는 메시지를 발견할 수 있는데, "객체는 리액트의 자식으로 유효하지 않다"라는 뜻입니다. 결론을 말하면 JSX에서는 객체 자료형을 지원하지 않습니다. 객체 자료형에 속하는 함수나 배열도 JSX 표현식으로 사용하면 오류가 발생합니다.

만약 객체 자료형의 값을 페이지에 렌더링하고 싶다면, 프로퍼티 접근 표기법으로 값을 원시 자료형으로 바꿔 주어야 합니다.

CODE　　file : src/component/Body.js

```
function Body() {
  const objA = {
    a: 1,
    b: 2,
  };
  return (
    <div>
      <h1>body</h1>
      <h2>a: {objA.a}</h2> ①
      <h2>b: {objA.b}</h2> ②
    </div>
  );
}
```

```
export default Body;
```

> ① 객체 objA의 a 프로퍼티 값 렌더링
> ② 객체 objA의 b 프로퍼티 값 렌더링

객체 objA의 프로퍼티 a, b의 값은 숫자이므로 objA.a와 objA.b는 산술 표현식입니다. 따라서 JSX 문법으로 사용할 수 있습니다.

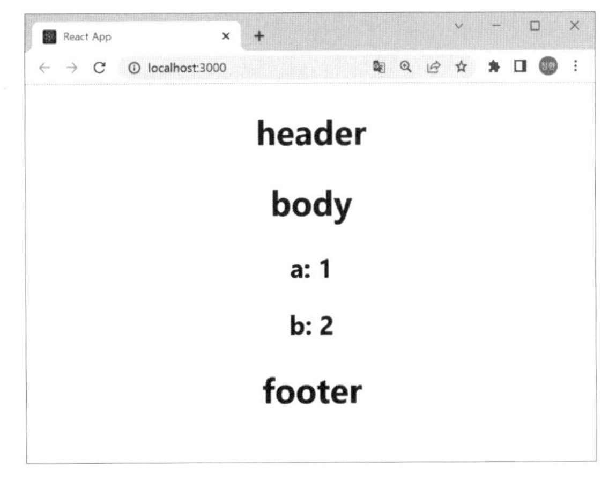

그림 5-14 객체의 프로퍼티 렌더링하기

JSX 문법에서 지켜야 할 것들

JSX를 사용해 리액트 컴포넌트를 생성할 때 반드시 지켜야 할 문법들이 있습니다. 이 문법 가운데 몇 가지 중요한 내용만을 살펴보겠습니다.

닫힘 규칙

닫힘 규칙은 아주 간단한 규칙입니다. 즉, JSX의 모든 태그는 여는 태그가 있으면 반드시 닫는 태그도 있어야 한다는 규칙입니다. 이 규칙이 어떤 것인지 알아보기 위해 의도적으로 위반해 보겠습니다. 처음 보는 규칙을 익힐 때 좋은 방법의 하나는 그것을 위반해 보는 겁니다.

component 폴더에서 Body.js를 다음과 같이 수정합니다.

CODE　　file : src/component/Body.js

```
function Body() {
  return (
    <div>
      <h1>body ①
    </div>
  );
}
export default Body;
```

① <h1>은 여는 태그는 있지만 닫는 태그가 없습니다. 따라서 JSX의 닫힘 규칙을 위반했기 때문에 오류가 발생합니다.

JSX 문법 오류가 발생하면 비주얼 스튜디오 코드에서는 붉은 밑줄로 오류가 있다고 표시합니다. 많이 사용하는 HTML 태그 중 <img>, <input>은 닫힘 태그 없이도 사용할 수 있는데, JSX에서는 이를 허용하지 않습니다. JSX에서 이 태그를 사용하려면 <img />, <input />과 같이 닫힘 태그를 반드시 병기해야 합니다.

최상위 태그 규칙

JSX가 반환하는 모든 태그는 반드시 최상위 태그로 감싸야 합니다. Body 컴포넌트를 다음과 같이 수정합니다.

CODE file : src/component/Body.js

```
function Body() {
  return (
    <div>div 1</div>
    <div>div 2</div>
  );
}
export default Body;
```

이 코드를 실행하면 Body 컴포넌트의 return 문 안에 최상위 태그가 존재하지 않아 오류가 발생합니다.

HTML 태그를 최상위 태그로 사용하지 않으려면, 다음과 같이 <React.Fragment> 태그를 사용하면 됩니다.

CODE file : src/component/Body.js

```
import React from "react"; ①

function Body() {
  return (
    <React.Fragment>
      <div>div 1</div>
      <div>div 2</div>
    </React.Fragment>
  );
}
export default Body;
```

① <React.Fragment> 태그는 리액트가 제공하는 기능이면서 컴포넌트입니다. 따라서 Body.js에서 이 객체를 react 라이브러리에서 불러와야 합니다.

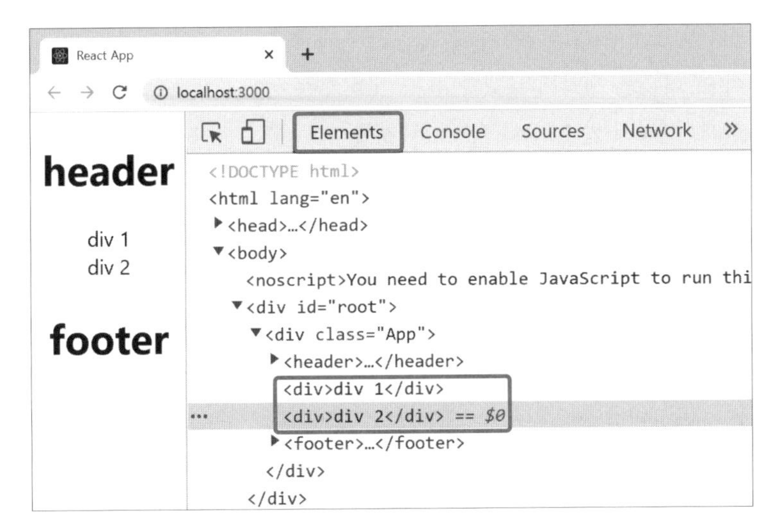

그림 5-15 최상위 태그 규칙과 <React.Fragment>

<React.Fragment>로 다른 태그를 감싸면 최상위 태그를 대체하는 효과가 있습니다. 단 페이지에서 <React.Fragment> 태그는 렌더링되지 않습니다.

변경한 파일을 저장하고 개발자 도구의 [Element] 탭을 클릭합니다.

<React.Fragment>는 보이지 않고 두 개의 <div> 태그만 렌더링하는 것을 확인할 수 있습니다.

여기서 잠깐

개발자 도구의 [Elements] 탭은 현재 페이지에 나타나는 요소들을 보여줍니다. [Elements] 탭을 살펴보면 페이지 요소가 어떤 요소의 자식인지, 어디에 위치했는지 등을 확인할 수 있습니다. 원하는 요소를 [Elements] 탭에서 쉽게 찾는 방법이 있습니다. 웹 페이지에서 마우스 포인터를 찾으려는 요소 위에 두고 오른쪽 마우스 버튼을 클릭한 다음, 단축 메뉴에서 [검사]를 클릭하면 자동으로 해당 요소를 [Elements] 탭에서 찾아 보여줍니다.

<React.Fragment> 대신 빈 태그 '<></>'를 사용할 수도 있습니다.

CODE file : src/component/Body.js

```
function Body() {
  return (
    <>
      <div>div 1</div>
      <div>div 2</div>
    </>
  );
}
export default Body;
```

<React.Fragment> 대신에 빈 태그 <></>를 작성했습니다. 그러면 빈 태그가 최상위 태그 역할을 수행합니다.

조건부 렌더링

리액트 컴포넌트가 조건식의 결과에 따라 각기 다른 값을 페이지에 렌더링하는 것을 조건부 렌더링이라고 합니다. 그렇다면 조건부 렌더링은 주로 어떤 경우에 사용하는 걸까요? 페이스북 게시물의 '좋아요' 버튼을 생각해 보겠습니다. 이 버튼은 사용자가 이미 '좋아요'를 눌렀다면 파란색, 그렇지 않으면 회색으로 표시합니다. 조건에 따라 페이지 요소의 모습이나 종류를 다르게 표시하고 싶을 때 조건부 렌더링을 사용합니다.

삼항 연산자를 활용한 조건부 렌더링

삼항 연산자를 활용하는 JSX 문법으로 조건부 렌더링을 구현할 수 있습니다. component 폴더의 Body.js를 다음과 같이 수정합니다.

TIP 삼항 연산자에 대해서는 35~36쪽을 참고하세요.

CODE file : src/component/Body.js

```
import React from "react";

function Body() {
  const num = 19;
  return (
    <>
      <h2>
        {num}은(는) {num % 2 === 0 ? "짝수" : "홀수"}입니다. ①
      </h2>
    </>
  );
}
export default Body;
```

① 삼항 연산자를 이용해 변수 num의 값이 2로 나누어 떨어지면 짝수, 그렇지 않으면 홀수를 반환합니다.

저장하고 결과를 확인합니다.

if 조건문은 표현식에 해당하지 않기 때문에 JSX와 함께 사용할 수 없지만, 표현식인 삼항 연산자를 이용하면 조건에 따라 다른 값을 렌더링할 수 있습니다. 변수 num의 값을 바꾸면서 렌더링 결과가 어떻게 달라지는지 확인하길 바랍니다.

그림 5-16 삼항 연산자를 이용한 조건부 렌더링

조건문을 이용한 조건부 렌더링

조건문은 자바스크립트의 표현식이 아니기 때문에 JSX와 함께 사용할 수 없지만, 다음과 같이 조건에 따라 컴포넌트가 반환하는 값을 다르게 표시하도록 만들 수 있습니다.

Body 컴포넌트를 다음과 같이 수정합니다.

CODE file : src/component/Body.js

```
import React from "react";

function Body() {
  const num = 200;

  if (num % 2 === 0) {
    return <div>{num}은(는) 짝수입니다</div>;
  } else {
    return <div>{num}은(는) 홀수입니다</div>;
  }
}
export default Body;
```

저장하고 페이지에서 결과를 확인합니다.

React App
localhost:3000
header
200은(는) 짝수입니다
footer

그림 5-17 조건문을 이용한 조건부 렌더링

삼항 연산자를 이용하는 방법과 조건문을 이용하는 방법은 각기 장단점이 있습니다. 삼항 연산자는 코드가 매우 간결하지만, 자주 사용할 경우 가독성을 해칠 우려가 있습니다. 그리고 삼항 연산자는 다중 조건을 작성하기 힘듭니다. 반면 조건문은 가독성은 좋으나 기본적으로 작성해야 할 코드가 많고 중복 코드가 발생할 우려도 있습니다. 따라서 여러분이 처한 상황에 맞게 적절히 선택해 사용하면 좋습니다.

JSX 스타일링

이번에는 JSX로 리액트 컴포넌트를 스타일링하는 방법을 살펴보겠습니다. 스타일링이란 CSS와 같은 스타일 규칙을 이용해 요소의 크기, 색상 등을 결정하는 일입니다.

인라인 스타일링

인라인 스타일링이란 JSX 문법 중 하나로 HTML의 `style` 속성을 이용해 직접 스타일을 정의하는 방법입니다.

component 폴더의 Body.js를 다음과 같이 작성합니다.

CODE file : src/component/Body.js

```
function Body() {
  return (
    <div style={{ backgroundColor: "red", color: "blue" }}> ①
      <h1>body</h1>
    </div>
  );
}
export default Body;
```

① JSX의 인라인 스타일링은 style={{스타일 규칙들}}과 같은 문법으로 작성합니다. 문자열로 작성하는 HTML의 인라인 스타일링과는 달리, JSX의 인라인 스타일링은 객체를 생성한 다음 각각의 스타일을 프로퍼티 형식으로 작성합니다. 또한 리액트의 JSX는 background-color처럼 CSS에서 속성을 표시할 때 사용하는 스네이크 케이스 표기법 대신 backgroundColor와 같이 카멜 표기법으로 작성해야 합니다.

TIP
표기법과 관련해서는 17~18쪽을 참고하세요.

스타일링을 잘 반영했는지 페이지에서 결과를 확인합니다.

인라인 스타일링은 하나의 파일 안에서 UI 표현을 위한 HTML과 스타일을 위한 CSS 규칙을 함께 작성할 수 있다는 장점이 있습니다. 그러나 페이지가 스타일을 계산할 때 불필요한 연산을 수행할 가능성이 있고, 스타일 규칙이 많으면 코드가 복잡해져 가독성이 떨어집니다.

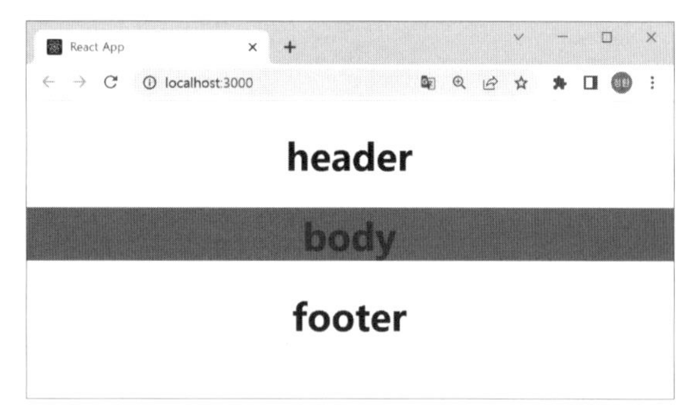

그림 5-18 JSX의 인라인 스타일링 페이지

스타일 파일 분리

HTML에서는 스타일을 정의한 CSS 파일을 따로 작성한 다음, `<link rel='stylesheet' href='css 파일 경로'>` 형식으로 불러와 사용합니다. 리액트의 JSX도 마찬가지로 별도의 CSS 스타일 파일을 만들고 이를 불러와 스타일을 적용할 수 있습니다.

Body 컴포넌트에 스타일 규칙을 적용할 파일 Body.css를 component 폴더에 만들고 다음과 같이 작성합니다.

CODE file : src/component/Body.css

```
.body {
  background-color: green;
  color: blue;
}
```

Body.js에서 className이 body인 요소의 배경색을 초록색으로, 글자 색은 파란색으로 지정하는 스타일 규칙을 Body.css에 작성했습니다.

다음에는 Body.css에 작성한 스타일 규칙을 컴포넌트에 적용하기 위해 Body.js를 다음과 같이 수정합니다.

CODE file : src/component/Body.js

```
import "./Body.css"; ①

function Body() {
  return (
    <div className="body"> ②
      <h1>body</h1>
    </div>
  );
}
export default Body;
```

① CSS 파일은 import 문으로 경로만 명시하면 불러올 수 있습니다.

② JSX에서는 HTML 문법과는 달리 요소의 이름을 지정할 때 class 선택자가 아닌 className을 사용합니다. class가 자바스크립트의 예약어이기 때문입니다.

스타일이 잘 반영되었는지 페이지에서 결과를 확인합니다.

배경은 초록색, 글자 색은 파란색인 문자열 body를 페이지에 렌더링합니다.

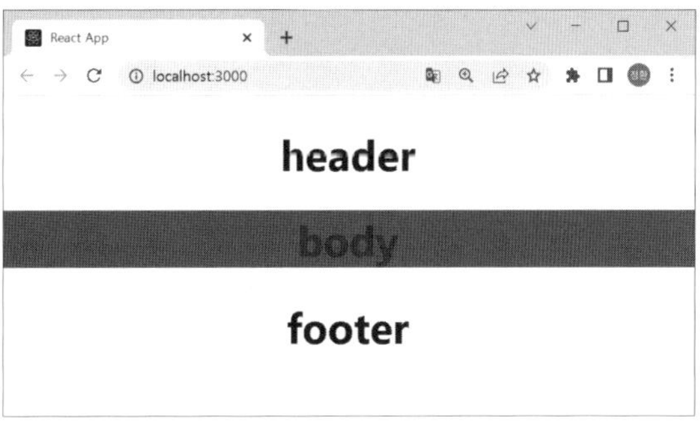

그림 5-19 JSX에서 CSS 파일 스타일 적용하기

컴포넌트에 값 전달하기

리액트 앱을 만들다 보면 컴포넌트가 다른 컴포넌트에 값을 전달해야 하는 상황이 생깁니다. 이번 절에서는 컴포넌트 간에 값을 주고받는 방법을 알아보겠습니다.

Props란?

리액트에서는 부모가 자식 컴포넌트에 단일 객체 형태로 값을 전달할 수 있습니다. 이 객체를 리액트에서는 Props(Properties)라고 합니다. Props는 Properties의 줄임

말로 속성이라는 뜻입니다.

Props 객체가 왜 이런 이름을 갖게 되었는지 이해하려면, 컴포넌트가 어떤 상황에서 자식에게 값을 전달하는지 알아야 합니다. 물론 Props라는 이름이 왜 붙었는지 몰라도 이 책의 실습 내용을 진행하는 데 문제는 없습니다. 따라서 만약 아래의 내용이 잘 이해되지 않는다면, 잠시 건너뛴 다음 실습을 마치고 다시 살펴볼 것을 권합니다.

리액트에서는 보통 재사용하려는 요소를 컴포넌트로 만듭니다. 예를 들어 게시판 페이지를 리액트로 만든다고 가정해 봅시다. 사용자가 게시판에서 작성한 글은 게시물 리스트에서 하나의 항목으로 표시됩니다. 그런데 이 리스트에 존재하는 여러 게시물 항목은 내용은 각각 다르지만, 모두 동일한 구조입니다. 리액트에서는 내용은 다르지만 구조가 같은 요소를 주로 컴포넌트로 만듭니다. 여러 게시물 리스트를 페이지에 표시할 때는 이 컴포넌트를 반복해 렌더링하고, 게시물 각각의 내용은 Props로 전달합니다.

이해를 좀 더 돕기 위해 이 책의 최종 프로젝트인 [감정 일기장] 앱을 예로 들어보겠습니다. 다음은 사용자가 작성한 일기를 리스트 형태로 보여주는 페이지입니다.

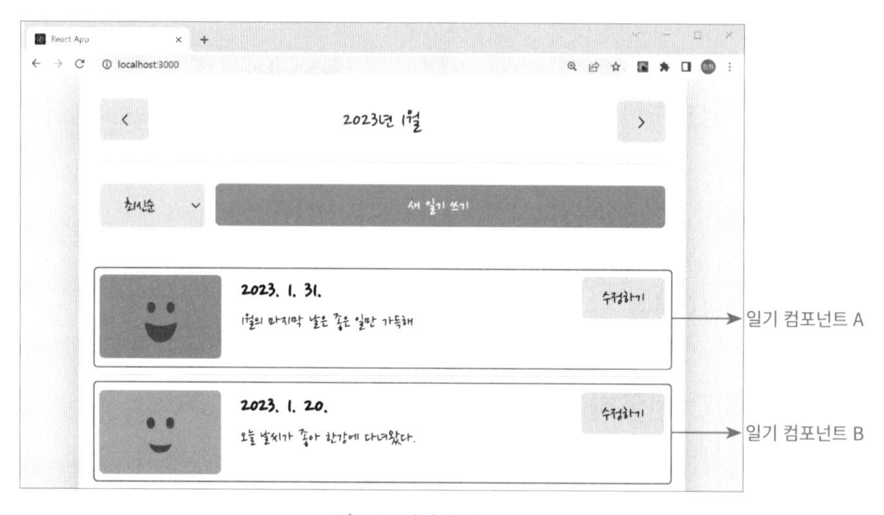

그림 5-20 감정 일기장 프로젝트

[그림 5-20]의 감정 일기장은 일기 리스트를 보여주는데, 각각의 일기 항목은 컴포넌트로 구성되어 있습니다. 이 각각의 컴포넌트를 일기 컴포넌트라고 하겠습니다. 현재 감정 일기장에는 일기 컴포넌트가 2개 있는 셈입니다.

2개의 일기 컴포넌트는 요소의 크기나 배열 등은 모두 같지만, 일기 내용, 작성일자, 감정 상태를 표현하는 이미지는 각각 다릅니다. 이렇듯 리액트에서는 컴포넌트의 공통 기능이 아닌 세부 기능을 표현할 때 Props를 사용합니다.

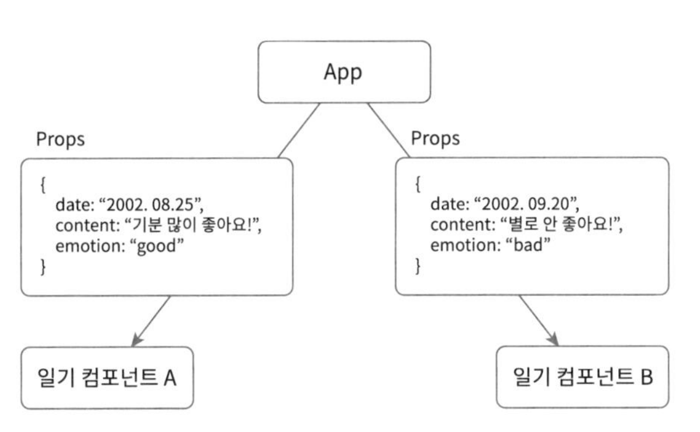

그림 5-21 일기 항목의 세부 내용을 Props로 전달

[그림 5-21]과 같이 App가 Props로 작성일, 일기 내용, 감정 상태를 전달하면, 일기 컴포넌트는 전달된 Props를 토대로 일기 리스트를 페이지에 렌더링합니다.

리액트의 컴포넌트와 Props를 샌드위치 제조에 비유한다면 샌드위치의 겉을 둘러싸고 있는 빵은 컴포넌트이고 샌드위치의 속은 Props와 같습니다. 다 똑같은 샌드위치지만 Props로 햄을 전달하면 햄샌드위치가 되고, 야채를 넣으면 야채 샌드위치가 되는 원리와 흡사합니다.

보통 리액트에서 컴포넌트에 값을 전달하는 경우는 세부 사항들, 즉 컴포넌트의 속성을 지정하는 경우가 대부분입니다. 따라서 컴포넌트에 값을 전달하는 속성들이라는 점에서 Properties라고 부르며, 이를 간단히 줄여 Props라고 합니다.

Props로 값 전달하기

그럼 컴포넌트에 Props를 전달하겠습니다. Body 컴포넌트에 있는 변수 name을 Props로 전달합니다.

여기서 한 가지 주의할 사항이 있습니다. Props는 부모만이 자식 컴포넌트에 전달할 수 있습니다. 그 역은 성립하지 않습니다. 따라서 Body 컴포넌트에 Props를 전달하려면 부모인 App 컴포넌트에서 전달해야 합니다.

Props로 하나의 값 전달하기

App.js를 다음과 같이 수정합니다.

CODE file : src/App.js

```
(...)

function App() {
```

```
  const name = "이정환";
  return (
    <div className="App">
      <Header />
      <Body name={name} /> ①
      <Footer />
    </div>
  );
}
export default App;
```

① Props를 전달하려는 자식 컴포넌트 태그에서 이름={값} 형식으로 작성하면 됩니다.

전달하는 Props는 단일 객체입니다. 따라서 객체 Props에는 `name` 프로퍼티가 추가됩니다. 이 과정을 그림으로 표현하면 [그림 5-22]와 같습니다.

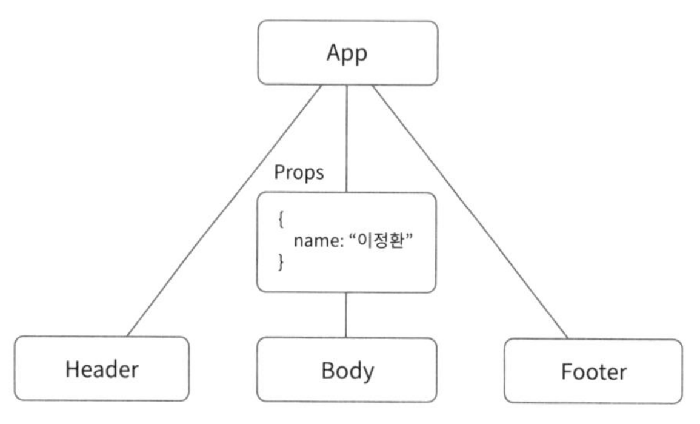

그림 5-22 App 컴포넌트가 Body에 Props 전달

이번에는 `App`에서 전달한 Props를 `Body` 컴포넌트에서 사용하겠습니다. Body.js에서 기존 내용을 모두 지우고 다음과 같이 작성합니다.

CODE file : src/component/Body.js

```
function Body(props) {                                  ①
  console.log(props);                                   ②
  return <div className="body">{props.name}</div>;③
}
export default Body;
```

① 부모 컴포넌트에서 전달된 객체 Props는 함수의 매개변수 형태로 저장됩니다. 이 코드에서는 props라는 이름의 매개변수에 저장됩니다.

② 매개변수 props의 값을 확인하기 위해 개발자 도구의 콘솔에 출력합니다.

③ 객체 props의 name 프로퍼티 값을 렌더링합니다.

전달된 Props에 어떤 값이 들어 있는지 콘솔에서 확인합니다. 그리고 `props.name` 값을 페이지에서 잘 렌더링하는지도 확인합니다.

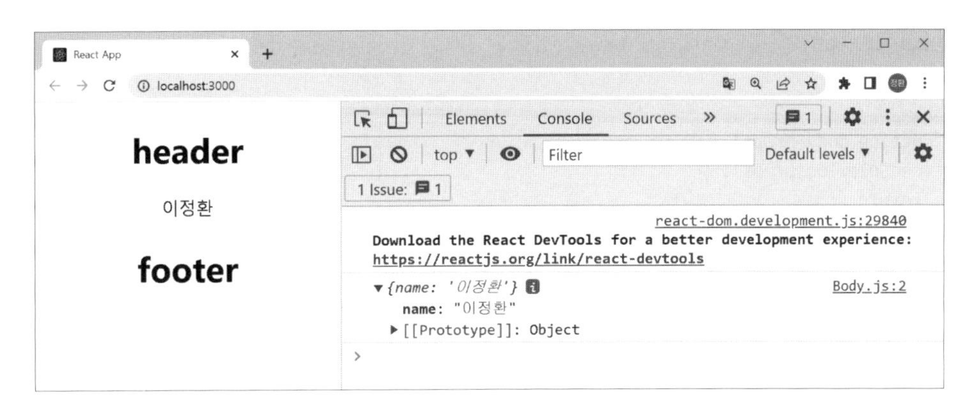

그림 5-23 Props 사용하기

> **TIP**
> 개발자 도구의 콘솔에 나오는 Object 요소 왼쪽에 있는 삼각형(▶) 표시를 클릭하면 해당 객체의 name 값을 확인할 수 있습니다.

개발자 도구의 콘솔을 확인하면 App 컴포넌트에서 전달된 Props 값(name: "이정환")이 출력됩니다. 그리고 페이지에서도 props.name의 값 **이정환**을 잘 렌더링하고 있습니다.

Props로 여러 개의 값 전달하기

이번에는 App에서 Body 컴포넌트에 객체 Props로 여러 개의 값을 담아 전달하겠습니다. 먼저 App 컴포넌트를 다음과 같이 수정합니다.

CODE file : src/App.js

```
(...)

function App() {
  const name = "이정환";
  return (
    <div className="App">
      <Header />
      <Body name={name} location={"부천시"} /> ①
      <Footer />
    </div>
  );
}
export default App;
```

① App에서 Body 컴포넌트에 Props로 2개의 값 name, location을 전달합니다. 변수를 미리 선언하지 않아도 location={"부천시"}처럼 객체 Props에 프로퍼티를 추가해 전달할 수 있습니다.

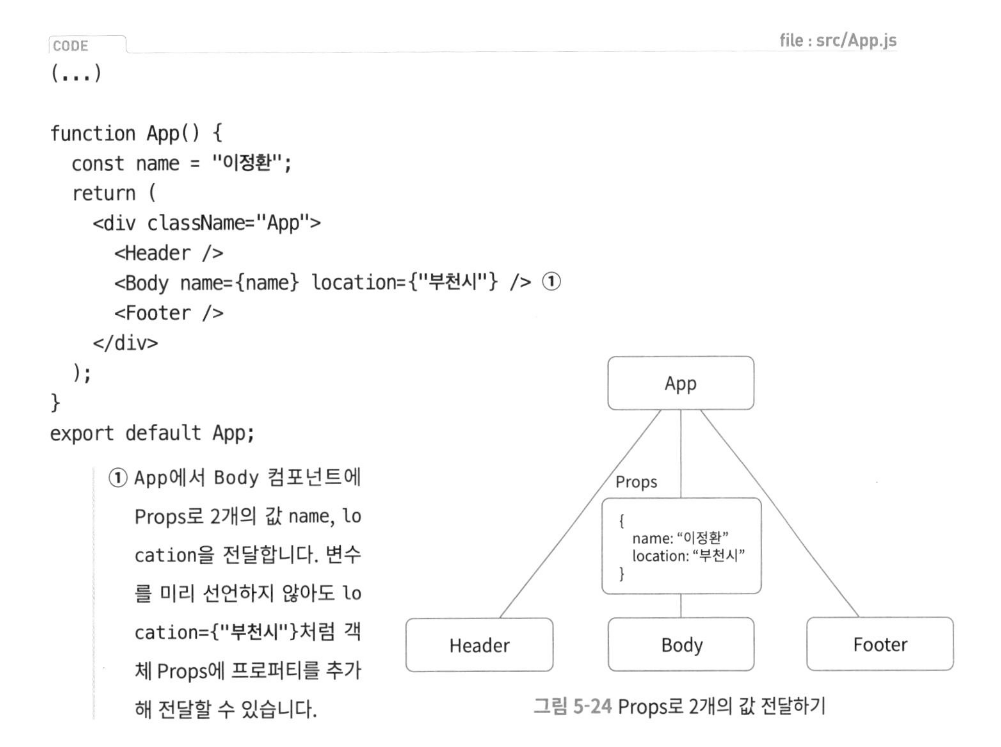

그림 5-24 Props로 2개의 값 전달하기

이번에는 Body 컴포넌트에서 Props로 전달된 2개의 값을 사용하겠습니다.

CODE file : src/component/Body.js

```
function Body(props) {
  console.log(props); ①
  return (
    <div className="body">
      {props.name}은 {props.location}에 거주합니다 ②
    </div>
  );
}
export default Body;
```

① 전달된 Props를 개발자 도구의 콘솔에 출력합니다.

② Props로 전달된 name과 location을 페이지에 렌더링합니다.

Props가 제대로 전달되었는지 콘솔과 페이지에서 확인합니다.

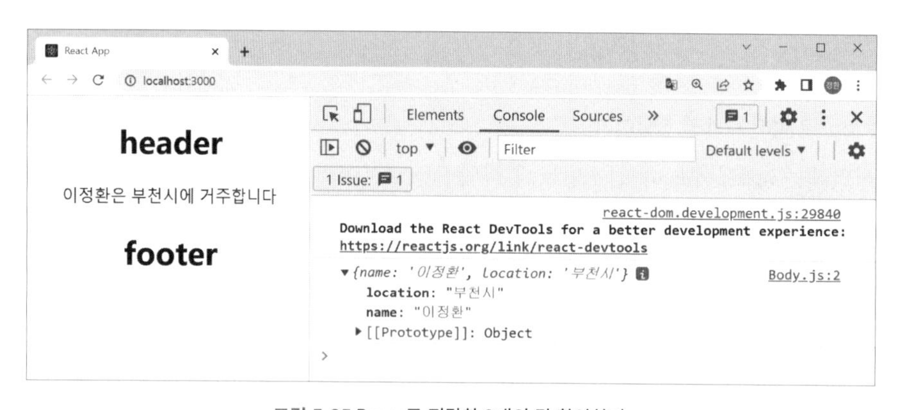

그림 5-25 Props로 전달한 2개의 값 확인하기

구조 분해 할당으로 여러 개의 값 사용하기

Props로 전달된 값이 많으면, 이 값을 사용할 때마다 객체의 점 표기법을 사용해야 해서 여간 불편한 게 아닙니다. 그런데 Props는 객체이므로 구조 분해 할당하면 간편하게 사용할 수 있습니다.

> TIP
> 구조 분해 할당에 대해서는 89~90쪽을 참고하세요.

다음과 같이 Body 컴포넌트를 수정합니다.

CODE file : src/component/Body.js

```
function Body(props) {
  const { name, location } = props;  ①
  console.log(name, location);       ②
  return (
    <div className="body">
      {name}은 {location}에 거주합니다   ③
```

```
    </div>
  );
}
export default Body;
```

① 매개변수 props에 있는 name, location 프로퍼티를 구조 분해 할당하여 같은 이름의 상수에 저장합니다.

② name과 location의 값을 개발자 도구의 콘솔에 출력합니다.

③ props.name, props.location 대신 구조 분해 할당한 name, location 값을 페이지에 렌더링합니다.

저장하고 결과를 콘솔과 페이지에서 확인합니다.

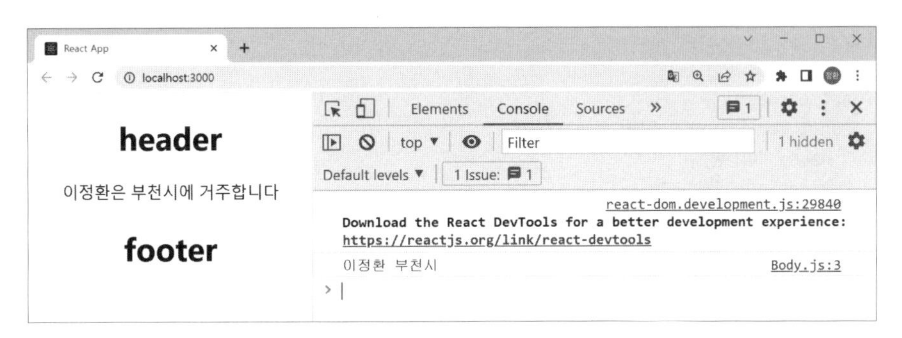

그림 5-26 구조 분해 할당한 값 사용하기

콘솔의 결과를 보면 결괏값은 구조 분해 할당했기에 객체가 아닌 상숫값임을 알 수 있습니다.

Body 컴포넌트의 매개변수에서 구조 분해 할당하면 더 간결한 코드를 작성할 수 있습니다.

CODE file : src/component/Body.js

```
function Body({name, location}) { ①
console.log(name, location);
  return (
    <div className="body">
      {name}은 {location}에 거주합니다
    </div>
  );
}
export default Body;
```

① 매개변수에 전달된 Props 객체를 구조 분해 할당합니다.

이 코드의 결과는 앞의 코드와 동일합니다. 두 가지 방식 모두 큰 차이점은 없으나 실무에서는 매개변수에 구조 분해 할당하는 방식이 더 간결한 코드를 작성할 수 있어 선호하는 편입니다.

스프레드 연산자로 여러 개의 값 쉽게 전달하기

반대로 부모 컴포넌트에서 Props로 전달할 값이 많으면, 값을 일일이 명시해야 하므로 불편할 뿐만 아니라 가독성도 떨어집니다. 이때 Props로 값을 하나의 객체로 만든 다음, 스프레드 연산자를 활용해 전달하면 훨씬 간결하게 코드를 작성할 수 있습니다.

TIP
스프레드 연산자는 91~92쪽을 참고하세요.

다음과 같이 App에서 Body 컴포넌트에 전달할 값을 객체로 만든 다음, 스프레드 연산자를 이용해 객체의 프로퍼티를 각각 Props 값으로 전달합니다.

CODE file : src/App.js

```
(...)

function App() {
  const BodyProps = { ①
    name: "이정환",
    location: "부천시",
  };

  return (
    <div className="App">
      <Header />
      <Body {...BodyProps} /> ②
      <Footer />
    </div>
  );
}
export default App;
```

① Body 컴포넌트에 Props로 전달할 값을 객체 BodyProps로 만듭니다.

② 스프레드 연산자로 객체 BodyProps 각각의 프로퍼티를 Props 값으로 전달합니다.

스프레드 연산자를 활용하면 객쳇값을 Props로 쉽게 전달할 수 있습니다. 저장하고 결과를 확인합니다.

그림 5-27 스프레드 연산자를 이용해 객쳇값 전달하기

기본값 설정하기

App에서 Body 컴포넌트에 전달할 값을 하나 더 늘리겠습니다. 다음과 같이 App 컴포넌트를 수정합니다.

CODE file: src/App.js

```
(...)

function App() {
  const BodyProps = {
    name: "이정환",
    location: "부천시",
    favorList: ["파스타", "빵", "떡볶이"], ①
  };

  return (
    <div className="App">
      <Header />
      <Body {...BodyProps} />
      <Footer />
    </div>
  );
}
export default App;
```

① 좋아하는 음식을 담은 배열 favorList를 객체 BodyProps에 추가합니다.

Body 컴포넌트에서 좋아하는 음식의 개수를 페이지에 렌더링하겠습니다. Props로 전달된 배열 favorList의 요소 개수를 출력하면 됩니다.

Body 컴포넌트를 다음과 같이 수정합니다.

CODE file : src/component/Body.js

```
function Body({ name, location, favorList }) { ①
  console.log(name, location, favorList);      ②
  return (
    <div className="body">
      {name}은 {location}에 거주합니다.
      <br />
      {favorList.length}개의 음식을 좋아합니다. ③
    </div>
  );
}
export default Body;
```

① Props에서 구조 분해 할당할 값에 배열 favorList를 추가합니다.

② favorList를 포함한 Props의 값을 콘솔에 출력합니다.

③ 배열 favorList에 포함된 요소의 개수를 출력합니다.

저장하고 콘솔과 페이지에서 결과를 확인하면 다음과 같습니다.

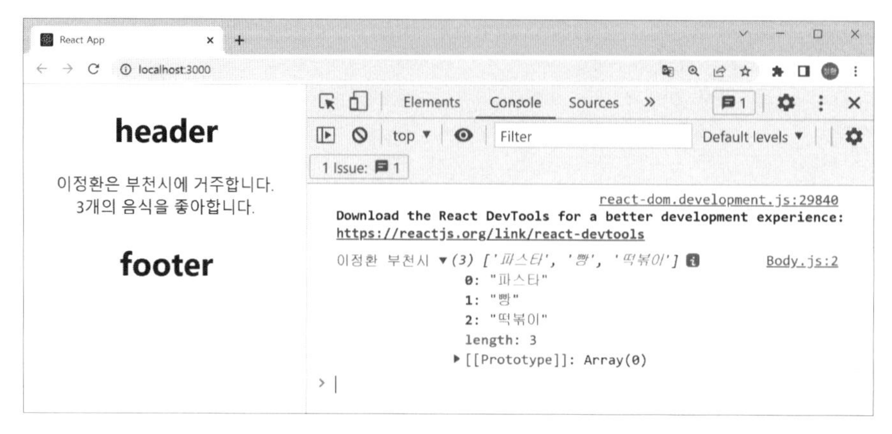

그림 5-28 Props에 배열 favorList 추가하기

그런데 실수로 App 컴포넌트에서 Props의 값 중 favorList를 전달하지 않으면 어떻게 될까요? 다음과 같이 App 컴포넌트를 수정하겠습니다.

CODE file : src/App.js

```
(...)

function App() {
  const BodyProps = {
    name: "이정환",
    location: "부천시",
    // favorList: ["파스타", "빵", "떡볶이"], ①
  };

  return (
    <div className="App">
      <Header />
      <Body {...BodyProps} />
      <Footer />
    </div>
  );
}
export default App;
```

① favorList를 실수로 전달하지 않았다는 상황을 가정하기 위해 주석 처리합니다.

저장하고 결과를 확인하면 [그림 5-29]와 같이 오류가 발생합니다.

App에서 실수로 favorList를 전달하지 않으면, Body 컴포넌트의 배열 favorList의 값은 undefined가 됩니다. Body 컴포넌트에서는 favorList를 배열로 예상하고,

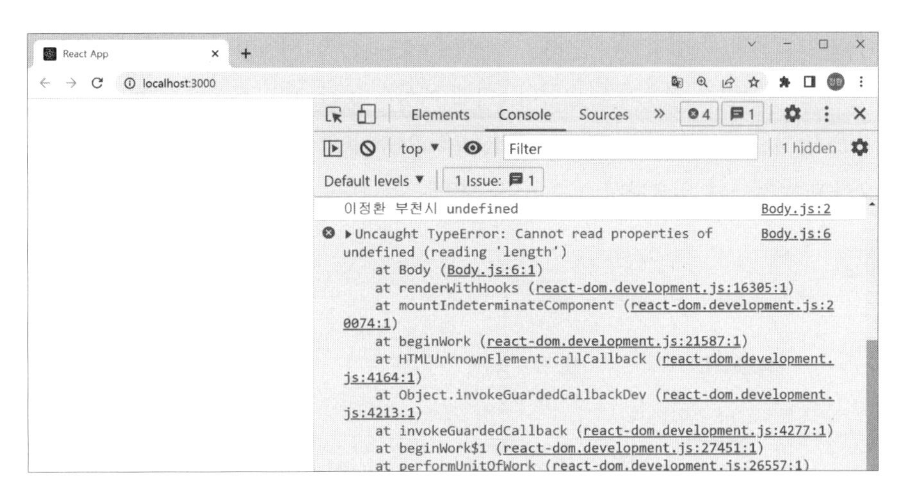

그림 5-29 favorList를 실수로 전달하지 않아 오류 발생

배열의 길이를 렌더링하기 위해 length 프로퍼티로 접근합니다. 따라서 undefined 프로퍼티를 읽을 수 없다라는 메시지와 함께 오류가 발생합니다.

이런 경우를 대비해 defaultProps를 사용합니다. defaultProps를 이용하면 컴포넌트가 받을 Props의 기본값을 미리 설정할 수 있기 때문에 오류를 미연에 방지할 수 있습니다.

Body 컴포넌트에서 다음과 같이 작성합니다.

CODE　　file : src/component/Body.js

```
function Body({ name, location, favorList }) {
  console.log(name, location, favorList);
  return (
    <div className="body">
      {name}은 {location}에 거주합니다.
      <br />
      {favorList.length}개의 음식을 좋아합니다
    </div>
  );
}

Body.defaultProps = { ①
  favorList: [],
};
export default Body;
```

① Body 컴포넌트가 받을 Props에서 favorList의 기본값을 빈 배열로 설정합니다.

저장하고 결과를 확인하면 App 컴포넌트에서 실수로 배열 favorList를 전달하지 않아도 오류가 발생하지 않습니다. Body 컴포넌트에서 favorList의 기본값을 빈

배열로 설정해 두었기 때문입니다. 실무에서는 백엔드 서버가 제공하는 데이터를 Props로 주고받는 경우가 많습니다. 이때 예상치 못한 서버 오류로 인해 정상적인 값을 받지 못하면 오류가 발생합니다. `defaultProps`를 이용하면 효율적으로 이런 오류를 방지할 수 있습니다

그림 5-30 defaultProps로 Props의 기본값 설정하기

Props로 컴포넌트 전달하기

지금까지 컴포넌트 간에 Props로 문자열이나 숫자 같은 자바스크립트 값을 전달해 보았습니다. 그런데 Props로는 자바스크립트 값뿐만 아니라 컴포넌트도 전달할 수 있습니다.

이번에는 `App`에서 `Body`로 컴포넌트를 하나 전달하겠습니다. App.js를 다음과 같이 수정합니다.

CODE file : src/App.js

```
(...)

function ChildComp() { ①
  return <div>child component</div>;
}

function App() {
  return (
    <div className="App">
      <Header />
      <Body>
        <ChildComp /> ②
      </Body>
      <Footer />
    </div>
  );
}
export default App;
```

① 새로운 컴포넌트 ChildComp를 만듭니다.

② ChildComp를 Body 컴포넌트의 자식 요소로 배치합니다.

Body 컴포넌트의 자식 요소로 ChildComp를 배치했습니다. 리액트에서는 자식 컴포넌트에 또 다른 컴포넌트를 배치하면, 배치된 컴포넌트는 자동으로 Props의 children 프로퍼티에 저장되어 전달됩니다.

children 프로퍼티에 저장된 자식 컴포넌트를 사용하겠습니다. Body 컴포넌트를 다음과 같이 수정합니다.

CODE file : src/component/Body.js

```
function Body({ children }) {                          ①
  console.log(children);                               ②
  return <div className="body">{children}</div>;  ③
}
export default Body;
```

① App에서 Body 컴포넌트의 자식으로 배치한 ChildComp는 children 프로퍼티로 전달되어 매개변수 children에 저장됩니다.

② children을 콘솔에 출력합니다.

③ children을 자바스크립트 표현식을 이용해 렌더링합니다.

Props의 children 프로퍼티로 전달되는 자식 컴포넌트는 값으로 취급하므로 JSX의 자바스크립트 표현식으로 사용할 수 있습니다. children에는 컴포넌트 ChildComp가 저장되어 있기 때문에 해당 컴포넌트를 렌더링합니다.

저장하고 결과를 콘솔과 페이지에서 확인합니다.

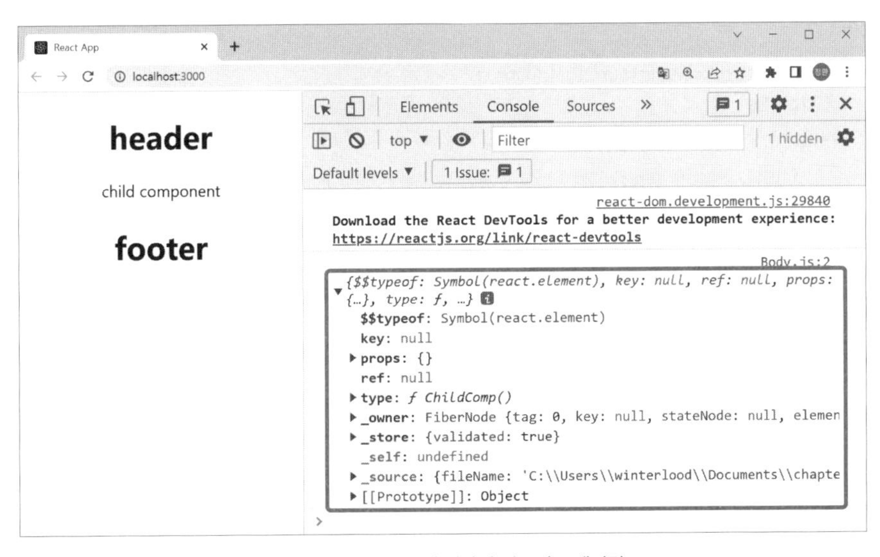

그림 5-31 children에 저장된 컴포넌트 렌더링

컴포넌트를 개발자 도구의 콘솔에서 출력하면 객체 형식의 값을 출력합니다. 앞서 JSX에서는 자바스크립트 표현식이 객체를 평가할 경우 오류가 발생한다고 했지만, 이 객체는 리액트 컴포넌트를 표현한 것이므로 오류가 발생하지 않습니다.

이벤트 처리하기

이벤트란 웹 페이지에서 일어나는 사용자의 행위입니다. 버튼 클릭, 페이지 스크롤, 새로고침 등이 이런 행위에 해당합니다. 따라서 사용자가 버튼을 클릭하면 버튼 클릭 이벤트, 텍스트를 입력하면 텍스트 변경 이벤트가 발생했다고 표현합니다. 이번 절에서는 리액트에서 어떻게 이벤트를 처리하는지 살펴보겠습니다.

이벤트 핸들링과 이벤트 핸들러

이벤트 핸들링은 이벤트가 발생하면 특정 코드가 동작하도록 만드는 작업입니다. 버튼을 클릭했을 때 경고 대화상자를 브라우저에 표시하는 동작이 이벤트 핸들링의 대표적인 예입니다.

다음은 리액트를 사용하지 않고 HTML과 자바스크립트만으로 이벤트를 핸들링하는 예입니다.

```
<script>
   function handleOnClick() {
      alert("button clicked!");
   }
</script>

<button onclick="handleOnClick()"> ①
   Click Me!
</button>
```

① 페이지의 버튼 요소를 클릭하는 이벤트가 발생하면, 함수 handleOnClick을 실행합니다.

이 코드는 페이지의 버튼을 클릭하는 이벤트가 발생하면, 함수 handleOnClick을 실행해 경고 대화상자를 페이지에 표시합니다. 이때 함수 handleOnClick을 이벤트를 처리하는 함수라는 의미에서 '이벤트 핸들러'라고 합니다.

리액트의 이벤트 핸들링

리액트에서는 어떻게 이벤트를 핸들링하는지 살펴보겠습니다. Body 컴포넌트에 버튼을 하나 만들고, 버튼을 클릭하는 이벤트가 발생하면 실행되는 이벤트 핸들러를 만들겠습니다.

Body 컴포넌트를 다음과 같이 수정합니다.

CODE file : src/component/Body.js

```
function Body() {
  function handleOnClick() { ①
    alert("버튼을 클릭하셨군요!");
  }
  return (
    <div className="body">
      <button onClick={handleOnClick}>클릭하세요</button> ②
    </div>
  );
}
export default Body;
```

> ① 함수 handleOnClick을 선언합니다. 이 함수는 이벤트 핸들러로서 버튼을 클릭하셨군요!라는 메시지를 담은 대화상자를 띄워 이벤트를 처리합니다.
>
> ② 버튼을 하나 생성합니다. 이 버튼을 클릭하면 클릭 이벤트를 처리하는 이벤트 핸들러 함수 handleOnClick을 호출합니다.

저장한 다음, 페이지에서 버튼을 클릭합니다.

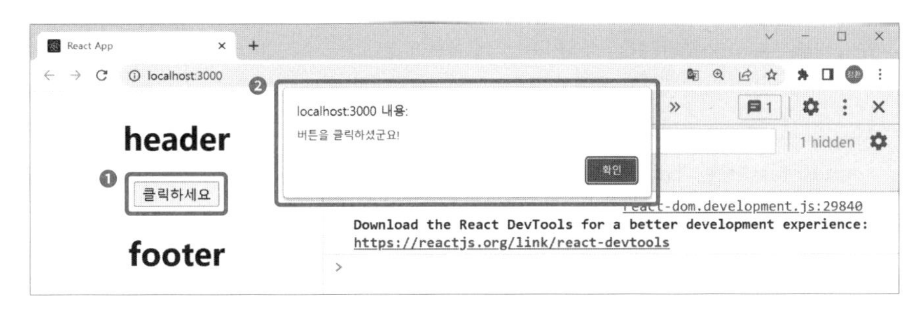

그림 5-32 리액트에서 버튼 클릭 이벤트 처리하기

버튼을 클릭하셨군요!라는 메시지를 보여주는 대화상자가 나타납니다.

리액트의 이벤트 핸들링은 HTML의 이벤트 핸들링과 흡사하지만, 차이점이 몇 가지 있습니다. 먼저 이벤트 핸들러 표기에서 HTML은 onclick이지만 리액트는 카멜 케이스 문법에 따라 onClick으로 표기합니다. 그리고 Props로 전달할 값을 지정할 때처럼 onClick={} 문법으로 이벤트 핸들러를 설정합니다. 또한 이벤트 핸들러를 설정할 때는 함수 호출의 결괏값을 전달하는 것이 아니라 콜백 함수처럼 함수 그 자체를 전달합니다.

```
// HTML, 자바스크립트를 사용할 때의 이벤트 핸들러 설정
<button onclick="handleOnClick()">
   Click Me!
</button>

// 리액트를 사용할 때의 이벤트 핸들러 설정
<button onClick={handleOnClick}>클릭하세요</button>
```

HTML, 자바스크립트에서는 이벤트 핸들러를 설정할 때 함수를 호출하듯 소괄호를 붙여 주었습니다. 그러나 리액트에서는 Props의 값을 설정할 때처럼 소괄호 없이 함수 이름만 명시합니다.

이벤트 객체 사용하기

리액트에서는 이벤트가 발생하면 이벤트 핸들러에게 이벤트 객체를 매개변수로 전달합니다. 이벤트 객체에는 이벤트가 어떤 요소에서 어떻게 발생했는지에 관한 정보가 상세히 담겨 있습니다.

이번에는 Body 컴포넌트에 2개의 버튼을 만들고, 이벤트가 발생하면 클릭한 버튼의 이름을 콘솔에 출력하겠습니다. Body 컴포넌트를 다음과 같이 수정합니다.

CODE file : src/component/Body.js

```
function Body() {
  function handleOnClick(e) { ①
    console.log(e.target.name);
  }
  return (
    <div className="body">
      <button name="A버튼" onClick={handleOnClick}> ②
        A 버튼
      </button>
      <button name="B버튼" onClick={handleOnClick}> ③
        B 버튼
      </button>
    </div>
  );
}
export default Body;
```

① 버튼 이벤트 핸들러 handleOnClick을 생성합니다. 이 함수는 이벤트 객체(e)를 매개변수에 저장하고, 해당 객체의 target.name 프로퍼티 값을 콘솔에 출력합니다.

② A 버튼을 만듭니다. 이 버튼의 name 속성은 A버튼입니다. 클릭 이벤트 핸들러로 handleOnClick을 설정합니다.

② B 버튼을 만듭니다. 이 버튼의 name 속성은 B버튼입니다. 클릭 이벤트 핸들러로 handleOnClick을 설정합니다.

이벤트 객체의 target 프로퍼티에는 이벤트가 발생한 페이지의 요소(여기서는 버튼)가 저장됩니다. 따라서 A 버튼을 클릭하면 e.target에는 A 버튼이 저장되고, B 버튼을 클릭하면 e.target에는 B 버튼이 저장됩니다. 따라서 함수 handleOnClick에서 e.target.name을 콘솔에 출력하면 현재 이벤트가 발생한 요소의 name 속성값을 출력하게 됩니다.

저장하고 페이지에서 A 버튼과 B 버튼을 번갈아 한 번씩 클릭합니다.

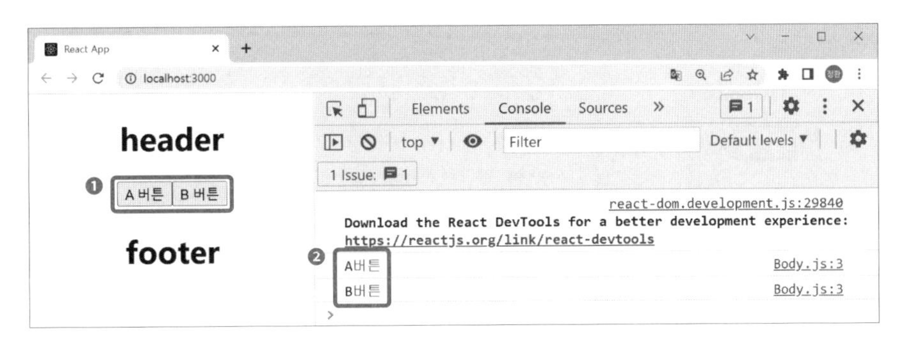

그림 5-33 이벤트 객체 사용하기

버튼을 클릭하면 클릭한 버튼의 이름이 콘솔에 출력됩니다.

이벤트 객체는 이벤트를 처리하는 데 필요한 많은 정보를 담고 있습니다. 이벤트 객체에 정확히 어떤 값들이 저장되어 있는지 알아보기 위해 Body 컴포넌트에서 작성한 함수 handleOnClick을 다음과 같이 수정합니다.

CODE file : src/component/Body.js

```
function Body() {
  function handleOnClick(e) {
    console.log(e); ①
    console.log(e.target.name);
  }
  return (
    <div className="body">
      <button name="A버튼" onClick={handleOnClick}>
        A 버튼
      </button>
      <button name="B버튼" onClick={handleOnClick}>
        B 버튼
      </button>
    </div>
  );
}
export default Body;
```

① 함수 handleOnClick을 실행했을 때 매개변수에 저장되는 이벤트 객체 e를 콘솔에 출력합니다.

페이지에서 A 버튼을 클릭하고 콘솔에 출력되는 이벤트 객체를 확인합니다.

[그림 5-34]와 같이 콘솔에 출력된 이벤트 객체를 살펴보면 상당히 많은 프로퍼티가 저장되어 있음을 알 수 있습니다. 그러나 아주 복잡한 이벤트 처리가 아니라면 실무에서는 대체로 1~2개의 값만 활용하므로 이 값들을 모두 상세히 알 필요는 없습니다.

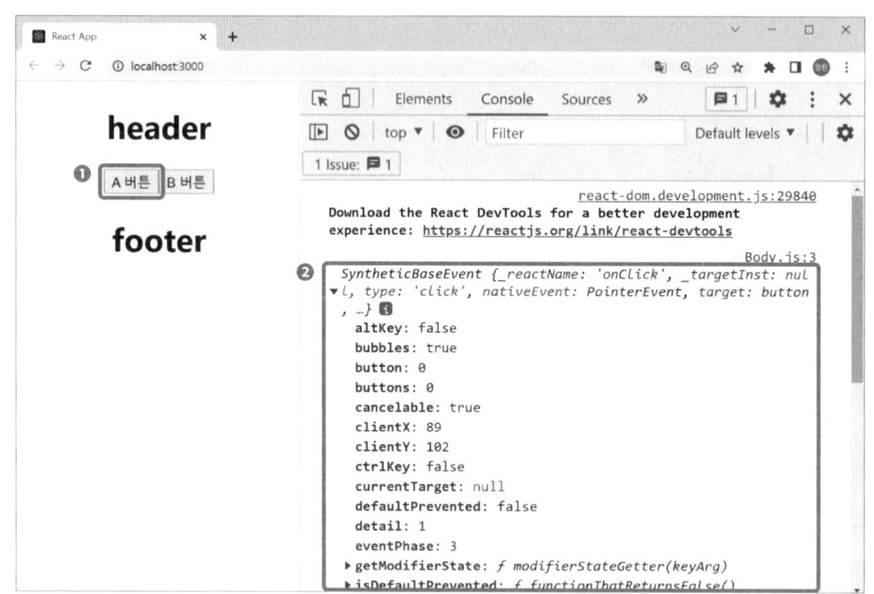

그림 5-34 이벤트 객체를 콘솔에 출력하기

TIP
콘솔에 있는 삼각형(▶) 표시를 클릭하면 이벤트 객체의 프로퍼티를 모두 볼 수 있습니다.

컴포넌트와 상태

지금까지는 값이 변하지 않는 정적인 리액트 컴포넌트를 만들었습니다. 지금부터는 사용자의 행위나 시간 변동에 따라 값이 변하는 동적인 리액트 컴포넌트를 만들 차례입니다. 이를 위해서는 리액트의 핵심 기능 중 하나인 State를 알아야 합니다. 이번 절에서는 State를 이용해 동적인 컴포넌트를 만드는 방법을 살펴보겠습니다.

State 이해하기

State는 상태라는 뜻입니다. 상태는 어떤 사물의 형편이나 모양을 일컫는 말로 일상 생활에서도 흔히 사용합니다.

상태는 전구와 스위치에 빗대어 생각하면 쉽게 이해할 수 있습니다. 스위치를 끄면

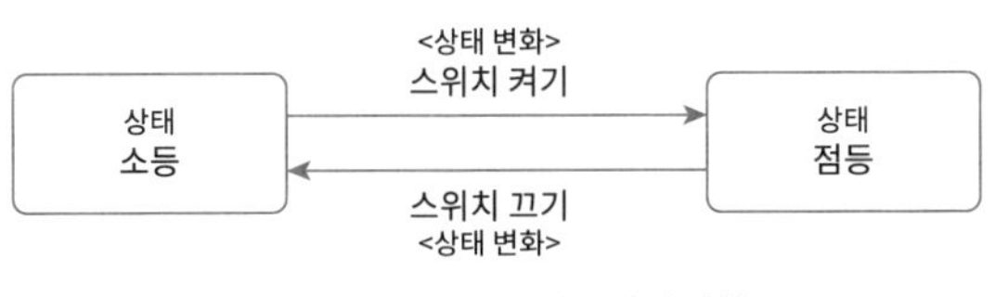

그림 5-35 전구의 상태와 상태 변화

전구에 불이 들어오지 않는데, 이를 '소등 상태'라고 할 수 있습니다. 반대로 스위치를 켜면 전구에 불이 들어오며 이를 '점등 상태'라고 할 수 있습니다.

전구의 상태 변화는 다음과 같이 정리할 수 있습니다.

- 전구의 상태는 소등과 점등으로 나눌 수 있다.
- 소등 상태일 때 스위치를 켜면 '점등'으로 상태 변화가 일어난다.
- 점등 상태일 때 스위치를 끄면 '소등'으로 상태 변화가 일어난다.

용어를 상태가 아닌 State로 변경하면 다음과 같습니다.

- 전구 State는 off(소등), on(점등) 둘 중 하나의 값을 갖는다.
- 전구 State의 값이 off일 때 스위치를 켜면 값이 on으로 바뀐다.
- 전구 State의 값이 on일 때 스위치를 끄면 값이 off로 바뀐다.

전구의 상태와 리액트 컴포넌트의 State는 매우 유사합니다. 전구의 상태가 상태 변화에 따라 점등 또는 소등으로 변하는 것처럼 리액트 컴포넌트 또한 State 값에 따라 다른 결과를 렌더링합니다.

State의 기본 사용법

직접 State를 만드는 실습을 하면서 리액트의 State가 어떤 개념인지 자세히 알아보겠습니다.

useState로 State 생성하기

리액트에서는 함수 `useState`로 State를 생성합니다. `useState`의 문법은 다음과 같습니다.

[useState의 용법]

```
const [light, setLight] = useState('off');
```

State 변수 / set 함수 / 생성자(초깃값)

`useState`를 호출하면 2개의 요소가 담긴 배열을 반환합니다. 이때 배열의 첫 번째 요소 `light`는 현재 상태의 값을 저장하고 있는 변수입니다. 이 변수를 'State 변수'라고 부릅니다. 다음으로 두 번째 요소인 `setLight`는 State 변수의 값을 변경하는,

즉 상태를 업데이트하는 함수입니다. 이 함수를 'set 함수'라고 부릅니다. useState를 호출할 때 인수로 값을 전달하면 이 값이 State의 초깃값이 됩니다. 위 코드에서는 'off'를 전달했으므로 State 변수 light의 초깃값은 off가 됩니다.

Body 컴포넌트에서 숫자를 카운트할 수 있는 State 변수 count를 생성하겠습니다. Body.js를 다음과 같이 수정합니다.

CODE file : src/component/Body.js

```
import { useState } from "react"; ①

function Body() {
  const [count, setCount] = useState(0); ②
  return (
    <div>
      <h2>{count}</h2>
    </div>
  );
}
export default Body;
```

① useState는 리액트가 제공하는 State를 만드는 함수입니다. State를 만들기 위해 useState를 react 라이브러리에서 불러옵니다.

② 함수 useState는 인수로 State의 초깃값을 전달합니다. 코드에서는 초깃값으로 0을 전달합니다. 그 결과 State 변수 count와 set 함수 setCount를 반환합니다.

저장하고 페이지에서 결과를 확인합니다.

State 변수 count를 만들 때, 함수 useState에서 인수로 0을 전달했기 때문에 페이지에서는 0을 렌더링합니다.

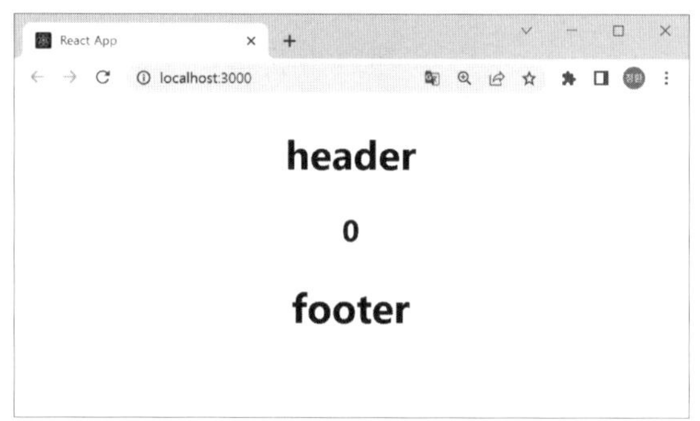

그림 5-36 State 값 렌더링하기

set 함수로 State 값 변경하기

이번에는 set 함수를 호출해 State 값을 변경하겠습니다. 컴포넌트에서 버튼을 하나 만들고, 버튼을 클릭할 때마다 State(count) 값을 1씩 늘리겠습니다.

Body 컴포넌트를 다음과 같이 수정합니다.

CODE file : src/component/Body.js

```
import { useState } from "react";

function Body() {
  const [count, setCount] = useState(0);
```

```
  const onIncrease = () => {  ①
    setCount(count + 1);
  };
  return (
    <div>
      <h2>{count}</h2>
      <button onClick={onIncrease}>+</button>
    </div>
  );
}
export default Body;
```

① 버튼의 이벤트 핸들러 onIncrease에서는 set 함수인 setCount를 호출합니다. 인수로 count에 1 더한 값을 전달합니다.

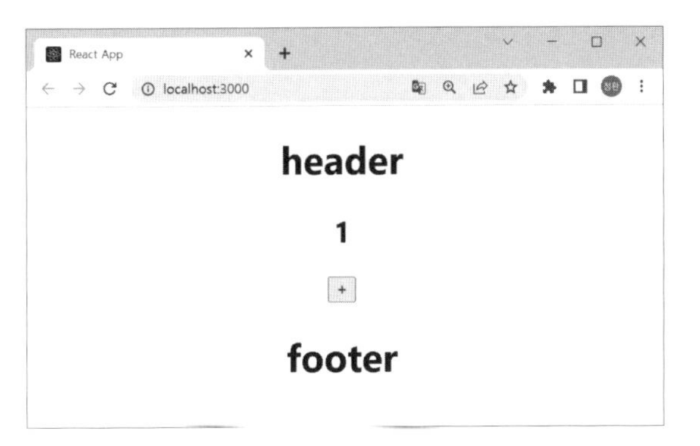

그림 5-37 set 함수로 State 값 변경

페이지에서 〈+〉 버튼을 클릭하면 onIncrease 이벤트 핸들러가 실행됩니다. 함수 onIncrease는 setCount를 호출하고, 인수로 현재의 count 값에 1 더한 값을 전달합니다. 그 결과 State(count) 값은 1 증가합니다.

페이지에서 〈+〉 버튼을 클릭해 컴포넌트를 어떻게 렌더링하는지 확인합니다.

〈+〉 버튼을 클릭할 때마다 숫자가 1씩 늘어나는 것을 확인할 수 있습니다.

이렇듯 set 함수를 호출해 State 값을 변경하면, 변경값을 페이지에 반영하기 위해 컴포넌트를 다시 렌더링합니다. 리액트에서는 이것을 '컴포넌트의 업데이트'라고 표현합니다. 컴포넌트가 페이지에 렌더링하는 값은 컴포넌트 함수의 반환값입니다. 따라서 컴포넌트를 다시 렌더링한다고 함은 컴포넌트 함수를 다시 호출한다는 의미와 같습니다.

컴포넌트 함수를 다시 호출한다는 게 어떤 의미인지 직접 확인해 보겠습니다. 다음과 같이 호출할 때마다 콘솔에 문자열 Update!를 출력하도록 Body 컴포넌트를 수정합니다.

CODE file : src/component/Body.js

```
import { useState } from "react";

function Body() {
  console.log("Update!"); ①
```

```
  const [count, setCount] = useState(0);
  const onIncrease = () => {
    setCount(count + 1);
  };
  return (
    <div>
      <h2>{count}</h2>
      <button onClick={onIncrease}>+</button>
    </div>
  );
}
export default Body;
```

① Body 컴포넌트를 호출할 때마다 콘솔에 문자열 Update!를 출력합니다.

저장한 다음, 페이지에서 〈+〉 버튼을 정확히 8번 클릭한 다음 콘솔을 확인합니다.

그림 5-38 컴포넌트의 재호출

처음 나온 Update!는 컴포넌트를 처음 렌더링할 때 출력된 것입니다. 나머지 8번의 Update!는 〈+〉 버튼을 클릭할 때마다 Body 컴포넌트를 다시 호출하기 때문에 출력되었습니다.

컴포넌트는 자신이 관리하는 State 값이 변하면 다시 호출됩니다. 그리고 변경된 State 값을 페이지에 렌더링합니다. State 값이 변해 컴포넌트를 다시 렌더링하는 것을 '리렌더' 또는 '리렌더링'이라고 합니다. 리액트 컴포넌트는 자신이 관리하는 State 값이 변하면 자동으로 리렌더됩니다.

State로 사용자 입력 관리하기

웹 사이트에서는 다양한 입력 폼을 제공하는데, 사용자는 이 입력 폼을 이용해 텍스트, 숫자, 날짜 등의 정보를 입력합니다. HTML에서 입력 폼을 만드는 태그로는 다양한 형식의 정보를 입력할 수 있는 <input> 태그, 여러 옵션에서 하나를 선택하도록 드롭다운(DropDown) 목록을 보여주는 <select> 태그, 여러 줄의 텍스트를 입력할 수 있는 <textarea> 태그 등이 있습니다.

입력 폼은 로그인, 회원 가입, 게시판, 댓글 등이 필요한 페이지에서 자주 활용되는 웹 개발의 필수 요소입니다. 리액트에서 State를 이용하면 다양한 입력 폼에서 제공되는 사용자 정보를 효과적으로 처리할 수 있습니다.

<input> 태그로 텍스트 입력하기

처음 다룰 입력 폼은 텍스트, 전화번호, 날짜, 체크박스 등 여러 형식의 정보를 입력할 수 있는 <input> 태그가 만드는 폼입니다. <input> 태그로 텍스트를 입력하는 폼을 하나 만들고, 사용자가 텍스트를 입력할 때마다 콘솔에 출력하는 이벤트 핸들러를 구현하겠습니다.

Body 컴포넌트를 다음과 같이 수정합니다.

CODE file : src/component/Body.js

```
import { useState } from "react";

function Body() {
  const handleOnChange = (e) => { ①
    console.log(e.target.value);
  };
  return (
    <div>
      <input onChange={handleOnChange} /> ②
    </div>
  );
}
export default Body;
```

> ① 입력 폼에서 이벤트 핸들러로 사용할 함수 handleOnChange를 만듭니다. 이 함수는 이벤트 객체를 매개변수로 저장해 사용자가 폼에 입력한 값(e.target.value)을 콘솔에 출력합니다.
> ② <input> 태그로 텍스트를 입력할 폼을 만들고, 이 폼의 onChange 이벤트 핸들러로 handleOnChange를 설정합니다.

onChange 이벤트는 사용자가 입력 폼에서 텍스트를 입력하면 바로 동작합니다.

<input> 태그로 만들 수 있는 입력 폼은 매우 다양합니다. <input> 태그의 type 속성에서 text를 지정하면 텍스트 폼, date를 지정하면 날짜 형식의 폼, tel을 지정하면 전화번호 형식의 폼을 만듭니다. 이외에도 라디오 버튼이나 체크박스 등도 <input> 태그를 이용해 만들 수 있습니다. type 속성에서 아무것도 지정하지 않으면 기본 입력 폼인 텍스트 폼을 만듭니다.

코드를 저장하고 페이지의 입력 폼에서 임의의 텍스트를 입력합니다. 그리고 개발자 도구의 콘솔에서 어떤 변화가 일어나는지 확인합니다.

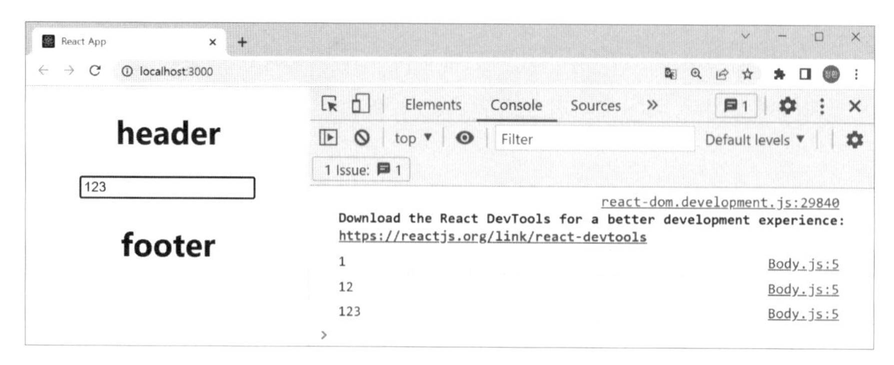

그림 5-39 입력 폼에 입력한 텍스트를 콘솔에 출력하기

텍스트를 입력하는 즉시 콘솔에서도 입력한 텍스트를 출력합니다.

이 상태로도 텍스트 입력 폼을 이용해 사용자에게 입력을 받을 수 있습니다. 그러나 지금은 사용자가 입력한 텍스트가 리액트 컴포넌트가 관리하는 State에 저장되어 있지는 않습니다. 따라서 만약 버튼을 클릭했을 때 사용자가 입력한 텍스트를 콘솔에 출력하는 등의 동작을 수행하게 하려면 돔 API를 이용하는 등 번거로운 작업이 별도로 요구됩니다.

따라서 State를 하나 만들고 사용자가 폼에서 입력할 때마다 텍스트를 State 값으로 저장하겠습니다. Body 컴포넌트를 다음과 같이 수정합니다.

CODE file : src/component/Body.js

```
import { useState } from "react";

function Body() {
  const [text, setText] = useState(""); ①
  const handleOnChange = (e) => {
    setText(e.target.value); ②
  };
  return (
    <div>
      <input value={text} onChange={handleOnChange} /> ③
      <div>{text}</div> ④
    </div>
  );
}
export default Body;
```

① 빈 문자열을 초깃값으로 하는 State 변수 text를 생성합니다.

② 폼에 입력한 텍스트를 변경할 때마다 set 함수를 호출해 text 값을 현재 입력한 텍스트로 변경합니다.
③ <input> 태그의 value 속성에 State 변수 text를 설정합니다.
④ 변수 text의 값을 페이지에 렌더링합니다

정리하면 입력 폼에서 사용자가 텍스트를 입력하면 onChange 이벤트가 발생해 이벤트 핸들러 handleOnChange를 호출합니다. handleOnChange는 내부에서 set 함수를 호출하는데, 인수로 현재 사용자가 입력한 텍스트를 전달합니다. 그 결과 사용자가 폼에서 입력한 값은 text에 저장되면서 State 값을 업데이트합니다. State 값이 변경되면 컴포넌트는 자동으로 리렌더됩니다. 따라서 페이지에서는 현재의 State 값을 다시 렌더링합니다.

저장하고 페이지의 입력 폼에서 임의의 텍스트를 입력해 어떻게 변하는지 확인합니다.

폼에서 임의의 텍스트를 입력하면, 다음 줄에 입력한 텍스트를 그대로 렌더링합니다.

그림 5-40 폼에 입력한 텍스트를 페이지에 렌더링하기

<input> 태그로 날짜 입력하기

<input> 태그에서 type 속성을 "date"로 설정하면 날짜 형식의 데이터를 입력할 수 있습니다. 이번에는 State를 이용해 날짜 형식의 데이터를 입력 정보로 받아보겠습니다.

Body 컴포넌트를 다음과 같이 수정합니다.

CODE file : src/component/Body.js

```
import { useState } from "react";

function Body() {
  const [date, setDate] = useState("");
  const handleOnChange = (e) => {
    console.log("변경된 값: ", e.target.value);
    setDate(e.target.value);
  };

  return (
    <div>
      <input type="date" value={date} onChange={handleOnChange} />
    </div>
  );
}
export default Body;
```

<input> 태그에서 type을 date로 설정하면 onChange 이벤트가 발생했을 때 이벤트 객체의 e.target.value에는 문자열로 이루어진 yyyy-mm-dd 형식의 날짜가 저장됩니다. 따라서 날짜 형식을 지정하는 별도의 처리 없이도 텍스트 폼에서 입력할 때처럼 State 값을 날짜 형식으로 저장할 수 있습니다.

저장한 다음, 변경된 페이지를 확인합니다. 날짜 형식으로 입력할 수 있는 입력 폼이 만들어집니다. 날짜 입력 폼 오른쪽에 나타나는 캘린더 아이콘을 클릭해 날짜를 바꾸면서 State 값이 콘솔에서 어떻게 나타나는지 직접 확인합니다.

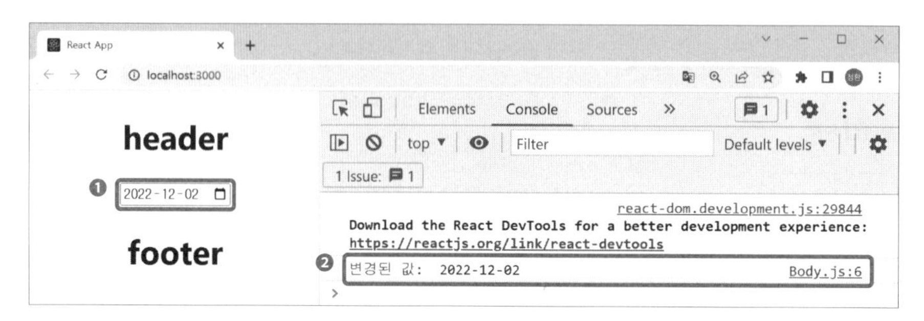

그림 5-41 입력 폼에서 날짜 입력받기

입력 폼에서 날짜를 변경하면 콘솔에서도 변경된 날짜가 바로 출력됩니다.

드롭다운 상자로 여러 옵션 중에 하나 선택하기

<select> 태그는 <option>과 함께 사용합니다. 이 태그를 사용하면 드롭다운(DropDown) 메뉴로 여러 목록을 나열해 보여 주는 입력 폼이 만들어집니다. 이 폼 목록에서 하나를 선택하면 해당 항목을 입력할 수 있습니다. 드롭다운 입력 폼은 쇼핑몰 사이트에서 여러 옵션을 선택할 때 자주 활용됩니다. 드롭다운 입력 폼에서 입력한 값을 State로 어떻게 처리하는지 알아보겠습니다.

Body 컴포넌트를 다음과 같이 수정합니다.

CODE file : src/component/Body.js

```
import { useState } from "react";

function Body() {
  const [option, setOption] = useState("");
  const handleOnChange = (e) => {
    console.log("변경된 값: ", e.target.value);
    setOption(e.target.value);
  };
```

```
  return (
    <div>
      <select value={option} onChange={handleOnChange}>
        <option key={"1번"}>1번</option>
        <option key={"2번"}>2번</option>
        <option key={"3번"}>3번</option>
      </select>
    </div>
  );
}
export default Body;
```

드롭다운 입력 폼에서 사용자가 옵션을 변경하면 onChange 이벤트가 발생합니다. 이때 이벤트 핸들러에 제공되는 이벤트 객체 **e.target.value**에는 현재 사용자가 선택한 옵션의 key 속성이 저장됩니다. 만약 사용자가 3번 옵션을 선택하면 해당 옵션의 key 속성인 **3번**이 **e.target.value**에 저장됩니다. 따라서 이 값으로 현재 State에 저장된 값을 변경합니다.

저장한 다음, 페이지에서 드롭다운 입력 폼을 클릭해 **3번**으로 옵션을 변경합니다. 그리고 콘솔에서 어떤 변화가 있는지 확인합니다.

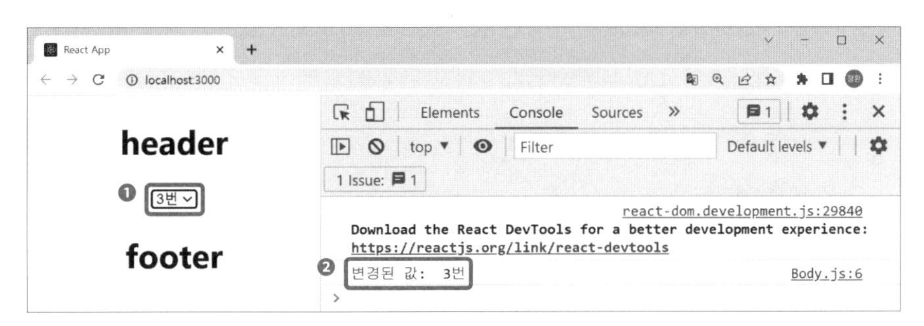

그림 5-42 드롭다운 입력 폼에서 옵션 선택

드롭다운 입력 폼에서 **3번**을 선택한 결과 콘솔에서는 변경된 값이 **3번**임을 표시합니다.

글상자로 여러 줄의 텍스트 입력하기

<textarea> 태그는 사용자가 여러 줄의 텍스트를 입력할 때 사용하는 폼을 만듭니다. 이 폼은 웹 페이지에서 사용자가 자기소개와 같이 여러 줄의 내용을 입력할 때 주로 활용됩니다. 이 폼을 편의상 글상자라고 하겠습니다. 이번에는 리액트에서 글상자에 입력한 내용을 State로 어떻게 처리하는지 살펴보겠습니다.

Body 컴포넌트를 다음과 같이 수정합니다.

CODE file : src/component/Body.js
```
import { useState } from "react";

function Body() {
  const [text, setText] = useState("");
  const handleOnChange = (e) => {
    console.log("변경된 값 : ", e.target.value);
    setText(e.target.value);
  };

  return (
    <div>
      <textarea value={text} onChange={handleOnChange} />
    </div>
  );
}
export default Body;
```

<textarea>는 <input> 태그의 입력 폼과 동일한 형태로 텍스트를 처리합니다. 사용자가 텍스트를 입력하면 onChange 이벤트가 발생합니다. 이때 이벤트 핸들러는 이벤트 객체의 `e.target.value`에 저장된 값을 인수로 전달해 State 값을 변경합니다.

저장하고 글상자에서 **안녕리액트**라고 입력한 다음 콘솔에서 확인합니다.

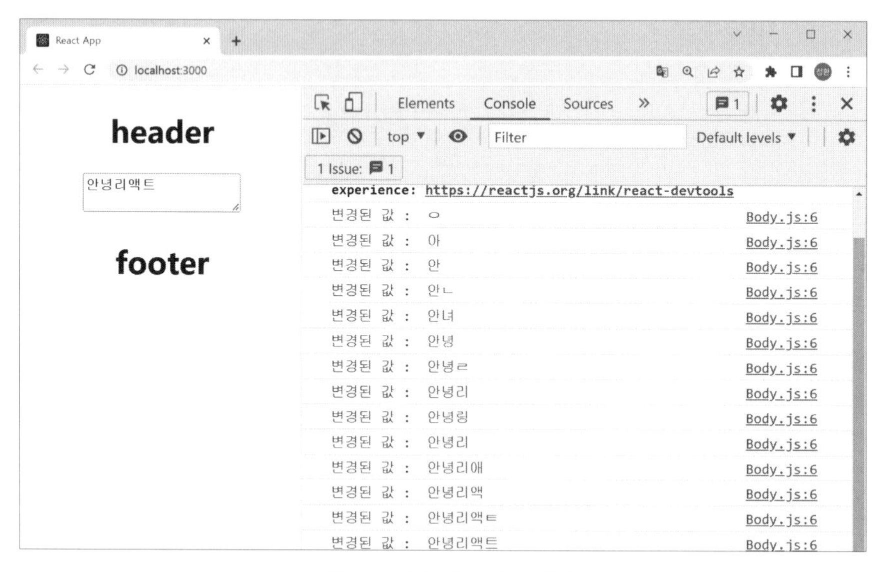

그림 5-43 글상자에서 텍스트 입력

글자를 입력할 때마다 콘솔에서는 입력한 텍스트가 바로 표시됩니다.

여러 개의 사용자 입력 관리하기

지금까지 리액트의 State를 이용해 컴포넌트에서 사용자의 입력을 처리하는 방법을 알아보았습니다. 그런데 회원 가입을 유도하는 페이지에는 사용자의 입력 폼이 하나가 아니라 작게는 3개, 많게는 10개까지 되는 곳도 있습니다.

이번에는 여러 개의 사용자 입력을 State로 관리하는 방법을 살펴보겠습니다. 이름, 성별, 출생 연도, 자기소개 등을 한 번에 입력할 수 있도록 Body 컴포넌트를 다음과 같이 수정합니다.

CODE file : src/component/Body.js

```
import { useState } from "react";

function Body() {
  const [name, setName] = useState("");
  const [gender, setGender] = useState("");
  const [birth, setBirth] = useState("");
  const [bio, setBio] = useState("");

  const onChangeName = (e) => {
    setName(e.target.value);
  };
  const onChangeGender = (e) => {
    setGender(e.target.value);
  };
  const onChangeBirth = (e) => {
    setBirth(e.target.value);
  };
  const onChangeBio = (e) => {
    setBio(e.target.value);
  };

  return (
    <div>
      <div>
        <input value={name} onChange={onChangeName} placeholder="이름" /> ①
      </div>
      <div>
        <select value={gender} onChange={onChangeGender}> ②
          <option key={""}></option>
          <option key={"남성"}>남성</option>
          <option key={"여성"}>여성</option>
        </select>
      </div>
      <div>
        <input type="date" value={birth} onChange={onChangeBirth} /> ③
      </div>
```

```
      <div>
        <textarea value={bio} onChange={onChangeBio} /> ④
      </div>
    </div>
  );
}
export default Body;
```

① <input> 태그의 입력 폼에서 이름을 받고, State 변수 name으로 관리합니다.

② <select> 태그의 드롭다운 폼에서 성별을 받고, State 변수 gender로 관리합니다.

③ type이 date인 <input> 태그의 입력 폼에서 생년월일을 받고, State 변수 birth로 관리합니다.

④ <textarea> 태그의 글상자에서 자기소개 내용을 받고, State 변수 bio로 관리합니다.

총 4개의 State 변수와 이벤트 핸들러를 생성합니다. 저장한 다음, 4개의 입력 폼이 잘 나타나는지, 값은 잘 입력되는지 확인합니다

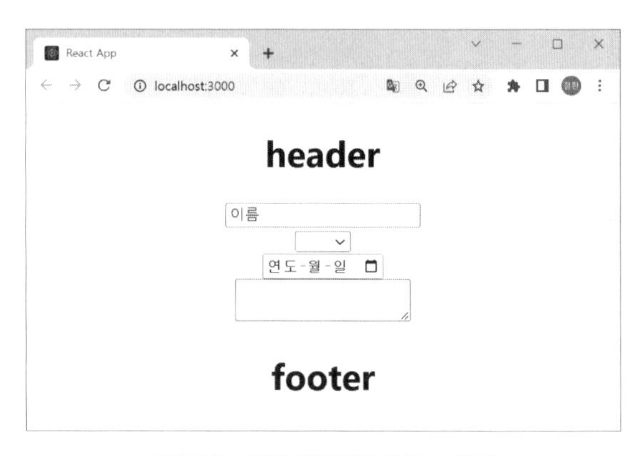

그림 5-44 4개의 입력 폼에서 State 관리

사용자로부터 여러 입력 정보를 받아 State로 처리하는 경우, 관리할 State의 개수가 많아지면 코드의 길이 또한 길어집니다. 객체 자료형을 이용하면 입력 내용이 여러 가지라도 하나의 State에서 관리할 수 있어 더 간결하게 코드를 작성할 수 있습니다.

다음과 같이 Body 컴포넌트를 수정하겠습니다.

CODE file : src/component/Body.js

```
import { useState } from "react";

function Body() {
  const [state, setState] = useState({ ①
    name: "",
    gender: "",
    birth: "",
    bio: "",
  });

  const handleOnChange = (e) => {
    console.log("현재 수정 대상:", e.target.name);
    console.log("수정값:", e.target.value);
    setState({
      ...state,
      [e.target.name]: e.target.value,
    });
  };
```

```
  return (
    <div>
      <div>
        <input
          name="name"                ②
          value={state.name}         ③
          onChange={handleOnChange}  ④
          placeholder="이름"
        />
      </div>
      <div>
        <select name="gender" value={state.gender} onChange={handleOnChange}>
          <option key={""}></option>
          <option key={"남성"}>남성</option>
          <option key={"여성"}>여성</option>
        </select>
      </div>
      <div>
        <input
          name="birth"
          type="date"
          value={state.birth}
          onChange={handleOnChange}
        />
      </div>
      <div>
        <textarea name="bio" value={state.bio} onChange={handleOnChange} />
      </div>
    </div>
  );
}
export default Body;
```

① 객체 자료형으로 State를 하나 생성하고 초깃값을 설정합니다. State 변수인 객체 state의 초깃값은 모두 공백 문자열("")이며, name, gender, birth, bio 프로퍼티가 있습니다.

② 모든 입력 폼에서 name 속성을 지정합니다. 예를 들어 이름을 입력하는 <input> 태그의 name 속성은 "name"으로 지정합니다. 나머지 태그들도 name 속성을 추가합니다.

③ 모든 입력 폼의 value를 객체 state의 프로퍼티 중 하나로 설정합니다. 예를 들어 이름을 입력하는 <input> 태그의 value 속성에는 state.name을 지정하는데, 객체 state의 name 프로퍼티와 동일한 값으로 설정합니다. 나머지 태그에도 value 속성을 이같이 변경합니다.

④ 사용자의 입력을 처리할 이벤트 핸들러 handleOnChange를 설정합니다. 나머지 태그에도 동일하게 설정합니다.

④번에서 호출하는 이벤트 핸들러 handleOnChange는 이벤트 객체 e를 매개변수로 저장하고 다음과 같이 setState를 호출합니다.

```
setState({
      ...state,
      [e.target.name]: e.target.value,
});
```

함수 setState에서는 새로운 객체를 생성해 전달합니다. 이때 스프레드 연산자를 이용해 기존 객체 state의 값을 나열합니다. 그리고 객체의 괄호 표기법을 사용하여 입력 폼의 name 속성(e.target.name)을 key로, 입력 폼에 입력한 값(e.target.value)을 value로 저장합니다.

e.target.name은 현재 이벤트가 발생한 요소의 name 속성입니다. 예를 들어 성별을 입력하는 <select> 태그에서 onChange 이벤트가 발생했다면, e.target.name은 gender가 됩니다. 결국 객체 state의 4가지 프로퍼티 중 현재 이벤트가 발생한 요소인 gender 프로퍼티의 value 값을 변경하게 됩니다.

객체 자료형을 이용하면 하나의 State로 여러 개의 입력을 동시에 관리할 수 있습니다. 저장한 다음, 페이지에서 이름은 '1', 성별은 '**남성**', 날짜는 오늘 날짜, 자기소개에는 '1'을 각각 입력한 다음 콘솔에서 확인합니다.

콘솔에서 [그림 5-45]와 같은 결과가 나왔다면 정상적으로 동작하는 겁니다.

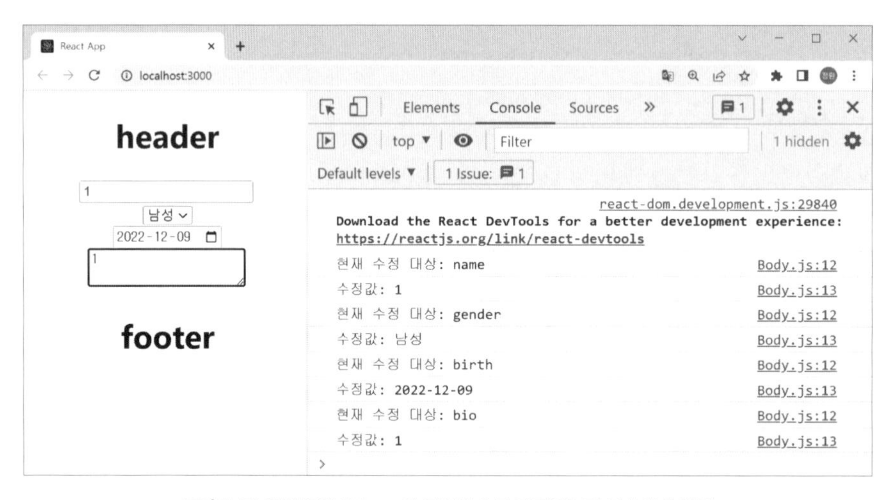

그림 5-45 입력 폼에서 State가 정상적으로 관리되는지 콘솔에서 확인

Props와 State

동적으로 변하는 값인 리액트의 State 역시 일종의 값이므로 Props로 전달할 수 있습니다. 이번에는 Body에 자식 컴포넌트를 만들고, Body의 State를 Props로 전달합니다.

다음과 같이 Body.js를 수정합니다.

CODE file : src/component/Body.js

```
import "./Body.css";
import { useState } from "react";

function Viewer({ number }) { ①
  return <div>{number % 2 === 0 ? <h3>짝수</h3> : <h3>홀수</h3>}</div>;
}

function Body() {
  const [number, setNumber] = useState(0);
  const onIncrease = () => {
    setNumber(number + 1);
  };
  const onDecrease = () => {
    setNumber(number - 1);
  };
  return (
    <div>
      <h2>{number}</h2>
      <Viewer number={number} /> ②

      <div>
        <button onClick={onDecrease}>-</button>
        <button onClick={onIncrease}>+</button>
      </div>
    </div>
  );
}
export default Body;
```

① Viewer 컴포넌트를 선언합니다. 이 컴포넌트에는 Props로 Body 컴포넌트에 있는 State 변수 number가 전달됩니다. Viewer 컴포넌트는 조건부 렌더링을 이용해 변수 number의 값을 평가하고, 값에 따라 짝수 또는 홀수 값을 페이지에 렌더링합니다.

② Body에서 Viewer를 자식 컴포넌트로 사용하며, Props로 변수 number를 전달합니다.

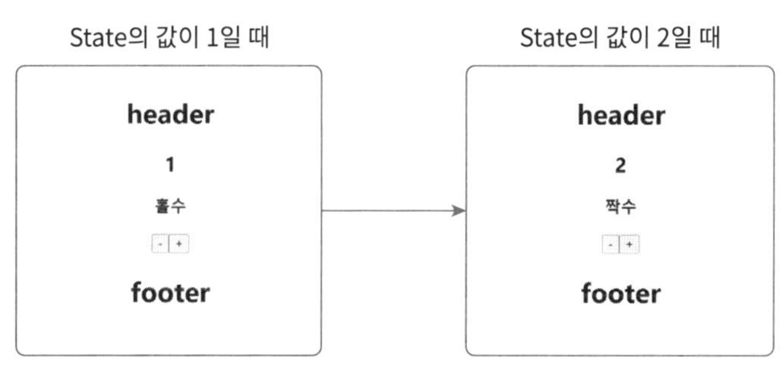

그림 5-46 State 값이 변할 때 자식 컴포넌트의 변화

코드를 저장하고 페이지에서 결과를 확인합니다. 〈+〉 버튼과 〈-〉 버튼을 클릭해 값이 어떻게 변하는지 확인합니다.

여기서 알 수 있는 중요한 사실이 있습니다. 바로 자식 컴포넌트는 Props로 전달된 State 값이 변하면 자신도 리렌더된다는 사실입니다. 즉, 부모에 속해 있는 State(number) 값이 변하면 Viewer 컴포넌트에서 구현한 **'짝수'**, **'홀수'** 값도 따라서 변합니다.

State와 자식 컴포넌트

부모의 State 값이 변하면 해당 State를 Props로 받은 자식 컴포넌트 역시 리렌더된다는걸 알았습니다. 그렇다면 부모 컴포넌트가 자식에게 State를 Props로 전달하지 않는 경우는 어떻게 될까요? 그래도 부모 컴포넌트의 State가 변하면 자식 컴포넌트도 리렌더될까요?

다음과 같이 Body.js를 수정합니다.

CODE file : src/component/Body.js

```
import { useState } from "react";

function Viewer() { ①
  console.log("viewer component update!");
  return <div>Viewer</div>;
}

function Body() {
  const [number, setNumber] = useState(0);
  const onIncrease = () => {
    setNumber(number + 1);
  };
  const onDecrease = () => {
    setNumber(number - 1);
  };
  return (
    <div>
      <h2>{number}</h2>
      <Viewer /> ②
      <div>
        <button onClick={onDecrease}>-</button>
        <button onClick={onIncrease}>+</button>
      </div>
    </div>
  );
}
export default Body;
```

① Viewer 컴포넌트가 Props를 받지 않습니다. console.log를 이용해 리렌더될 때마다 viewer component update!라는 메시지를 콘솔에 출력합니다.

② Body도 더 이상 Viewer 컴포넌트에 Props로 State를 전달하지 않습니다.

수정을 완료했다면 〈+〉 버튼을 정확히 5번 누른 다음 콘솔을 확인합니다.

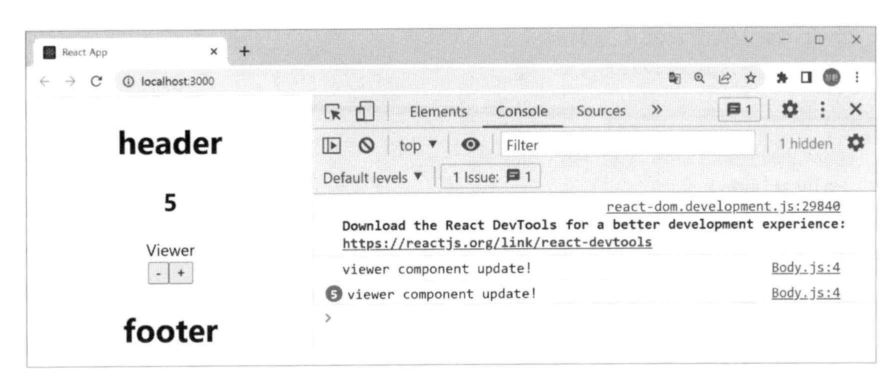

그림 5-47 부모 컴포넌트의 State가 변하면 자식 컴포넌트도 리렌더

콘솔에서 6번의 `viewer component update!`가 출력되었습니다. 첫 번째 출력은 `Viewer` 컴포넌트를 페이지에 처음 렌더링할 때 출력된 것입니다. 나머지 5번은 부모인 Body 컴포넌트의 State가 변할 때마다 출력되었습니다.

리액트에서는 부모 컴포넌트가 리렌더되면 자식도 함께 리렌더됩니다. 사실 지금의 `Viewer`는 `Body` 컴포넌트의 State가 변한다고 해서 리렌더될 이유가 없습니다. `Viewer` 컴포넌트의 내용에는 변한 게 없기 때문입니다.

의미 없는 리렌더가 자주 발생하면 웹 브라우저의 성능은 떨어집니다. 따라서 컴포넌트의 부모-자식 관계에서 State를 사용할 때는 늘 주의가 필요합니다. 리액트에서는 이런 성능 낭비를 막는 최적화 기법이 있는데, 이는 추후에 살펴보겠습니다.

Ref

TIP
돔에 대한 자세한 내용은 165쪽을 참고하세요.

리액트의 Ref를 이용하면 돔(DOM) 요소들을 직접 조작할 수 있습니다. Ref는 Reference의 줄임말로 참조라는 뜻입니다. 이번 절에서는 이 기능을 이용해 돔 요소를 제어해 보겠습니다.

useRef 사용하기

리액트에서는 `useRef`라는 리액트 함수를 이용해 Ref 객체를 생성합니다. 먼저 함수 `useRef`로 Ref를 생성하기 전에 `Body` 컴포넌트를 다음과 같이 수정합니다.

CODE file : src/component/Body.js

```
import { useState } from "react";

function Body() {
  const [text, setText] = useState("");
```

```
  const handleOnChange = (e) => {
    setText(e.target.value);
  };

  const handleOnClick = () => {
    alert(text);
  };

  return (
    <div>
      <input value={text} onChange={handleOnChange} />
      <button onClick={handleOnClick}>작성 완료</button>
    </div>
  );
}
export default Body;
```

State 변수 text로 관리하는 텍스트 입력 폼 하나와 버튼 하나를 생성합니다. 버튼을 클릭하면 이벤트 핸들러 handleOnClick이 실행되어 입력 폼에서 작성한 텍스트를 메시지 대화상자에 표시합니다.

저장하고 페이지에서 텍스트 입력 폼에 '**안녕 리액트**'라고 입력한 다음, 〈작성 완료〉 버튼을 클릭합니다.

안녕 리액트를 표시하는 대화상자가 나오면 정상적으로 동작하는 겁니다.

그림 5-48 텍스트 입력 폼에서 입력한 State 값을 대화상자로 표시

계속해서 돔 요소의 하나인 <input> 태그의 입력 폼에 접근하는 Ref를 만들겠습니다. 다음과 같이 Body.js를 수정합니다.

CODE file : src/component/Body.js

```
import { useRef, useState } from "react"; ①

function Body() {
  const [text, setText] = useState("");
  const textRef = useRef(); ②

  const handleOnChange = (e) => {
    setText(e.target.value);
  };

  const handleOnClick = () => {
```

```
    alert(text);
  };

  return (
    <div>
      <input ref={textRef} value={text} onChange={handleOnChange} /> ③
      <button onClick={handleOnClick}>작성 완료</button>
    </div>
  );
}
export default Body;
```

① useRef는 리액트가 제공하는 기능이므로 react 라이브러리에서 불러옵니다.

② 함수 useRef는 인수로 전달한 값을 초깃값으로 하는 Ref 객체를 생성합니다. 생성한 Ref를 상수 textRef에 저장합니다.

③ <input> 태그에서 ref={textRef} 명령으로 textRef가 돔 입력 폼에 접근하도록 설정합니다. 이제 textRef를 이용하면 입력 폼을 직접 조작할 수 있습니다.

저장해도 페이지에서는 아직 아무런 변화도 없습니다. 입력 폼에 대한 어떤 조작도 아직 시도하지 않았기 때문입니다.

useRef로 입력 폼 초기화하기

웹 서비스의 로그인 페이지는 대부분 사용자가 ID와 패스워드를 입력하고, 로그인 버튼을 클릭하면 패스워드가 올바른지 점검합니다. 그런 다음 패스워드 입력 폼에서 작성한 값을 초기화합니다. 리액트에서 Ref를 이용하면 이런 동작을 수행할 수 있습니다.

이번에는 useRef를 이용해 텍스트 입력 폼을 초기화하는 법을 알아보겠습니다. 다음과 같이 Body 컴포넌트를 수정합니다.

CODE file : src/component/Body.js

```
import { useRef, useState } from "react";

function Body() {
  (...)
  const handleOnClick = () => {
    alert(text);
    textRef.current.value = ""; ①
  };
  (...)
}
export default Body;
```

① 버튼을 클릭해 이벤트 핸들러 handleOnClick을 실행합니다. 대화상자에서 <확인> 버튼을 클릭

하면, textRef.current(textRef가 현재 참조하고 있는 돔 요소)의 value 값을 공백 문자열로 초기화합니다.

저장하고 텍스트 입력 폼에서 **'안녕 리액트'**를 입력한 다음 <작성 완료> 버튼을 클릭합니다. **안녕 리액트**를 표시하는 메시지 대화상자가 나오면 <확인> 버튼을 클릭합니다.

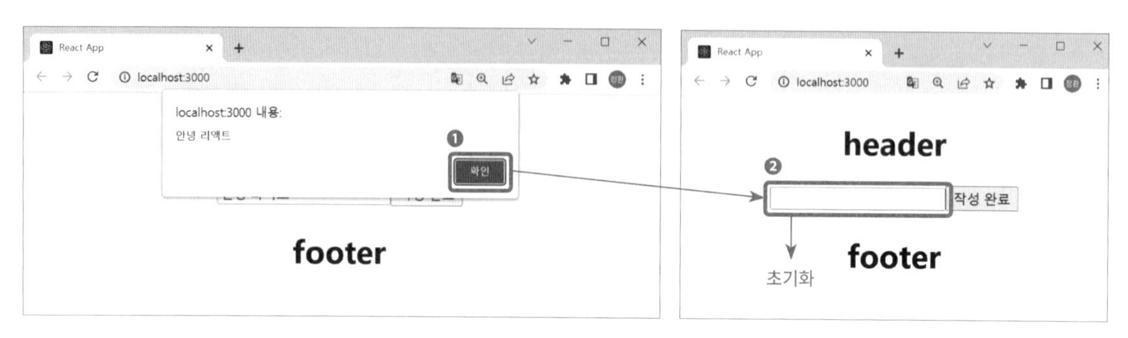

그림 5-49 textRef로 초기화

텍스트 입력 폼에서 입력한 문자열이 사라지고 빈 공백만 남습니다. 이렇듯 Ref를 이용하면 돔 요소를 원하는 형태로 조작할 수 있습니다.

useRef로 포커스하기

웹 서비스에서는 사용자가 특정 폼에 내용을 입력하지 않거나 내용이 정한 길이보다 짧으면 해당 폼을 포커스(Focus)하여 사용자의 추가 입력을 유도합니다. 리액트의 Ref 기능을 이용하면 특정 요소에 포커스 기능을 지정할 수 있습니다.

> **TIP**
> 포커스란 마우스로 입력 폼을 클릭했을 때처럼 사용자가 입력하도록 커서를 깜빡이면서 대기하는 상태입니다.

이번에는 텍스트 입력 폼에서 사용자가 문자를 다섯 글자 미만으로 입력하면 이 요소에 포커스한 상태로 사용자가 입력을 추가할 때까지 대기합니다.

다음과 같이 Body 컴포넌트를 수정합니다.

CODE file : src/component/Body.js

```
import { useRef, useState } from "react";

function Body() {
  const [text, setText] = useState("");
  const textRef = useRef();

  const handleOnChange = (e) => {
    setText(e.target.value);
  };
```

```
  const handleOnClick = () => {
    if (text.length < 5) {
      textRef.current.focus(); ①
    } else {
      alert(text);
      setText(""); ②
    }
  };

  return (
    <div>
      <input ref={textRef} value={text} onChange={handleOnChange} />
      <button onClick={handleOnClick}>작성 완료</button>
    </div>
  );
}
export default Body;
```

> ① 현재 <input> 태그로 지정한 폼에 입력한 텍스트가 다섯 글자보다 적다면 textRef.current가 참조하는 입력 폼에 포커스를 실행합니다. focus()는 현재 돔 요소에 포커스를 지정하는 메서드입니다.
>
> ② 텍스트 폼에 입력한 값을 초기화하기 위해 set 함수 setText를 호출하고 인수로 빈 문자열을 전달합니다. Ref를 사용하지 않고도 set 함수로 입력 폼을 초기화할 수 있습니다.

저장한 다음, 텍스트 폼에서 다섯 글자 미만의 문자열을 입력하고 〈작성 완료〉 버튼을 클릭해 포커스 기능이 동작하는지 확인합니다.

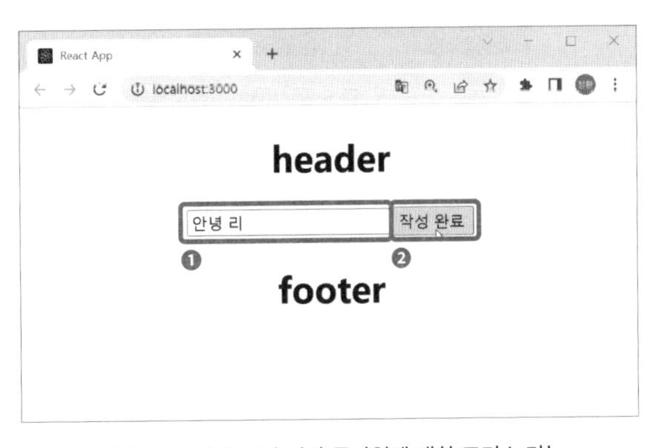

그림 5-50 다섯 글자 미만 문자열에 대한 포커스 기능

다섯 글자 미만의 문자열을 입력하니 포커스 기능이 동작하면서 입력 폼을 초기화하지 않고 사용자의 입력을 기다립니다.

리액트 훅

리액트 훅(React Hook)이란 함수로 만든 리액트 컴포넌트에서 클래스로 만든 리액트 컴포넌트의 기능을 이용하도록 도와주는 함수들입니다.

앞서 State를 만드는 함수 useState와 참조 객체를 만드는 함수 useRef는 모두 리액트 훅입니다. 이 두 함수 모두 이름이 use로 시작하는데, 리액트 훅은 이름 앞에 항상 use를 붙입니다.

State와 Ref 모두 원래는 함수로 만든 컴포넌트에서는 사용할 수 없는 기능이지만 이 훅 기능 덕분에 사용할 수 있습니다.

리액트 훅은 그리 오래된 기능은 아닙니다. 리액트 훅은 2018년도에 처음 발표되었습니다. 리액트 훅이 발표되기 전까지 함수로 만든 컴포넌트에서는 State나 Ref와 같은 기능을 사용할 수 없었습니다. 따라서 그 시절에는 대부분 컴포넌트를 클래스로 만들었습니다. 그러나 클래스로 컴포넌트를 만들 때 기본적으로 작성해야 할 코드가 너무 많고 문법이 간결하지 못해 불편했습니다. 이런 불편함을 개선하기 위해 리액트 개발팀은 함수로 만든 컴포넌트에서도 클래스로 만든 컴포넌트 기능을 사용할 수 있게 하였습니다. 리액트 훅이라는 명칭 또한 마치 낚아채듯(Hook) 클래스로 만든 기능을 가져와 사용한다고 하여 붙여진 이름입니다.

그림 5-51 2018년 리액트 훅을 처음으로 공개한 세미나 영상

다음 주소에서 리액트 개발팀이 훅을 처음으로 소개하는 세미나 영상을 확인할 수 있습니다.

https://www.youtube.com/watch?v=dpw9EHDh2bM

리액트에서는 useState와 useRef 외에도 다음과 같이 다양한 훅이 있습니다. 이 훅들은 앞으로 실습 프로젝트를 진행하며 천천히 살펴보겠습니다.

- useEffect
- useContext
- useReducer
- useCallback
- useMemo

이 외에 책에서 다루지 않는 리액트 훅은 다음 링크에서 확인할 수 있습니다.

https://reactjs.org/docs/hooks-reference.html

project 1

[카운터] 앱 만들기

이 장에서 주목할 키워드

- 프로젝트 준비
- 요구사항 분석
- 컴포넌트 단위로 생각하기
- UI
- 스타일링
- 기능의 구현
- 데이터/이벤트의 전달 방향

이 장의 학습 목표

- 첫 번째 프로젝트인 [카운터] 앱을 만듭니다.
- 리액트 앱의 설계 방식을 이해합니다.

프로젝트 준비하기

지금까지 배운 내용을 토대로 [카운터] 앱 프로젝트를 진행하겠습니다. [카운터] 앱은 숫자를 더하고 빼는 기능만 있는 아주 단순한 앱입니다. 첫 리액트 프로젝트인 만큼 간단한 기능만 포함하고 있으므로 누구나 어렵지 않게 구현할 수 있습니다.

프로젝트를 구현하기에 앞서 꼭 해야 할 일이 있습니다. 이 앱을 어떤 설계와 기능으로 구현할지 살펴보는 일입니다. 이를 소프트웨어 공학에서는 요구사항 분석이라고 합니다. 요구사항 분석은 마치 요리를 시작하기 전 레시피를 점검하는 일과 비슷합니다. 요구사항 분석 없이 프로젝트를 구현하면 중간에 코드를 다시 작성하는 일이 발생할 수 있으므로 반드시 거치는 게 좋습니다.

이번 절에서는 요구사항을 분석하면서 [카운터] 앱 프로젝트를 준비하겠습니다.

요구사항 분석하기

완성된 프로젝트를 보면서 이 앱에는 어떤 요구사항들이 있는지 확인해 보겠습니다.

그림 프1-1 [카운터] 앱 페이지

[그림 프1-1]은 완성된 [카운터] 앱의 모습입니다. 이 앱은 하나의 페이지이며, 'Simple Counter'라고 적힌 제목을 제외하면 두 개의 영역으로 나누어져 있습니다.

첫 번째 영역은 현재의 카운트를 표시합니다. 따라서 이 영역의 이름을 뷰어(Viewer)라고 하겠습니다. 두 번째 영역에는 카운트를 늘리거나 줄일 수 있는 6개의 버튼이 가지런히 놓여 있습니다. 카운트를 제어하는 영역이라는 의미에서 컨트롤러(Controller)라고 이름 붙이겠습니다.

컴포넌트 단위로 생각하기

리액트에서 앱을 구현할 때는 컴포넌트 단위로 생각하는 게 필요합니다. 앞에서 살펴본 Viewer, Controller 영역을 일종의 컴포넌트라고 생각하는 겁니다. 그럼 [카운터] 앱에는 어떤 컴포넌트들이 있는지 알아보겠습니다.

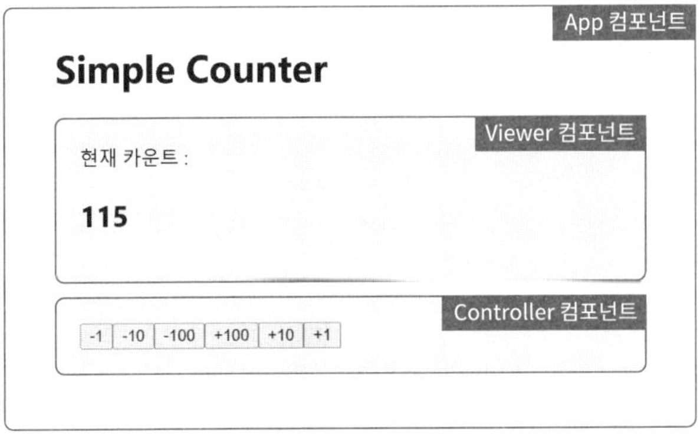

그림 프1-2 [카운터] 앱의 컴포넌트 구성

[그림 프1-2]처럼 이 프로젝트에는 다음과 같은 역할을 담당하는 3개의 컴포넌트가 있습니다.

- `App` 컴포넌트: `Viewer`와 `Controller` 컴포넌트를 감싸는 템플릿
- `Viewer` 컴포넌트: 현재의 카운트를 표시함
- `Controller` 컴포넌트: 카운트를 제어할 수 있는 기능을 제공함

하나의 페이지를 하나의 컴포넌트로 구성해도 문제는 없습니다. 그러나 하나의 컴포넌트가 여러 기능을 갖게 되면 코드가 복잡해져 프로젝트를 관리하기가 어려워집니다. 따라서 컴포넌트는 재사용이 가능한 수준에서 최대한 잘게 쪼개어 개발하는 게 필요합니다. 물론 재사용 가능하다는 것도 여러 기준이 있겠지만, 간단하면서도 명확한 기준을 하나만 제시한다면 다음과 같습니다.

"하나의 컴포넌트는 단 하나의 역할만 수행한다."

리액트 앱 만들기

준비 과정의 마지막 단계는 리액트 앱을 만드는 작업입니다. 리액트 앱을 생성하는 방법은 chapter5와 동일합니다.

문서(Documents) 폴더 아래에 project1 폴더를 만든 다음, 비주얼 스튜디오 코드에서 엽니다. 계속해서 터미널을 열고 다음 명령어를 입력해 리액트 앱을 생성합니다.

```
npx create-react-app .
```

리액트 앱을 정상적으로 만들었다면, 계속해서 사용하지 않는 파일과 코드도 삭제합니다. 이 작업 역시 chapter5 리액트 앱을 만들 때와 동일합니다.

src 폴더에서 다음 파일을 삭제합니다.

- src/App.test.js
- src/logo.svg
- src/reportWebVitals.js
- src/setupTest.js

사용하지 않는 코드 역시 삭제합니다. index.js를 다음과 같이 수정합니다.

CODE file : src/index.js

```
import React from "react";
import ReactDOM from "react-dom/client";
import "./index.css";
import App from "./App";

const root = ReactDOM.createRoot(document.getElementById("root"));
root.render(<App />);
```

App.js를 다음과 같이 수정합니다.

CODE file : src/App.js

```
import "./App.css";

function App() {
  return <div className="App"></div>;
}
export default App;
```

모두 완료했다면 터미널에서 `npm run start`를 입력해 리액트 앱을 시작합니다.

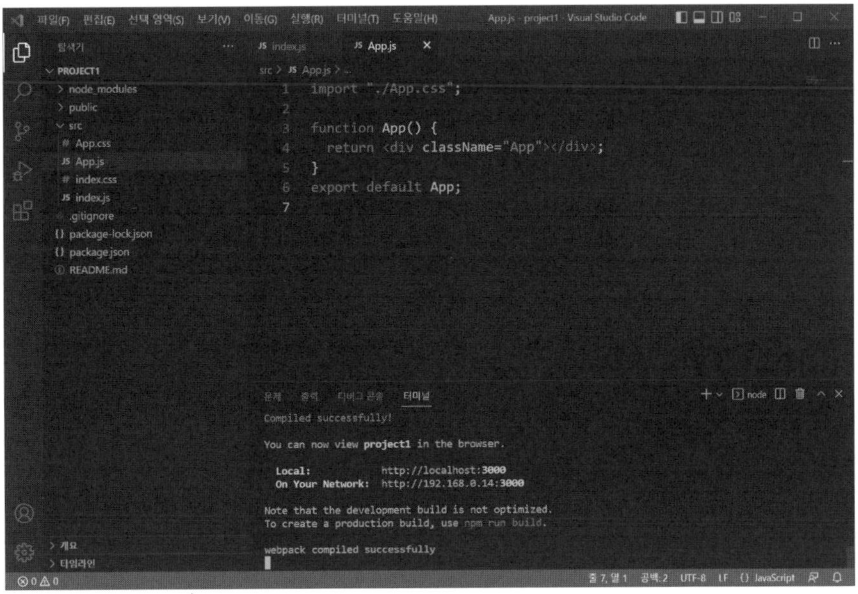

그림 프1-3 불필요한 파일과 코드 삭제

UI 구현하기

앞서 요구사항을 분석하고 리액트 앱을 생성해 프로젝트 구현 준비를 마쳤습니다. 이번에는 기능 구현에 앞서 UI(User Interface)를 구현하겠습니다. UI는 사용자 인터페이스라는 뜻으로, 웹 페이지에서 사용자와 상호작용하는 요소를 말합니다. 이 요소들의 사용성을 높이기 위해 기능을 추가하기도 하고, 특별한 형태나 색상 등의 스타일을 적용하기도 합니다. 기능 구현에 앞서 UI를 먼저 구현한다고 함은 쉽게 말해 이들 요소의 외양(껍데기)을 먼저 만든다고 이해하면 됩니다.

Viewer 컴포넌트 만들기

현재의 카운트를 표시하는 `Viewer` 컴포넌트를 만들겠습니다. 그 전에 src에 component 폴더를 만들고, 이 폴더에서 Viewer.js를 생성합니다.

계속해서 `Viewer` 컴포넌트를 다음과 같이 작성합니다.

CODE　　file : src/component/Viewer.js

```
const Viewer = () => {
  return (
    <div>
      <div>현재 카운트: </div>
```

```
      <h1>0</h1>
    </div>
  );
};
export default Viewer;
```

Viewer 컴포넌트의 페이지 구성은 간단합니다. 두 줄에 걸쳐 텍스트를 출력하는 게 전부입니다. 일단 카운트값은 0으로 고정해 두겠습니다.

Viewer 컴포넌트를 페이지에 렌더링하기 위해서는 App의 자식으로 배치해야 합니다. 이때 App 컴포넌트에서 페이지의 제목도 함께 추가하겠습니다.

App.js 파일을 다음과 같이 작성합니다.

CODE file : src/App.js

```
import "./App.css";
import Viewer from "./component/Viewer"; ①

function App() {
  return (
    <div className="App">
      <h1>Simple Counter</h1> ②
      <section>
        <Viewer /> ③
      </section>
    </div>
  );
}
export default App;
```

① component 폴더에 있는 Viewer 컴포넌트를 불러옵니다.
② 제목 'Simple Counter'를 <h1> 태그로 감싸 페이지에서 렌더링합니다.
③ Viewer 컴포넌트를 불러와 <section> 태그로 감싸 렌더링합니다. <section>은 영역을 분리하기 위한 태그로 <div>와 동일한 기능을 수행합니다.

저장하고 페이지에서 결과를 확인합니다.

그림 프1-4 Viewer 컴포넌트 렌더링

Controller 컴포넌트 만들기

다음으로 카운트를 늘리거나 줄이는 Controller 컴포넌트를 만들겠습니다. component 폴더에서 Controller.js를 만들고 다음과 같이 작성합니다.

CODE file : src/component/Controller.js

```
const Controller = () => {
  return (
    <div>
      <button>-1</button>
      <button>-10</button>
      <button>-100</button>
      <button>+100</button>
      <button>+10</button>
      <button>+1</button>
    </div>
  );
};
export default Controller;
```

Controller 컴포넌트 역시 단순한 구성입니다. 6개의 버튼을 한 줄로 렌더링하는 게 전부입니다.

Controller 컴포넌트를 페이지에 렌더링하려면 Viewer처럼 App의 자식으로 배치해야 합니다. App 컴포넌트를 다음과 같이 수정합니다.

CODE file : src/App.js

```
import "./App.css";
import Controller from "./component/Controller"; ①
import Viewer from "./component/Viewer";

function App() {
  return (
    <div className="App">
      <h1>Simple Counter</h1>
      <section>
        <Viewer />
      </section>
      <section>
        <Controller /> ②
      </section>
    </div>
  );
}
export default App;
```

① component 폴더에 있는 Controller 컴포넌트를 불러옵니다.
② Controller 컴포넌트를 <section> 태그로 감싸 렌더링합니다.

저장하고 페이지에서 결과를 확인합니다.

그림 프1-5 페이지 요소 UI 구현 완료

이렇게 [카운터] 앱의 페이지 UI 구현을 완료했습니다.

컴포넌트 스타일링하기

요구사항에 맞게 적절한 스타일 규칙을 적용하겠습니다. 이미 스타일 규칙 적용에 익숙한 분이라면 자신이 원하는 스타일을 적용해도 좋습니다.

src 폴더 App.css에서 기존 스타일 규칙을 모두 삭제하고 다음과 같이 작성합니다.

CODE file : src/App.css

```
body {
  padding: 20px;
}

.App {
  margin: 0 auto;
  width: 500px;
}

.App > section { ①
  padding: 20px;
  background-color: rgb(245, 245, 245);
  border: 1px solid rgb(240, 240, 240);
  border-radius: 5px;
  margin-bottom: 10px;
}
```

> ① `.App > section`은 className=App 요소의 <section> 태그를 가리키는 CSS 문법입니다. 이 스타일 규칙은 App 컴포넌트 최상위 태그 바로 아래의 <section>에만 적용됩니다.

컴포넌트 스타일링까지 완료했다면 UI 구현은 모두 끝났습니다. 저장하고 지금까지 작업한 결과를 확인합니다.

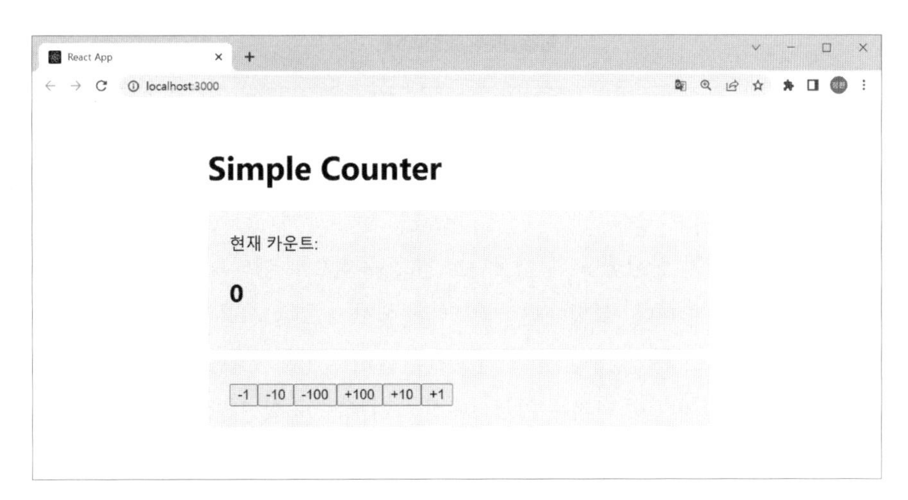

그림 프1-6 [카운터] 앱 UI 최종 완료

요구사항에 맞게 스타일이 잘 정의되었습니다. 그러나 버튼을 눌러도 어떤 동작도 일어나지 않습니다. 아직 카운터 기능을 구현하지 않았기 때문입니다. 다음 절에서 카운터 기능을 구현하겠습니다.

기능 구현하기

UI 구현을 모두 마쳤으므로 이 UI 요소들을 움직이게 하는 카운터 기능들을 차례로 구현하겠습니다.

State를 이용해 카운터 기능 구현하기

여러분이 구현할 카운터의 기능을 한 문장으로 정의하면 다음과 같습니다.

"`Controller` 컴포넌트에 있는 버튼을 클릭하면, `Viewer` 컴포넌트에 있는 카운트가 증가하거나 감소해야 한다."

예를 들어 `Controller` 컴포넌트에 있는 ⟨+100⟩ 버튼을 클릭하면 `Viewer` 컴포넌트의 숫자는 `0`에서 `100`으로 바뀌어야 합니다

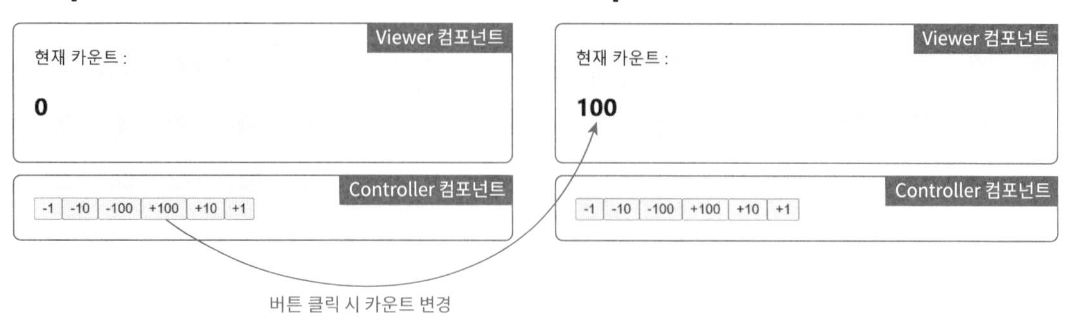

그림 프1-7 버튼을 클릭하면 카운트값이 변한다

버튼 클릭 이벤트가 발생했을 때 컴포넌트 값을 동적으로 렌더링하려면 리액트의 State를 사용해야 합니다. 그렇다면 [카운터] 앱에서 State를 사용해 어떻게 컴포넌트의 값을 동적으로 렌더링하는지 그 과정을 간단히 설명해 보겠습니다. 바로 실습을 진행할 수도 있지만 이 과정을 머릿속에서 그려보는 게 훨씬 도움을 줍니다.

먼저 카운트를 관리할 State를 만들고 초깃값을 `0`으로 설정합니다. 다음으로 `Controller` 컴포넌트의 버튼을 클릭하면 현재 State 값을 버튼이 전달하는 값과 계산해 변경합니다. 다음으로 변경된 State 값은 `Viewer` 컴포넌트에 전달되어 페이지의 카운트값을 업데이트합니다.

다음은 이 과정을 알기 쉽게 도해화한 그림입니다.

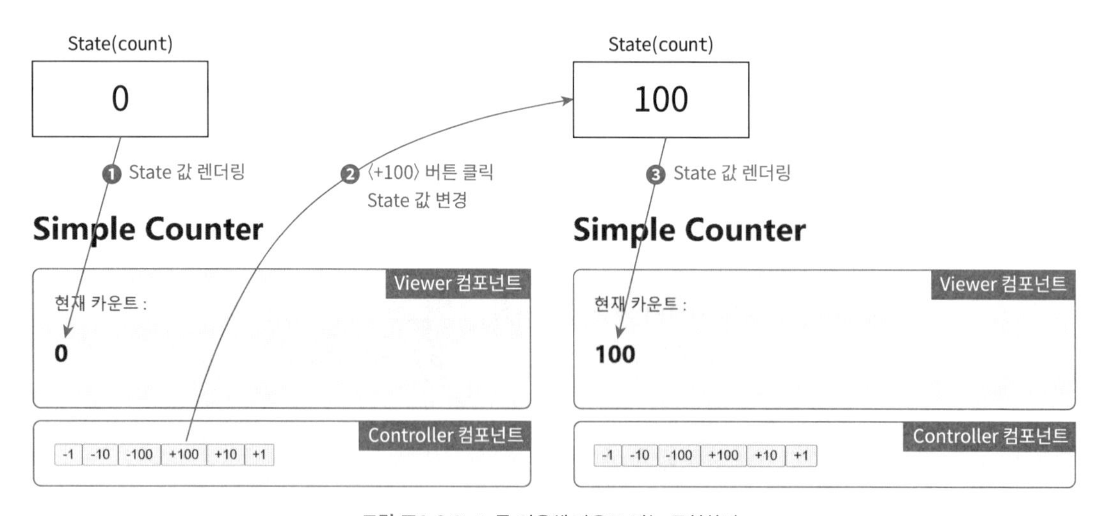

그림 프1-8 State를 이용해 카운트 기능 구현하기

다음 과정에서 중요한 점을 하나 짚어보고 가겠습니다. 앱을 설계하는 데 꼭 필요한 사고 실험 같은 겁니다.

State는 어떤 컴포넌트에 만들까?

State는 반드시 컴포넌트 함수 안에 만들어야 합니다. 현재 여러분과 함께 만들고 있는 [카운터] 앱에는 App, Viewer, Controller 3개의 컴포넌트가 있습니다. 그렇다면 어떤 컴포넌트에서 [카운터] 앱의 State를 만들어야 할까요?

정답은 App 컴포넌트입니다.

왜 그럴까요? 정답인 이유를 확실히 아는 좋은 방법은 오답을 선택해 보고 무엇이 문제인지 직접 느껴보는 겁니다. Viewer 또는 Controller 컴포넌트에 State를 만들고 이 State를 이용해 카운트 기능을 구현하면 어떤 문제가 생기는지 살펴보겠습니다.

오답 1: Viewer 컴포넌트

Viewer 컴포넌트에서 [카운터] 앱에 사용할 State를 만듭니다. Viewer.js를 다음과 같이 수정합니다.

CODE file : src/component/Viewer.js

```
import { useState } from "react";

const Viewer = () => {
  const [count, setCount] = useState(0); ①
  return (
    <div>
      <div>현재 카운트: </div>
      <h1>{count}</h1> ②
    </div>
  );
};
export default Viewer;
```

① useState를 이용해 State 변수 count를 만듭니다.

② count 값을 페이지에 렌더링합니다.

Viewer 컴포넌트에서 State를 만들고 값을 렌더링하였습니다. 이제 Controller 컴포넌트에서 버튼을 클릭하면 set 함수인 setCount를 호출해야 합니다. 그런데 여기서 문제가 있습니다.

Viewer 컴포넌트가 Controller 컴포넌트에 setCount를 전달할 방법이 없다는 겁니다. 5장에서 살펴보았듯이 리액트에서 컴포넌트가 다른 컴포넌트에 데이터를 전달할 때는 Props를 사용하는데, Props는 부모만이 자식에게 전달할 수 있습니다. Viewer와 Controller 컴포넌트는 부모-자식 관계가 아니므로 어떠한 값도 전달할 수 없습니다.

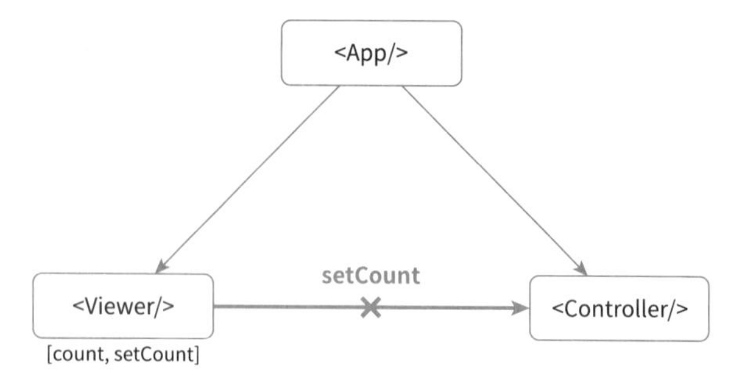

그림 프1-9 Viewer 컴포넌트에서 State를 만들 수 없는 이유

오답 2: Controller 컴포넌트

이번에는 Controller 컴포넌트에 [카운터] 앱에 사용할 State를 만듭니다.

Controller.js를 다음과 같이 수정합니다.

CODE file : src/component/Controller.js

```
import { useState } from "react";

const Controller = () => {
  const [count, setCount] = useState(0);
  const handleSetCount = (value) => { ①
    setCount(count + value);
  };

  return (
    <div>
      <button onClick={() => handleSetCount(-1)}>-1</button>       ②
      <button onClick={() => handleSetCount(-10)}>-10</button>     ③
      <button onClick={() => handleSetCount(-100)}>-100</button>   ④
      <button onClick={() => handleSetCount(100)}>+100</button>    ⑤
      <button onClick={() => handleSetCount(10)}>+10</button>      ⑥
      <button onClick={() => handleSetCount(1)}>+1</button>        ⑦
    </div>
  );
};
export default Controller;
```

① 버튼에서 클릭 이벤트가 발생하면 호출되는 이벤트 핸들러 handleSetCount를 만듭니다. 이 함수에서는 set 함수 setCount를 호출하는데, 인수로 현재 State(count) 값과 매개변수 value 값을 더해 전달합니다.

②~⑦ 6개의 버튼은 모두 클릭 이벤트가 발생하면 이벤트 핸들러 handleSetCount를 호출합니다. 해당 버튼의 숫자를 인수로 전달합니다.

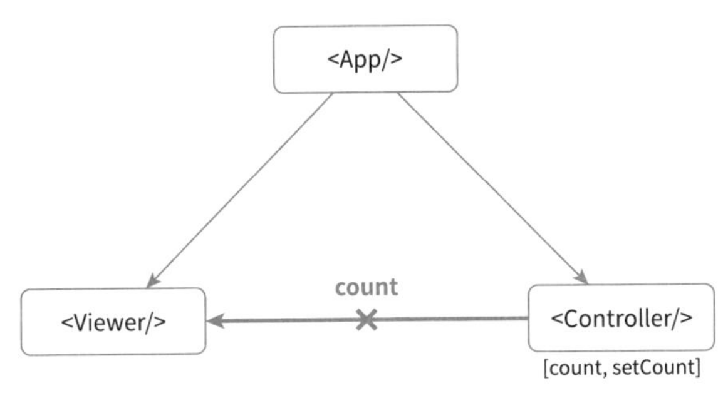

그림 프1-10 Controller 컴포넌트에서 State를 만들 수 없는 이유

버튼을 클릭하면 State는 기존 값에서 해당 버튼의 숫자와 계산한 값으로 변경됩니다. 그러나 여기서도 문제가 있습니다. 변경된 State 값을 Viewer 컴포넌트에 전달할 방법이 없기 때문입니다. 다시 말해 State 변수 count를 Viewer 컴포넌트에 전달해야 하는데, Viewer와 Controller 컴포넌트는 부모-자식 관계가 아니므로 그렇게 할 수 없습니다.

정답: App 컴포넌트

Viewer, Controller 모두 [카운터] 앱의 State가 있을 컴포넌트가 아니라는 것을 확인했습니다. 이번에는 정답인 App 컴포넌트에서 State를 만들고 카운트 기능을 완성하겠습니다

App.js를 다음과 같이 수정합니다.

CODE file : src/App.js

```
import "./App.css";
import { useState } from "react";
import Controller from "./component/Controller";
import Viewer from "./component/Viewer";

function App() {
  const [count, setCount] = useState(0);
  const handleSetCount = (value) => {
    setCount(count + value);
  };

  return (
    <div className="App">
      <h1>Simple Counter</h1>
      <section>
        <Viewer count={count} /> ①
      </section>
      <section>
        <Controller handleSetCount={handleSetCount} /> ②
      </section>
    </div>
  );
}
export default App;
```

① Viewer 컴포넌트에 State 변수 count의 값을 Props로 전달합니다
② Controller 컴포넌트에 State 값을 변경하는 함수 setCount를 Props로 전달합니다

다음에는 Viewer 컴포넌트에서 App에서 받은 Props를 페이지에 렌더링합니다.

CODE file : src/component/Viewer.js

```
const Viewer = ({ count }) => {
  return (
    <div>
      <div>현재 카운트 : </div>
      <h1>{count}</h1>
    </div>
  );
};
export default Viewer;
```

App 컴포넌트에서 받은 Props를 페이지에 렌더링합니다. 5장에서 살펴보았듯이 리액트에서는 부모가 리렌더되거나 전달된 Props가 변경되면 자식 컴포넌트도 자동으로 리렌더됩니다. 따라서 Viewer 컴포넌트는 Props로 받은 State 값이 변경될 때마다 리렌더되어 실시간으로 이 값을 페이지에 렌더링합니다.

다음으로 Controller.js를 다음과 같이 수정합니다.

CODE file : src/component/Controller.js

```
const Controller = ({ handleSetCount }) => {
  return (
    <div>
      <button onClick={() => handleSetCount(-1)}>-1</button>
      <button onClick={() => handleSetCount(-10)}>-10</button>
      <button onClick={() => handleSetCount(-100)}>-100</button>
      <button onClick={() => handleSetCount(100)}>+100</button>
      <button onClick={() => handleSetCount(10)}>+10</button>
      <button onClick={() => handleSetCount(1)}>+1</button>
    </div>
  );
};
export default Controller;
```

App 컴포넌트에서 함수 handleSetCount를 받아 버튼의 이벤트 핸들러로 사용합니다. 버튼을 클릭하면 함수 handleSetCount를 호출하는데, 이 함수는 App 컴포넌트의 State 값을 업데이트합니다.

저장하고 카운트 기능이 잘 구현되는지 확인합니다

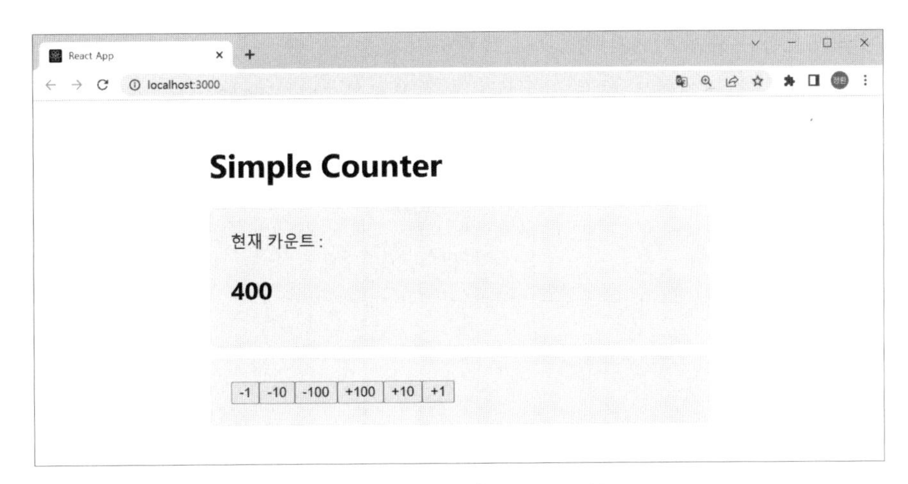

그림 프1-11 [카운터] 앱의 최종 구현

지금까지 카운트 기능을 구현하려면 State를 `App` 컴포넌트에서 만들어야 한다는 점을 살펴보았습니다. 그 이유를 다시 정리하면 State 값은 `Viewer` 컴포넌트, set 함수는 `Controller` 컴포넌트에 전달해야 하기 때문입니다. 리액트는 State 값이나 set 함수를 여러 컴포넌트에서 사용하는 경우, 이들을 상위 컴포넌트에서 관리합니다. 리액트에서는 이 기능을 다른 말로 'State 끌어올리기(State Lifting)'라고 합니다.

리액트답게 설계하기

리액트는 규모가 크고 빠른 웹 애플리케이션을 만들기 좋은 기술입니다. 이를 위해 리액트가 권장하는 애플리케이션 설계 방식에 대해 살펴보겠습니다.

리액트에서 컴포넌트 간에 데이터를 전달할 때는 Props를 사용하는데, 전달 방향은 언제나 부모로부터 자식에게 전달하는 방식입니다. 리액트의 이러한 데이터 전달 특징을 '단방향 데이터 흐름'이라고 합니다.

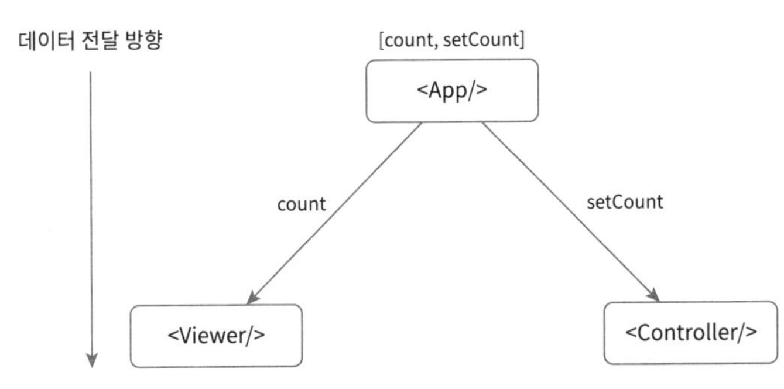

그림 프1-12 리액트에서 데이터의 전달 방향

데이터를 항상 아래로 전달하는 단방향 데이터 흐름은 모든 자동차가 같은 방향으로만 달리는 일방통행 차선을 연상하게 합니다. 모든 자동차가 한 방향으로만 달린다면, 초보 운전자 입장에서는 운전하기가 수월하며, 교통 상황도 한눈에 확인할 수 있어 편합니다. 리액트의 단방향 데이터 전달은 데이터의 흐름을 쉽게 이해할 수 있어, 관리하기에 좋습니다.

반면 State를 변경하는 이벤트는 자식에서 부모를 향해 역방향으로 전달되어야 합니다.

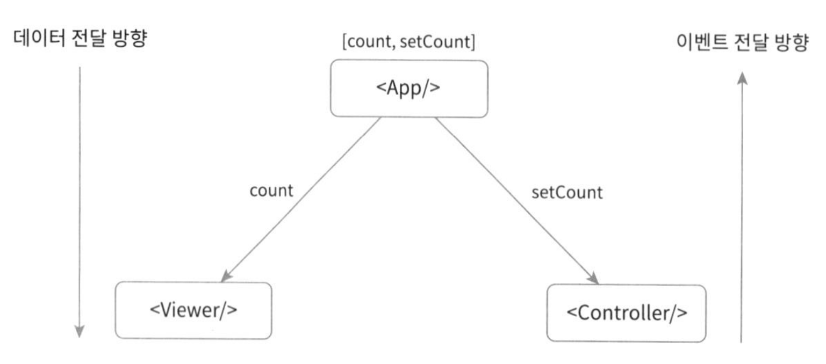

그림 프1-13 리액트에서 이벤트의 전달 방향

이번에 만들어본 간단한 [카운터] 앱에서는 `Controller` 컴포넌트에 있는 버튼 요소를 클릭할 때마다 App 컴포넌트의 State를 업데이트하는 이벤트가 발생합니다. App 컴포넌트는 자신이 관리하는 State를 변경하는 함수를 Props로 전달해 자식이 부모의 State를 대신 업데이트하게 했습니다. 결론적으로 리액트 앱을 설계할 때는 데이터는 위에서 아래로, 이벤트는 아래에서 위로 향하도록 설계해야 합니다.

이번 장에서는 간단한 [카운터] 앱을 만드는 프로젝트를 진행했고 리액트답게 설계하는 방법도 알아보았습니다. 이번 장에서 만든 [카운터] 앱은 6장에서 사용할 예정이니 삭제하지 않습니다.

6장

라이프 사이클과 리액트 개발자 도구

이 장에서 주목할 키워드

- 라이프 사이클
- 마운트, 업데이트, 언마운트
- useEffect
- 라이프 사이클 제어
- 클린업
- 리액트 개발자 도구
- 컴포넌트 트리 살펴보기
- 리렌더 하이라이트

이 장의 학습 목표

- 컴포넌트의 라이프 사이클에 대해 알아봅니다.
- 리액트 앱을 효과적으로 사용할 수 있는 리액트 개발자 도구를 알아봅니다.

리액트 컴포넌트의 라이프 사이클

사람의 인생처럼 리액트 컴포넌트도 태어나고 사라지는 생애주기가 있습니다. 이를 다른 말로 라이프 사이클이라고 합니다. 리액트 컴포넌트의 라이프 사이클은 크게 3단계로 구분합니다. [그림 6-1]은 리액트 컴포넌트의 3단계 라이프 사이클을 도식화한 것입니다.

그림 6-1 리액트 컴포넌트의 라이프 사이클 3단계

리액트 컴포넌트의 라이프 사이클은 크게 마운트(Mount, 탄생), 업데이트(Update, 갱신), 언마운트(Unmount, 사망)로 구분합니다.

- 마운트(Mount): 컴포넌트를 페이지에 처음 렌더링할 때
- 업데이트(Update): State나 Props의 값이 바뀌거나 부모 컴포넌트가 리렌더해 자신도 리렌더될 때
- 언마운트(Unmount): 더 이상 페이지에 컴포넌트를 렌더링하지 않을 때

라이프 사이클을 이용하면 컴포넌트가 처음 렌더링될 때 특정 동작을 하도록 만들거나, 업데이트할 때 적절한지 검사하거나, 페이지에서 사라질 때 메모리를 정리하는 등 여러 유용한 작업을 단계에 맞게 할 수 있습니다. 이를 라이프 사이클 제어(Lifecylcle Control)라고 합니다. 리액트 훅의 하나인 함수 `useEffect`를 이용하면 이 사이클을 쉽게 제어할 수 있습니다.

useEffect

함수 `useEffect`는 어떤 값이 변경될 때마다 특정 코드를 실행하는 리액트 훅입니다. 이를 "특정 값을 검사한다"라고 표현합니다. 예컨대 `useEffect`를 이용하면 컴포넌트의 State 값이 바뀔 때마다 변경된 값을 콘솔에 출력하게 할 수 있습니다.

첫 번째 프로젝트로 만든 카운터 앱을 수정하면서 함수 useEffect를 어떻게 사용하는지 알아보겠습니다.

하나의 값 검사하기

[카운터] 앱의 App 컴포넌트에서 State 변수 count의 값이 바뀌면, 변경된 값을 콘솔에 출력하겠습니다. 비주얼 스튜디오 코드에서 첫 번째 프로젝트로 만든 project1 폴더를 엽니다.

App.js를 다음과 같이 수정합니다.

CODE file : src/App.js

```
import { useEffect, useState } from "react"; ①
(...)

function App() {
  const [count, setCount] = useState(0);
  const handleSetCount = (value) => {
    setCount(count + value);
  };

  useEffect(() => { ②
    console.log("count 업데이트: ", count);
  }, [count]);

  return (
    <div className="App">
      <h1>Simple Counter</h1>
      <section>
        <Viewer count={count} />
      </section>
      <section>
        <Controller handleSetCount={handleSetCount} />
      </section>
    </div>
  );
}
export default App;
```

① 함수 useEffect를 사용하기 위해 react 라이브러리에서 불러옵니다.
② useEffect를 호출하고 두 개의 인수를 전달합니다. 첫 번째 인수로 콜백 함수를, 두 번째 인수로 배열을 전달합니다.

[useEffect의 용법]

```
useEffect(callback, [deps])
```

콜백 함수 의존성 배열

두 번째 인수로 전달한 배열을 의존성 배열(Dependency Array, 줄여서 deps)이라고 하는데, useEffect는 이 배열 요소의 값이 변경되면 첫 번째 인수로 전달한 콜백 함수를 실행합니다.

코드에서 useEffect의 의존성 배열 요소에 State 변수 count가 있으므로, 이 값이 바뀌면 콜백 함수가 실행됩니다. 콜백 함수는 콘솔에 count 업데이트라는 문자열과 함께 변경된 State 값을 출력합니다.

저장하고 개발자 도구의 콘솔을 확인합니다.

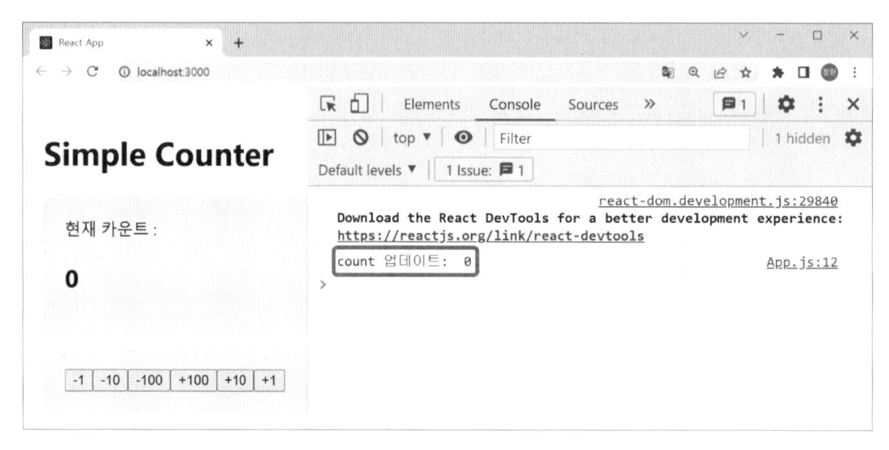

그림 6-2 useEffect 사용하기

count 업데이트: 0이 콘솔에 출력됩니다. 아직 State 값을 변경한 적이 없음에도 콘솔에서 문자열을 출력한 이유는 State 값을 초기화할 때도 useEffect가 이 변화를 감지하기 때문입니다.

이번에는 〈+10〉 버튼을 5번 누른 다음 개발자 도구의 콘솔을 확인합니다.

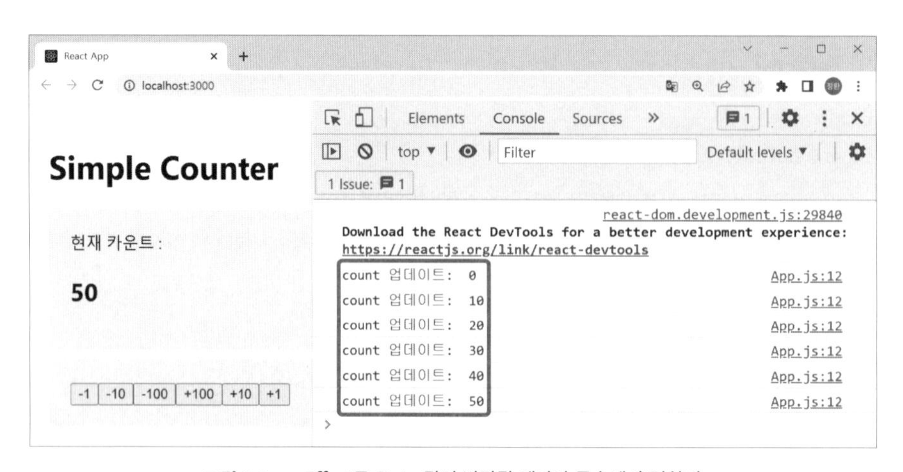

그림 6-3 useEffect로 State 값이 변경될 때마다 콘솔에 출력하기

버튼을 클릭할 때마다 useEffect에 인수로 전달한 콜백 함수가 실행되어, 변경된 State 값을 콘솔에 출력합니다. 이렇듯 useEffect를 이용하면 특정 값이 바뀔 때마다 여러분이 원하는 코드를 실행하도록 만들 수 있습니다.

여러 개의 값 검사하기

useEffect의 의존성 배열 요소가 여러 개 있어도 마찬가지입니다. 즉, 배열 요소 중 하나가 변경되어도 useEffect는 콜백 함수를 실행합니다.

현재 카운터 앱의 App 컴포넌트에는 State 변수 count 외에는 변경할 수 있는 값이 없습니다. 따라서 임시로 입력 폼을 추가하고, 이 폼에 입력한 데이터를 처리하는 text라는 이름의 State 변수를 하나 더 만들겠습니다.

App 컴포넌트를 다음과 같이 변경합니다.

CODE　　file : src/App.js

```
(...)
function App() {
  const [count, setCount] = useState(0);
  const [text, setText] = useState(""); ①
  const handleSetCount = (value) => {
    setCount(count + value);
  };
  const handleChangeText = (e) => {  ②
    setText(e.target.value);
  };

  useEffect(() => {
    console.log("count 업데이트: ", count);
  }, [count]);

  return (
    <div className="App">
      <h1>Simple Counter</h1>
      <section>
        <input value={text} onChange={handleChangeText} /> ③
      </section>
      (...)
    </div>
  );
}
export default App;
```

① useState를 이용해 State 변수 text를 만듭니다.

② onChange 이벤트 핸들러 함수 handleChangeText를 만듭니다.

③ 새로운 <section> 태그로 페이지의 영역을 나누고, 텍스트 입력 폼을 생성합니다. 사용자 입력을 처리하기 위한 value 속성에 State 변수 text를 전달하고, onChange 이벤트 핸들러로 함수 handleChangeText를 지정합니다.

저장하고 새롭게 만든 입력 폼을 페이지에서 잘 렌더링하는지 확인합니다.

그림 6-4 카운터 앱에 새로운 텍스트 입력 폼 추가하기

정상적으로 입력 폼이 만들어졌습니다.

이제 text 값이 변경되어도 useEffect가 콜백 함수를 실행해야 합니다. App 컴포넌트를 다음과 같이 수정합니다.

CODE file : src/App.js

```
(...)
function App() {
  (...)
  useEffect(() => {
    console.log("업데이트: ", text, count); ①
  }, [count, text]);                        ②
  (...)
}
export default App;
```

① useEffect의 콜백 함수가 실행되면 State 변수 text와 count 값을 콘솔에 출력합니다.

② useEffect에 전달하는 의존성 배열에 변수 text를 요소로 추가합니다.

이제 State 변수 text의 값이 바뀌어도 콜백 함수를 실행할 겁니다.

저장하고 새로 만든 텍스트 입력 폼에서 'hi'라는 문자열을 입력합니다. 그리고

〈+10〉 버튼을 두 번 클릭합니다. 2개의 State 값이 변할 때, 개발자 도구의 콘솔에서는 어떤 변화가 있는지 직접 확인합니다.

TIP
페이지에서 새로고침(F5) 키를 누르면 프로젝트 페이지와 콘솔 모두 초기화됩니다. 실습 과정에서 적절히 새로고침하여 기존에 쌓인 작업을 제거하는 게 보기 편합니다.

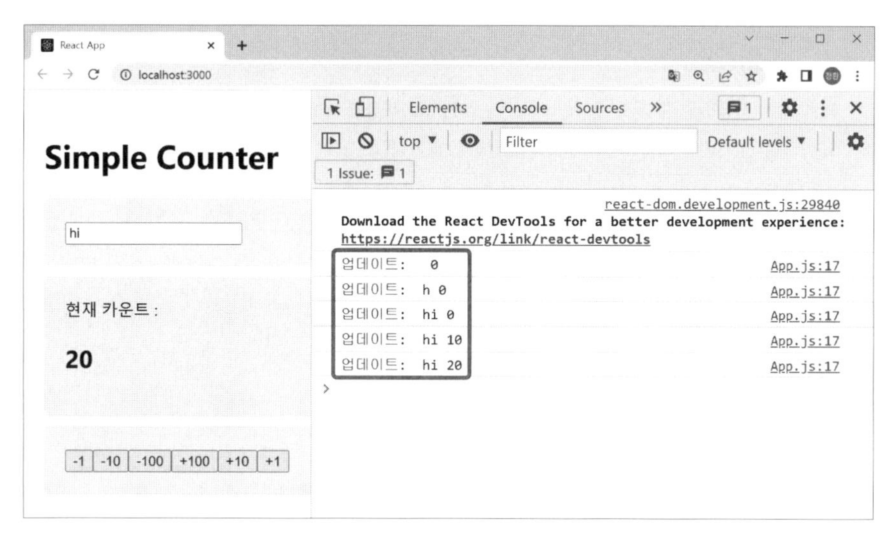

그림 6-5 useEffect로 2개의 값 검사하기

두 개의 State 값이 변할 때마다 콘솔에 값을 출력합니다.

useEffect로 라이프 사이클 제어하기

이번에는 useEffect로 컴포넌트 라이프 사이클을 어떻게 제어하는지 살펴보겠습니다.

컴포넌트의 3단계 라이프 사이클 중 업데이트(Update)가 발생하면 특정 코드를 실행하겠습니다.

App 컴포넌트를 다음과 같이 수정합니다.

CODE file : src/App.js

```
(...)
function App() {
  const [count, setCount] = useState(0);
  const [text, setText] = useState("");

  const handleSetCount = (value) => {
    setCount(count + value);
  };
  const handleChangeText = (e) => {
    setText(e.target.value);
  };
```

```
  useEffect(() => { ①
    console.log("컴포넌트 업데이트");
  });
  (...)
}
export default App;
```

> ① 앞서 작성했던 함수 useEffect 코드는 삭제하고 새롭게 useEffect를 생성합니다. 이때 두 번째 인수인 의존성 배열에는 아무것도 전달하지 않습니다.

저장하고 〈+10〉 버튼을 2번 누른 다음, 개발자 도구의 콘솔을 확인합니다.

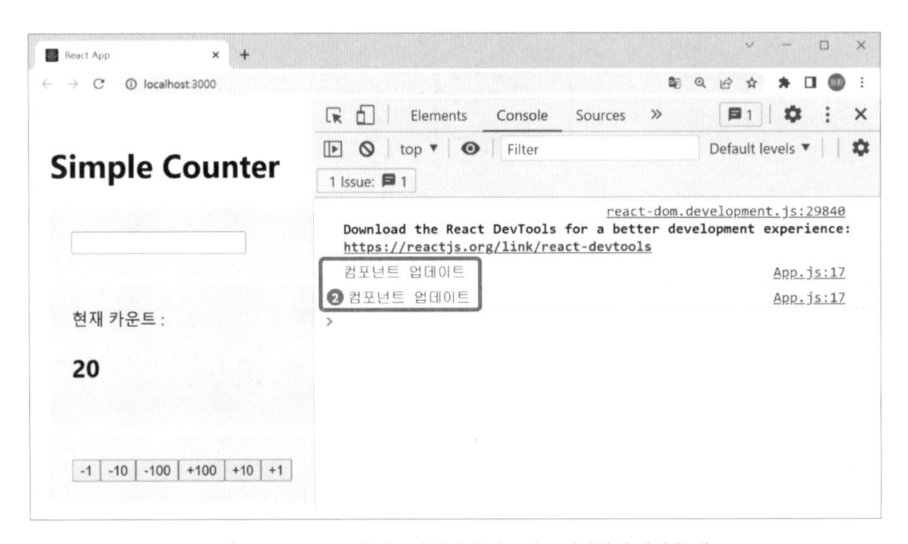

그림 6-6 useEffect의 의존성 배열에 아무것도 전달하지 않았을 때

두 번째 요소인 의존성 배열에 아무것도 전달하지 않으면, useEffect는 컴포넌트를 렌더링할 때마다 콜백 함수를 실행합니다. 세 번에 걸친 문자열 출력은 컴포넌트를 처음 페이지에 렌더링하는 마운트 시점 한 번과 컴포넌트를 리렌더하는 업데이트 시점 두 번의 결과입니다.

이번에는 useEffect에서 마운트 시점은 제외하고 업데이트 시점에만 콜백 함수를 실행하겠습니다. 즉, 페이지에 처음 렌더링할 때는 콜백 함수를 실행하지 않고 리렌더될 때만 실행하겠다는 뜻입니다. 이를 위해 함수 useRef도 이용합니다.

App.js를 다음과 같이 수정합니다.

CODE file : src/App.js

```
import { useRef, useEffect, useState } from "react"; ①
(...)
```

```
function App() {
  (...)

  const didMountRef = useRef(false); ②

  useEffect(() => { ③
    if (!didMountRef.current) {
      didMountRef.current = true;
      return;
    } else {
      console.log("컴포넌트 업데이트!");
    }
  });

  return (
    (...)
  );
}
export default App;
```

> ① useRef를 사용하기 위해 react 라이브러리에서 불러옵니다.
>
> ② 현재 App 컴포넌트를 페이지에 마운트했는지 판단하는 변수 didMountRef를 Ref 객체로 생성합니다. 초깃값으로 false를 설정합니다. Ref 객체는 돔 요소를 참조하는 것뿐만 아니라 컴포넌트의 변수로도 자주 활용됩니다.
>
> ③ 컴포넌트 마운트 시점에는 콘솔에 '컴포넌트 업데이트' 문자열을 출력하지 않도록 조건문을 추가합니다.

useEffect의 콜백 함수에 조건문을 추가했습니다. 이 코드를 좀 더 자세히 살펴보겠습니다.

```
useEffect(() => {            ①
  if (!didMountRef.current) { ②
    didMountRef.current = true;
    return;
  } else { ③
    console.log("컴포넌트 업데이트!");
  }
});
```

> ① 의존성 배열로 아무것도 전달하지 않았으므로, 콜백 함수는 마운트 시점에도 실행되어야 합니다.
>
> ② 조건문에서 변수 didMountRef의 값을 검사합니다. 이 변수는 컴포넌트가 마운트했는지를 판단할 때 사용하는데, 초깃값으로 false를 설정했습니다. 따라서 콜백 함수를 처음 렌더링하는 마운트 시점에는 조건식이 참(!false=true)이 되어 if 문을 수행합니다. if 문에서는 변수 didMountRef의 값을 true로 바꾸고(마운트가 됐음을 표시), return 문으로 함수를 종료합니다.
>
> ③ 변수 didMountRef의 값이 false가 아니라면(true라면), 콜백 함수의 호출은 마운트 시점이 아닙니다. 따라서 콘솔에서 '컴포넌트 업데이트' 문자열을 출력합니다.

정리하자면 useEffect에서 의존성 배열을 인수로 전달하지 않으면 마운트, 업데이트 시점 모두 콜백 함수를 호출합니다. 그러나 코드처럼 콜백 함수 내부에서 조건문과 Ref 객체로 특정 시점에만 코드를 실행하게 만들 수 있습니다. 즉, 마운트 시점(didMountRef=false)에 호출하면 아무것도 출력하지 않고 함수를 종료하고, 업데이트 시점(didMountRef=true)에 호출하면 문자열을 콘솔에 출력합니다.

〈+10〉 버튼을 2번 누른 다음 개발자 도구의 콘솔을 확인합니다.

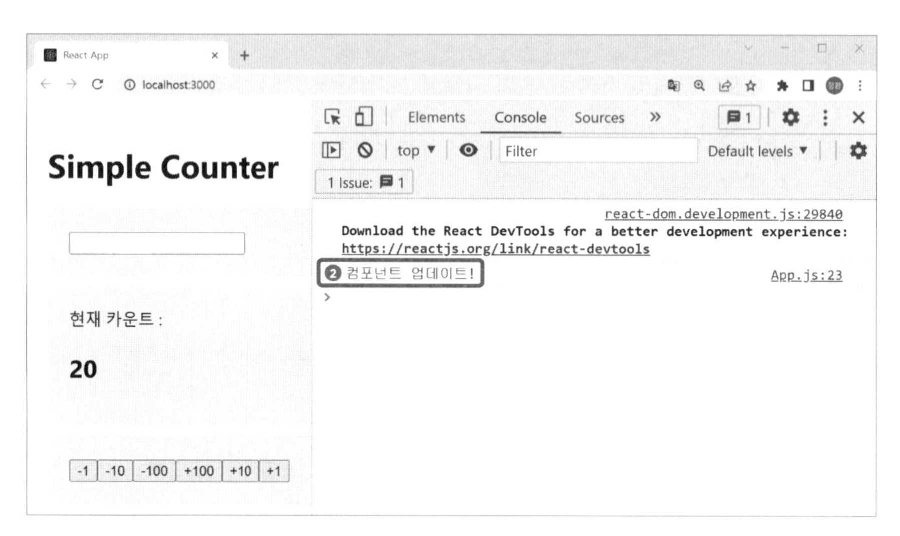

그림 6-7 컴포넌트의 업데이트 시점에만 원하는 코드 실행하기

업데이트 시점에만 콘솔에 '컴포넌트 업데이트' 문자열을 출력합니다.

컴포넌트의 마운트 제어하기

이번에는 컴포넌트의 마운트 시점에 실행되는 코드를 작성하겠습니다. 이를 "컴포넌트의 마운트를 제어한다"라고 표현합니다.

App 컴포넌트를 다음과 같이 수정합니다.

CODE file : src/App.js

```
(...)
function App() {
  (...)
  const didMountRef = useRef(false);

  useEffect(() => {
    if (!didMountRef.current) {
      didMountRef.current = true;
      return;
```

```
    } else {
      console.log("컴포넌트 업데이트!");
    }
  });

  useEffect(() => { ①
    console.log("컴포넌트 마운트");
  }, []);

  return (
    (...)
  );
}
export default App;
```

> ① 함수 useEffect를 하나 더 만들고 의존성 배열에는 빈 배열을 전달합니다. useEffect에서 빈 배열을 전달하면 컴포넌트의 마운트 시점에만 콜백 함수를 실행합니다.

저장하고 〈+100〉 버튼을 3번 누른 다음, 개발자 도구의 콘솔을 확인합니다.

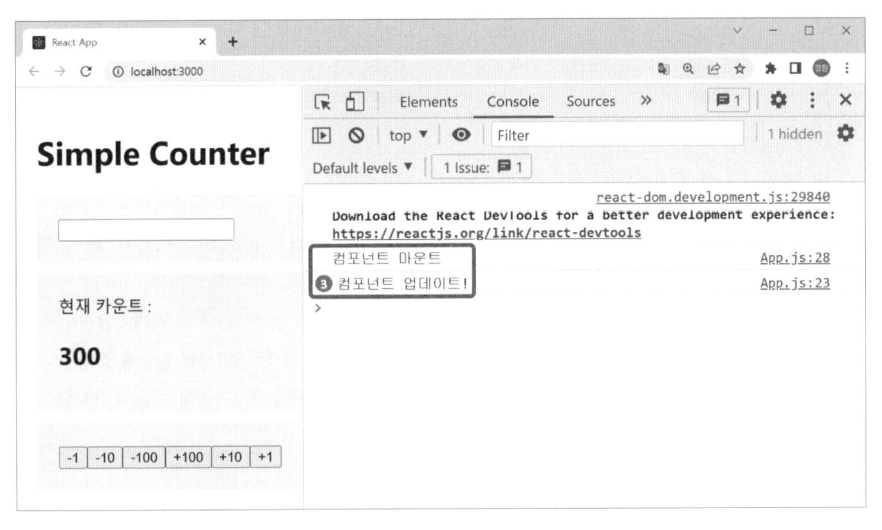

그림 6-8 useEffect를 이용해 컴포넌트 마운트 제어하기

App 컴포넌트는 처음에만 마운트하므로 **컴포넌트 마운트** 문자열은 한 번만 출력됩니다.

컴포넌트 언마운트 제어하기

라이프 사이클의 마지막 단계인 언마운트는 컴포넌트가 페이지에서 제거될 때입니다. 컴포넌트 언마운트 시점에 필요한 코드 실행 방법을 살펴보겠습니다.

클린업

리액트 컴포넌트의 언마운트 시점을 제어하기 위해서는 먼저 클린업(Cleanup) 기능을 이해해야 합니다. 클린업이란 원래 '청소'라는 뜻입니다. 프로그래밍에서 이 개념은 특정 함수가 실행되고 종료된 후에, 미처 정리하지 못한 사항을 처리하는 일입니다. 개념을 완벽히 이해하지 않아도 괜찮습니다. 실습하면서 언제 클린업 개념이 필요한지 정도만 이해해도 충분합니다.

먼저 App 컴포넌트에서 다음과 같이 함수 useEffect를 한 번 더 호출합니다.

CODE file : src/App.js

```
(...)
function App() {
  (...)
  useEffect(() => { ①
    setInterval(() => { ②
      console.log("깜빡");
    }, 1000);
  });

  return (
   (...)
  };
}
export default App;
```

> ① useEffect를 호출하고 의존성 배열은 전달하지 않습니다. 따라서 App 컴포넌트를 렌더링할 때마다 첫 번째 인수로 전달한 콜백 함수가 실행됩니다.
>
> ② useEffect의 콜백 함수는 다시 함수 setInterval을 호출합니다. setInterval은 자바스크립트 내장 함수로 두 번째 인수인 밀리초 시간이 경과하면 첫 번째 인수로 전달한 콜백 함수를 실행합니다. 즉 인터벌(Interval, 시간 간격)을 설정하는 함수입니다. 결과적으로 1초마다 콘솔에 문자열 **깜빡**을 출력합니다.

저장한 다음, 개발자 도구의 콘솔을 확인하면 [그림 6-9]처럼 1초마다 문자열 **깜빡**이 출력되는 걸 볼 수 있습니다.

페이지에서 ⟨+1⟩ 또는 ⟨-1⟩ 버튼을 빠른 속도로 연속 클릭합니다. 빠르게 연속 클릭해 State(count) 값을 변경하면, [그림 6-10]처럼 App 컴포넌트가 여러 번 리렌더됩니다. 그런데 함수 setInterval에서 정한 인터벌(1초)이 아닌 매우 빠른 속도로 **깜빡** 문자열이 콘솔에 출력되는 현상을 볼 수 있습니다.

분명 1초마다 문자열을 콘솔에 출력하도록 인터벌을 정했는데, 갑자기 빠르게 출력되는 이유가 무엇일까요? 두 가지 이유가 복합적으로 얽혀 있기 때문입니다.

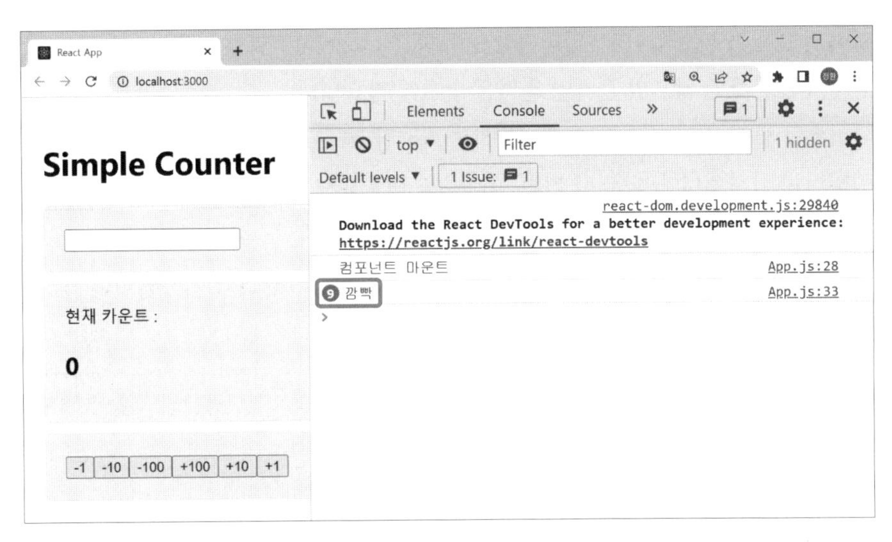

그림 6-9 함수 useEffect로 '깜빡' 문자열 콘솔에 출력

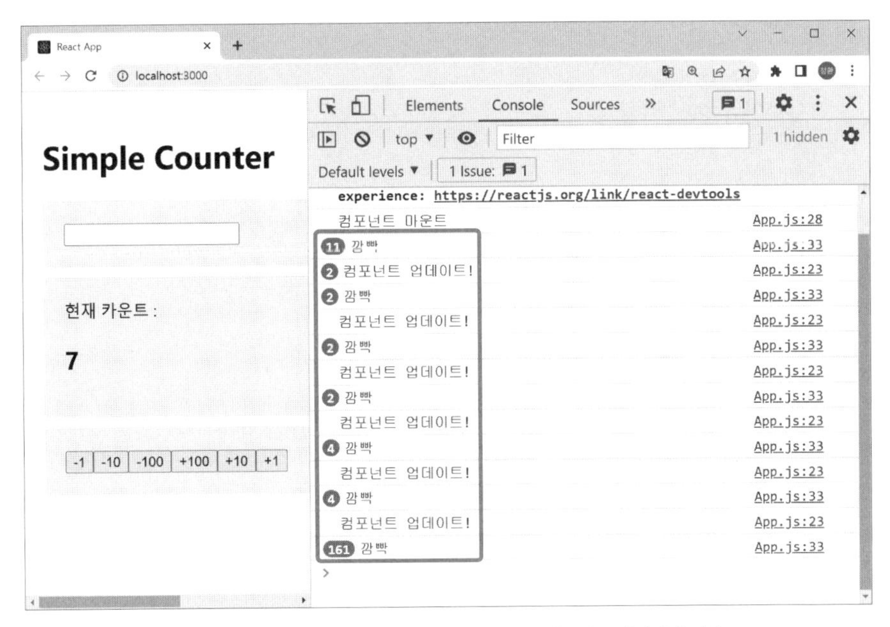

그림 6-10 버튼을 클릭해 새 인터벌을 생성하면 빠르게 문자열이 출력됨

하나는 App 컴포넌트를 렌더링할 때마다 useEffect의 콜백 함수는 새로운 setInterval 함수를 만들고 새 인터벌을 생성한다는 점입니다. useEffect의 두 번째 인수로 아무것도 전달하지 않았기 때문에, 버튼을 클릭해 State를 변경하면 새 인터벌 함수를 생성합니다. 또 하나는 함수 setInterval에서 인터벌을 생성한 다음에 이를 종

료하지 않았기 때문입니다. 인터벌을 종료하는 clearInterval이라는 또 다른 내장 함수를 호출하지 않으면 문자열 출력은 멈추지 않습니다.

버튼을 클릭해 State 값을 업데이트하면 App 컴포넌트가 리렌더될 때마다 새로운 인터벌이 생성됩니다. 그러나 기존 인터벌을 종료하지 않았기 때문에 여러 개의 인터벌이 중복으로 만들어져 출력 속도가 빨라지게 됩니다.

이럴 때 요긴하게 사용하는 기능이 바로 useEffect의 클린업 기능입니다. 앞서 작성한 useEffect를 다음과 같이 수정합니다.

CODE file : src/App.js

```
(...)
function App() {
  (...)
  useEffect(() => {
    const intervalID = setInterval(() => { ①
      console.log("깜빡");
    }, 1000);

    return () => { ②
      console.log("클린업");
      clearInterval(intervalID); ③
    };
  });

  return (
    (...)
  );
}
export default App;
```

> ① 함수 setInterval은 새 인터벌을 생성하면 인터벌 식별자(id)를 반환합니다. 이 id를 변수 intervalID에 저장합니다.
>
> ② useEffect에 인수로 전달한 콜백 함수가 새 함수를 반환하도록 합니다. 이 함수는 클린업 함수로서 useEffect의 콜백 함수가 실행되기 전이나 컴포넌트가 언마운트하는 시점에 실행됩니다.
>
> ③ 클린업 함수는 clearInterval을 호출합니다. 인수로 ①에서 생성한 인터벌 식별자를 전달해 앞서 생성한 인터벌을 삭제합니다.

정리하면 useEffect의 콜백 함수가 반환하는 함수를 클린업 함수라고 합니다. 이 함수는 콜백 함수를 다시 호출하기 전에 실행됩니다. 따라서 컴포넌트를 렌더링할 때마다 새 인터벌을 생성하고 기존 인터벌은 삭제합니다.

이제 코드를 저장하고 페이지를 새로고침합니다. 〈+1〉 또는 〈-1〉 버튼을 빠르게 클릭해 App 컴포넌트를 리렌더해도 인터벌이 중복해서 만들어지지 않는지 확인합니다.

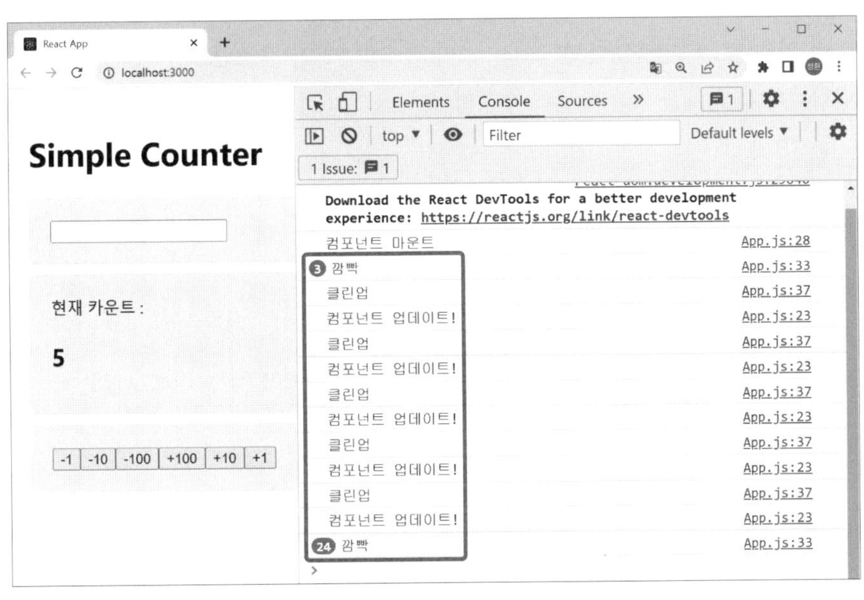

그림 6-11 새 인터벌을 생성하면서 기존 인터벌은 삭제

이렇듯 useEffect의 콜백 함수가 또 다른 함수를 반환하는 클린업 기능을 이용하면 인터벌같이 종료 이후에도 남아 있는 작업을 청소할 수 있습니다. 다음 실습을 위해 이번 단원에서 작성한 useEffect는 모두 삭제 또는 주석 처리합니다.

클린업을 이용해 컴포넌트 언마운트 제어하기

클린업 기능을 살펴보았으니 이를 이용해 컴포넌트가 페이지에서 사라질 때 원하는 코드를 실행하는 '컴포넌트 언마운트'에 대해 살펴보겠습니다.

현재 카운터 앱은 페이지에 렌더링한 컴포넌트를 사라지게 하는 기능이 없기 때문에 언마운트를 제어할 수 없습니다. 따라서 카운터 앱에 컴포넌트를 하나 새롭게 만들겠습니다. 이 컴포넌트는 count 값이 짝수면 특정 문자열을 페이지에 렌더링합니다. 이 기능을 조건부 렌더링으로 구현하겠습니다.

TIP 조건부 렌더링 개념을 다시 확인하려면 203~205쪽을 참고하세요.

먼저 새 컴포넌트를 만듭니다. component 폴더에 Even.js를 만들고 다음과 같이 작성합니다.

CODE file : src/component/Even.js

```
function Even() {
  return <div>현재 카운트는 짝수입니다</div>;
}
export default Even;
```

Even 컴포넌트를 만들었다면, count 값이 짝수일 때 이 컴포넌트를 페이지에 렌더링합니다. App.js를 다음과 같이 수정합니다.

CODE file : src/App.js

```
(...)
import Even from "./component/Even"; ①

function App() {
  (...)
  return (
    <div className="App">
      (...)
      <section>
        <Viewer count={count} />
        {count % 2 === 0 && <Even />} ②
      </section>
      (...)
    </div>
  );
}
export default App;
```

① component 폴더의 Even.js에서 Even 컴포넌트를 불러옵니다.

② AND 단락 평가를 이용해 count 값을 2로 나눈 나머지가 0일 때, 즉 State 값이 짝수일 때 Even 컴포넌트를 페이지에 렌더링합니다.

TIP
단락 평가 개념을 다시 확인하려면 74~78쪽을 참고하세요.

AND 단락 평가를 이용하면 조건부 렌더링 코드를 간결하게 작성할 수 있습니다. 예컨대 count % 2 === 0 && <Even/>과 같은 코드에서 AND 연산자 앞의 식이 참이면 연산자 뒤의 Even 컴포넌트를 값으로 반환합니다. 만약 count % 2 === 0의 값이 거짓(false)이면 단락 평가가 이루어져 페이지에는 아무것도 렌더링하지 않습니다.

저장하고 〈+1〉 버튼을 계속 클릭하면서 count 값이 짝수면 Even 컴포넌트를 페이지에 렌더링하는지 확인합니다.

카운트가 짝수일 때

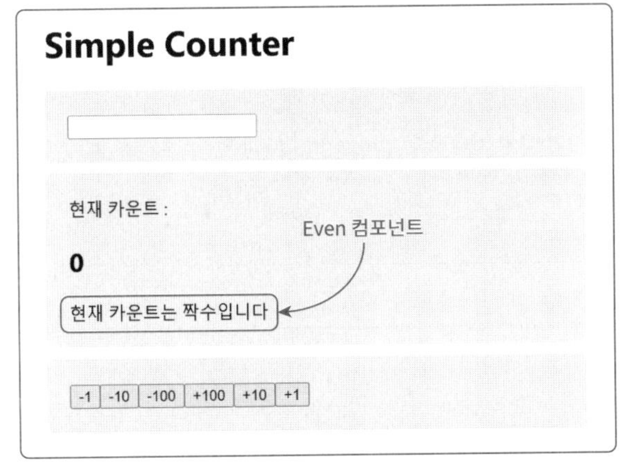

카운트가 홀수일 때

Simple Counter

현재 카운트 :

1

-1 -10 -100 +100 +10 +1

그림 6-12 count 값이 짝수일 때 Even 컴포넌트 렌더링하기

State 값이 짝수일 때만 Even 컴포넌트를 페이지에 렌더링하여 **현재 카운트는 짝수입니다**라는 문자열을 표시합니다. 홀수면 아무런 값도 페이지에 렌더링하지 않습니다.

다음에는 Even 컴포넌트에서 useEffect를 사용해 이 컴포넌트가 언마운트될 때 콘솔에 특정 문자열을 출력하겠습니다. Even 컴포넌트를 다음과 같이 수정합니다.

CODE file : src/component/Even.js

```
import { useEffect } from "react";

function Even() {
  useEffect(() => { ①
    return () => {
      console.log("Even 컴포넌트 언마운트");
    };
  }, []);

  return <div>현재 카운트는 짝수입니다</div>;
}
export default Even;
```

> ① useEffect를 호출하고 의존성 배열로 빈 배열을 전달합니다. 그다음 콜백 함수가 화살표 함수를 반환하게 합니다.

함수 useEffect에 의존성 배열로 빈 배열을 전달하고, 콜백 함수가 함수를 반환하면 이 함수는 컴포넌트의 언마운트 시점에 실행됩니다.

페이지를 새로고침하고 〈+1〉 버튼 클릭해 개발자 도구의 콘솔을 확인합니다.

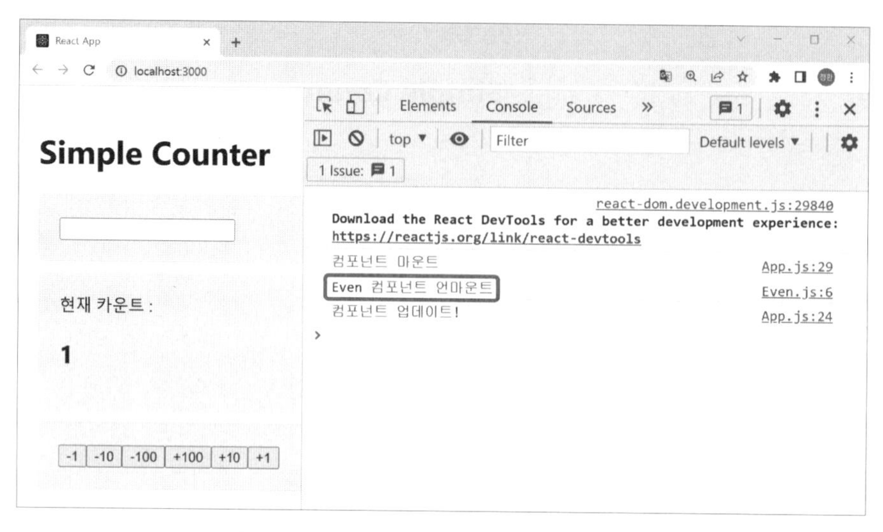

그림 6-13 useEffect를 이용해 컴포넌트 언마운트 제어하기

State 변수 count의 초깃값은 0(짝수)이므로 App의 마운트 시점에 Even 컴포넌트 역시 마운트됩니다. 이 상태에서 〈+1〉 버튼을 클릭하면 State 값이 1(홀수)로 변경됩니다. 따라서 Even 컴포넌트를 언마운트하면서 콘솔에 Even **컴포넌트 언마운트**라는 문자열을 출력합니다.

지금까지 함수 useEffect를 이용해 하나 또는 여러 값을 검사하고, 컴포넌트 라이프 사이클까지 제어했습니다. useEffect는 앞으로도 자주 사용할 리액트 훅입니다. 아직 이해하지 못한 내용이 있다면 천천히 다시 읽으며 숙지하기를 바랍니다.

리액트 개발자 도구

앞선 절에서 useEffect를 이용해 State 값이 바뀌면 콘솔에 그 값을 출력했습니다. 그러나 복잡한 리액트 앱을 개발하는 과정에서 State 값이 변경될 때마다 useEffect를 수정하고 console.log로 확인한다면 이는 무척 번거로운 일이 될 겁니다. 따라서 이번 절에서는 리액트 앱을 개발할 때 매우 유용하게 사용하는 리액트 개발자 도구(React Developer Tools)를 소개하려 합니다.

리액트 개발자 도구 설치하기

리액트 개발자 도구는 확장 도구로서 크롬 브라우저에 설치해 사용합니다. 크롬 확장 프로그램을 설치한 경험이 있는 독자라면 쉽게 설치할 수 있겠지만, 처음 써보는 독자라면 설치 과정이 어려울 수 있으므로 차근차근 살펴보겠습니다.

리액트 개발자 도구를 설치하려면 다음 링크를 클릭하거나 구글 홈페이지에서 'Chrome 웹 스토어'를 검색해 접속합니다.

https://chrome.google.com/webstore

접속하면 [그림 6-14]와 같은 [Chrome 웹 스토어] 페이지가 나옵니다.

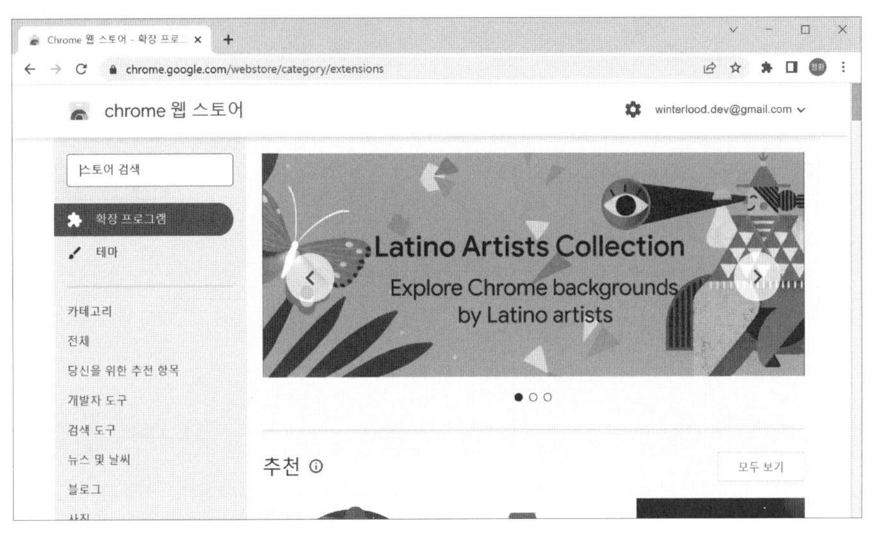

그림 6-14 Chrome 웹 스토어

왼쪽 메뉴 '확장 프로그램 검색' 폼에서 'React Developer Tools'라고 입력하고 Enter 키를 누릅니다. [chrome 웹 스토어] 확장 프로그램 페이지가 나옵니다.

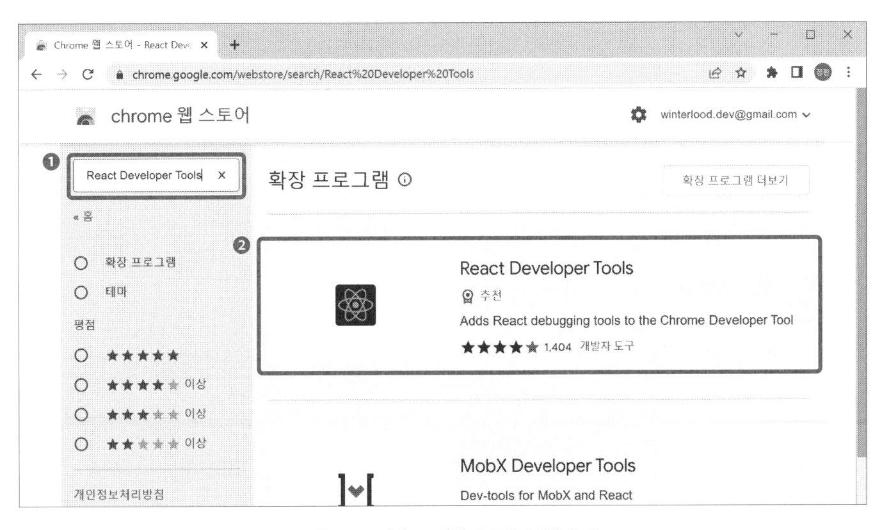

그림 6-15 리액트 개발자 도구 검색하기

검색 결과로 나온 프로그램에서 첫 번째에 있는 React Developer Tools를 클릭합니다.

React Developer Tools 상세 페이지로 이동합니다. 상세 페이지 우측에 보이는 파란색 〈Chrome에 추가〉 버튼을 클릭합니다.

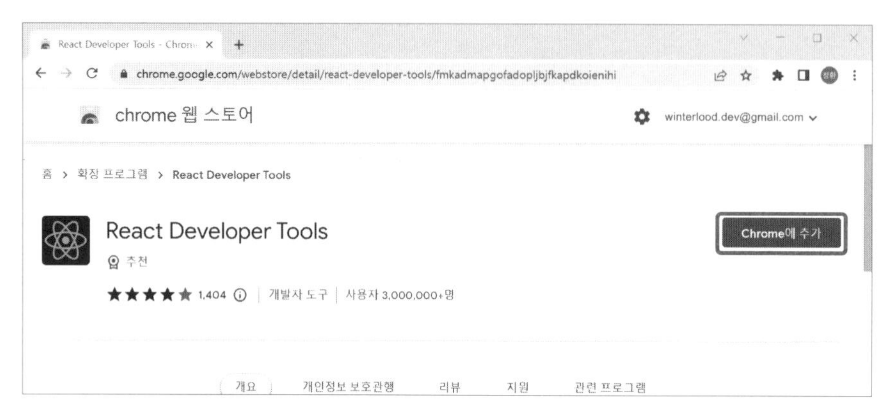

그림 6-16 리액트 개발자 도구 상세 페이지

설치는 바로 진행됩니다. 사용하고 있는 PC 환경에 따라 권한 관련 경고 대화상자가 나타날 수 있는데, 〈확장 프로그램 추가〉 또는 〈권한 모두 허용〉 버튼을 클릭해 설치합니다. 설치를 완료하면 〈Chrome에 추가〉 버튼이 〈Chrome에서 삭제〉 버튼으로 변경됩니다.

모든 설치를 완료했으면 확장 프로그램의 설정을 확인해야 합니다. 크롬 브라우저 우측 상단의 확장 아이콘을 선택하면 나오는 메뉴에서 [도구 더보기]-[확장 프로그램]을 차례로 클릭합니다.

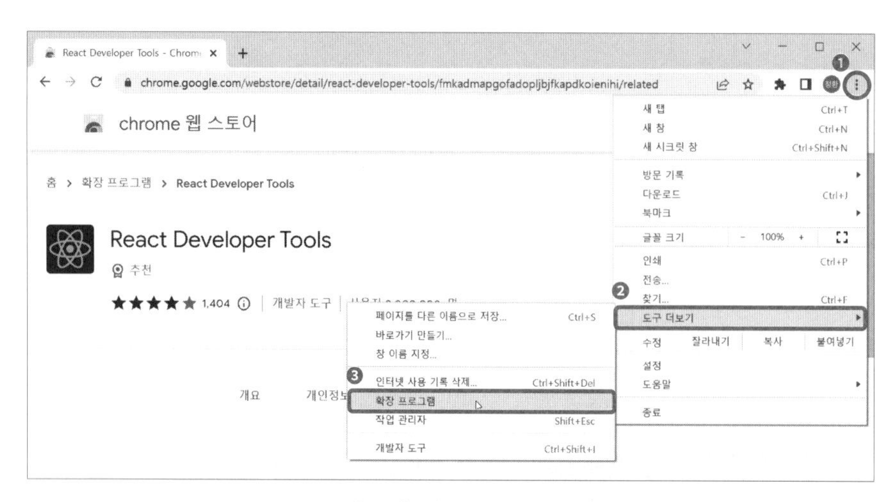

그림 6-17 크롬 브라우저의 확장 프로그램 설정하기

[확장 프로그램] 페이지가 나옵니다. 방금 설치한 React Developer Tools를 찾아 스위치를 On으로 설정한 다음, 〈세부정보〉 버튼을 클릭합니다.

그림 6-18 React Dveloper Tools를 사용하기 위해 스위치 켜기

[세부 정보] 페이지가 나옵니다. 세부 정보 페이지에서 다음과 같이 옵션을 설정합니다.

- 사용: ON
- 사이트 엑세스: 모든 사이트에서
- 시크릿 모드에서 허용: 시크릿 모드에서 리액트 개발자 도구를 사용하려면 ON, 그렇지 않으면 자유롭게 설정합니다. 잘 모르겠다면 ON으로 설정합니다.
- 파일 URL에 대한 엑세스 허용: ON

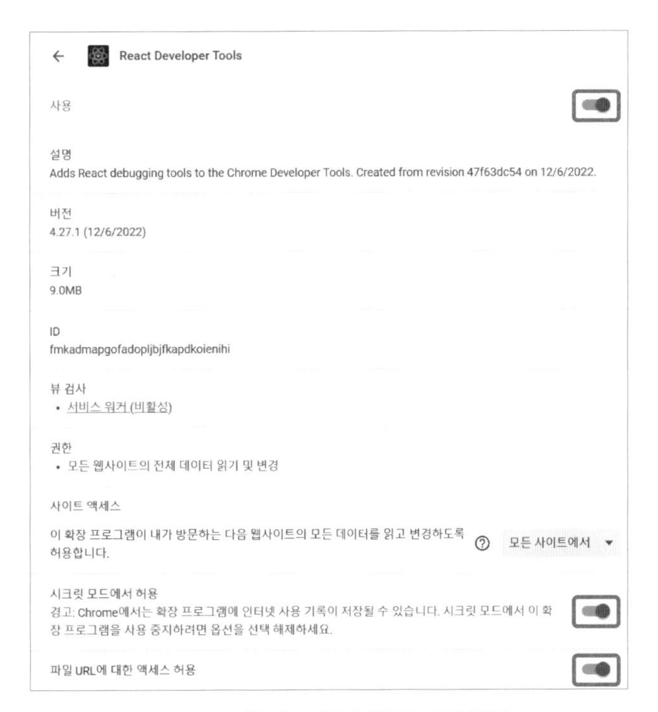

그림 6-19 세부 정보 페이지에서 옵션 설정하기

마지막으로 [그림 6-20]과 같이 브라우저 우측 상단에서 퍼즐 모양으로 생긴 '확장 프로그램' 아이콘을 클릭해 React Developer Tools의 핀을 고정합니다.

핀을 고정하면 크롬 브라우저 우측 상단에 리액트 개발자 도구 아이콘과 현재 상태가 표시되므로 잘 동작하는지 쉽게 확인할 수 있습니다.

그림 6-20 리액트 개발자 도구의 핀 고정하기

설치 확인하기

리액트 개발자 도구가 제대로 설치되었는지 확인하겠습니다. 비주얼 스튜디오 코드에서 첫 번째 프로젝트 카운터 앱을 npm run start로 시작합니다. [그림 6-21]과 같이 크롬 브라우저 우측 상단에 주황색의 리액트 개발자 도구 아이콘이 나타나는지 확인합니다.

리액트 개발자 도구 아이콘이 나타난다면 일단 정상적으로 설치된 겁니다. 이 아이콘을 클릭하면 현재 페이지는 개발 모드에서 리액트를 사용하고 있다고 알려줍니다.

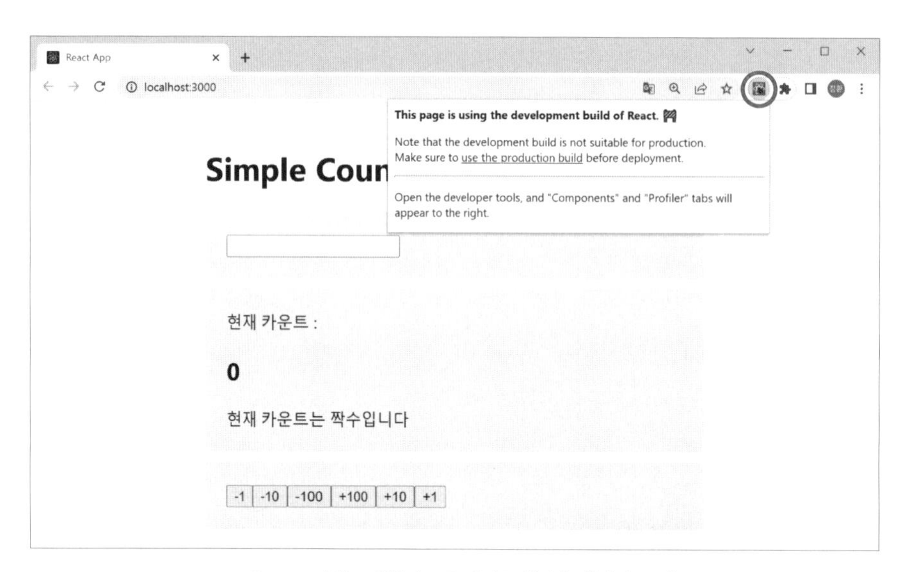

그림 6-21 리액트 개발자 도구 아이콘 확인하기(개발 모드)

만약 아이콘이 나타나지 않는다면 키보드의 F5 키를 눌러 새로고침하거나 브라우저를 종료했다 다시 실행해야 합니다. 그래도 안 된다면 리액트 개발자 도구가 제대로 설치되지 않은 것이니 설치 과정을 처음부터 꼼꼼하게 다시 진행해야 합니다.

아이콘이 잘 나타난다면 개발자 도구를 열고, 탭 메뉴에서 » 모양의 더 보기 아이콘을 클릭합니다. 메뉴에서 [Components]와 [Profiler] 탭이 추가되었는지 확인합니다.

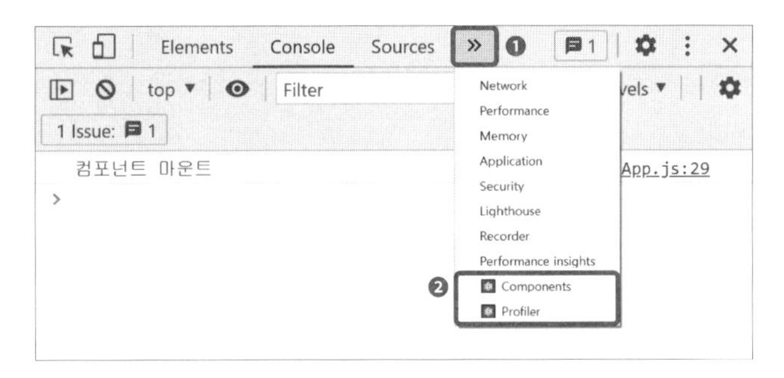

그림 6-22 리액트 개발자 도구가 제공하는 개발자 도구 탭

[Components]와 [Profiler] 탭은 리액트 개발자 도구가 제공하는 기능입니다. 컴포넌트 계층 구조의 확인이나 성능 측정 등 개발에 필요한 유용한 기능들이 있습니다.

[Components] 탭에서는 현재 리액트 앱의 컴포넌트 트리와 각 컴포넌트가 관리하는 State 등의 정보를 확인할 수 있습니다. [Profiler] 탭은 리액트 컴포넌트의 렌더링 성능을 측정합니다. 이 책에서는 [Components] 탭의 기능만을 주로 다룰 예정입니다.

지금까지 문제없이 잘 진행해 왔다면 리액트 개발자 도구를 크롬 브라우저에 정상적으로 설치한 겁니다.

리액트 개발자 도구의 기능 사용하기

설치를 모두 마쳤다면 리액트 개발자 도구가 제공하는 여러 유용한 기능을 실제로 사용해 보겠습니다.

컴포넌트 트리 살펴보기

컴포넌트 트리는 리액트 개발자 도구에서 가장 많이 사용하는 기능입니다. 개발자 도구의 [Components] 탭을 클릭합니다.

[Components] 탭은 [그림 6-23]과 같이 현재 렌더링된 카운터 앱의 컴포넌트 트리를 시각적으로 보여주고 있습니다. 컴포넌트 트리를 보면 `App`를 루트 컴포넌트로 하여 그 아래에 `Viewer`, `Even`, `Controller` 3개의 자식 컴포넌트가 있는 것을 볼 수 있습니다.

App를 클릭하면 해당 컴포넌트의 Props와 State를 실시간으로 모니터링할 수 있습니다. 리액트 훅의 기능인 State, Ref, Effect 등이 표시되는 것도 확인할 수 있습니다.

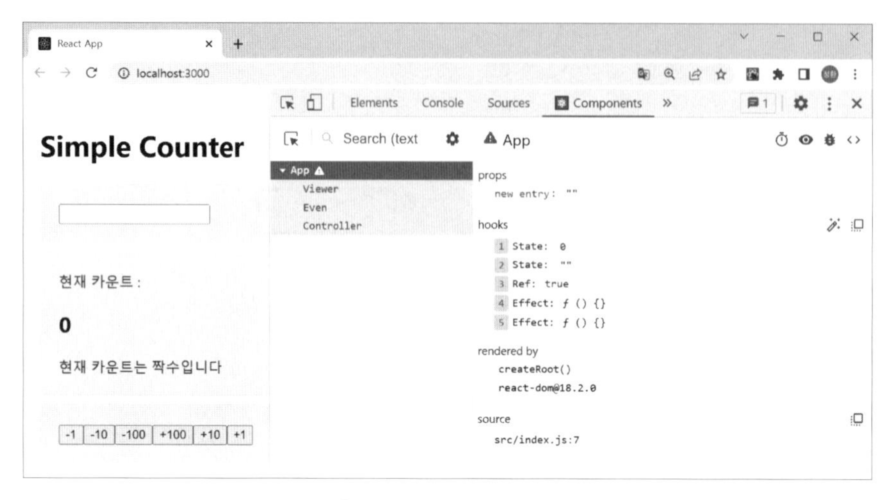

그림 6-23 컴포넌트 트리 살펴보기

State 모니터링하기

[Components] 탭에서 실시간으로 변하는 State 값을 잘 모니터링하는지 살펴보겠습니다.

카운터 앱 페이지에서 ⟨+10⟩ 버튼을 눌러 현재 카운트를 10으로 변경합니다. 계속해서 [Components] 탭에서 App를 클릭해 첫 번째 State 값(변수 count)이 10으로 변경되는지 확인합니다.

그림 6-24 State 변수 count 값 모니터링하기

App 컴포넌트의 State 값이 0에서 10으로 변경되었음을 알 수 있습니다.

Props 모니터링하기

이번에는 Props를 확인하겠습니다. [Components] 탭에서 Viewer 컴포넌트를 클릭합니다.

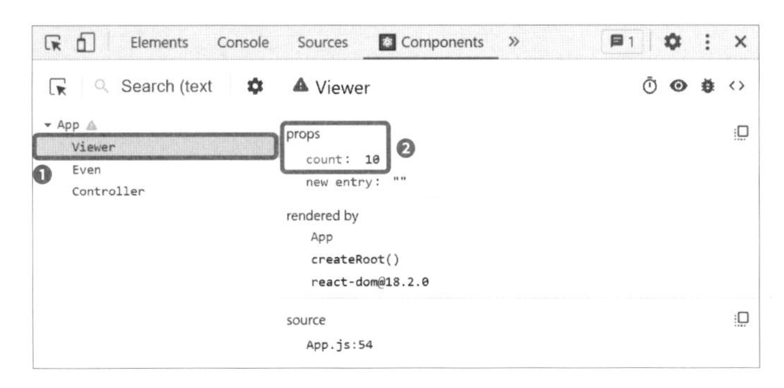

그림 6-25 Viewer 컴포넌트 확인하기

Viewer는 App 컴포넌트가 전달한 State 변수 count를 Props로 받아 페이지에 렌더링하는 컴포넌트입니다. 실습에서 Viewer 컴포넌트는 값 10을 Props로 받는데, 리액트 개발자 도구의 [Components] 탭에도 이 값이 잘 나타나고 있습니다.

리렌더 하이라이트 기능 사용하기

이번에는 리렌더가 발생한 컴포넌트를 하이라이트하는 기능을 사용하겠습니다. 이 기능을 이용하면 어떤 컴포넌트가 의미 없이 리렌더되는지 알 수 있어 향후 렌더링 최적화에 크게 도움을 줍니다. [Components] 탭 검색 폼 옆에 있는 톱니 모양의 View Settings 아이콘을 클릭합니다.

그림 6-26 View Settings 아이콘 클릭하기

View Setting 아이콘을 클릭하면 별도 설정이 가능한 대화상자가 나타납니다. 대화상자 [General] 탭에서 "`Highlight updates when component render.`"라고 쓰여 있는 체크박스에 표시합니다.

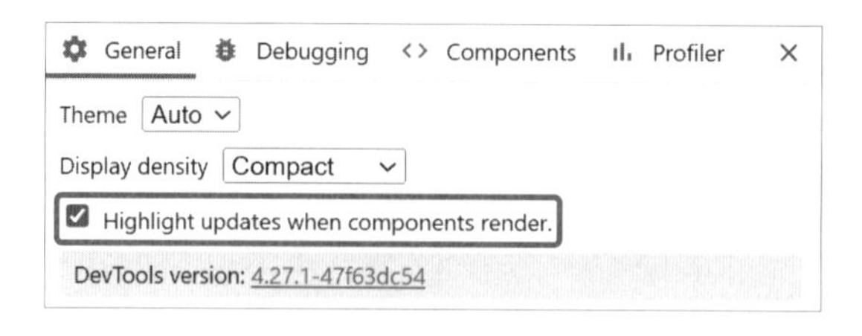

그림 6-27 하이라이트 기능 켜기

이 기능을 활성화하면 컴포넌트를 렌더링할 때마다 하이라이트가 나타납니다.

카운터 State가 어떻게 하이라이트되는지 확인합니다. 설정 대화상자를 닫은 다음, 페이지에서 〈+〉 또는 〈-〉 버튼 중 아무거나 클릭합니다. 마우스 버튼을 빠르게 눌러 State를 계속 업데이트합니다.

카운트 State가 업데이트되어 컴포넌트가 리렌더할 때마다 전체 컴포넌트 영역이 초록색에서 점차 노란색으로 변합니다. 노란색일수록 빠른 시간 내에 많은 리렌더가 발생했다는 의미입니다.

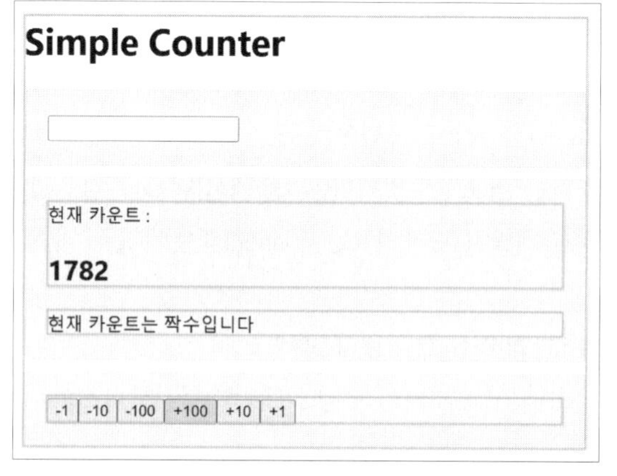

그림 6-28 State를 계속 업데이트하며 리렌더 하이라이트 기능 확인하기

TIP 리렌더 하이라이트 기능은 [Components] 탭이 열려 있어야 확인할 수 있습니다.

앞으로 프로젝트를 진행하면서 리액트 개발자 도구를 이용해 데이터의 변경 사항을 모니터링할 예정입니다. 따라서 이 도구에 대해서는 충분히 숙지해 주길 바랍니다.

project 2

[할 일 관리] 앱 만들기

이 장에서 주목할 키워드

- UI 개발
- 컴포넌트 나누기
- CRUD
- 데이터 모델링
- 목 데이터
- 기능의 흐름
- 기능의 완성도
- key, map, filter

> **이 장의 학습 목표**
> - 두 번째 프로젝트 [할 일 관리] 앱을 만듭니다.
> - 프로젝트에서 요구사항 분석, UI, 기능 구현의 흐름을 이해합니다.
> - CRUD 기능 구현이 무엇인지 이해합니다.

프로젝트 준비하기

프로젝트 구현에 앞서 구현에 필요한 준비 작업을 진행합니다. 프로젝트 1을 준비할 때처럼 먼저 앱의 요구사항을 분석하고, 이를 토대로 필요한 기능을 하나씩 구현하겠습니다.

요구사항 분석하기

[그림 프2-1]은 이번 장에서 만들 [할 일 관리] 앱을 최종적으로 구현한 모습입니다.

최종 구현 페이지에서 보듯이 [할 일 관리] 앱에는 다음과 같은 기능이 있습니다.

1. 오늘의 날짜를 요일, 월, 일, 연도순으로 표시합니다.
2. 할 일(Todo)을 작성하는 입력 폼이 있고, 〈추가〉 버튼을 클릭하면 할 일 아이템을 생성합니다.
3. [할 일 관리] 앱은 생성한 아이템을 페이지 하단에 리스트로 표시하는데, 키워드 검색으로 원하는 할 일만 추출할 수 있습니다.
4. 리스트로 표시하는 낱낱의 할 일 아이템은 일을 마쳤는지 여부를 표시하는 체크박스, 아이템 이름, 등록 날짜, 그리고 〈삭제〉 버튼으로 이루어져 있습니다.

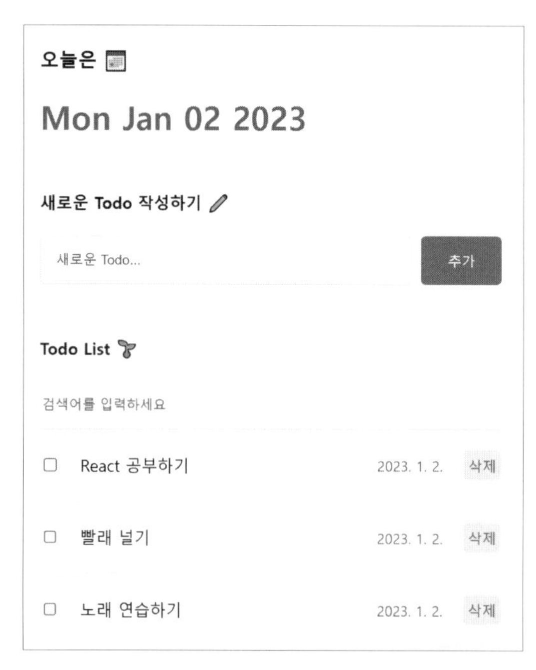

그림 프2-1 [할 일 관리] 앱의 최종 구현 모습

요구사항 분석에 맞게 페이지의 각 UI 요소를 역할에 따라 구분할 수 있도록 컴포넌트 단위로 나누겠습니다. 컴포넌트를 적절히 분할하는 일은 개인적으로 많은 연습이 필요한데, UI 요소를 컴포넌트 단위로 생각하는 게 중요합니다. 이 책의 분할 결과를 보기 전에 여러분도 요구사항을 생각하면서 UI 요소를 컴포넌트로 나눠보길 바랍니다. 공책 등에 직접 그려보는 걸 추천합니다.

[그림 프2-2]는 [할 일 관리] 앱의 UI 요소를 컴포넌트로 구분한 그림입니다.

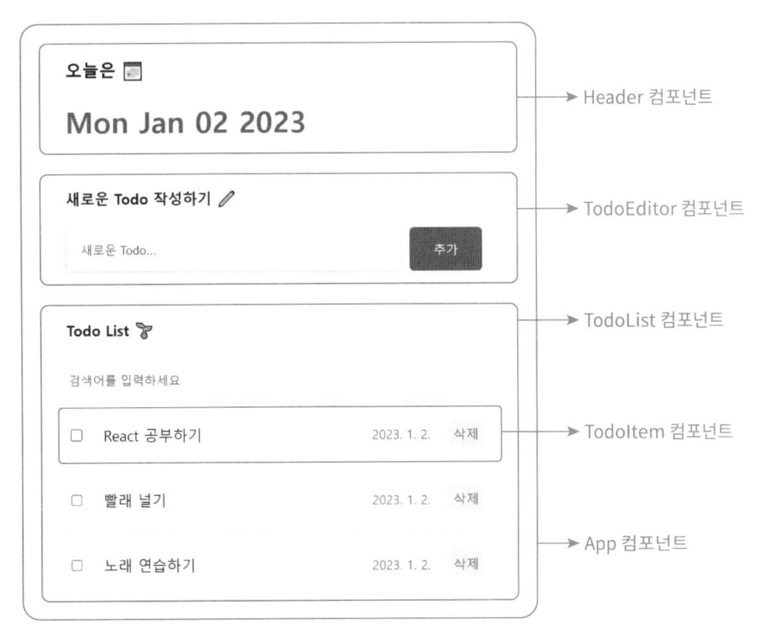

그림 프2-2 컴포넌트로 본 [할 일 관리] 앱

[할 일 관리] 앱의 UI 요소를 컴포넌트 단위로 나누면 다음과 같습니다.

- `Header`: 오늘의 날짜를 표시 형식에 맞게 보여 줍니다.
- `TodoEditor`: 새로운 할 일 아이템을 등록합니다.
- `TodoList`: 검색어에 맞게 필터링된 할 일 리스트를 렌더링합니다(만약 검색 폼이 공백이면 필터링하지 않습니다).
- `TodoItem`: 낱낱의 할 일 아이템에는 기본 정보 외에도 체크박스와 〈삭제〉 버튼이 있습니다. 체크박스를 클릭하면 할 일을 마쳤는지 여부가 토글되고, 〈삭제〉 버튼을 클릭하면 해당 아이템을 삭제합니다.

TIP
토글은 디지털 신호가 1 또는 0을 되풀이하는 상태라는 뜻으로, 이 앱에서는 체크 표시 여부에 따라 할 일을 마쳤는지 아닌지를 확인할 때 사용합니다.

리액트 앱 만들기

프로젝트 2를 위한 새 리액트 앱을 생성하고 불필요한 파일과 코드는 삭제합니다. 이것은 프로젝트 1의 준비 과정과 동일합니다.

1. 문서(Documents) 아래에 새로운 폴더 'project2'를 만듭니다.
2. 비주얼 스튜디오 코드에서 project2 폴더를 불러온 다음, 터미널을 열고 `npx create-react-app .` 명령을 입력해 리액트 앱을 생성합니다.
3. 앱을 생성했다면 다음 4개의 불필요한 파일은 삭제합니다.
   - src/App.test.js
   - src/logo.svg
   - src/reportWebVitals.js
   - setupTest.js
4. 계속해서 App.js와 index.js에 작성된 불필요한 코드를 삭제합니다. 자세한 수정 사항은 프로젝트 1의 준비하기를 참고합니다.

TIP
불필요한 코드 삭제에 대한 내용은 185~187쪽을 참고하세요.

불필요한 코드를 삭제했다면 두 파일의 최종 코드는 다음과 같습니다.

CODE　　file : src/App.js

```
import "./App.css";

function App() {
  return <div className="App"></div>;
}
export default App;
```

CODE　　file : src/index.js

```
import React from "react";
import ReactDOM from "react-dom/client";
import "./index.css";
import App from "./App";

const root = ReactDOM.createRoot(document.getElementById("root"));
root.render(<App />);
```

5. 터미널에서 `npm run start`를 입력해 리액트 앱을 시작합니다. 그러면 아무것도 없는 빈 페이지가 나옵니다.

UI 구현하기

프로젝트 준비를 모두 끝마쳤다면 UI를 구현하겠습니다. [할 일 관리] 앱의 UI 구현은 페이지의 전체 레이아웃부터 먼저 만들고, 세부 요소는 순서에 따라 차근차근 만들 예정입니다.

페이지 레이아웃 만들기

[그림 프2-3]은 이 프로젝트에서 구현할 [할 일 관리] 앱의 최종 형태를 UI 관점에서 보여줍니다

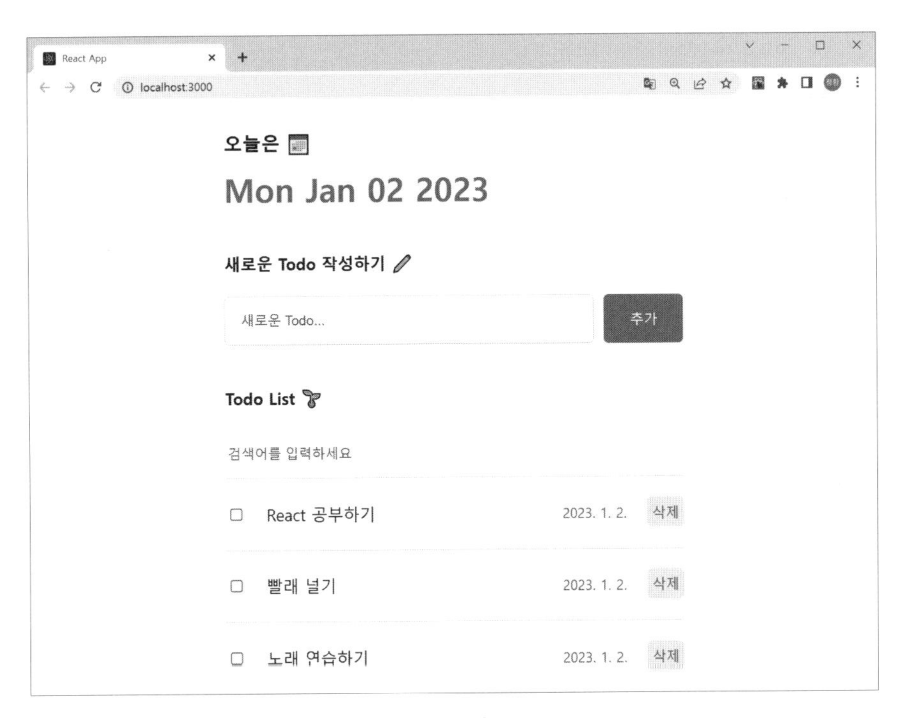

그림 프2-3 [할 일 관리] 앱의 최종 모습

[할 일 관리] 앱의 UI 요소는 마치 핸드폰을 웹 브라우저 위에 올려놓은 것처럼 좌우 여백이 넓으며 페이지의 정중앙에 자리 잡고 있습니다.

먼저 App.js에서 다음과 같이 <h2> 태그를 추가합니다.

CODE file : src/App.js

```
import "./App.css";

function App() {
  return (
    <div className="App">
      <h2>헬로 리액트</h2>
    </div>
  );
}
export default App;
```

다음에는 index.css에 작성된 스타일 규칙은 모두 삭제하고 다음과 같이 작성합니다.

CODE file : src/index.css

```
body {
  margin: 0px; ①
}
```

> ① <body> 태그의 margin을 0px로 설정합니다. margin은 여백이라는 뜻으로 0px로 설정하면 페이지의 외부 여백이 전부 사라집니다.

다음에는 App.css에 작성된 스타일 규칙은 모두 삭제하고 다음과 같이 작성합니다.

CODE file : src/App.css

```
.App {
  max-width: 500px;         ①
  width: 100%;              ②
  margin: 0 auto;           ③
  box-sizing: border-box; ④
  padding: 20px;            ⑤
  border: 1px solid gray; ⑥
}
```

> ① [할 일 관리] 앱 페이지의 최대 너비를 500px로 고정합니다
>
> ② 페이지 너비를 브라우저의 100%로 설정합니다. 그러나 ①에서 정한 규칙 때문에 500px 이상으로 페이지의 너비가 늘어나지 않습니다. 따라서 ①② 규칙에 따라 [할 일 관리] 앱 페이지는 최대 500px의 너비를 갖습니다. 만약 브라우저의 너비가 500px보다 작아지면 페이지는 브라우저의 너비가 됩니다.
>
> ③ 여백을 위아래는 0, 좌우는 자동으로 설정합니다. 좌우 여백을 자동으로 설정하면, UI 요소를 브라우저 가운데에 배치하기 위해 여백이 자동으로 조절됩니다. 예를 들어 현재 브라우저의 너비가 700px면 좌우로 100px의 여백이 자동으로 설정되면서 페이지 UI가 브라우저 정중앙에 자리 잡습니다. 만약 브라우저의 너비가 500px 이하라면 좌우 여백은 자동으로 0이 됩니다.
>
> ④ box-sizing은 요소의 크기를 어떤 것을 기준으로 계산할지 정하는 속성입니다. box-sizing 속성을 border-box로 설정해 내부 여백이 요소의 크기에 영향을 미치지 않도록 설정합니다.
>
> ⑤ 내부 여백을 20px로 설정합니다.
>
> ⑥ 경계선을 1px 두께의 회색 실선으로 표시합니다. 이 경계선은 컴포넌트의 경계를 표시하기 위해 사용합니다. 이 경계선은 나중에 모두 삭제할 예정입니다.

저장하고 레이아웃이 잘 만들어졌는지 확인합니다.

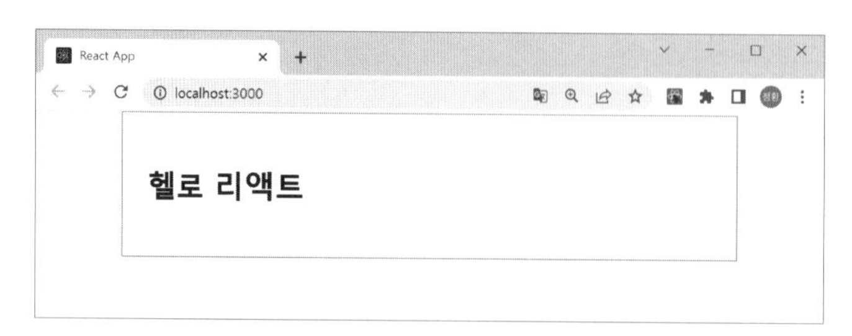

그림 프2-4 새롭게 CSS 스타일 규칙 지정

App에는 3개의 자식 컴포넌트 Header, TodoEditor, TodoList를 각각 세로로 배치할 예정입니다. App에 배치할 자식 컴포넌트를 아직 구현하지 않았으므로, 임시 요소를 만들어 대신 배치하겠습니다.

App.js를 다음과 같이 수정합니다.

CODE file : src/App.js

```
import "./App.css";

function App() {
  return (
    <div className="App">
      <div>Header</div>
      <div>Todo Editor</div>
      <div>Todo List</div>
    </div>
  );
}
export default App;
```

저장하고 렌더링 결과를 확인합니다.

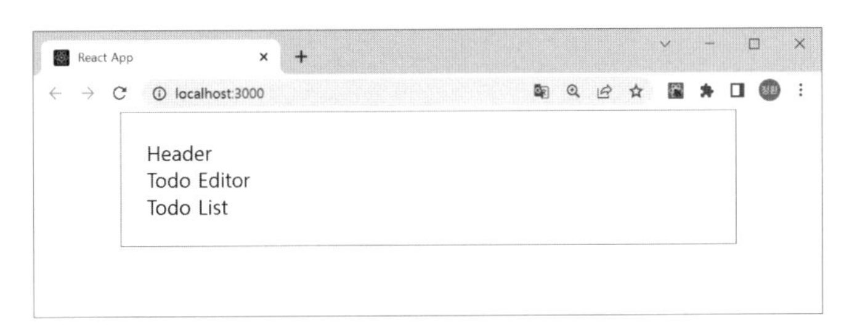

그림 프2-5 3개의 임시 자식 요소 렌더링

페이지의 요소를 모두 세로로 배치했지만, 요소 사이에 간격이 없어 답답해 보입니다. 이때는 App 컴포넌트의 display 속성을 이용하면, 요소의 배치 간격을 좀 더 보기 좋게 만들 수 있습니다.

다음과 같이 App.css를 수정합니다.

CODE file : src/App.css

```
.App {
  (...)
  display: flex;            ①
  flex-direction: column;   ②
  gap: 30px;                ③
}
```

① display는 페이지의 요소를 브라우저에서 어떻게 보여줄지 결정하는 속성으로, 기본값은 block입니다. block은 배치 요소들을 한 줄로 꽉 채우며 세로로 배치합니다. display 속성을 flex로 설정하면 요소를 수직이 아닌 수평으로 배치합니다. 그리고 gap과 같이 요소의 간격을 조정하는 속성을 추가로 사용할 수 있습니다. display 속성을 flex로 적용한 요소는 보통 다른 요소들을 감싸는 컨테이너 용도로 사용되므로, 특별히 '플렉스 컨테이너(Flex Container)'라고 합니다.

② flex-direction은 플렉스 컨테이너에 있는 요소들의 배치 방향을 조절하는 속성입니다. 기본값은 row로 요소를 수평으로 배치합니다. 이 속성을 column으로 변경하면, App 컴포넌트의 요소를 수직으로 배치합니다.

③ gap은 App 컴포넌트에서 자식 요소 간의 여백을 조절하는 속성입니다.

CSS의 flex 속성은 실무에서 자주 사용하는 매우 유용한 기능입니다. flex에 대한 자세한 설명은 구글에서 'CSS Flexible Box Layout'이라고 검색하면 상세히 나옵니다. 꼭 익혀두길 바랍니다.

요소의 간격이 잘 설정되었는지 렌더링 결과를 확인합니다.

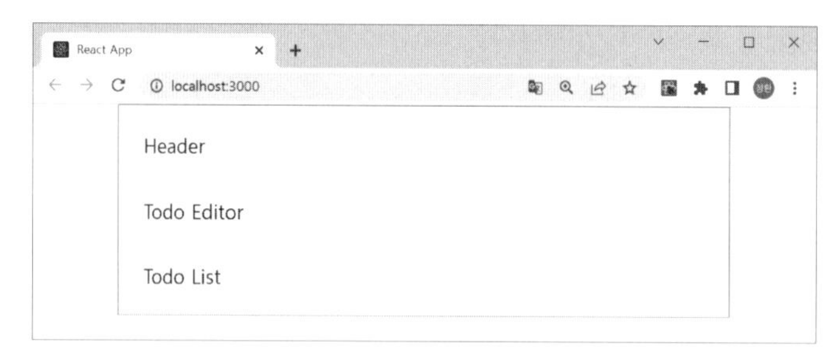

그림 프2-6 flex 기능을 이용해 요소 사이의 간격 조정하기

요소의 간격이 적절히 떨어져 있음을 알 수 있습니다. 이렇게 App 컴포넌트의 스타일링을 모두 마무리하였습니다.

개발자 도구에서 flex 적용 확인하기

크롬 브라우저의 개발자 도구에서 요소의 배치 상황을 구체적으로 볼 수 있습니다. display 속성을 flex로 했을 때 요소의 배치가 어떻게 되는지 확인해 보겠습니다. 개발자 도구를 열고 [Elements] 탭을 클릭합니다. [Elements] 탭 옆에 있는 요소 선택 아이콘을 클릭한 다음, 지금 페이지에 렌더링한 박스를 클릭합니다. 다시 개발자 도구의 [Elements] 탭을 살펴보면, App 컴포넌트의 최상위 태그인 <div class='App'>에 flex가 적용되었음을 알리는 표시가 있습니다. 이 태그 위에 마우스 포인터를 올립니다.

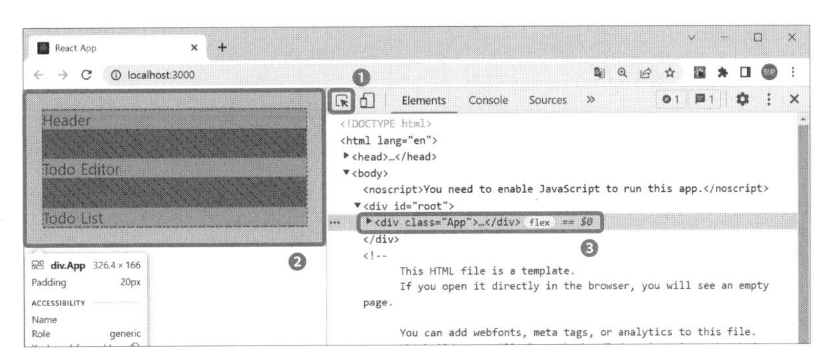

그림 프2-7 개발자 도구에서 flex 속성일 때의 배치 확인

다시 페이지를 보면 앞서 설정한 gap 속성을 색으로 표현하고 있습니다.

Header 컴포넌트 만들기

이번에는 페이지 최상단에 위치할 Header 컴포넌트를 만들겠습니다.

그림 프2-8 Header 컴포넌트의 모습

src에 이 프로젝트의 컴포넌트 파일을 한곳에 모아둘 component 폴더를 만듭니다. 계속해서 component 폴더에 Header.js를 생성하고 다음과 같이 작성합니다.

CODE file : src/component/Header.js

```
const Header = () => {
  return <div className="Header">Header Component</div>;
};
export default Header;
```

Header 컴포넌트를 페이지에 렌더링하려면 App의 자식으로 배치해야 합니다.

CODE file : src/App.js

```
import "./App.css";
import Header from "./component/Header";

function App() {
  return (
    <div className="App">
      <Header />
      <div>Todo Editor</div>
      <div>Todo List</div>
```

```
    </div>
  );
}
export default App;
```

App 컴포넌트의 return 문 안에 임시로 Header 역할을 수행했던 요소를 제거하고 실제 Header 컴포넌트를 작성했습니다. 저장하고 렌더링 결과를 확인합니다.

다음으로 Header 컴포넌트가 오늘의 날짜를 렌더링하도록 다음과 같이 수정합니다.

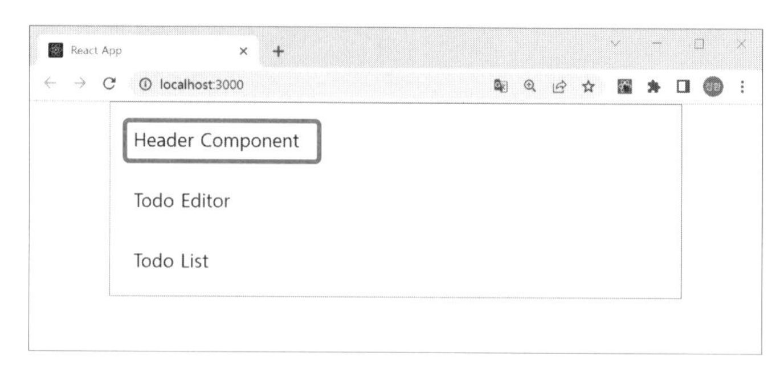

그림 프2-9 Header 컴포넌트 배치

CODE file : src/component/Header.js

```
const Header = () => {
  return (
    <div className="Header">
      <h3>오늘은 📅</h3>                          ①
      <h1>{new Date().toDateString()}</h1>  ②
    </div>
  );
};
export default Header;
```

① 문자열 '오늘은' 옆에 있는 달력 모양의 이모지는 윈도우 이모티콘으로 [⊞]+[.] 키를 누르면 나옵니다. 여기서 적절한 이모지를 골라 사용하면 됩니다. 이모지는 문자열로 취급하므로 일반 문자열을 입력해도 상관없습니다.

② 현재의 날짜와 시간을 저장하는 Date 객체를 만들고, toDateString 메서드를 이용해 날짜를 문자열로 표시합니다.

TIP
macOS 사용자라면 [control]+[Command]+[Spacebar]로 이모지를 입력할 수 있습니다

TIP
Date 객체의 생성과 toDate String 메서드에 대해서는 110쪽, 117쪽을 참고하세요.

계속해서 component 폴더에 Header 컴포넌트를 스타일링하기 위한 Header.css를 생성하고 다음과 같이 작성합니다.

CODE file : src/component/Header.css

```
.Header h1 { ①
  margin-bottom: 0px;
  color: #1f93ff;
}
```

① <h1> 태그 요소의 여백을 0으로 하고 글꼴 색을 지정합니다.

작성한 스타일 규칙을 컴포넌트에 적용하려면 Header.css를 Header.js에서 불러와야 합니다.

CODE file : src/component/Header.js

```
import "./Header.css"; ①

const Header = () => {
  return (
    <div className="Header">
      <h3>오늘은 📅</h3>
      <h1>{new Date().toDateString()}</h1>
    </div>
  );
};
export default Header;
```

① Header.css 파일을 불러와 작성한 스타일 규칙을 적용합니다.

저장한 다음, 스타일을 잘 변경했는지 렌더링 결과를 확인합니다.

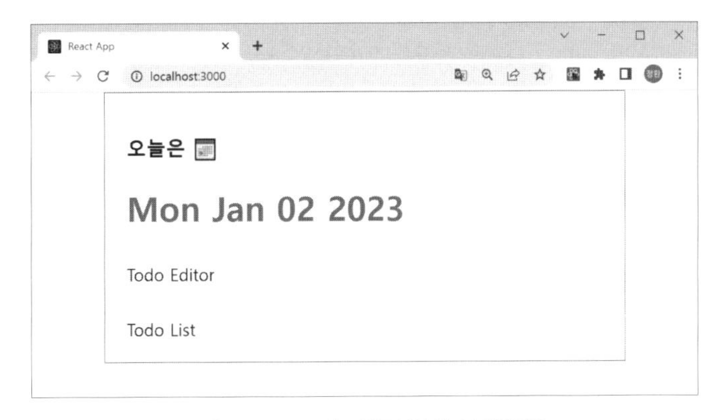

그림 프2-10 Header 컴포넌트의 스타일 적용

페이지에 렌더링한 날짜는 여러분이 실습하고 있는 당일 날짜가 표시됩니다. 이 책의 결과인 [그림 프2-10]과는 다르다는 점에 주의합니다.

TodoEditor 컴포넌트 만들기

계속해서 할 일 아이템을 생성하는 TodoEditor 컴포넌트를 만듭니다.

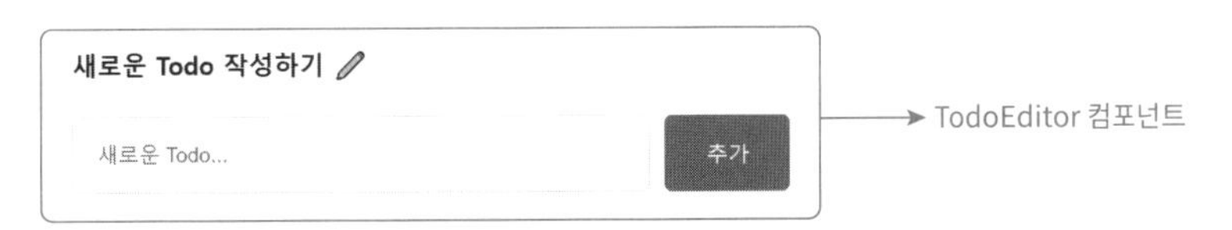

그림 프2-11 TodoEditor 컴포넌트의 모습

component 폴더에 컴포넌트와 스타일을 정의할 TodoEditor.js와 TodoEditor.css를 각각 생성합니다. 그리고 TodoEditor 컴포넌트를 다음과 같이 작성합니다.

CODE file : src/component/TodoEditor.js

```
import "./TodoEditor.css";

const TodoEditor = () => {
  return <div className="TodoEditor">TodoEditor Component</div>;
};
export default TodoEditor;
```

다음에는 App에 TodoEditor 컴포넌트를 자식으로 배치합니다.

CODE file : src/App.js

```
import "./App.css";
import Header from "./component/Header";
import TodoEditor from "./component/TodoEditor";

function App() {
  return (
    <div className="App">
      <Header />
      <TodoEditor />
      <div>Todo List</div>
    </div>
  );
}
export default App;
```

저장한 다음, TodoEditor 컴포넌트를 페이지에 잘 렌더링하는지 확인합니다.

렌더링 오류가 발생한다면 파일명을 제대로 작성했는지, 스타일 파일을 바른 경로로 불러오는지 확인하길 바랍니다.

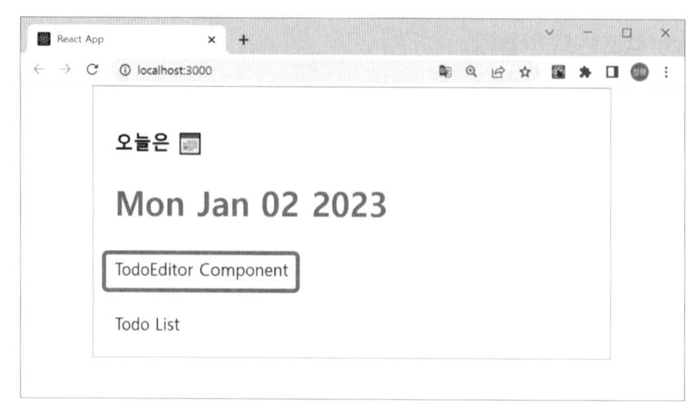

그림 프2-12 TodoEditor 컴포넌트 배치

다음으로 TodoEditor의 UI를 만듭니다.

CODE file : src/component/TodoEditor.js

```
import "./TodoEditor.css";

const TodoEditor = () => {
  return (
    <div className="TodoEditor">
      <h4>새로운 Todo 작성하기 ✏️ </h4>
      <div className="editor_wrapper">
        <input placeholder="새로운 Todo..." />
        <button>추가</button>
      </div>
    </div>
  );
};
export default TodoEditor;
```

TodoEditor 컴포넌트의 UI를 만들었습니다. 컴포넌트는 요소의 제목, 할 일 아이템을 생성하는 입력 폼, 클릭하면 실제 할 일 아이템을 생성하는 버튼으로 구성되어 있습니다.

다음에는 TodoEditor 컴포넌트를 스타일링하기 위한 스타일 규칙을 작성합니다.

CODE file : src/component/TodoEditor.css

```
.TodoEditor .editor_wrapper { ①
  width: 100%;
  display: flex;
  gap: 10px;
}

.TodoEditor input { ②
  flex: 1;
  box-sizing: border-box;
  border: 1px solid rgb(220, 220, 220);
  border-radius: 5px;
  padding: 15px;
}

.TodoEditor input:focus { ③
  outline: none;
  border: 1px solid #1f93ff;
}

.TodoEditor button { ④
  cursor: pointer;
  width: 80px;
  border: none;
```

```
  background-color: #1f93ff;
  color: white;
  border-radius: 5px;
}
```

① 입력 폼과 버튼을 감싸는 요소에 스타일을 설정합니다. 너비 100%, display는 flex 속성을 적용합니다. 자식 요소의 간격은 10px입니다.
② 입력 폼에 스타일을 설정합니다. flex를 1로 설정하면 해당 요소의 너비가 브라우저의 크기에 따라 유연하게 늘어나고 줄어듭니다.
③ 입력 폼을 클릭했을 때의 스타일을 설정합니다. outline 속성을 none으로 설정하면 입력 폼을 클릭했을 때 두꺼운 경계선이 생기지 않습니다. 경계선의 색상은 파란색을 적용합니다.
④ 입력 폼 오른쪽에 위치할 버튼 스타일을 설정합니다. cursor 속성을 pointer로 설정하면 버튼에 마우스 포인터를 올릴 때 모양이 손 모양으로 바뀝니다.

CSS는 공부할 내용이 많습니다. 이 책은 리액트를 다루는 방법을 배우는 게 주목적이기 때문에 CSS 속성들에 대해서는 상세히 다루지 않습니다. 따라서 모든 내용을 다 이해하지 못한다고 해서 낙심하지 않았으면 좋겠습니다. 다만 웹 프런트엔드 개발에서 CSS 스타일링은 기능 구현 못지않게 중요한 소양이므로 꾸준히 공부해 익숙해지는 게 필요합니다. 일단 이 책에서 다루는 CSS 스타일만이라도 검색 등을 이용해 충분히 숙지하기를 바랍니다.

저장한 다음, 페이지에서 렌더링 결과를 확인합니다.

코드에서는 입력 폼을 클릭하면 폼의 경계선을 푸른색으로 표시(input:focus)하도록 구현했습니다. 입력 폼을 클릭해 푸른색 경계선이 나타나는지도 확인합니다.

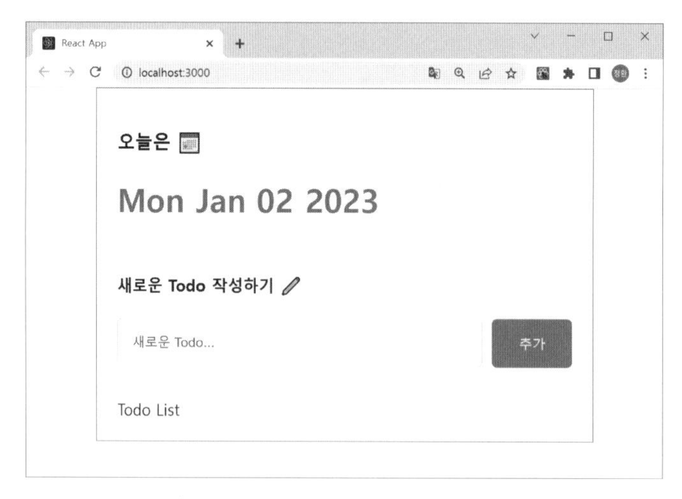

그림 프2-13 TodoEditor 컴포넌트의 스타일 지정

TodoList, TodoItem 컴포넌트 만들기

[할 일 관리] 앱의 TodoList에는 TodoItem 컴포넌트가 여러 개 있습니다. 따라서 이 두 컴포넌트를 함께 만들겠습니다.

그림 프2-14 TodoList 컴포넌트의 모습

TodoList 컴포넌트 만들기

먼저 TodoList 컴포넌트부터 만들겠습니다. 컴포넌트와 스타일을 정의하는 TodoList.js와 TodoList.css를 각각 생성합니다.

다음과 같이 TodoList 컴포넌트를 작성합니다.

CODE file : src/component/TodoList.js

```
import "./TodoList.css";

const TodoList = () => {
  return <div className="TodoList">TodoList Component</div>;
};
export default TodoList;
```

TodoList를 App 컴포넌트의 자식으로 배치합니다.

CODE file : src/App.js

```
import "./App.css";
import Header from "./component/Header";
import TodoEditor from "./component/TodoEditor";
import TodoList from "./component/TodoList";

function App() {
  return (
    <div className="App">
      <Header />
      <TodoEditor />
      <TodoList />
```

```
    </div>
  );
}
export default App;
```

저장한 다음, TodoList 컴포넌트가 페이지에 나타나는지 렌더링 결과를 확인합니다.

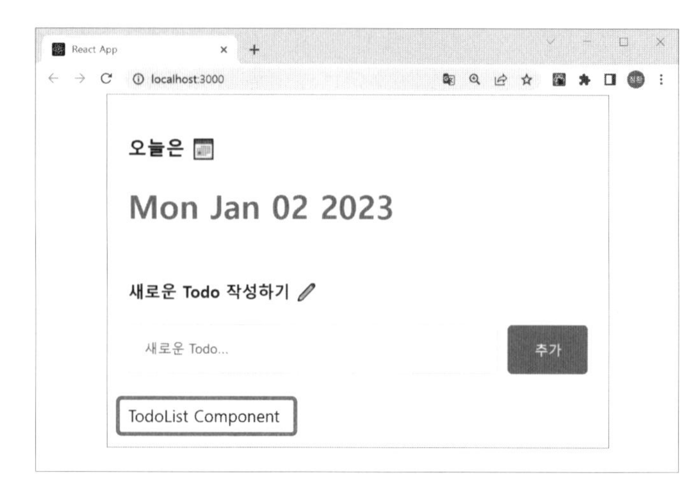

그림 프2-15 TodoList 컴포넌트 배치

TodoList 컴포넌트는 크게 할 일 아이템을 조회하는 검색 폼과 조회한 할 일 아이템을 목록 형태로 보여주는 리스트 두 부분으로 구성되어 있습니다. 검색 결과에 따라 TodoItem 컴포넌트를 리스트로 페이지에 렌더링해야 합니다.

먼저 TodoList 컴포넌트 상단에 위치할 검색 폼부터 만들겠습니다.

CODE file : src/component/TodoList.js

```
import "./TodoList.css";

const TodoList = () => {
  return (
    <div className="TodoList">
      <h4>Todo List 🌱</h4>
      <input className="searchbar" placeholder="검색어를 입력하세요" />
    </div>
  );
};
export default TodoList;
```

TodoList 검색 폼의 스타일링을 위해 TodoList.css를 다음과 같이 작성합니다.

CODE file : src/component/TodoList.css

```
/* 검색 폼에 스타일 적용 */
.TodoList .searchbar {
  margin-bottom: 20px;
  width: 100%;
  border: none;
  border-bottom: 1px solid rgb(220, 220, 220);
  box-sizing: border-box;
  padding-top: 15px;
  padding-bottom: 15px;
}
```

```
/* 검색 폼을 클릭했을 때의 스타일 적용 */
.TodoList .searchbar:focus {
  outline: none;
  border-bottom: 1px solid #1f93ff;
}
```

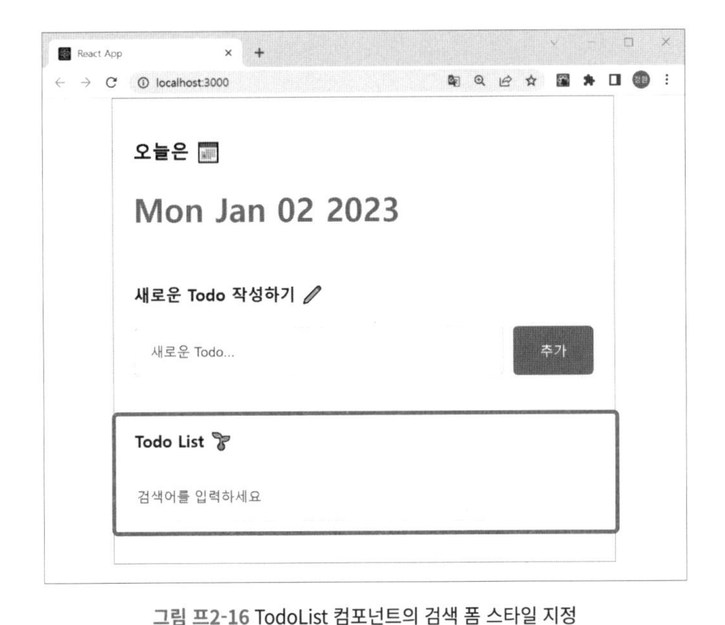

그림 프2-16 TodoList 컴포넌트의 검색 폼 스타일 지정

저장하고 페이지에서 렌더링 결과를 확인합니다.

검색 폼에서 검색어를 입력하면 조건에 일치하는 할 일 아이템이 하단에 리스트로 출력됩니다. 아직 `TodoItem` 컴포넌트를 만들지 않았으므로 할 일 아이템을 출력하지는 못합니다.

TodoItem 컴포넌트 만들기

[그림 프2-17]과 같이 `TodoList`에서 낱낱의 할 일 아이템을 표현하는 `TodoItem` 컴포넌트를 만들겠습니다.

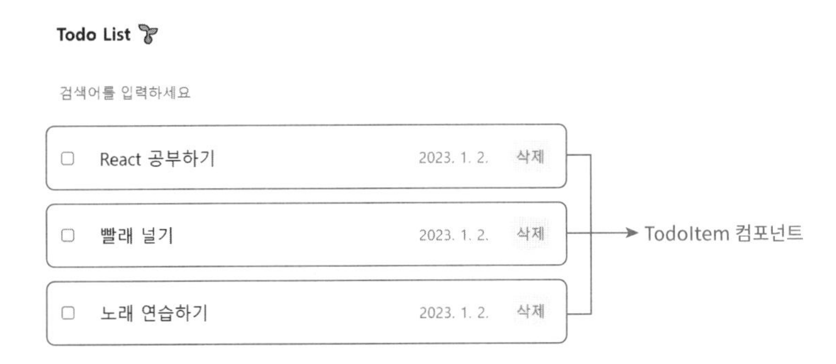

그림 프2-17 TodoItem 컴포넌트의 모습

component 폴더에서 컴포넌트와 스타일을 정의하는 TodoItem.js와 TodoItem.css를 각각 생성합니다. TodoItem.js에서 다음과 같이 작성합니다.

CODE file : src/component/ TodoItem.js

```
import "./TodoItem.css";

const TodoItem = () => {
  return (
    <div className="TodoItem">
      <div className="checkbox_col"> ①
        <input type="checkbox" />
      </div>
      <div className="title_col">할 일</div>                        ②
      <div className="date_col">{new Date().toLocaleDateString()}</div> ③
      <div className="btn_col">                                   ④
        <button>삭제</button>
      </div>
    </div>
  );
};
export default TodoItem;
```

① 할 일 아이템 가장 왼쪽에는 할 일 완료 여부를 표시하는 체크박스를 배치합니다.

② 사용자가 작성한 할 일을 렌더링할 요소를 배치합니다. 지금은 임시로 '할 일'이라는 문자열을 렌더링합니다.

③ 할 일 아이템이 작성된 시간을 렌더링할 요소를 배치합니다. 지금은 임시로 현재 시각을 렌더링합니다.

④ 할 일을 삭제하는 버튼을 배치합니다.

TodoList에 TodoItem 컴포넌트 배치하기

TodoItem에 스타일을 적용하기 전에 TodoList에 이 컴포넌트를 배치해야 합니다. 다음과 같이 TodoList.js를 수정합니다.

CODE file : src/component/TodoList.js

```
import TodoItem from "./TodoItem";
import "./TodoList.css";

const TodoList = () => {
  return (
    <div className="TodoList">
      <h4>Todo List 🌱</h4>
      <input className="searchbar" placeholder="검색어를 입력하세요" />
      <div className="list_wrapper"> ①
        <TodoItem />
```

```
          <TodoItem />
          <TodoItem />
        </div>
      </div>
    );
};
export default TodoList;
```

① 여러 개의 할 일 아이템을 리스트로 보여줄 <div> 태그 요소를 배치합니다. 지금은 리스트로 보여줄 할 일 아이템이 없습니다. 따라서 임시로 그 역할을 수행할 컴포넌트 TodoItem을 3개 배치합니다.

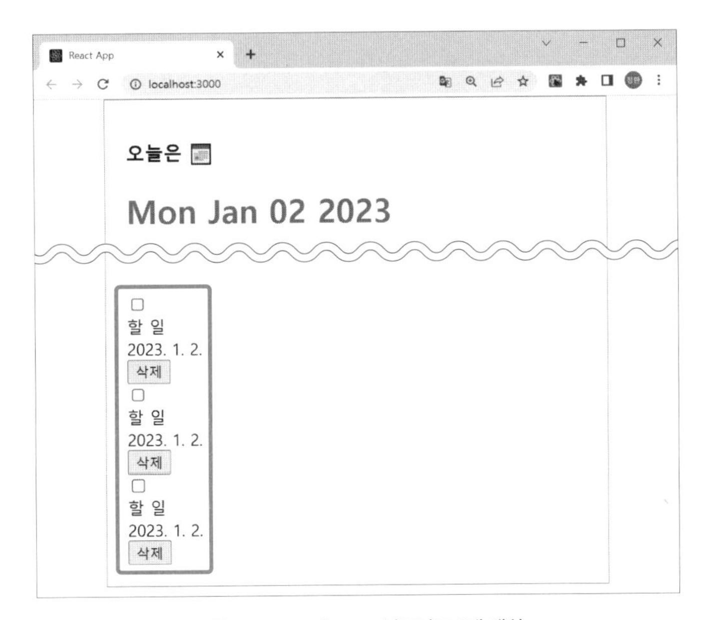

그림 프2-18 TodoItem 컴포넌트 3개 배치

3개의 TodoItem을 TodoList 컴포넌트의 자식으로 배치했습니다. 저장한 다음, 페이지에서 렌더링 결과를 확인합니다.

결과를 보니 리스트로 배치한 3개의 아이템은 간격이 없어 답답해 보입니다. 아이템 사이에 적절한 간격을 주려면 부모 컴포넌트인 TodoList에서 여러 개의 TodoItem을 감싸고 있는 list_wrapper 요소에 스타일링을 적용해야 합니다.

TodoList.css 파일에 다음 내용을 추가합니다.

CODE file : src/component/TodoList.css

```
(...)
.TodoList .list_wrapper {
  display: flex;
  flex-direction: column;
  gap: 20px;
}
```

저장한 다음, 개발자 도구에서 스타일링이 바르게 적용되었는지 렌더링 결과를 확인합니다. [Element] 탭에서 class="list_wrapper"를 찾아 클릭하면 할 일 리스트가 모두 하이라이트되는 것을 확인할 수 있습니다.

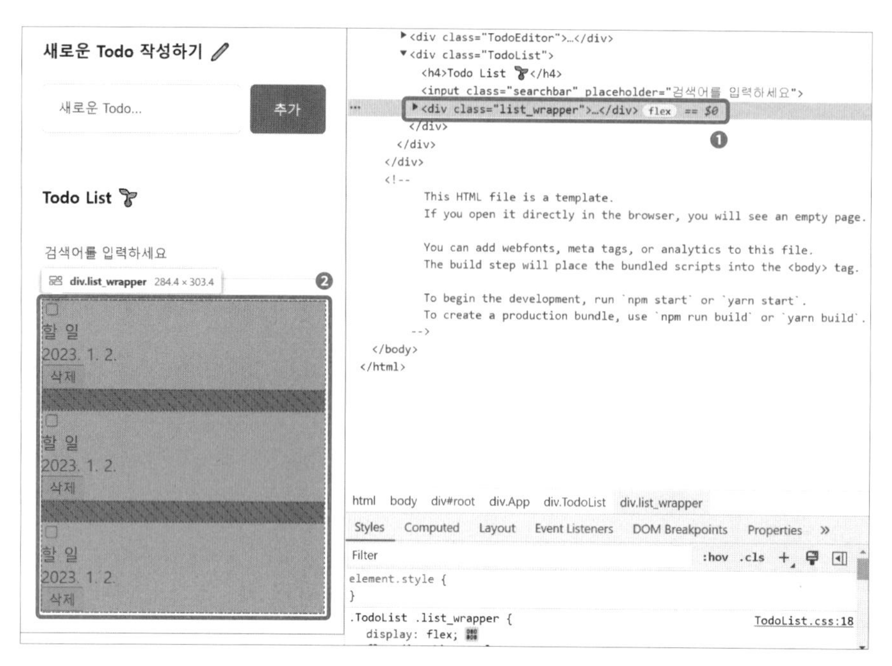

그림 프2-19 TodoItem 컴포넌트에 flex 속성 적용

이제 TodoItem 개별 요소의 스타일링을 위해 TodoItem.css에서 다음과 같은 스타일 규칙을 작성합니다.

CODE file : src/component/TodoItem.css

```
/* 할 일 아이템 박스 스타일 적용 */
.TodoItem {
  display: flex;
  align-items: center;
  gap: 20px;
  padding-bottom: 20px;
  border-bottom: 1px solid rgb(240, 240, 240);
}

/* 체크박스를 감싼 박스에 스타일 적용 */
.TodoItem .checkbox_col {
  width: 20px;
}

/* 할 일 텍스트를 감싼 박스에 스타일 적용 */
.TodoItem .title_col {
  flex: 1;
}

/* 할 일 아이템 등록 시간을 감싼 박스에 스타일 적용 */
```

```
.TodoItem .date_col {
  font-size: 14px;
  color: gray;
}

/* 삭제 버튼에 스타일 적용 */
.TodoItem .btn_col button {
  cursor: pointer;
  color: gray;
  font-size: 14px;
  border: none;
  border-radius: 5px;
  padding: 5px;
}
```

마지막으로 렌더링 결과를 확인합니다.

이렇게 [할 일 관리] 앱의 UI 구현을 모두 완료하였습니다. 이제 App 컴포넌트에서 경계를 확인할 필요가 없으니, App.css의 border 속성은 제거 또는 주석 처리합니다.

그림 프2-20 TodoItem 컴포넌트의 스타일 지정

CODE file: src/App.css

```
.App {
  max-width: 500px;
  width: 100%;
  margin: 0 auto;

  box-sizing: border-box;
  padding: 20px;

  /* border: 1px solid gray; <- 삭제하거나 주석 처리 하세요 */

  display: flex;
  flex-direction: column;
  gap: 30px;
}
```

최종적으로 완성된 UI는 다음과 같습니다.

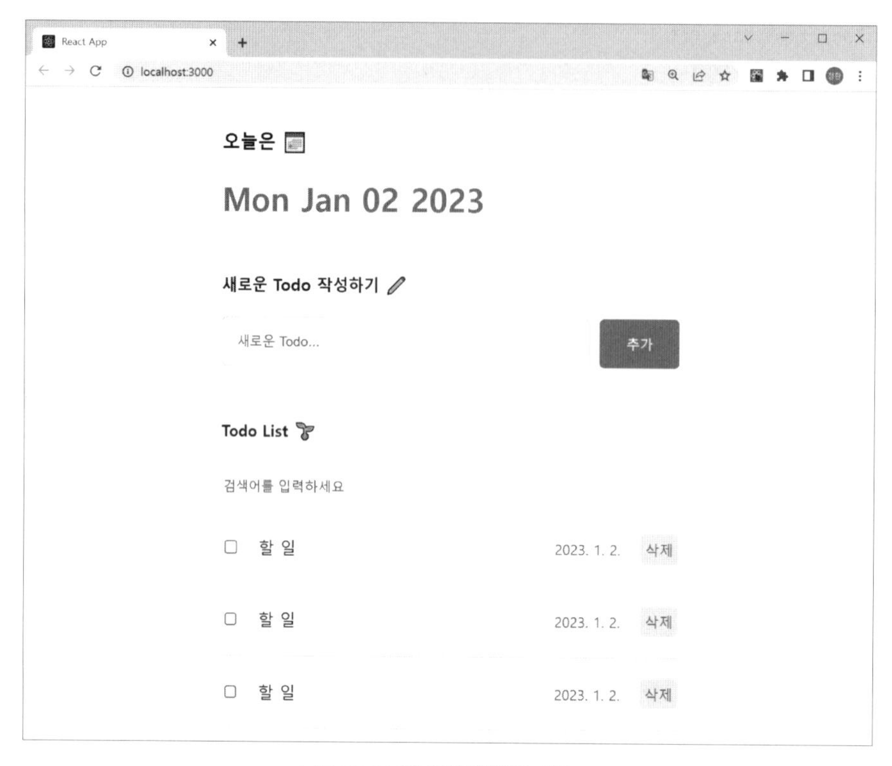

그림 프2-21 [할 일 관리] 앱의 최종 UI

UI 구현을 흔히 '퍼블리싱' 또는 'UI 개발'이라고 합니다. UI 개발은 데이터를 가공하고 상태를 관리하는 구현 기능과 더불어 프런트엔드 엔지니어의 기본 소양 중 하나입니다. 가볍게 여기지 말고 꾸준히 학습하면서 충분한 경험을 쌓는 게 꼭 필요합니다.

기능 구현 준비하기

UI를 완료했으니 이제 컴포넌트의 기능을 구현합니다. 먼저 컴포넌트별로 어떤 기능을 구현해야 하는지 다시 살펴보겠습니다.

- App 컴포넌트: 할 일 데이터 관리하기
- Header 컴포넌트: 오늘의 날짜 표시
- TodoEditor 컴포넌트: 새로운 할 일 아이템 생성
- TodoList 컴포넌트: 검색에 따라 필터링된 할 일 아이템 렌더링
- TodoItem 컴포넌트: 할 일 아이템의 수정 및 삭제

구현할 컴포넌트의 기능을 잘 살펴보면, 주로 데이터를 추가(생성)하고, 조회하고, 수정하고, 삭제하는 기능으로 이루어져 있음을 알 수 있습니다. 이렇듯 데이터를 다루는 4개의 기능, 즉 추가(Create), 조회(Read), 수정(Update), 삭제(Delete) 기능을 앞 글자만 따서 CRUD라고 합니다. CRUD는 데이터 처리의 기본 기능으로, 웹 서비스라면 기본적으로 갖추고 있어야 합니다.

- Create: 할 일 아이템 생성
- Read: 할 일 아이템 렌더링
- Update: 할 일 아이템 수정
- Delete: 할 일 아이템 삭제

따라서 이번 프로젝트의 기능 구현은 CRUD 순서에 따라 하나씩 진행하겠습니다.

기초 데이터 설정하기

기능 구현에 앞서 CRUD의 대상인 할 일 아이템부터 생성해야 합니다. 다음과 같이 App.js를 수정합니다.

CODE file : src/App.js

```
import { useState } from "react";
(...)

function App() {
  const [todo, setTodo] = useState([]); ①
  return (
    (...)
  );
}
export default App;
```

> ① useState를 이용해 할 일 아이템의 상태를 관리할 State를 만듭니다. 함수 useState에서 인수로 빈 배열을 전달해 State 변수 todo의 기본값을 빈 배열로 초기화합니다.

5장에서 살펴보았듯이 함수 useState는 리액트 훅으로 react 라이브러리에서 불러옵니다. 리액트에서는 보통 리스트 형태의 데이터를 보관할 때 배열을 이용합니다. State 변수 todo는 [할 일 관리] 앱에서 데이터를 저장하는 배열이면서 동시에 일종의 데이터베이스 역할을 수행합니다. 예를 들어 사용자가 새 할 일 아이템을 만들면, 빈 배열이었던 todo 값은 아이템이 추가된 배열로 업데이트됩니다. 이는 삭제, 수정 모두 동일합니다.

데이터 모델링하기

자바스크립트에서는 보통 현실의 사물이나 개념을 표현할 때 객체를 사용합니다. 현실의 사물은 일반적으로 여러 속성을 동시에 가지고 있기 때문입니다. 예를 들어 저자를 객체로 표현한다면 다음과 같습니다.

```
let author = { name : "이정환", gender : "male"}
```

이렇게 현실의 사물이나 개념을 프로그래밍 언어의 객체와 같은 자료구조로 표현하는 행위를 '데이터 모델링'이라고 합니다. 그렇다면 데이터 모델링은 왜 하는 걸까요? 이유는 간단합니다. [할 일 관리] 앱의 '할 일'처럼 현실 세계의 사물이나 개념을 프로그래밍 언어로 표현하고 다뤄야 하기 때문입니다.

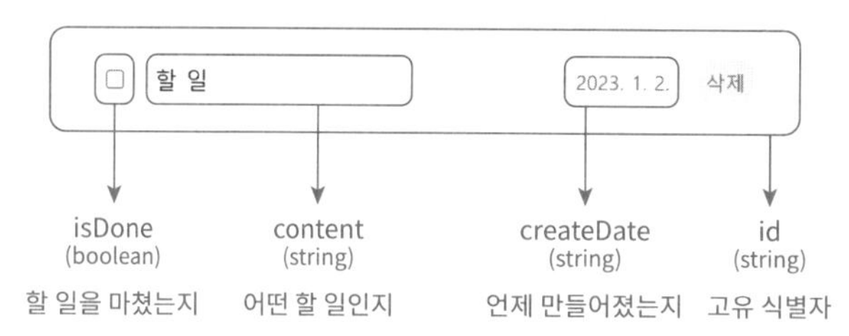

그림 프2-22 [할 일 관리] 앱의 할 일 아이템 데이터 모델링

[그림 프2-22]에서는 [할 일 관리] 앱에서 만들 할 일 아이템의 요소를 세부적으로 나누어 표시하였습니다. 하나의 할 일 아이템에는 일의 완료 여부, 일의 종류, 생성 날짜 등 3가지 정보가 담겨 있습니다. 세 요소는 각각 `isDone`, `content`, `createdDate`라는 별도의 이름으로 구분합니다.

또한 할 일 아이템에는 페이지에 렌더링하지는 않지만, `id`라는 고유 식별자가 있습니다. 이는 데이터베이스를 다뤄 본 독자라면 금방 아실 겁니다. 모든 아이템에는 해당 아이템을 구별하기 위한 고유한 식별자가 필요하기 때문입니다. 고유 식별자가 없으면 특정 아이템을 삭제하거나 수정하는 등의 연산이 불가능합니다.

모델링한 정보를 토대로 할 일 아이템을 자바스크립트 객체로 만들면 다음과 같습니다.

```
{
  id: 0,                               ①
  isDone: false,                       ②
  content: "React 공부하기",            ③
  createdDate: new Date().getTime(),   ④
}
```

① id는 특정 아이템을 식별하는 고유한 값입니다. 간단하게는 0부터 시작해 아이템을 추가할 때마다 1씩 늘어나도록 id에 값을 부여할 수 있습니다.

② isDone은 불리언 자료형으로 현재 상황에서 할 일이 완료되었는지 여부를 확인할 때 이용합니다.

③ content는 할 일이 무엇인지 알려주는 문자열입니다.

④ createDate는 할 일의 생성 시간입니다. new Date()로 Date 객체를 만들고 getTime 메서드를 이용해 이 객체를 타임 스탬프값으로 변환합니다. 타임 스탬프값으로 시간을 저장하면 보관할 데이터의 양이 대폭 줄어듭니다.

TIP
타임 스탬프에 대한 상세한 내용은 113쪽을 참고하세요.

데이터를 모델링하는 이유는 데이터를 어떻게 관리할지 생각하기 위함입니다. 모델링 과정이 잘못되면 작업 과정에서 큰 문제가 생길 수 있습니다. 문제가 발생하면 데이터를 관리하는 모든 과정을 수정하게 되는데, 아예 프로젝트를 처음부터 다시 시작하는 상황도 발생합니다.

혼자 개발하는 프로젝트라면 시간을 더 쏟으면 괜찮겠지만, 여러 팀원과 협업하는 프로젝트라면 문제가 심각해집니다. 따라서 모델링은 반드시 데이터 관리 프로그램을 구현하기 전에 노트나 메모장 등에 적어 보면서 코드를 작성해야 합니다. 많은 시간을 들여서라도 데이터 모델링의 완성도를 높이는 게 프로젝트의 시간이나 비용을 줄이는 데 큰 도움이 됩니다.

목 데이터 설정하기

목(Mock) 데이터란 모조품 데이터라는 뜻입니다. 기능을 완벽히 구현하지 않은 상태에서 테스트를 목적으로 사용하는 데이터입니다. 임시 데이터라 표현하기도 합니다

기능을 아직 개발하지 않아 데이터가 없는 상황일 때 목 데이터를 사용합니다. 임시 데이터 역할을 하는 목 데이터가 있으면, 데이터 관리 기능 개발이 한결 수월해집니다.

App.js에서 목 데이터를 다음과 같이 작성합니다.

CODE file : src/App.js

```
import { useState } from "react";
(...)

const mockTodo = [ ①
  {
    id: 0,
    isDone: false,
```

```
    content: "React 공부하기",
    createdDate: new Date().getTime(),
  },
  {
    id: 1,
    isDone: false,
    content: "빨래 널기",
    createdDate: new Date().getTime(),
  },
  {
    id: 2,
    isDone: false,
    content: "노래 연습하기",
    createdDate: new Date().getTime(),
  },
];

function App() {
  const [todo, setTodo] = useState(mockTodo); ②
  return (
    (...)
  );
}
export default App;
```

> ① 3개의 객체를 저장하는 배열 목 데이터를 만듭니다. 이 배열에 저장된 객체는 각각 다른 할 일 아이템입니다.
>
> ② State 변수 todo의 기본값으로 목 데이터를 전달합니다.

이 시점에서 비주얼 스튜디오 코드에 "(변수명) is assigned a value but never used"라는 경고 메시지가 나옵니다. 선언된 변수를 어디에서도 사용하지 않을 때 발생하는 경고로 오류는 아닙니다. 앞으로도 실습 과정에서 이 메시지가 나오면 무시해도 괜찮습니다.

아직 TodoList 컴포넌트에 목 데이터를 전달하지 않았기 때문에 데이터를 페이지에 렌더링하지는 않습니다. 따라서 지금은 리액트 개발자 도구를 이용해 데이터가 잘 설정되는지 확인해야 합니다.

개발자 도구에서 [Components] 탭을 엽니다. [그림 프2-23]과 같이 App를 클릭해 작성한 목 데이터가 제대로 나타나는지 확인합니다. App 컴포넌트의 hooks 항목에서 State의 값을 확인할 수 있습니다. 빈 배열만 표시된다면 페이지를 새로고침하여 App 컴포넌트를 다시 마운트한 다음 데이터를 확인합니다.

[그림 프2-23]과 같이 3개의 목 데이터가 나온다면 정상적으로 동작하는 겁니다.

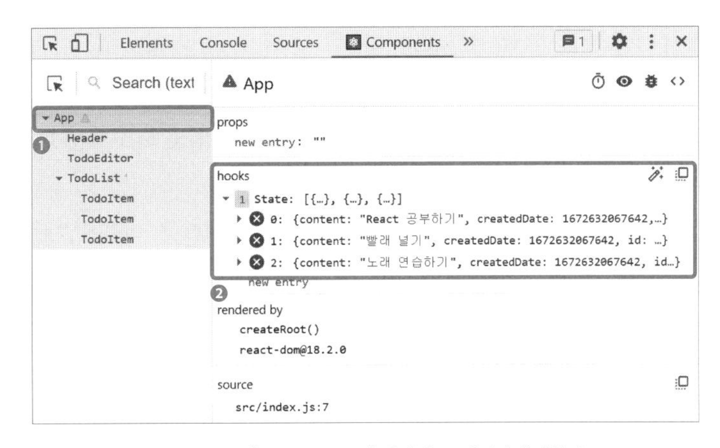

그림 프2-23 [Components] 탭에서 목 데이터 확인하기

할 일 아이템 요소 가운데 createDate에 저장한 타임 스탬프값은 이 책을 집필하는 시점의 값이므로 여러분과 다르게 나온다는 점에 유의하기 바랍니다.

Create: 할 일 추가하기

목 데이터 설정까지 완료했다면 이제 기능 구현을 위한 준비 과정은 모두 마쳤습니다. 이번에는 CRUD의 첫 번째 기능인 Create를 구현하겠습니다.

기능 흐름 살펴보기

[그림 프2-24]는 [할 일 관리] 앱에서 할 일이 추가되는 과정을 도식화한 것입니다.

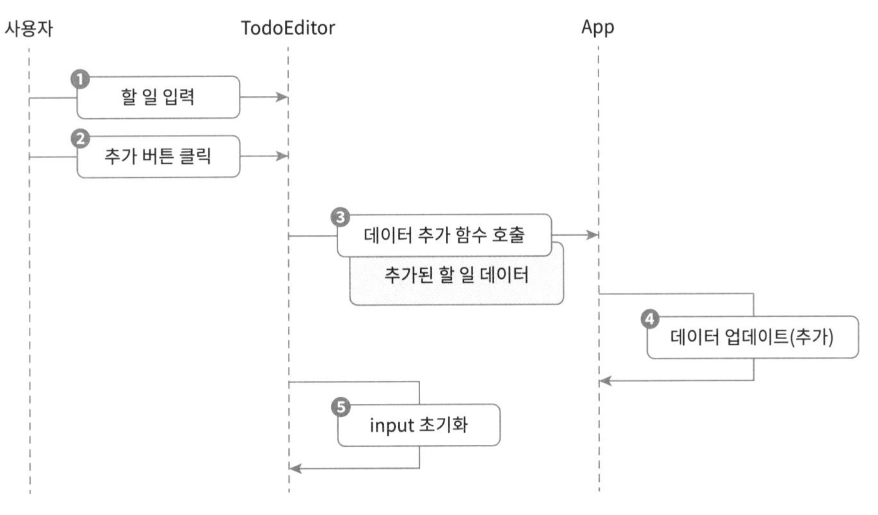

그림 프2-24 [할 일 관리] 앱의 Create 기능 흐름

① 사용자가 새로운 할 일을 입력합니다.

② TodoEditor 컴포넌트에 있는 〈추가〉 버튼을 클릭합니다.

③ TodoEditor 컴포넌트는 부모인 App에게 아이템 추가 이벤트가 발생했음을 알리고 사용자가 추가한 할 일 데이터를 전달합니다.

④ App 컴포넌트는 TodoEditor 컴포넌트에서 받은 데이터를 이용해 새 아이템이 추가된 배열을 만들고 State 변수 todo 값을 업데이트합니다.

⑤ TodoEditor 컴포넌트는 자연스러운 사용자 경험을 위해 할 일 입력 폼을 초기화합니다.

아이템 추가 함수 만들기

TodoEditor 컴포넌트에서 〈추가〉 버튼을 클릭하면 App에 사용자가 입력한 할 일 데이터를 전달하고 추가 이벤트가 발생했음을 알려야 합니다. 자식 컴포넌트에서 발생한 이벤트를 부모가 처리하는 것에 대해서는 프로젝트 1에서 잠깐 다뤄본 적이 있습니다.

먼저 App 컴포넌트에서 새 할 일 아이템을 추가하는 함수 onCreate를 만듭니다.

TIP 리액트에서 이벤트를 처리하는 과정은 261~262쪽을 참고하세요.

CODE file : src/App.js

```
(...)
function App() {
  const [todo, setTodo] = useState(mockTodo);

  const onCreate = (content) => { ①
    const newItem = {
      id: 0,
      content,
      isDone: false,
      createdDate: new Date().getTime(),
    };
    setTodo([newItem, ...todo]); ②
  };

  return (
    (...)
  );
}
export default App;
```

① TodoEditor 컴포넌트에서 <추가> 버튼을 클릭하면 호출할 함수 onCreate를 만듭니다. 이 함수는 TodoEdior 컴포넌트에서 사용자가 작성한 할 일 데이터를 받아 매개변수 content에 저장합니다. 이 데이터를 토대로 새 할 일 아이템 객체를 만들어 newItem에 저장합니다.

② 배열의 스프레드 연산자를 활용해 newItem을 포함한 새 배열을 만들어 State 변수 todo를 업데이트합니다. 이렇게 작성하면 새롭게 추가된 아이템은 항상 배열의 0번 요소가 됩니다.

그런데 지금의 함수 onCreate에는 한 가지 문제점이 있습니다. 모든 아이템은 고유한 id를 가져야 하는데, 새롭게 추가할 아이템의 id가 모두 0으로 고정되기 때문입니다. 그럼 아이템을 추가할 때마다 중복 id가 만들어져 문제가 발생합니다.

TIP
Ref 객체의 변수 사용에 대해서는 271쪽을 참고하세요.

Ref 객체를 사용하면 이 문제를 간단히 해결할 수 있습니다. Ref 객체는 앞에서 살펴본 적이 있는데, 리액트 훅인 함수 useRef로 생성합니다. Ref 객체는 리액트에서 주로 돔을 조작할 때 사용하지만, 컴포넌트의 변수로도 자주 활용합니다.

다음과 같이 App.js에서 새로운 Ref 객체를 생성합니다.

CODE file : src/App.js

```
import { useState, useRef } from "react";
(...)

function App() {
  const idRef = useRef(3);
  (...)
}
export default App;
```

초깃값이 3인 Ref 객체를 생성해 idRef에 저장합니다. 참고로 idRef의 초깃값을 3으로 설정한 이유는 앞서 작성한 목 데이터의 id가 0, 1, 2이기 때문입니다.

이제 다음과 같이 idRef를 이용해 아이템을 생성할 때마다 id가 1씩 늘어나도록 수정합니다.

CODE file : src/App.js

```
(...)
function App() {
  (...)
  const idRef = useRef(3);
  const onCreate = (content) => {
    const newItem = {
      id: idRef.current, ①
      content,
      isDone: false,
      createdDate: new Date().getTime(),
    };
    setTodo([newItem, ...todo]);
    idRef.current += 1; ②
  };
  (...)
}
export default App;
```

① idRef의 현잿값을 새롭게 추가할 할 일 아이템의 id로 지정합니다. 만약 아이템이 처음으로 추가되는 경우라면 해당 아이템의 id는 3이 됩니다.

② idRef의 현잿값을 1 늘립니다. 아이템을 추가할 때마다 idRef의 현잿값은 1씩 늘어납니다. 따라서 모든 아이템은 고유한 id를 갖게 됩니다.

App 컴포넌트에서 할 일 아이템을 생성하는 함수 onCreate를 모두 작성했습니다. 함수 onCreate는 사용자가 TodoEditor 컴포넌트에서 〈추가〉 버튼을 클릭해야 호출되기 때문에 이 컴포넌트에 Props로 전달해야 합니다.

CODE file : src/App.js

```
(...)
function App() {
  (...)
  return (
    <div className="App">
      <Header />
      <TodoEditor onCreate={onCreate} />
      <TodoList />
    </div>
  );
}
export default App;
```

아이템 추가 함수 호출하기

사용자가 할 일 입력 폼에서 아이템을 입력하고 〈추가〉 버튼을 클릭합니다. 그러면 TodoEditor 컴포넌트는 새 할 일을 생성하기 위해 App에서 Props로 받은 함수 onCreate를 호출하고 현재 사용자가 작성한 할 일을 인수로 전달합니다.

함수 onCreate를 사용하기 위해 다음과 같이 TodoEditor 컴포넌트를 수정합니다

CODE file : src/component/TodoEditor.js

```
import "./TodoEditor.css";

const TodoEditor = ({ onCreate }) => { ①
  return (
    <div className="TodoEditor">
      <h4>새로운 Todo 작성하기 ✏️ </h4>
      <div className="editor_wrapper">
        <input placeholder="새로운 Todo..." />
        <button>추가</button>
      </div>
    </div>
  );
```

```
};
export default TodoEditor;
```

| ① Props 객체를 구조 분해 할당합니다.

다음으로 TodoEditor 컴포넌트의 할 일 입력 폼에서 사용자가 입력하는 새 할 일 데이터를 저장할 State를 만듭니다.

CODE file : src/component/TodoEditor.js

```
import { useState } from "react";
import "./TodoEditor.css";

const TodoEditor = ({ onCreate }) => {
  const [content, setContent] = useState(""); ①
  const onChangeContent = (e) => {           ②
    setContent(e.target.value);
  };

  return (
    <div className="TodoEditor">
      <h4>새로운 Todo 작성하기 ✎ </h4>
      <div className="editor_wrapper">
        <input ③
          value={content}
          onChange={onChangeContent}
          placeholder="새로운 Todo..."
        />
        <button>추가</button>
      </div>
    </div>
  );
};
export default TodoEditor;
```

① 사용자가 입력 폼에 입력한 데이터를 저장할 State 변수 content를 만듭니다.
② 입력 폼의 onChange 이벤트 핸들러 onChangeContent를 만듭니다.
③ 입력 폼의 value 속성으로 content 값을 설정하고, 이벤트 핸들러로 onChangeContent를 설정합니다.

TodoEditor에서 사용자가 할 일을 입력하고 <추가> 버튼을 클릭했을 때 전달되는 '할 일 데이터'는 리액트 컴포넌트 트리 구조에서 표현되는 데이터는 아닙니다. 컴포넌트 트리 구조에서 데이터를 전달한다는 의미는 여러 컴포넌트가 동시에 동일한 데이터를 이용한다는 뜻입니다. 따라서 변하는 값인 State는 부모에서 자식으로 Props를 이용해서만 전달할 수 있습니다.
버튼을 클릭하는 이벤트가 발생했을 때 인수로 전달하는 데이터는 컴포넌트 트리 구조상의 데이터 전달이 아닙니다. 일종의 '이벤트'가 전달된다고 생각하면 됩니다.

개발자 도구의 [Components] 탭에서 실시간으로 State 값을 잘 반영하는지 확인합니다. 할 일 입력 폼에서 '독서하기'를 입력하고 개발자 도구의 [Components] 탭을 엽니다. [Components] 탭에서 App의 TodoEditor를 클릭해 State(content)에 사용자가 지금 입력한 내용이 제대로 반영되는지 확인합니다.

그림 프2-25 [Components] 탭에서 할 일 아이템 생성 확인하기

사용자가 입력한 값이 실시간으로 State로 반영되고 있음을 알 수 있습니다.

다음으로 〈추가〉 버튼을 클릭하면, 함수 onCreate를 호출하는 버튼 클릭 이벤트 핸들러를 만듭니다.

CODE file : src/component/TodoEditor.js

```
(...)
const TodoEditor = ({ onCreate }) => {
  (...)
  const onSubmit = () => { ①
    onCreate(content);
  };

  return (
    <div className="TodoEditor">
      <h4>새로운 Todo 작성하기 ✎ </h4>
      <div className="editor_wrapper">
        <input
          value={content}
          onChange={onChangeContent}
          placeholder="새로운 Todo..."
        />
        <button onClick={onSubmit}>추가</button> ②
      </div>
    </div>
  );
};
export default TodoEditor;
```

① <추가> 버튼에 대한 이벤트 핸들러 onSubmit을 생성합니다. onSubmit은 함수 onCreate를 호출하고 인수로 content의 값을 전달합니다.

② 버튼 클릭 이벤트 핸들러로 함수 onSubmit을 설정합니다.

이제 새 할 일을 작성하고 〈추가〉 버튼을 클릭해, App 컴포넌트의 todo에 새 아이템이 잘 추가되는지 확인합니다. 아직 App 컴포넌트의 todo 값을 페이지에 렌더링하는 Read 기능은 개발하지 않았기 때문에 개발자 도구의 [Components] 탭에서 직접 확인해야 합니다.

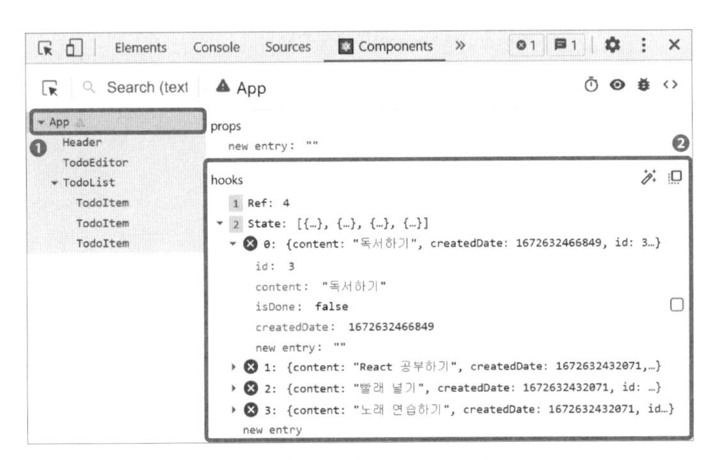

그림 프2-26 [Components] 탭에서 할 일 아이템을 제대로 추가하는지 확인

새 할 일 아이템으로 '독서하기'를 입력하고 〈추가〉 버튼을 클릭합니다.

[Components] 탭에서 App를 클릭해 State를 확인하면 '독서하기' 아이템이 추가되어 있습니다. [그림 프2-26]처럼 나온다면 정상적으로 동작하는 겁니다.

이렇게 [할 일 관리] 앱에서 새 아이템을 추가하는 Create 기능을 만들었습니다. 새롭게 추가한 아이템은 App 컴포넌트의 todo 배열 맨 앞에 추가됩니다. 그 이유는 앞서 함수 onCreate를 만들 때 새로 추가할 아이템은 배열의 0번 인덱스에 위치하도록 만들었기 때문입니다.

Create 완성도 높이기

지금까지 만든 Create 기능은 아이템을 잘 추가하고, id도 잘 배정하지만 완성도를 높이기 위해서는 몇 가지 해야 할 작업이 있습니다.

빈 입력 방지하기

프로그램의 완성도를 높이기 위해 Create 기능을 좀 더 개선하겠습니다. 처음 할 일은 빈 입력을 방지하는 일입니다. 빈 입력은 말뜻 그대로 아무것도 입력하지 않은 상태에서 〈추가〉 버튼을 누르는 행위입니다.

아무것도 입력하지 않은 상태로 아이템을 추가하는 것을 방지하기 위한 방법은 여럿 있습니다. 이 책에서는 웹 서비스들이 일반적으로 채택하고 있는 빈 입력란에 포커스를 주는 기능을 구현합니다.

특정 페이지 요소에 포커스를 주는 방법은 Ref 객체를 소개할 때 잠시 살펴본 적이 있습니다. 할 일 입력 폼을 관리할 Ref 객체를 하나 만들고, 함수 `onSubmit`에서 `content` 값이 비어 있으면 입력 폼에 포커스를 구현하는 방식입니다.

TIP
Ref 객체로 포커스를 구현하는 기능에 대해서는 244~245쪽을 참고하세요.

다음과 같이 `TodoEditor` 컴포넌트를 수정합니다.

CODE file : src/component/TodoEditor.js

```
import { useRef, useState } from "react";
import "./TodoEditor.css";

const TodoEditor = ({ onCreate }) => {
  const [content, setContent] = useState("");
  const inputRef = useRef(); ①
  (...)
  const onSubmit = () => {
    if (!content) { ②
      inputRef.current.focus();
      return;
    }
    onCreate(content);
  };

  return (
    <div className="TodoEditor">
      <h4>새로운 Todo 작성하기 ✏️ </h4>
      <div className="editor_wrapper">
        <input
          ref={inputRef} ③
          value={content}
          onChange={onChangeContent}
          placeholder="새로운 Todo..."
        />
        <button onClick={onSubmit}>추가</button>
      </div>
    </div>
  );
};
export default TodoEditor;
```

① 할 일 입력 폼을 제어할 객체 `inputRef`를 생성합니다.

② 함수 `onSubmit`은 현재 `content` 값이 빈 문자열이면, `inputRef`가 현잿값(`current`)으로 저장한 요소에 포커스하고 종료합니다.

③ 할 일 입력 폼의 `ref`에 `inputRef`를 설정합니다. 이제 `inputRef`는 현잿값으로 이 요소를 저장합니다.

이제 입력 폼에서 아무것도 입력하지 않고 〈추가〉 버튼을 클릭하면, 입력 폼은 아이템을 추가하지 않고 포커스 상태로 멈춰 있게 됩니다. 아이템의 추가 여부를 확인하려면 개발자 도구 [Components] 탭에서 App를 선택한 다음, 〈추가〉 버튼을 클릭해도 Ref 객체에 저장된 id 값이 증가하지 않는지 확인하면 됩니다.

입력 폼에서 아무것도 입력하지 않은 상태에서 〈추가〉 버튼을 클릭해 제대로 동작하는지 확인합니다.

그림 프2-27 입력 폼에서 빈 입력 방지하기

〈추가〉 버튼을 클릭해도 빈 입력 상태에서는 입력 폼에 아무런 변화도 일어나지 않고 커서만 깜빡입니다. Ref의 값도 4로 변화가 없습니다(앞서 실습에서 독서하기가 추가되었음).

아이템 추가 후 입력 폼 초기화하기

프로그램의 완성도를 높이기 위한 두 번째 조치로 아이템을 추가하면 자동으로 할 일 입력 폼을 초기화하는 기능을 구현합니다.

입력 폼을 초기화하는 기능이 없다면 의도치 않게 〈추가〉 버튼을 클릭해 중복 아이템을 생성할 수 있습니다. 또한 다른 할 일을 추가하려는 사용자에게는 기존에 작성했던 항목이 지워지지 않고 남아 있어 이를 지워야 하는 불편함이 생깁니다.

TodoEditor 컴포넌트의 함수 onSubmit을 다음과 같이 수정합니다.

CODE file : src/component/TodoEditor.js

```
(...)
const TodoEditor = ({ onCreate }) => {
  (...)
  const onSubmit = () => {
    if (!content) {
```

```
            inputRef.current.focus();
            return;
        }
        onCreate(content);
        setContent(""); ①
    };
    (...)
};
export default TodoEditor;
```

> ① 함수 setContent를 호출해 인수로 빈 문자열을 전달합니다. 그러면 새 아이템을 추가하고 난 후, content 값은 빈 문자열이 되고 입력 폼 역시 초기화됩니다.

[할 일 관리] 앱에서 새로고침(F5) 버튼을 클릭해 페이지를 초기화합니다. 임의로 새 할 일을 하나 입력한 다음, 〈추가〉 버튼을 클릭합니다. [Components] 탭에서 데이터가 생성되는지 그리고 페이지의 입력 폼은 잘 초기화되는지 확인합니다.

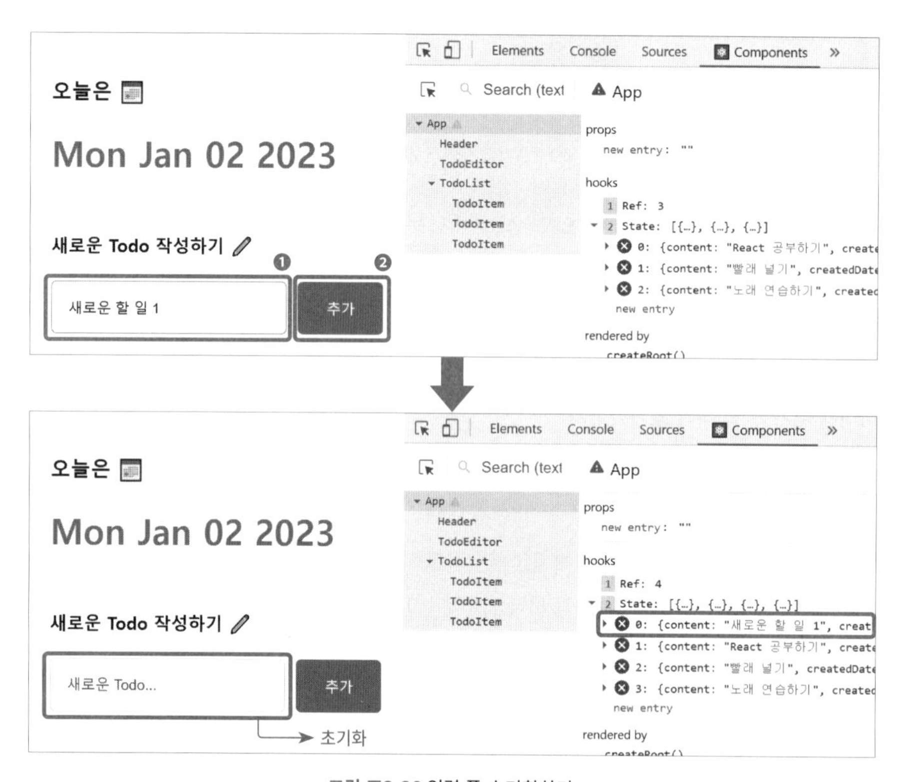

그림 프2-28 입력 폼 초기화하기

새로운 할 일 아이템이 추가되는 것과 동시에 입력 폼 역시 초기화되는 것을 알 수 있습니다.

[할 일 관리] 앱 페이지에서 새로고침(F5)하면 기존에 입력했던 데이터(예를 들어 독서하기)들은 모두 사라지고 처음 입력한 목 데이터만 다시 렌더링합니다. 여러분의 결과가 이 책의 결과와 다르다면 새로고침하여 추가로 입력한 값들은 모두 삭제하고 새 할 일을 입력해 추가하면 됩니다.

Enter 키를 눌러 아이템 추가하기

마지막으로 프로그램의 완성도를 높이기 위해 키보드의 Enter 키를 누르면, 〈추가〉 버튼을 클릭한 것과 동일한 동작을 수행하는 키 입력 이벤트를 만들겠습니다.

TodoEditor 컴포넌트를 다음과 같이 수정합니다.

CODE file : src/component/TodoEditor.js

```
(...)
const TodoEditor = ({ onCreate }) => {
  (...)
  const onKeyDown = (e) => { ①
    if (e.keyCode === 13) {
      onSubmit();
    }
  };

  return (
    <div className="TodoEditor">
      <h4>새로운 Todo 작성하기 ✏️ </h4>
      <div className="editor_wrapper">
        <input
          ref={inputRef}
          value={content}
          onChange={onChangeContent}
          onKeyDown={onKeyDown} ②
          placeholder="새로운 Todo..."
        />
        <button onClick={onSubmit}>
          추가
        </button>
      </div>
    </div>
  );
};
export default TodoEditor;
```

① 함수 onKeyDown은 사용자가 Enter 키를 눌렀을 때 호출할 이벤트 핸들러입니다. e.keyCode에는 현재 사용자가 누른 키보드의 키가 숫자로 변환되어 저장되어 있는데, 13은 Enter 키를 의미합니다. 따라서 e.keyCode가 13이면 함수 onSubmit을 호출합니다.

② 입력 폼의 키 입력 이벤트 핸들러를 함수 onKeyDown으로 설정합니다.

새로고침한 다음, 새로운 할 일 '에어컨 청소하기'를 입력하고 Enter 키를 눌러 아이템이 잘 추가되는지 확인합니다. 개발자 도구의 [Components] 탭에서 App 컴포넌트의 State 값을 확인하면 됩니다.

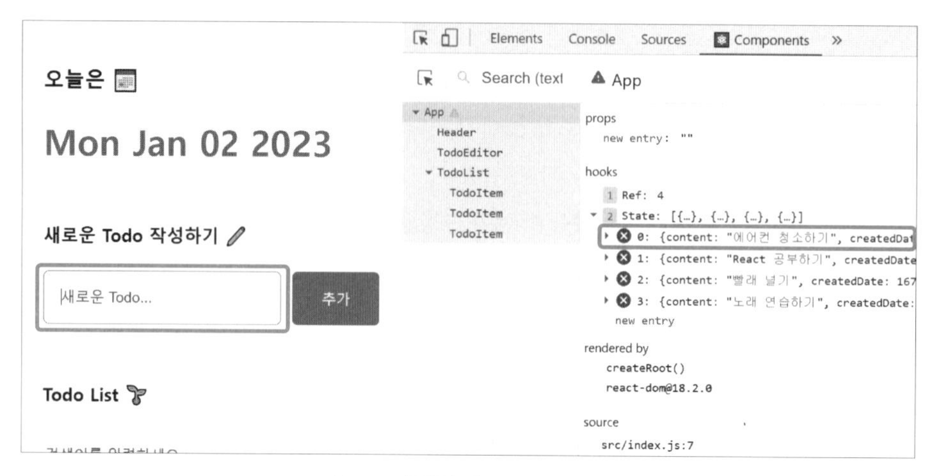

그림 프2-29 Enter 키로 아이템 생성하기

이것으로 [할 일 관리] 앱의 Create 기능을 모두 완성하였습니다.

Read: 할 일 리스트 렌더링하기

이번에는 TodoList 컴포넌트의 기능이면서 CRUD의 두 번째 요소인 Read 기능을 만들겠습니다. Read 기능을 이용하면 배열에 저장한 여러 할 일 아이템을 반복해서 페이지에 렌더링할 수 있습니다.

배열을 리스트로 렌더링하기

App 컴포넌트의 State 변수 todo에는 배열 형태로 여러 개의 할 일 아이템이 저장되어 있습니다. 배열 todo를 TodoList 컴포넌트에 Props로 전달합니다.

CODE file : src/App.js

```
(...)
function App() {
const [todo, setTodo] = useState(mockTodo);
(...)
  return (
    <div className="App">
      <Header />
      <TodoEditor onCreate={onCreate} />
```

```
      <TodoList todo={todo} />
    </div>
  );
}
export default App;
```

TodoList 컴포넌트에서는 App에서 Props로 전달된 todo를 리스트로 렌더링해야 합니다. 리액트에서 배열 데이터를 렌더링할 때는 배열 메서드 map을 주로 이용합니다. map을 이용하면 HTML 또는 컴포넌트를 순회하면서 매 요소를 반복하여 렌더링합니다.

map을 이용한 HTML 반복하기

TodoList 컴포넌트에서 배열 메서드 map을 이용해 HTML 요소를 반복해 렌더링합니다. TodoList 컴포넌트를 다음과 같이 수정합니다.

CODE file : src/component/TodoList.js

```
import TodoItem from "./TodoItem";
import "./TodoList.css";

const TodoList = ({ todo }) => { ①
  return (
    <div className="TodoList">
      <h4>Todo List 🌱</h4>
      <input className="searchbar" placeholder="검색어를 입력하세요" />
      <div className="list_wrapper">
        {todo.map((it) => ( ②
          <div>{it.content}</div>
        ))}
      </div>
    </div>
  );
};
export default TodoList;
```

TIP
map 메서드의 매개변수 it는 item을 줄여 쓴 겁니다. map 메서드 문법에 대해서는 104~105쪽을 참고하세요.

① Props를 구조 분해 할당합니다.
② map 메서드를 이용해 배열 todo의 모든 요소를 순차적으로 순회하며 HTML로 변환합니다. 이 식의 결괏값은 배열 todo에 저장된 모든 할 일을 <div> 태그로 감싼 것과 동일합니다.

State 변수 todo를 초기화하기 위해 페이지를 새로고침(F5)하고 렌더링 결과를 확인합니다.

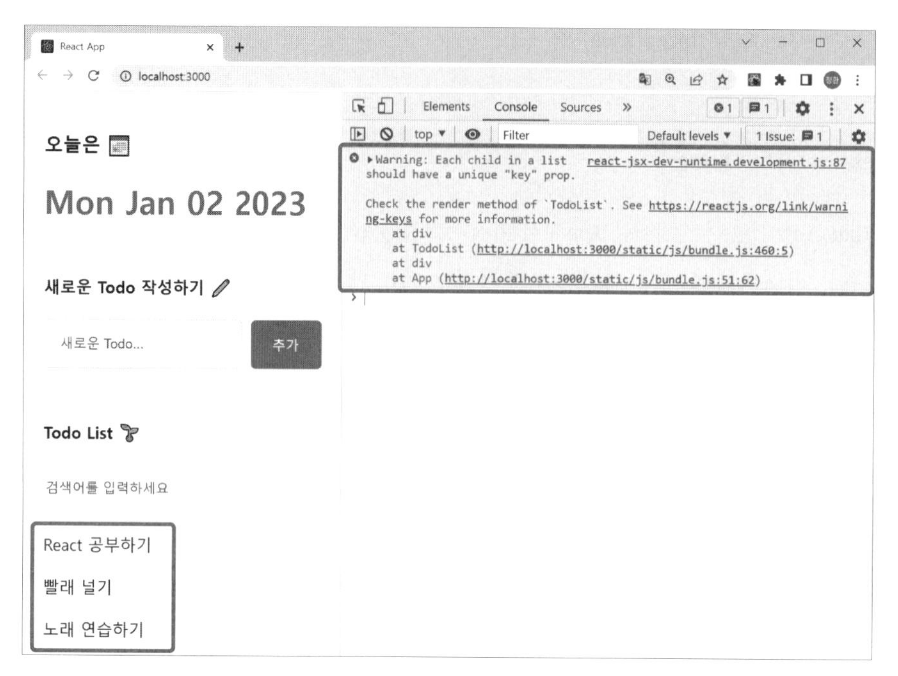

그림 프2-30 map 메서드로 HTML 렌더링하기

todo에 저장된 3개의 할 일을 HTML로 반복해 페이지에 렌더링합니다. 이때 개발자 도구의 콘솔에 "Each child in a list should have a unique key prop"이라는 경고 메시지가 출력되는데, 이 메시지에 대해서는 뒤에서 자세히 다루겠습니다.

map을 이용해 컴포넌트 반복하기

이번에는 map 메서드의 콜백 함수가 HTML이 아닌 컴포넌트를 반환하도록 수정하겠습니다. 배열을 이용해 컴포넌트를 반복해 렌더링합니다.

CODE　　file : src/component/TodoList.js

```
import TodoItem from "./TodoItem";
import "./TodoList.css";

const TodoList = ({ todo }) => {
  return (
    <div className="TodoList">
      <h4>Todo List 🌱</h4>
      <input className="searchbar" placeholder="검색어를 입력하세요" />
      <div className="list_wrapper">
        {todo.map((it) => (
          <TodoItem {...it} /> ①
        ))}
```

```
      </div>
    </div>
  );
};
export default TodoList;
```

> ① map 메서드의 콜백 함수가 TodoItem 컴포넌트를 반환합니다. 이때 TodoItem 컴포넌트에 현재 순회 중인 배열 요소 it의 모든 프로퍼티를 스프레드 연산자를 이용해 Props로 전달합니다. 배열 todo에는 할 일 아이템 객체가 저장되어 있기 때문에 결과적으로 TodoItem 컴포넌트에는 이 객체 각각의 프로퍼티가 Props로 전달됩니다.

TodoItem 컴포넌트에 전달된 Props를 이 컴포넌트에서 사용할 수 있도록 다음과 같이 수정합니다.

CODE　　file : src/component/TodoItem.js

```
import "./TodoItem.css";

const TodoItem = ({ id, content, isDone, createdDate }) => { ①
  return (
    <div className="TodoItem">
      <div className="checkbox_col">
        <input checked={isDone} type="checkbox" />   ②
      </div>
      <div className="title_col">{content}</div>      ③
      <div className="date_col">
        {new Date(createdDate).toLocaleDateString()} ④
      </div>
      <div className="btn_col">
        <button>삭제</button>
      </div>
    </div>
  );
};
export default TodoItem;
```

> ① Props를 구조 분해 할당합니다.
> ② 체크박스 입력 폼의 체크 여부를 isDone으로 설정합니다.
> ③ 할 일을 페이지에 표시하기 위해 content를 렌더링합니다.
> ④ 앞서 목 데이터를 설정할 때 createdDate를 타임 스탬프값으로 저장했습니다. new Date로 새로운 객체를 만들고, 생성자의 인수로 createDate를 전달해 타임 스탬프값을 Date 형식으로 변환합니다. 그다음 toLocaleDateString 메서드를 사용해 문자열로 변환해 렌더링합니다.

저장한 다음, 결과를 확인할 수 있도록 할 일 입력 폼에 '독서하기'라는 새 아이템을 추가합니다.

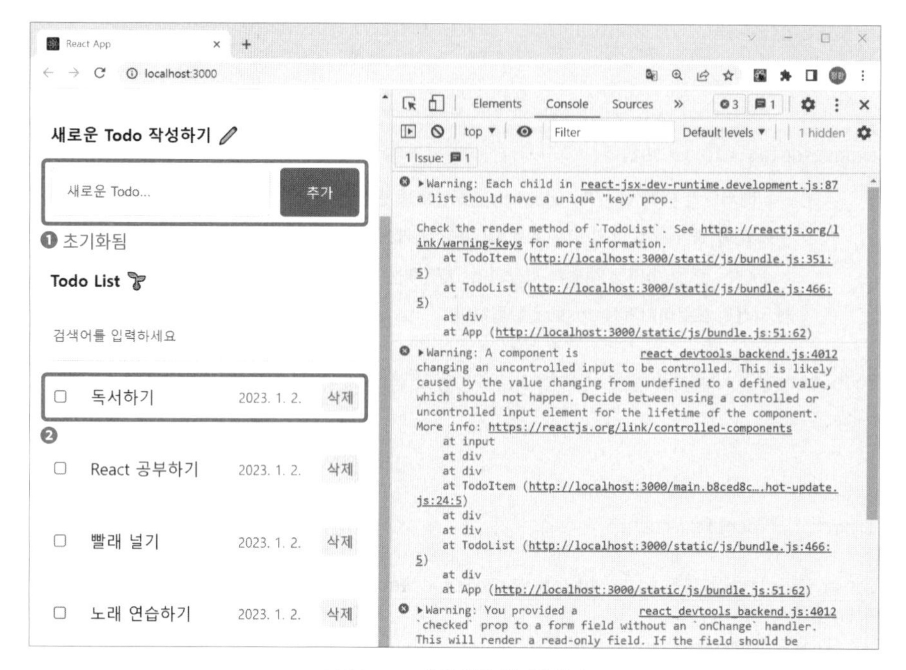

그림 프2-31 새 아이템 렌더링하기

페이지에서는 목 데이터의 할 일 아이템들과 새로 입력한 아이템을 잘 렌더링합니다.

그러나 개발자 도구의 콘솔을 열면 여러 가지 경고 메시지가 출력되는 걸 볼 수 있습니다. 앞서 확인했던 것과 같은 경고 메시지입니다.

```
Each child in a list should have a unique "key" prop.
```

경고 메시지를 직역하면 "리스트의 모든 자식 요소는 key라는 고유한 prop을 반드시 가져야 한다"라고 해석할 수 있습니다.

그리고 다음과 같은 두 번째 경고 메시지도 발견할 수 있습니다.

```
You provided a 'checked' prop to a form without an 'onChange' handler ...
```

이 메시지는 TodoItem 컴포넌트가 체크박스 입력 폼에 onChange 이벤트 핸들러를 설정하지 않아서 발생한 경고입니다. 나중에 이 체크박스에 onChange 이벤트 핸들러를 설정할 예정이므로 지금은 무시해도 됩니다.

key 설정하기

key는 리스트에서 각각의 컴포넌트를 구분하기 위해 사용하는 값입니다. 리액트는 리스트에서 특정 컴포넌트를 수정, 추가, 삭제하는 경우, 이 key로 어떤 컴포넌트를 업데이트할지 결정합니다. 따라서 리스트의 각 컴포넌트를 key로 구분하지 않으면 생성, 수정, 삭제와 같은 연산을 수행할 수 없거나 비효율적으로 탐색하게 됩니다. 심지어 성능이 나빠지거나 의도치 않은 동작을 수행할 수 있습니다.

그렇다면 무엇을 key로 사용하는 게 좋을까요? 우리는 이미 아이템마다 고유한 id를 갖도록 데이터를 모델링했습니다. 그리고 App 컴포넌트의 할 일 아이템 생성 과정에서 Ref 객체를 이용해 아이템마다 고유 id를 갖도록 만들었습니다. 따라서 id를 key로 전달하면 문제를 간단히 해결할 수 있습니다.

TodoList 컴포넌트를 다음과 같이 수정합니다.

CODE file : src/component/TodoList.js

```
(...)
const TodoList = ({ todo }) => {
  return (
    <div className="TodoList">
      (...)
      <div className="list_wrapper">
        {todo.map((it) => (
          <TodoItem key={it.id} {...it} /> ①
        ))}
      </div>
    </div>
  );
};
export default TodoList;
```

① 리스트의 각 컴포넌트에 key로 할 일 아이템의 id를 전달합니다.

이제 개발자 도구의 [콘솔] 탭을 다시 확인해 보면 key와 관련해서는 더 이상 오류가 발생하지 않습니다. 정리하면 map을 이용해 컴포넌트를 리스트 형태로 반복적으로 렌더링하려면 반드시 리스트 내의 고유한 key를 Props로 전달해야 합니다.

검색어에 따라 필터링하기

TodoList 컴포넌트에서 특정 할 일을 검색하는 기능을 만들겠습니다.

검색 기능 만들기

이번에는 TodoList의 검색 폼에서 검색어를 입력하면, 해당 문자열을 포함하는 할 일 아이템만 필터링해 보여주는 기능을 구현합니다.

먼저 사용자가 입력하는 검색어를 처리할 State 변수를 만든 다음, 검색 폼에서 사용자가 입력한 내용을 처리하는 기능을 만듭니다. TodoList.js를 다음과 같이 수정합니다.

CODE file : src/component/TodoList.js

```
import { useState } from "react"; ①
(...)

const TodoList = ({ todo }) => {
  const [search, setSearch] = useState(""); ②
  const onChangeSearch = (e) => {           ③
    setSearch(e.target.value);
  };
  return (
    <div className="TodoList">
      (...)
      <input
        value={search}             ④
        onChange={onChangeSearch} ⑤
        className="searchbar"
        placeholder="검색어를 입력하세요"
      />
      (...)
    </div>
  );
};
export default TodoList;
```

① react 라이브러리에서 useState 리액트 훅을 불러옵니다.

② search라는 이름으로 State를 하나 생성합니다.

② 검색 폼의 onChange 이벤트 핸들러 onChangeSearch를 만듭니다.

③ 검색 폼의 value로 State 변수 search를 설정합니다.

④ 검색 폼의 onChange 이벤트 핸들러를 onChangeSearch로 설정합니다.

계속해서 사용자가 입력한 검색어에 따라 할 일 아이템을 필터링하는 기능을 만듭니다.

CODE file : src/component/TodoList.js

```
(...)
const TodoList = ({ todo }) => {
  (...)
  const getSearchResult = () => { ①
    return search === ""
      ? todo
      : todo.filter((it) => it.content.includes(search));
  };
```

```
  return (
    <div className="TodoList">
      (...)
      <div className="list_wrapper">
        {getSearchResult().map((it) => ( ②
          <TodoItem key={it.id} {...it} />
        ))}
      </div>
    </div>
  );
};
export default TodoList;
```

> ① 함수 getSearchResult는 현재 입력한 검색어인 search가 빈 문자열("")이면 todo를 그대로 반환하고, 그렇지 않으면 todo 배열에서 search의 내용과 일치하는 아이템만 필터링해 반환합니다.
> ② 함수 getSearchResult의 결괏값을 map 메서드를 이용해 리스트로 렌더링합니다.

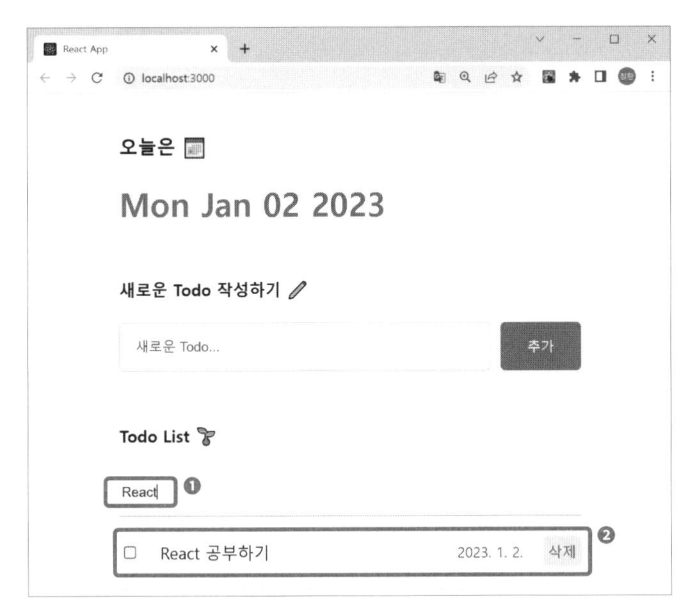

그림 프2-32 TodoList 컴포넌트의 검색 기능 만들기

이제 다 되었습니다. 검색어로 'React'를 입력하여 검색 결과가 잘 나타나는지 확인합니다.

검색어 'React'를 입력하니 'React 공부하기' 아이템만 페이지에 렌더링하는 것을 볼 수 있습니다. 검색 기능이 잘 구현되었습니다. 한 가지 아쉬운 점은 검색어를 React가 아니라 'react'로 입력하면 대소 문자를 구별하지 못해 검색 결과가 나타나지 않습니다.

대소 문자를 구별하지 않게 하기

이번에는 검색에서 대소 문자를 구별하지 않도록 기능을 업그레이드하겠습니다. 그럼 사용자가 더 쉽게 검색할 수 있습니다

CODE file : src/component/TodoList.js

```
(...)
const getSearchResult = () => {
  return search === ""
```

```
        ? todo
        : todo.filter((it) =>
            it.content.toLowerCase().includes(search.toLowerCase()) ①
          );
};
(...)
```

① toLowerCase() 메서드는 문자열에 있는 대문자를 모두 소문자로 바꿔 줍니다. toLowerCase 메서드를 이용해 검색어(search)와 todo 아이템의 content를 모두 소문자로 바꾸면 대소 문자를 구별하지 않고 검색합니다.

이제 대소 문자를 구별하지 않기 때문에 react로 검색해도 React **공부하기** 아이템이 검색 결과에 잘 나타납니다.

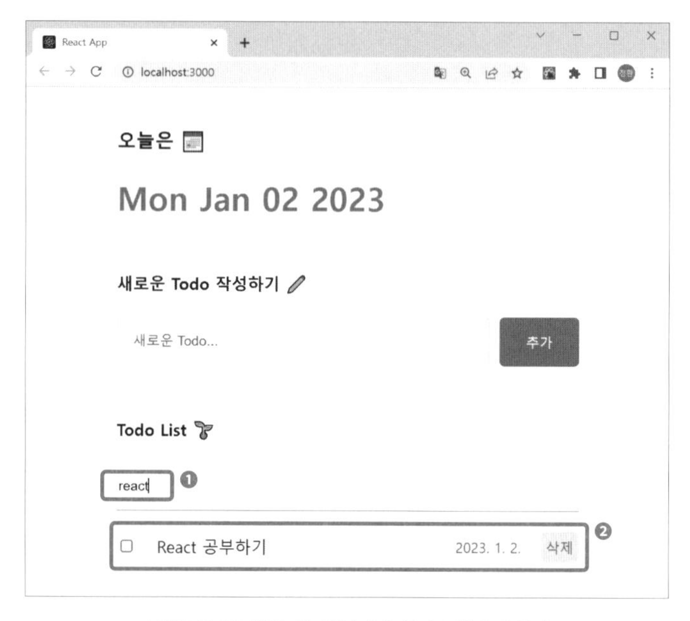

그림 프2-33 검색 기능에서 대소 문자 구별하지 않기

Update: 할 일 수정하기

CRUD의 세 번째 기능은 Update입니다. [할 일 관리] 앱에서 수정 기능을 만들겠습니다.

기능 흐름 살펴보기

[할 일 관리] 앱에서 할 일 아이템의 수정은 [그림 프2-34]와 같이 진행됩니다. 사용자가 TodoItem의 체크박스에 틱(Tik, 체크 표시하는 것)하면 할 일 아이템이 미완료에서 완료, 완료에서 미완료 상태로 바뀌는 토글 기능이 동작합니다. 이를 위해 다음과 같은 일련의 과정이 필요합니다.

① 사용자가 TodoItem의 체크박스에 틱(체크 표시)합니다.

② TodoItem 컴포넌트는 함수 onUpdate를 호출하고 어떤 체크박스에 틱이 발생했는지 해당 아이템의 id를 인수로 전달합니다. 물론 그 전에 함수 onUpdate를

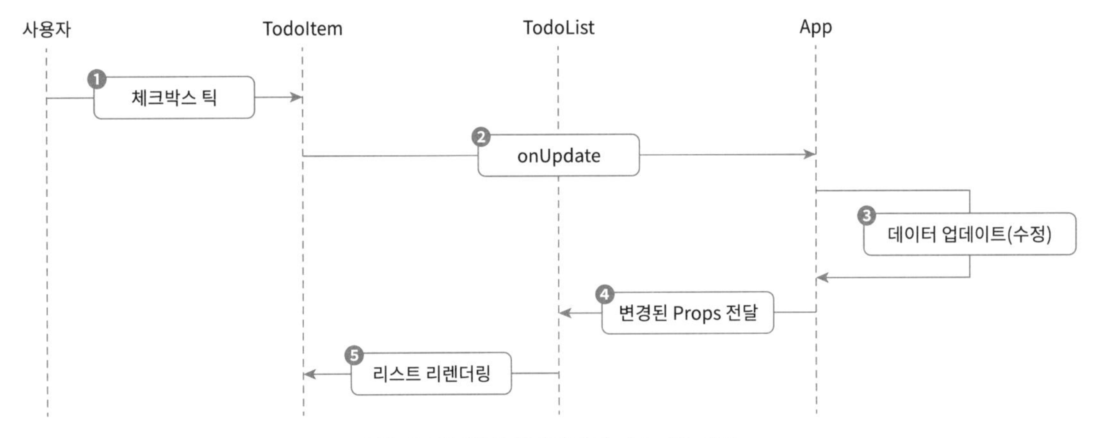

그림 프2-34 [할 일 관리] 앱의 Update 기능 흐름

App 컴포넌트에서 Props로 `TodoItem`에 전달해야 합니다.

③ App 컴포넌트의 함수 `onUpdate`는 틱이 발생한 아이템의 상태(완료 또는 미완료)를 토글하기 위해 State 값을 업데이트합니다.

④ App 컴포넌트의 State 값이 변경되면 `TodoList`에 전달하는 Props의 값 또한 변경됩니다.

⑤ `TodoList`는 변경된 State 값을 다시 리스트로 렌더링합니다. 결과적으로 수정 사항이 반영됩니다.

아이템 수정 함수 만들기

할 일 생성을 위해 함수 `onCreate`를 만들었듯이 수정을 위해 함수 `onUpdate`를 만듭니다. 그리고 이 함수를 `TodoItem` 컴포넌트까지 전달해야 합니다.

다음과 같이 `App`에 할 일 수정 함수 `onUpdate`를 생성하고 `TodoList` 컴포넌트에 Props로 전달합니다.

CODE file : src/App.js

```
(...)
function App() {
  (...)
  const onUpdate = (targetId) => { ①
    setTodo(
      todo.map( ②
        (it) => {
          if (it.id === targetId) {
            return {
              ...it,
              isDone: !it.isDone,
```

```
          };
        } else {
          return it;
        }
      }
    )
  );
};

return (
  <div className="App">
    (...)
    <TodoList todo={todo} onUpdate={onUpdate} /> ③
  </div>
);
}
export default App;
```

> ① 함수 onUpdate는 TodoItem 체크박스에 틱이 발생했을 때 호출하는 함수입니다. 그런데 어떤 아이템에 틱이 발생했는지 알아야 합니다. 매개변수 targetId로 틱이 발생한 할 일 아이템의 id를 저장합니다.
>
> ② todo 값을 업데이트하기 위해 함수 setTodo를 호출합니다. 이때 map 메서드를 이용해 배열 todo에서 id가 targetId와 일치하는 요소를 찾으면, isDone 프로퍼티 값을 토글한 새 배열을 만들어 인수로 전달합니다.
>
> ③ TodoList 컴포넌트에 Props로 함수 onUpdate를 전달합니다.

삼항 연산자를 이용하면 함수 onUpdate를 다음과 같이 훨씬 간결하게 작성할 수 있습니다.

CODE　　　　file : src/App.js

```
(...)
const onUpdate = (targetId) => {
  setTodo(
    todo.map((it) =>
      it.id === targetId ? { ...it, isDone: !it.isDone } : it
    )
  );
};
(...)
```

할 일 아이템을 수정하는 함수 onUpdate를 완성했습니다.

이제 TodoList에서 TodoItem 컴포넌트에 함수 onUpdate를 전달해야 합니다. TodoList 컴포넌트를 다음과 같이 수정합니다.

CODE file : src/component/TodoList.js

```
(...)
const TodoList = ({ todo, onUpdate }) => { ①
  (...)
  return (
    <div className="TodoList">
      (...)
      <div className="list_wrapper">
        {getSearchResult().map((it) => (
          <TodoItem key={it.id} {...it} onUpdate={onUpdate} /> ②
        ))}
      </div>
    </div>
  );
};
export default TodoList;
```

① Props를 구조 분해 할당합니다.
② TodoItem 컴포넌트에 함수 onUpdate를 Props로 전달합니다.

리액트 컴포넌트는 바로 한 단계 아래의 자식 컴포넌트에만 데이터를 전달할 수 있습니다. 따라서 한 단계 이상 떨어져 있는 자식 컴포넌트에 데이터를 전달하려면, 현재로서는 전달에 전달을 반복하는 수밖에 없습니다.

따라서 TodoList 자신은 해당 함수를 사용하지 않지만, TodoItem 컴포넌트에 함수 onUpdate를 전달해야 하므로 Props로 받아 다시 전달하는 일종의 매개 역할을 수행합니다. 이는 리액트에서 State와 Props를 사용할 때 흔히 발생하는 일입니다. 이런 상황을 "Props가 마치 땅을 파고 내려가는 것 같다"라고 하여 'Props Drilling'이라고 합니다.

Props Drilling은 좋은 구현 방식은 아닙니다만 이것에 대한 해결 방법은 추후 다룰 예정이니 지금은 이 코드가 비효율적이라도 일단 작성합니다.

TodoItem 컴포넌트에서 아이템 수정 함수 호출하기

이제 TodoItem 컴포넌트에서 틱 이벤트가 발생하면 함수 onUpdate를 호출합니다. TodoItem을 다음과 같이 수정합니다.

CODE file : src/component/TodoItem.js

```
import "./TodoItem.css";

const TodoItem = ({ id, content, isDone, createdDate, onUpdate }) => { ①
  const onChangeCheckbox = () => {                                      ②
```

```
      onUpdate(id);
    };
    return (
      <div className="TodoItem">
        <div className="checkbox_col">
          <input onChange={onChangeCheckbox} ③
                 checked={isDone} type="checkbox" />
        </div>
        (...)
      </div>
    );
};
export default TodoItem;
```

① Props를 구조 분해 할당합니다. 함수 onUpdate를 추가합니다.

② 체크박스를 틱했을 때 호출할 함수 onChangeCheckbox를 만듭니다. 이 함수는 onUpdate를 호출하고 인수로 현재 틱이 발생한 할 일 아이템의 id를 전달합니다.

③ 체크박스 입력 폼의 onChange 이벤트 핸들러를 함수 onChangeCheckbox로 설정합니다.

코드 작성을 모두 완료했다면 결과를 확인합니다. 'React **공부하기**'의 체크박스를 틱했을 때 완료 여부를 표시하는 체크 표시가 나타나는지 확인합니다. 그리고 [Components] 탭을 열고 TodoItem 컴포넌트에서 이 아이템의 isDone 프로퍼티가 true로 변경되는지도 확인합니다.

그림 프2-35 할 일 완료 여부를 확인하는 체크박스 틱하기

정상적으로 업데이트된 것을 확인할 수 있습니다.

Delete: 할 일 삭제하기

마지막으로 CRUD의 Delete 기능을 구현하여 할 일 아이템을 삭제하겠습니다.

기능 흐름 살펴보기

[할 일 관리] 앱에서 삭제 기능은 어떤 흐름으로 구현되는지 먼저 살펴보겠습니다. 할 일 아이템의 삭제는 수정 기능과 유사한 흐름으로 진행됩니다. 사용자가 TodoItem의 〈삭제〉 버튼을 클릭하면 해당 할 일 아이템을 찾아 삭제하면 됩니다.

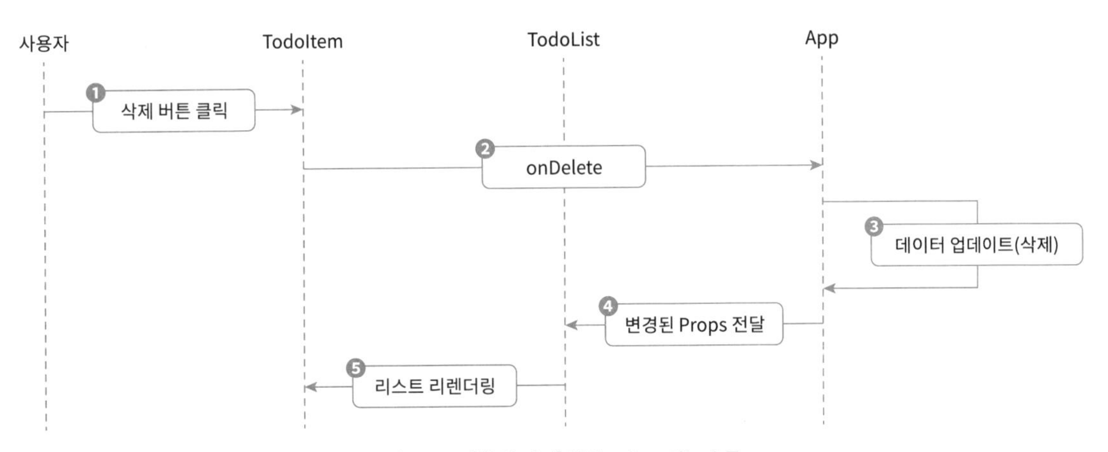

그림 프2-36 [할 일 관리] 앱의 Delete 기능 흐름

① 삭제하려는 할 일 아이템에서 〈삭제〉 버튼을 클릭합니다.

② 할 일을 삭제하는 함수 onDelete를 호출합니다. 이 함수는 App의 State 값을 업데이트하므로 미리 App 컴포넌트에서 Props로 전달해야 합니다.

③ 〈삭제〉 버튼을 클릭하면 삭제할 할 일 아이템만 빼고, 새 배열을 만들어 State 값을 업데이트합니다.

④ State 변수 todo가 업데이트되면, App가 TodoList 컴포넌트에 전달한 Props의 값도 변경됩니다.

⑤ TodoList 컴포넌트는 Props의 값이 변경되면 리렌더됩니다. 이때 새로운 배열 todo로 할 일 리스트를 다시 렌더링합니다.

아이템 삭제 함수 만들기

App 컴포넌트에서 할 일을 삭제하는 함수 onDelete를 만듭니다.

CODE file : src/App.js

```
(...)
function App() {
  (...)
  const onDelete = (targetId) => { ①
    setTodo(todo.filter((it) => it.id !== targetId));
  };

  return (
    <div className="App">
      <Header />
      <TodoEditor onCreate={onCreate} />
      <TodoList todo={todo} onUpdate={onUpdate} onDelete={onDelete} /> ②
    </div>
  );
}
export default App;
```

> ① TodoItem의 <삭제> 버튼을 클릭했을 때 호출하는 함수 onDelete는 매개변수 targetId에 삭제할 일기 아이템의 id를 저장합니다. 그리고 해당 id 요소를 뺀 새 배열로 todo를 업데이트함으로써 대상 아이템을 삭제합니다.
>
> ② 함수 onDelete는 TodoItem에서 <삭제> 버튼을 클릭할 때 호출합니다. 따라서 먼저 TodoList에 Props로 전달해야 합니다.

TodoList는 Props로 받은 함수 onDelete를 다시 TodoItem 컴포넌트에 전달해야 합니다.

CODE file : src/component/TodoList.js

```
(...)
const TodoList = ({ todo, onUpdate, onDelete }) => { ①
  (...)
  return (
    <div className="TodoList">
      (...)
      <div className="list_wrapper">
        {getSearchResult().map((it) => (
          <TodoItem
            key={it.id}
            {...it}
            onUpdate={onUpdate}
            onDelete={onDelete} ②
          />
        ))}
```

```
      </div>
    </div>
  );
};
export default TodoList;
```

> ① Props를 구조 분해 할당합니다. 함수 onDelete를 추가합니다.
>
> ② 함수 onDelete를 리스트의 모든 TodoItem에 Props로 전달합니다.

TodoItem 컴포넌트에서 삭제 함수 호출하기

TodoItem에서 〈삭제〉 버튼을 클릭하면 함수 onDelete를 호출하도록 구현합니다.

CODE file : src/component/TodoItem.js

```
import "./TodoItem.css";

const TodoItem = ({ id, content, isDone, createdDate, onUpdate, onDelete }) =>
{ ①
  (...)
  const onClickDelete = () => {  ②
    onDelete(id);
  };

  return (
    <div className="TodoItem">
      (...)
      <div className="btn_col">
        <button onClick={onClickDelete}>삭제</button> ③
      </div>
    </div>
  );
};
export default TodoItem;
```

> ① Props를 구조 분해 할당합니다. 함수 onDelete를 추가합니다.
>
> ② <삭제> 버튼을 클릭하면 호출할 함수 onClickDelete를 만듭니다. 이 함수는 함수 onDelete를 호출하고 인수로 해당 아이템의 id를 전달합니다.
>
> ③ <삭제> 버튼의 onClick 이벤트 핸들러로 함수 onClickDelete를 설정합니다.

[할 일 관리] 앱에서 임의로 할 일 아이템 가운데 하나를 선택해 〈삭제〉 버튼을 클릭합니다. 아이템이 잘 삭제되는지 페이지에서 확인합니다.

[그림 프2-37]과 같이 〈삭제〉 버튼을 클릭하면 페이지에서 바로 삭제된다는 것을 알 수 있습니다.

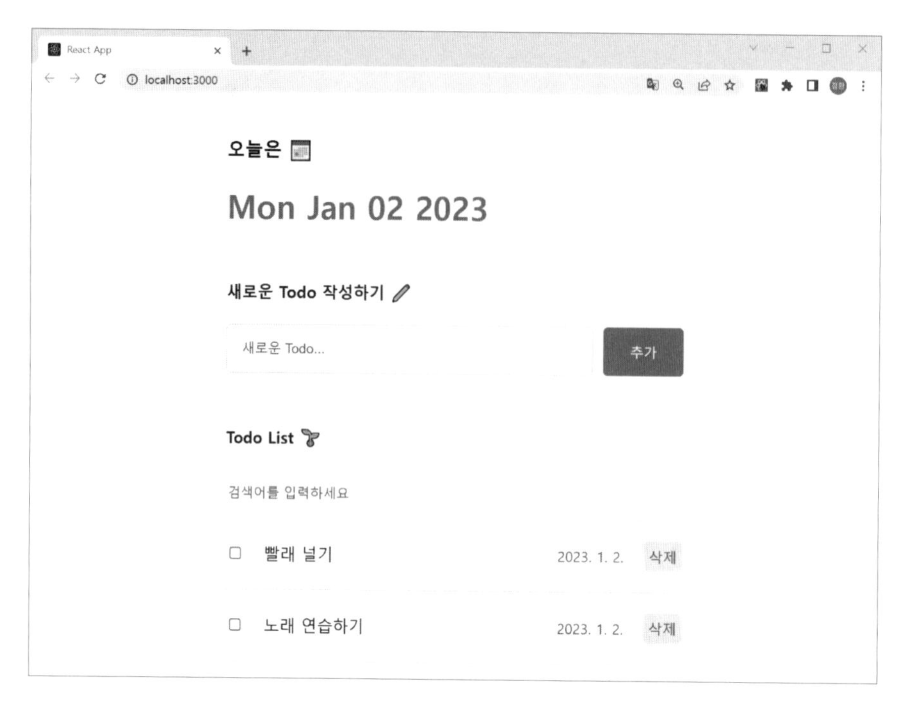

그림 프2-37 [할 일 관리] 앱의 삭제 기능 확인하기

이렇게 두 번째 리액트 앱 프로젝트인 [할 일 관리] 앱을 모두 완성했습니다. 여기까지 문제없이 완료했다면 이제는 리액트를 이용해 간단한 프로젝트 정도는 만들 수 있는 기본 소양을 갖추었다고 할 수 있습니다.

그러나 Props Drilling이나 최적화 문제, 분리되지 않은 상태 관리 등 리액트 서비스와 관련해 알아야 할 내용들이 아직 더 있습니다. 다음 과정에서 이 개념들을 공부하면서 [할 일 관리] 앱을 한 단계 업그레이드하겠습니다.

7장

useReducer와 상태 관리

이 장에서 주목할 키워드

- useReducer
- 상태 변화 코드와 분리
- 함수 dispatch
- 함수 reducer
- 앱 업그레이드
- 오류 수정하기

이 장의 학습 목표

- 상태 변화의 개념과 useReducer에 대해 알아봅니다.
- [할 일 관리] 앱을 useReducer를 이용해 업그레이드합니다.

useReducer 이해하기

리액트 훅 useReducer를 이용하면 컴포넌트에서 상태 변화 코드를 쉽게 분리할 수 있습니다. 이번 절에서는 상태 변화 코드를 분리한다는 게 무엇이고, 이 기능을 간편하게 사용할 수 있게 해주는 함수 useReducer의 사용법을 알아봅니다.

실습 준비하기

상태 변화 개념을 이해하기에 앞서 먼저 실습을 진행하면서 useReducer의 기능에는 어떤 것이 있는지 알아보겠습니다. [할 일 관리] 앱을 열고 component 폴더에 TestComp라는 임시 컴포넌트를 하나 만듭니다.

TestComp.js 파일을 생성하고 다음과 같이 작성합니다.

CODE file : src/component/TestComp.js

```
import { useState } from "react";

function TestComp() {
  const [count, setCount] = useState(0);

  const onIncrease = () => {
    setCount(count + 1);
  };

  const onDecrease = () => {
    setCount(count - 1);
  };

  return (
    <div>
      <h4>테스트 컴포넌트</h4>
      <div>
        <bold>{count}</bold>
      </div>
      <div>
        <button onClick={onIncrease}>+</button>
        <button onClick={onDecrease}>-</button>
```

```
      </div>
    </div>
  );
}
export default TestComp;
```

TestComp 컴포넌트는 임의의 수를 표시하는 카운트와 이 값을 1씩 늘리거나 줄이는 2개의 버튼으로 구성합니다. 카운트는 State 변수 count로 관리하는데, 〈+〉 버튼을 클릭하면 함수 onIncrease를 호출해 카운트값을 1 늘리고, 〈-〉 버튼을 클릭하면 함수 onDecrease를 호출해 카운트값을 1 줄입니다.

TestComp를 App 컴포넌트의 자식으로 배치해 페이지에 렌더링합니다.

CODE file : src/App.js

```
(...)
import TestComp from "./component/TestComp";

(...)

function App() {
  (...)
  return (
    <div className="App">
      <TestComp />
      (...)
    </div>
  );
}
export default App;
```

저장하고 TestComp 컴포넌트가 잘 동작하는지 렌더링 결과를 확인합니다. 버튼을 클릭해 카운트가 증가하거나 감소하는지 확인합니다.

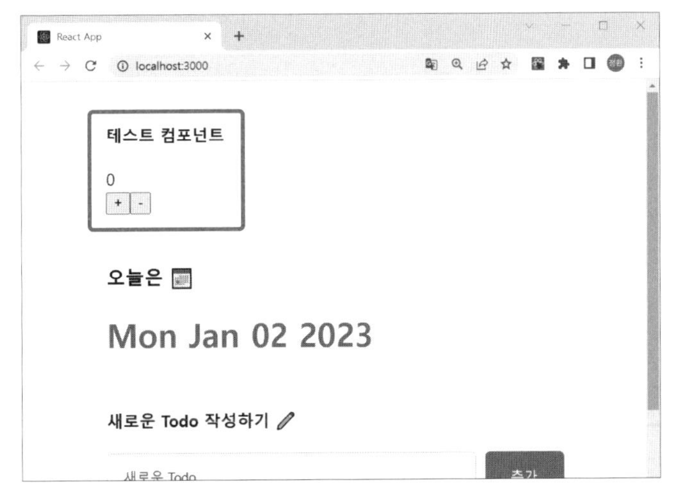

그림 7-1 TestComp 컴포넌트 렌더링하기

상태 변화 코드란?

상태 변화 코드란 State 값을 변경하는 코드입니다. 앞서 만든 TestComp 컴포넌트의 함수 onIncrease와 onDecrease는 각각 변수 count의 값을 늘리거나 줄이므로 상태 변화 코드라고 할 수 있습니다.

CODE file : src/component/TestComp.js

```
import { useState } from "react";

function TestComp() {
  const [count, setCount] = useState(0);

  const onIncrease = () => { // 상태 변화 코드(카운트를 1 증가함)
    setCount(count + 1);
  };

  const onDecrease = () => { // 상태 변화 코드(카운트를 1 감소함)
    setCount(count - 1);
  };
  (...)
}
export default TestComp;
```

상태 변화 코드를 컴포넌트에서 분리한다는 말은 컴포넌트 내부에 작성했던 상태 변화 코드를 외부에 작성한다는 뜻입니다. 그러나 지금처럼 useState를 이용해 State를 만들면 상태 변화 코드를 분리할 수 없습니다. 둘 다 컴포넌트 안에서 선언했기 때문입니다. useState를 이용해 State를 생성하면 상태 변화 코드는 반드시 컴포넌트 안에 작성해야 합니다. 반면 함수 useReducer를 사용하면 상태 변화 코드를 컴포넌트 밖으로 분리할 수 있습니다.

상태 변화 코드를 분리하려는 이유는 분명합니다. 하나의 컴포넌트 안에 너무 많은 상태 변화 코드가 있으면 가독성을 해쳐 유지 보수를 어렵게 만들기 때문입니다.

useReducer의 기본 사용법

useReducer는 useState와 더불어 리액트 컴포넌트에서 State를 관리하는 리액트 훅입니다. useReducer는 State 관리를 컴포넌트 내부가 아닌 외부에서 할 수 있게 만듭니다. 그래서 useState와 달리 State를 관리하는 상태 변화 코드를 컴포넌트와 분리할 수 있습니다. 파일로도 분리가 가능하기 때문에 컴포넌트 내부가 훨씬 간결해집니다.

useReducer를 이용해 상태 변화 코드를 컴포넌트와 분리하겠습니다. 다음과 같이 TestComp에서 useState로 만든 기능을 모두 제거합니다.

CODE file : src/component/TestComp.js

```
function TestComp() {
  return (
    <div>
      <h4>테스트 컴포넌트</h4>
      <div>
        <bold>0</bold>
      </div>
      <div>
        <button>+</button>
        <button>-</button>
      </div>
    </div>
  );
}
export default TestComp;
```

이제 useState를 이용해 만들었던 카운트 기능을 useReducer를 이용해 똑같이 만들겠습니다. 먼저 TestComp 컴포넌트를 다음과 같이 수정합니다.

CODE file : src/component/TestComp.js

```
import { useReducer } from "react"; ①

function reducer() {} ②

function TestComp() {
  const [count, dispatch] = useReducer(reducer, 0); ③
  (...)
}
export default TestComp;
```

> ① useReducer를 사용하기 위해 react 라이브러리에서 불러옵니다.
>
> ② 새로운 함수 reducer를 컴포넌트 밖에 만듭니다.
>
> ③ useReducer를 호출하고 2개의 인수를 전달합니다. 첫 번째 인수는 함수 reducer이고 두 번째 인수는 State의 초깃값입니다. useReducer도 useState처럼 배열을 반환하는데, 배열의 첫 번째 요소는 State 변수이고 두 번째 요소는 상태 변화를 촉발하는 함수 dispatch입니다.

[useReducer의 용법]

```
const [count, dispatch] = useReducer(reducer, 0);
```

state 변수 상태 변화 촉발 함수 생성자(상태 변화 함수, 초깃값)

함수 dispatch는 뒤에서 상세히 설명하겠습니다. 결론적으로 useReducer를 호출해도 useState처럼 State를 만들 수 있습니다.

다음으로 현재의 State 값을 담은 count를 페이지에 렌더링합니다.

CODE file : src/component/TestComp.js

```
(...)
function TestComp() {
  const [count, dispatch] = useReducer(reducer, 0);

  return (
    <div>
      <h4>테스트 컴포넌트</h4>
      <div>
        <bold>{count}</bold> ①
      </div>
      <div>
        <button>+</button>
        <button>-</button>
      </div>
    </div>
  );
}
export default TestComp;
```

① State 변수 count를 return 문 내부에 배치해 페이지에서 카운트를 렌더링합니다.

다음은 버튼을 클릭하면 카운트를 늘리거나 줄이는 기능을 만들어야 합니다. 다음과 같이 버튼을 클릭했을 때 함수 dispatch를 호출하도록 onClick 이벤트 핸들러를 설정합니다.

CODE file : src/component/TestComp.js

```
(...)
function TestComp() {
  const [count, dispatch] = useReducer(reducer, 0);

  return (
    <div>
      <h4>테스트 컴포넌트</h4>
      <div>
        <bold>{count}</bold>
      </div>
      <div>
        <button onClick={() => dispatch({ type: "INCREASE", data: 1 })}> ①
          +
        </button>
```

```
        <button onClick={() => dispatch({ type: "DECREASE", data: 1 })}> ②
          -
        </button>
      </div>
    </div>
  );
}
export default TestComp;
```

> ① <+> 버튼을 클릭하면 함수 dispatch를 호출하고 인수로 객체를 전달합니다.
> ② <-> 버튼을 클릭하면 함수 dispatch를 호출하고 인수로 객체를 전달합니다.

〈+〉 버튼을 클릭하면 카운트값을 1 늘려야 합니다. 따라서 상태 변화가 필요할 때 이를 촉발하는 함수 dispatch를 호출합니다. 이때 함수 dispatch에서는 인수로 객체를 전달하는데, 이 객체는 State의 변경 정보를 담고 있습니다. 이 객체를 다른 표현으로 'action 객체'라고 합니다.

〈+〉 버튼을 클릭했을 때, 함수 dispatch는 2개의 프로퍼티로 이루어진 action 객체를 인수로 전달합니다. 두 프로퍼티 중 type은 어떤 상황이 발생했는지를 나타냅니다. 〈+〉 버튼을 클릭했으므로 type 프로퍼티에는 증가를 의미하는 INCREASE를 값으로 설정합니다. data 프로퍼티는 상태 변화에 필요한 값입니다. 〈+〉 버튼을 클릭하면 카운트를 1만큼 늘리므로 data 프로퍼티의 값은 1로 설정합니다.

〈-〉 버튼 또한 함수 dispatch를 호출합니다. 그리고 인수로 전달하는 action 객체의 type 프로퍼티에는 감소를 의미하는 DECREASE를, data 프로퍼티에는 State 값을 1만큼 줄이도록 각각 설정합니다.

그러나 아직 버튼을 클릭해도 카운트값은 늘거나 줄지 않습니다. 그 이유는 실제 상태 변화는 함수 reducer에서 일어나기 때문입니다. dispatch를 호출하면 함수 reducer가 실행되는데, 이 함수가 반환하는 값이 새로운 State 값이 됩니다.

정리하면 useReducer가 반환하는 함수 dispatch를 호출하면 useReducer는 함수 reducer를 호출하고, 이 함수가 반환하는 값이 State를 업데이트합니다.

다음과 같이 TestComp에서 함수 reducer를 작성합니다.

CODE　　file : src/component/TestComp.js

```
(...)
function reducer(state, action) { ①
  switch (action.type) {
    case "INCREASE": ②
      return state + action.data;
    case "DECREASE": ③
```

```
      return state - action.data;
    default: ④
      return state;
  }
}

function TestComp () {
(...)
}
export default TestComp;
```

① 함수 reducer에는 2개의 매개변수가 있습니다. 첫 번째 매개변수 state에는 현재 State의 값이 저장됩니다. 두 번째 매개변수 action에는 함수 dispatch를 호출하면서 인수로 전달한 action 객체가 저장됩니다.

② 함수 reducer가 반환하는 값이 새로운 State 값이 됩니다. action 객체의 type이 INCREASE면 기존 State 값에 action 객체의 data 값을 더해 반환합니다.

③ action 객체의 type이 DECREASE면 기존 State 값에 action 객체의 data 값을 빼서 반환합니다.

④ action 객체의 type이 INCREASE도 DECREASE도 아니면 매개변수 state 값을 그대로 반환하므로 아무런 상태 변화도 이루어지지 않습니다.

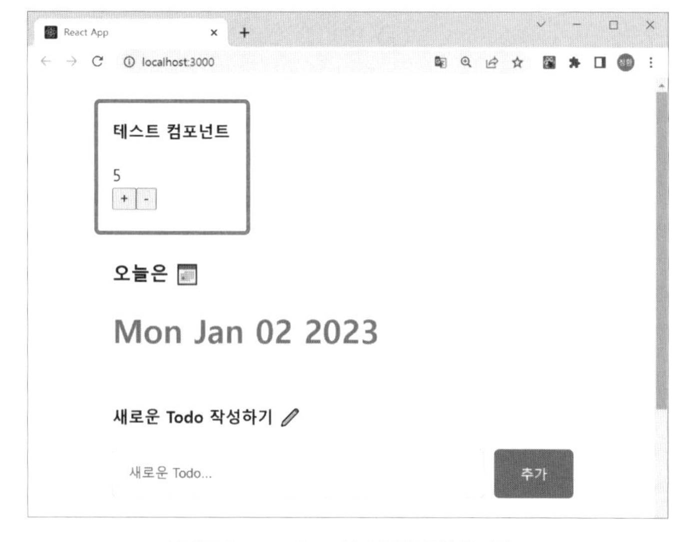

그림 7-2 useReducer를 이용해 구현한 카운트

렌더링 결과를 확인합니다. 이제 〈+〉 버튼을 클릭하면 카운트가 1 늘어나고, 〈-〉 버튼을 클릭하면 카운트가 1 줄어듭니다.

useReducer는 함수 reducer를 이용해 상태 변화 코드를 컴포넌트 외부로 분리합니다. 만약 새로운 상태 변화가 필요하면, 함수 reducer를 다음과 같이 수정해 적절히 대응하면 그만입니다.

CODE　　file : src/component/TestComp.js

```
import { useReducer } from "react";

function reducer(state, action) {
  switch (action.type) {
    (...)
    case "INIT": ①
      return 0;
```

```
    default:
      return state;
  }
}

function TestComp() {
  const [count, dispatch] = useReducer(reducer, 0);

  return (
    <div>
      <h4>테스트 컴포넌트</h4>
      <div>
        <bold>{count}</bold>
      </div>
      <div>
        (...)
        <button onClick={() => dispatch({ type: "INIT" })}>0으로 초기화</button> ②
      </div>
    </div>
  );
}
export default TestComp;
```

> ① 함수 reducer에서 카운트값을 초기화하는 새로운 case를 추가합니다.
>
> ② 카운트를 0으로 초기화하는 버튼을 만듭니다. 버튼을 클릭하면 함수 dispatch를 호출하고 인수로 전달하는 action 객체의 type은 INIT로 설정합니다. State 값을 단순히 초기화하는 상태 변화이므로 data 프로퍼티는 설정하시 않습니다.

저장하고 렌더링 결과를 확인합니다. 〈0으로 초기화〉 버튼을 클릭해 State 값이 0으로 바뀌는지도 확인합니다.

지금까지 useReducer를 이용한 State 관리 방법을 살펴보았습니다. TestComp는 다음 실습에서는 사용하지 않으므로 App 컴포넌트에 작성한 관련 코드는 모두 제거 또는 주석 처리합니다.

TIP
TestComp 관련 코드는 App 컴포넌트에서 불러와 자식으로 배치할 때에 쓰였습니다.

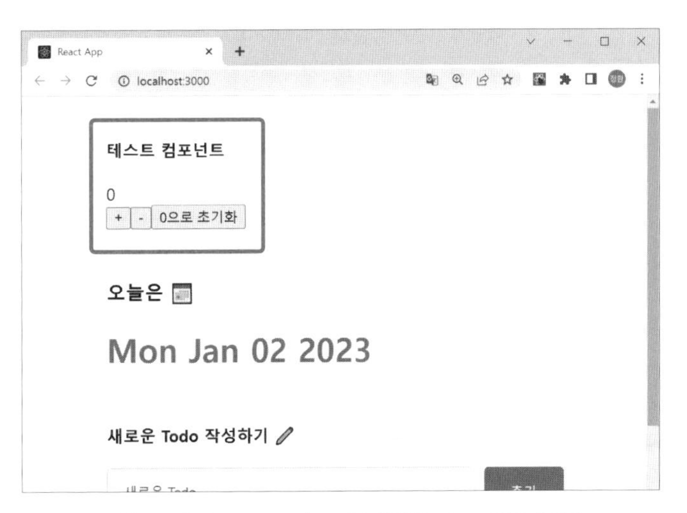

그림 7-3 새로운 type으로 'INIT'를 설정하고 State 값을 초기화

[할 일 관리] 앱 업그레이드

함수 useReducer로 상태 변화 코드를 컴포넌트와 분리해 [할 일 관리] 앱을 한 단계 업그레이드하겠습니다.

useState를 useReducer로 바꾸기

useReducer는 State를 관리하는 리액트 훅으로 useState의 대체제라고 할 수 있습니다. 실무에서는 컴포넌트를 관리하는 State가 복잡하지 않으면 useState를 사용하고, 그렇지 않으면 useReducer를 사용합니다.

[할 일 관리] 앱에서 useState를 이용해 관리했던 App 컴포넌트의 State를 이제 useReducer로 변경합니다. App.js 파일을 다음과 같이 수정합니다.

CODE file : src/App.js

```
import { useReducer, useRef } from "react"; ①
(...)
function reducer(state, action) { ②
  // 상태 변화 코드
  return state;
}

function App() {
  const [todo, dispatch] = useReducer(reducer, mockTodo); ③
  (...)
}
export default App;
```

① useReducer를 react 라이브러리에서 불러옵니다. useState 대신 useReducer를 사용할 예정이므로 기존에 작성했던 useState 코드는 모두 삭제해야 합니다.
② 함수 reducer는 매개변수로 저장한 state를 지금은 그대로 반환하도록 작성합니다. State 변수 todo를 변경하는 코드는 차근차근 하나씩 만들 예정입니다.
③ 기존의 useState를 삭제하고 useReducer로 대체합니다. 그리고 useReducer에서 인수로 함수 reducer와 mockTodo를 초깃값으로 전달합니다.

여기까지 수정한 다음 파일을 저장하면 호출하던 함수 setTodo가 사라졌기 때문에 [그림 7-4]처럼 여기저기서 오류가 발생합니다.

앞으로 상태 변화가 필요할 때는 set 함수 대신 상태 변화 촉발 함수인 dispatch를 호출해야 합니다. 따라서 더 이상 함수 setTodo는 사용하지 않습니다. App 컴포넌트에서 함수 setTodo를 호출하는 코드를 다음과 같이 모두 제거합니다.

```
Compiled with problems:

ERROR

[eslint]
src\App.js
  Line 46:5:  'setTodo' is not defined  no-undef
  Line 50:5:  'setTodo' is not defined  no-undef
  Line 57:5:  'setTodo' is not defined  no-undef

Search for the keywords to learn more about each error.
```

그림 7-4 useReducer로 변경하면 여러 오류 메시지 발생

CODE file : src/App.js

```
(...)
function reducer(state, action) {
  // 상태 변화 로직
  return state;
}

function App() {
  const [todo, dispatch] = useReducer(reducer, mockTodo);
  const idRef = useRef(3);

  const onCreate = (content) => { ①
    idRef.current += 1;
  };

  const onUpdate = (targetId) => { ②
  };

  const onDelete = (targetId) => { ③
  };
  (...)
}
export default App;
```

> ①②③ 함수 onCreate, onUpdate, onDelete에 작성했던 함수 setTodo를 모두 삭제합니다. 일부 내용이 달라지므로 기존 코드는 ①②③과 같이 변경합니다.

Create: 할 일 아이템 추가하기

useReducer로 [할 일 관리] 앱의 기본인 아이템 추가 기능을 구현합니다. 우선 함수 onCreate에서 dispatch를 호출하고, 인수로 할 일 정보를 담은 action 객체를 전달합니다.

App 컴포넌트를 다음과 같이 수정합니다.

CODE file : src/App.js

```
(...)
function App() {
  (...)
  const onCreate = (content) => {
    dispatch({         ①
      type: "CREATE", ②
      newItem: {      ③
        id: idRef.current,
        content,
        isDone: false,
        createdDate: new Date().getTime(),
      },
    });
    idRef.current += 1;
  };
  (...)
}
export default App;
```

① 새 할 일 아이템을 생성하기 위해 함수 dispatch를 호출합니다.
② 할 일을 추가할 것이므로 type을 CREATE로 설정합니다.
③ newItem에는 추가할 할 일 데이터를 설정합니다.

이제 함수 reducer에서 action 객체의 type이 CREATE일 때, 새 아이템을 추가하는 상태 변화 코드를 작성합니다.

CODE file : src/App.js

```
(...)
function reducer(state, action) {
  switch (action.type) {                  ①
    case "CREATE": {                      ②
      return [action.newItem, ...state]; ③
    }
    default:
      return state;
  }
}
(...)
```

① switch 문에서 action 객체의 type별로 다른 상태 변화 코드를 수행합니다.
② action 객체의 type이 CREATE일 때 동작할 case 문을 작성합니다.
③ action 객체의 newItem에는 추가할 아이템이 저장되어 있습니다. 기존 할 일 아이템에 action 객체의 아이템이 추가된 새 배열을 반환합니다.

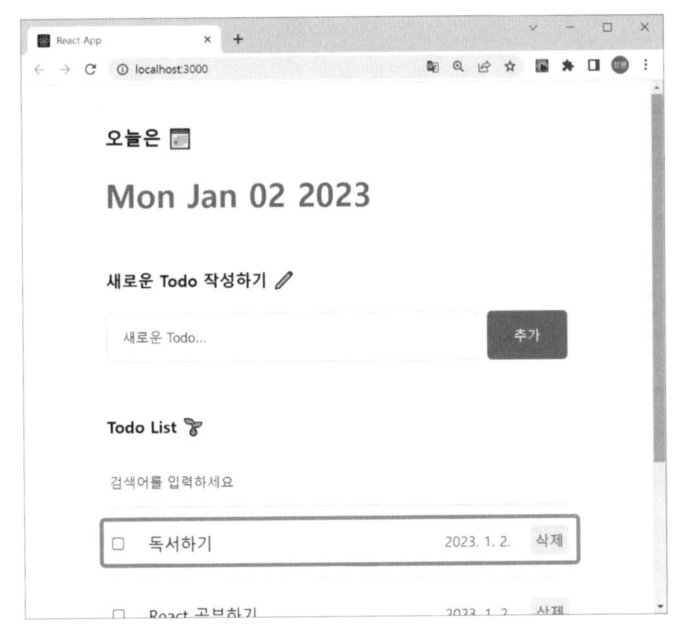

그림 7-5 함수 reducer로 변경한 코드에서 아이템 추가 기능 확인하기

앞서 함수 reducer의 반환값이 State 값을 업데이트한다고 했습니다. 함수 dispatch를 호출해 인수로 action 객체를 전달하면, 함수 reducer의 반환값으로 State가 업데이트되어 할 일 아이템이 추가됩니다.

저장하고 [할 일 관리] 앱에서 새 할 일로 '독서하기'를 추가합니다. 추가한 아이템이 잘 렌더링되는지 확인합니다.

Update: 할 일 아이템 수정하기

이번에는 할 일 아이템을 수정하는 함수 onUpdate를 다음과 같이 수정합니다.

CODE file : src/App.js

```
(...)
function App() {
  (...)
  const onUpdate = (targetId) => {
    dispatch({ ①
      type: "UPDATE",
      targetId,
    });
  };
  (...)
}
export default App;
```

① action 객체의 type 프로퍼티에는 수정을 의미하는 UPDATE를, targetId 프로퍼티에는 체크 여부로 수정할 아이템의 id를 설정합니다.

다음으로 함수 reducer에서 action 객체 type 프로퍼티의 값이 UPDATE일 때, 할 일을 수정하는 상태 변화 코드를 작성합니다.

CODE file : src/App.js

```
(...)
function reducer(state, action) {
  switch (action.type) {
    case "CREATE": {
      return [action.newItem, ...state];
    }
    case "UPDATE": { ①
      return state.map((it) =>
        it.id === action.targetId
          ? {
              ...it,
              isDone: !it.isDone,
            }
          : it
      );
    }
    default:
      return state;
  }
}
(...)
```

> ① action.type이 UPDATE일 때 수행할 상태 변화 코드를 작성합니다. map 메서드로 순회하면서 매개변수 state에 저장된 아이템 배열에서 action.targetId와 id를 비교해 일치하는 아이템의 isDone을 토글한 새 배열을 반환합니다.

할 일 아이템의 체크박스를 클릭해 체크 표시가 되는지, [Components] 탭에서 isDone의 값이 토글되는지 확인합니다.

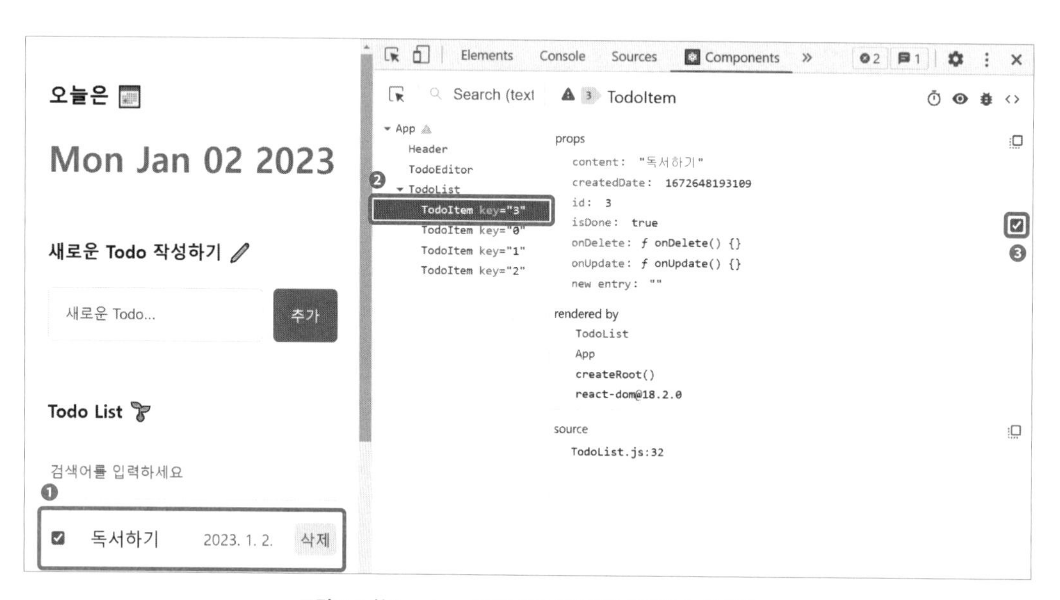

그림 7-6 함수 reducer로 변경한 코드에서 체크박스 틱하기

Delete: 할 일 삭제 구현하기

마지막으로 할 일을 삭제하는 함수 onDelete를 다음과 같이 수정합니다.

CODE file : src/App.js

```
(...)
function App() {
  (...)
  const onDelete = (targetId) => {
    dispatch({ ①
      type: "DELETE",
      targetId,
    });
  };
  (...)
}
export default App;
```

> ① action 객체로 type 프로퍼티는 삭제를 의미하는 DELETE를, targetId 프로퍼티는 삭제할 아이템의 id를 설정합니다.

다음으로 함수 reducer에서 action 객체의 type 프로퍼티의 값이 DELETE일 때, 할 일을 삭제하는 상태 변화 코드를 작성합니다.

CODE file : src/App.js

```
(...)
function reducer(state, action) {
  switch (action.type) {
    (...)
    case "DELETE": { ①
      return state.filter((it) => it.id !== action.targetId);
    }
    default:
      return state;
  }
}
(...)
```

> ① action.type이 DELETE일 때 수행할 상태 변화 코드를 작성합니다. filter 메서드로 id와 targetId가 일치하는 할 일 아이템만 제외한 할 일 배열을 생성해 반환합니다.

〈삭제〉 버튼을 클릭해 앞서 추가한 '독서하기' 아이템이 잘 삭제되는지 확인합니다.

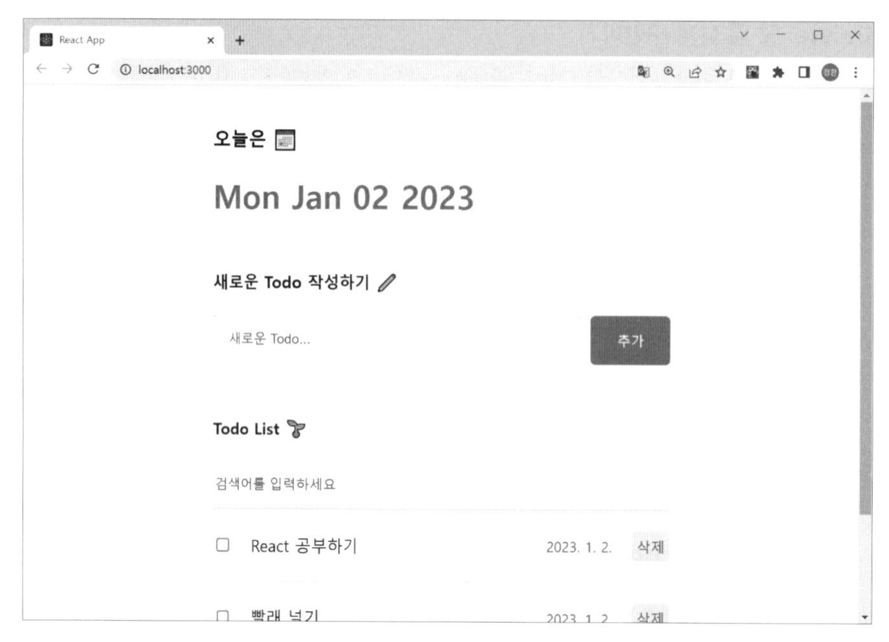

그림 7-7 함수 reducer로 삭제 기능 구현하기

7장에서는 [할 일 관리] 앱에서 구현한 useState를 useReducer로 대체하면서 프로젝트 2를 한 단계 업그레이드했습니다. useReducer를 이용하면 상태 변화 코드를 작성하는 함수 reducer를 컴포넌트 밖에서 작성할 수 있기 때문에 복잡한 상태 변화가 필요하더라도 컴포넌트 내부의 코드는 간결하게 유지할 수 있습니다.

8장

최적화

이 장에서 주목할 키워드

- 최적화
- 메모이제이션
- useMemo
- 횡단 관심사와 비즈니스 로직
- React.memo
- 리렌더링 방지
- useCallback
- 함수형 업데이트

이 장의 학습 목표

- 웹 서비스에서 최적화가 무엇인지 알아봅니다.
- 최적화에 사용되는 리액트 도구들을 알아봅니다.
- 실습으로 [할 일 관리] 앱을 최적화합니다.

최적화와 메모이제이션

'최적화'란 한마디로 웹 서비스의 성능을 개선하는 기술입니다. 또한 프로그래밍에서 불필요하게 낭비되는 연산을 줄여 렌더링의 성능을 높이는 방법입니다. 최적화가 잘 된 웹 서비스는 사용자를 불필요하게 기다리지 않게 만들며, 결국 서비스에 대한 사용자 경험을 긍정적으로 만듭니다.

리액트는 성능면에서 매우 빠르고 브라우저의 불필요한 연산도 최소화합니다. 그러나 리액트라고 해서 프로그래머의 부주의나 실수로 인한 성능 저하까지 모두 막지는 못합니다. 실수로 인한 성능 낭비는 프로그래머 자신이 바로잡아야 합니다. 성능 저하를 줄이는 것이 훌륭한 서비스를 만드는 방법이며, 프로그래머에게 요구되는 핵심 역량입니다.

최적화 방법으로는 코드, 폰트, 이미지 파일의 크기를 줄이는 등 여러 기술이 있지만, 내용이 방대할 뿐만 아니라 일부 방법은 아직 확실한 정답이 없습니다. 이 책에서는 최적화의 기본이라고 할 수 있는 '리액트의 연산 낭비'를 줄이는 데 초점을 맞추어 살펴보겠습니다.

리액트 앱에서 연산 최적화는 대부분 '메모이제이션(Memoization)' 기법을 이용합니다. '메모이제이션'이란 말뜻 그대로 '메모하는 방법'입니다. 메모이제이션은 특정 입력에 대한 결과를 계산해 메모리 어딘가에 저장했다가, 동일한 요청이 들어오면 저장한 결괏값을 제공해 빠르게 응답하는 기술입니다. 결과적으로 이 기법을 이용하면 불필요한 연산을 줄여 주어 프로그램의 실행 속도를 빠르게 만듭니다. 알고리즘을 공부하는 사람들은 이 기능을 동적 계획법(Dynamic Programming, 줄여서 DP)이라고 합니다.

메모이제이션은 일상에서도 자주 발견되는 일입니다. 여러분이 사람이 많은 식당에서 근사한 점심을 먹고 있다고 가정해 봅시다. 사람들이 옆으로 지나갈 때마다 여러분이 먹는 메뉴 이름을 묻습니다. 여러분은 매우 친절한 이웃이기에 메뉴 이름을 일일이 답해 줍니다. 하지만 메뉴 이름이 정확히 생각나지 않을 때는 메뉴판을 펼쳐 확인한 뒤 답합니다. 그런데 다른 사람들이 계속 찾아와 메뉴 이름을 묻습니다. 여러분은 누군가 물어볼 때마다 메뉴판을 찾아 그 이름을 확인해 알려주실 건가요? 아니면 메뉴 이름을 정확히 기억해 둔 다음 답하시겠습니까? 어떻게 하는 것이 시간을 더 절약할까요? 당연히 메뉴 이름을 기억해서 바로 답하는 게 더 효율적입니다. 이것이 메모이제이션입니다.

함수의 불필요한 재호출 방지하기

이번 장에서는 리액트의 최적화 기능을 하나씩 소개할 예정입니다. 처음 살펴볼 리액트 최적화 관련 기능으로는 useMemo가 있습니다. useMemo는 메모이제이션 기법을 이용해 연산의 결괏값을 기억했다가 필요할 때 사용함으로써 불필요한 함수 호출을 막아 주는 리액트 훅입니다.

할 일 분석 기능 추가하기

불필요한 함수 호출이 언제 발생하는지 살펴보기 위해 앞서 만든 [할 일 관리] 앱에 새 기능을 추가하겠습니다. 추가할 기능은 TodoList 컴포넌트에서 할 일 아이템을 분석하는 일입니다. 이 기능은 추가한 할 일 아이템이 모두 몇 개인지, 또 완료 아이템과 미완료 아이템은 각각 몇 개인지 검색해 페이지에 렌더링합니다.

다음과 같이 TodoList 컴포넌트에서 새로운 함수를 하나 추가합니다

CODE file : src/components/TodoList.js

```
(...)
const TodoList = ({ todo, onUpdate, onDelete }) => {
  (...)
  const analyzeTodo = () => { ①
    const totalCount = todo.length;
    const doneCount = todo.filter((it) => it.isDone).length;
    const notDoneCount = totalCount - doneCount;
    return {
      totalCount,
      doneCount,
      notDoneCount,
    };
  };
  (...)
};
export default TodoList;
```

① TodoList 컴포넌트에 새로운 함수 analyzeTodo를 만듭니다. 이 함수는 현재 State 변수 todo의 아이템 총개수를 totalCount, 완료 아이템 개수를 doneCount, 미완료 아이템 개수를 notDoneCount에 각각 저장한 다음 객체에 담아 반환합니다.

다음으로 함수 analyzeTodo를 호출하고 반환값을 페이지에 렌더링합니다.

CODE file : src/component/TodoList.js

```
(...)
const TodoList = ({ todo, onUpdate, onDelete }) => {
  (...)
  const analyzeTodo = () => {
    (...)
  };
  const { totalCount, doneCount, notDoneCount } = analyzeTodo(); ①

  return (
    <div className="TodoList">
      <h4>Todo List 🌱</h4>
      <div>
        <div>총개수: {totalCount}</div>                ②
        <div>완료된 할 일: {doneCount}</div>           ③
        <div>아직 완료하지 못한 할 일: {notDoneCount}</div> ④
      </div>
      (...)
    </div>
  );
};
export default TodoList;
```

① 함수 analyzeTodo를 호출하고 반환 객체를 구조 분해 할당합니다.

② 할 일 아이템의 총개수 totalCount를 렌더링합니다.

③ 완료 아이템의 개수 doneCount를 렌더링합니다.

④ 미완료된 아이템의 개수 notDoneCount를 렌더링합니다.

코드를 저장하고 렌더링 결과를 확인합니다.

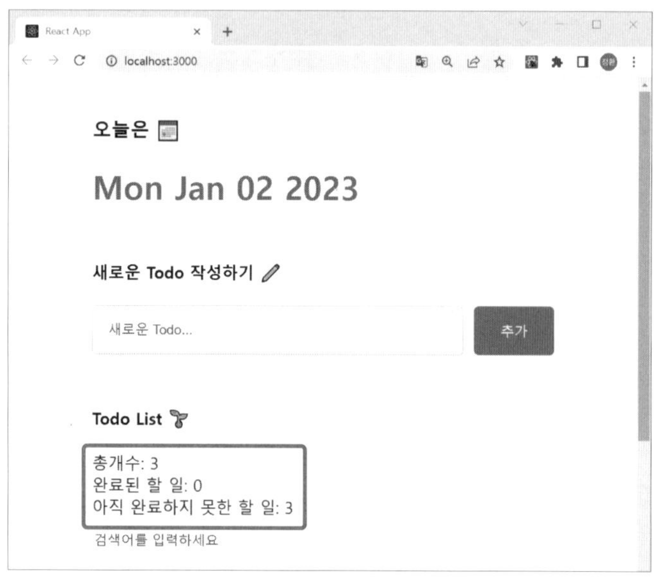

그림 8-1 TodoList 컴포넌트에서 생성한 분석 함수 렌더링

TodoList의 검색 폼 위에 분석 결과를 렌더링합니다. 페이지 하단에 있는 할 일 아이템의 체크박스를 클릭해, 분석 결과의 완료 또는 미완료 카운트가 잘 변경되는지 확인합니다.

문제점 파악하기

할 일 아이템을 분석하는 함수 analyzeTodo는 todo에 저장한 아이템 개수에 비례해 수행할 연산량이 증가합니다. 만약 todo에 저장한 아이템 개수가 많아지면 성능상의 문제를 일으킬 가능성이 있습니다.

연산량을 줄이려면 함수 analyzeTodo를 불필요하게 호출하는 일이 일어나지 않아야 합니다. 함수에 대한 불필요한 호출이 있는지 확인하기 위해 함수 analyzeTodo를 호출할 때마다 콘솔에 메시지를 출력하겠습니다

TodoList 컴포넌트에서 다음과 같이 수정합니다.

CODE file : src/component/TodoList.js

```
(...)
const TodoList = ({ todo, onUpdate, onDelete }) => {
  (...)
  const analyzeTodo = () => {
    console.log("analyzeTodo 함수 호출"); ①
    (...)
  };
  (...)
};
export default TodoList;
```

① 함수 analyzeTodo를 호출할 때마다 'analyzeTodo 함수 호출'이라는 메시지를 콘솔에 출력합니다.

이제 함수 analyzeTodo가 얼마나 빈번히 호출되는지 확인하기 위해 TodoList 컴포넌트의 검색 폼에서 검색어 'react'를 입력합니다.

[그림 8-2]와 같이 analyzeTodo **함수 호출**이라는 메시지가 총 6번 콘솔에 출력됩니다. TodoList 컴포넌트를 처음 마운트할 때 1번, 검색 폼에서 react 다섯 글자를 입력할 때마다 TodoList가 리렌더되어 총 5번 더 출력됩니다.

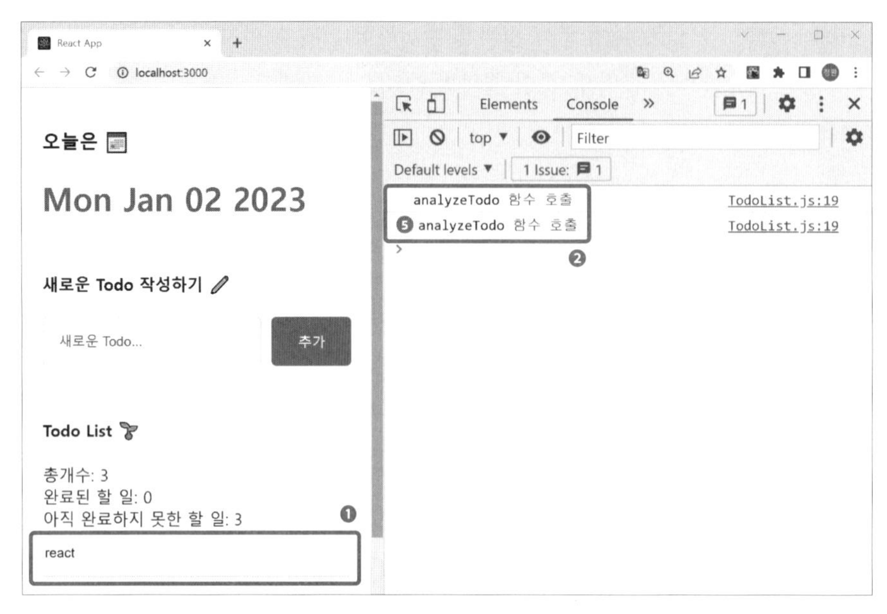

그림 8-2 검색어를 입력해 분석 함수의 호출 빈도 확인하기

컴포넌트 내부에서 선언한 함수는 렌더링할 때마다 실행됩니다. 그 이유는 컴포넌트의 렌더링이란 결국 컴포넌트 함수를 호출하는 작업과 동일하기 때문입니다. 즉, State 변수 serach가 업데이트되어 TodoList 컴포넌트가 리렌더되면, 내부에 선언한 함수 analyzeTodo 또한 다시 호출됩니다.

그렇다면 이 문제를 어떻게 해결하는 게 좋을까요?

useMemo를 이용해 [할 일 관리] 앱 최적화하기

useMemo로 앞서 만든 함수 analyzeTodo를 불필요하게 다시 호출하지 않도록 해보겠습니다.

useMemo의 기본 사용법

useMemo를 사용하면 특정 함수를 호출했을 때 그 함수의 반환값을 기억합니다. 그리고 같은 함수를 다시 호출하면 기억해 두었던 값을 반환합니다. 따라서 useMemo를 이용하면 함수의 반환값을 다시 구하는 불필요한 연산을 수행하지 않아 성능을 최적화할 수 있습니다. 이처럼 함수의 연산 결과를 기억하는 행위를 "메모이제이션한다"라고 표현합니다.

다음은 useMemo의 기본 사용법입니다.

[useMemo의 용법]

```
const value = useMemo(callback, deps);
```

콜백 함수 의존성 배열

함수 useMemo를 호출하고 2개의 인수로 콜백 함수와 의존성 배열(deps)을 전달합니다. 호출된 useMemo는 의존성 배열에 담긴 값이 바뀌면 콜백 함수를 다시 실행하고 결괏값을 반환합니다.

예를 들어 다음과 같이 useMemo를 사용하면 의존성 배열 count의 값이 변할 때만 count * count를 계산해 value에 저장합니다.

```
const value = useMemo(() => { ①
  return count * count;
}, [count]); ②
```

① useMemo를 호출하고 첫 번째 인수로 메모이제이션하려는 콜백 함수를 전달합니다. 이 함수는 두 번째 인수로 전달할 의존성 배열의 값이 변하지 않는 한 다시 호출되지 않습니다.

② 의존성 배열로 [count]를 전달합니다. 결과적으로 value에는 첫 번째 인수로 전달한 콜백 함수의 반환값이 저장됩니다. 만약 count의 값이 변하면 콜백 함수를 다시 호출해 변경된 반환값을 value에 저장합니다.

함수 analyzeTodo의 재호출 방지하기

useMemo를 이용해 [할 일 관리] 앱에 추가한 함수 analyzeTodo를 불필요하게 다시 호출하지 않도록 최적화합니다

TodoList.js를 다음과 같이 수정합니다.

CODE file : src/component/TodoList.js

```
import { useMemo, useState } from "react"; ①
(...)
const TodoList = ({ todo, onUpdate, onDelete }) => {
  (...)
  const analyzeTodo = useMemo(() => { ②
    console.log("analyzeTodo 함수 호출");
    const totalCount = todo.length;
    const doneCount = todo.filter((it) => it.isDone).length;
    const notDoneCount = totalCount - doneCount;
    return {
      totalCount,
      doneCount,
      notDoneCount,
    };
  }, [todo]);
```

```
  const { totalCount, doneCount, notDoneCount } = analyzeTodo; ③

  return (
    <div className="TodoList">
      <h4>Todo List 🌱</h4>
      <div>
        <div>총개수: {totalCount}</div>
        <div>완료된 할일: {doneCount}</div>
        <div>아직 완료하지 못한 할 일: {notDoneCount}</div>
      </div>
      (...)
    </div>
  );
};
export default TodoList;
```

> ① useMemo를 사용하기 위해 react 라이브러리에서 불러옵니다.
>
> ② useMemo를 호출하고 첫 번째 인수로 함수 analyzeTodo를 전달하고 두 번째 인수로 todo가 담긴 배열을 전달합니다. 이 useMemo는 todo 값이 변할 때만 첫 번째 인수로 전달한 콜백 함수를 호출하고 결괏값을 반환합니다.
>
> ③ useMemo는 함수가 아닌 값을 반환하므로 함수 analyzeTodo에는 값이 저장됩니다. 따라서 구조 분해 할당의 대상을 기존의 analyzeTodo()가 아닌 analyzeTodo로 변경해야 합니다.

최적화가 잘 이루어졌는지 확인하겠습니다. 페이지를 새로고침한 다음 TodoList 검색 폼에 react를 입력하고, 콘솔에서 메시지가 몇 번 출력되는지 확인합니다.

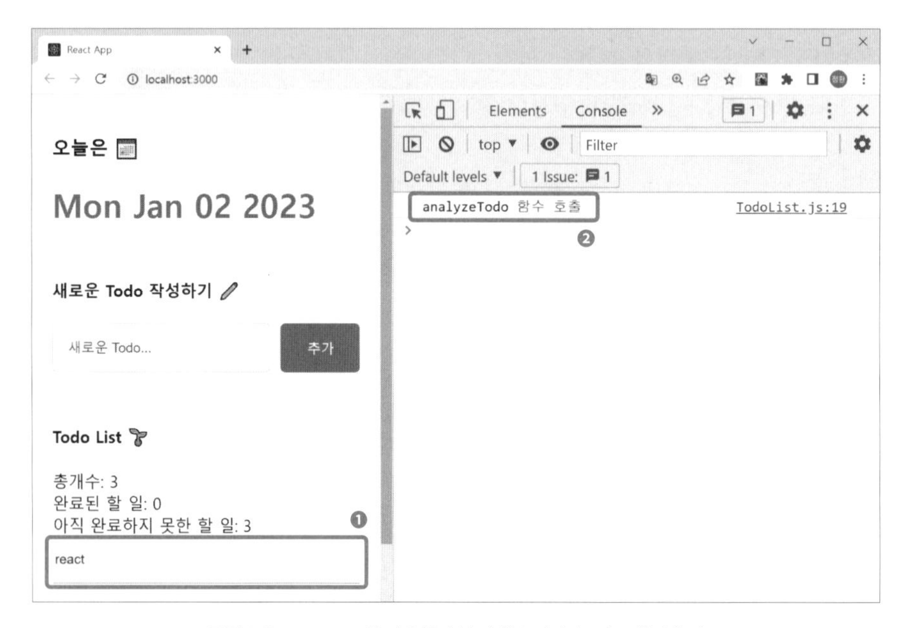

그림 8-3 useMemo를 적용하여 분석 함수의 호출 빈도 확인하기

검색어를 입력해도 todo 값은 변하지 않았기 때문에 분석 함수를 다시 호출하지 않습니다.

이번에는 새 할 일 아이템으로 **독서하기**를 추가합니다.

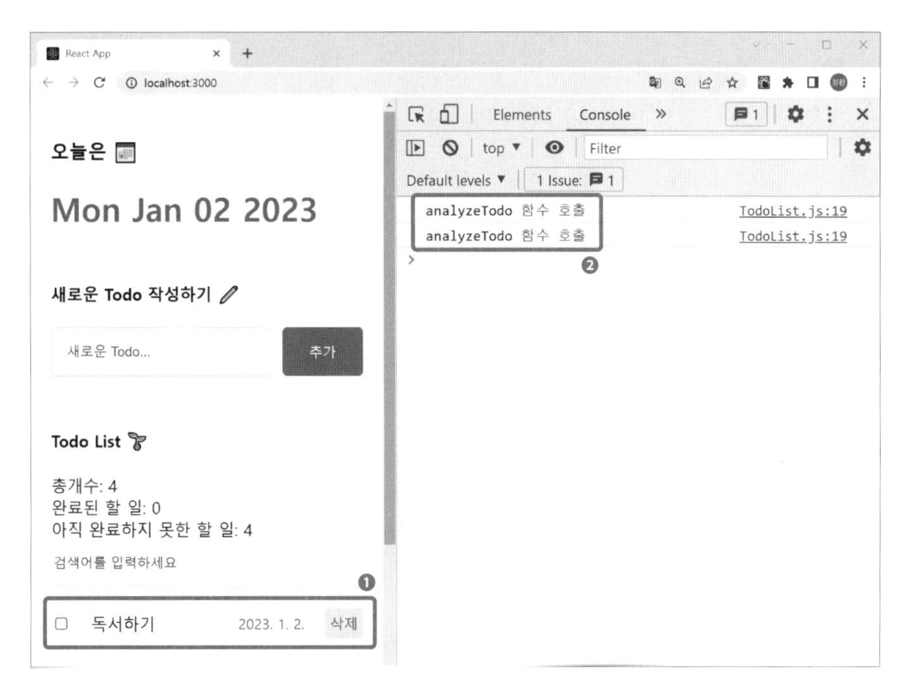

그림 8-4 아이템을 추가하고 분석 함수의 호출 빈도 확인하기

할 일 아이템을 추가해 todo 값을 업데이트했으므로 useMemo는 연산을 다시 수행합니다. 이렇듯 useMemo를 이용하면 함수의 불필요한 호출을 막을 수 있습니다. 다음 실습을 위해 analyzeTodo **함수 호출**을 콘솔에 출력하는 코드는 삭제합니다

불필요한 컴포넌트 리렌더 방지하기

두 번째로 살펴볼 리액트의 최적화 기능은 React.memo입니다. React.memo를 이용하면 메모이제이션 기법으로 컴포넌트가 불필요하게 리렌더되는 상황을 방지할 수 있습니다.

고차 컴포넌트와 횡단 관심사

React.memo를 이해하기 위해서는 먼저 고차 컴포넌트와 횡단 관심사에 관한 이해가 필요합니다.

고차 컴포넌트

HOC는 Higher Order Component의 약자로 우리말로는 고차 컴포넌트라고 합니다. 고차 컴포넌트는 컴포넌트의 기능을 다시 사용하기 위한 리액트의 고급 기술로, useMemo, useEffect처럼 use 키워드가 앞에 붙는 리액트 훅과는 다릅니다.

고차 컴포넌트는 인수로 전달된 컴포넌트를 새로운 컴포넌트로 반환하는 함수입니다. 다만 고차 컴포넌트는 전달된 컴포넌트를 그대로 반환하는 게 아니라 어떤 기능을 추가해 반환합니다. 이렇게 기능을 추가해 반환한 컴포넌트를 '강화된 컴포넌트'라고 합니다.

그림 8-5 고차 컴포넌트와 강화된 컴포넌트

[그림 8-5]는 고차 컴포넌트인 withFunc를 이용해 '기능 A'라는 컴포넌트를 감싼 다음, 새 기능이 추가된 강화된 컴포넌트(EnhancedComp)를 반환하는 예입니다.

```
const EnhancedComp = withFunc(Comp);
```

횡단 관심사(Cross-Cutting Concerns)

고차 컴포넌트를 이용하면 횡단 관심사 문제를 효율적으로 해결할 수 있어 실무에서 많이 활용합니다. 횡단 관심사란 크로스 커팅 관심사(Cross-Cutting Concerns)라고도 하는데, 프로그래밍에서 비즈니스 로직과 구분되는 공통 기능을 지칭할 때 사용하는 용어입니다. 반면 비즈니스 로직은 해당 컴포넌트가 존재하는 핵심 기능을 표현할 때 사용합니다.

횡단 관심사에 대한 이해를 돕기 위해 간단한 예를 살펴보겠습니다. 다음은 횡단 관심사를 가지고 있는 2개의 컴포넌트 예제입니다.

```
const CompA = () => {
  console.log("컴포넌트가 호출되었습니다."); ① // 횡단 관심사
  return <div>CompA</div>;
};

const CompB = () => {
  console.log("컴포넌트가 호출되었습니다."); ② // 횡단 관심사
  return <div>CompB</div>;
};
```

①과 ②의 CompA와 CompB는 각각 컴포넌트의 핵심 기능인 비즈니스 로직이 아니라

여러 컴포넌트에서 공통으로 사용하는 횡단 관심사에 해당하는 기능입니다. 프로그래밍에서 횡단 관심사는 주로 로깅, 데이터베이스 접속, 인가 등 여러 곳에서 호출해 사용하는 코드들을 말합니다.

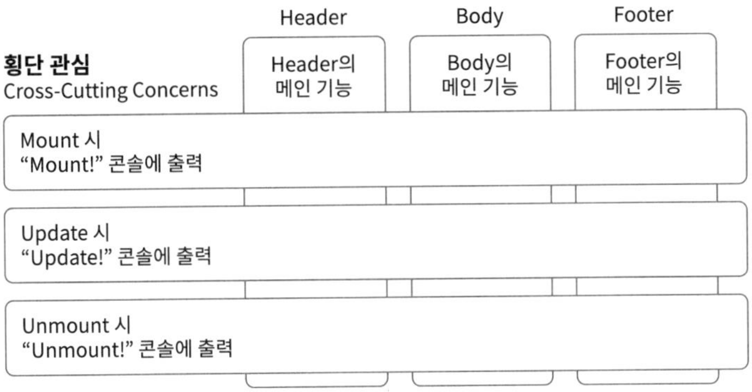

그림 8-6 횡단 관심사 이름의 유래

[그림 8-6]을 보면 '횡단 관심사'라는 이름이 왜 붙었는지 좀 더 이해할 수 있습니다. 컴포넌트의 핵심 기능(비즈니스 로직)을 세로로 배치한다고 했을 때, 여러 컴포넌트에서 공통으로 사용하는 기능은 가로로 배치하게 됩니다. 따라서 공통 기능들이 핵심 컴포넌트들을 마치 '횡단'하는 모습입니다.

모든 컴포넌트가 마운트와 동시에 콘솔에 특정 메시지를 출력하는 기능은 컴포넌트의 핵심 로직은 아닙니다. 수많은 컴포넌트에서 공통으로 사용하는 '횡단 관심사'에 해당하는 기능입니다.

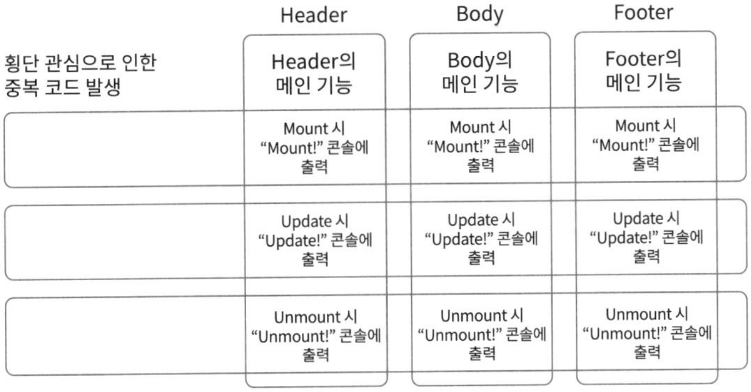

그림 8-7 횡단 관심사로 중복 코드 발생

그런데 여러 컴포넌트에서 횡단 관심사 코드를 작성하는 일은 중복 코드를 만드는 주된 요인 중 하나입니다.

고차 컴포넌트를 이용하면 횡단 관심사 코드를 함수로 분리할 수 있습니다.

다음은 [그림 8-7]의 횡단 관심사 코드의 중복 문제를 해결하는 고차 컴포넌트의 예입니다.

```
function withLifecycleLogging(WrappedComponent) {
  return (props) => {
    useEffect(() => {
      console.log("Mount!");
      return () => console.log("Unmount!");
    }, []);
```

```
    useEffect(() => {
      console.log("Update!");
    });
    return <WrappedComponent {...props} />;
  };
}
```

함수 withLifecycleLogging은 인수로 컴포넌트를 받습니다. 그리고 해당 컴포넌트가 마운트, 업데이트, 언마운트할 때마다 콘솔에 로그를 출력하도록 기능을 추가한 '강화된 컴포넌트'를 반환합니다.

```
const LifecycleLoggingComponent = withLifecycleLogging(Comp);
// Comp: 래핑된 컴포넌트
// LifecycleLoggingComponent: 강화된 컴포넌트
// withLifecycleLogging: 고차 컴포넌트
```

보통 고차 컴포넌트에 인수로 전달된 컴포넌트를 '래핑된 컴포넌트'라고 하고, 고차 컴포넌트가 반환하는 컴포넌트를 '강화된 컴포넌트'라고 합니다. 아직 배우지 않은 내용들이 있어 문법이 잘 이해되지 않는다면, 함수 withLifecycleLogging의 반환 함수를 잘 살펴보길 바랍니다. 지금까지 함수를 이용해 컴포넌트를 만들었던 것과 크게 다르지 않습니다.

React.memo를 이용해 [할 일 관리] 앱 최적화하기

고차 컴포넌트와 횡단 관심사의 기본 개념을 알아보았으니 이제 React.memo를 이용해 [할 일 관리] 앱을 최적화하겠습니다. React.memo는 컴포넌트가 모든 상황에서 리렌더되지 않도록 강화함으로써 서비스를 최적화하는 도구입니다.

React.memo 기본 사용법

React.memo는 인수로 전달한 컴포넌트를 메모이제이션된 컴포넌트로 만들어 반환합니다. 이때 Props가 메모이제이션의 기준이 됩니다. 즉, React.memo가 반환하는 컴포넌트는 부모 컴포넌트에서 전달된 Props가 변경되지 않는 한 리렌더되지 않습니다. 컴포넌트가 크고 복잡할수록 불필요한 렌더링을 방지하면, 브라우저의 연산량을 줄여 주어 성능 최적화에 도움이 됩니다.

React.memo를 사용하는 방법은 매우 간단합니다. 단지 강화하고 싶은, 즉 메모이제이션을 적용하고 싶은 컴포넌트를 React.memo로 감싸면 됩니다.

[React.memo의 용법]

```
const memoizedComp = React.memo(Comp);
```

메모이제이션하려는 컴포넌트

다음과 같이 함수 컴포넌트를 선언함과 동시에 메모이제이션하는 것도 가능합니다

```
const CompA = React.memo(() => {
  console.log("컴포넌트가 호출되었습니다.");
  return <div>CompA</div>;
});
```

React.memo는 Props의 변경 여부를 기준으로 컴포넌트의 리렌더 여부를 결정합니다. 만약 Props로 전달되는 값이 많을 때는 다음과 같이 판별 함수를 인수로 전달해 Props의 특정 값만으로 리렌더 여부를 판단할 수 있습니다.

```
const Comp = ({ a, b, c }) => {
  console.log("컴포넌트가 호출되었습니다.");
  return <div>Comp</div>;
};

function areEqual(prevProps, nextProps) { ①
  if (prevProps.a === nextProps.a) {
    return true;
  } else {
    return false;
  }
}

const MemoizedComp = React.memo(Comp, areEqual); ②
```

① 판별 함수로 사용할 함수 areEqual을 만듭니다. 판별 함수에는 두 개의 매개변수가 제공되는데, prevProps에는 이전 Props의 값, nextProps에는 새롭게 바뀐 Props의 값이 각각 저장됩니다. 판별 함수가 true를 반환하면 리렌더되지 않고, 판별 함수가 false를 반환하면 리렌더됩니다.

② Comp 컴포넌트를 메모이제이션하기 위해 React.memo를 호출하고 인수를 전달합니다. 두 번째 인수로 판별 함수 areEqual을 전달합니다. 그 결과로 반환되는 MemoizedComp는 전달되는 Props의 값 중 a가 변경될 때만 리렌더됩니다.

Header 컴포넌트의 리렌더 방지하기

[할 일 관리] 앱의 Header 컴포넌트는 부모 컴포넌트인 App에서 아무런 Props도 받지 않습니다. 단지 오늘 날짜를 표시하는 아주 단순한 기능만 합니다

이 컴포넌트는 어떤 상황에서도 리렌더할 필요가 없습니다. 따라서 Header 컴포

넌트가 어떤 변경으로 인해 리렌더된다면 이는 불필요한 렌더링입니다. 콘솔을 이용해 Header 컴포넌트에 리렌더가 발생하는지 확인합니다.

다음과 같이 Header 컴포넌트에 출력 코드를 작성합니다.

CODE file : src/component/Header.js

```
(...)
const Header = () => {
  console.log("Header 업데이트"); //Header 컴포넌트 호출, 리렌더될 때마다 콘솔에 출력
  return (
    (...)
  );
};
(...)
```

Header 컴포넌트 호출, 즉 리렌더될 때마다 콘솔에 'Header 업데이트'라는 메시지를 출력하는 코드를 작성했습니다.

이제 Header 컴포넌트에 리렌더가 발생하는지 임의로 할 일 아이템 2개를 추가합니다.

할 일 아이템 2개를 추가하고 콘솔에서 출력 결과를 확인하면, [그림 8-8]과 같이 Header 업데이트 메시지가 총 3번 출력되는 것을 확인할 수 있습니다. 첫 번째 메시지는 Header 컴포넌트를 마운트할 때 출력됩니다. 그러나 두 번째, 세 번째 메시지가 출력된 까닭은 새 아이템을 추가한 결과, 부모 컴포넌트인 App 컴포넌트가 리렌더되었기 때문입니다. 따라서 자식 컴포넌트인 Header 컴포넌트도 불필요하게 리렌더되었습니다.

React.memo를 이용하면 이 문제를 간단히 해결할 수 있습니다. 다음과 같이 Header 컴포넌트를 내보낼 때 React.memo로 감싸면 됩니다.

CODE file : src/component/Header.js

```
import React from "react"; ①
(...)
const Header = () => {
  (...)
};
export default React.memo(Header); ②
```

① react 라이브러리에서 React를 불러옵니다.

② Header.js에서 Header 컴포넌트에 메모이제이션을 적용해 내보냅니다.

새로고침한 후, 할 일 아이템을 추가하거나 삭제, 수정합니다. 콘솔에서 메시지를 출력하는지 확인합니다.

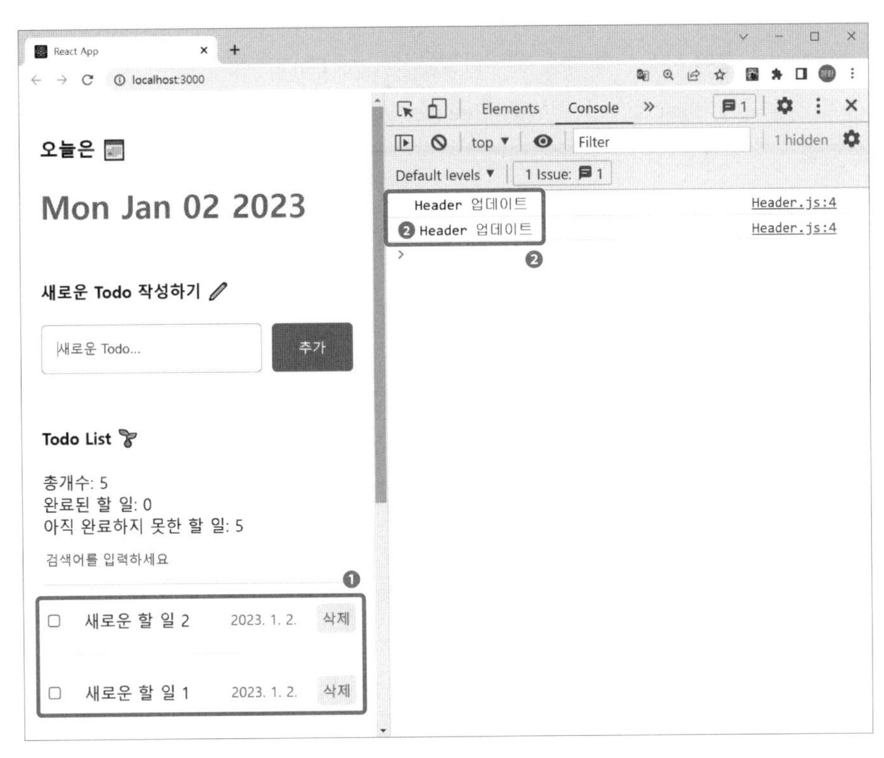

그림 8-8 아이템을 추가할 때 Header 컴포넌트의 리렌더 확인하기

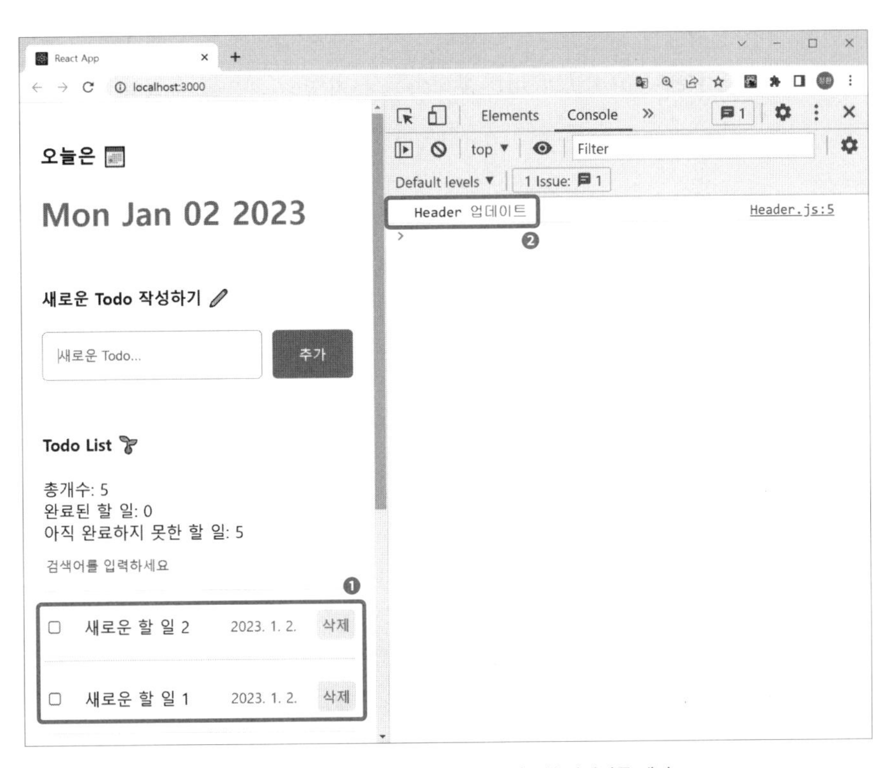

그림 8-9 React.memo를 사용해 불필요한 리렌더를 제거

[그림 8-9]와 같이 마운트할 때를 제외하고는 콘솔에 Header **업데이트** 메시지를 출력하지 않습니다. React.memo를 이용해 Header 컴포넌트를 불필요하게 렌더링하지 않도록 성공적으로 최적화하였습니다.

사실 Header 컴포넌트처럼 복잡한 연산을 하지 않거나 큰 기능이 없는 컴포넌트는 일반적으로 최적화의 대상은 아닙니다. 프로젝트의 전체 성능에 큰 영향을 주지 않기 때문입니다. 그러나 학습 관점에서 위 실습 예는 컴포넌트의 렌더링을 최적화하기 위한 의미 있는 실습 소재입니다.

다음 실습을 위해 메시지를 콘솔에 출력하는 코드는 Header 컴포넌트에서 삭제합니다.

TodoItem 컴포넌트 리렌더 방지하기

이번에는 낱낱의 할 일 아이템을 담당하는 TodoItem 컴포넌트에서 불필요한 렌더링이 일어나는지 확인하고 최적화하겠습니다.

TodoItem 컴포넌트는 사용자가 등록한 할 일 아이템의 개수만큼 렌더링합니다. 따라서 할 일 아이템을 수십 개에서 수백 개 이상 등록할 경우, 불필요한 렌더링이 발생하면 치명적인 성능 문제를 야기하게 됩니다.

먼저 어떤 상황에서 불필요한 렌더링이 일어나는지 알아보기 위해 TodoItem을 렌더링할 때마다 해당 아이템의 id를 포함하는 문자열을 콘솔에 출력하겠습니다. TodoItem.js에 다음과 같은 코드를 추가합니다.

CODE　　file : src/component/TodoItem.js

```
(...)
const TodoItem = ({ id, content, isDone, createdDate, onUpdate, onDelete }) =>
{
  console.log(`${id} TodoItem 업데이트`); ①
  (...)
};
export default TodoItem;
```

> ① TodoItem 컴포넌트를 렌더링할 때마다 현재 할 일 아이템의 Id가 포함된 메시지를 콘솔에 출력합니다.

페이지를 새로고침한 다음, 새 할 일 아이템으로 **독서하기**를 추가하고 콘솔을 확인합니다.

처음 마운드 시점에서 3개의 TodoItem을 렌더링하면, 콘솔에는 아이템당 한 번씩 총 3번의 메시지가 출력됩니다. 그리고 새 아이템을 추가하면, 3번 아이템을 마

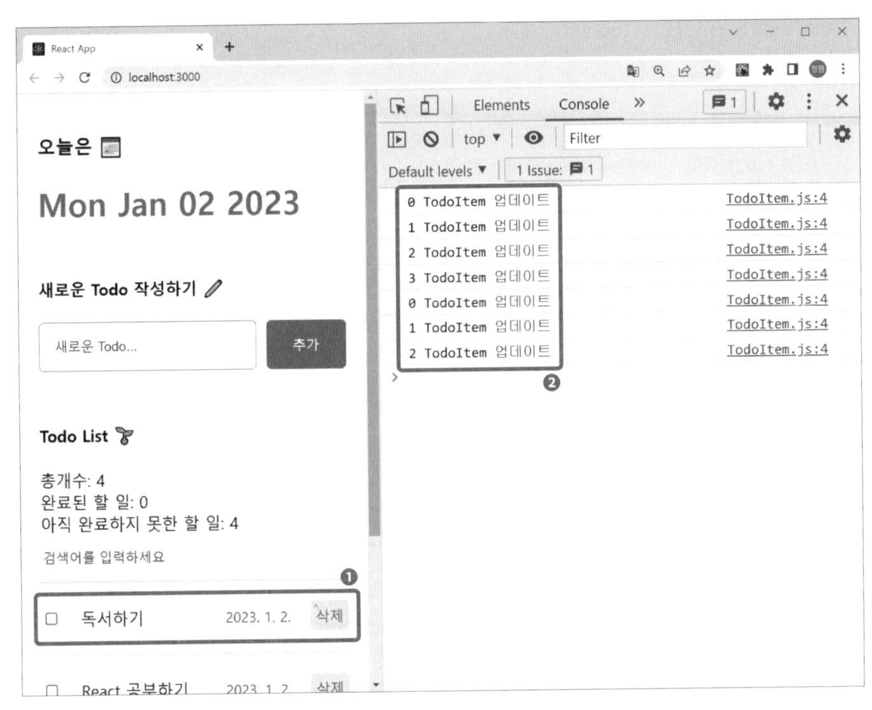

그림 8-10 TodoItem 컴포넌트에서 새 아이템을 추가할 때 리렌더 확인하기

운트하면서 한 번 그리고 나머지 0, 1, 2번 아이템을 리렌더하면서 각각 한 번씩 총 3번의 메시지를 출력합니다. 결과적으로 새 아이템을 추가하면 총 4번의 메시지가 추가로 콘솔에 출력됩니다

할 일 아이템인 `TodoItem` 컴포넌트는 개별 아이템 체크박스에서 완료/미완료를 토글할 때가 아니면 리렌더할 필요가 없습니다. 따라서 현재 `TodoItem`의 렌더링은 불필요한 리렌더입니다.

또한 `TodoItem`은 `TodoList`의 자식 컴포넌트이므로 `TodoList`가 리렌더되면 함께 리렌더됩니다. 따라서 아이템을 추가하는 상황 외에도 아이템 제거, 체크박스 클릭, 심지어 검색 폼에서 검색어를 입력할 때도 `TodoItem` 컴포넌트는 리렌더됩니다.

`React.memo`를 이용해 불필요한 `TodoItem` 컴포넌트의 리렌더를 방지하겠습니다. TodoItem.js를 다음과 같이 수정합니다.

CODE file : src/component/TodoItem.js

```
import React from "react"; ①
(...)
const TodoItem = ({ id, content, isDone, createdDate, onUpdate, onDelete }) =>
{
```

```
  console.log(`${id} TodoItem update`);
  (...)
};
export default React.memo(TodoItem); ②
```

> ① react 라이브러리에서 React를 불러옵니다.
> ② 메모이제이션이 적용된 TodoItem 컴포넌트를 내보냅니다.

수정이 끝났다면 최적화가 이루어졌는지 확인하기 위해 페이지를 새로고침한 다음, TodoList의 검색 폼에서 react를 입력합니다.

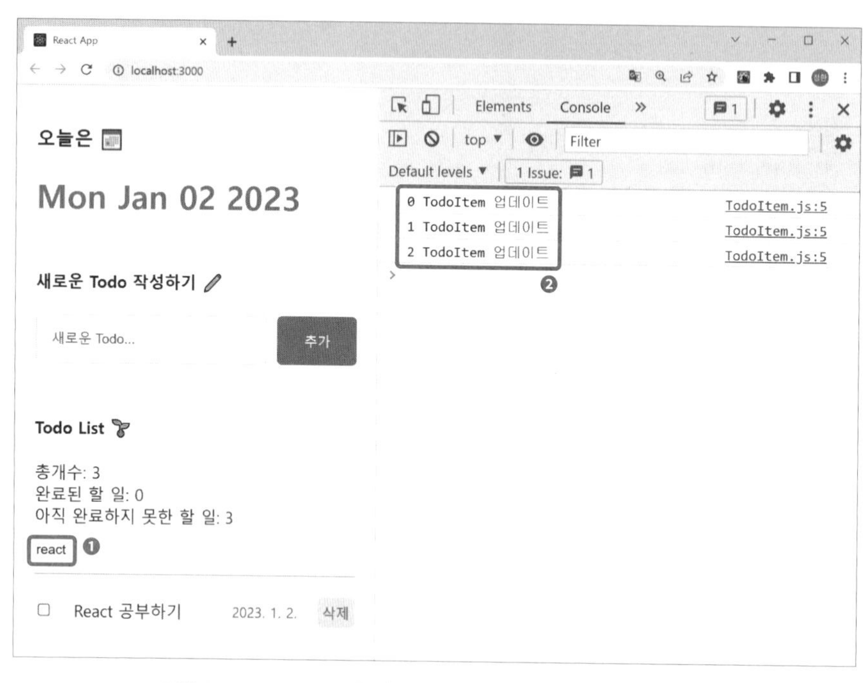

그림 8-11 React.memo를 적용한 후 검색어를 입력해 리렌더 확인하기

TodoList의 검색 폼에서 react를 입력해도 TodoItem 컴포넌트는 리렌더되지 않습니다.

다음으로 새 아이템을 추가해도 TodoItem이 리렌더되지 않는지 확인하겠습니다. 임의의 아이템을 하나 추가하고 콘솔을 확인합니다.

[그림 8-12]처럼 할 일 아이템을 하나 추가하니 기대와 달리 TodoItem 컴포넌트가 모두 리렌더됩니다. 분명 React.memo를 적용해 Props가 변경되지 않을 때는 리렌더되지 않도록 수정했는데 어떻게 된 일일까요? React.memo에 버그라도 생긴 걸까요?

아닙니다. React.memo는 Props를 변경하지 않으면 컴포넌트를 리렌더하지 않는

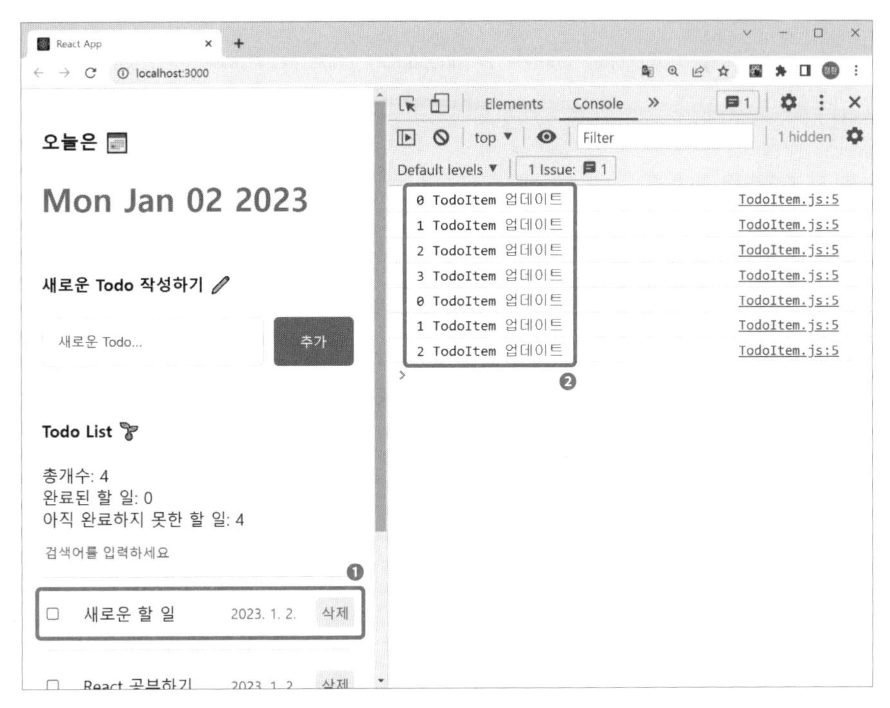

그림 8-12 React.memo 적용 후 새 아이템을 추가하고 리렌더 확인하기

자신의 역할을 정확히 수행했습니다. 문제는 할 일 아이템을 추가한 결과, `todo`가 업데이트되어 App 컴포넌트가 리렌더되었기 때문입니다. 따라서 `TodoItem`에 전달되는 Props도 변경되어 리렌더되었습니다.

`TodoItem`은 Props로 `id`, `content`, `isDone`, `createdDate`와 같이 원시 자료형에 해당하는 값뿐만 아니라, `onUpdate`, `onDelete`와 같이 객체 자료형에 해당하는 함수도 받습니다. 이 함수들은 App 컴포넌트에서 생성되어 Props로 전달됩니다.

다음은 [할 일 관리] 앱에서 작성했던 코드들입니다.

```
(...)
function App() {
  (...)
  const onUpdate = (targetId) => {
    (...)
  };
  const onDelete = (targetId) => {
    (...)
  };

  return (
    <div className="App">
```

```
    (...)
    <TodoList todo={todo} onUpdate={onUpdate} onDelete={onDelete} />
  </div>
 );
}
export default App;
```

App 컴포넌트를 리렌더하면 onUpdate, onCreate 등의 함수도 전부 다시 생성됩니다. 2장에서 동등 비교 연산자 ===로 객체 자료형을 비교할 때는 해당 객체의 참좃값을 기준으로 한다고 하였습니다.

TIP 객체 자료형의 비교에 대해서는 82~83쪽을 참고하세요.

기억을 되살리는 차원에서 다음 코드를 보겠습니다.

```
const funcA = () => {
  console.log("hi A");
};

const funcB = () => {
  console.log("hi A");
};
```

함수 funcA와 funcB는 동일한 기능을 수행합니다. 그러나 funcA와 funcB에 저장된 참좃값은 서로 다릅니다. 따라서 비교식에서 funcA와 funcB는 다르다고 판별합니다. 즉, App 컴포넌트를 리렌더하면 새롭게 만든 onUpdate와 기존의 onUpdate는 동일한 기능을 수행하는 함수라도 다른 참좃값을 갖게 됩니다. 따라서 React.memo는 Props가 변한 것으로 판단합니다.

다시 말해 App 컴포넌트를 리렌더하면 함수 onUpdate와 onDelete가 다시 만들어지는데, 이때 함수는 새롭게 선언한 것과 마찬가지로 참좃값이 변경됩니다. 따라서 이 함수를 Props로 받는 컴포넌트는 React.memo를 적용했다고 하더라도 다시 렌더링됩니다.

이런 문제 때문에 컴포넌트를 리렌더해도 함수를 다시 생성하지 않도록 만들어 주는 리액트 훅 useCallback을 사용합니다.

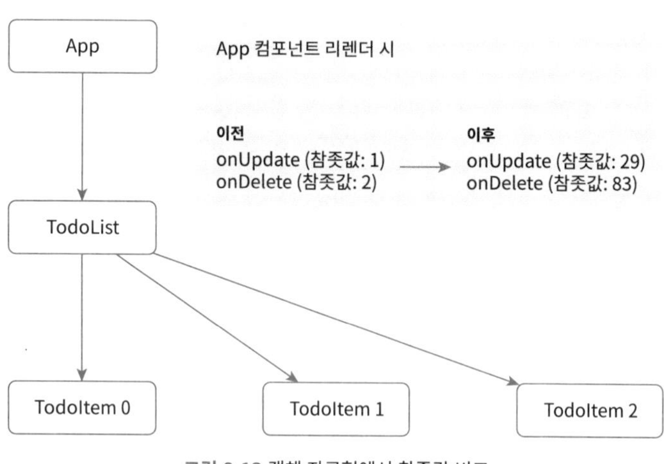

그림 8-13 객체 자료형에서 참좃값 비교

불필요한 함수 재생성 방지하기

useCallback은 컴포넌트가 리렌더될 때 내부에 작성된 함수를 다시 생성하지 않도록 메모이제이션하는 리액트 훅입니다.

useCallback을 이용해 [할 일 관리] 앱 최적화하기

[할 일 관리] 앱에서 App가 리렌더될 때, useCallback으로 함수 onUpdate, onDelete를 재생성하지 않도록 만들어 TodoItem 컴포넌트의 렌더링 최적화를 완성하겠습니다.

useCallback의 기본 사용법

useCallback은 useMemo처럼 2개의 인수를 제공합니다. 첫 번째 인수로는 메모이제이션하려는 콜백 함수를 전달하고, 두 번째 인수로는 의존성 배열을 전달합니다. 결과로 useCallback은 메모이제이션된 함수를 반환합니다.

[useCallback의 용법]

```
const memoizedFunc = useCallback(func, deps)
```

(func: 콜백 함수, deps: 의존성 배열)

useCallback은 의존성 배열에 담긴 값이 바뀌면 첫 번째 인수로 전달한 콜백 함수를 다시 만들어 반환합니다. 만약 첫 번째 인수로 전달한 콜백 함수를 어떤 경우에도 다시 생성되지 않게 하려면 의존성 배열을 빈 배열로 전달하면 됩니다.

```
const memoizedFunc = useCallback(func, [])
```

useCallback과 함수형 업데이트

useCallback을 이용해 [할 일 관리] 앱을 최적화하기 전에 한 가지 유의할 사항을 짚고 넘어가겠습니다. useCallback의 첫 번째 인수로 전달한 콜백 함수에서 State 변수에 접근하는 경우, 문제가 발생할 수 있기 때문입니다.

```
const onCreate = useCallback(()=>{
  setState([newItem, ...state]);
},[])
```

이 코드에서 useCallback으로 전달한 의존성 배열이 빈 배열이므로, 함수 onCreate는 처음 생성된 후에는 컴포넌트가 리렌더되어도 다시 생성되지 않습니다.

이 경우 useCallback에서 전달한 콜백 함수에서 State 변수에 접근하면 컴포넌트를 마운트할 때의 값, 즉 State의 초깃값이 반환됩니다. 이유는 콜백 함수가 컴포넌트의 마운트 시점 이후에는 다시 생성되지 않기 때문입니다. 즉, 마운트할 때의 State 값만 사용할 수 있습니다.

이렇듯 useCallback으로 래핑된 함수 onCreate는 State의 변화를 추적하지 못하므로 자칫 의도치 않은 동작을 야기할 수 있습니다. 그렇다고 의존성 배열에 State 변수를 전달하면, 결국 이를 업데이트할 때마다 함수 onCreate를 계속 재생성하므로 useCallback을 적용한 의미가 사라집니다.

```
const onCreate = useCallback(()=>{
  setState([newItem, ...state]);
}, [state]) // useCallback 적용 의미가 없다.
```

이때는 setState의 인수로 콜백 함수를 전달하는 리액트의 '함수형 업데이트' 기능을 이용하면 됩니다.

```
const onCreate = useCallback(() => {
  setState((state) => [newItem, ...state]);
}, []);
```

setState에서 콜백 함수를 전달하면 함수형 업데이트를 사용할 수 있는데, 이 함수는 항상 최신 State 값을 매개변수로 저장합니다. 그리고 콜백 함수가 반환한 값은 새로운 State 값이 되어 업데이트됩니다. 따라서 useCallback을 사용하면서 setState로 최신 State 값을 추적하려면 함수형 업데이트 기능을 이용해야 합니다.

useCallback을 이용해 TodoItem 컴포넌트의 리렌더 방지하기

이전에 마치지 못한 [할 일 관리] 앱의 TodoItem 컴포넌트의 최적화를 useCallback을 이용해 마무리하겠습니다.

App 컴포넌트의 함수 onUpdate와 onDelete를 useCallback으로 메모이제이션해 이 함수들을 다시 생성하지 않도록 만듭니다. 다시 말해 TodoItem이 불필요한 상황에서 리렌더되지 않도록 합니다.

App 컴포넌트를 다음과 같이 수정합니다.

CODE file : src/App.js

```
import { useCallback, useReducer, useRef } from 'react';

(...)
```

```
  const onUpdate = useCallback((targetId) => {
    dispatch({
      type: "UPDATE",
      targetId,
    });
  },[]);

  const onDelete = useCallback((targetId) => {
    dispatch({
      type: "DELETE",
      targetId,
    });
  },[]);
(...)
```

TIP
함수형 업데이트 기능은 프로젝트 3에서 실습을 통해 알아볼 예정입니다.

useReducer가 반환하는 함수 dispatch는 함수 reducer를 호출하는데, 이 reducer는 항상 최신 State를 인수로 받습니다. 따라서 State 관리 도구로 useState가 아닌 useReducer를 이용할 때는 함수형 업데이트를 사용하지 않아도 됩니다. 따라서 TodoItem 컴포넌트에 함수로 전달되는 Props인 onUpdate와 onDelete만 다시 생성하지 않도록 useCallback을 이용해 최적화합니다.

페이지에서 새 아이템을 하나 추가한 다음, 최적화가 완료되었는지 확인합니다.

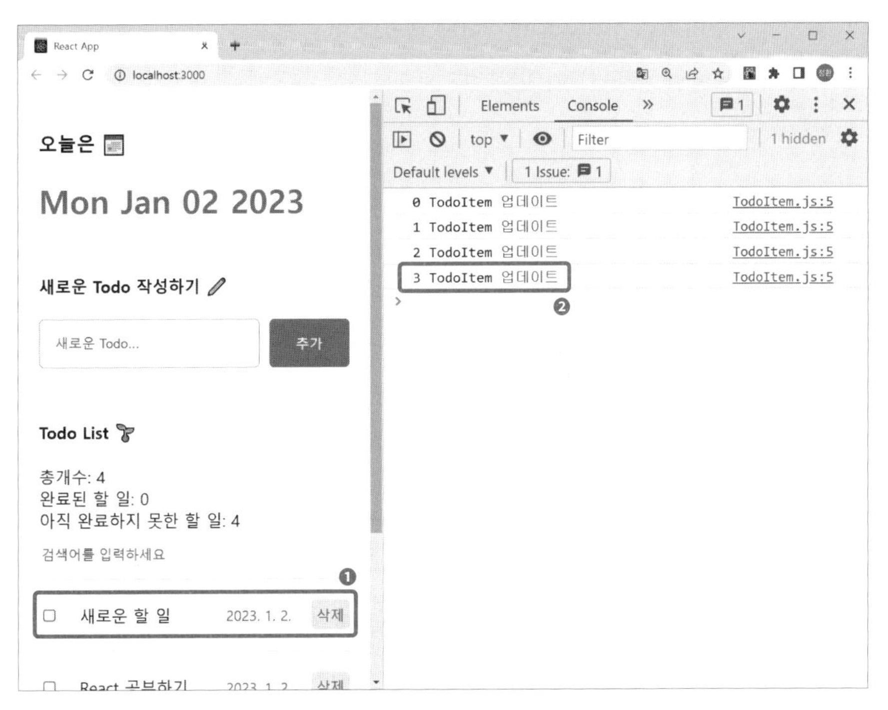

그림 8-14 useCallback으로 최적화 마무리하기

새 할 일 아이템을 추가해도 마운트 시점에만 한 번 콘솔에 메시지를 출력합니다. 이렇게 TodoItem 컴포넌트의 렌더링 최적화를 완료하였습니다

아이템 추가 외에 삭제, 수정 과정에서도 불필요한 리렌더가 발생하지 않는지 직접 확인합니다. 모두 확인하였다면 TodoItem 컴포넌트에서 리렌더를 확인하기 위해 작성한 코드는 다음 실습을 위해 삭제합니다.

최적화할 때 유의할 점

최적화는 항상 마지막에 하세요

리액트 앱의 최적화는 보통 프로젝트 개발이 끝나고 가장 마지막에 진행하는 작업입니다. 기능을 추가할 때마다 최적화를 진행하지 않고 마지막에 한꺼번에 하는 이유는 최적화 이후에는 만든 기능을 수정하거나 확장하기 어렵기 때문입니다.

모든 것을 최적화할 필요는 없습니다

리액트 앱에 있는 모든 컴포넌트의 아주 사소한 연산이나 리렌더까지 다 찾아내어 최적화할 필요는 없습니다. 이는 오히려 향후 서비스 확장이나 기능 수정을 어렵게 만들 수 있습니다. 또한 전체적인 웹 서비스 성능 개선에도 큰 도움이 되지 않습니다. 최적화는 일반적으로 부하가 많으리라 예상되거나, 복잡하고 비싼 연산을 수행하거나, 리스트처럼 컴포넌트가 반복적으로 나타날 것이 예상되는 지점을 대상으로 진행합니다.

컴포넌트 구조를 잘 설계했는지 다시 한번 돌아보세요

어떤 개발자는 하나의 컴포넌트에 10개 또는 그 이상의 State와 State 관리 코드를 작성하고는 최적화하려고 합니다. 하나의 컴포넌트에 이렇게 많은 State를 생성하는 것은 매우 비효율적이며 최적화하기도 어렵습니다. 따라서 컴포넌트를 기능이나 역할 단위로 잘 분리했는지 먼저 확인한 다음 최적화하길 바랍니다.

최적화는 여기서 끝나지 않습니다

이 책에서 다루는 내용은 리액트 앱의 연산 최적화일 뿐입니다. 웹/앱 서비스를 최적화하는 기법에 대한 전반적인 소개는 이 책의 범위를 벗어나는 일입니다. 최적화 기술은 매우 다양합니다. 폰트 최적화, 번들 사이즈 최적화 등과 같이 추가로 공부해야 할 기술은 매우 많으며 시간이 지남에 따라 계속 발전하고 바뀝니다.

당장은 이러저러한 최적화 기법에 대해 너무 걱정할 필요는 없습니다. 학습을 거듭하면서 여러 상황에 대처하는 개발 경험이 쌓이면, 자연스럽게 최적화 기술들을 접하게 되고 직접 시도해볼 수도 있게 됩니다.

9장

컴포넌트 트리에 데이터 공급하기

이 장에서 주목할 키워드

- Context
- Props Drilling
- Context.Provider
- 리팩터링
- useContext
- 구조 재설계와 Context 분리

이 장의 학습 목표

- Context가 무엇인지 알아봅니다.
- Context로 [할 일 관리] 앱을 리팩토링합니다.

Context

리액트 컴포넌트 트리 전체를 대상으로 데이터를 공급하는 기능인 Context를 살펴보겠습니다.

Context를 사용하는 이유

Context를 사용하는 까닭은 'Props Drilling' 문제를 해결하기 위해서입니다. Props Drilling 문제는 리액트 컴포넌트 계층 구조에서 컴포넌트 간에 값을 전달할 때 발생합니다.

리액트에서는 컴포넌트 간에 데이터를 전달하기 위해 Props를 사용합니다. Props는 컴포넌트 트리에서 언제나 부모에서 자식으로 단방향으로 전달됩니다. 리액트에서는 자식의 자식, 즉 트리에서 2단계 이상 떨어져 있는 컴포넌트에 직접 데이터를 전달하는 것이 불가능합니다.

[그림 9-1]과 같은 컴포넌트 트리를 갖는 리액트 앱이 있다고 가정해 봅시다. 만약 `App`가 `Body`, `Main`, `Sidebar` 컴포넌트에 모두 같은 값을 전달해야 한다면 어떻게 해야 할까요?

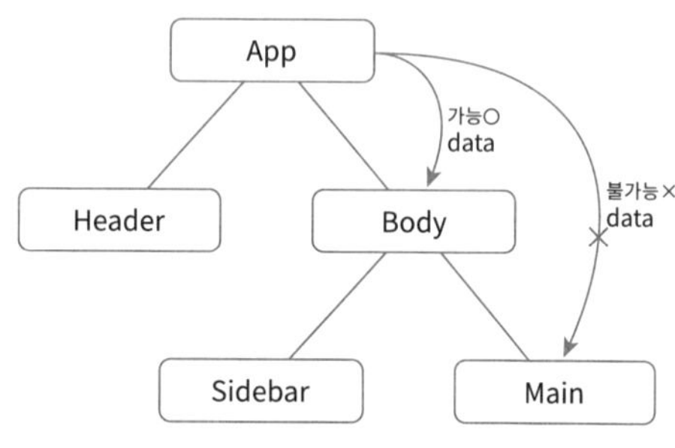

그림 9-1 컴포넌트 간에 Props 전달

결론은 원하는 목적지까지 데이터를 전달하기 위해서는 경로상에 있는 모든 컴포넌트에 일일이 Props를 전달해야 합니다. Props를 전달하는 과정이 마치 드릴로 땅을 파고 내려가는 것과 같다고 하여, 이를 Props Drilling 문제라고 합니다. Props Drilling은 컴포넌트 사이의 데이터 교환 구조를 파악하기 어렵게 만듭니다. 또한 Props를 수정하게 되면 그것을 공유하는 여러 컴포넌트를 모두 살펴 봐야 하므로 코드의 유지 보수를 어렵게 합니다.

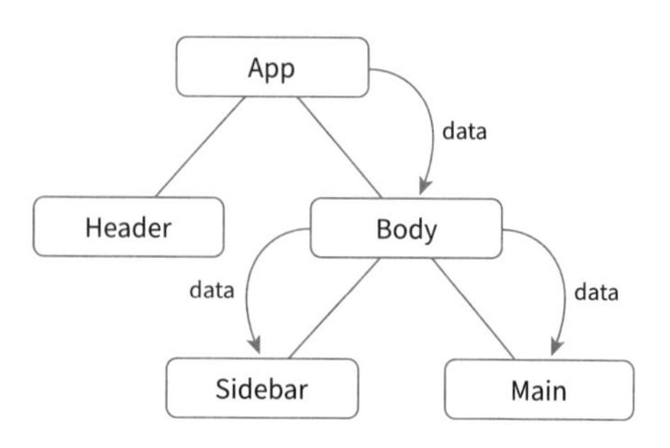

그림 9-2 컴포넌트에서 같은 data를 자식 컴포넌트에 전달

[그림 9-2]의 예는 컴포넌트 트리에 4개의 컴포넌트만 표현하고 있어 그리 복잡하지도 문제될 것 같지도 않아 보입

니다. 그러나 서비스를 리액트 앱으로 설계하는 경우, 적게는 10개, 많게는 200개 이상의 컴포넌트를 실제로 관리해야 합니다. Props Drilling이 빈발하는 상황이라면 절대 반갑지 않을 겁니다.

Context란?

Context는 문맥이라는 뜻으로 쓰입니다. 글에서 문맥이란 글이 지닌 방향성입니다. 좀 더 구체적으로 표현하면 문장이나 문단이 궁극적으로 전달하려는 이야기와 뜻입니다. 만약 "A 문장과 B 문장이 동일한 문맥 아래에 있다"라고 한다면, "A와 B의 문장이 전달하는 뜻이 같고 목적도 동일하다"라고 이해할 수 있습니다.

리액트의 Context 역시 이와 비슷합니다. 예를 들어 "컴포넌트 A와 컴포넌트 B가 동일한 문맥 아래 있다"라는 말은 "컴포넌트 A와 B가 동일한 목적(기능)을 가지고 있다"라는 뜻으로 이해할 수 있습니다. 예를 들어 프로젝트 2에서 만든 [할 일 관리] 앱의 `TodoEditor`, `TodoList`, `TodoItem`은 모두 "할 일을 관리한다"라는 같은 문맥 아래에서 동작하는 컴포넌트입니다.

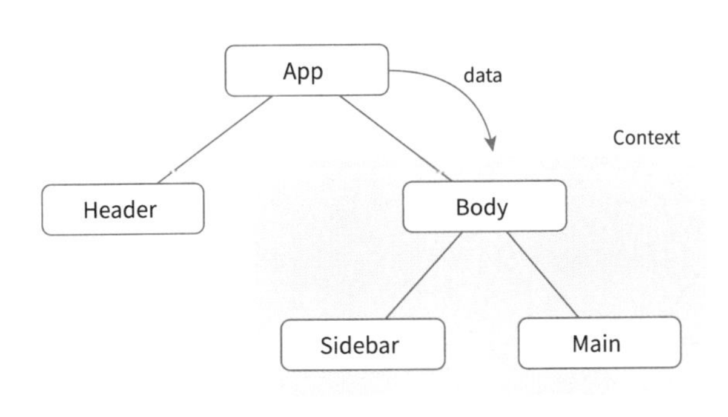

그림 9-3 Context로 같은 문맥에 있는 컴포넌트 묶기

리액트에서 Context는 같은 문맥 아래에 있는 컴포넌트 그룹에 데이터를 공급하는 기능이라는 의미로 사용됩니다. Context를 이용하면 단계마다 일일이 Props를 전달하지 않고도 컴포넌트 트리 전역에 데이터를 공급할 수 있어 Props Drilling 문제를 간단히 해결할 수 있습니다.

Context를 사용할 때는 [그림 9-3]과 같이 `Body`, `Sidebar`, `Main` 컴포넌트를 하나의 Context로 묶으면 됩니다. 그리고 이 Context에 값을 공급하면 Props Drilling을 야기하지 않으면서 컴포넌트 간에 값을 공유할 수 있습니다.

ContextAPI

ContextAPI는 Context를 만들고 다루는 리액트 기능입니다. 지금부터 ContextAPI를 이용해 Context를 만들고 컴포넌트 트리에 데이터를 공급하겠습니다.

TIP
Context를 다루는 기능을 ContextAPI라고 합니다. 여기에는 `createContext`, `Context.Provider` 등이 있습니다.

Context 만들기

React.createContext를 이용하면 새로운 Context를 만들 수 있습니다.

```
import React from 'react'; ①
const MyContext = React.createContext(defaultValue); ②
```

> ① ContextAPI에서 새 Context를 만드는 createContext 기능을 사용하려면, react 라이브러리의 React 객체를 불러와야 합니다.
>
> ② createContext 메서드를 호출해 새로운 Context를 만듭니다. 인수로 전달하는 값은 Context의 기본값으로 생략할 수 있습니다.

Context에 데이터 공급하기

Context에서 데이터를 공급하려면 Context.Provider 기능을 사용해야 합니다. Context.Provider는 Context 객체에 기본으로 포함된 컴포넌트입니다.

```
import React from 'react';

const MyContext = React.createContext(defaultValue);

function App () {
  const data = 'data';
  return (
    <div>
      <Header/>
      <MyContext.Provider value={data}> ①
        <Body/>
      </MyContext.Provider>
    </div>
  );
}
export default App;
```

> ① MyContext.Provider를 App 컴포넌트의 자식으로 배치합니다. 이제 Provider가 설정한 자식, 자손 컴포넌트들은 MyContext로 묶여 이 객체에서 공급하는 데이터를 사용할 수 있습니다. Provider 컴포넌트에 Props(value)를 전달해 MyContext가 공급할 값을 설정합니다.

Provider 컴포넌트는 Props로 공급할 데이터를 받아, 컴포넌트 트리에서 자신보다 하위에 있는 모든 컴포넌트에 데이터를 공급합니다.

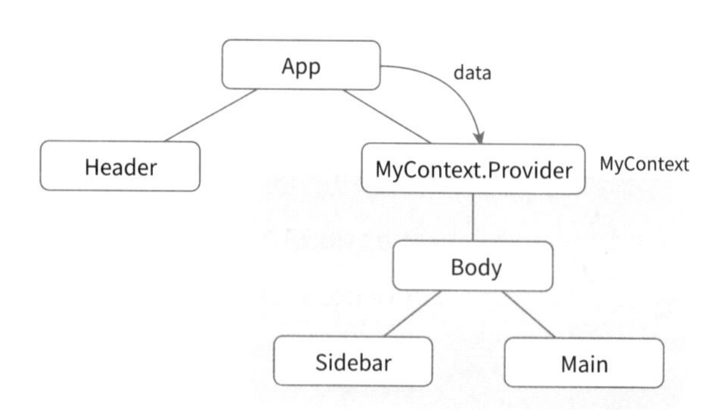

그림 9-4 Provider가 설정한 하위 컴포넌트에 데이터 공급

Context가 공급하는 데이터 사용하기

useContext는 특정 Context가 공급하는 데이터를 불러오는 리액트 훅입니다.

```
import React, { useContext } from 'react' ①

const MyContext = React.createContext(defaultValue);

function App () {
  (...)
}

function Main () {
  const data = useContext(MyContext); ②
  (...)
}
```

> ① useContext를 react 라이브러리에서 불러옵니다.
> ② useContext를 호출하고 인수로 값을 공급할 Context를 전달합니다. 함수 useContext는 해당 Context가 공급하는 값을 반환합니다. 반환한 값을 변수 data에 저장합니다.

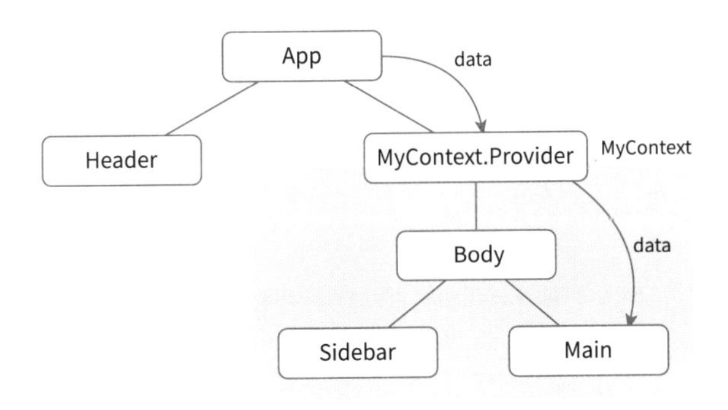

그림 9-5 MyContext에 속한 하위 컴포넌트에서 데이터 사용

useContext를 이용하면 자신이 속한 그룹의 Context가 제공하는 값을 불러올 수 있습니다. 만약 useContext를 호출한 컴포넌트가 인수로 전달한 Context 그룹에 속해 있지 않으면 오류가 발생합니다. 코드상의 Main 컴포넌트는 MyContext 그룹에 속하기 때문에 문제가 발생하지 않습니다.

지금까지 Context를 이용한 데이터 공급 구조를 설명하였습니다. 정리하면 craeteContext를 이용해 Context를 만들고, 값을 공급할 컴포넌트를 Context.Provider로 감쌉니다. 그리고 함수 useContext를 호출해 Context가 공급하는 값을 불러와 사용합니다.

Context로 [할 일 관리] 앱 리팩토링하기

이번에는 Context를 이용해 [할 일 관리] 앱을 리팩토링하겠습니다. 리팩토링이란 사용자에게 제공하는 기능은 변경하지 않으면서 내부 구조를 개선하는 작업입니다. 좀 더 구체적으로 이야기하면 현재 [할 일 관리] 앱은 데이터 전달 구조가 State

와 Props로만 이루어져 있어 Props Drilling 문제를 일으킵니다. 따라서 Context를 이용해 내부 구조를 개선해야 합니다. Props Drilling은 제거하지만, 할 일 아이템의 추가, 수정, 삭제, 검색 기능은 변함없이 동작하도록 만들어야 합니다.

어떻게 Context를 적용할지 생각해보기

리팩토링 역시 프로젝트의 기초 설계처럼 구현 전에 내부 구조를 어떻게 개선할지 현황을 파악하고 문제를 분석하는 과정을 요구합니다. 본격적으로 Context를 만들고 데이터를 공급하기 전에, [할 일 관리] 앱의 컴포넌트 트리와 Props를 이용한 데이터 전달 구조를 파악할 필요가 있습니다. 구조를 모두 파악한 다음, 어떤 식으로 Context를 적용할지도 생각해야 합니다.

[할 일 관리] 앱의 컴포넌트 및 데이터 전달 구조는 [그림 9-6]과 같습니다.

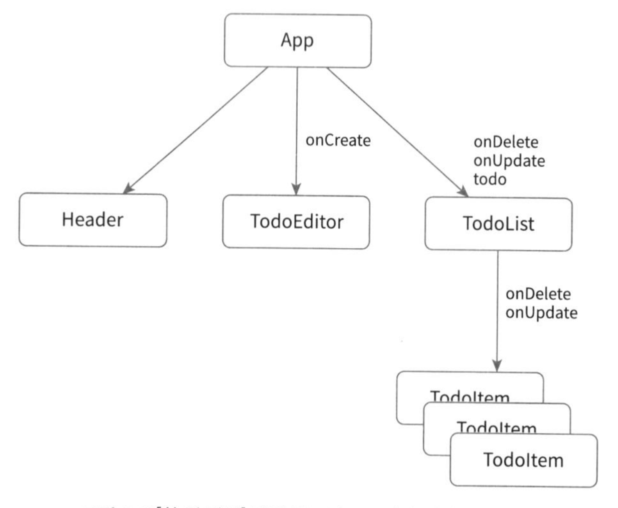

그림 9-6 [할 일 관리] 앱의 컴포넌트 트리와 데이터 공급 구조

`App`에서 `TodoItem`까지 Props가 전달되는 구조를 살펴보면, `App`에서 전달하는 Props 중 함수 `onDelete`와 `onUpdate`는 `TodoList`에서는 사용하지 않고 `TodoItem` 컴포넌트에서 사용합니다. `TodoItem`이 이 Props를 사용하려면, 리액트의 데이터 전달 구조 특성상 `TodoList` 컴포넌트를 거쳐서 전달해야 합니다. 여기서 Props Drilling 문제가 발생합니다.

`TodoContext`라는 이름으로 Context를 하나 생성하면, [그림 9-7]과 같은 구조로 Props Drilling 문제를 해결할 수 있습니다.

`TodoContext`라는 이름의 Context를 만들고, `App` 컴포넌트 하위에 데이터를 공급하는 `TodoContext.Provider`를 배치합니다. 그리고 `TodoEditor`, `TodoList`, `TodoItem` 컴포넌트를 해당 `Provider` 아래에 배치합니다.

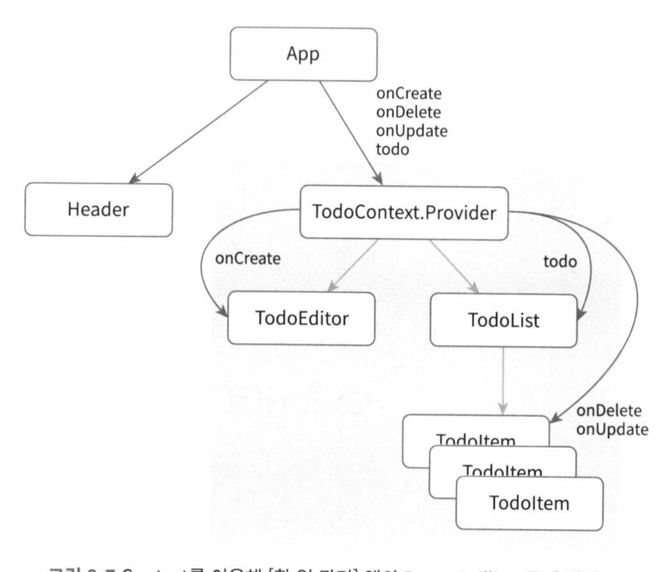

그림 9-7 Context를 이용해 [할 일 관리] 앱의 Props Drilling 문제 해결

App는 할 일 데이터인 State 변수 todo, 할 일을 관리하는 함수 onCreate, onUpdate, onDelete를 TodoContext.Provider 컴포넌트에 전달합니다. Provider에 값을 전달하면 TodoContext 아래에 있는 모든 컴포넌트는 비로소 필요한 데이터를 공급받아 사용할 수 있게 됩니다.

이제 TodoItem은 TodoContext에서 함수 onDelete와 onUpdate를 직접 제공받습니다. 더 이상 이 함수들을 TodoList를 거쳐 받을 필요가 없으므로 Props Drilling 문제는 자연스럽게 해결됩니다.

TodoContext를 만들어 데이터 공급하기

분석 과정을 모두 마쳤으니 [그림 9-7]에 맞추어 [할 일 관리] 앱을 리팩토링합니다. 가장 먼저 수행할 작업은 TodoContext를 만들고 데이터를 공급하는 작업입니다.

TodoContext 만들기

App.js에서 TodoContext를 생성합니다.

CODE　　file : src/App.js

```
import React, { useCallback, useReducer, useRef } from "react";
(...)
const TodoContext = React.createContext(); ①

function App() {
  (...)
}
export default App;
```

> ① craeteContext를 호출해 TodoContext를 만듭니다. 아직 이 Context의 기본값으로 설정할 값이 없으므로 인수는 생략합니다.

Context는 반드시 컴포넌트 밖에서 생성해야 한다는 점에 유의해야 합니다. 만약 안에서 생성하면, 컴포넌트가 리렌더될 때마다 Context를 새롭게 생성하기 때문에 의도대로 동작하지 않습니다. 실무에서는 [할 일 관리] 앱보다 더 복잡한 서비스를 구축하기 때문에 처음부터 Context를 별도의 파일로 분리합니다.

데이터 공급하기

다음으로는 App 컴포넌트에서 Provider를 배치해 데이터 공급 설정을 합니다. App 컴포넌트를 다음과 같이 수정합니다.

CODE file : src/App.js

```
import React, { useCallback, useReducer, useRef } from "react";
(...)
const TodoContext = React.createContext();

function App() {
  (...)
  return (
    <div className="App">
      <Header />
      <TodoContext.Provider> ①
        <TodoEditor onCreate={onCreate} />
        <TodoList todo={todo} onUpdate={onUpdate} onDelete={onDelete} />
      </TodoContext.Provider>
    </div>
  );
}
export default App;
```

① TodoContext가 포함할 컴포넌트는 TodoEditor와 TodoList입니다. 따라서 두 컴포넌트를 감싸도록 Provider를 배치합니다.

다음으로 App에서 공급할 값을 TodoContext.Provider 컴포넌트에 전달합니다.

CODE file : src/App.js

```
import React, { useCallback, useReducer, useRef } from "react";
(...)
const TodoContext = React.createContext();
function App() {
  (...)
  return (
    <div className="App">
      <Header />
      <TodoContext.Provider value={{ todo, onCreate, onUpdate, onDelete }}> ①
        <TodoEditor onCreate={onCreate} />
        <TodoList todo={todo} onUpdate={onUpdate} onDelete={onDelete} />
      </TodoContext.Provider>
    </div>
  );
}
export default App;
```

① TodoContext.Provider 컴포넌트에 값을 전달하기 위해 Props(value)를 객체로 설정합니다. 이 객체에는 Context에 소속된 컴포넌트에 공급할 모든 값을 담습니다.

컴포넌트 트리 구조에서 TodoContext 하위에 배치한 컴포넌트는 이제 이 Context에서 데이터를 받으므로 굳이 다른 경로로 Props를 받을 필요가 없습니다. 따라서 TodoEditor와 TodoList에 전달하던 기존의 Props는 모두 제거합니다.

다음과 같이 App 컴포넌트를 수정합니다.

CODE file : src/App.js

```
(...)
function App() {
  (...)
  return (
    <div className="App">
      <Header />
      <TodoContext.Provider value={{ todo, onCreate, onUpdate, onDelete }}>
        <TodoEditor />
        <TodoList />
      </TodoContext.Provider>
    </div>
  );
}
export default App;
```

오류 해결하기

기존에 App 컴포넌트에서 전달하던 Props를 제거하니까 오류가 발생합니다. 개발자 도구의 콘솔에서 에러를 확인하겠습니다.

기존에 구축했던 데이터의 흐름을 변경하는 작업을 진행하면 많은 오류가 발생합니다. 그러나 전혀 걱정할 필요는 없습니다. 리액트의 오류 메시지는 매우 친절해서 어떤 오류가 어디서 발생하는지 알려주므로 여러분도 충분히 문제를 해결할 수 있습니다.

여러 오류 메시지 가운데 살펴볼 문장은 다음과 같습니다.

```
"Cannot read properties of
undefined (reading 'length')"
```

해당 문장 아래에는 'at TodoList.js:7:1'처럼 오류가 발생한 파일과 코드의 위치 정보도 있

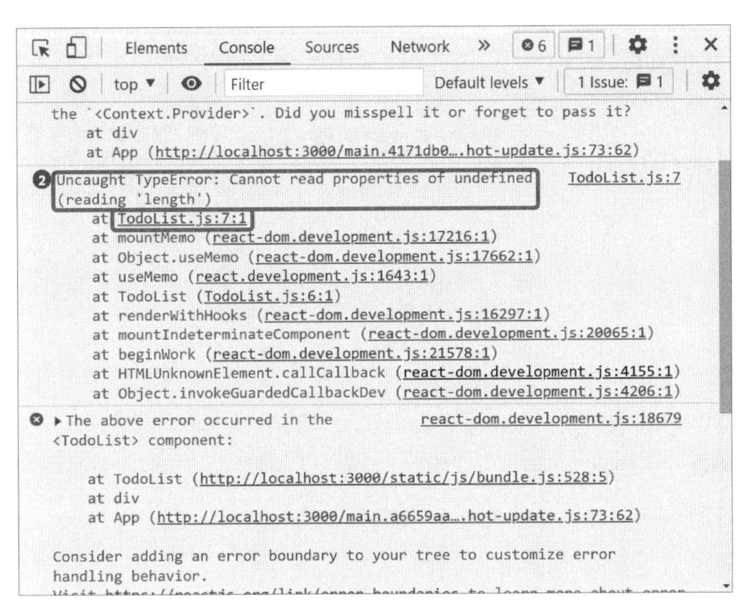

그림 9-8 Props를 Provider로 변경하면 오류 발생

습니다. 오류 메시지를 보면 "TodoList 컴포넌트에서 객체가 아닌 undefined 값에 length 프로퍼티로 접근하기 때문에 오류가 발생한다"라고 알려줍니다.

TodoList 컴포넌트에서 오류 메시지가 가리키는 곳의 코드를 보면, Props로 전달된 todo의 길이를 알아내는 코드가 있습니다.

TIP 배열에 대한 length 프로퍼티는 80쪽을 참고하세요.

```
(...)
  const analyzeTodo = useMemo(() => {
    const totalCount = todo.length; ①
    const doneCount = todo.filter((it) => it.isDone).length;
    const notDoneCount = totalCount - doneCount;
    return {
      totalCount,
      doneCount,
      notDoneCount,
    };
  }, [todo]);
(...)
```

① todo 값이 undefined이므로 length 프로퍼티로 접근하면 오류가 발생합니다. 앞서 App에서 TodoList 컴포넌트에 전달하는 Props를 모두 제거했기 때문입니다. 따라서 현재 TodoList 컴포넌트가 Props로 받은 todo는 undefined 값입니다.

다음과 같이 todo의 기본값을 빈 배열로 하는 defaultProps를 설정하면 오류는 일단 발생하지 않습니다.

TodoList에서 다음 코드를 추가로 작성합니다.

TIP defaultProps에 대해 자세히 살펴보려면 217~218쪽을 참고하세요.

TIP todo 정보가 없기 때문에 페이지에서 목 데이터로 제공하는 할 일 아이템도 아직은 렌더링되지 않습니다.

CODE file : src/component/TodoList.js

```
const TodoList = ({ todo, onUpdate, onDelete }) => {
(...)
}

TodoList.defaultProps = {
  todo: [],
};
export default TodoList;
```

Provider가 데이터를 잘 제공하는지 확인하기

리액트 개발자 도구를 이용하면 의도한 대로 Context를 생성하고 TodoContext.Provider에 적절한 데이터를 공급했는지 확인할 수 있습니다.

개발자 도구의 [Components] 탭에서 `Context.Provider`를 클릭합니다. 계속해서 `props` 항목의 `value`를 클릭하면 Context에 공급한 데이터를 확인할 수 있습니다.

`Context.Provider`를 살펴보면 App에서 전달한 Props가 컴포넌트에 잘 저장되어 있음을 확인할 수 있습니다. 또한 그 아래에는 하위 컴포넌트들도 잘 배치되어 있음을 알 수 있습니다.

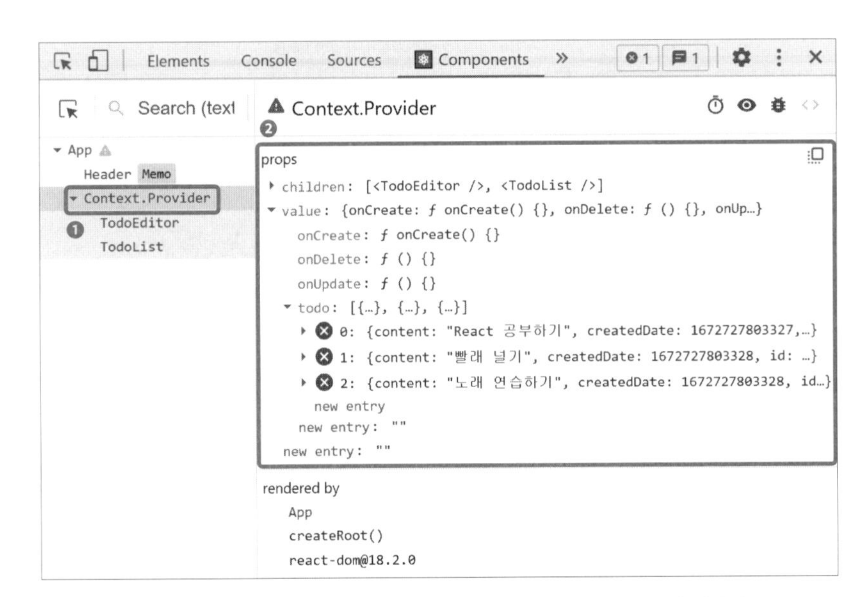

그림 9-9 [Components] 탭의 Context.Provider에서 Props 데이터 확인하기

TodoList 컴포넌트에서 Context 데이터 사용하기

Context를 생성하고 컴포넌트 트리 구조에 데이터를 전달하는 체계를 만들었으니 이번에는 `TodoList` 컴포넌트에서 이 데이터를 꺼내 사용하겠습니다.

앞서 살펴본 `useContext`를 이용합니다. 그런데 Context에서 데이터를 불러오기 전에 한 가지 먼저 해야 할 작업이 있습니다. 이 책에서는 `TodoContext`를 App.js에서 선언했습니다. 그러나 아직 내보내지 않았기 때문에 다른 파일에서 이 Context를 불러올 수 없습니다. 다른 파일에서 불러올 수 있도록 `export`로 내보내야 합니다.

App.js에서 다음과 같이 수정합니다.

CODE file : src/App.js

```
(...)
export const TodoContext = React.createContext();
(...)
```

App.js에서 `export`를 이용해 `TodoContext`를 내보냈습니다.

그럼 `TodoList` 컴포넌트에서 `TodoContext`를 불러오고, `useContext`를 이용해 이 Context가 공급하는 데이터를 가져오겠습니다.

TodoList.js를 다음과 같이 수정합니다.

CODE file : src/component/TodoList.js

```
import { useContext, useMemo, useState } from "react"; ①
import { TodoContext } from "../App";                   ②
(...)
const TodoList = ({ todo, onUpdate, onDelete }) => {
  const storeData = useContext(TodoContext); ③
  console.log(storeData);                    ④
  (...)
};
(...)
```

① useContext를 react 라이브러리에서 불러옵니다.

② TodoContext를 App.js에서 불러옵니다.

③ useContext를 호출하고 TodoContext를 인수로 전달해 이 Context가 공급하는 데이터를 storeData에 저장합니다.

④ storeData를 콘솔에 출력합니다.

개발자 도구의 콘솔에서 출력된 storeData를 확인합니다.

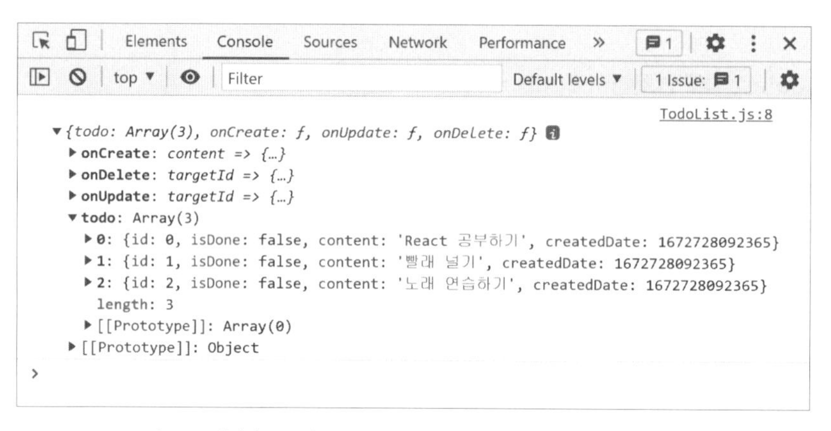

그림 9-10 개발자 도구의 콘솔에서 TodoContext에서 공급한 데이터 확인

App 컴포넌트가 TodoContext에 제공한 데이터를 TodoList에서도 모두 불러오는 것을 확인할 수 있습니다. 다음 실습을 위해 확인용으로 작성했던 console.log (storeData)는 삭제합니다.

TIP
storedData를 선언만 하고 사용하지 않아 경고 메시지가 나올 수 있는데 무시해도 괜찮습니다.

이제 useContext로 데이터를 사용할 수 있습니다. 계속해서 TodoList를 다음과 같이 수정합니다.

CODE file : src/components/TodoList.js

```
(...)
const TodoList = () => {                                    ①
  const { todo, onUpdate, onDelete } = useContext(TodoContext); ②
  (...)
};
export default TodoList;
```

① TodoList 컴포넌트는 더 이상 App에서 어떤 Props도 받지 않습니다. 따라서 Props를 매개변수로 구조 분해 할당하는 기존 코드는 제거합니다.

② TodoContext에서 공급받은 값을 구조 분해 할당합니다. 이 값들이 기존 TodoList의 Props를 대체합니다.

정상적으로 동작한다면 페이지에서 목 데이터로 제공하는 3개의 아이템 역시 정상적으로 렌더링됩니다.

TodoItem 컴포넌트에서 Context 데이터 사용하기

TodoItem 컴포넌트에서도 Context가 공급하는 데이터를 불러와야 합니다. 기존의 TodoItem은 수정, 삭제 이벤트 핸들러인 onUpdate, onDelete를 TodoList에서 받았습니다. 이제 TodoItem도 함수 onUpdate와 onDelete를 Context에서 직접 불러와 사용할 수 있습니다.

그렇다면 TodoList에서도 이 함수들을 전달할 필요성이 사라졌으므로 Context에서 Props로 받을 필요가 없습니다.

TodoList를 다음과 같이 수정합니다.

CODE file : src/component/TodoList.js

```
(...)
const TodoList = () => {
  const { todo } = useContext(TodoContext); ①
  (...)
  return (
    <div className="TodoList">
      (...)
      <div className="list_wrapper">
        {getSearchResult().map((it) => (
          <TodoItem key={it.id} {...it} /> ②
        ))}
      </div>
    </div>
  );
};
export default TodoList;
```

① TodoList는 더 이상 onUpdate와 onDelete를 사용하지 않습니다. 따라서 todo만 구조 분해 할당합니다.

② TodoList 컴포넌트에서 기존에 Props로 전달하던 코드 역시 제거합니다.

이제 TodoItem 컴포넌트에서 useContext로 함수 onUpdate와 onDelete를 받아 사용할 수 있도록 수정합니다.

CODE file : src/component/TodoItem.js

```
import React, { useContext } from "react"; ①
import { TodoContext } from "../App";       ②
(...)
const TodoItem = ({ id, content, isDone, createdDate }) => { ③
  const { onUpdate, onDelete } = useContext(TodoContext);     ④
  (...)
};
export default React.memo(TodoItem);
```

① useContext를 react 라이브러리에서 불러옵니다.

② TodoContext를 App.js에서 불러옵니다.

③ onUpdate, onDelete를 더 이상 구조 분해 할당하지 않습니다.

④ useContext를 호출해 TodoContext가 공급하는 값을 불러와 구조 분해 할당합니다.

TodoItem 컴포넌트에서 TodoContext가 공급하는 데이터를 사용하도록 리팩토링했습니다. 페이지에서 할 일 아이템을 수정, 삭제하며 정상적으로 동작하는지 확인합니다.

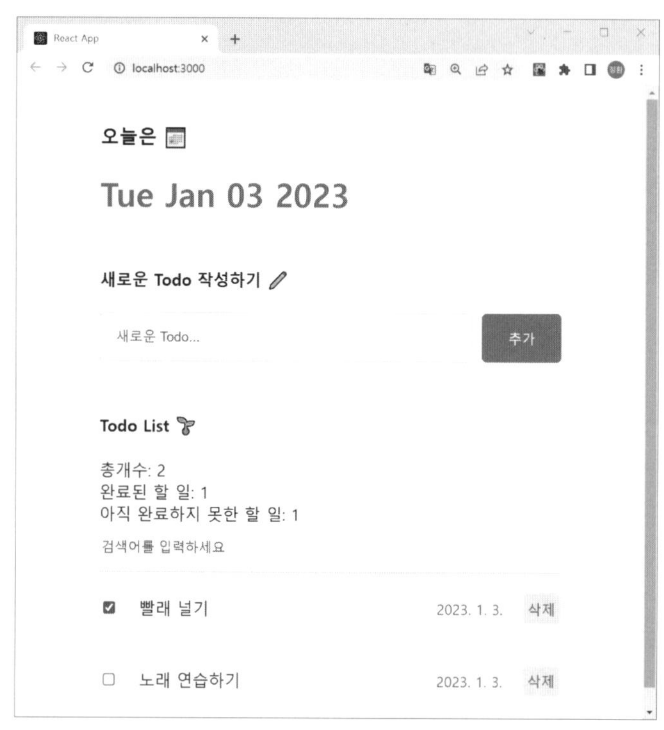

그림 9-11 TodoItem 컴포넌트에서 Context 데이터가 잘 동작하는지 확인

TodoEditor 컴포넌트에 데이터 공급하기

끝으로 TodoEditor 컴포넌트에서 할 일 아이템을 생성하는 함수 onCreate를 TodoContext에서 받도록 수정합니다.

이 작업은 지금까지 useContext를 이용해 수행했던 작업과 거의 동일합니다. 따라서 다음 코드를 보기 전에, 여러분이 직접 코드를 작성하고 제대로 동작하는지 확인하길 바랍니다.

CODE file : src/component/TodoEditor.js

```
import { useContext, useRef, useState } from "react"; ①
import { TodoContext } from "../App";                ②
(...)
const TodoEditor = () => {
  const { onCreate } = useContext(TodoContext); ③
  (...)
};
(...)
```

① useContext를 react 라이브러리에서 불러옵니다.

② TodoContext를 App.js에서 불러옵니다.

③ useContext를 호출해 TodoContext가 공급하는 값을 불러와 구조 분해 할당합니다.

리팩토링이 잘 되었는지 확인하기 1

리팩토링이란 사용자에게 제공하는 기능은 그대로 유지하면서 내부 구조만 변경해 개선하는 일이라고 했습니다. 따라서 리팩토링하고 나서 이전에는 정상적이었던 기능이 제대로 동작하지 않는다면, 이는 리팩토링이 잘 됐다고 할 수 없습니다. 여러분이 지금까지 리팩토링 과정을 무리 없이 따라왔다면, 생성, 수정, 삭제와 같은 기능들은 모두 정상적으로 동작할 것입니다. 따라서 최적화에도 문제가 없는지 점검하겠습니다.

TodoItem 컴포넌트는 할 일 아이템의 개수만큼 반복해 렌더링하기 때문에 최적화에 문제가 생기면 서비스에 치명적입니다. 이전에 최적화를 위해 TodoItem 컴포넌트에 적용했던 React.memo가 리팩토링 이후에도 제대로 동작하는지 다시 확인합니다.

렌더링할 때 콘솔에 할 일 아이템의 id를 출력하도록 다음과 같이 수정합니다.

CODE file : src/component/TodoItem.js

```
(...)
const TodoItem = ({ id, content, isDone, createdDate }) => {
  console.log(`${id} TodoItem 업데이트`); ①
  (...)
};
export default React.memo(TodoItem);
```

① 컴포넌트를 렌더링할 때마다 콘솔에 메시지를 출력합니다.

할 일 아이템을 수정, 삭제, 생성하는 동작을 각각 한 번씩 수행하면서 React.memo가 이전과 똑같이 동작하는지 확인합니다.

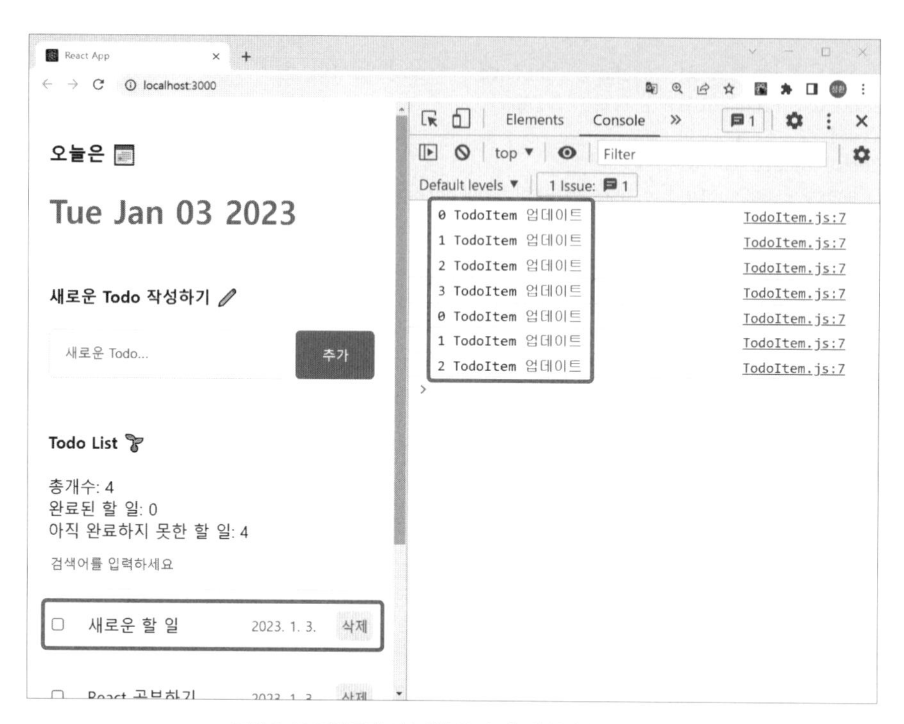

그림 9-12 리팩토링 이후 [할 일 관리] 앱 최적화 점검하기

그런데 할 일 아이템을 생성한 후 콘솔을 확인하면, 모든 TodoItem 컴포넌트가 리렌더되는 것을 알 수 있습니다. 이는 React.memo가 리팩토링 이후 정상적으로 동작하지 않는다는 것을 의미합니다. 최적화에 문제가 발생했으므로 리팩토링이 정상적으로 완료되었다고 보기 어렵습니다. 따라서 문제의 원인을 파악하기 위해 컴포넌트 트리 구조를 다시 살펴보겠습니다.

문제의 원인 파악하기

확인된 문제는 Context 리팩토링 이후 TodoItem 컴포넌트가 불필요한 상황에서도 리렌더되고 있다는 점입니다. Context의 Provider 또한 리액트 컴포넌트이므로 Props로 전달되는 value 값이 바뀌면 리렌더됩니다

이 과정에서 TodoContext.Provider 아래의 컴포넌트들도 함께 리렌더됩니다. 변경된 [할 일 관리] 앱의 데이터 전달 구조를 좀 더 자세히 살펴보겠습니다.

[그림 9-13]과 같이 할 일 아이템을 추가하면 먼저 App 컴포넌트의 todo가 업데

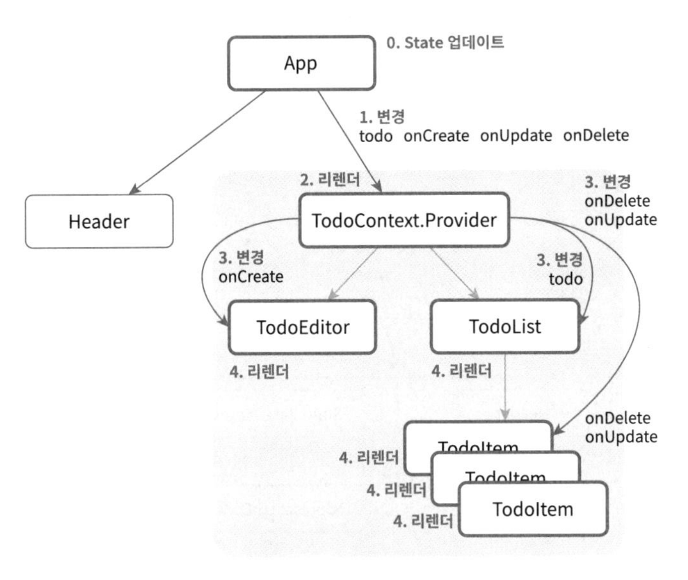

그림 9-13 State 업데이트 후 컴포넌트 트리 구조 확인하기

이트됩니다. 따라서 App 컴포넌트가 리렌더됩니다. 이와 동시에 `TodoContext.Provider`에 전달되는 Props도 업데이트됩니다. `TodoItem` 역시 사용자가 할 일 아이템을 추가하면 `TodoContext.Provider`에서 `onUpdate`와 `onDelete`를 받고 있으므로 역시 리렌더됩니다.

여기서 중요한 사항은 `todo`가 변하면, `TodoContext.Provider`에서 전달하는 모든 Props 또한 바뀐다는 점입니다. `onCreate`, `onUpdate`, `onDelete`만 받는 컴포넌트도 불필요한 리렌더가 발생합니다.

구조 재설계하기

문제의 원인은 State 변수 `todo`와 `onCreate`, `onUpdate`, `onDelete`와 같은 `dispatch` 관련 함수들이 하나의 객체로 묶여 동일한 Context에 Props로 전달되기 때문입니다.

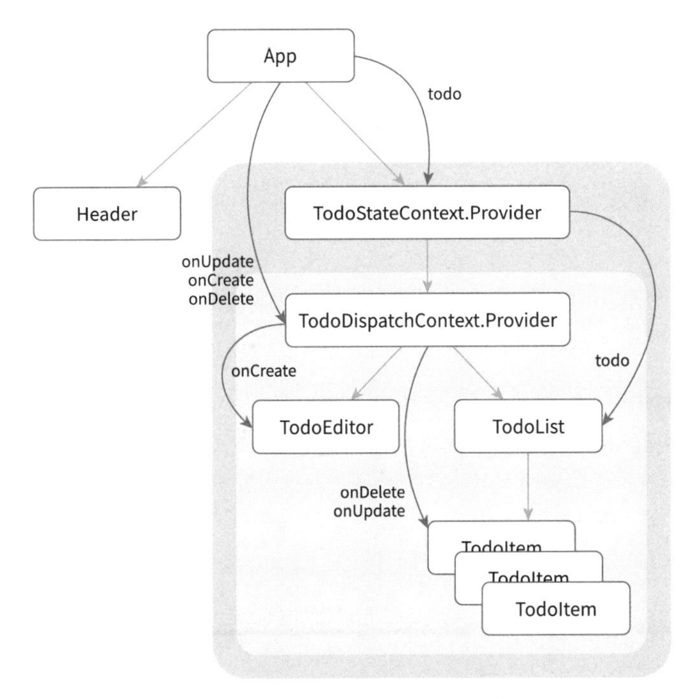

그림 9-14 구조를 재설계하여 Context를 나누기

`useCallback`을 이용해 `dispatch` 관련 함수를 재생성하지 않더라도, `todo`가 변경되면 불필요한 리렌더가 발생합니다.

이때는 Context를 역할에 따라 분리하는 게 바람직합니다. Context를 다음과 같이 둘로 나눌 수 있습니다.

- `TodoStateContext`: `todo`가 업데이트되면 영향받는 컴포넌트를 위한 Context
- `TodoDispatchContext`: `dispatch` 함수 `onCreate`, `onUpdate`, `onDelete`가 변경되면 영향을 받는 컴포넌트를 위한 Context

Context를 역할에 따라 두 개로 분리합니다. 역할을 분리하면 todo를 업데이트하더라도 TodoStateContext에서 todo 데이터를 받는 컴포넌트만 리렌더됩니다. TodoDispatchContext에서 제공하는 dispatch 함수 onCreate, onUpdate, onDelete를 사용하는 컴포넌트는 더 이상 리렌더되지 않습니다.

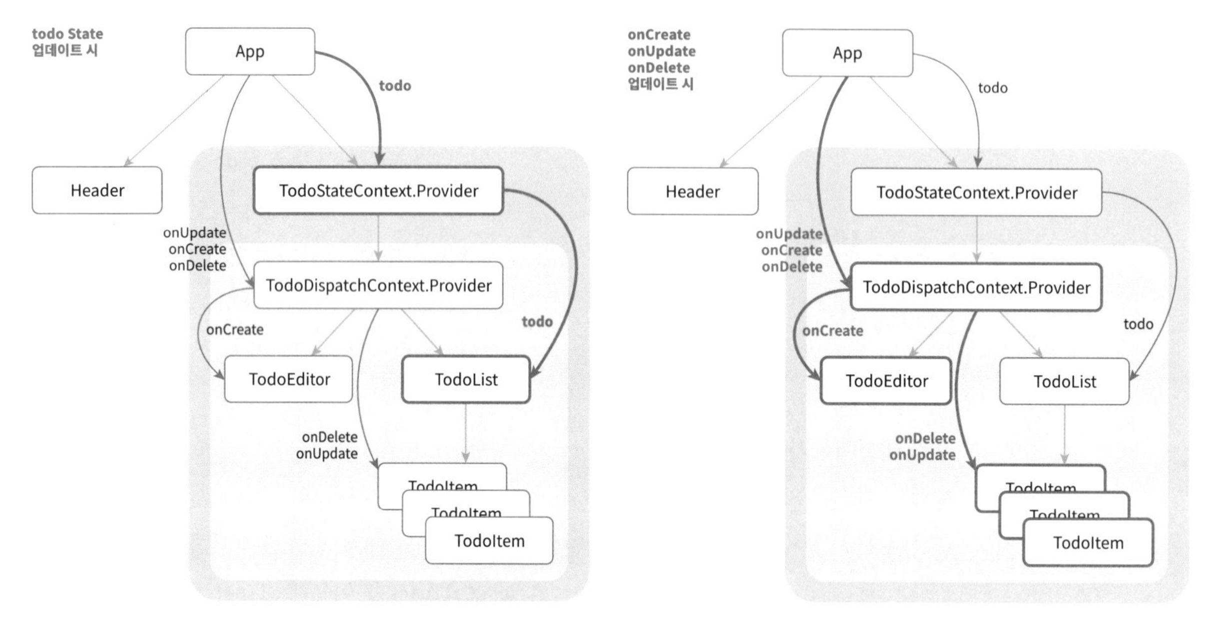

그림 9-15 State 변수 todo를 업데이트해도 서로 영향받지 않도록 설계

재설계된 구조로 변경하기

Context를 역할별로 분리해 최적화 문제가 다시 생기지 않도록 리팩토링하겠습니다.

Context 분리하기

변경된 구조로 리팩토링하기 위해 기존에 App 컴포넌트에서 만든 TodoContext는 삭제하고, todo를 공급할 TodoStateContext와 dispatch 함수를 공급할 TodoDispatchContext를 각각 만들어 배치합니다.

App.js 파일을 다음과 같이 수정합니다.

CODE file : src/App.js

```
export const TodoStateContext = React.createContext(); ①
export const TodoDispatchContext = React.createContext(); ②
```

```
function App() {
  (...)
  return (
    <div className="App">
      <Header />
      <TodoStateContext.Provider value={todo}> ③
        <TodoDispatchContext.Provider value={{ onCreate, onUpdate,
                                               onDelete }}> ④
          <TodoEditor />
          <TodoList />
        </TodoDispatchContext.Provider>
      </TodoStateContext.Provider>
    </div>
  );
}
export default App;
```

① todo를 공급할 TodoStateContext를 만들고 내보냅니다.

② dispatch 함수를 공급할 TodoDispatchContext를 만들고 내보냅니다.

③ todo의 Context인 TodoStateContext를 생성하고, 해당 Context의 Provider에 todo를 Props로 전달합니다.

④ dispatch 함수의 Context인 TodoDispatchContext를 생성하고, 해당 Context의 Provider에 함수 onCreate, onUpdate, onDelete를 객체로 묶어 Props로 전달합니다.

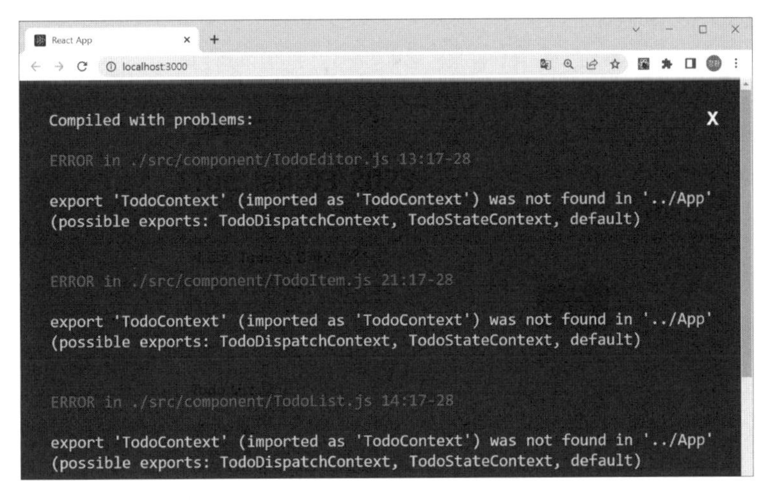

그림 9-16 구조 변경으로 인한 오류 발생

저장하면 오류가 발생합니다. 다음 과정에서 하나씩 해결할 예정이므로 지금은 무시해도 됩니다.

todo가 변경되어 App 컴포넌트를 리렌더하면 TodoDispatchContext.Provider에 Props로 전달하는 3개의 함수를 다시 생성합니다. 따라서 useMemo를 이용해 TodoDispatchContext.Provider에 전달할 dispatch 함수를 다시 생성하지 않도록 만들어야 합니다.

App.js를 다음과 같이 수정합니다.

CODE file : src/App.js

```
import React, { useMemo, useReducer, useCallback, useRef } from "react"; ①
(...)
function App() {
  (...)
  const memoizedDispatches = useMemo(() => { ②
    return { onCreate, onUpdate, onDelete };
  }, []);

  return (
    <div className="App">
      <Header />
      <TodoStateContext.Provider value={todo}>
        <TodoDispatchContext.Provider value={memoizedDispatches}> ③
          <TodoEditor />
          <TodoList />
        </TodoDispatchContext.Provider>
      </TodoStateContext.Provider>
    </div>
  );
}
export default App;
```

> ① useMemo를 react 라이브러리에서 불러옵니다.
>
> ② useMemo를 이용해 함수 onCreate, onUpdate, onDelete를 묶은 객체를 App 컴포넌트가 리렌더되어도 다시 생성하지 않도록 합니다.
>
> ③ ②의 과정으로 만든 memoizedDispatches 객체를 TodoDispatchContext.Provider의 Props로 전달합니다.

useCallback을 적용한 함수 onUpdate, onDelete는 다시 생성되지 않으나, Props로 전달하기 위해 묶은 3개의 함수 객체는 다시 생성됩니다. 따라서 이 객체를 다시 생성하지 않도록 useMemo를 이용했습니다.

저장하고 결과를 확인하면 이번에도 오류가 발생합니다. 기존에 만들었던 TodoContext를 제거하고 2개의 Context를 새로 생성했기 때문에 발생하는 오류입니다. 이제부터 Context에서 데이터를 받는 자식 컴포넌트들을 수정합니다.

TodoEditor 수정하기

TodoEditor 컴포넌트는 App에서 할 일 아이템을 생성하는 함수 onCreate가 필요합니다. 따라서 TodoStateContext에서 데이터를 받을 필요는 없으며, TodoDispatchContext에서 함수 onCreate만 받으면 됩니다.

CODE file : src/component/TodoEditor.js

```
import { TodoDispatchContext } from "../App"; ①
(...)

const TodoEditor = () => {
  const { onCreate } = useContext(TodoDispatchContext); ②
  (...).
};
export default TodoEditor;
```

① TodoDispatchContext를 App.js에서 불러옵니다.

② useContext를 호출해 TodoDispatchContext에서 함수 onCreate를 불러옵니다.

TodoList 수정하기

TodoList 컴포넌트는 할 일 데이터인 todo를 사용하므로, 이것을 TodoStateContext에서 받도록 수정합니다.

CODE file : src/component/TodoList.js

```
(...)
import { TodoStateContext } from "../App"; ①
(...)
const TodoList = () => {
  const todo = useContext(TodoStateContext); ②
  (...)
};
export default TodoList;
```

① App.js에서 TodoStateContext를 불러옵니다.

② useContext를 호출해 TodoStateContext가 공급하는 데이터를 불러옵니다. 이때 App 컴포넌트는 TodoStateContext.Provider에서 객체 데이터가 아닌 todo 배열 그 자체를 전달합니다. 구조 분해 할당으로 todo를 꺼내면 오류가 발생하므로 수정합니다.

TodoItem 수정하기

마지막으로 TodoItem 컴포넌트는 할 일을 수정하고 삭제하는 함수 onUpdate와 onDelete를 사용하므로 TodoDispatchContext에서 해당 함수를 받도록 수정합니다.

CODE file : src/component/TodoItem.js

```
(...)
import { TodoDispatchContext } from "../App"; ①
(...)
const TodoItem = ({ id, content, isDone, createdDate }) => {
  console.log(`${id} TodoItem 업데이트`);
  const { onUpdate, onDelete } = useContext(TodoDispatchContext); ②
```

```
  (...)
};
export default React.memo(TodoItem);
```

① App.js에서 TodoDispatchContext를 불러옵니다.

② useContext를 호출해 TodoDispatchContext가 공급하는 데이터 중 함수 onUpdate와 onDelete를 불러옵니다.

리팩토링 과정은 코드를 새롭게 작성하는 일보다 기존 코드를 수정하는 일이 더 많기에 오류가 자주 발생합니다. 이 과정을 마쳤을 때 오류가 발생한다면 처음으로 돌아가 코드를 다시 한번 꼼꼼히 확인하기를 바랍니다. 특히 리액트 훅을 잘 불러오는지 확인하는 게 필요합니다. 일부 경고 메시지가 나올 수 있으나 프로그램 동작에는 지장이 없으니 무시해도 괜찮습니다.

리팩토링이 잘 되었는지 확인하기 2

최적화를 위해 TodoContext를 TodoStateContext와 TodoDispatchContext로 성공적으로 분리하였습니다. 이제 의도대로 잘 동작하는지 할 일 아이템을 추가, 수정, 삭

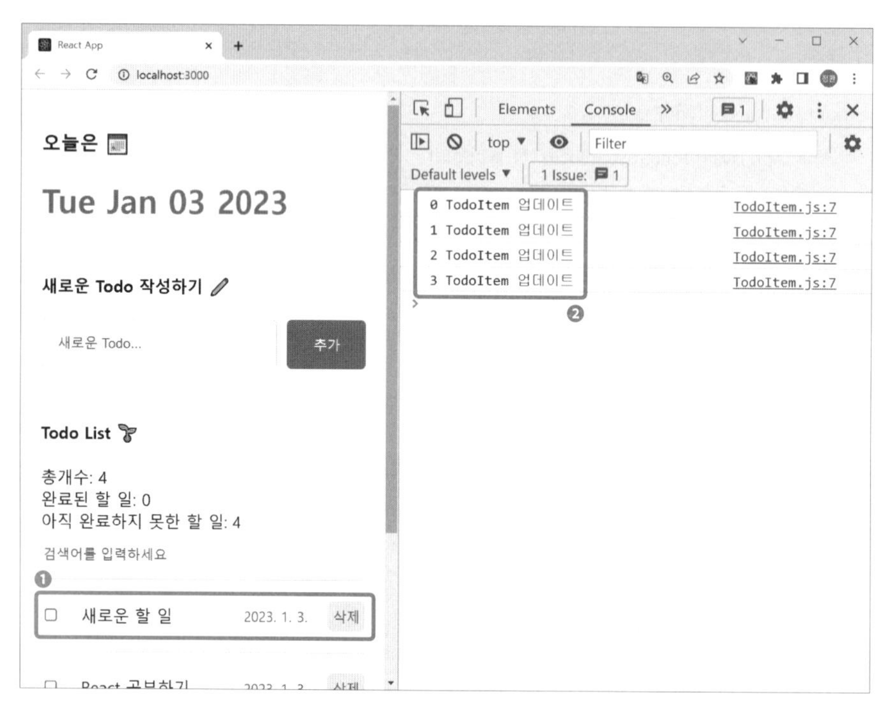

그림 9-17 리팩토링 최종 확인하기

제하며 확인합니다.

새로운 할 일 아이템을 생성하면 생성한 `TodoItem`만 렌더링하고 나머지 컴포넌트는 더 이상 리렌더되지 않습니다. 이것으로 Context 분리를 통한 리팩토링 과정을 성공적으로 마무리했습니다.

project 3

[감정 일기장] 만들기

이 장에서 주목할 키워드

- 외부 폰트 설정
- 이미지 처리
- 페이지 라우팅
- 서버/클라이언트 사이드 렌더링
- 리액트 라우터
- 동적 경로
- 공통 컴포넌트
- 데이터 로딩
- 데이터 정렬과 필터링
- 커스텀 훅
- 앱 최적화

이 장의 학습 목표

- 세 번째 프로젝트 [감정 일기장]을 만듭니다.
- 페이지 라우팅에 대해 알아보고 리액트 라우터를 이용해 구현합니다.
- 좀 더 복잡한 실습을 통해 리액트의 기본 기능을 깊이 이해합니다.

프로젝트 준비하기

세 번째 프로젝트 [감정 일기장] 앱을 만듭니다. 이 프로젝트를 시작하기 전에 먼저 준비 작업을 진행하겠습니다. 프로젝트 준비는 다음 순서로 진행합니다.

1. 요구사항 분석하기
2. 리액트 앱 만들기
3. 폰트 설정하기
4. 이미지 준비하기

요구사항 분석하기

이 책의 최종 프로젝트인 [감정 일기장]은 일기를 작성하면서 그날의 자기 감정을 표현하는 서비스입니다. [감정 일기장]은 모두 4페이지로 구성되어 있습니다. 각각의 완성된 페이지를 보며 프로젝트의 요구사항이 무엇인지 알아보겠습니다.

Home 페이지

[그림 프3-1]처럼 Home은 사용자가 앱에 접속하면 처음으로 만나는 페이지입니다. 이런 페이지를 보통 인덱스 페이지라고 부르며 경로는 '/'입니다. 인덱스 페이지는 웹 서비스에서 대문 역할을 합니다.

Home 페이지는 크게 상단 헤더 섹션과 하단 일기 리스트로 구성됩니다. 헤더 섹션에는 월 단위로 일기를 조회하는 기능이 있는데, 좌우 버튼을 클릭하면 월 단위로 날짜를 이동합니다. 일기 리스트 섹션에는 '최신순', '오래된 순'으로 일기 리스트를 정렬하는 기능과 새로운 일기를 추가하는 기능이 있습니다. 〈새 일기 쓰기〉 버튼을 클릭하면 새로운 일기를 작성하는 New 페이지로 이동합니다.

그림 프3-1 완성된 Home 페이지

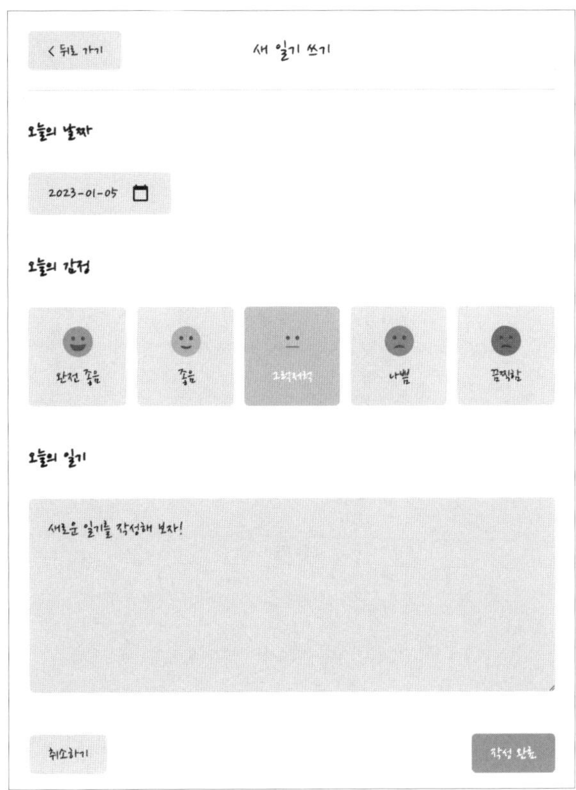

그림 프3-2 New 페이지

New 페이지

[그림 프3-2]처럼 New는 새로운 일기를 추가하는 페이지입니다. 페이지 경로는 '/new' 입니다.

New는 〈뒤로 가기〉 버튼이 있는 헤더와 날짜 입력, 감정 이미지 선택, 일기 작성 폼으로 구성됩니다. 그리고 페이지 하단에는 〈취소하기〉, 〈작성 완료〉 버튼이 있습니다. 사용자가 New 페이지에서 일기를 작성하고 〈작성 완료〉 버튼을 클릭하면, Home으로 돌아갑니다. 이때 작성한 일기가 Home 페이지의 리스트에 추가됩니다.

Diary 페이지

[그림 프3-3]처럼 Diary는 작성한 일기를 상세히 조회하는 페이지입니다. Home에서 일기 리스트를 조회한 다음, 특정 일기를 클릭하면 Diary 페이지로 이동합니다. 흔히 이런 페이지를 상세 또는 콘텐츠 페이지라고 합니다. 페이지 경로는 '/diary/(일기)id'입니다.

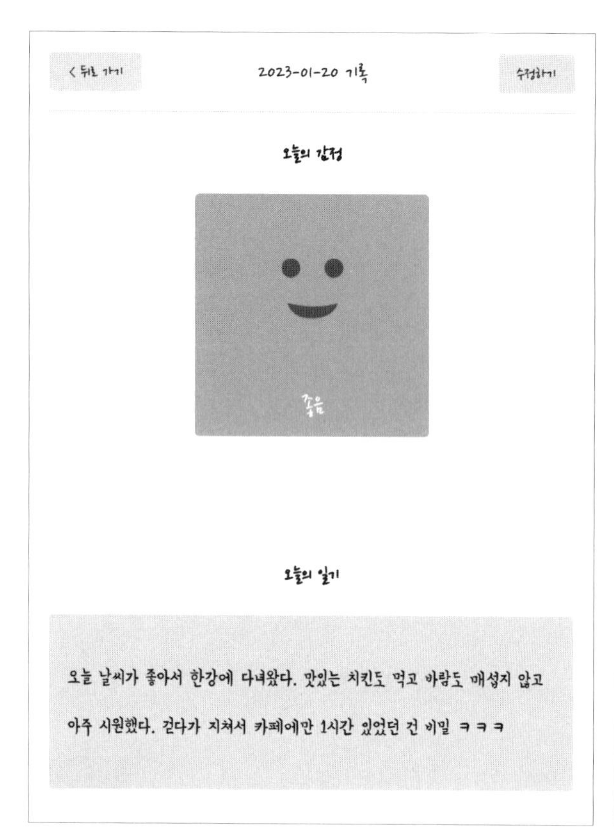

그림 프3-3 완성된 Diary 페이지

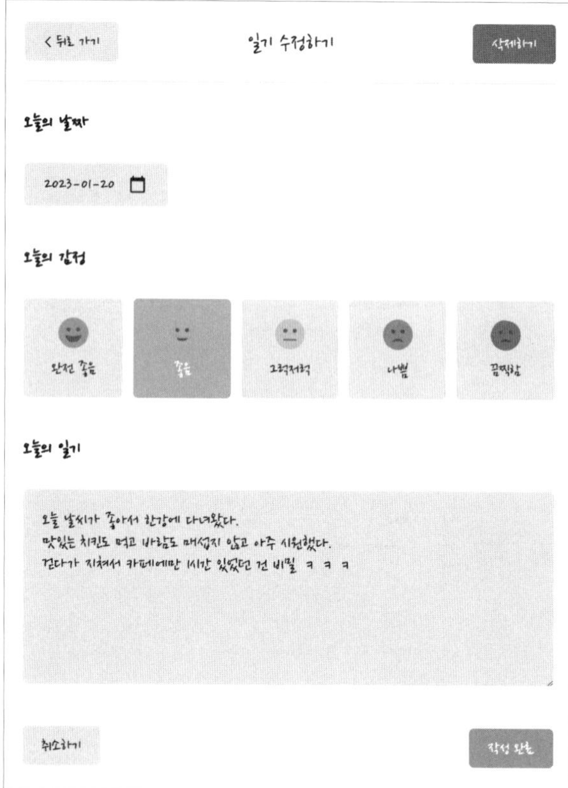

그림 프3-4 완성된 Edit 페이지

Diary 페이지 헤더에는 〈뒤로 가기〉와 〈수정하기〉 버튼이 있습니다. 본문에는 선택한 일기의 감정 상태와 내용을 볼 수 있습니다. 헤더의 〈수정하기〉 버튼을 클릭하면 일기를 수정하는 Edit 페이지로 이동합니다.

Edit 페이지

[그림 프3-4]처럼 Edit는 작성한 일기를 수정하는 페이지입니다. Home 또는 Diary에서 〈수정하기〉 버튼을 클릭하면 Edit 페이지로 이동합니다. 페이지 경로는 '/edit/(일기)id'입니다.

새 일기를 작성하는 New 페이지와 모습이 유사합니다. 차이점이 있다면 Edit 페이지 헤더의 제목이 달라졌고, 〈삭제하기〉 버튼이 추가되었다는 점입니다. 〈삭제하기〉 버튼을 클릭하면 일기를 삭제합니다. 이때 리스트에 있는 일기 아이템도 삭제됩니다. 나머지 기능은 New 페이지와 동일합니다.

리액트 앱 만들기

[감정 일기장] 프로젝트를 위한 새 리액트 앱을 만들고 불필요한 파일과 코드를 삭제합니다. 이 과정은 프로젝트 1, 2의 과정과 동일합니다. 다음 과정대로 진행합니다.

1. 문서(Documents) 폴더 아래에 새 폴더 'project3'을 만듭니다.
2. 비주얼 스튜디오 코드에서 project3 폴더를 열고, 터미널에서 `npx create-react-app .` 명령으로 리액트 앱을 만듭니다.
3. src 폴더에서 다음 4개의 파일을 삭제합니다.
   - src/App.test.js
   - src/logo.svg
   - src/reportWebVitals.js
   - setupTest.js
4. App.js와 index.js에 있는 불필요한 코드는 삭제합니다. 두 파일의 최종 상태는 다음과 같아야 합니다.

CODE file : src/App.js

```
import "./App.css";

function App() {
  return <div className="App"></div>;
}

export default App;
```

CODE file : src/index.js

```
import React from "react";
import ReactDOM from "react-dom/client";
import "./index.css";
import App from "./App";

const root = ReactDOM.createRoot(document.getElementById("root"));
root.render(<App />);
```

5. 터미널에서 `npm run start` 명령을 입력해 리액트 앱을 시작합니다.

폰트 설정하기

이번에는 [감정 일기장] 프로젝트에 적용할 폰트 설정입니다. 리액트 앱에서 사용자가 원하는 폰트를 지정할 때는 파일을 다운로드해 프로젝트에 포함하거나 웹에서 불러오는 방법이 있습니다. 이번 프로젝트에서는 두 가지 방법 중 특정 URL로 폰트를 가져오는 '웹 폰트' 방식을 이용합니다.

구글 Fonts에 접속해 폰트 가져오기

웹 폰트를 가져오려면 이를 저장한 서버의 주소부터 알아야 합니다. 이때 활용하면 유용한 서비스가 바로 구글 Fonts입니다. 다음 주소를 입력해 구글 Fonts 홈페이지에 접속합니다.

https://fonts.google.com

구글 Fonts는 웹 서비스이므로 시간이 지남에 따라 버전이 업데이트됩니다. 따라서 독자가 이 책을 읽을 시점에는 사용 방법이 현재와 다를 수 있습니다. 이 경우를 대비해 구글 Fonts에 접속하지 않고도 새 폰트를 이용할 수 있는 방법도 함께 소개합니다.

구글 Fonts 홈페이지에 접속하면 매우 다양한 폰트를 만날 수 있습니다. 수많은 폰트 중에서 이 프로젝트에서는 'Nanum Pen Script'와 'Yeon Sung' 폰트를 사용합니다.

구글 Fonts 홈페이지 검색 폼에서 `Nanum Pen Script`를 입력합니다. 검색어를 입력하면 해당 폰트가 바로 아래에 나옵니다.

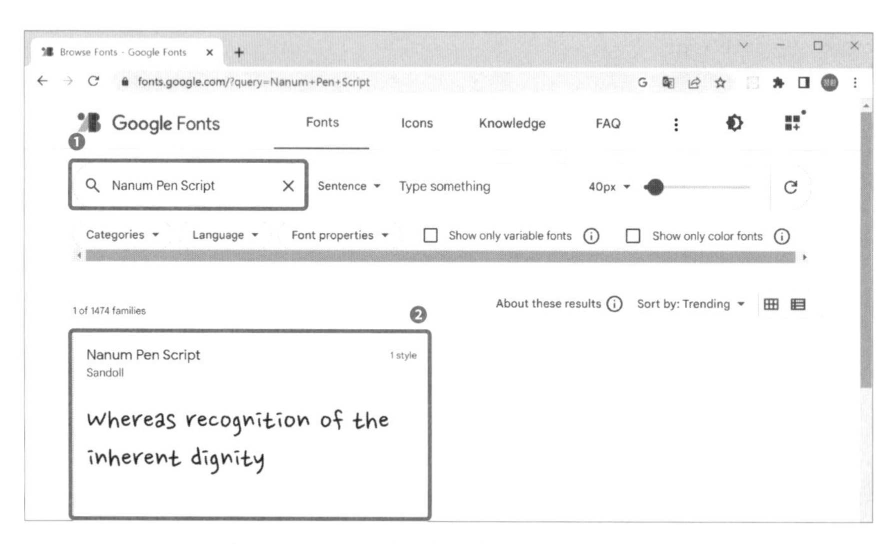

그림 프3-5 구글 Fonts 홈페이지에서 Nanum Pen Script 검색

검색 결과로 나온 Nanum Pen Script 박스를 클릭하면 해당 폰트의 상세 페이지로 이동합니다. 상세 페이지에서 아래로 스크롤하면 중간쯤에 'Styles' 섹션이 나옵니다. 여기서 오른쪽에 있는 'Select Regular 400'을 클릭합니다.

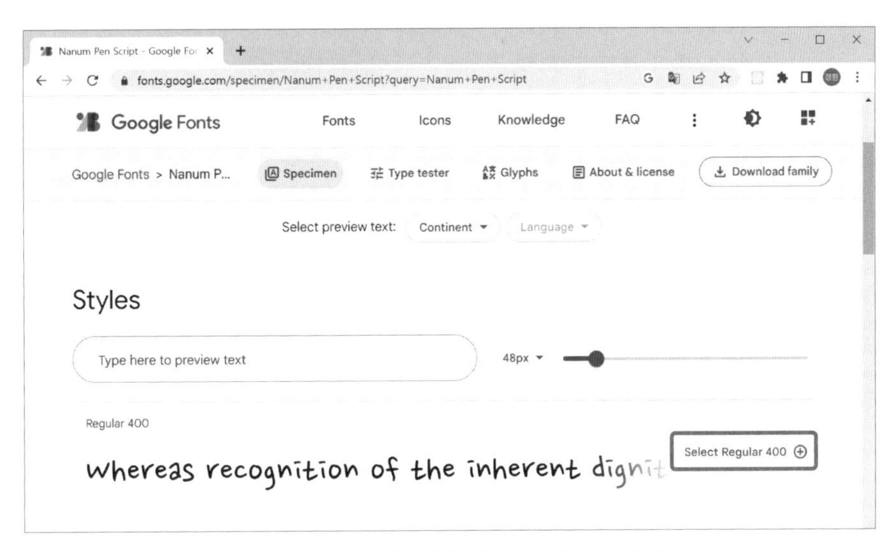

그림 프3-6 Styles 항목에서 Select Regular 400 클릭

TIP

만일 [Selected families] 창이 보이지 않으면, 페이지 우측 상단 메뉴에 있는 퍼즐 모양 아이콘(View Selected families)(▦)을 클릭해 활성화합니다.

브라우저 오른쪽에 [Selected families] 창이 나옵니다. Nanum Pen Script 폰트가 자동으로 선택되었는지 확인합니다.

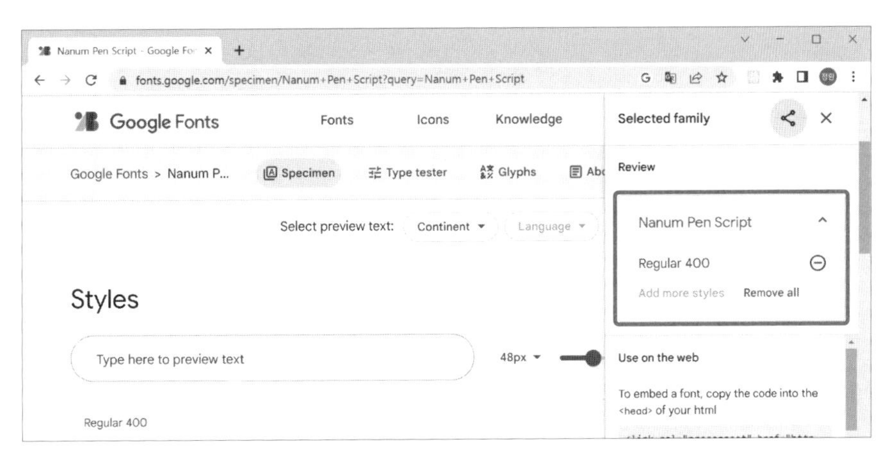

그림 프3-7 [Selected families] 창에 자동으로 나눔 폰트가 지정됨

브라우저의 〈뒤로 가기〉 버튼을 클릭하거나 페이지 상단의 [Fonts] 탭을 클릭해 다시 구글 Fonts 홈페이지로 이동합니다. 마찬가지로 검색 폼에서 Yeon Sung을 입력

해 폰트를 검색합니다. 검색 결과로 나온 Yeon Sung 폰트를 클릭해 상세 페이지로 이동합니다. Nanum Pen Script를 추가할 때와 똑같이 'Styles' 섹션으로 이동해 'Select Regular 400'을 클릭합니다

[Selected families] 창에 자동으로 Yeon Sung 폰트가 추가됩니다. 따라서 [Selected families] 창에는 2개의 폰트가 [그림 프3-8]과 같이 나타납니다.

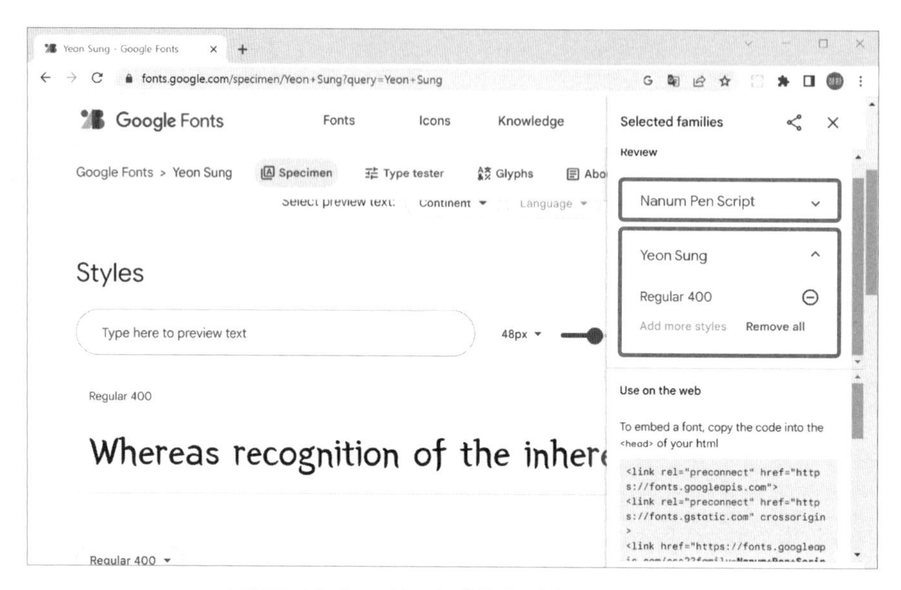

그림 프3-8 [Selected families] 창에 2개의 폰트를 지정함

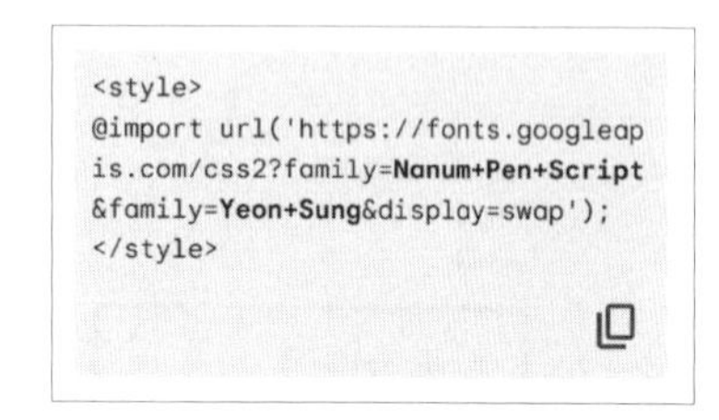

```
<style>
@import url('https://fonts.googleap
is.com/css2?family=Nanum+Pen+Script
&family=Yeon+Sung&display=swap');
</style>
```

그림 프3-9 [Selected families] 창의 <style> 태그 항목

2개의 폰트가 정상적으로 추가되었다면 웹 폰트 주소를 확인하기 위해 [Selected families] 창 중간에 있는 'Use on the web'에서 `<style>` 태그 항목을 찾습니다. 이 태그 항목 아래에 `@import~`로 시작하는 웹 폰트 주소가 있습니다

`<style>` 태그에는 프로젝트에서 `@import` 명령으로 이 폰트를 불러오는 코드 예시와 CSS 폰트 사용 규칙이 적혀 있습니다.

`<style>` 태그의 `@import url(...)`로 시작하는 구문을 통째로 드래그해 복사합니다. 계속해서 [감정 일기장] 프로젝트로 돌아와 index.css의 스타일 규칙을 모두 지우고 다음과 같이 작성합니다

TIP

<style> 태그 아래에 있는 복사 아이콘(□)을 클릭해도 됩니다. 대신 이 아이콘을 클릭하면 <style> 태그까지 모두 복사됩니다.

CODE file : src/index.css

```
@import url("https://fonts.googleapis.com/css2?family=Nanum+Pen+Script&family=
Yeon+Sung&display=swap");

body {
  font-family: "Nanum Pen Script";
  margin: 0px;
}
```

코드는 두 개의 폰트 Nanum Pen Script와 Yeon Sung을 웹 폰트 방식으로 불러옵니다. 그리고 `<body>` 태그의 `font-familly` 속성에 `Nanum Pen Script` 폰트를 지정했습니다.

여기서 잠깐

구글 Fonts를 이용하지 않고 폰트 적용하기

다음 링크는 예제 소스 코드, 프로젝트에서 사용할 폰트 주소, 이미지, 아이콘 파일 등을 저장한 저자의 깃허브 주소로 이 책의 독자를 위해 마련한 공간입니다.

https://github.com/winterlood/one-bite-react

이 주소로 접속한 다음, 스크롤해 '프로젝트 에셋' 섹션 아래의 '폰트' 항목을 확인합니다. 이 항목에는 구글 Fonts가 제공하는 폰트 주소가 적혀 있습니다. 이 주소를 복사해 사용하면 됩니다.

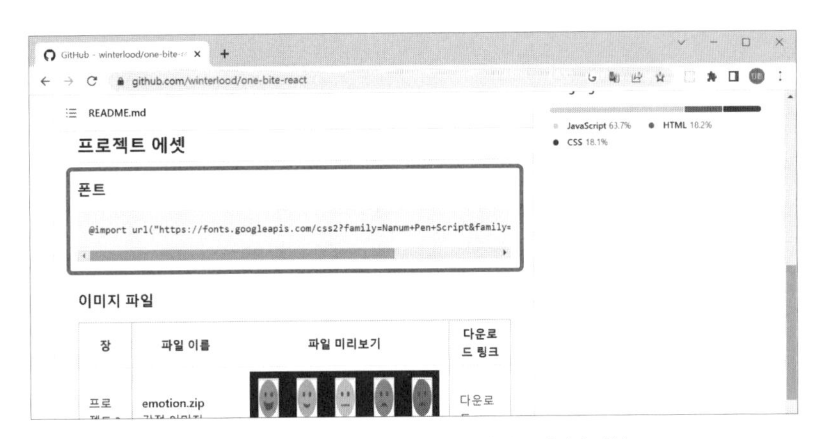

그림 프3-10 구글 폰트 주소가 저장되어 있는 저자의 깃허브

가져온 폰트 적용하기

폰트가 정상적으로 적용되는지 직접 확인하겠습니다. App 컴포넌트에서 가져온 폰트를 이용해 '감정 일기장'이라는 문자열을 페이지에 렌더링하겠습니다. App.js에서 다음과 같이 작성합니다.

CODE file : src/App.js

```
import "./App.css";

function App() {
  return (
    <div className="App">
      <h1>감정 일기장</h1>
    </div>
  );
}
export default App;
```

다음으로 App.css의 스타일 규칙은 모두 삭제합니다.

앞서 index.css에서 작성한 Nanum 폰트가 잘 적용되는지 확인합니다.

Nanum 폰트가 잘 적용되고 있습니다.

동일한 방법으로 이번에는 Nanum 대신 Yeon Sung 폰트를 확인하겠습니다. index.css를 다음과 같이 수정합니다.

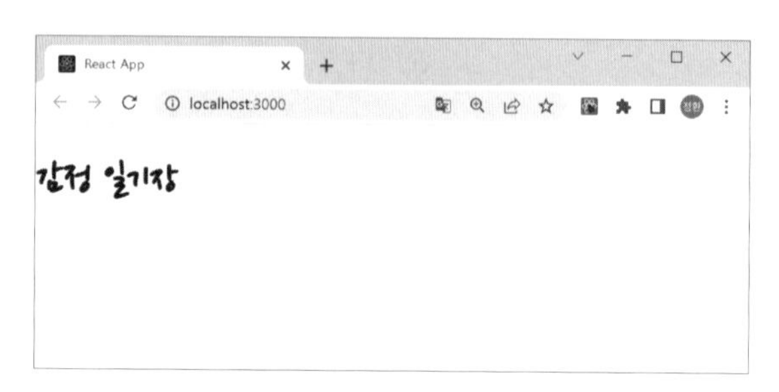

그림 프3-11 나눔 폰트 확인하기

CODE file : src/index.css

```
(...)
body {
  font-family: "Yeon Sung";
  margin: 0px;
}
```

Yeon Sung 폰트 역시 잘 불러오는지 페이지에서 확인합니다.

두 폰트 모두 잘 불러옵니다.

리액트 앱에서는 CSS의 `@import` 문법으로 원하는 웹 폰트를 가져올 수 있습니다. 다른 폰트를 이용하고 싶다면 구글 Fonts에 접속해 같은 방법으로 가져오면 됩니다.

그림 프3-12 Yeon Sung 폰트 확인하기

폰트를 사용할 때에는 한 가지 주의할 점이 있습니다. 폰트는 개인 또는 기업 나아가 국가 기관이 창작한 지적 자산입니다. 폰트를 사용할 때에는 반드시 라이선스를 확인해야 합니다. 이 프로젝트에서 사용하는 두 폰트는 모두 '오픈 폰트 라이선스'가 적용되어 있습니다. 오픈 폰트 라

이선스는 상업적으로 판매하는 행위를 제외하고는 폰트를 무료로 이용할 수 있습니다. 구글 Fonts와 같은 서비스에서 타인이 제작한 폰트를 가져올 때는 반드시 해당 라이선스를 확인해야 합니다.

다음 과정 진행을 위해 폰트 적용 여부를 확인했던 index.css의 `font-family` 속성은 삭제합니다.

CODE file : src/index.css

```
(...)

body {
  margin: 0px;
}
```

이미지 준비하기

이번에는 [감정 일기장] 프로젝트에서 사용할 이미지를 다운로드해 페이지에 렌더링하는 방법을 알아보겠습니다.

감정 이미지 다운로드하기

[감정 일기장]에서는 '완전 좋음'부터 '끔찍함'까지 모두 다섯 단계의 감정 이미지를 사용합니다. 다음 그림은 그 예시입니다.

완전 좋음 1번 감정 | 좋음 2번 감정 | 그럭저럭 3번 감정 | 나쁨 4번 감정 | 끔찍함 5번 감정

그림 프3-13 다섯 단계의 감정 이미지 모습

감정 이미지는 이 프로젝트에서 꼭 필요하기 때문에 다음 링크에 접속해 다운로드합니다.

https://github.com/winterlood/one-bite-react/releases/tag/emotion

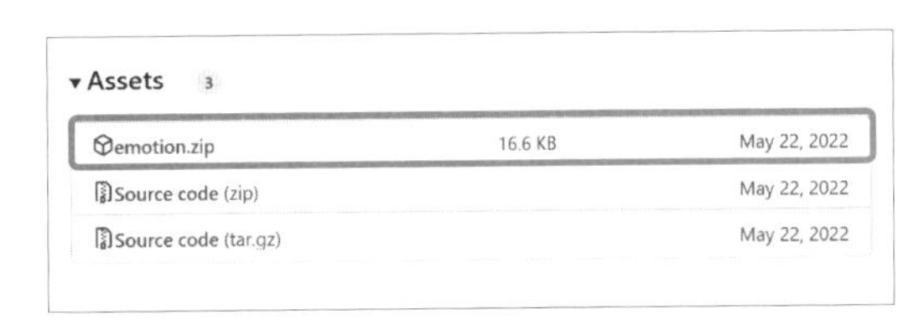

그림 프3-14 감정 이미지 다운로드

다운로드한 파일을 압축 해제하면 emotion1부터 emotion5까지 총 5개의 png 파일이 나옵니다. 이 이미지 파일들을 사용하려면 [감정 일기장] 프로젝트로 옮겨야 합니다. 프로젝트의 src에 img 폴더를 생성하고 파일명 그대로 저장합니다.

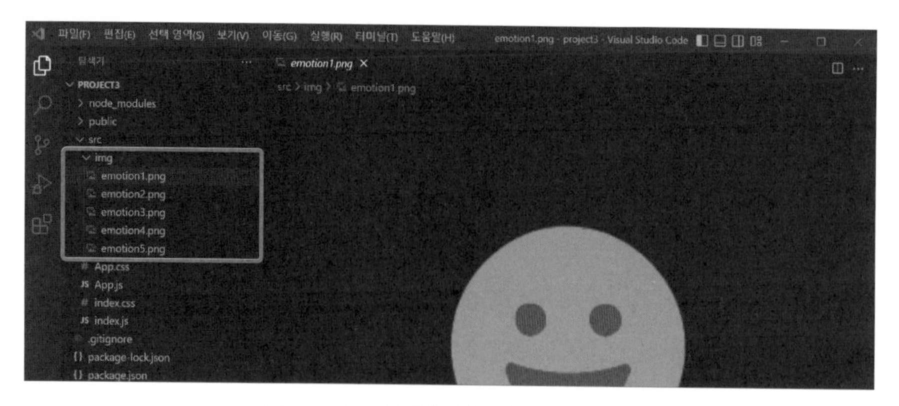

그림 프3-15 img 폴더에 감정 이미지 파일 저장하기

img 폴더는 public이 아닌 src에 생성합니다. 이 폴더에 저장한 이미지 파일들은 앞으로 자바스크립트 모듈처럼 import 문으로 불러와 <img> 태그와 함께 사용할 예정입니다.

이미지를 잘 불러오는지 테스트하겠습니다. 1번 감정 이미지를 App 컴포넌트에서 불러오도록 다음과 같이 작성합니다.

CODE file: src/App.js

```
(...)
import emotion1 from "./img/emotion1.png"; ①

function App() {
  return (
    <div className="App">
      <img alt="감정1" src={emotion1} /> ②
    </div>
  );
}

export default App;
```

① import 문으로 첫 번째 감정 이미지 파일을 불러옵니다.
② <img> 태그의 src 속성으로 지정합니다.

이미지를 페이지에서 잘 불러오는지 직접 확인합니다.

개발자 도구의 [Elements] 탭에서 App의 <img> 태그에 마우스 포인터를 올리면, 'data:image...'와 같은 이미지 경로가 자동으로 설정되면서 페이지에 렌더링되는 모습을 볼 수 있습니다.

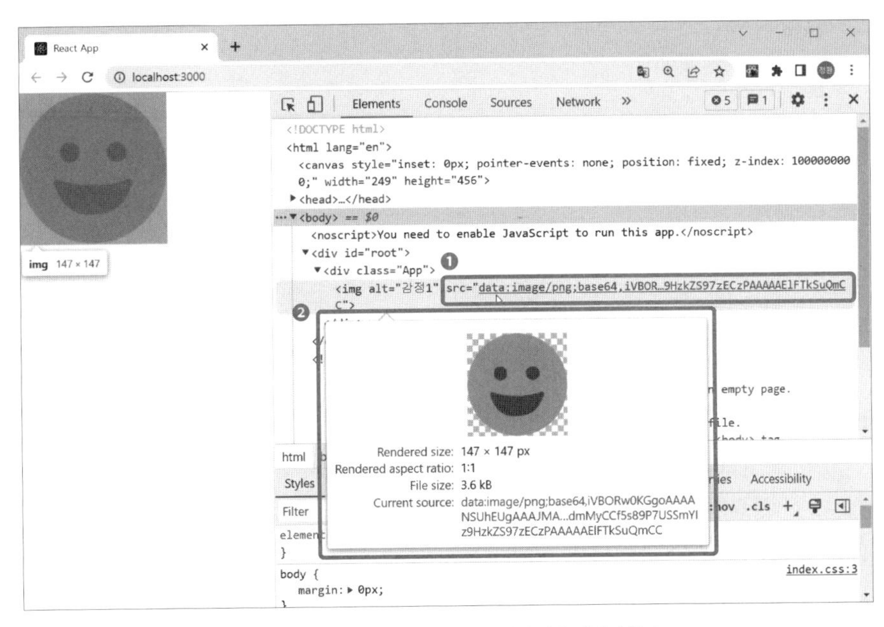

그림 프3-16 감정 이미지 하나를 페이지에 렌더링하기

이미지를 불러오는 함수 만들기

[감정 일기장] 프로젝트에서는 감정 이미지를 여러 컴포넌트 또는 페이지에서 불러옵니다. 지금처럼 컴포넌트에서 이미지를 일일이 불러오는 방식은 매우 불편합니다. 따라서 이미지 번호에 맞게 적절한 이미지를 반환하는 함수를 만드는 게 필요합니다. 그리고 이미지 반환 함수는 별도의 파일에서 만들어야 합니다. 앞으로 감정 이미지를 사용하는 컴포넌트나 페이지는 이 파일에서 이미지 반환 함수를 불러올 수 있어야 합니다.

src 폴더에서 util.js 파일을 만듭니다. 이 파일에서 감정 이미지를 반환하는 함수를 만듭니다. util.js에서 다음과 같이 작성합니다.

CODE file : src/util.js

```
import emotion1 from "./img/emotion1.png";
import emotion2 from "./img/emotion2.png";
import emotion3 from "./img/emotion3.png";
import emotion4 from "./img/emotion4.png";
import emotion5 from "./img/emotion5.png";

export const getEmotionImgById = (emotionId) => { ①
  const targetEmotionId = String(emotionId);      ②
  switch (targetEmotionId) {                      ③
```

```
    case "1":
      return emotion1;
    case "2":
      return emotion2;
    case "3":
      return emotion3;
    case "4":
      return emotion4;
    case "5":
      return emotion5;
    default:
      return null;
  }
};
```

① 함수 getEmotionImgById의 매개변수 emotionId에는 페이지나 컴포넌트에서 전달된 감정 이미지 번호가 저장됩니다.

② emotionId가 문자열이 아닌 숫자로 제공될 수도 있기 때문에 String 메서드를 이용해 명시적으로 형 변환합니다.

③ switch 문으로 번호와 일치하는 이미지를 찾아 반환합니다.

App 컴포넌트에서 함수 getEmotionImgById를 호출해 모든 감정 이미지를 페이지에 렌더링합니다.

CODE　file : src/App.js

```
import { getEmotionImgById } from "./util"; ①

function App() {
  return (
    <div className="App"> ②
      <img alt="감정1" src={getEmotionImgById(1)} />
      <img alt="감정2" src={getEmotionImgById(2)} />
      <img alt="감정3" src={getEmotionImgById(3)} />
      <img alt="감정4" src={getEmotionImgById(4)} />
      <img alt="감정5" src={getEmotionImgById(5)} />
    </div>
  );
}
export default App;
```

① 함수 getEmotionImgById를 util.js에서 불러옵니다.

② <img> 태그의 src 속성에 함수 getEmotionImgById를 설정하고, 인수로 감정 이미지 번호를 전달합니다.

5개의 감정 이미지를 모두 이상없이 렌더링하는지 확인합니다.

프로젝트를 구현하다 보면 함수 getEmotionImgById처럼 핵심 기능은 아니지만

그림 프3-17 함수를 이용해 감정 이미지를 페이지에 렌더링하기

여러 컴포넌트에서 공통으로 사용할 기능들이 나옵니다. 이런 기능을 util.js 같은 별도 파일에 만들어 두고, 필요할 때 불러다 쓰면 중복 코드를 피할 수 있어 매우 유용합니다

페이지 라우팅

[감정 일기장] 프로젝트를 진행하기에 앞서 여러 페이지로 이루어진 리액트 앱을 구성할 때 꼭 필요한 '페이지 라우팅' 개념을 알아보겠습니다.

라우팅의 기본 개념들

페이지 라우팅이 무엇인지 차근차근 단계적으로 알아보겠습니다.

라우팅이란?

페이지 라우팅을 이해하려면 우선 라우팅이 무엇인지 알아야 합니다. 라우팅은 경로를 의미하는 Route와 진행을 뜻하는 ing가 합쳐진 단어로, '경로를 지정하는 과정'이라는 뜻입니다.

라우팅은 일상생활에서 쉽게 접할 수 있는 개념입니다. 만일 서울에 사는 사람이 부산에 사는 친구에게 핸드폰으로 메시지를 보낸다고 가정해 봅시다. 메시지 데이터는 핸드폰에서 바로 다른 핸드폰으로 전송되는 것이 아니라, 중간중간 설치된 '라우터'라 불리는 장비를 거칩니다.

라우팅

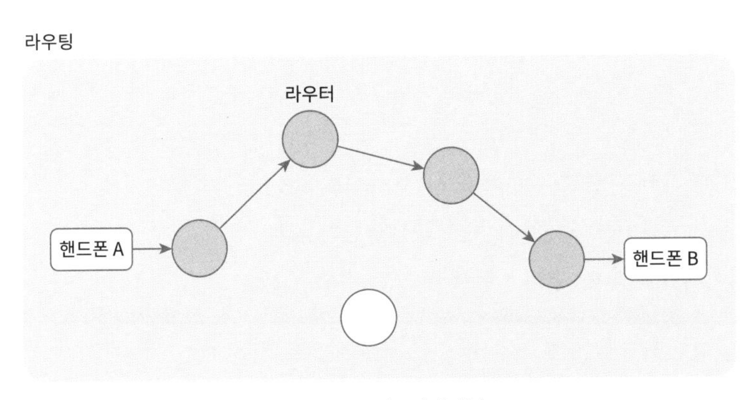

그림 프3-18 라우팅의 개념

라우터를 거쳐 전송하는 이유는 서울에서 부산까지 데이터를 한 번에 전송하기에는 물리적으로 거리가 너무 멀기 때문입니다.

또한 사람들이 지하철역에서 여러 번 환승하는 것처럼, 데이터 역시 여러 개의 라우터를 거쳐 전송됩니다. 이때 사람들이 지하철역에서 가장 빠른 환승 경로를 찾듯이, 라우터도 현재 위치에서 가장 빨리 이동하는 경로를 찾아 메시지를 전송합니다.

결국 라우팅은 "데이터 전달을 목적으로 최적의 경로를 찾아 데이터를 전송하는 과정"이라고 정의할 수 있습니다.

페이지 라우팅이란?

페이지 라우팅은 요청에 따라 적절한 페이지를 반환하는 일련의 과정입니다. 예를 들어 도메인 주소가 winterlood.com인 웹 서비스에서 winterlood.com/blog 또는 winterlood.com/books와 같은 URL로 페이지를 요청하는 모습을 떠올리면 쉽게 이해할 수 있습니다. 그러면 웹 서비스는 요청한 blog 또는 books 페이지를 사용자에게 보내줍니다.

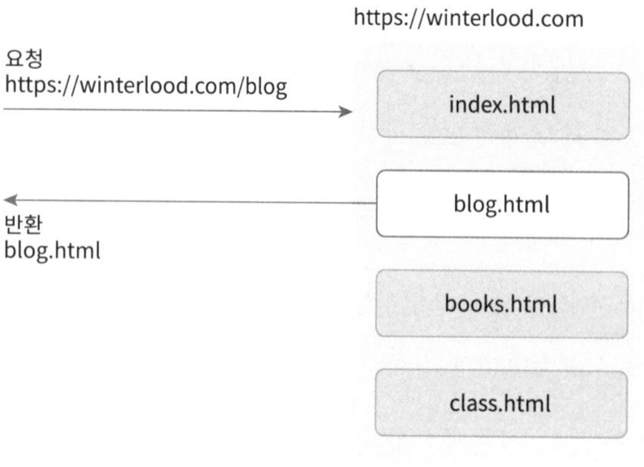

https://winterlood.com
요청
https://winterlood.com/blog
index.html
blog.html
반환
blog.html
books.html
class.html

그림 프3-19 페이지 라우팅의 개념

이때 요청 URL에서 도메인 주소 winterlood.com/ 뒤에 붙는 blog나 books를 '경로(path)'라고 합니다. 결국 페이지 라우팅은 "URL 요청 경로에 맞게 적절한 페이지를 보여주는 과정"이라고 이해하면 됩니다.

TIP winterlood.com처럼 URL 경로에 아무것도 표시하지 않으면, 웹 서비스는 시작 페이지를 보여줍니다. 이 페이지를 '인덱스' 혹은 '인덱스 페이지'라고 합니다.

리액트의 페이지 라우팅

페이지 라우팅의 구현은 웹 페이지를 어디서 만드느냐에 따라 서버 사이드(Sever Side) 렌더링과 클라이언트 사이드(Client Side) 렌더링 두 가지로 구분합니다. 리액트는 이 두 방법 중 브라우저에서 페이지를 만드는 '클라이언트 사이드 렌더링' 방식을 채택합니다.

리액트가 어떻게 페이지 라우팅을 구현하는지 알기 위해서는 우선 '서버 사이드 렌더링'부터 이해할 필요가 있습니다.

서버 사이드 렌더링

서버 사이드 렌더링에서 페이지 라우팅은 다음과 같이 동작합니다.

1. 웹 브라우저에서 winterlood.com/blog라는 URL로 서비스를 요청합니다.
2. 웹 서버는 요청 URL에서 경로 blog를 확인하고, blog.html을 생성해 반환합니다.
3. 웹 브라우저는 웹 서버에서 반환된 blog.html을 보여줍니다.

사용자가 버튼 또는 링크를 클릭해 페이지를 이동할 때는 다음과 같이 동작합니다.

1. 웹 브라우저에서 winterlood.com/books로 서비스를 요청합니다.
2. 웹 서버는 요청 URL에서 경로 books를 확인하고 books.html을 생성해 반환합니다.
3. 웹 브라우저는 웹 서버가 반환한 books.html을 보여줍니다. 이때 페이지가 교체되기 때문에 브라우저가 깜빡이면서 새로고침이 발생합니다.

이런 식의 페이지 라우팅을 서버 사이드 렌더링이라고 합니다. 이 방식은 웹 브라우저에 표시할 페이지를 웹 서버에서 만들어 전달합니다.

서버 사이드 렌더링은 검색 엔진을 최적화하며, 처음 접속할 때 속도가 빠르다는 장점이 있습니다. 반면 사용자가 페이지를 이동할 때마다 서버가 새로운 페이지를 생성해 제공하려면 많은 연산을 수행하게 됩니다. 따라서 수많은 요청이 동시에 이루어지는 서비스라면 서버에 부하가 걸릴 위험성이 높습니다. 그리고 페이지를 이동할 때마다 브라우저는 서버가 제공하는 페이지를 기다려야하기 때문에 속도가 느려진다는 단점이 있습니다.

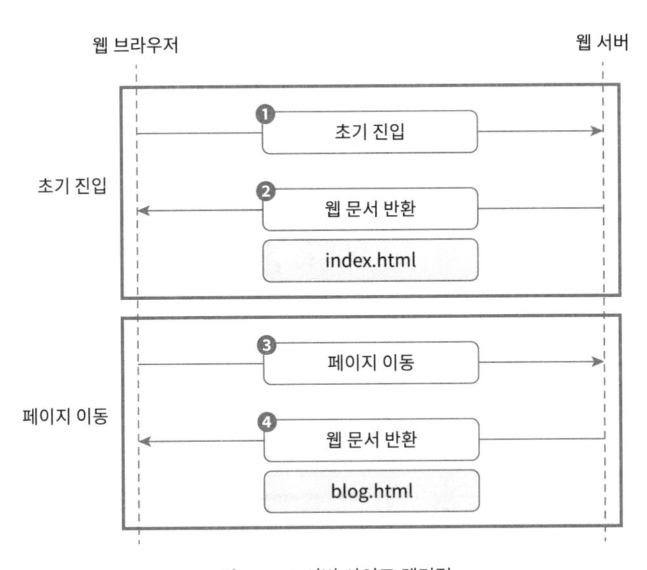

그림 프3-20 서버 사이드 렌더링

클라이언트 사이드 렌더링

리액트 앱은 html 파일이 하나뿐인 단일 페이지 애플리케이션(Single Page Application)입니다. html 파일이 하나이기 때문에 서버 사이드가 아닌 클라이언트 사이드 렌더링으로 페이지를 라우팅합니다.

클라이언트 사이드 렌더링에서는 페이지를 브라우저가 직접 만드는데 다음과 같이 동작합니다.

1. 웹 브라우저가 winterlood.com/blog로 서비스를 요청합니다.
2. 웹 서버는 요청 URL의 경로를 따지지 않고 페이지의 틀 역할을 하는 index.html과 자바스크립트 애플리케이션인 리액트 앱을 함께 반환합니다.
3. 웹 브라우저는 서버에서 제공된 index.html 페이지를 보여주고, 자바스크립트로 이루어진 리액트 앱을 실행합니다. 그리고 리액트 앱은 현재 경로에 맞는 페이지를 보여줍니다.
4. 사용자가 페이지를 이동하면 웹 브라우저는 서버에서 받은 리액트 앱을 실행해 자체적으로 페이지를 교체합니다.

클라이언트 사이드 렌더링은 밀 키트를 판매하는 식당에 비유할 수 있습니다. 밀 키트를 구매하는 손님(브라우저)은 종업원(서버)에게 완성된 음식을 받는 게 아니라, 음식 재료가 담긴 밀 키트를 받습니다. 따라서 음식은 손님이 직접 조리해야 합니다.

클라이언트 사이드 렌더링의 핵심은 사용자가 보는 페이지를 웹 서버가 아닌 브라우저가 완성한다는 점입니다. 브라우저는 처음 접속할 때만 서버에게 데이터를 요청하며, 페이지를 이동할 때는 별도의 요청을 하지 않습니다.

클라이언트 사이드 렌더링에서는 서버가 html 파일과 자바스크립트 애플리케이션을 함께 제공하기 때문에, 처음 사이트에 접속할 때는 서버 사이드 렌더링보다 속도가 느립니다. 그러나 페이지를 이동할 때는 브라우저에서 페이지를 직접 교체하므로 속도가 훨씬 빠릅니다.

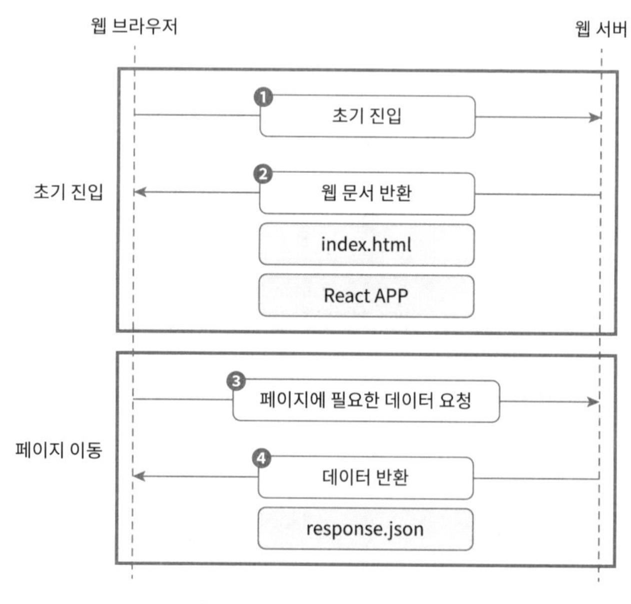

그림 프3-21 클라이언트 사이드 렌더링

오늘날 웹 서비스는 메일 전송과 같은 단순 메시지 전달 수준을 넘어 채팅, 화상 통화처럼 사용자끼리 다양하게 상호작용하는 서비스를 제공합니다. 따라서 클라이언트 사이드 렌더링 방식이 페이지를 빠르게 교체한다는 사실은 매우 큰 장점입니다.

리액트가 기본적으로 클라이언트 사이드 렌더링을 지원하지만, 이 방식이 서버 사이드 렌더링보다 무조건 우월하다는 이야기는 아닙니다. 두 방법 모두 각각의 장단점을 지니고 있기 때문에 비즈니스 목적에 따라 적절한 방식을 택해야 합니다.

한편 필요에 따라 리액트 앱을 서버 사이드 렌더링으로 가동해야 할 상황도 존재합니다. 이 책에서는 이런 내용을 깊게 다룰 수는 없지만 추가 학습이 필요하다면 두 렌더링 방식의 장점을 합쳐 놓은 Next.js의 유니버셜 렌더링 전략을 참고하길 바랍니다.

https://nextjs.org/

리액트 라우터로 페이지 라우팅하기

클라이언트 사이드 렌더링을 채택하고 있는 리액트 앱에서 페이지 라우팅을 구현합니다.

리액트 라우터란?

페이지 라우팅을 위한 기능과 코드를 사용자가 모두 알 필요는 없습니다. 리액트 라우터(React Router)라는 페이지 라우팅 전용 라이브러리를 이용하면 필요한 기능을 손쉽게 구현할 수 있기 때문입니다.

리액트 라우터는 Remix 팀에서 제작한 오픈소스 라이브러리입니다. 이 라우터를 이용하면 단 몇 줄의 코드만으로 여러 페이지로 구성된 리액트 앱을 간단히 구축할 수 있습니다.

리액트 라우터는 2022년 상반기 기준으로 매주 870만 회의 다운로드를 기록하고 있으며, 애플, 넷플릭스, 마이크로소프트 등에서 이미 안정성과 유용성을 증명하고 있습니다. 국내에서도 이를 사용하지 않는 리액트 앱을 찾기 힘들 정도로 매우 훌륭한 오픈소스입니다. 라이브러리에 대한 추가 정보가 필요하면 아래의 리액트 라우터 공식 홈페이지에 접속해 살펴보길 바랍니다.

https://reactrouter.com/

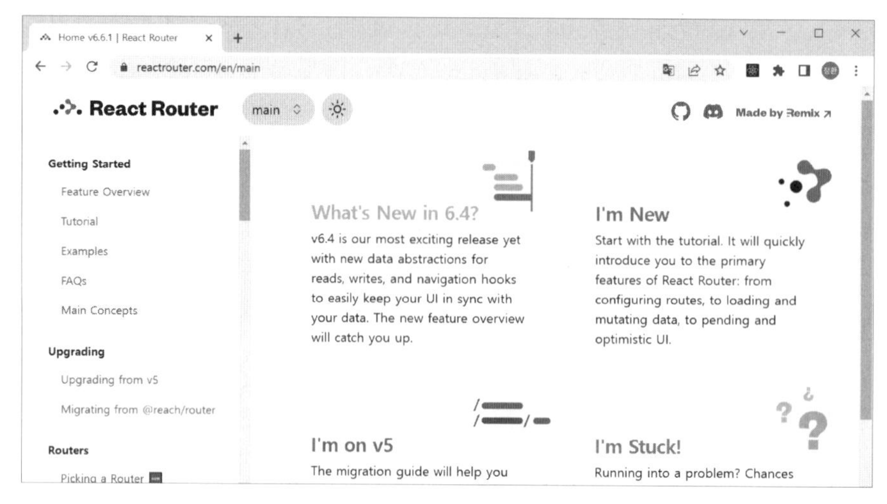

그림 프3-22 리액트 라우터 공식 페이지

리액트 라우터 설치하기

npm을 이용해 리액트 라우터를 [감정 일기장] 프로젝트에 설치합니다. 비주얼 스튜디오 코드에서 project3 폴더를 불러옵니다. 터미널을 열고 project3 루트 경로에서 다음 명령어를 입력해 리액트 라우터를 설치합니다.

```
npm i react-router-dom
```

react-router-dom을 설치하는 이유는 리액트 라우터 개발팀이 react-router를 핵심 코드로 하여, 웹용(react-router-dom)과 모바일 애플리케이션용(react-router-native)을 함께 릴리스하기 때문입니다. 이 책에서는 웹용 리액트 라우터인 react-router-dom을 설치합니다.

성공적으로 설치했다면 알맞은 버전을 설치했는지 확인합니다. package.json을 열어 설치된 react-router-dom의 버전을 확인합니다.

CODE file : package.json

```
{
  (...)
  "dependencies": {
    (...)
    "react-router-dom": "^6.4.3",
    (...)
  },
  (...)
}
```

버전을 x.y.z으로 표기할 때 x버전이 6인지 확인합니다. x버전이 5 이하라면 이전 버전이므로 다음 명령으로 다시 설치해야 합니다.

- npm uninstall react-router-dom: 설치한 react-router-dom 구 버전 제거
- npm install react-router-dom@6: 최신 버전을 다시 설치

프로젝트에 라우터 적용하기

[감정 일기장] 프로젝트에서 설치한 라우터를 적용하겠습니다. 리액트 라우터가 제공하는 BrowserRouter 컴포넌트로 App를 감싸면 됩니다.

index.js에서 다음과 같이 작성합니다.

CODE file : src/index.js

```
(...)
import { BrowserRouter } from "react-router-dom"; ①

const root = ReactDOM.createRoot(document.getElementById("root"));
root.render(
  <BrowserRouter> ②
    <App />
  </BrowserRouter>
);
```

> ① 설치한 react-router-dom 라이브러리에서 BrowserRouter 컴포넌트를 불러옵니다.
> ② BrowserRouter를 App의 부모 컴포넌트로 설정합니다.

BrowserRouter에는 브라우저의 주소 변경을 감지하는 기능이 있습니다. 이 라우터는 컴포넌트가 페이지를 구성하고 이동하는 데 필요한 기능을 다양하게 제공합니다.

페이지 컴포넌트 만들기

여러 페이지로 구성된 리액트 앱을 리액트 라우터로 만들겠습니다. 그 전에 페이지 역할을 담당할 컴포넌트부터 만들어야 합니다. 요구사항 분석에서 살펴본 것처럼 페이지는 다음과 같이 구성합니다.

- Home: 인덱스 페이지
- New: 새 일기 작성 페이지
- Diary: 일기 상세 조회 페이지
- Edit: 작성한 일기를 수정하거나 삭제하는 페이지

페이지 역할을 담당할 컴포넌트는 별도의 폴더로 분리합니다. src 아래에 pages 폴더를 생성합니다.

Home

먼저 인덱스 페이지 역할을 담당할 컴포넌트를 만듭니다. pages 폴더에 Home.js를 만들고 다음과 같이 작성합니다.

CODE file : src/pages/Home.js

```
const Home = () => {
  return <div>Home 페이지입니다</div>;
};
export default Home;
```

New

새로운 일기를 작성하는 New.js를 pages 폴더에 만들고 다음과 같이 작성합니다.

CODE file : src/pages/New.js

```
const New = () => {
  return <div>New 페이지입니다</div>;
};
export default New;
```

Diary

작성한 일기를 상세히 볼 수 있는 Diary.js를 pages 폴더에 만들고 다음과 같이 작성합니다.

CODE file : src/pages/Diary.js

```
const Diary = () => {
  return <div>Diary 페이지입니다</div>;
};
export default Diary;
```

Edit

마지막으로 작성한 일기를 수정 또는 삭제하는 Edit.js를 pages 폴더에 만들고 다음과 같이 작성합니다.

CODE file : src/pages/Edit.js

```
const Edit = () => {
  return <div>Edit 페이지입니다</div>;
};
export default Edit;
```

페이지 라우팅 구현하기

총 4개의 페이지 컴포넌트를 만들었습니다. 이제 URL 경로에 따라 브라우저에 적절한 페이지를 렌더링하도록 페이지 라우팅을 구현합니다. react-router-dom이 제공하는 Routes와 Route 컴포넌트를 이용하면 간단하게 구현할 수 있습니다.

앞서 App.js에서 감정 이미지를 불러오는 코드는 모두 삭제하고 다음과 같이 작성합니다.

CODE file : src/App.js

```
import { Routes, Route } from "react-router-dom"; ①
import "./App.css";
import Home from "./pages/Home";          ┐
import New from "./pages/New";            │ ②
import Diary from "./pages/Diary";        │
import Edit from "./pages/Edit";          ┘

function App() {
  return (
    <div className="App">
      <Routes>                                       ③
        <Route path="/" element={<Home />} />        ④
        <Route path="/new" element={<New />} />      ⑤
        <Route path="/diary" element={<Diary />} />  ⑥
        <Route path="/edit" element={<Edit />} />    ⑦
      </Routes>
    </div>
  );
}
export default App;
```

> ① react-router-dom 라이브러리에서 Routes와 Route 컴포넌트를 불러옵니다.
>
> ② 페이지 역할을 담당할 4개의 컴포넌트를 불러옵니다.
>
> ③ Routes는 여러 Route 컴포넌트를 감쌉니다. 그리고 현재 URL 경로에 맞게 적절한 Route 컴포넌트를 페이지에 렌더링합니다.
>
> ④~⑦ 모두 4개의 페이지를 위한 Route 컴포넌트를 작성합니다.

Routes 문은 자바스크립트의 switch 문과 유사합니다. Routes를 switch, Route를 case로 생각하면 이해하기 쉽습니다. Routes는 자신이 감싸는 Route 컴포넌트 중에서 브라우저 주소 표시줄에 입력된 URL 경로와 일치하는 요소를 찾아 페이지에 렌더링합니다.

페이지 라우팅 설정을 모두 마쳤으면 리액트 앱을 실행합니다. 브라우저의 주소 표시줄에 localhost:3000/new를 입력해 New 페이지가 잘 렌더링되는지 확인합니다.

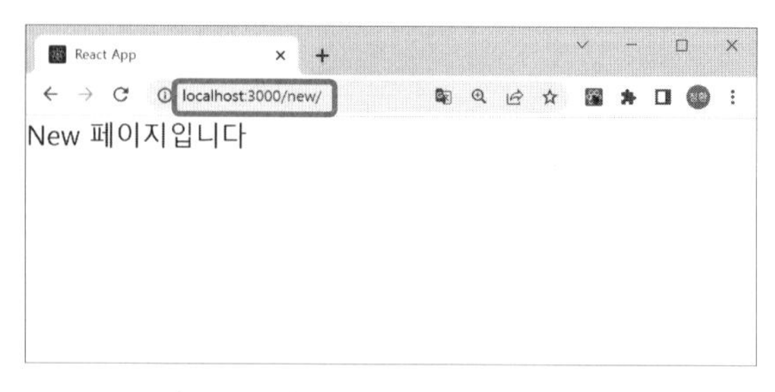

그림 프3-23 라우팅 설정 후 New 페이지 렌더링

Routes는 자식인 Route 컴포넌트에서 설정한 경로와 요청 URL을 비교합니다. 그리고 정확히 일치하는 컴포넌트를 element 속성에 전달해 렌더링합니다. 따라서 localhost:3000/new/new처럼 설정되지 않은 라우팅 경로로 접근하면 아무것도 렌더링하지 않습니다.

브라우저 주소 표시줄에서 localhost:3000/new/new를 입력한 다음, 콘솔에서 어떤 경고 메시지가 출력되는지 확인합니다.

설정하지 않은 경로로 접근하면 Routes는 아무것도 페이지에 렌더링하지 않으며, 콘솔에 잘못된 경로로 접근했다고 경고 메시지를 출력합니다.

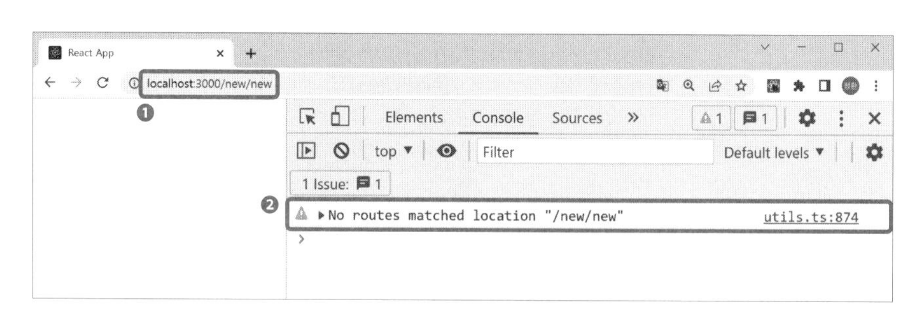

그림 프3-24 잘못된 경로를 입력하면 경고 메시지가 출력됨

페이지 이동 구현하기

경로로 분리된 페이지 간의 이동 방법을 알아보겠습니다. HTML에서는 <a> 태그를 이용해 페이지를 이동했는데, 리액트 라우터로 페이지 라우팅을 구현하는 앱에서는 Link라는 컴포넌트를 이용합니다.

Link 컴포넌트의 사용법은 다음과 같습니다

```
<Link to='이동할 경로'>링크 이름</Link>
```

Link 컴포넌트는 to 속성에 경로를 지정해 페이지를 이동합니다. 클라이언트 사이드 렌더링은 페이지를 서버에 요청하지 않고 브라우저가 직접 이동시킵니다. 따라서 <a> 태그 대신에 Link 컴포넌트를 사용합니다.

<a> 태그로도 페이지를 이동할 수 있습니다. 그러나 <a> 태그를 이용하면 브라우저는 현재 페이지를 지우고 새로운 페이지를 불러오는 방식으로 이동합니다. 클라이언트 사이드 렌더링 방식으로 이동하는 게 아닙니다. 따라서 페이지의 일부만 교체해 빠르게 이동하는 리액트 앱의 장점을 활용할 수 없습니다.

App에서 Link 컴포넌트를 이용해 페이지를 이동하도록 링크를 추가합니다.

CODE file : src/App.js

```
import { Routes, Route, Link } from "react-router-dom"; ①
(...)
function App() {
  return (
    <div className="App">
      <Routes>
        <Route path="/" element={<Home />} />
        <Route path="/new" element={<New />} />
        <Route path="/diary" element={<Diary />} />
        <Route path="/edit" element={<Edit />} />
      </Routes>
      <div> ②
        <Link to={"/"}>Home</Link>
        <Link to={"/new"}>New</Link>
        <Link to={"/diary"}>Diary</Link>
        <Link to={"/edit"}>Edit</Link>
      </div>
    </div>
  );
}
export default App;
```

① react-router-dom 라이브러리에서 Link 컴포넌트를 불러옵니다.

② Link 컴포넌트 4개를 배치해 [감정 일기장]의 모든 페이지로 이동할 수 있는 링크를 만듭니다.

그림 프3-25 Link 컴포넌트로 페이지 이동 구현

작성한 4개의 링크를 클릭해 페이지 간에 이동이 잘 구현되는지 확인합니다.

링크를 클릭하면 클릭한 페이지로 이동합니다. 클라이언트 사이드 렌더링으로 페이지를 이동하면, 브라우저에서 컴포넌트만 교체하는 식으로 렌더링하므로 이동 속도가 매우 빠릅니다.

리액트 라우터로 동적 경로 라우팅하기

이번 절에서는 리액트 라우터를 이용한 동적 경로 라우팅에 대해 살펴보겠습니다. 동적 경로란 특정 아이템을 나타내는 id처럼 값이 변하는 요소를 URL에 포함하는 경우를 말합니다. 예를 들어 [감정 일기장] 프로젝트에서 일기 아이템의 id가 3인 상세 페이지의 URL을, '/diary/3' 또는 '/diary?id=3'과 같은 동적 경로 형식으로 표기할 수 있습니다. 동적 경로는 흔히 쇼핑몰의 일부 상품 페이지에서 특정 데이터를 조회하는 주소 표현으로 사용합니다.

동적 경로의 종류

동적 경로를 표현하는 방법에는 URL 파라미터와 쿼리 스트링 두 가지가 있습니다. 실무에서는 상황에 따라 두 방법 모두 사용하므로 차례대로 알아보겠습니다.

URL 파라미터

URL 파라미터는 URL에 유동적인 값을 넣는 방법입니다. 보통 유동적인 값은 중괄호로 표기합니다. 이 방법으로 특정 id를 포함한 상세 페이지의 URL은 다음과 같이 표기합니다.

```
https://localhost:3000/diary/{id}
```

예를 들어 id가 3인 일기 상세 페이지의 URL은 다음과 같습니다.

```
https://localhost:3000/diary/3
```

URL 파라미터 방식은 주로 id나 이름을 이용해 특정 데이터를 조회할 때 사용합니다.

쿼리 스트링

쿼리 스트링은 물음표(?) 뒤에 key=value 문법으로 URL에 유동적인 값을 포함하는 방법입니다.

```
https://localhost:3000?sort=latest
```

만약 URL에 유동적인 값을 두 개 이상 포함해야 한다면 &로 구분합니다.

```
https://localhost:3000?sort=latest&page=1
```

쿼리 스트링 방식은 보통 게시물 리스트에서 사용자가 정렬 조건을 선택하거나 현재 조회하는 게시판의 페이지를 표현할 때 사용합니다.

동적 경로에 대응하기

[감정 일기장] 프로젝트에서도 동적 경로를 사용합니다. 프로젝트에서 리액트 라우터로 동적 경로가 포함된 페이지를 렌더링하는 페이지 라우팅을 구현하겠습니다.

URL 파라미터로 경로 설정하기

[감정 일기장] 프로젝트에서 Diary 페이지는 특정 id를 가진 일기를 상세 조회할 때 사용합니다. 이 페이지로 이동하기 위해서는 어떤 일기 아이템을 조회할지 경로를 알려주어야 하는데, 다음과 같이 URL 파라미터 방식을 사용합니다.

```
https://localhost:3000/diary/3
```

동적 경로가 포함된 페이지를 라우팅하려면, Route 컴포넌트에서 URL 파라미터 방식으로 전달해야 합니다.

App 컴포넌트에서 다음과 같이 수정합니다.

CODE file : src/App.js

```
(...)
function App() {
  return (
    (...)
      <Routes>
        <Route path="/" element={<Home />} />
        <Route path="/new" element={<New />} />
        <Route path="/diary/:id" element={<Diary />} /> ①
        <Route path="/edit" element={<Edit />} />
      </Routes>
     (...)
  );
}
export default App;
```

① Route 컴포넌트에서 /dirary/:id 형식의 동적 경로를 작성합니다. 이제 'diary/3' 또는 'diary/5'와 같이 경로가 유동적인 Diary 컴포넌트를 페이지에 렌더링할 수 있습니다.

브라우저 주소 표시줄에 localhost:3000/diary/3을 입력해 Dairy 페이지를 잘 렌더링하는지 확인합니다.

아직 상세 페이지가 만들어지지 않았으므로 현재는 Diary 페이지로 이동합니다.

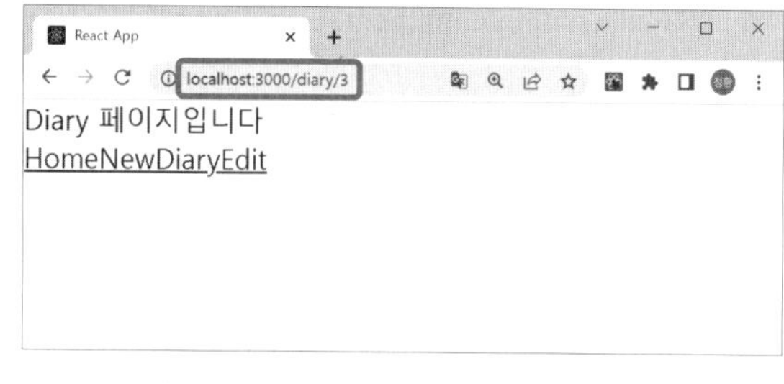

그림 프3-26 동적 경로에 따른 Diary 페이지 렌더링

URL 파라미터 값 불러오기

이번에는 앞서 URL 파라미터로 전달한 일기 id를 불러와 Diary 페이지에서 사용하겠습니다. 이때 react-router-dom이 제공하는 리액트 훅 useParams를 이용합니다.

Diary.js를 다음과 같이 수정합니다.

CODE file : src/pages/Diary.js

```
import { useParams } from "react-router-dom"; ①

const Diary = () => {
  const params = useParams(); ②
  console.log(params);        ③

  return <div>Diary 페이지입니다</div>;
};
export default Diary;
```

> ① react-router-dom 라이브러리에서 useParams를 불러옵니다.
> ② useParams 훅을 호출합니다. 이 훅은 브라우저에서 URL을 입력하면 이 경로에 포함된 URL 파라미터를 객체 형태로 반환합니다.
> ③ ②에서 불러온 현재 경로의 URL 파라미터를 콘솔에 출력합니다.

localhost:3000/diary/3으로 접속하고, 개발자 도구의 콘솔에서 URL 파라미터 값을 어떻게 출력하는지 확인합니다.

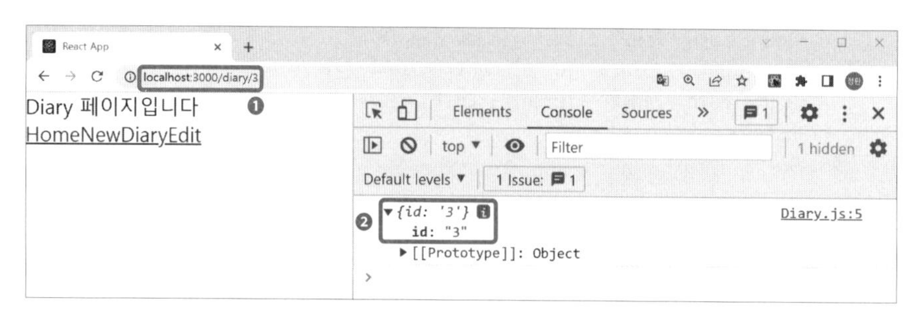

그림 프3-27 URL 파라미터 값을 콘솔에 출력

콘솔에서는 객체를 하나 출력합니다. 왼쪽의 삼각형(▶)을 클릭하면 이 객체의 프로

퍼티 정보를 볼 수 있습니다. 이 객체에는 URL에 포함되어 있는 파라미터 id: 3이 담겨 있습니다. 이 파라미터 값을 사용하려면, 객체를 구조 분해 할당해 필요한 값만 꺼내 쓰면 됩니다.

Diary 컴포넌트를 다음과 같이 수정합니다.

CODE file : src/pages/Diary.js

```
import { useParams } from "react-router-dom";

const Diary = () => {
  const { id } = useParams(); ①
  return (
    <div>
      <div>{id}번 일기</div> ②
      <div>Diary 페이지입니다</div>
    </div>
  );
};
export default Diary;
```

① useParams가 반환하는 URL 파라미터 객체에서 id 프로퍼티 값을 구조 분해 할당합니다.
② ①에서 불러온 id 값을 페이지에 렌더링합니다.

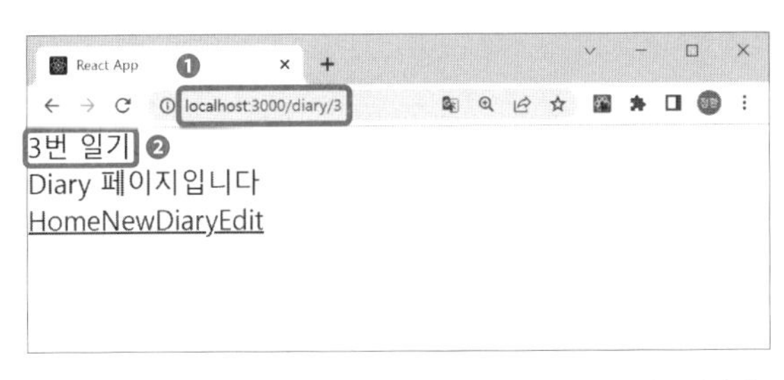

그림 프3-28 파라미터 값을 구조 분해 할당해 페이지에 렌더링하기

localhost:3000/diary/3으로 접속해 렌더링 결과를 페이지에서 확인합니다.

쿼리 스트링으로 값 불러오기

쿼리 스트링은 URL 경로 다음에 ?로 구분하므로 URL 파라미터처럼 페이지 라우팅을 위한 별도의 설정이 필요 없습니다. react-router-dom은 쿼리 스트링을 편하게 이용할 수 있도록 useSearchParams라는 리액트 훅을 제공합니다. 이 훅을 이용하면 URL에 있는 쿼리 스트링 값을 꺼내 사용할 수 있습니다.

Home 컴포넌트를 다음과 같이 수정합니다.

CODE file : src/pages/Home.js

```
import { useSearchParams } from "react-router-dom";              ①

const Home = () => {
  const [searchParams, setSearchParams] = useSearchParams(); ②
  console.log(searchParams.get("sort"));                     ③

  return <div>Home 페이지입니다</div>;
```

```
};
export default Home;
```

> ① react-router-dom에서 useSearchParams 훅을 불러옵니다.
> ② useSearchParams 훅을 호출합니다. 이 훅은 useState처럼 배열 형태로 값을 반환합니다. 반환값의 첫 번째 요소는 조회, 수정이 가능한 메서드를 포함하고 있는 쿼리 스트링 객체이고, 두 번째 요소는 이 객체를 업데이트하는 함수입니다.
> ③ useSearchPararms가 반환한 첫 번째 요소에서 sort 값을 불러와 콘솔에 출력합니다. 이때 get 메서드를 이용합니다.

localhost:3000?sort=latest로 접속해 쿼리 스트링으로 설정한 sort 값을 잘 불러오는지 콘솔에서 확인합니다.

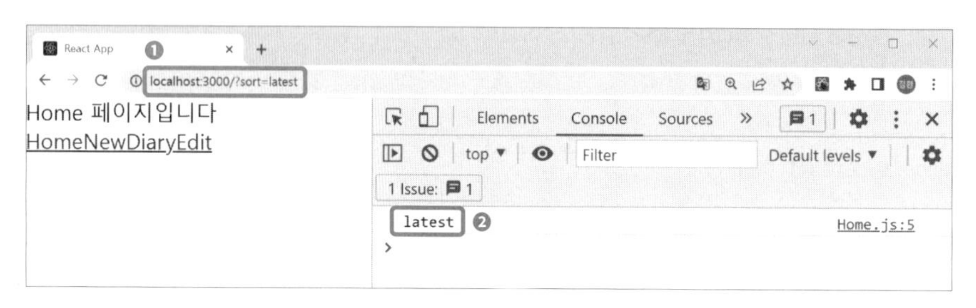

그림 프3-29 쿼리 스트링으로 설정한 값 불러오기

지금까지 리액트 라우터를 이용한 페이지 라우팅을 모두 완료했습니다. 다음 과정부터 본격적으로 [감정 일기장] 프로젝트를 구현하겠습니다.

공통 컴포넌트 구현하기 1: Button, Header 컴포넌트

여러 페이지로 이루어진 리액트 프로젝트를 구현하는 방법과 순서는 회사와 개인의 특성에 따라 다양하지만, 저자는 여러 컴포넌트가 공유하는 '공통 컴포넌트'를 먼저 구현하는 방식을 선호합니다. 공통 컴포넌트를 서비스 개발 도중에 구현하면, 의식의 흐름을 방해할 뿐만 아니라 누락하는 컴포넌트가 생길 수 있습니다. 또한 중복 코드의 발생 위험도 높아집니다.

이는 마치 요리사들이 재료 손질을 모두 마친 다음 요리를 시작하는 것과 비슷합니다. 필요한 재료를 계산해 미리 준비하고 요리를 시작하면, 중간에 재료를 찾아 손질하는 일이 발생하지 않습니다.

따라서 본격적인 서비스 개발에 앞서 여러 페이지에서 공통으로 사용하는 컴포넌트를 먼저 구현합니다.

Button 컴포넌트 구현하기

처음 구현할 공통 컴포넌트는 모든 페이지에서 공통으로 사용하는 버튼입니다.

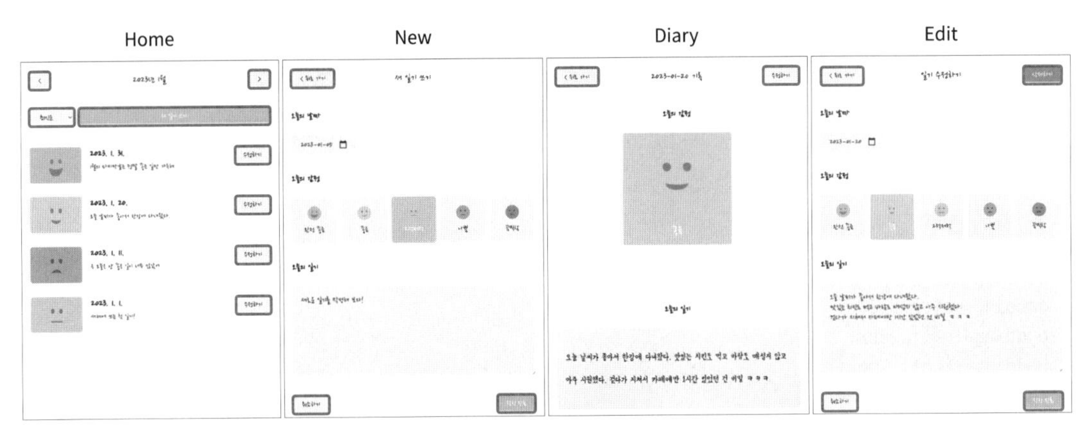

그림 프3-30 페이지에서 공통으로 사용하는 버튼들

[감정 일기장] 프로젝트에서 버튼은 모두 세 종류가 있습니다. 세 종류의 버튼 모두 색이 다른데, 버튼의 기능을 색으로도 구분하기 위함입니다.

- `default`: 일반적인 기능을 하는 버튼으로 회색 계열로 표현합니다.
- `positive`: 새 일기 작성, 일기 작성 완료, 수정 완료 등 긍정적인 기능을 하는 버튼입니다. 초록색 계열로 표현합니다.
- `negative`: 일기를 삭제하는 등의 부정적인 기능을 하는 버튼입니다. 붉은색 계열로 표현합니다.

버튼 컴포넌트의 기본 구현

세 가지로 구분된 버튼을 리액트 컴포넌트로 구현하겠습니다. 그 전에 src 아래에 컴포넌트만 모아 놓는 component 폴더를 만듭니다.

이 폴더에 Button.js 파일을 만들고 다음과 같이 작성합니다.

CODE file : src/component/Button.js

```
import "./Button.css";

const Button = ({ text, type, onClick }) => {
  return <button className="Button">버튼</button>;
};
export default Button;
```

`Button` 컴포넌트는 버튼에 표시할 문자열인 `text`, 버튼의 색상을 결정하는 `type`, 버

튼을 클릭했을 때 발생하는 이벤트 핸들러 onClick 등 모두 3개의 Props를 부모로부터 받습니다. 이제 컴포넌트 또는 페이지에서 버튼을 표시하려면, 이 컴포넌트에 적절히 Props를 전달하면 쉽게 렌더링할 수 있습니다.

component 폴더에서 Button.css를 생성해 버튼의 스타일 규칙을 작성합니다.

CODE file : src/component/Button.css

```css
.Button {
  cursor: pointer;
  border: none;
  border-radius: 5px;
  padding-top: 10px;
  padding-bottom: 10px;
  padding-left: 20px;
  padding-right: 20px;
  font-size: 18px;
  white-space: nowrap;
  font-family: "Nanum Pen Script";
}
```

Button 컴포넌트의 동작을 확인하기 위해 임시로 이 컴포넌트를 Home 페이지에 렌더링하겠습니다. 따라서 Button 컴포넌트를 Home의 자식으로 배치해야 합니다.

Home.js를 다음과 같이 수정합니다. 앞서 Home 컴포넌트에서 쿼리 스트링을 확인하기 위해 작성했던 코드는 모두 삭제합니다.

CODE file : src/pages/Home.js

```jsx
import Button from "../component/Button";

const Home = () => {
  return (
    <div>
      <Button />
    </div>
  );
};
export default Home;
```

localhost:3000으로 접속해 Button 컴포넌트를 잘 렌더링하는지 확인합니다.

그림 프3-31 공통 컴포넌트인 Button 렌더링

Props에 따라 다르게 동작하는 버튼 만들기

전달된 Props에 따라 Button 컴포넌트가 다른 동작을 수행하도록 만들겠습니다.

Button 컴포넌트를 다음과 같이 수정합니다.

CODE file : src/component/Button.js

```
import "./Button.css";

const Button = ({ text, type, onClick }) => {
  return (
    <button className="Button" onClick={onClick}> ①
      {text} ②
    </button>
  );
};
export default Button;
```

① 버튼의 onClick 이벤트 핸들러를 Props로 받은 onClick으로 설정합니다. 이제 버튼을 클릭했을 때의 동작을 부모 컴포넌트가 설정합니다.

② 버튼에 표시할 문자열을 Props의 text로 지정합니다. 이제 이 버튼에 렌더링할 문자열을 부모 컴포넌트가 설정합니다.

계속해서 Home에서 Button 컴포넌트에 text와 onClick을 Props로 전달합니다.

CODE file : src/pages/Home.js

```
import Button from "../component/Button";

const Home = () => {
  return (
    <div>
      <Button ①
        text={"버튼 텍스트"}
        onClick={() => {
          alert("hi");
        }}
      />
    </div>
  );
};
export default Home;
```

① text는 '버튼 텍스트', onClick에는 경고 대화상자를 띄우는 함수를 전달합니다.

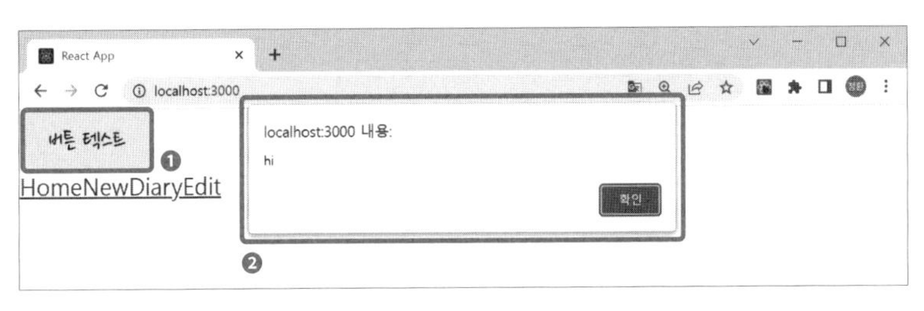

그림 프3-32 버튼 텍스트와 경고 대화상자 렌더링

'버튼 텍스트'를 렌더링하는지, 버튼을 클릭하면 경고 대화상자가 실행되는지 확인합니다.

Props에 따라 다른 스타일 적용하기

마지막으로 버튼에 Props로 전달하는 type에 따라 스타일이 달라지게 만들겠습니다. 먼저 Button 컴포넌트를 다음과 같이 수정합니다.

CODE file : src/component/Button.js

```
import "./Button.css";

const Button = ({ text, type, onClick }) => {
  const btnType = ["positive", "negative"].includes(type) ? type : "default"; ①
  return (
    <button
      className={["Button", `Button_${btnType}`].join(" ")} ②
      onClick={onClick}
    >
      {text}
    </button>
  );
};

Button.defaultProps = { ③
  type: "default",
};
export default Button;
```

① 요소가 positive, negative인 배열에서 전달 type에 이 요소가 있는지 includes 메서드로 확인합니다. 전달 type이 positive 또는 negative라면 해당 값을 그대로 변수 btnType에 저장합니다. 그렇지 않으면 오타 등의 이유로 정상적인 type이 전달되지 않았으므로 default를 변수 btnType에 저장합니다.

TIP includes 메서드에 대해서는 101쪽을 참고하세요.

② className을 복수로 지정하기 위해 배열과 join 메서드를 이용합니다. className을 두 개로 지정하는 이유는 positive, negative, default처럼 type을 결정하는 내용에 따라 스타일을 변경하기 위함입니다. 템플릿 리터럴을 이용해 ①에서 변수 btnType에 저장한 값을 className으로 추가합니다. 따라서 Props(type)가 positive라면 변수 btnType은 Button_positive가 되고, 전체 className은 Button Button_positive가 됩니다.

TIP join 메서드에 대해서는 107쪽을 참고하세요.

③ 아무런 type도 Props로 전달하지 않을 때를 대비해 defaultProps를 지정합니다. type을 지정하지 않으면 Props에는 default가 기본값으로 설정됩니다.

Props(type)에 따라 버튼 스타일이 달라지므로 코드가 약간 복잡합니다.

다음으로 type별로 달라지는 className에 맞게 버튼 스타일 규칙을 정의합니다. Button.css에서 다음 내용을 추가합니다.

CODE src/component/Button.css

```
(...)
.Button_default {
  background-color: #ececec;
```

```
  color: black;
}

.Button_positive {
  background-color: #64c964;
  color: white;
}

.Button_negative {
  background-color: #fd565f;
  color: white;
}
```

Props로 전달되는 type에 따라 다른 스타일의 버튼을 렌더링하는지 알아보겠습니다. Home에 3개의 Button 컴포넌트를 자식으로 배치하고 type으로 positive, negative, default를 각각 전달합니다.

Home 컴포넌트를 다음과 같이 수정합니다.

CODE file : src/pages/Home.js

```
import Button from "../component/Button";

const Home = () => {
  return (
    <div>
      <Button ①
        text={"기본 버튼"}
        onClick={() => {
          alert("default button");
        }}
      />
      <Button ②
        type="positive"
        text={"긍정 버튼"}
        onClick={() => {
          alert("positive button");
        }}
      />
      <Button ③
        type="negative"
        text={"부정 버튼"}
        onClick={() => {
          alert("negative button");
        }}
      />
    </div>
  );
};
export default Home;
```

① 기본 버튼 스타일을 지정하기 위해 type으로 아무런 값도 전달하지 않았으므로 default를 전달한 것과 동일한 효과가 나타납니다.
② 긍정 버튼 스타일을 지정하기 위해 type으로 positive를 전달합니다.
③ 부정 버튼 스타일을 지정하기 위해 type으로 negative를 전달합니다.

type별로 지정한 스타일의 버튼이 만들어지는지, 또 버튼을 클릭하면 대화상자가 나타나는지도 확인합니다

전달한 type에 맞게 회색, 초록색, 붉은색 계열의 버튼 스타일이 만들어집니다. 그리고 버튼을 클릭하면 전달한 텍스트를 출력하는 대화상자도 렌더링됩니다.

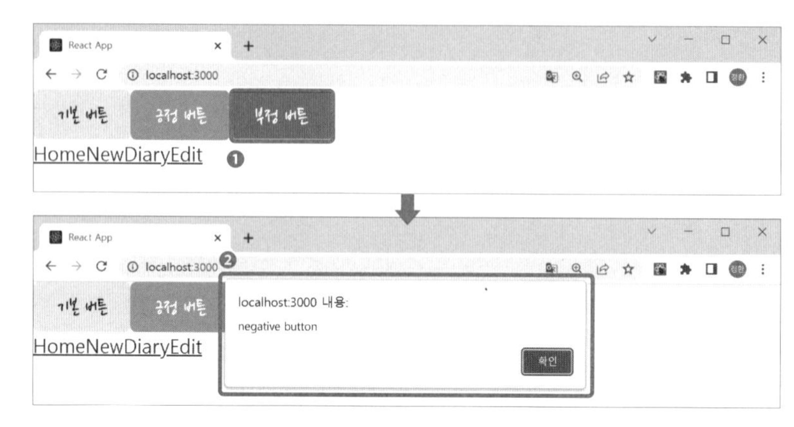

그림 프3-33 스타일이 적용된 버튼

Button 컴포넌트는 이제 Props만 적절히 전달하면 어떤 페이지, 어떤 컴포넌트에서도 자유롭게 불러와 사용할 수 있습니다. 이렇듯 공통으로 사용하는 요소를 별도의 컴포넌트로 만들면, 필요할 때 불러 쉽게 사용할 수 있기 때문에 편리합니다.

Header 컴포넌트 구현하기

다음으로 모든 페이지에서 공통으로 사용하는 Header 컴포넌트를 만들겠습니다.

Header 컴포넌트는 주로 페이지 상단에 위치합니다. [감정 일기장] 프로젝트에서는 Header 컴포넌트의 왼쪽과 오른쪽에 버튼을 각각 배치합니다. 물론 버튼을 배치

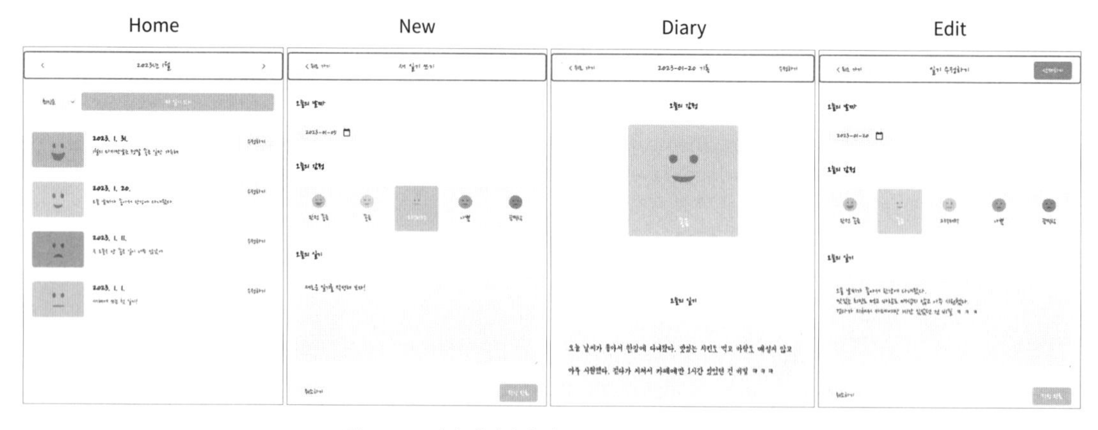

그림 프3-34 여러 페이지에 있는 Header 컴포넌트의 모습

하지 않은 페이지도 있습니다. 그리고 양 버튼 사이에는 페이지 제목을 보여줍니다.

이런 특징을 지닌 `Header` 컴포넌트를 Props로 동작하도록 만들겠습니다. component 폴더에 Header.js를 만들고 다음과 같이 작성합니다.

CODE file : src/component/Header.js

```
import "./Header.css";

const Header = ({ title, leftChild, rightChild }) => {
  return (
    <div className="Header">
      <div className="header_left">{leftChild}</div>
      <div className="header_title">{title}</div>
      <div className="header_right">{rightChild}</div>
    </div>
  );
};
export default Header;
```

`Header` 컴포넌트 중앙에 배치할 `title`, 왼쪽과 오른쪽에 배치할 `leftChild`와 `rightChild` 버튼은 부모로부터 Props로 받습니다.

다음으로 component 폴더에서 Header.css를 생성하고 스타일 규칙을 작성합니다.

CODE file : src/component/Header.css

```
.Header {
  padding-top: 20px;
  padding-bottom: 20px;

  display: flex;
  align-items: center;
  border-bottom: 1px solid #e2e2e2;
}

.Header > div { ①
  display: flex;
}

.Header button {
  font-family: "Nanum Pen Script";
}

.Header .header_title {
  width: 50%;
  font-size: 25px;
  justify-content: center;
}
```

```
.Header .header_left {
  width: 25%;
  justify-content: start;
}

.Header .header_right {
  width: 25%;
  justify-content: end;
}
```

> ① className이 Header인 요소 바로 아래에 있는 <div> 태그의 display를 flex 속성으로 설정합니다

다음으로 Home에 Header 컴포넌트를 배치하고 title과 함께 leftChild, rightChild 버튼을 전달합니다.

기존에 임시로 작성했던 코드들은 다음을 참고해 모두 삭제합니다.

CODE file : src/pages/Home.js

```
import Button from "../component/Button";
import Header from "../component/Header";

const Home = () => {
  return (
    <div>
      <Header
        title={"Home"}
        leftChild={
          <Button
            type="positive"
            text={"긍정 버튼"}
            onClick={() => {
              alert("positive button");
            }}
          />
        }
        rightChild={
          <Button
            type="negative"
            text={"부정 버튼"}
            onClick={() => {
              alert("negative button");
            }}
          />
        }
      />
    </div>
  );
};
export default Home;
```

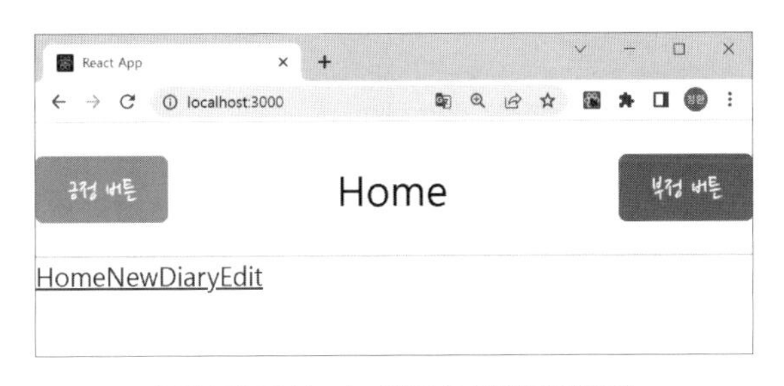

그림 프3-35 Header 컴포넌트의 렌더링 확인

Header 컴포넌트에 전달한 title과 leftChild, rightChild 버튼이 Home 페이지에서 잘 렌더링되는지 확인합니다.

Header 컴포넌트가 잘 렌더링되고 있음을 알 수 있습니다.

그러나 Header 컴포넌트는 아직 정확한 배치가 이루어지지 않았습니다. 이 컴포넌트가 제대로 렌더링되는지 알아보기 위해 임시로 Home 페이지에서 구현해 본 것뿐입니다. 이후 프로젝트 구현 과정에서 적절히 배치할 예정입니다.

공통 컴포넌트 구현하기 2: Editor 컴포넌트

이번 절에서는 New와 Edit 페이지에서 공통으로 사용할 일기 작성 컴포넌트인 Editor를 만들겠습니다.

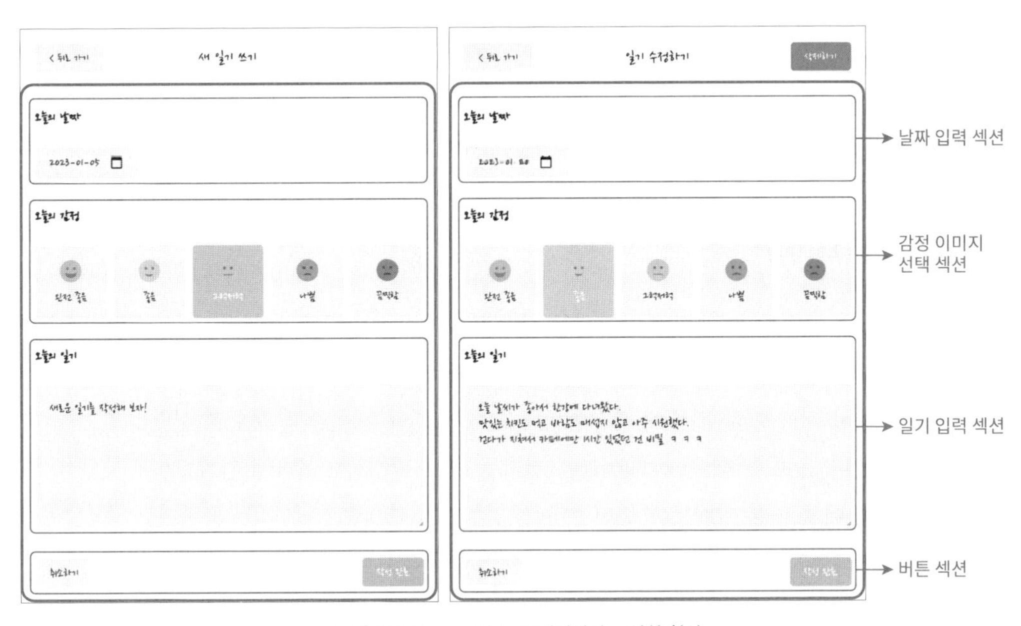

그림 프3-36 New와 Edit 페이지의 동일한 형식

Editor 컴포넌트는 앞서 만든 Button, Header와 같은 공통 기능이지만, 훨씬 많은 요소를 포함하는 복잡한 구조입니다.

파일 생성 및 기본 뼈대 구현하기

먼저 Editor 컴포넌트를 위한 파일을 만들고 기본 뼈대를 구현하겠습니다. component 폴더에 Editor.js를 만들고 다음과 같이 작성합니다.

CODE file : src/component/Editor.js

```
import "./Editor.css";

const Editor = ({ initData, onSubmit }) => {
  return (
    <div className="Editor">
      <div className="editor_section">
        {/* 날짜 */}
        <h4>오늘의 날짜</h4>
      </div>
      <div className="editor_section">
        {/* 감정 */}
        <h4>오늘의 감정</h4>
      </div>
      <div className="editor_section">
        {/* 일기 */}
        <h4>오늘의 일기</h4>
      </div>
      <div className="editor_section ">
        {/* 작성 완료, 취소 */}
      </div>
    </div>
  );
};
export default Editor;
```

임시 코드
추후 기능 구현 예정

Editor 컴포넌트는 New와 Edit 페이지에서 사용합니다. Editor 컴포넌트는 부모에게서 2개의 Props를 받습니다. 첫 번째 Props인 initData는 Editor 컴포넌트를 Edit 페이지에서 사용할 때 기존에 작성한 일기를 페이지에 보여줄 목적으로 전달되는 데이터입니다. 두 번째 값 onSubmit은 일기를 모두 작성하고 〈작성 완료〉 버튼을 클릭했을 때 호출할 이벤트 핸들러입니다.

Editor 컴포넌트는 헤더 섹션을 제외하고 크게 4개의 섹션으로 나누어져 있습니다. 각각의 섹션은 위에서부터 날짜 입력, 감정 이미지 선택, 일기 입력, 버튼순으로 되어 있습니다.

다음으로 Editor 컴포넌트의 스타일링을 위해 Editor.css를 생성하고 일단 빈 코드로 둡니다. 컴포넌트 스타일링은 기본 구성을 모두 마치고 구현합니다.

CODE file : src/component/Editor.css

```
.Editor {
}
```

결과를 바로 확인할 수 있도록 Editor를 Home 컴포넌트의 자식으로 배치합니다. 기존에 확인용으로 작성한 코드는 모두 삭제합니다.

CODE file : src/pages/Home.js

```
import Editor from "../component/Editor";

const Home = () => {
  return (
    <div>
      <Editor />
    </div>
  );
};
export default Home;
```

Home 페이지에서 Editor 컴포넌트가 잘 렌더링되는지 확인합니다.

그림 프3-37 Editor 컴포넌트의 뼈대 렌더링

날짜 입력 섹션 구현하기

Editor 컴포넌트의 기본 뼈대를 완료했으니 이제 날짜 입력 섹션부터 만들겠습니다. 먼저 Editor 컴포넌트에서 날짜 입력 폼의 값을 저장할 State를 만듭니다.

CODE file : src/component/Editor.js

```
(...)
import { useState } from "react"; ①

const Editor = ({ initData, onSubmit }) => {
  const [state, setState] = useState({ ②
    date: "",
    emotionId: 3,
    content: "",
  });
  (...)
};
export default Editor;
```

① react에서 useState를 불러옵니다.

② useState를 호출해 새로운 State를 만듭니다.

Editor 컴포넌트는 사용자가 날짜 외에도 감정 이미지, 일기 텍스트를 입력하는 곳입니다. 따라서 State 변수의 이름을 Editor 컴포넌트의 State라는 뜻에서 state로 명명합니다. 그리고 state의 초깃값을 설정하기 위해 useState의 인수로 날짜 정보 date, 이미지 번호 emotionId, 작성 일기 content를 프로퍼티로 하는 객체를 만들어 전달합니다.

다음으로 날짜를 변경했을 때 실행할 이벤트 핸들러를 만듭니다.

CODE　　file : src/component/Editor.js

```
(...)
const Editor = ({ initData, onSubmit }) => {
  const [state, setState] = useState({
    (...)
  });
  const handleChangeDate = (e) => { ①
    setState({
      ...state,
      date: e.target.value,
    });
  };
  (...)
};
export default Editor;
```

> ① 이벤트 핸들러 handleChangeDate는 사용자가 입력한 날짜를 변경하면 호출되어 State를 업데이트합니다.

마지막으로 날짜 입력 폼을 만듭니다. 앞에서 임시로 날짜 입력 폼 위치에 작성했던 코드는 지우고 다음과 같이 수정합니다.

CODE　　file : src/component/Editor.js

```
(...)
const Editor = ({ initData, onSubmit }) => {
  (...)
  return (
    <div className="Editor">
      <div className="editor_section">
        <h4>오늘의 날짜</h4>
        <div className="input_wrapper">
          <input type="date" value={state.date}
                 onChange={handleChangeDate} /> ①
        </div>
      </div>
      (...)
    </div>
  );
```

```
};
export default Editor;
```

> ① <input> 태그의 type을 'date'로 설정해 날짜 입력 폼을 만듭니다. 이 폼의 value로 state.date를 설정하고, onChange 이벤트 핸들러로 앞서 작성한 handleChangeDate를 설정합니다.

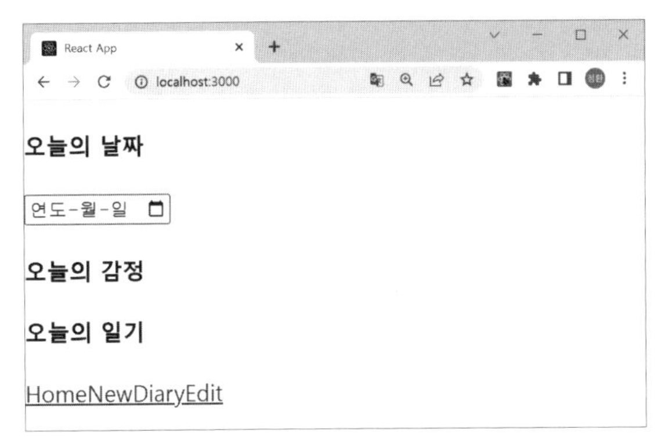

그림 프3-38 날짜 입력 섹션 구현하기

변경 사항을 모두 적용해 렌더링하면 날짜 입력 폼은 [그림 프3-38]과 같이 '연도-월-일' 형식으로 출력됩니다.

Home 페이지 입력 폼에서 오늘 날짜로 변경해 State가 잘 업데이트되는지도 확인하겠습니다. 개발자 도구의 [Components] 탭에서 Home 컴포넌트의 Editor, hooks, State를 차례로 클릭해 오늘 날짜로 변경되는지 확인합니다.

[그림 프3-39]와 같이 오늘 날짜가 잘 업데이트됩니다. 또한 [Components] 탭에서 선택한 날짜가 State에 yyyy-mm-dd 형식의 문자열로 저장된다는 것도 확인할 수 있습니다.

그림 프3-39 [Components] 탭에서 날짜 State의 변경 확인하기

날짜 입력 폼의 기본값을 오늘 날짜로 자동 설정하기

이번에는 Editor 컴포넌트를 처음 렌더링할 때, 날짜 입력 폼의 초깃값을 자동으로 yyyy-mm-dd 형식의 오늘 날짜로 출력되도록 만들겠습니다 오늘 날짜를 yyyy-mm-dd 형식으로 출력하기 위해서는 아무런 인수도 없는 Date 객체를 생성하고, 이 객체의 메서드로 형식을 변경해야 합니다. 이는 Editor 컴포넌트의 핵심 기능은 아니기 때문에 util.js에서 함수 getFormattedDate라는 이름으로 만듭니다.

util.js에서 다음 코드를 추가합니다.

CODE　　file : src/util.js

```
(...)
export const getFormattedDate = (targetDate) => {
  let year = targetDate.getFullYear();
  let month = targetDate.getMonth() + 1;
  let date = targetDate.getDate();
  if (month < 10) {
    month = `0${month}`;
  }
  if (date < 10) {
    date = `0${date}`;
  }
  return `${year}-${month}-${date}`;
};
```

함수 getForamttedDate에서는 targetDate라는 Date 객체를 매개변수로 저장합니다. 그리고 이 객체의 year, month, date를 구해 yyyy-mm-dd 형식의 문자열을 만들어 반환합니다. 만약 월과 일이 10 미만의 수라면 앞에 0을 붙여 두 자리 수로 만듭니다.

> **TIP**
> 날짜 객체를 구하는 함수에 대해서는 114~115쪽을 참고하세요.

다음으로 Editor 컴포넌트에서 함수 getFormattedDate를 호출해 state.date 프로퍼티의 초깃값을 오늘 날짜로 설정합니다.

CODE　　file : src/component/Editor.js

```
(...)
import { getFormattedDate } from "../util"; ①

const Editor = ({ initData, onSubmit }) => {
  const [state, setState] = useState({
    date: getFormattedDate(new Date()), ②
    emotionId: 3,
    content: "",
  });
  (...)
};
export default Editor;
```

① util.js에서 함수 getFormattedDate를 불러옵니다.

② state.date 프로퍼티의 초깃값을 함수 getFormattedDate의 반환값으로 설정합니다. 이때 인수로 new Date()를 전달해 state.date의 초깃값이 yyyy-mm-dd 형식의 오늘 날짜가 되도록 설정합니다.

페이지를 새로고침해 Editor 컴포넌트의 날짜 입력 폼이 오늘 날짜로 설정되는지 확인합니다.

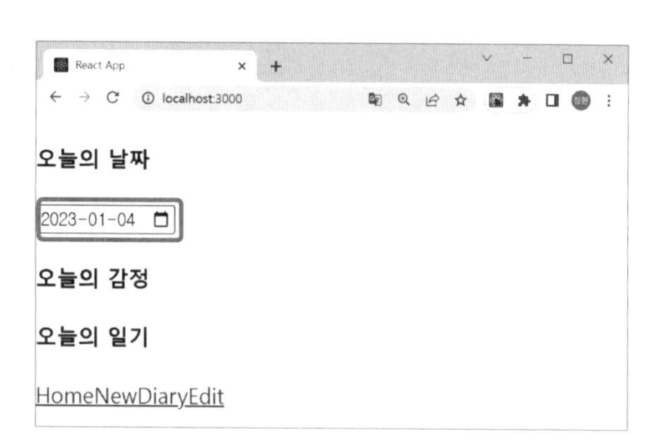

그림 프3-40 날짜 입력 폼의 초깃값을 'yyyy-mm-dd' 형식의 오늘 날짜로 설정

일기 입력 섹션 구현하기

Editor 컴포넌트에서 일기 입력 섹션을 다음과 같이 작성합니다.

CODE file : src/component/Editor.js

```
(...)
const Editor = ({ initData, onSubmit }) => {
(...)
  const handleChangeContent = (e) => { ①
    setState({
      ...state,
      content: e.target.value,
    });
  };

  return (
    <div className="Editor">
      (...)
      <div className="editor_section">
        <h4>오늘의 일기</h4>
        <div className="input_wrapper"> ②
          <textarea
            placeholder="오늘은 어땠나요?"
            value={state.content}
            onChange={handleChangeContent}
          />
        </div>
      </div>
      (...)
    </div>
  );
};
export default Editor;
```

① 글상자의 onChange 이벤트 핸들러 handleChangeContent를 만듭니다. 이 함수에서 사용자가 작성한 일기 데이터를 state.content 프로퍼티에 저장합니다.

② 일기 내용은 여러 줄에 걸쳐 작성하므로 <textarea> 태그를 이용한 글상자를 만듭니다. 글상자의 value에는 state.content, onChange에는 함수 handleChangeContent를 각각 설정합니다.

Editor 컴포넌트의 글상자가 페이지에서 잘 렌더링되는지 확인합니다. 또한 글상자에서 임의의 글을 입력한 다음, 작성한 일기가 state.content에 잘 저장되는지 개발자 도구의 [Components] 탭을 이용해 확인합니다.

[그림 프3-41]과 같이 나온다면 정상적으로 동작하는 겁니다.

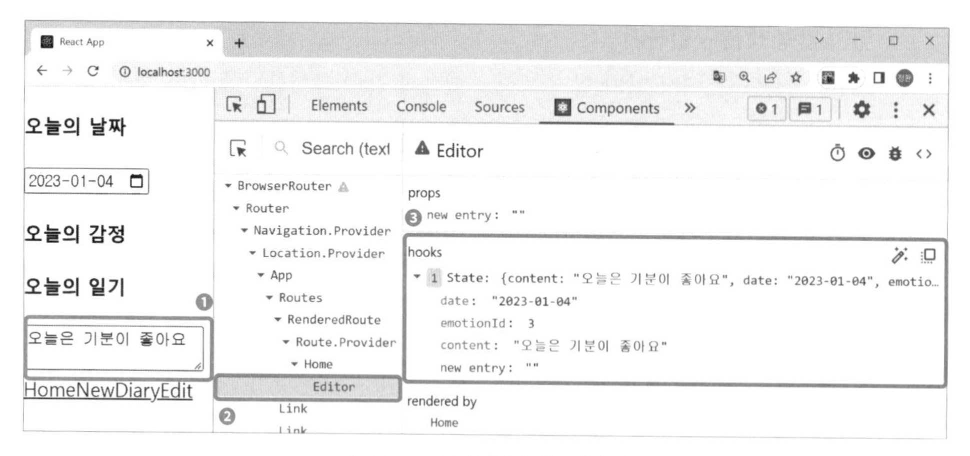

그림 프3-41 일기 입력 섹션 구현하기

하단 버튼 섹션 구현하기

다음으로 페이지 하단에 배치할 버튼 섹션을 만듭니다. Editor 컴포넌트의 버튼 섹션에는 〈취소하기〉와 〈작성 완료〉 버튼이 있습니다.

하단 버튼 UI 구현하기

먼저 2개의 Button 컴포넌트를 Editor의 자식으로 배치해 페이지에 렌더링합니다. Ediotr.js에서 다음과 같이 작성합니다.

CODE file : src/component/Editor.js

```
(...)
import Button from "./Button"; ①

const Editor = ({ initData, onSubmit }) => {
  (...)
  return (
    <div className="Editor">
      (...)
      <div className="editor_section bottom_section"> ②
        <Button text={"취소하기"} />                    ③
        <Button text={"작성 완료"} type={"positive"} /> ④
      </div>
    </div>
  );
};
export default Editor;
```

> ① 공통으로 사용하려고 만들었던 Button 컴포넌트를 불러옵니다.
>
> ② <div> 태그의 className에 'bottom_section'을 추가합니다. 버튼 섹션에서 스타일 규칙을 별도로 적용하기 위함입니다.

③ <취소하기> 버튼을 만듭니다. Props의 type을 생략하면 회색의 기본 버튼 스타일이 적용됩니다.

④ <작성 완료> 버튼을 만듭니다. Props의 type을 positive로 전달하면 초록색의 긍정 버튼 스타일이 적용됩니다.

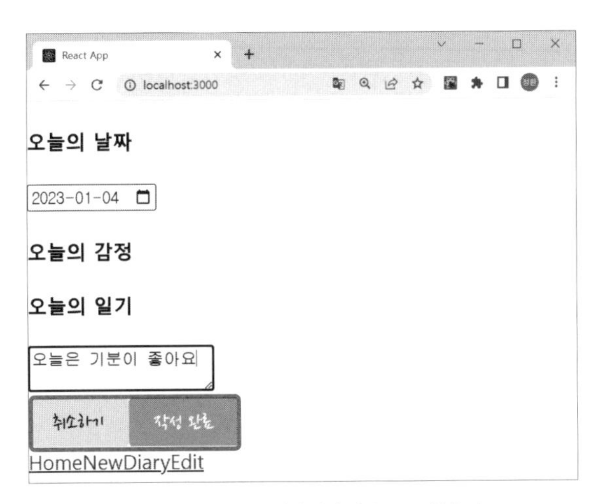

그림 프3-42 버튼 섹션에서 버튼 UI 구현하기

저장하고 두 개의 버튼을 잘 렌더링하는지 확인합니다. onClick 이벤트 핸들러를 만들지 않았기 때문에 버튼을 클릭해도 지금은 동작하지 않습니다.

<작성 완료> 버튼 기능 구현하기

다음으로 〈작성 완료〉 버튼의 onClick 이벤트 핸들러를 만듭니다.

CODE file : src/component/Editor.js

```
(...)
const Editor = ({ initData, onSubmit }) => {
  (...)
  const handleSubmit = () => { ①
    onSubmit(state);
  };

  return (
    <div className="Editor">
      (...)
      <div className="editor_section bottom_section">
        <Button text={"취소하기"} />
        <Button text={"작성 완료"} type={"positive"} onClick={handleSubmit} /> ②
      </div>
    </div>
  );
};
export default Editor;
```

① <작성 완료> 버튼을 클릭하면 호출할 이벤트 핸들러 handleSubmit을 만듭니다. 이 함수는 Props로 받은 onSubmit을 호출하며, 인수로 현재 Ediotr 컴포넌트의 State 값을 전달합니다.

② 함수 handleSubmit을 <작성 완료> 버튼의 onClick 이벤트 핸들러로 설정합니다. 엄밀하게는 함수 handleSubmit을 Button 컴포넌트에 Props(onClick)로 전달하는 것이지만, 결국 이 컴포넌트의 <button> 태그에서 onClick 이벤트 핸들러로 설정됩니다. 따라서 이 과정은 <작성 완료> 버튼의 onClick 이벤트 핸들러로 함수 handleSubmit을 설정하는 것과 동일한 기능을 수행합니다.

〈작성 완료〉 버튼을 클릭했을 때 설정한 이벤트 핸들러가 잘 동작하는지 확인하기 위해 Home 페이지에서 메시지 대화상자를 보여주는 함수를 임시로 만들고 Editor 컴포넌트에 Props(onSubmit)로 전달합니다.

CODE file : src/pages/Home.js

```
import Editor from "../component/Editor";

const Home = () => {
  return (
    <div>
      <Editor
        onSubmit={() => { ①
          alert("작성 완료 버튼을 클릭했음");
        }}
      />
    </div>
  );
};
export default Home;
```

① Home 페이지에서 Props(onSubmit)로 메시지 대화상자를 보여주는 함수를 만들어 Editor 컴포넌트에 전달합니다.

〈작성 완료〉 버튼을 클릭합니다. Editor 컴포넌트에 Props로 전달한 함수가 실행되어 메시지 대화상자가 Home 페이지에서 렌더링되는지 확인합니다.

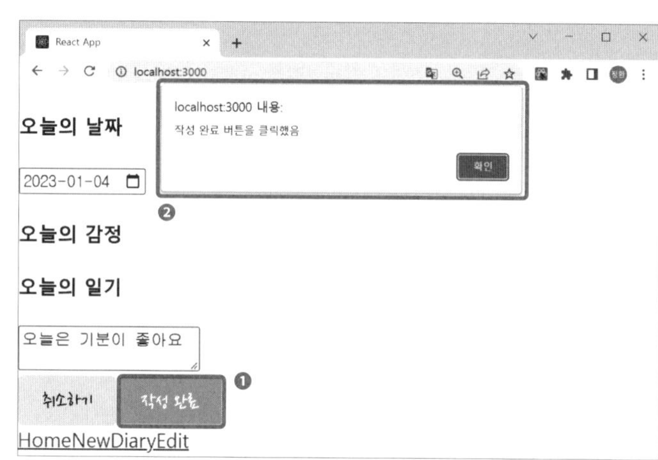

그림 프3-43 <작성 완료> 버튼 기능 구현하기

<취소하기> 버튼 기능 구현하기

다음으로 〈취소하기〉 버튼을 클릭했을 때 동작하는 이벤트 핸들러를 만듭니다. 〈취소하기〉 버튼을 클릭하면 브라우저의 뒤로 가기 이벤트가 발생합니다. 그럼 이전 페이지로 돌아가게 됩니다. 리액트 앱에서 뒤로 가기 이벤트가 동작하려면 react-router-dom의 useNavigate 훅을 이용해야 합니다.

Editor.js에서 다음과 같이 useNavigate를 호출하도록 작성합니다.

CODE file : src/component/Editor.js

```
(...)
import { useNavigate } from "react-router-dom"; ①

const Editor = ({ initData, onSubmit }) => {
  const navigate = useNavigate(); ②
  (...)
};
export default Editor;
```

① react-router-dom 라이브러리에서 useNavigate를 불러옵니다.

② useNavigate를 호출하면 클라이언트 사이드 렌더링 방식으로 페이지를 이동하는 함수를 반환합니다. 이때 인수로는 아무것도 전달하지 않아도 됩니다. useNavigate를 호출해 함수 navigate를 생성하면 페이지 간의 이동을 간편하게 구현할 수 있습니다.

함수 navigate를 호출하고 인수로 '/new'와 같은 경로를 문자열로 전달하면, 마치 동일한 경로의 Link 컴포넌트를 클릭한 것처럼 해당 페이지로 이동합니다. 이때 인수로 경로가 아닌 -1을 전달하면 브라우저의 뒤로 가기 이벤트가 1회 동작합니다.

다음과 같이 Editor 컴포넌트에서 〈취소하기〉 버튼을 클릭했을 때 뒤로 가기 이벤트가 동작하도록 이벤트 핸들러 handleOnGoback을 만듭니다.

CODE file : src/component/Editor.js

```
(...)
const Editor = ({ initData, onSubmit }) => {
(...)
  const handleOnGoBack = () => { ①
    navigate(-1);
  };

  return (
    <div className="Editor">
      (...)
      <div className="editor_section bottom_section">
        <Button text={"취소하기"} onClick={handleOnGoBack} /> ②
        <Button text={"작성 완료"} type={"positive"} onClick={handleSubmit} />
      </div>
    </div>
  );
};
export default Editor;
```

① <취소하기> 버튼을 클릭하면 실행할 이벤트 핸들러 handleOnGoback을 만듭니다. 이 함수는 navigate를 호출하는데, 인수로 -1을 전달하면 뒤로 가기 이벤트가 동작합니다.

② 함수 handleOnGoback을 <취소하기> 버튼의 onClick 이벤트 핸들러로 설정합니다.

〈취소하기〉 버튼을 클릭하면 브라우저의 뒤로 가기 기능이 동작해야 합니다. 이를 확인하기 위해 브라우저에서 새 탭을 만듭니다. 그럼 크롬 브라우저의 기본 화면이 나옵니다. 브라우저의 주소 표시줄에서 `http://localhost:3000`을 입력해 [감정 일기장] `Home` 페이지로 접속합니다. 여기서 〈취소하기〉 버튼을 클릭했을 때 뒤로 가기 이벤트가 동작해 크롬 브라우저의 기본 화면으로 돌아가는지 확인합니다.

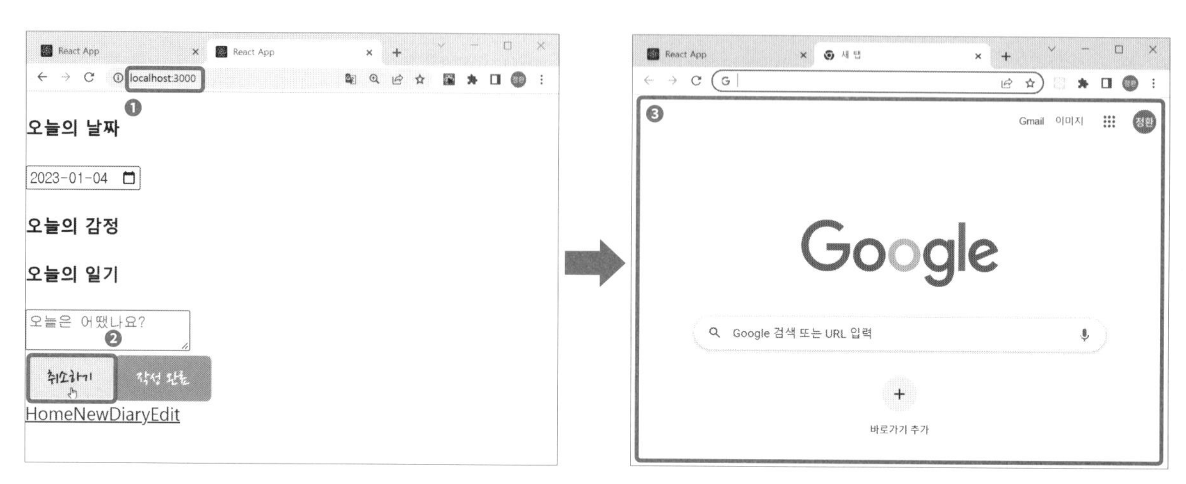

그림 프3-44 <취소하기> 버튼 기능 구현하기

뒤로 가기 이벤트가 동작하면 크롬 브라우저의 기본 화면으로 돌아가는 것을 확인할 수 있습니다.

Editor 컴포넌트 스타일링하기

`Editor`의 감정 선택 섹션을 구현하기 전에 먼저 이 컴포넌트의 스타일링을 진행하겠습니다. 먼저 스타일링을 구현하는 이유는 스타일을 적용하지 않으면 감정 이미지 선택 기능을 실습 과정에서 알아보기 힘들기 때문입니다.

Editor.css를 다음과 같이 작성합니다.

CODE file : src/component/Editor.css

```
.Editor {
}

.Editor .editor_section {
  margin-bottom: 40px;
}
```

```
.Editor h4 {
  font-size: 22px;
  font-weight: bold;
}

.Editor input,
textarea {
  border: none;
  border-radius: 5px;
  background-color: #ececec;
  padding: 20px;
  font-size: 20px;
  font-family: "Nanum Pen Script";
}

.Editor input {
  padding-top: 10px;
  padding-bottom: 10px;
  cursor: pointer;
}

.Editor textarea {
  width: 100%;
  min-height: 200px;
  box-sizing: border-box;
  resize: vertical;
}

.Editor .bottom_section {
  display: flex;
  justify-content: space-between;
  align-items: center;
}
```

Editor 컴포넌트의 스타일이 어떻게 표현되는지 확인합니다.

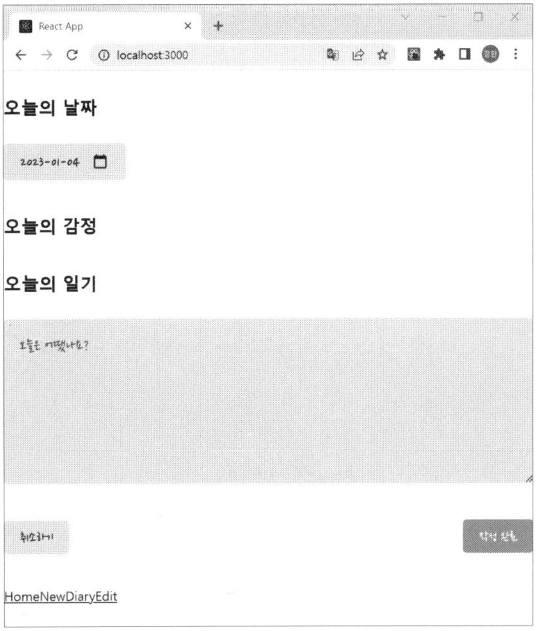

그림 프3-45 Editor 컴포넌트의 스타일 구현하기

감정 이미지 선택 섹션 구현하기

이번에는 Editor 컴포넌트에서 감정 이미지 선택 섹션을 구현합니다. 그 전에 이 섹션을 어떻게 구현할지 [그림 프3-46]을 참고해 살펴보겠습니다.

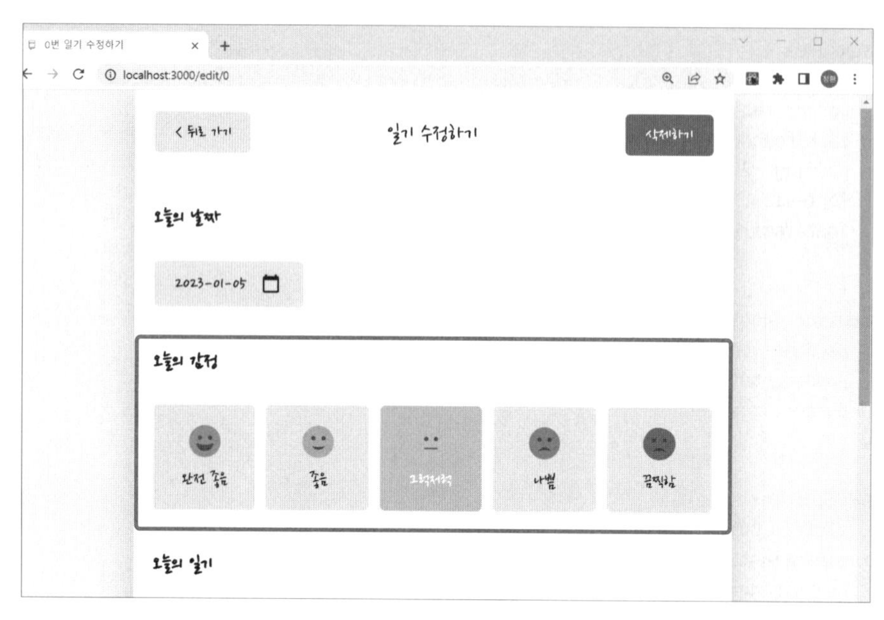

그림 프3-46 감정 이미지 선택 섹션의 완성본

감정 이미지 선택 섹션은 모두 5개의 감정 이미지로 이루어져 있습니다. 이 섹션에서 사용자가 특정 이미지를 선택하면, 선택 이미지 색상으로 배경 색상도 동일하게 변경됩니다.

5개의 감정 이미지 렌더링하기

5개의 감정 이미지를 자바스크립트에서 사용할 수 있는 데이터 형태로 정의하겠습니다. 다음과 같이 util.js에 emotionList를 추가합니다.

CODE file : src/util.js

```
(...)
export const emotionList = [
  {
    id: 1,
    name: "완전 좋음",
    img: getEmotionImgById(1),
  },
  {
```

```
    id: 2,
    name: "좋음",
    img: getEmotionImgById(2),
  },
  {
    id: 3,
    name: "그럭저럭",
    img: getEmotionImgById(3),
  },
  {
    id: 4,
    name: "나쁨",
    img: getEmotionImgById(4),
  },
  {
    id: 5,
    name: "끔찍함",
    img: getEmotionImgById(5),
  },
];
```

TIP
호이스팅에 대해서는 1장 49~50쪽을 참고하세요.

emotionList의 작성 위치에 유의하기

함수 getEmotionImgById는 함수 선언식으로 만든 게 아니라 화살표 함수를 이용해 만들었습니다. 화살표 함수는 함수 표현식으로서 호이스팅의 대상이 아닙니다. util.js에서 emotionList 코드를 함수 getEmotionImgById보다 앞에 작성하면 선언도 하기 전에 배열에 접근하는 경우이므로 오류가 발생합니다. 따라서 emotionList는 getEmotionImgById보다 뒤에 작성해야 합니다.

데이터 형태로 만든 emotionList를 Editor 컴포넌트에서 불러와 렌더링합니다. 다음과 같이 map을 이용해 5개의 감정 이미지를 순회하며 렌더링합니다.

CODE file : src/component/Editor.js

```
(...)
import { emotionList, getFormattedDate } from "../util";
(...)
const Editor = ({ initData, onSubmit }) => {
  (...)
  return (
    <div className="Editor">
      (...)
      <div className="editor_section">
        <h4>오늘의 감정</h4>
        <div className="input_wrapper emotion_list_wrapper"> ①
          {emotionList.map((it) => ( ②
```

```
            <img key={it.id} alt={`emotion${it.id}`} src={it.img} />
          ))}
        </div>
      </div>
      (...)
    </div>
  );
};
export default Editor;
```

① <div> 태그에서 감정 이미지 리스트만의 스타일 규칙을 적용하기 위해 className에 emotion_list_wrapper를 추가합니다.
② 배열 메서드 map으로 emotionList에 저장된 5개의 이미지를 순회하며 각각 <img> 태그로 변환해 렌더링합니다.

감정 이미지 선택 섹션에 5개의 이미지가 잘 렌더링되는지 확인합니다.

감정 이미지가 순서대로 잘 나타나고 있음을 알 수 있습니다.

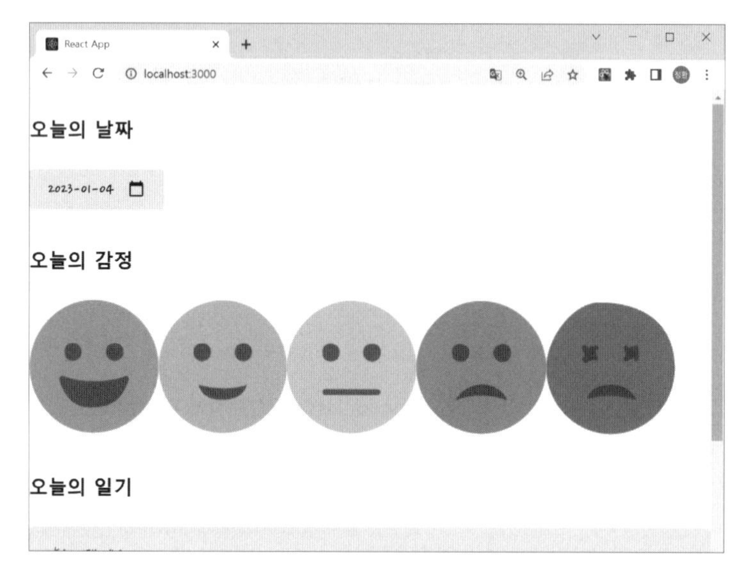

그림 프3-47 5개의 감정 이미지 렌더링하기

감정 이미지 섹션 스타일링하기

이번에는 5개의 감정 이미지가 일정한 간격으로 배치되도록 Editor.css에서 스타일 규칙을 하나 추가하겠습니다.

TIP 스타일 규칙을 추가하기 전에 앞서 작성한 코드의 className에 emotion_list_wrapper를 추가했는지 확인합니다.

CODE file : src/component/Editor.css

```
(...)
.Editor .emotion_list_wrapper {
  display: flex;
  justify-content: space-around;
  gap: 2%;
}
```

변경된 스타일 규칙이 잘 적용되었는지 확인합니다.

[그림 프3-48]처럼 감정 이미지들이 일정한 간격으로 페이지에 배치되었습니다.

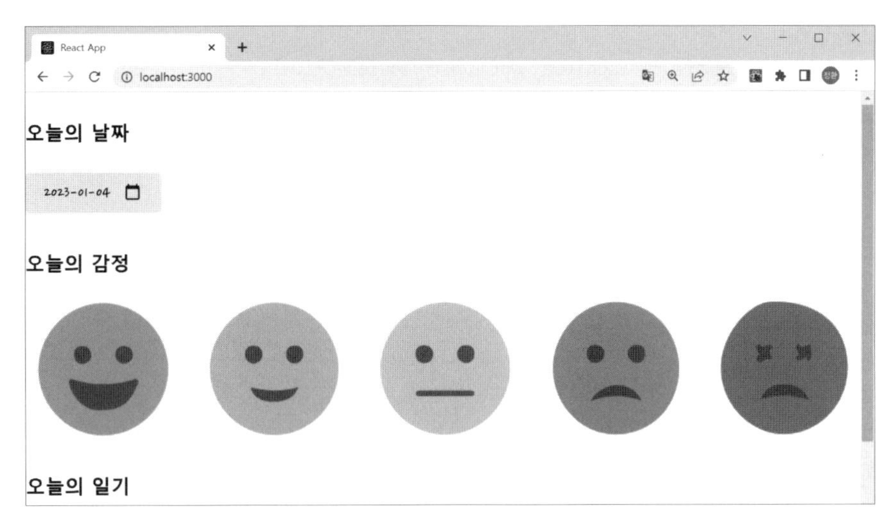

그림 프3-48 감정 이미지 선택 섹션의 스타일 변경하기

감정 이미지 선택 섹션에서 State 업데이트하기

감정 이미지 선택 섹션은 이미지를 렌더링하는 것으로 끝나는 게 아닙니다. 사용자가 특정 감정 이미지를 클릭하면, 선택한 이미지를 저장하기 위해 State를 업데이트하고 다른 스타일도 적용해야 합니다. 따라서 감정 이미지 선택과 관련한 기능을 구현하기 위해 EmotionItem 컴포넌트를 별도로 만들겠습니다.

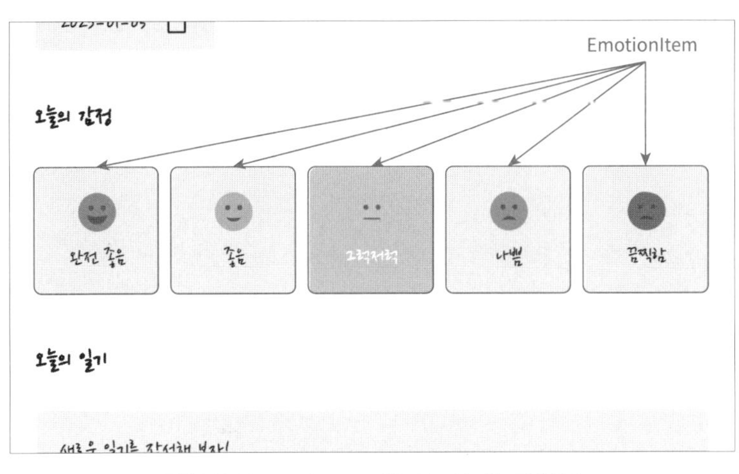

그림 프3-49 EmotionItem 컴포넌트의 기능 미리보기

component 아래에 EmotionItem.js를 생성하고 다음과 같이 작성합니다.

CODE file : src/component/EmotionItem.js

```
import React from "react";
import "./EmotionItem.css";

const EmotionItem = ({ id, img, name, onClick, isSelected }) => {
  const handleOnClick = () => {
    onClick(id);
  };
```

```
  return (
    <div className="EmotionItem" onClick={handleOnClick}>
      <img alt={`emotion${id}`} src={img} />
      <span>{name}</span>
    </div>
  );
};
export default EmotionItem;
```

EmotionItem은 부모인 Editor 컴포넌트에서 Props로 5개의 값을 받는데, 각 값의 역할은 다음과 같습니다.

- id: 감정 이미지의 아이디
- img: 감정 이미지의 주소
- name: 감정 이미지의 이름
- onClick: 감정 이미지를 클릭하면 동작하는 이벤트 핸들러
- isSelected: 감정 이미지의 선택 여부(선택된 감정 이미지에 별도의 스타일을 적용하기 위함)

다음으로 EmotionItem 컴포넌트의 스타일 파일을 만들고 다음과 같이 작성합니다.

CODE file : src/component/EmotionItem.css

```css
.EmotionItem {
  cursor: pointer;
  border-radius: 5px;
  padding: 20px;
  display: flex;
  flex-direction: column;
  justify-content: center;
  align-items: center;
}

.EmotionItem img {
  width: 50%;
  margin-bottom: 10px;
}

.EmotionItem span {
  font-size: 18px;
}
```

이제 EmotionItem 컴포넌트를 순회하며 렌더링하겠습니다. 먼저 Editor에서 EmotionItem 컴포넌트에 Props(onClick)로 전달할 이벤트 핸들러를 만듭니다. 그리고

map을 이용해 <img> 태그가 아닌 EmotionItem 컴포넌트를 반복해 렌더링하도록 수정합니다.

CODE file : src/component/Editor.js

```
(...)
import EmotionItem from "./EmotionItem"; ①

const Editor = ({ initData, onSubmit }) => {
  (...)
  const handleChangeEmotion = (emotionId) => { ②
    setState({
      ...state,
      emotionId,
    });
  };

  return (
    <div className="Editor">
      (...)
      <div className="editor_section">
        <h4>오늘의 감정</h4>
        <div className="input_wrapper emotion_list_wrapper">
          {emotionList.map((it) => ( ③
            <EmotionItem
              key={it.id}
              {...it}
              onClick={handleChangeEmotion}
              isSelected={state.emotionId === it.id}
            />
          ))}
        </div>
      </div>
      (...)
    </div>
  );
};
export default Editor;
```

① EmotionItem 컴포넌트를 불러옵니다.

② 감정 이미지를 클릭하면 호출할 이벤트 핸들러를 만듭니다. 이 함수는 감정 이미지 선택 섹션에서 클릭한 이미지 번호를 매개변수 emotionId에 저장합니다. 그리고 이 번호로 현재 State의 emotionId 값을 업데이트합니다.

③ map을 이용해 emotionList에 저장된 5개의 이미지 객체를 EmotionItem 컴포넌트로 반복 렌더링합니다. Props의 key로는 감정 이미지의 id를 전달하고 현재 순회 중인 배열 요소의 모든 프로퍼티를 전달합니다. onClick으로는 ②에서 만든 함수 handleChangeEmotion를 전달합니다. 마지막으로 현재 순회 중인 배열 요소의 id와 state.emotionId가 동일한지 여부를 판단하는

isSelected를 전달합니다. 이 값을 이용하면 EmotionItem 컴포넌트에서 자신이 현재 선택된 감정 이미지인지 아닌지 구분할 수 있습니다.

제대로 구현되었는지 리액트 개발자 도구를 이용해 확인하겠습니다.

페이지에 렌더링한 5개의 감정 이미지 중 '나쁨'을 클릭합니다. 개발자 도구의 [Components] 탭에서 Editor를 선택한 다음, State의 emotionId가 선택한 이미지 번호로 잘 업데이트되는지 확인합니다.

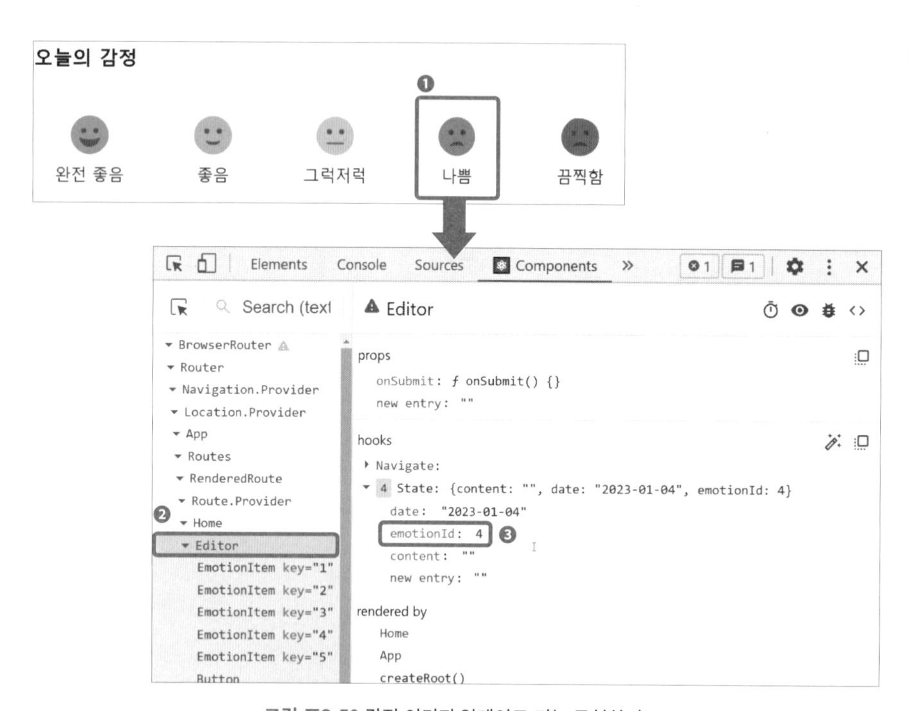

그림 프3-50 감정 이미지 업데이트 기능 구현하기

TIP
참고로 '나쁨' 이미지 번호는 4번입니다.

선택한 감정 이미지 하이라이트하기

마지막으로 선택한 감정 이미지와 나머지 이미지를 구별(지금은 선택해도 별다른 변화가 없음)하기 위해 사용자가 선택한 감정 이미지를 하이라이트하겠습니다. 이를 위해 EmotionItem 컴포넌트에서 Props(isSelected)에 따라 다른 스타일을 적용합니다.

다음과 같이 EmotionItem을 수정합니다.

CODE file : src/component/EmotionItem.js

```
(...)
const EmotionItem = ({ id, img, name, onClick, isSelected }) => {
  (...)
```

```
  return (
    <div
      className={[
        "EmotionItem",
        isSelected ? `EmotionItem_on_${id}` : `EmotionItem_off`, ①
      ].join(" ")}
      onClick={handleOnClick}
    >
      (...)
    </div>
  );
};
export default EmotionItem;
```

> ① isSelected의 값에 따라 EmotionItem에 다른 스타일을 적용하기 위해 <div> 태그의 className을 동적으로 설정합니다. 삼항 연산자를 이용해 EmotionItem 컴포넌트를 렌더링하는 <div> 태그의 className을 isSelected가 true면 EmotionItem EmotionItem_on_{id}, false면 EmotionItem EmotionItem_off로 설정합니다.

이제 className에 따라 다른 스타일 규칙을 적용합니다. EmotionItem.css에 다음 코드를 추가합니다.

CODE file : src/component/EmotionItem.css

```
(...)
.EmotionItem_off {
  background-color: #ececec;
}

.EmotionItem_on_1 {
  background-color: #64c964;
  color: white;
}

.EmotionItem_on_2 {
  background-color: #9dd772;
  color: white;
}

.EmotionItem_on_3 {
  background-color: #fdce17;
  color: white;
}

.EmotionItem_on_4 {
  background-color: #fd8446;
  color: white;
}
```

```
.EmotionItem_on_5 {
  background-color: #fd565f;
  color: white;
}
```

이제 선택된 이미지의 배경은 해당 감정 이미지와 동일한 색상으로 변경됩니다. 감정 이미지를 하나씩 선택해 의도한 대로 잘 변경되는지 페이지와 [Components] 탭에서도 확인합니다.

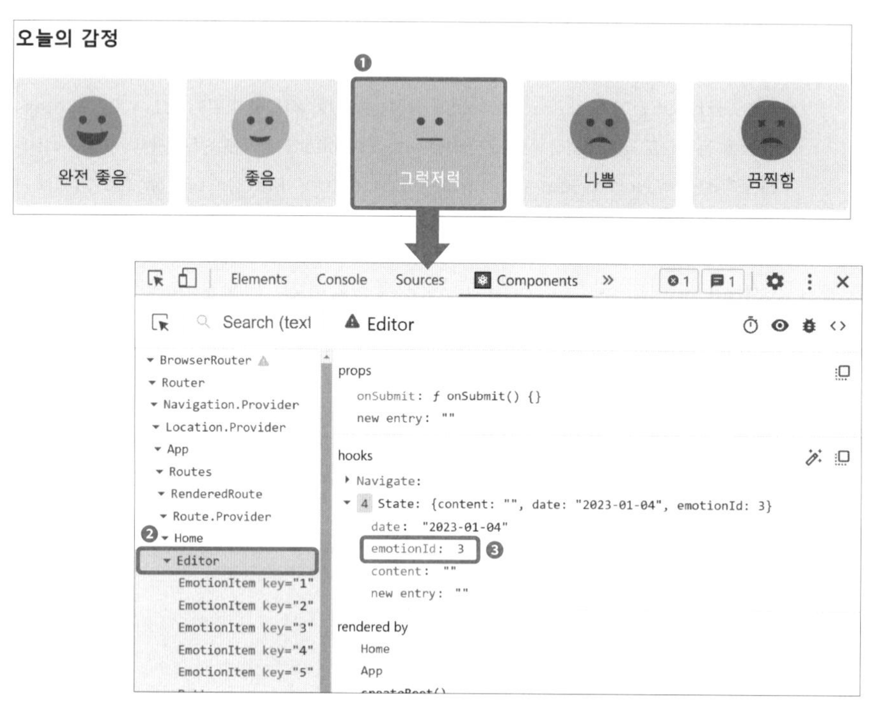

그림 프3-51 선택한 이미지의 스타일 변경하기

편리한 수정 기능 지원하기

오늘날 웹 서비스는 사용자가 작성한 게시물의 내용이나 정보를 수정할 때 여러 편의를 제공합니다. 예컨대 사용자가 정보를 수정할 때는 이전에 작성했던 내용을 불러와 해당 정보를 살펴보며 수정할 수 있습니다. [감정 일기장] 프로젝트에서도 이 기능을 구현하겠습니다.

Editor 컴포넌트는 Props(initData)로 수정하기 전 일기 데이터를 받습니다. 이 데이터를 불러와 입력 폼에 기본값으로 설정해야 합니다. 아직 작성한 일기 데이터가 없기 때문에 임시로 Home 페이지에서 만들어 Editor 컴포넌트에 Props로 전달합니다.

CODE file : src/pages/Home.js

```
import Editor from "../component/Editor";

const Home = () => {
  return (
    <div>
      <Editor
        initData={{                    ①
          date: new Date().getTime(), ②
          emotionId: 1,
          content: "이전에 작성했던 일기",
        }}
        onSubmit={() => alert("작성 완료!")}
      />
    </div>
  );
};
export default Home;
```

① Home 페이지에서 Editor 컴포넌트에 Props(initData)로 일기 데이터 객체를 임시로 만들어 전달합니다.

② initData의 date 프로퍼티는 new Date().getTime()으로 현재 날짜를 타임 스탬프값으로 변환해 전달합니다. Date 객체 자체를 전달하는것이 아니라 타임 스탬프값으로 전달하는 이유는 나중에 월 단위로 일기를 보여줄 때 날짜 비교 연산을 수월하게 하기 위함입니다.

TIP
날짜 비교 연산에 대한 정보는 119~120쪽을 참고하세요.

Editor 컴포넌트는 Home 페이지에서 받은 initData를 State의 기본값으로 설정합니다.

CODE file : src/component/Editor.js

```
import { useState, useEffect } from "react"; ①
(...)
const Editor = ({ initData, onSubmit }) => {
  (...)
  useEffect(() => { ②
    if (initData) { ③
      setState({     ④
        ...initData,
        date: getFormattedDate(new Date(parseInt(initData.date))),
      });
    }
  }, [initData]);
  (...)
};
export default Editor;
```

① useEffect를 react 라이브러리에서 불러옵니다.

② Editor 컴포넌트에서 useEffect를 호출하고 Props로 받은 initData를 의존성 배열에 저장합니다. 결국 useEffect에 첫 번째 인수로 전달한 콜백 함수는 initData 값이 변경될 때마다 실행됩니다.

TIP useEffect의 사용법에 대해서는 264~266쪽을 참고하세요.

③ useEffect의 콜백 함수가 실행될 때 initData가 falsy한 값이라면 부모 컴포넌트에서 정상적인 initData를 받지 못한 경우이므로 아무런 일도 일어나지 않습니다. 그러나 truthy한 값이라면 if 문을 수행합니다.

④ State를 업데이트합니다. 이때 ...initData로 받은 content, emotionId 프로퍼티 값은 initData와 동명의 프로퍼티 값으로 설정합니다. 그다음 state.date 프로퍼티는 타임 스탬프 형식의 initData.date를 Date 객체로 변환한 다음, 이를 다시 yyyy-mm-dd 형식의 문자열로 변환해 설정합니다. 이때 Date 객체를 yyyy-mm-dd 형식으로 변환하기에 앞서 util.js에서 만들었던 함수 getFormattedDate를 사용합니다.

TIP 함수 getFormattedDate의 용도에 대해서는 451~452쪽을 참고하세요.

이제 일기 수정 상황에서 기존에 작성한 일기를 Props로 전달하면, 자동으로 Editor 컴포넌트 입력 폼에 기본값으로 렌더링됩니다. 따라서 사용자는 기존 일기를 보면서 더 편리하게 일기를 수정할 수 있습니다.

페이지를 새로고침하고 Home에서 전달한 임시 일기 데이터가 Editor 컴포넌트 입력 폼의 기본값으로 설정되는지 확인합니다 그리고 개발자 도구의 [Components] 탭에서 Editor 컴포넌트의 State를 클릭해 입력 폼에 자동으로 설정된 값이 Props로 받은 값과 일치하는지도 확인합니다.

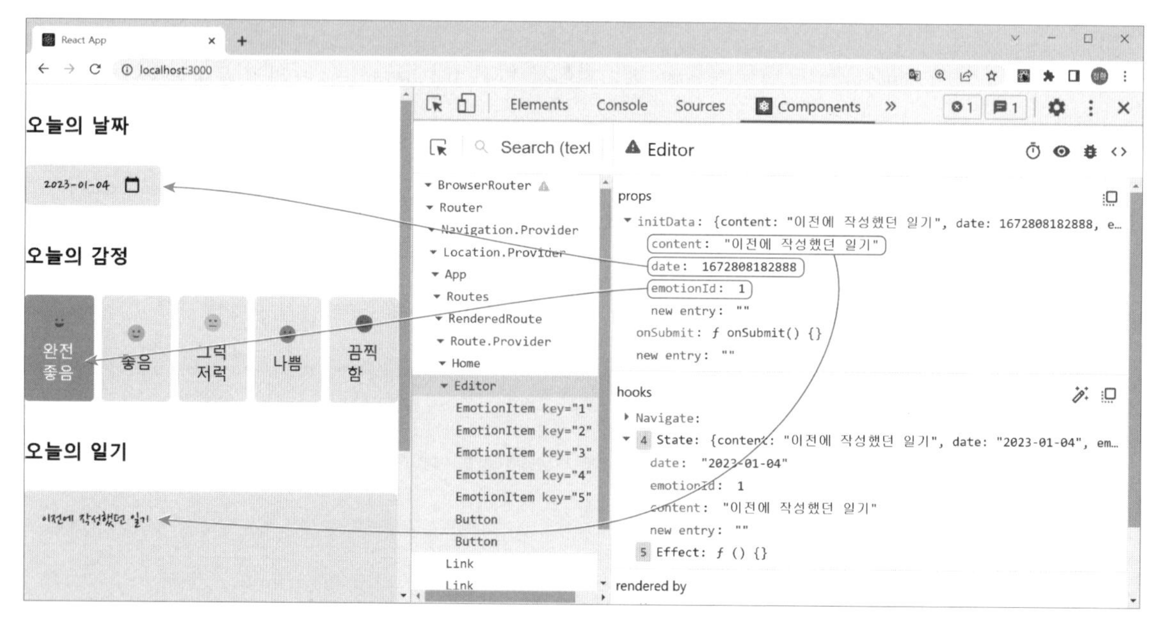

그림 프3-52 [Components] 탭에서 State(initData) 값 확인하기

지금까지 두 개의 절에 걸쳐 [감정 일기장] 프로젝트에서 사용할 공통 컴포넌트 Button, Header, Editor의 구현을 모두 완료하였습니다.

다음 절부터 지금까지 만든 공통 컴포넌트를 활용해 페이지를 구현합니다. Home 페이지에서 테스트를 위해 작성했던 return 문과 import 코드는 모두 삭제하고 다음과 같은 상태로 되돌려 놓습니다.

CODE file : src/pages/Home.js

```
const Home = () => {
  return <div>Home 페이지입니다</div>;
};
export default Home;
```

공통 스타일 설정하기

이번 절에서는 페이지의 레이아웃이나 폰트 설정 등 프로젝트에서 공통으로 적용하는 스타일을 설정하겠습니다.

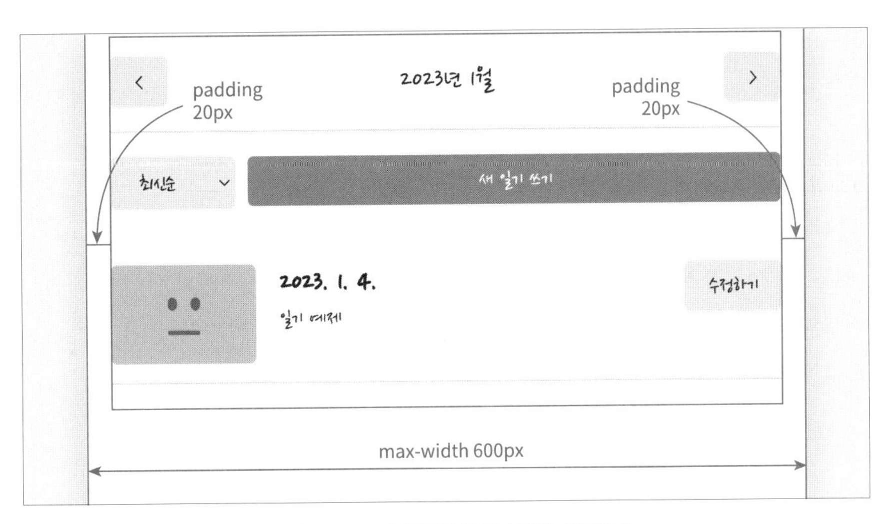

그림 프3-53 프로젝트의 공통 스타일 설계하기

우리가 만들 [감정 일기장]은 다음과 같은 공통 스타일을 지닙니다.

- 기본 폰트는 Nanum Pen Script입니다.
- 회색 배경 한가운데 흰색 박스가 하나 있는데, 이 박스 내부에 모든 요소가 배치됩니다. 이렇게 요소들을 담는 박스를 흔히 '컨테이너(Container)'라고 합니다.

이 컨테이너의 최대 너비는 600px입니다. 만약 브라우저의 크기가 600px보다 작다면 흰색 컨테이너가 브라우저를 가득 채웁니다.

- 흰색 컨테이너는 좌우에 20px의 내부 여백(padding)이 있습니다.

기본 폰트 적용하기

먼저 index.css를 수정해 리액트 앱의 기본 폰트를 설정합니다.

CODE file : src/index.css

```
@import url("https://fonts.googleapis.com/css2?family=Nanum+Pen+Script&family=
Yeon+Sung&display=swap");

html,
body {
  margin: 0px;
  font-family: "Nanum Pen Script";
}
```

<html>과 <body> 태그 모두 0px의 외부 여백(margin)을 적용합니다. 그리고 폰트는 Nanum Pen Script로 설정합니다.

그림 프3-54 기본 폰트를 적용한 프로젝트 모습

html, body, root 스타일링

HTML 요소 중 <html>, <body>, 그리고 리액트 컴포넌트의 루트 요소(id가 root)인 <div> 태그에도 스타일을 적용합니다. 전체 배경은 회색, 메인 컨테이너의 배경은 흰색으로 설정합니다. 그리고 컨테이너의 너비는 600px, 위치는 '정중앙', 별도 효과로 그림자를 적용합니다.

index.css를 다음과 같이 수정합니다.

CODE file : src/index.css

```
@import url("https://fonts.googleapis.com/css2?family=Nanum+Pen+Script&family=
Yeon+Sung&display=swap");

html,
body {
  margin: 0px;
  width: 100%;
  background-color: #f6f6f6;
  display: flex;
  justify-content: center;
```

```
  font-family: "Nanum Pen Script";
}

body {
  height: 100%;
}

#root {
  margin: 0 auto;
  max-width: 600px;
  width: 100%;
  min-height: 100vh;
  height: 100%;
  background-color: white;
  box-shadow: rgba(100, 100, 100, 0.2) 0px 7px 29px 0px;
}
```

그림 프3-55 html, body, root에 기본 스타일 적용하기

여기서 잠깐

전체 스타일이 적용되지 않는다면 index.js에서 index.css를 불러오는지 확인합니다. 그럼에도 스타일이 적용되지 않는다면 브라우저 캐시 문제일 가능성이 있습니다. 이때는 리액트 앱을 종료했다 다시 실행하거나, 브라우저 상단 <새로고침> 버튼을 우클릭하면 나오는 메뉴에서 [캐시 비우기 및 강력 새로고침]을 클릭합니다.

TIP
참고로 개발자 도구가 열려 있어야 새로고침 아이콘이 동작합니다.

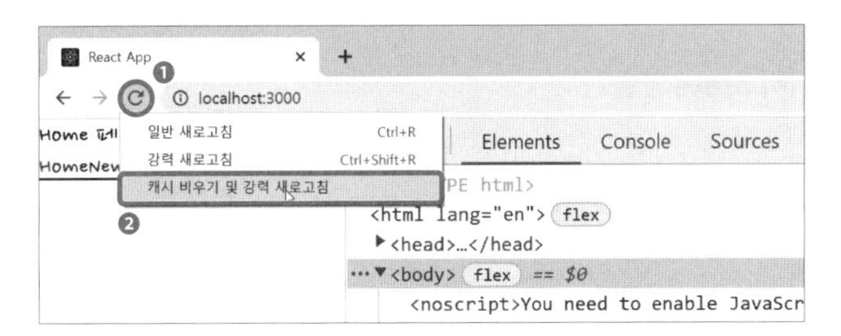

그림 프3-56 [캐시 비우기 및 강력 새로고침] 기능 사용하기

브라우저는 성능을 높이기 위해 CSS 코드를 캐싱합니다. 따라서 개발 도중 CSS 스타일 규칙을 수정했는데도 정상적으로 반영되지 않을 때가 있습니다. 이때 '캐시 비우기 및 강력 새로고침' 기능을 자주 이용합니다.

App 컴포넌트 스타일링

메인 컨테이너 역할을 수행할 App 컴포넌트의 스타일을 설정합니다. 메인 컨테이너의 좌우 내부 여백을 20px으로 설정합니다.

CODE file : src/App.css

```
.App {
  padding-left: 20px;
  padding-right: 20px;
}
```

TIP
App 컴포넌트에서 App.css를 불러오는지, return 문 최상위 태그의 className이 App로 설정되어 있는지 꼭 확인합니다.

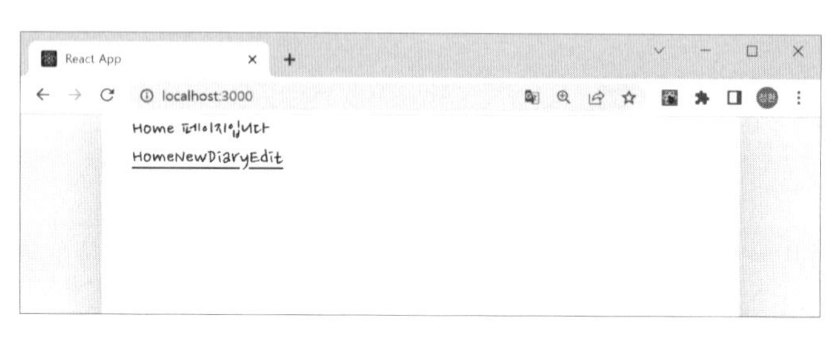

그림 프3-57 App 컴포넌트 스타일링 구현하기

일기 관리 기능 만들기

이번 절에서는 App 컴포넌트에 일기 관리 기능을 만듭니다. 일기 관리 기능이란 [감정 일기장]에서 사용자가 만들고 수정하고 삭제하는 여러 일기들을 데이터로 관리하는 것을 말합니다. 앞서 진행했던 프로젝트 2 [할 일 관리] 앱에서는 UI 구현을 마친 후에 관리 기능을 만들었지만, [감정 일기장] 프로젝트는 여러 개의 페이지로 이루어진 더 복잡한 구조이기 때문에 핵심 기능을 먼저 구현합니다.

일기 데이터 State 만들기

먼저 일기 데이터를 관리하기 위한 State를 만듭니다. 일기 데이터는 모든 페이지에서 필요하므로 일기 데이터를 관리하는 State는 최상위 컴포넌트인 App에서 만들어야 합니다.

TIP
App에서 만들어야 하는 이유는 257쪽의 'State는 어떤 컴포넌트에 만들까?'를 참고하세요

다음과 같이 useReducer로 App 컴포넌트에 일기 데이터를 관리하기 위한 State를 만듭니다. 앞서 페이지 이동을 테스트하기 위해 작성했던 <Link> 태그는 모두 제거합니다.

App 컴포넌트를 다음과 같이 작성합니다.

CODE file : src/App.js

```
import { useReducer } from "react"; ①
(...)
function reducer(state, action) { ②
  return state;
}

function App() {
  const [data, dispatch] = useReducer(reducer, []); ③

  return (
    <div className="App"> ④
      <Routes>
        <Route path="/" element={<Home />} />
        <Route path="/new" element={<New />} />
        <Route path="/diary/:id" element={<Diary />} />
        <Route path="/edit" element={<Edit />} />
      </Routes>
    </div>
  );
}
export default App;
```

① react 라이브러리에서 useReducer를 불러옵니다.

② 함수 reducer를 만듭니다. 지금은 매개변수로 저장한 state를 그대로 반환하도록 만듭니다. 함수 reducer에 필요한 상태 변화 코드는 차차 작성할 예정입니다.

③ useReducer를 호출해 일기 데이터를 관리할 State 변수 data를 만듭니다. 두 번째 인수로 빈 배열을 전달해 일기 데이터의 초깃값을 설정합니다.

④ 앞서 페이지 이동을 실험하기 위해 만들었던 <Link> 태그와 그를 묶은 <div> 태그는 모두 제거합니다.

TIP
useReducer 훅을 다시 살펴보려면 346~351쪽을 참고하세요.

일기 데이터를 관리할 State를 만들었습니다. 설명의 편의상 앞으로 이 State를 '일기 State'라고 하겠습니다.

일기 State 업데이트 기능 구현하기

[감정 일기장] 프로젝트에서는 사용자가 자유롭게 일기를 작성(생성), 수정, 삭제할 수 있어야 합니다. 일기 State 업데이트란 App 컴포넌트의 State인 data를 작성, 수정, 삭제하는 일체의 과정을 말합니다.

CREATE 기능 만들기

먼저 일기 생성 기능을 구현합니다. 그 전에 새 일기를 추가할 때 key로 사용할 참조 객체로 idRef를 생성합니다. 이 객체를 생성하는 까닭은 앞으로 배열 형태의 일기를 리스트로 렌더링할 때 아이템별로 고유한 key를 부여하기 위함입니다.

CODE file : src/App.js

```
(...)
import { useReducer, useRef } from "react"; ①
(...)
function App() {
  const [data, dispatch] = useReducer(reducer, []);
  const idRef = useRef(0); ②
  (...)
}
export default App;
```

① react 라이브러리에서 useRef를 불러옵니다.

② useRef를 호출해 새로운 Ref 객체를 생성합니다. 이때 인수로 0을 전달해 초깃값을 설정합니다.

다음으로 새 일기를 생성하는 함수 onCreate를 만듭니다. 함수 onCreate는 일기를 생성하므로 앞서 만든 Editor 컴포넌트에서 호출할 예정입니다.

함수 onCreate를 생성하기 전에 사용자가 새 일기를 작성할 때 어떤 정보를 입력하는지 생각해볼 필요가 있습니다. 사용자는 Editor 페이지에서 새 일기를 작성하면서 다음과 같은 정보를 입력합니다.

- 날짜(date): yyyy-mm-dd 형식의 문자열
- 감정 이미지 번호(emotionId): 숫자
- 일기(content): 문자열

먼저 사용자가 날짜 입력 폼에서 선택한 날짜는 yyyy-mm-dd 형식으로 저장됩니다. 그 다음 사용자가 선택한 감정 이미지는 숫자 형태의 감정 이미지 번호(1부터 5까지)로 저장됩니다. 마지막으로 작성한 일기는 문자열로 저장됩니다.

따라서 함수 onCreate로 새로운 일기를 생성하려면, 사용자가 입력한 date, content, emotionId를 매개변수로 저장한 다음 함수 dispatch를 호출해야 합니다. 다음과 같이 App 컴포넌트에서 함수 onCreate를 작성합니다.

CODE file : src/App.js

```
(...)
function App() {
  const [data, dispatch] = useReducer(reducer, []);
  const idRef = useRef(0);
```

```
  const onCreate = (date, content, emotionId) => { ①
    dispatch({ ②
      type: "CREATE",
      data: {
        id: idRef.current,
        date: new Date(date).getTime(),
        content,
        emotionId,
      },
    });
    idRef.current += 1; ③
  };
  (...)
}
export default App;
```

> ① 함수 onCreate는 Editor 컴포넌트에서 사용자가 선택한 날짜 정보, 입력한 일기, 선택한 감정 이미지 번호를 매개변수 date, content, emotionId로 저장합니다.
>
> ② 일기 State를 새 일기가 추가된 배열로 업데이트하기 위해 함수 dispatch를 호출합니다. 이때 인수로 전달하는 action 객체의 type에는 생성을 의미하는 CREATE를, data에는 새롭게 생성한 일기 아이템을 객체로 만들어 전달합니다.
>
> ③ idRef의 현잿값을 1 늘려 다음 일기를 생성할 때 아이디가 중복되지 않도록 합니다.

함수 onCreate를 호출하면 새 일기를 담은 배열로 일기 State를 업데이트하기 위해 함수 dispatch를 호출합니다. 이때 인수로 전달하는 action 객체의 type은 CREATE입니다. 이제 함수 reducer에서 action 객체의 type이 CREATE일 때, 새 일기가 추가된 일기 데이터를 반환하도록 [감정 일기장] 프로젝트의 CREATE 기능을 만듭니다.

CODE file : src/App.js

```
(...)
function reducer(state, action) {
  switch (action.type) {
    case "CREATE": { ①
      return [action.data, ...state];
    }
    default: {
      return state;
    }
  }
}

function App() {
  (...)
}
```

> ① action.type이 CREATE면 action.data가 일기 State 배열 맨 앞에 추가된 새 일기 데이터가 반환됩니다. 그리고 새로 작성한 data가 추가된 일기 State로 업데이트됩니다.

UPDATE 기능 만들기

다음으로 일기를 수정하는 UPDATE 기능을 구현합니다. 먼저 App 컴포넌트에 일기 아이템을 수정하는 함수 onUpdate를 만듭니다.

CODE file : src/App.js

```
(...)
function App() {
  (...)
  const onUpdate = (targetId, date, content, emotionId) => { ①
    dispatch({                                              ②
      type: "UPDATE",
      data: {
        id: targetId,
        date: new Date(date).getTime(),
        content,
        emotionId,
      },
    });
  };
  (...)
}
export default App;
```

> ① 함수 onUpdate에는 4개의 매개변수가 있습니다. targetId는 수정할 일기 아이템의 id이며, 그 외의 매개변수 content, date, emotionId는 함수 onCreate와 동일합니다.
>
> ② 일기를 수정하려면 일기 State를 업데이트해야 하므로 함수 dispatch를 호출합니다. 이때 인수로 전달하는 action 객체의 type에는 수정을 의미하는 UPDATE를, data에는 수정된 일기 데이터 값(id, date, content, emotionId)을 담은 객체를 전달합니다.

계속해서 함수 reducer에서 action 객체의 type이 UPDATE일 때, 일기를 수정하는 기능을 구현합니다.

CODE file : src/App.js

```
(...)
function reducer(state, action) {
  switch (action.type) {
    (...)
    case "UPDATE": { ①
      return state.map((it) =>
        String(it.id) === String(action.data.id) ? { ...action.data } : it
      );
    }
    (...)
  }
}
```

```
function App() {
  (...)
}
export default App;
```

> ① action.type이 UPDATE이면 내장 함수 map을 이용해 일기 아이템을 순회하면서 수정할 일기 id(action.data.id)와 일치하는 데이터를 찾습니다. 찾으면 action.data의 값을 변경하는 새 일기 데이터를 반환하고 그렇지 않으면 기존 일기 아이템을 그대로 반환합니다. 그 결과 id가 action.data.id인 일기 아이템의 정보만 수정됩니다.

DELETE 기능 만들기

마지막으로 특정 일기를 삭제하는 DELETE 기능을 구현합니다. 먼저 App 컴포넌트에서 특정 일기를 삭제하는 함수 onDelete를 만듭니다.

CODE　　　file : src/App.js

```
(...)
function App() {
  (...)
  const onDelete = (targetId) => { ①
    dispatch({                    ②
      type: "DELETE",
      targetId,
    });
  };
  (...)
}
export default App;
```

> ① 함수 onDelete는 매개변수 targetId로 삭제할 일기 id를 저장합니다.
> ② 일기를 삭제하려면 일기 State를 업데이트해야 합니다. 따라서 함수 dispatch를 호출합니다. 이때 action 객체의 type으로 삭제를 의미하는 DELETE를, targetId로 삭제할 일기 id를 전달합니다.

다음으로 함수 reducer에서 매개변수로 제공되는 action 객체의 type이 DELETE일 때 일기를 삭제하는 기능을 구현합니다.

CODE　　　file : src/App.js

```
(...)
function reducer(state, action) {
  switch (action.type) {
    (...)
    case "DELETE": { ①
      return state.filter((it) => String(it.id) !== String(action.targetId));
    }
```

```
    (...)
  }
}

function App() {
  (...)
}
export default App;
```

> ① 일기를 삭제할 때는 함수 reducer에서 삭제할 일기 아이템을 제외한 새 일기 데이터 배열을 반환해야 합니다. 따라서 filter 메서드를 이용해 삭제할 일기 id와 일치하는 아이템은 빼고 새 일기 데이터 배열을 만들어 반환합니다.

지금까지 일기 State를 업데이트하는 일기 생성, 수정, 삭제 기능을 모두 구현했습니다.

목(Mock) 데이터 설정하기

이번에는 App 컴포넌트의 일기 State인 data에 목 데이터를 설정하겠습니다. 그럼 향후 페이지를 구현할 때 일기를 직접 작성하지 않아도 이 데이터만으로도 테스트가 가능합니다.

App 컴포넌트에서 다음과 같이 3개의 목 데이터를 만듭니다.

CODE file : src/App.js

```
(...)
const mockData = [
  {
    id: "mock1",
    date: new Date().getTime(),
    content: "mock1",
    emotionId: 1,
  },
  {
    id: "mock2",
    date: new Date().getTime(),
    content: "mock2",
    emotionId: 2,
  },
  {
    id: "mock3",
    date: new Date().getTime(),
    content: "mock3",
    emotionId: 3,
  },
];
```

```
(...)
function App() {
  (...)
}
```

목 데이터처럼 값이 변하지 않고, 컴포넌트의 라이프 사이클과 관련 없는 함수나 값은 컴포넌트 함수 내부에 생성하지 않습니다. 컴포넌트도 함수이기 때문에 State를 업데이트하거나 부모 컴포넌트에서 리렌더가 발생하면 다시 호출됩니다. 이때 별도로 useCallback이나 useMemo를 적용하지 않는 이상, 함수 내부에서 선언한 함수와 값은 다시 생성됩니다. 이는 불필요한 연산을 추가로 요구하므로 리액트 앱의 성능에 나쁜 영향을 끼칩니다. 따라서 목 데이터 같이 컴포넌트의 라이프 사이클과 관련 없고, 컴포넌트가 리렌더할 때 다시 생성할 필요가 없는 값이나 함수는 반드시 컴포넌트 외부에 선언해야 합니다.

useEffect를 이용해 App 컴포넌트를 마운트할 때 일기 State 값을 목 데이터로 업데이트합니다.

CODE　　file : src/App.js

```
(...)
import { useReducer, useRef, useEffect } from "react"; ①
(...)
function App() {
  const [data, dispatch] = useReducer(reducer, []);
  const idRef = useRef(0);

  useEffect(() => { ②
    dispatch({
      type: "INIT",
      data: mockData,
    });
  }, []);
  (...)
}
export default App;
```

① react 라이브러리에서 useEffect를 불러옵니다

② App 컴포넌트에서 useEffect를 호출하고 의존성 배열로 빈 배열을 전달합니다. 그 결과 useEffect의 콜백 함수는 마운트 시점에 호출되어 함수 dispatch를 호출합니다. 이때 인수로 전달하는 action 객체의 type에는 초기화 또는 초깃값 설정을 의미하는 INIT을, data에는 mockData를 전달합니다.

다음으로 함수 reducer에서 매개변수 action의 type이 INIT일 때 동작하는 코드를 작성합니다.

CODE file : src/App.js

```
(...)
function reducer(state, action) {
  switch (action.type) {
    case "INIT": { ①
      return action.data;
    }
    (...)
  }
}
(...)
```

> ① action.type이 INIT일 때 action.data를 그대로 반환합니다. 따라서 action.data에 저장된 목 데이터로 일기 State를 업데이트합니다.

이제 개발자 도구의 [Components] 탭에서 App 컴포넌트를 클릭한 다음, Reducer 항목이 mockData로 초기화되는지 확인합니다.

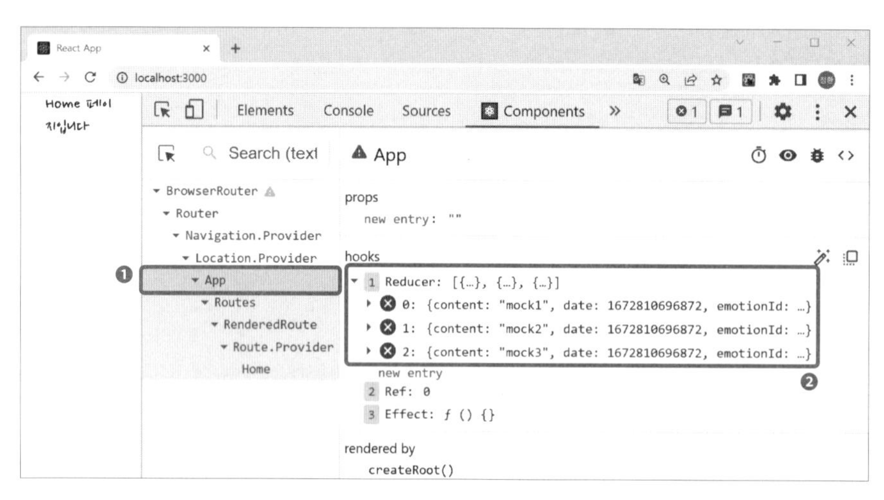

그림 프3-58 [Components] 탭에서 일기 State를 목 데이터로 초기화

Reducer가 목 데이터 값으로 초기화되어 있는 것을 알 수 있습니다.

데이터 로딩 상태 구현하기

App 컴포넌트는 마운트 시점에 일기 State를 목 데이터로 업데이트합니다. 따라서 데이터를 모두 업데이트하기 전에 자식 컴포넌트에서 일기 State 값을 사용하려고 하면, 초기화되지 않은 데이터에 접근하는 것이므로 문제가 발생할 수 있습니다. 쉽게 말하면 데이터의 초기 로딩이 끝나지 않았는데, 특정 페이지에서 데이터를 요청하면 문제가 발생할 수 있다는 뜻입니다.

이런 문제가 발생하지 않도록 현재의 App 컴포넌트에서 데이터 로딩 상태를 알려주는 State를 하나 더 만들겠습니다. State 변수 `isDataLoaded`를 생성하고 초깃값으로 `false`를 전달합니다. 그리고 데이터 로딩을 모두 완료하면 이 값을 `true`로 변경합니다.

CODE file : src/App.js

```
(...)
import { useReducer, useRef, useEffect, useState } from "react"; ①
(...)
function App() {
  const [isDataLoaded, setIsDataLoaded] = useState(false); ②
  (...)
  useEffect(() => {
    dispatch({
      type: "INIT",
      data: mockData,
    });
    setIsDataLoaded(true); ③
  }, []);
  (...)
}
(...)
```

① react 라이브러리에서 useState를 불러옵니다.

② useState를 호출하여 State 변수로 `isDataLoaded`를 만듭니다. 인수로 `false`를 전달해 이 State의 초깃값을 설정합니다.

③ 일기 State를 `mockData`로 업데이트하는 것과 동시에 `isDataLoded`의 값을 `true`로 변경합니다.

계속해서 `isDataLoaded`가 `true`일 때 자식 컴포넌트들을 페이지에 마운트합니다.

CODE file : src/App.js

```
(...)
function App() {
  (...)
  if (!isDataLoaded) { ①
    return <div>데이터를 불러오는 중입니다</div>;
  } else { ②
    return (
      <div className="App">
        <Routes>
          <Route path="/" element={<Home />} />
          <Route path="/new" element={<New />} />
          <Route path="/diary/:id" element={<Diary />} />
          <Route path="/edit" element={<Edit />} />
```

```
      </Routes>
    </div>
  );
 }
}
export default App;
```

> ① if 문을 이용해 State 변수 isDataLoaded의 값이 false일 때는 데이터를 불러오는 중입니다라는 문자열을 페이지에 렌더링합니다.
>
> ② isDataLoaded의 값이 true면 이제 일기 State의 초기화가 완료되었으므로 자식 컴포넌트를 모두 렌더링합니다.

지금은 일기 State의 초기화가 아주 빠르게 이루어지므로 페이지를 새로고침해도 로딩 페이지인 **데이터를 불러오는 중입니다**라는 메시지를 보기 어렵지만, 나중에 별도의 저장 공간에서 일기 데이터를 불러오는 기능을 추가하면 이 메시지를 볼 수 있습니다.

Context 설정하기

이번 절의 마지막으로 Context를 이용해 Props Drilling 없이 [감정 일기장]의 모든 페이지에서 일기 State와 이를 업데이트하는 함수를 사용하도록 만들겠습니다. 일기 State와 업데이트 함수 각각을 컴포넌트 트리에 공급할 Context를 만듭니다.

DiaryStateContext

먼저 App.js에서 일기 State 값을 공급하기 위한 Context 객체 `DiaryStateContext`를 다음과 같이 만듭니다.

CODE file : src/App.js

```
(...)
import React, { useReducer, useRef, useEffect, useState } from "react"; ①
(...)

export const DiaryStateContext = React.createContext(); ②
(...)
```

> ① 기본으로 내보내진 React 객체를 react 라이브러리에서 불러옵니다.
>
> ② createContext 메서드를 호출해 일기 State 값을 컴포넌트 트리에 공급할 Context를 만듭니다. 이때 이 Context를 다른 파일에서 불러올 수 있도록 export로 내보냅니다.

9장에서 배웠듯이 Context 객체는 컴포넌트 내부에서 선언하면 안 됩니다.

TIP
Context 객체를 생성하는 방법에 대해서는 9장 391쪽을 참고하세요.

다음으로 DiaryStateContext의 Provider 컴포넌트를 App의 자식으로 배치합니다.

CODE file : src/App.js

```
(...)
function App() {
(...)
  return (
    <DiaryStateContext.Provider value={data}> ①
      <div className="App">
        (...)
      </div>
    </DiaryStateContext.Provider>
  );
}
export default App;
```

> ① DiaryStateContext.Provider가 App 컴포넌트의 return 문 태그 내부를 모두 감싸도록 배치합니다. 그다음 Props로 일기 State 값을 전달합니다. 이제 DiaryStateContext.Provider 아래의 컴포넌트들은 Props Drilling 없이 useContext를 이용해 일기 State를 꺼내 쓸 수 있습니다.

개발자 도구의 [Components] 탭에서 새롭게 만든 Context가 일기 State 값을 컴포넌트 트리에 잘 공급하는지 확인합니다. App 컴포넌트 아래의 Context.Provider를 클릭하고 계속해서 props 항목의 value를 클릭하면 확인할 수 있습니다.

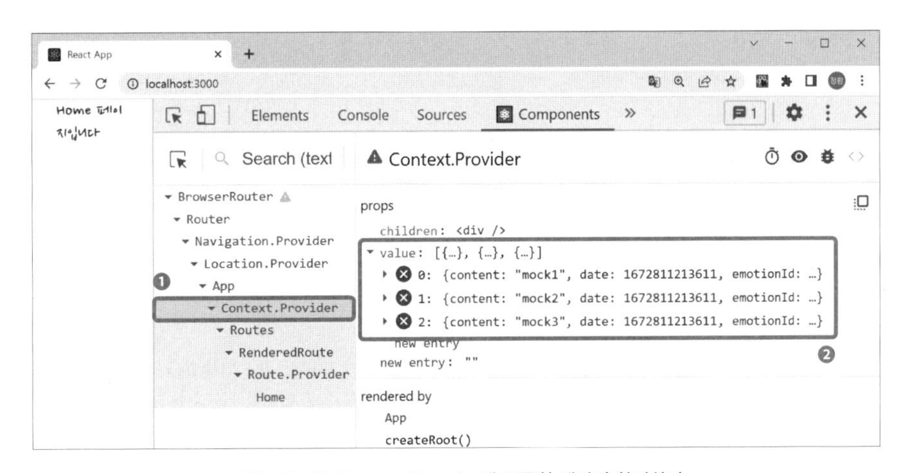

그림 프3-59 Context.Provider에 공급할 데이터 확인하기

3개의 목 데이터가 Props로 설정되어 있는 것을 확인할 수 있습니다.

DiaryDispatchContext

다음으로 일기 State를 업데이트하는 함수 `onCreate`, `onUpdate`, `onDelete`를 컴포넌트 트리에 공급하는 Context인 `DirayDispatchContext`를 만듭니다.

TIP
State 값을 공급하는 Context와 업데이트 함수를 공급하는 Context로 나누는 이유는 9장에서 살펴보았습니다. 400~402쪽을 참고하세요.

CODE file : src/App.js

```
(...)
export const DiaryStateContext = React.createContext();
export const DiaryDispatchContext = React.createContext();
(...)
```

다음으로 `DiaryDispatchContext`의 `Provider` 컴포넌트를 `App`의 자식으로 배치하고 Props(`value`)로 3개의 업데이트 함수를 전달합니다.

CODE file : src/App.js

```
(...)
function App() {
  (...)
  return (
    <DiaryStateContext.Provider value={data}>
      <DiaryDispatchContext.Provider ①
        value={{
          onCreate,
          onUpdate,
          onDelete,
        }}
      >
        <div className="App">
          (...)
        </div>
      </DiaryDispatchContext.Provider>
    </DiaryStateContext.Provider>
  );
}
export default App;
```

① `DiaryDispatchContext.Provider`를 `DiaryStateContext.Provider` 바로 아래에 배치합니다. 그리고 Props로 3개의 업데이트 함수를 객체로 묶어 전달합니다 이제 `DiaryDispatchContext.Provider` 아래의 컴포넌트들은 Props Drilling 없이 useContext를 이용해 업데이트 함수를 꺼내 쓸 수 있습니다.

개발자 도구의 [Components] 탭에서 새롭게 만든 Context가 3개의 함수를 컴포넌트 트리에 잘 공급하는지 확인합니다.

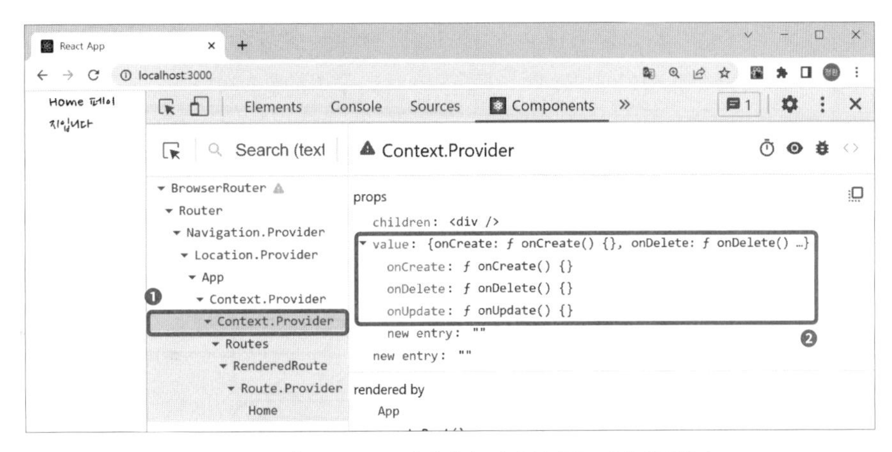

그림 프3-60 [Components] 탭에서 3개의 업데이트 함수 확인하기

라우터 설정하기

[감정 일기장] 4개의 페이지 중 Diary와 Edit은 '/diary/1' 형식의 URL 파라미터로 조회나 수정할 일기의 id를 받습니다. 따라서 /diary/1이나 /edit/2와 같이 동적 경로에 대응하기 위한 라우팅 설정이 필요합니다.

App 컴포넌트에서 다음과 같이 수정합니다.

CODE file : src/App.js

```
(...)
function App() {
  (...)
  if (!isDataLoaded) {
    return <div>데이터를 불러오는 중입니다...</div>;
  } else {
    return (
      (...)
        <Routes>
          <Route path="/" element={<Home />} />
          <Route path="/new" element={<New />} />
          <Route path="/diary/:id" element={<Diary />} /> ①
          <Route path="/edit/:id" element={<Edit />} />   ②
        </Routes>
      (...)
    );
  }
}
export default App;
```

① Diary 페이지에서는 /diary/:id와 같이 URL 파라미터로 조회할 일기 id를 받습니다.

② Edit 페이지에서는 /edit/:id와 같이 URL 파라미터로 수정할 일기 id를 받습니다.

지금까지 일기 관리 기능을 만들고 각 페이지의 라우팅 설정까지 모두 마쳤습니다. 다음 절부터는 [감정 일기장]의 페이지들을 차례로 구현하겠습니다.

Home 페이지 구현하기

[감정 일기장]의 메인 페이지인 Home 페이지를 구현합니다.

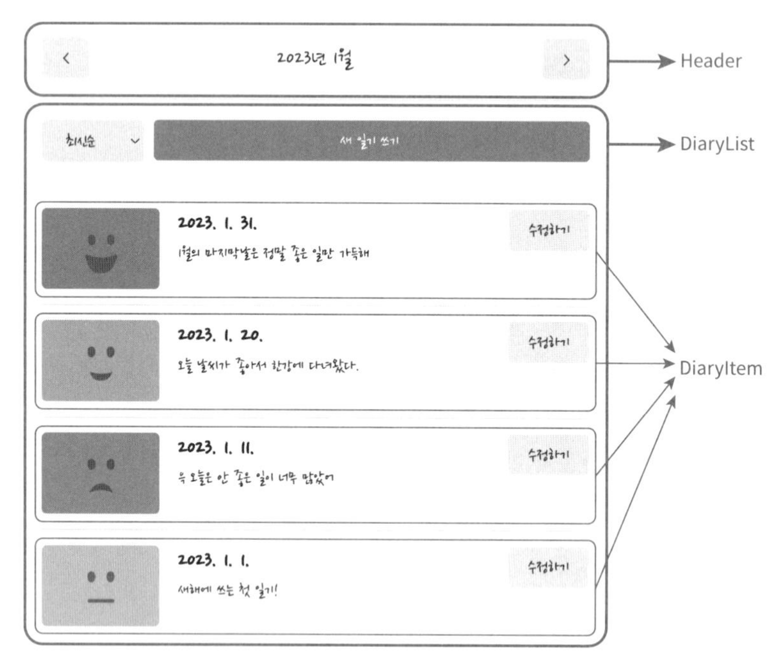

그림 프3-61 Home 페이지의 구성 확인하기

[그림 프3-61]과 같이 Home 페이지는 [감정 일기장]의 메인 페이지입니다. 사용자가 서비스를 방문할 때 가장 처음 보게 될 인덱스 페이지이기도 합니다.

[감정 일기장] 프로젝트의 Home 페이지는 크게 두 개의 섹션으로 나누어져 있습니다. 상단 섹션은 월 단위로 날짜를 이동하는 헤더입니다. 하단 섹션은 일기 리스트를 최신순, 오래된 순으로 정렬하는 기능과 그 정렬 기준에 따라 일기 아이템을 보여주는 리스트가 있습니다.

그럼 Home 페이지를 헤더 → 일기 리스트 순서로 구현하겠습니다.

헤더 구현하기

앞서 공통 기능으로 Header 컴포넌트를 만들었습니다. Header 컴포넌트를 이용하면 쉽고 빠르게 헤더를 구현할 수 있습니다.

Home.js를 다음과 같이 수정합니다.

CODE file : src/pages/Home.js

```
import Button from "../component/Button"; ①
import Header from "../component/Header"; ②

const Home = () => {
  return (
    <div>
      <Header ③
        title={"2022년 n월"}
        leftChild={<Button text={"<"} />}
        rightChild={<Button text={">"} />}
      />
    </div>
  );
};
export default Home;
```

① ② Button, Header 컴포넌트를 불러옵니다.

③ Header 컴포넌트를 배치하고 렌더링 결과를 확인하기 위해 임시 Props를 만들어 전달합니다. 헤더 중앙에 표시할 title에는 '2022년 n월', Header 왼쪽과 오른쪽 버튼에 표시할 문자열에는 '<'과 '>'를 각각 전달합니다.

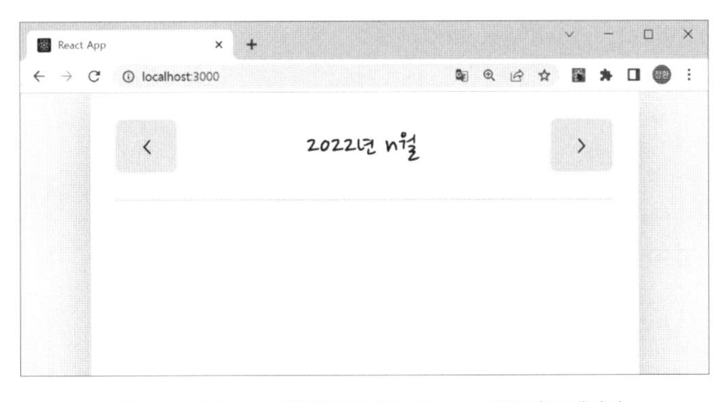

그림 프3-62 Home 페이지에서 임시 Header 컴포넌트 렌더링

Home 페이지에서 임시 Header 컴포넌트를 바르게 렌더링하는지 확인합니다.

Home 페이지 헤더에는 지금 조회 중인 날짜가 [그림 프3-62]처럼 'yyyy년 mm월' 형식으로 나타납니다. 이 날짜는 헤더의 왼쪽 버튼을 클릭하면 한 달씩 과거로, 오른쪽 버튼을 클릭하면 한 달씩 미래로 이동합니다.

이 기능 구현을 위해 헤더에 표시할 날짜를 저장할 State 변수 pivotDate를 생성합니다.

CODE file : src/pages/Home.js

```
import { useState } from "react"; ①
(...)
const Home = () => {
  const [pivotDate, setPivotDate] = useState(new Date()); ②
  (...)
};
```

① react 라이브러리에서 useState를 불러옵니다.
② useState를 호출해 새로운 State를 만듭니다. 이때 new Date()로 Date 객체를 생성하고 State의 초깃값으로 현재 날짜를 인수로 전달합니다.

다음으로 헤더 컴포넌트에서 양쪽의 버튼을 클릭하면 State(pivotDate)를 앞뒤로 이동시키는 함수 onIncreaseMonth, onDecreaseMonth를 만듭니다. 이 함수가 날짜를 한 달 단위로 이동시킵니다. 날짜를 이동시키는 기능은 2장 'Date 객체와 날짜'에서 잠시 다룬 적이 있습니다.

TIP 날짜를 이동시키는 함수 구현은 118쪽을 참고하세요.

Home 컴포넌트에서 다음과 같이 두 개의 함수를 작성합니다.

CODE file : src/pages/Home.js

```
(...)
const Home = () => {
  (...)
  const onIncreaseMonth = () => { ①
    setPivotDate(new Date(pivotDate.getFullYear(), pivotDate.getMonth() + 1));
 };

  const onDecreaseMonth = () => { ②
    setPivotDate(new Date(pivotDate.getFullYear(), pivotDate.getMonth() - 1));
  };
  (...)
};
export default Home;
```

① pivotDate의 값을 한 달 뒤로 업데이트하는 함수 onIncreaseMonth를 만듭니다.
② pivotDate의 값을 한 달 전으로 업데이트하는 함수 onDecreaseMonth를 만듭니다.

이제 헤더 섹션에서 오른쪽 버튼(>)을 클릭하면 함수 onIncreaseMonth를 호출하고, 왼쪽 버튼(<)을 클릭하면 함수 onDecreaseMonth를 호출합니다.

다음으로 pivotDate의 값을 'yyyy년 mm월' 형식으로 헤더 중앙에 렌더링합니다. Home 컴포넌트를 다음과 같이 변경합니다.

CODE file : src/pages/Home.js

```
(...)
const Home = () => {
```

```
  const [pivotDate, setPivotDate] = useState(new Date());
  const headerTitle = `${pivotDate.getFullYear()}년
                       ${pivotDate.getMonth() + 1}월`; ①
  (...)
  return (
    <div>
      <Header
        title={headerTitle}                                           ②
        leftChild={<Button text={"<"} onClick={onDecreaseMonth} />}  ③
        rightChild={<Button text={">"} onClick={onIncreaseMonth} />} ④
      />
    </div>
  );
};
export default Home;
```

① 템플릿 리터럴로 pivotDate에 저장된 Date 객체를 'yyyy년 mm월' 형식의 문자열로 만들어 변수 headerTitle에 저장합니다.

② Header 컴포넌트의 Props(title)로 headerTitle을 전달합니다. 이제 Header 중앙에 pivotDate의 날짜가 렌더링됩니다.

③ Header 컴포넌트의 Props(leftChild)로 Button 컴포넌트를 전달합니다. 이때 버튼의 onClick 이벤트 핸들러로 onDecreaseMonth를 설정합니다.

④ Header 컴포넌트의 Props(rightChild)로 Button 컴포넌트를 전달합니다. 이때 버튼의 onClick 이벤트 핸들러로 onIncreaseMonth를 설정합니다.

이제 Home 페이지에서 헤더의 좌우 버튼을 클릭하면 한 달씩 시간이 과거와 미래로 이동합니다.

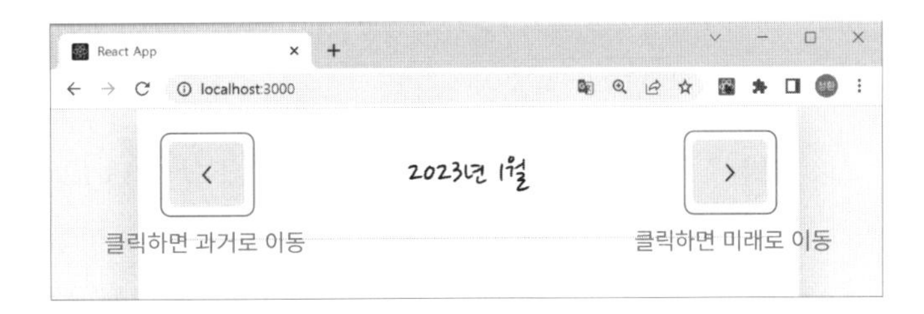

그림 프3-63 Home에서 헤더 기능 구현하기

날짜에 따라 일기 필터링하기

이번에는 Home 페이지에서 pivotDate 값에 따라 페이지에 렌더링할 일기 데이터를 필터링하는 기능을 만듭니다. 먼저 useContext를 이용해 DiaryStateContext에서 일기 데이터를 불러옵니다.

CODE file : src/pages/Home.js

```
import { useState, useContext } from "react"; ①
import { DiaryStateContext } from "../App";   ②
(...)
```

```
const Home = () => {
  const data = useContext(DiaryStateContext); ③
  (...)
};
export default Home;
```

> ① react 라이브러리에서 useContext를 불러옵니다.
>
> ② App.js에서 일기 데이터를 공급하는 DiaryStateContext를 불러옵니다.
>
> ③ useContext를 호출하고 인수로 DiaryStateContext를 전달합니다.

이제 Home 페이지의 제목이 1월이면, 1월에 작성한 일기만 불러와 렌더링합니다. 따라서 DiaryStateContext에서 불러온 일기 데이터를 pivotDate 값에 따라 필터링해야 합니다.

먼저 필터링한 일기를 저장할 State를 하나 만듭니다.

CODE　　file : src/pages/Home.js

```
(...)
const Home = () => {
  const data = useContext(DiaryStateContext);
  const [pivotDate, setPivotDate] = useState(new Date());
  const [filteredData, setFilteredData] = useState([]); ①
  (...)
};
export default Home;
```

> ① useState를 호출해 State 변수 filteredDate를 만듭니다. 이때 State의 초깃값은 빈 배열로 설정합니다.

다음으로 일기 State가 변경될 때마다 현재 날짜(년/월)에 해당하는 일기 데이터를 필터링해야 합니다. 그리고 필터링한 데이터로 filteredData를 업데이트해야 합니다. 이 기능을 구현하려면 현재 pivotDate에 저장된 날짜에서 해당 월의 시작과 끝을 나타내는 타임 스탬프값을 알아야 합니다.

함수 getMonthRangeByDate를 만듭니다. 이 함수는 Home 컴포넌트의 핵심 기능은 아니므로 util.js에서 만듭니다.

CODE　　file : src/util.js

```
(...)
export const getMonthRangeByDate = (date) => {
  const beginTimeStamp = new Date(date.getFullYear(), date.getMonth(), 1).getTime();
  const endTimeStamp = new Date(
    date.getFullYear(),
    date.getMonth() + 1,
    0,
```

```
    23,
    59,
    59
  ).getTime();
  return { beginTimeStamp, endTimeStamp };
};
```

함수 getMonthRangeByDate는 매개변수 date로 Date 객체에서 해당 월의 가장 빠른 시간(beginTimeStamp)과 가장 늦은 시간(endTimeStamp)의 타임 스탬프값을 구해 반환합니다.

> **TIP**
> 해당 월의 가장 빠른 시간과 가장 늦은 시간을 구하는 방법은 119~120쪽을 참고하세요.

다음으로 함수 getMonthRangeByDate와 useEffect를 이용해 Home 컴포넌트의 pivotDate가 변할 때마다 해당 월에 작성된 일기를 필터링합니다.

CODE file : src/pages/Home.js

```
import { useState, useContext, useEffect } from "react"; ①
(...)
import { getMonthRangeByDate } from "../util"; ②

const Home = () => {
  (...)
  useEffect(() => {          ③
    if (data.length >= 1) { ④
      const { beginTimeStamp, endTimeStamp } = getMonthRangeByDate(pivotDate);
      setFilteredData( ⑤
        data.filter(
          (it) => beginTimeStamp <= it.date && it.date <= endTimeStamp
        )
      );
    } else {
      setFilteredData([]);
    }
  }, [data, pivotDate]);
  (...)
};
export default Home;
```

① react 라이브러리에서 useEffect를 불러옵니다.
② util.js에서 함수 getMonthRangeByDate를 불러옵니다.
③ useEffect를 호출합니다. 인수로 전달하는 의존성 배열에는 data와 pivotDate를 저장합니다. 즉, 일기 데이터가 바뀌거나 Home 컴포넌트에서 현재 조회 중인 날짜가 변경되면 첫 번째 인수로 전달한 콜백 함수를 다시 수행합니다.
④ data.length가 1 이상이 아니면 애초에 등록한 일기가 없는 것이므로 filteredData의 값을 빈 배열로 업데이트합니다. 1 이상이면 if 문의 코드를 실행합니다.
⑤ filter 메서드로 data에서 pivotDate의 월과 같은 시기에 작성한 일기만 필터링합니다. 그리고 필터링한 배열로 filteredData를 업데이트합니다.

이제 개발자 도구의 [Components] 탭에서 Home 컴포넌트를 클릭해 날짜 필터링이 잘 구현되는지 확인합니다. 그런데 [Components] 탭을 보면 두 개의 State가 있음을 알 수 있습니다. 하나는 현재의 날짜를 저장하는 pivotDate이고 또 하나는 필터링한 데이터를 저장하는 filteredData입니다. filteredData(필터링한 State)를 보면, 앞서 설정한 목 데이터가 모두 있음을 알 수 있습니다.

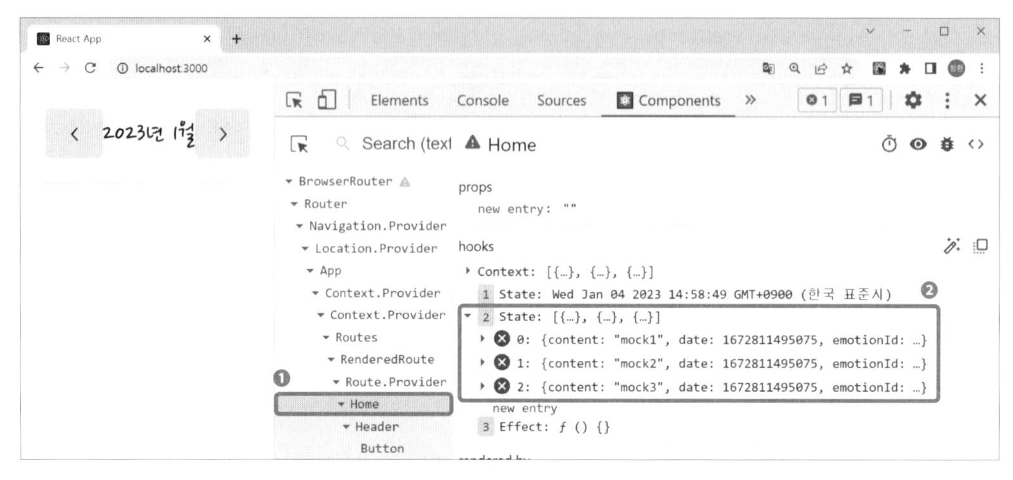

그림 프3-64 월별로 필터링된 일기 데이터 확인하기

Home 페이지에서 좌우 버튼을 클릭해 filteredData가 어떻게 변하는지 확인합니다. 날짜를 다른 월로 이동하면 아직 목 데이터에는 다른 월의 데이터가 없으므로 State에는 아무런 데이터도 나타나지 않습니다.

DiaryList와 정렬 기능 만들기

이번에는 pivotDate 날짜에 따라 일기를 최신순, 오래된 순으로 정렬하는 일기 리스트 컴포넌트 DiaryList를 만듭니다.

DiaryList 컴포넌트는 정렬 기준을 선택하는 입력 폼과 〈새 일기 쓰기〉 버튼이 있는 상단부를 먼저 구현합니다. 그다음에 일기 리스트를 보여주는 하단부를 구현하겠습니다.

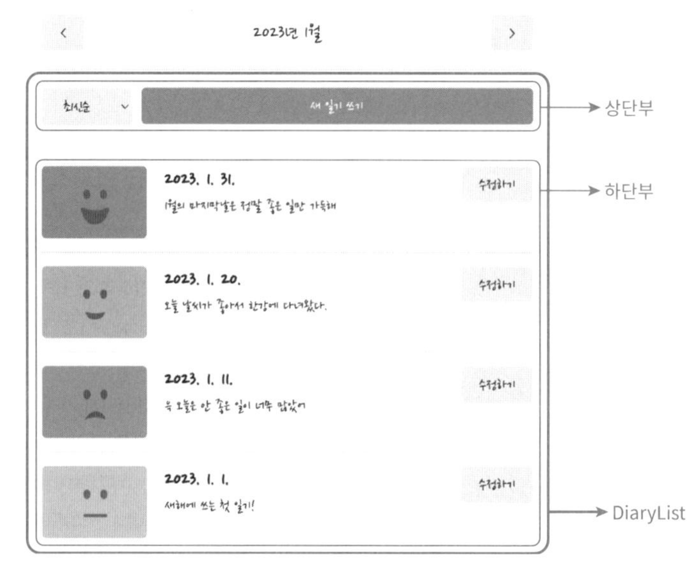

그림 프3-65 완성된 DiaryList 컴포넌트의 모습

DiaryList 컴포넌트 생성하기

component 폴더에 DiaryList.js와 DiaryList.css를 생성하고 다음과 같이 작성합니다.

CODE file : src/component/DiaryList.js

```
import "./DiaryList.css";

const DiaryList = ({ data }) => { ①
  return <div className="DiaryList"></div>;
};
export default DiaryList;
```

> ① DiaryList 컴포넌트는 일기 리스트를 렌더링하기 위해 부모인 Home에서 필터링된 일기를 Props로 받습니다.

CODE file : src/component/DiaryList.css

```
.DiaryList {
}
```

다음으로 DiaryList를 Home 컴포넌트의 자식으로 배치합니다.

CODE file : src/pages/Home.js

```
(...)
import DiaryList from "../component/DiaryList"; ①

const Home = () => {
  (...)

  return (
    <div>
      (...)
      <DiaryList data={filteredData} /> ②
    </div>
  );
};
export default Home;
```

> ① DiaryList 컴포넌트를 불러옵니다.
> ② DiaryList를 Home 컴포넌트의 자식으로 배치합니다. 이때 Props로 필터링된 일기 데이터를 전달합니다.

상단부 UI 구현하기

정렬 기능이 있는 입력 폼과 〈새 일기 쓰기〉 버튼의 UI를 먼저 만듭니다. DiaryList 컴포넌트에서 다음과 같이 작성합니다.

CODE file : src/component/DiaryList.js

```
import Button from "./Button";
import "./DiaryList.css";

const DiaryList = ({ data }) => {
  return (
    <div className="DiaryList">
      <div className="menu_wrapper">
        <div className="left_col">
          <select></select>
        </div>
        <div className="right_col">
          <Button type={"positive"} text={"새 일기 쓰기"} />
        </div>
      </div>
    </div>
  );
};
export default DiaryList;
```

다음으로 상단부의 스타일 규칙을 작성합니다.

CODE file : src/component/DiaryList.css

```
.DiaryList {
}

.DiaryList .menu_wrapper {
  margin-top: 20px;
  margin-bottom: 30px;
  display: flex;
  justify-content: space-between;
}

.DiaryList .left_col select {
  margin-right: 10px;
  border: none;
  border-radius: 5px;
  background-color: #ececec;

  padding-top: 10px;
  padding-bottom: 10px;
  padding-left: 20px;
  padding-right: 20px;

  cursor: pointer;
  font-family: "Nanum Pen Script";
  font-size: 18px;
}
```

```
.DiaryList .menu_wrapper .right_col {
  flex-grow: 1;
}

.DiaryList .menu_wrapper .right_col button {
  width: 100%;
}
```

DiaryList의 상단부 UI 구현을 마쳤습니다. 렌더링된 결과를 확인합니다. 아직은 기능을 구현하지 않았기 때문에 정렬 기준 입력 폼과 〈새 일기 쓰기〉 버튼은 동작하지 않습니다.

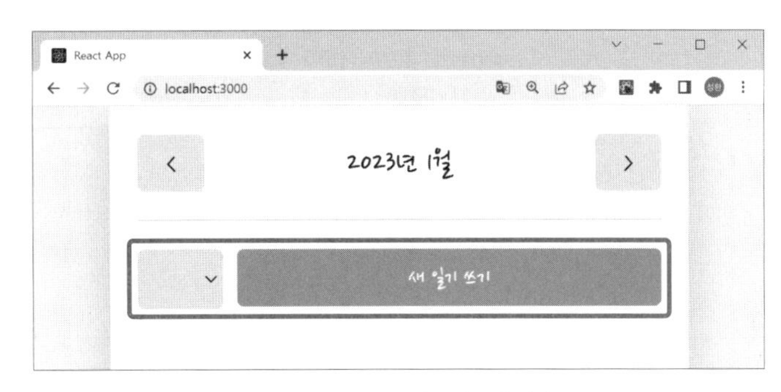

그림 프3-66 DiaryList 컴포넌트의 상단부 UI

상단부 정렬 기능 구현하기

정렬 기능 구현을 위해 <select> 태그의 옵션 리스트를 배열로 만듭니다. 이때 정렬 조건은 **'최신순'** **'오래된 순'** 두 가지로 설정합니다.

다음과 같이 DiaryList에 코드를 추가합니다.

CODE file : src/component/DiaryList.js

```
import Button from "./Button";
import "./DiaryList.css";

const sortOptionList = [
  { value: "latest", name: "최신순" },
  { value: "oldest", name: "오래된 순" },
];
(...)
```

정렬을 위한 옵션 리스트인 sortOptionList는 다시 생성할 필요가 없는 값입니다. 따라서 DiaryList 컴포넌트 외부에 작성합니다.

다음으로 <select> 태그에 정렬 옵션을 추가합니다. sortOptionList와 map 메서드를 이용해 <select>의 <option> 태그를 반복해 렌더링합니다.

CODE file : src/component/DiaryList.js

```
(...)
const DiaryList = ({ data }) => {
  return (
    <div className="DiaryList">
      <div className="menu_wrapper">
        <div className="left_col">
          <select>
            {sortOptionList.map((it, idx) => ( ①
              <option key={idx} value={it.value}>
                {it.name}
              </option>
            ))}
          </select>
        </div>
        (...)
      </div>
    </div>
  );
};
export default DiaryList;
```

> ① map 메서드로 <option> 태그를 반복적으로 렌더링합니다.

이제 [그림 프3-67]처럼 2개의 정렬 기준이 페이지에서 렌더링됩니다.

다음으로 사용자가 선택한 정렬 유형을 저장하기 위해 sortType이라는 이름으로 State를 생성합니다. 계속해서 <select> 태그에서 사용할 onChange 이벤트 핸들러 onChangeSortType을 만듭니다.

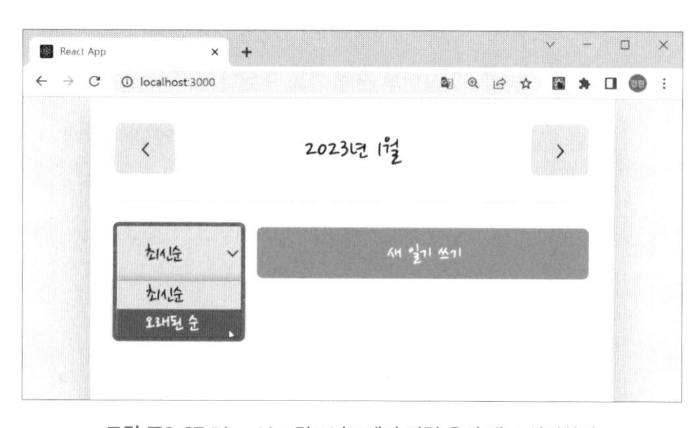

그림 프3-67 DiaryList 컴포넌트에서 정렬 옵션 태그 설정하기

CODE file : src/component/DiaryList.js

```
import { useState } from "react"; ①
(...)
const DiaryList = ({ data }) => {
  const [sortType, setSortType] = useState("latest"); ②

  const onChangeSortType = (e) => { ③
    setSortType(e.target.value);
  };

  return (
    <div className="DiaryList">
      <div className="menu_wrapper">
```

```
        <div className="left_col">
          <select value={sortType} onChange={onChangeSortType}> ④
            (...)
          </select>
        </div>
        (...)
      </div>
    </div>
  );
};
export default DiaryList;
```

> ① react 라이브러리에서 useState를 불러옵니다.
>
> ② useState를 호출해 사용자가 선택한 정렬 기준을 저장할 State로 sortType을 만듭니다. 이때 인수로 'latest'를 전달해 State의 초깃값을 '최신순'으로 설정합니다.
>
> ③ 정렬 기준이 변경되면 새 기준으로 sortType을 업데이트할 이벤트 핸들러를 만듭니다.
>
> ④ 정렬 기준 입력 폼의 value와 onChange 이벤트 핸들러를 각각 설정합니다.

페이지에서 정렬 기준을 '**오래된 순**'으로 변경합니다. 개발자 도구의 [Components] 탭에서 DiaryList 컴포넌트를 클릭하고 선택한 정렬 기준 'oldest'가 State 변수 sortType에 잘 저장되는지 확인합니다.

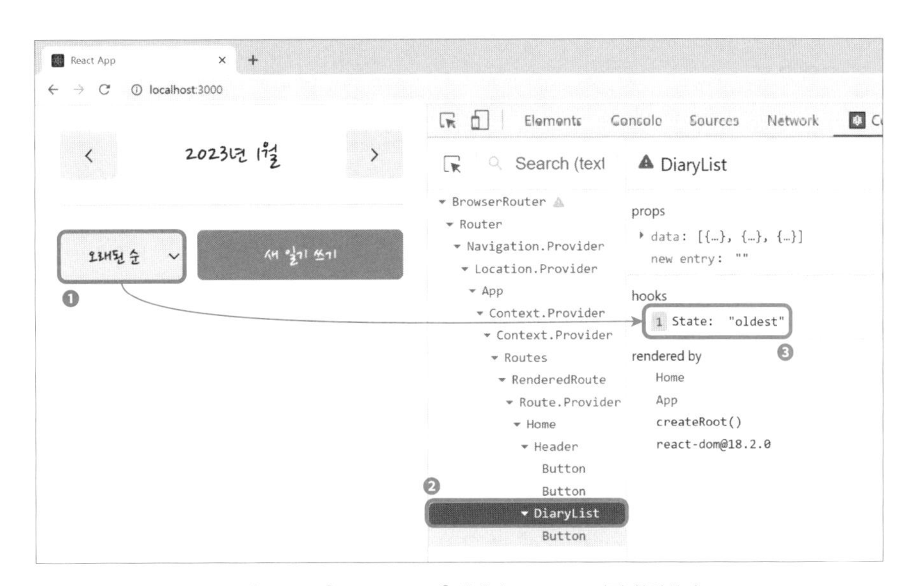

그림 프3-68 [Components] 탭에서 sortType 변경 확인하기

상단부의 <새 일기 쓰기> 버튼 구현하기

다음으로 상단부 오른쪽에 있는 〈새 일기 쓰기〉 버튼을 클릭하면 New 페이지로 이동하는 기능을 구현합니다.

CODE file : src/component/DiaryList.js

```
(...)
import { useNavigate } from "react-router-dom"; ①

(...)
const DiaryList = ({ data }) => {
  (...)
  const navigate = useNavigate(); ②

  const onClickNew = () => { ③
    navigate("/new");
  };

  return (
    <div className="DiaryList">
      <div className="menu_wrapper">
        (...)
        <div className="right_col">
          <Button
            type={"positive"}
            text={"새 일기 쓰기"}
            onClick={onClickNew} ④
          />
        </div>
      </div>
    </div>
  );
};
export default DiaryList;
```

① react-router-dom에서 useNavigate 훅을 불러옵니다.

② useNavigate 훅을 호출해 함수 navigate를 생성합니다. 이제 이 함수를 호출해 인수를 전달하면 해당 경로로 이동합니다.

③ <새 일기 쓰기> 버튼을 클릭하면 New 페이지로 이동하는 함수 onClickNew를 만듭니다.

④ <새 일기 쓰기> 버튼의 onClick 이벤트 핸들러로 함수 onClickNew를 설정합니다.

Home에서 〈새 일기 쓰기〉 버튼을 클릭하면 New 페이지로 이동하는지 확인합니다.

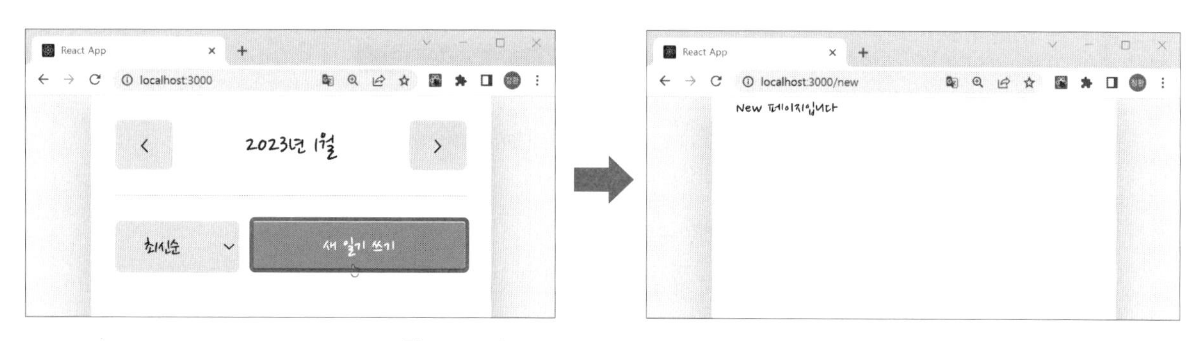

그림 프3-69 버튼을 클릭하면 New 페이지로 이동

일기 데이터 정렬 기능 구현하기

이번에는 DiaryList의 sortType에 따라 Props로 받은 일기 데이터를 오래된 순 또는 최신순으로 정렬하는 기능을 구현하겠습니다. 먼저 정렬 결과를 저장할 State를 sortedData라는 이름으로 만듭니다.

CODE file : src/component/DiaryList.js

```
(...)
const DiaryList = ({ data }) => {
  (...)
  const [sortedData, setSortedData] = useState([]); ①
  (...)
};
export default DiaryList;
```

> ① useState를 호출해 정렬된 일기 데이터를 저장할 State 변수 sortedData를 만듭니다. 인수로 빈 배열을 전달해 State의 초깃값을 설정합니다.

DiaryList에서는 Props로 받은 일기 데이터(data)를 사용자가 선택한 sortType에 따라 정렬하고, 정렬된 일기 리스트를 페이지에 렌더링합니다. 따라서 data나 sortType이 변할 때마다 sortedData를 업데이트해야 합니다.

DiaryList 컴포넌트에서 다음과 같이 작성합니다.

CODE file : src/component/DiaryList.js

```
import { useState, useEffect } from "react"; ①
(...)
const DiaryList = ({ data }) => {
  (...)
  const [sortType, setSortType] = useState("latest");
  const [sortedData, setSortedData] = useState([]);

  useEffect(() => {                ②
    const compare = (a, b) => { ③
      if (sortType === "latest") {
        return Number(b.date) - Number(a.date);
      } else {
        return Number(a.date) - Number(b.date);
      }
    };
    const copyList = JSON.parse(JSON.stringify(data)); ④
    copyList.sort(compare);                            ⑤
    setSortedData(copyList);                           ⑥
  }, [data, sortType]);
  (...)
};
export default DiaryList;
```

① react 라이브러리에서 useEffect를 불러옵니다.

② useEffect를 호출하고 두 번째 인수인 의존성 배열에 data와 sortType을 저장합니다. 결국 일기 데이터나 정렬 기준이 바뀌면 첫 번째 인수로 전달한 콜백 함수를 다시 실행합니다.

③ 객체 형태의 배열인 data를 최신순 또는 오래된 순으로 정렬하기 위해 별도의 비교 함수를 만듭니다. 만약 sortType이 latest라면 최신순으로 정렬해야 하므로 일기 객체의 date를 내림차순으로 정렬합니다. date 값이 문자열이므로 Number 메서드를 이용해 명시적으로 형 변환한 후 정렬합니다.

TIP
비교 함수에 대해서는 106~107쪽을 참고하세요.

④ 2장에서 살펴보았듯이 배열의 sort 메서드는 원본 배열을 정렬합니다. 따라서 정렬 결과를 별도의 배열로 만들어야 합니다. 내장 함수 JSON.parse, JSON.stringify를 사용해 동일한 요소로 배열을 복사해 copyList에 저장합니다.

⑤ copyList에 저장된 일기 데이터를 정렬합니다. 이때 인수로 ②에서 만든 비교 함수를 전달합니다.

⑥ sortedData를 정렬된 일기 데이터로 업데이트합니다.

JSON.stringify는 인수로 전달한 객체를 문자열로 변환하는 함수입니다. 반대로 JSON.parse는 문자열로 변환한 값을 다시 객체로 복구하는 함수입니다. 따라서 객체를 JSON.stringify로 문자열로 변환한 다음 JSON.parse로 복구하면, 새로운 객체를 생성할 수 있습니다. 즉, 값은 같지만 참조값이 다른 객체를 만듭니다.

정렬이 잘 되는지 확인하기 위해 App 컴포넌트의 목 데이터에서 date 값을 다음과 같이 변경합니다.

CODE file : src/App.js

```
(...)
const mockData = [
  {
    id: "mock1",
    date: new Date().getTime() - 1,
    content: "mock1",
    emotionId: 1,
  },
  {
    id: "mock2",
    date: new Date().getTime() - 2,
    content: "mock2",
    emotionId: 2,
  },
  {
    id: "mock3",
    date: new Date().getTime() - 3,
    content: "mock3",
```

```
    emotionId: 3,
  },
];
(...)
```

개발자 도구의 [Components] 탭에서 일기 데이터를 잘 정렬하는지 확인합니다. [Components] 탭에서 DiaryList 컴포넌트를 클릭합니다. DiaryList에는 2개의 State가 있습니다. 첫 번째 State는 정렬 유형을 저장하는 sortType이고, 두 번째 State는 정렬된 일기를 저장하는 sortedData입니다. 따라서 첫 번째 정렬 기준이 latest로 되어 있다면 sortedData에는 날짜값이 큰 것부터 내림차순으로 일기 데이터가 정렬되어 있어야 합니다.

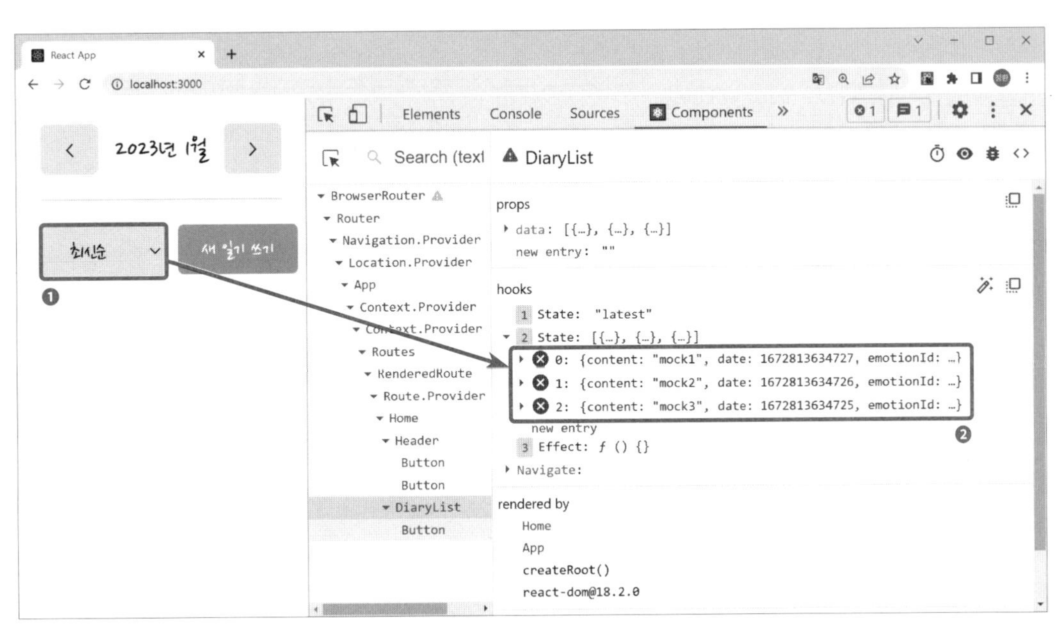

그림 프3-70 두 번째 State에서 정렬 기능이 잘 적용되는지 확인하기

TIP
오류가 발생한다면 Home 페이지에서 DiaryList 컴포넌트에 Props를 잘 전달했는지 확인합니다.

첫 번째 State인 sortType에 따라 두 번째 State인 sortedData가 날짜값이 큰 것부터 내림차순으로 정렬되어 있음을 확인할 수 있습니다. Home 페이지에서 정렬 옵션을 최신순에서 오래된 순으로 변경하면 State 값이 어떻게 달라지는지 여러분이 직접 확인하길 바랍니다. 아마도 날짜값이 작은 것부터 오름차순으로 정렬되어 있을 겁니다.

일기 리스트 하단부 구현하기

이번에는 Home 페이지 구현의 마지막으로 DiaryList에서 정렬이 완료된 일기를 리스트로 보여주는 기능을 구현하겠습니다. 이때 일기 리스트 각각의 아이템은 DiaryItem이라는 새로운 컴포넌트를 만들어 구현합니다.

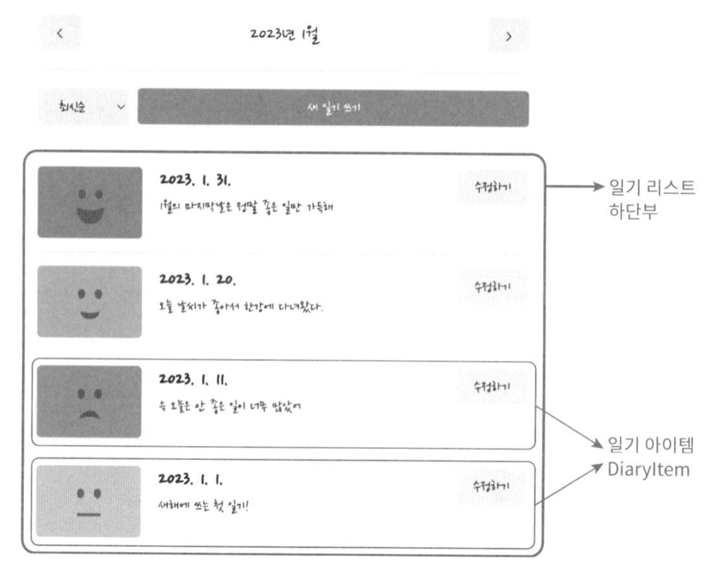

그림 프3-71 일기 리스트의 최종 구현 형태

DiaryItem 컴포넌트 생성하기

일기 리스트에서 낱낱의 일기 아이템을 담당할 컴포넌트 DiaryItem을 생성합니다. component 폴더에 DiaryItem.js와 DiaryItem.css를 생성하고 다음과 같이 작성합니다.

CODE file : src/component/DiaryItem.js

```
import "./DiaryItem.css";

const DiaryItem = ({ id, emotionId, content, date }) => { ①
  return <div className="DiaryItem">{content}</div>;
};
export default DiaryItem;
```

> ① DiaryItem 컴포넌트는 부모인 DiaryList에서 Props로 일기 객체를 받습니다. 일기 객체를 구조 분해 할당합니다.

CODE file : src/component/DiaryItem.css

```
.DiaryItem {
}
```

다음으로 DiaryList 컴포넌트에서 정렬된 일기 데이터인 sortedData의 값을 map을 이용해 리스트로 렌더링합니다.

CODE file : src/component/DiaryList.js

```
(...)
import DiaryItem from "./DiaryItem"; ①
(...)
const DiaryList = ({ data }) => {
  (...)
```

```
  return (
    <div className="DiaryList">
      <div className="menu_wrapper">
        (...)
      </div>
      <div className="list_wrapper">
        {sortedData.map((it) => ( ②
          <DiaryItem key={it.id} {...it} />
        ))}
      </div>
    </div>
  );
};
export default DiaryList;
```

> ① DiaryItem 컴포넌트를 불러옵니다.
>
> ② map 메서드를 이용해 배열 sortedData를 일기 리스트로 렌더링합니다. 이때 하나의 일기 아이템을 DiaryItem 컴포넌트로 설정합니다.

일기 리스트가 페이지에 잘 렌더링되는지 확인합니다.

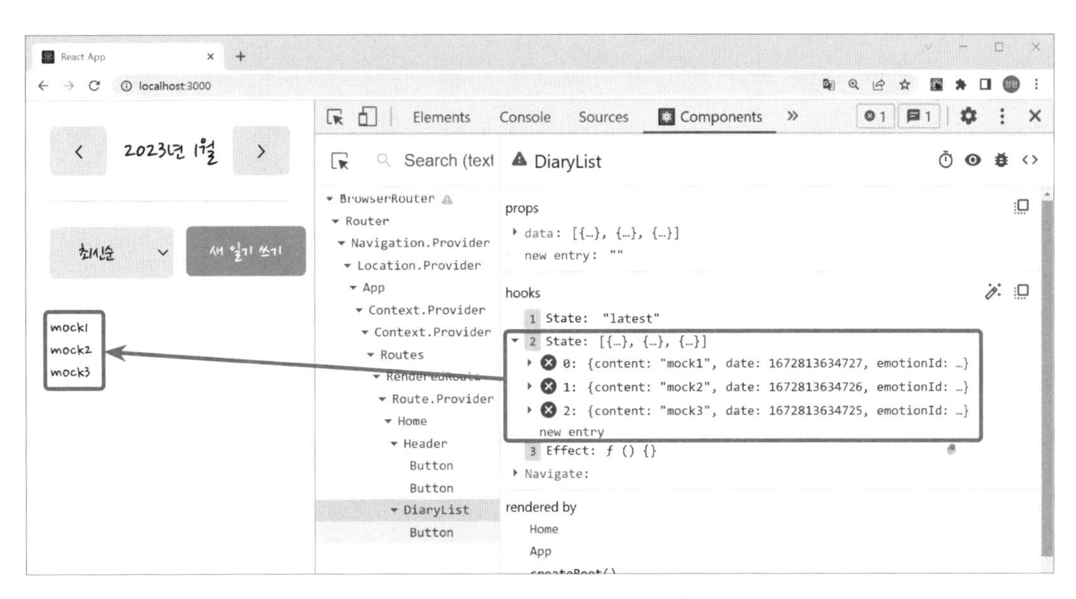

그림 프3-72 DiaryItem 컴포넌트 렌더링

Home 페이지에서 3개의 DiaryItem 컴포넌트를 렌더링합니다. 현재는 일기 데이터 객체의 content 값만 보여주고 있습니다.

DiaryItem 공통 스타일 설정하기

[감정 일기장]에서 만들 DiaryItem은 [그림 프3-73]과 같이 3개의 작은 섹션이 하나의 아이템으로 묶여 있습니다. 3개의 섹션 사이에는 간격이 존재하고, 각각의 아이템 간에도 경계선이 있습니다.

먼저 DiaryItem의 공통 스타일을 만듭니다.

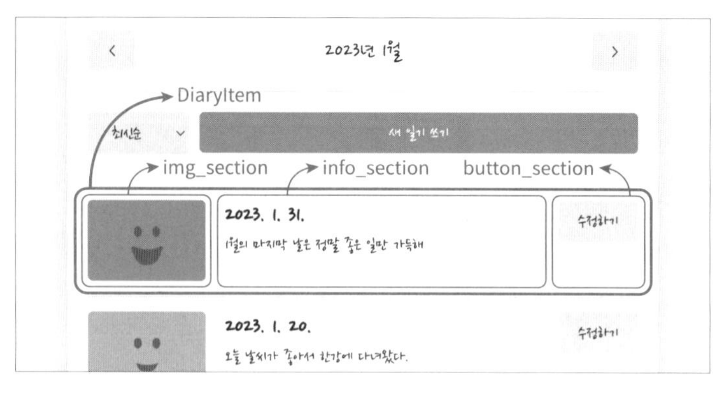

그림 프3-73 DiaryItem 컴포넌트의 구성

CODE file: src/component/DiaryItem.css

```
.DiaryItem {
  padding-top: 15px;
  padding-bottom: 15px;
  border-bottom: 1px solid #e2e2e2;
  display: flex;
  justify-content: space-between;
}
```

다음 과정에서 DiaryItem의 3개 섹션을 왼쪽부터 차례대로 만들겠습니다.

이미지 섹션 만들기

DiaryItem의 첫 번째 섹션인 이미지 섹션을 만듭니다. 이 섹션에는 해당 일기의 감정 이미지가 나타납니다. 이미지 섹션에서는 Editor의 EmotionItem 컴포넌트처럼 감정 이미지와 동일한 배경 색상을 지닌 이미지를 렌더링합니다.

DiaryItem 컴포넌트에서 다음과 같이 작성합니다.

CODE file : src/component/DiaryItem.js

```
import { useNavigate } from "react-router-dom";
import { getEmotionImgById } from "../util";
import "./DiaryItem.css";

const DiaryItem = ({ id, emotionId, content, date }) => {
  const navigate = useNavigate();
  const goDetail = () => { ①
    navigate(`/diary/${id}`);
  };

  return (
```

```
    <div className="DiaryItem">
      <div ②
        onClick={goDetail}
        className={["img_section", `img_section_${emotionId}`].join(" ")}
      >
        <img alt={`emotion${emotionId}`} src={getEmotionImgById(emotionId)} />
      </div>
    </div>
  );
};
export default DiaryItem;
```

① 이미지 섹션을 클릭하면 해당 일기를 상세 조회하는 페이지로 이동하는 이벤트 핸들러를 만듭니다.

② 페이지에 렌더링할 이미지 섹션을 만듭니다. onClick 이벤트 핸들러로 함수 goDetail을 설정합니다. className으로는 앞서 Editor 컴포넌트에서 EmotionItem을 만들 때처럼 현재의 이미지 번호에 따라 다른 className을 갖도록 설정합니다.

TIP
Editor 컴포넌트의 EmotionItem 구현 과정에서 복수의 className 구현과 이미지 색상을 배경 색상과 일치시키는 구현은 466~468쪽을 각각 참고하세요.

다음으로 이미지 섹션 스타일을 설정합니다.

CODE file: src/component/DiaryItem.css

```
(...)
.DiaryItem .img_section {
  cursor: pointer;
  min-width: 120px;
  height: 80px;
  border-radius: 5px;
  display: flex;
  justify-content: center;
}

.DiaryItem .img_section_1 {
  background-color: #64c964;
}
.DiaryItem .img_section_2 {
  background-color: #9dd772;
}
.DiaryItem .img_section_3 {
  background-color: #fdce17;
}
.DiaryItem .img_section_4 {
  background-color: #fd8446;
}
.DiaryItem .img_section_5 {
  background-color: #fd565f;
}
.DiaryItem .img_section img {
  width: 50%;
}
```

DiaryItem의 이미지 섹션이 페이지에서 잘 렌더링되는지 확인합니다. 그리고 이미지를 클릭하면 해당 일기를 상세 조회하는 Diary 페이지로 이동하는지도 확인합니다.

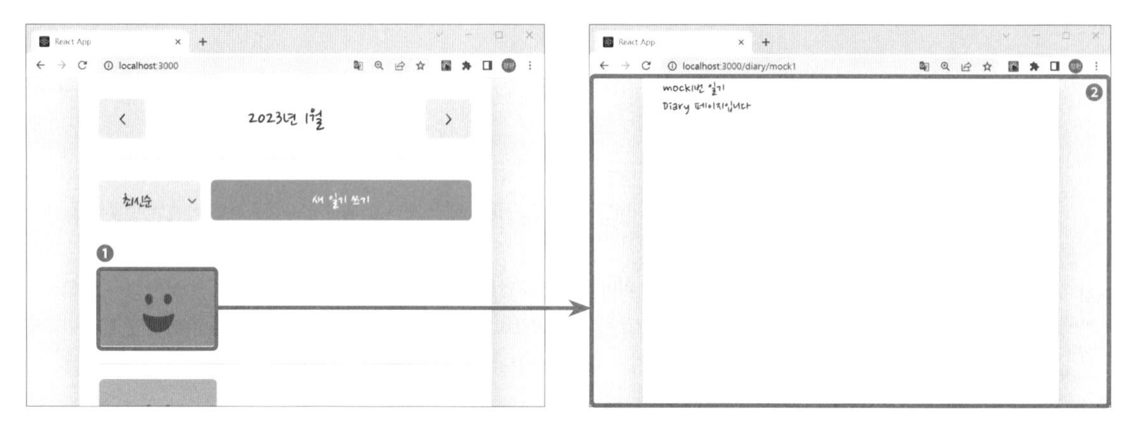

그림 프3-74 DiaryItem의 이미지 섹션 구현하기

일기 정보 섹션 만들기

다음으로 작성한 날짜와 내용 일부를 보여주는 일기 정보 섹션을 만듭니다. DiaryItem 컴포넌트에서 다음과 같이 작성합니다.

CODE file: src/component/DiaryItem.js

```
(...)
const DiaryItem = ({ id, emotionId, content, date }) => {
  (...)
  return (
    <div className="DiaryItem">
      (...)
      <div onClick={goDetail} className="info_section"> ①
        <div className="date_wrapper">
          {new Date(parseInt(date)).toLocaleDateString()} ②
        </div>
        <div className="content_wrapper">{content.slice(0, 25)}</div> ③
      </div>
    </div>
  );
};
export default DiaryItem;
```

① 페이지에 렌더링할 일기 정보 섹션을 만듭니다. 이미지 섹션과 똑같이 onClick 이벤트 핸들러로 함수 goDetail을 설정합니다. 감정 이미지 섹션처럼 일기 정보 섹션도 클릭하면 해당 일기를 상세 조회하는 Diary 페이지로 이동합니다.

② 일기 작성일을 표시합니다. 먼저 문자열로 된 타임 스탬프 형식의 date를 숫자형으로 형 변환한 다음 Date 객체로 변환합니다. Date의 toLocaleDateString 메서드를 호출해 사람이 알아볼 수 있는 날짜 문자열로 변환합니다.

③ slice 메서드를 사용해 일기 내용은 25자까지만 표시합니다.

TIP
slice 메서드에 대해서는 96~97쪽을 참고하세요.

계속해서 일기 정보 섹션의 스타일을 설정합니다.

CODE file : src/component/DiaryItem.css

```
(...)
.DiaryItem .info_section {
  flex-grow: 1;
  margin-left: 20px;
  cursor: pointer;
}

.DiaryItem .info_section .date_wrapper {
  font-weight: bold;
  font-size: 25px;
  margin-bottom: 5px;
}

.DiaryItem .info_section .content_wrapper {
  font-size: 18px;
}
```

일기 정보 섹션의 스타일이 잘 렌더링되는지 확인합니다. 그리고 정보 섹션을 클릭하면 Diary 페이지로 이동하는지도 확인합니다.

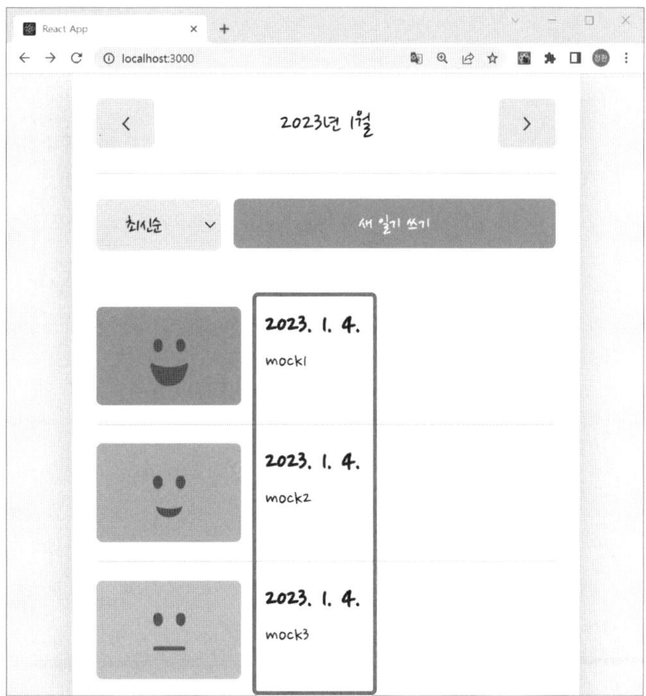

그림 프3-75 일기 정보 섹션 구현하기

버튼 섹션 만들기

DiaryItem의 마지막 기능인 버튼 섹션을 만듭니다. 버튼 섹션에는 해당 일기의 Edit 페이지로 이동하는 〈수정하기〉 버튼이 있습니다.

DiaryItem 컴포넌트에서 다음과 같이 수정합니다.

CODE file : src/component/DiaryItem.js

```
(...)
import Button from "./Button"; ①

const DiaryItem = ({ id, emotionId, content, date }) => {
  (...)
  const goEdit = () => { ②
    navigate(`/edit/${id}`);
  };

  return (
    <div className="DiaryItem">
      (...)
      <div className="button_section"> ③
        <Button onClick={goEdit} text={"수정하기"} />
      </div>
    </div>
  );
};
export default DiaryItem;
```

① Button 컴포넌트를 불러옵니다.

② 버튼 섹션의 <수정하기> 버튼을 클릭하면 해당 일기를 수정하는 Edit 페이지로 이동해야 합니다. 이를 위한 이벤트 핸들러 함수 goEdit을 만듭니다.

③ 페이지에 렌더링할 버튼 섹션을 만듭니다. Button 컴포넌트를 배치하고 onClick 이벤트 핸들러로 ②에서 만든 goEdit을 설정합니다.

다음으로 버튼 섹션의 스타일을 설정합니다.

CODE file : src/component/DiaryItem.css

```
(...)
.DiaryItem .button_section {
  min-width: 70px;
}
```

버튼을 페이지에서 잘 렌더링하는지 그리고 클릭하면 해당 일기의 Edit 페이지로 이동하는지도 확인합니다.

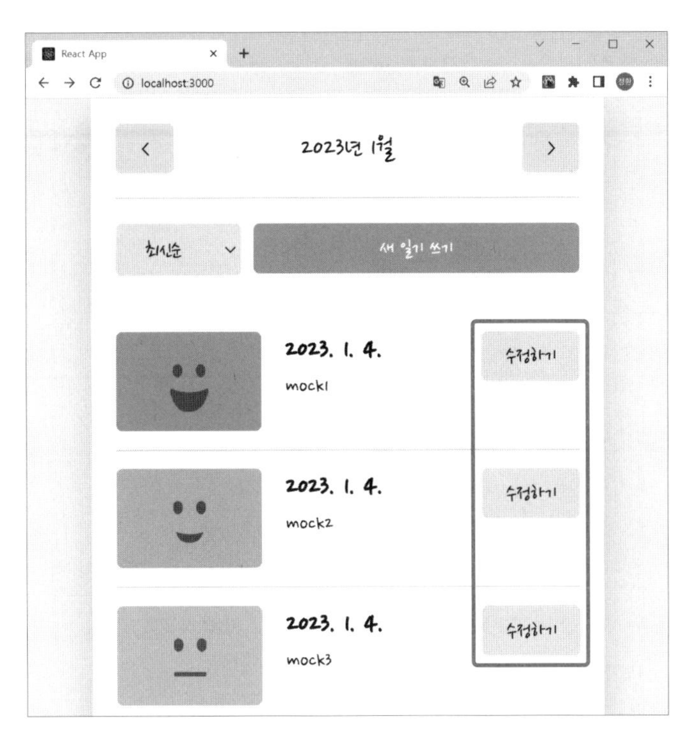

그림 프3-76 DiaryItem의 <수정하기> 버튼 기능 구현하기

이렇게 `Home` 페이지의 구현을 모두 마쳤습니다.

Diary 페이지 구현하기

이번 절에서는 특정 일기를 상세 조회하는 `Diary` 페이지를 만듭니다.

`Diary` 페이지는 `/diary/1` 형식의 URL 파라미터로 일기 `id`를 받아, 해당 일기를 페이지에 렌더링합니다. 이 페이지는 [그림 프3-77]과 같이 모두 2개의 섹션으로 구성되는데, 각 섹션의 역할은 다음과 같습니다.

- 헤더(Header): 일기 날짜 표시와 〈뒤로 가기〉, 〈수정하기〉 버튼 기능
- 뷰어(Viewer): 감정 이미지와 오늘의 일기 표시

이번 절에서는 먼저 URL 파라미터로 `id`를 받아 일기 데이터를 불러오는 기능을 구현합니다. 그리고 헤더와 뷰어 섹션을 차례대로 구현해 `Diary` 페이지를 완성하겠습니다.

그림 프3-77 Diary 페이지의 완성 모습

커스텀 훅으로 일기 데이터 불러오기

Diary 페이지에서 URL 파라미터 형식으로 전달된 id의 일기를 불러옵니다. 그런데 이 기능은 Diary 페이지 말고도 Edit 페이지에서도 사용하는 기능입니다. Edit 페이지 또한 /edit/1 형식의 URL 파라미터 형식의 일기 id를 받기 때문입니다. 그리고 일기 데이터를 불러오는 과정에서 한 가지 기능이 추가됩니다. 전달된 id에 해당하는 일기가 없으면 사용자가 잘못된 경로로 접근한 경우이므로, Home 페이지로 되돌려 보내는 기능입니다.

URL 파라미터로 일기 데이터를 불러오는 기능은 여러 컴포넌트에서 사용하므로 공통 기능으로 분류할 수 있습니다. 그러나 Home 페이지로 되돌려 보내는 페이지 이동 기능을 구현하기 위해서는 useNavigate와 같은 리액트 훅을 이용해야 합니다. 만일 여러 컴포넌트에서 사용한다는 조건만 있다면, 이 기능을 util.js에서 함수로 제작하는 것이 좋습니다. 그러나 페이지 이동 기능은 useNavigate라는 리액트 훅을 사용하기 때문에 일반 함수로는 제작할 수 없습니다. 리액트 훅은 컴포넌트를 위해 제공되는 기능이기 때문입니다. 훅을 컴포넌트가 아닌 일반 함수에서 호출하면 오류가 발생합니다.

이런 경우에는 프로그래머가 직접 리액트 훅을 만들어 사용하면 됩니다. 프로그래머가 직접 만든 훅을 '사용자 정의 훅' 또는 '커스텀 훅'이라고 합니다. 이 책에서는 실무에서 일반적으로 쓰는 커스텀 훅이라는 용어를 사용하겠습니다.

커스텀 훅이란 useState나 useEffect와 같은 훅을 프로그래머가 직접 만들어 사용하는 것을 말합니다. 커스텀 훅은 일반 자바스크립트 함수가 아니기 때문에 다른 리액트 훅을 불러올 수 있습니다. 커스텀 훅은 여러 컴포넌트에서 동일하게 사용하는 기능을 별도 파일로 분리할 수 있어 중복 코드를 줄이고 재사용성을 높여줍니다. 실무에서는 이런 기능들을 커스텀 훅으로 많이 만들어 사용합니다.

이제 URL 파라미터로 받은 id로 일기 데이터를 불러오고, 일치하는 데이터가 없으면 Home 페이지로 되돌려 보내는 기능을 커스텀 훅으로 만들겠습니다. src 아래에 훅을 보관할 hooks 폴더를 생성합니다.

hooks 폴더 아래에 useDiary.js를 생성하고 다음과 같이 작성합니다.

CODE　　file : src/hooks/useDiary.js

```
const useDiary = (id) => { ①
  return "";
};
export default useDiary; ②
```

> ① 커스텀 훅 useDiary를 만듭니다. 커스텀 훅 역시 자바스크립트 함수로 만듭니다. 이때 함수 이름은 훅이라는 것을 명시하기 위해 'use' 접두사를 꼭 붙여야 합니다. useDiary는 매개변수로 일기 id를 저장합니다. 아직 일기를 불러오는 기능을 만들지 않았으므로 임시로 빈 문자열을 반환합니다.
>
> ② 다른 파일에서 useDiary를 불러올 수 있도록 내보냅니다.

다음은 일기 데이터를 불러오는 기능을 구현합니다. useContext를 이용해 먼저 전체 일기 데이터를 불러옵니다. 사용자가 만든 useDiary도 훅이므로 useContext와 같은 리액트 훅을 자유롭게 불러올 수 있습니다.

useDiary 훅을 다음과 같이 수정합니다.

CODE　　file : src/hooks/useDiary.js

```
import { useContext } from "react";          ①
import { DiaryStateContext } from "../App"; ②

const useDiary = (id) => {
  const data = useContext(DiaryStateContext); ③
  return data; ④
};
export default useDiary;
```

① react 라이브러리에서 useContext를 불러옵니다.

② App.js에서 DiaryStateContext를 불러옵니다.

③ useContext를 호출하고 인수로 DiaryStateContext를 전달합니다. 반환된 일기 데이터는 변수 data에 저장합니다.

④ 일기 데이터가 저장되어 있는 data를 반환합니다.

useDiary가 DiaryStateContext에서 일기 데이터를 잘 공급받는지 확인하겠습니다. Diary 컴포넌트에서 useDiary를 불러와 호출합니다.

CODE　　file : src/pages/Diary.js

```
import { useParams } from "react-router-dom";
import useDiary from "../hooks/useDiary"; ①

const Diary = () => {
  const { id } = useParams();
  const data = useDiary(id); ②
  (...)
};
export default Diary;
```

① useDiary를 불러옵니다.

② 커스텀 훅 useDiary를 호출하고 인수로 URL 파라미터로 받은 일기 id를 전달합니다.

브라우저에서 주소 localhost:3000/diary/mock1을 입력해 이동합니다. 개발자 도구의 [Components] 탭에서 Diary 컴포넌트를 클릭해 useDiary가 DiaryStateContext에서 일기 데이터를 잘 가져오는지 확인합니다. [그림 프3-78]처럼 hooks의 Diary, Context 항목을 차례로 클릭하면 데이터를 확인할 수 있습니다.

잘 가져온다면 이제 useDiary.js에서 매개변수로 저장한 id와 일치하는 일기 데이터를 반환하도록 다음과 같이 수정합니다.

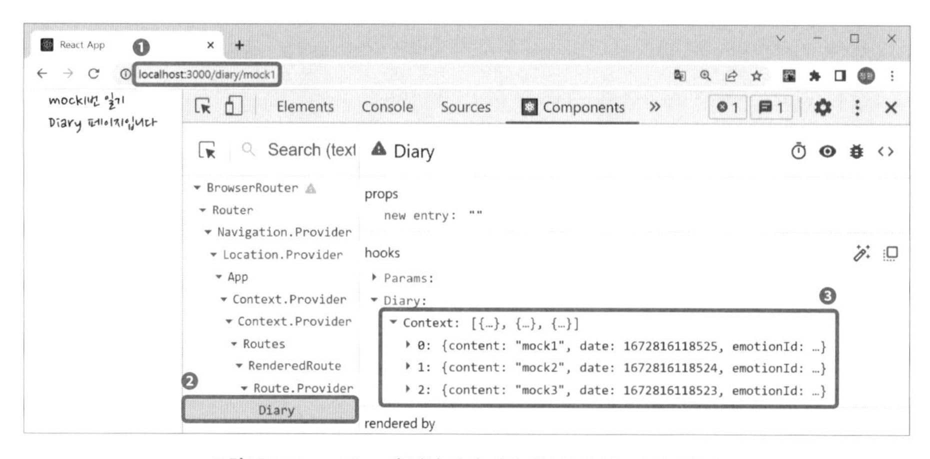

그림 프3-78 useDiary 훅에서 일기 데이터를 불러오는지 확인하기

CODE file : src/hooks/useDiary.js

```
import { useContext, useEffect, useState } from "react"; ①
(...)

const useDiary = (id) => {
  const data = useContext(DiaryStateContext);
  const [diary, setDiary] = useState(); ②

  useEffect(() => { ③
    const matchDiary = data.find((it) => String(it.id) === String(id));
    if (matchDiary) {
      setDiary(matchDiary);
    }
  }, [id, data]);

  return diary; ④
};
export default useDiary;
```

① react 라이브러리에서 useEffect, useState를 불러옵니다.

② 매개변수로 저장한 id와 일치하는 일기를 저장할 State를 만듭니다. State 변수 이름은 diary입니다.

③ useEffect를 이용해 id나 data의 값이 변경될 때마다 일기 데이터에서 매개변수 id와 일치하는 일기를 찾아 State 값 diary를 업데이트합니다.

④ useDiary 훅에서 diary 값을 반환합니다.

페이지를 새로고침한 다음 개발자 도구의 [Components] 탭에서 useDiary가 받은 id와 일치하는 일기를 잘 불러오는지 확인합니다. [그림 프3-79]와 같이 Diary에서 hooks, Diary, State 항목을 차례로 클릭하면 확인할 수 있습니다.

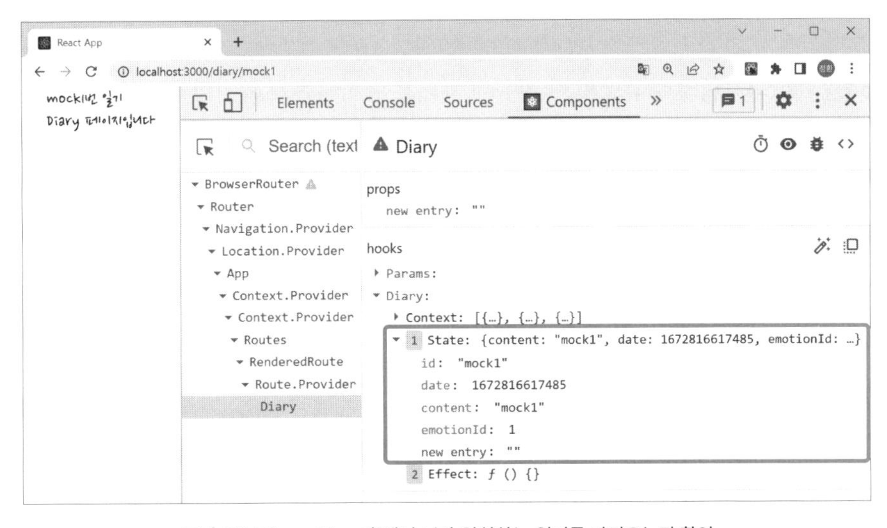

그림 프3-79 useDiary 훅에서 id와 일치하는 일기를 가져오는지 확인

만약 URL 파라미터로 전달한 id와 일치하는 일기가 없으면 Home 페이지로 되돌려 보내는 기능을 만듭니다. 다음과 같이 useDiary.js를 수정합니다.

CODE file : src/hooks/useDiary.js

```
(...)
import { useNavigate } from "react-router-dom"; ①

const useDiary = (id) => {
  (...)
  const navigate = useNavigate(); ②

  useEffect(() => {
    const matchDiary = data.find((it) => String(it.id) === String(id));
    if (matchDiary) {
      setDiary(matchDiary);
    } else { ③
      alert("일기가 존재하지 않습니다");
      navigate("/", { replace: true });
    }
  }, [id, data]);
  (...)
};
export default useDiary;
```

① react-router-dom 라이브러리에서 useNavigate를 불러옵니다.

② useNavigate를 호출해 함수 navigate를 생성합니다.

③ id나 data의 값이 변할 때 해당 id의 일기가 없으면 사용자가 잘못된 경로로 접근한 것이므로 경고 대화상자를 출력하고 함수 navigate를 호출해 Home 페이지로 되돌려 보냅니다. 이때 함수 navigate의 두 번째 인수로 옵션 객체를 전달합니다. 이 객체에서 replace 속성을 true로 하면, 페이지를 이동한 후 다시 돌아올 수 없도록 뒤로 가기 아이콘이 비활성화됩니다.

브라우저 주소 표시줄에서 localhost:3000/diary/mock555라는 존재하지 않는 일기 id를 URL 파라미터로 전달해 이 기능이 제대로 동작하는지 확인합니다.

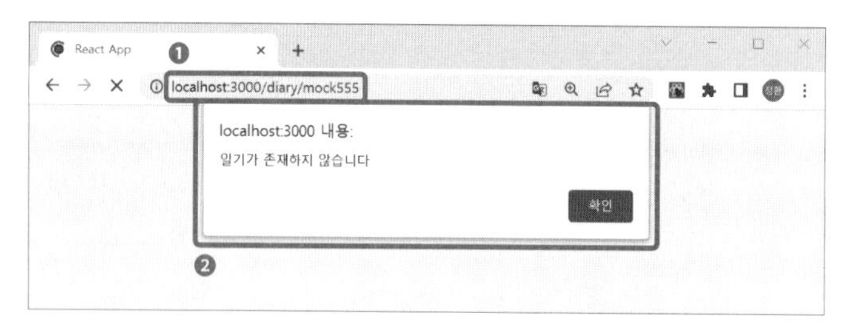

그림 프3-80 id와 일치하는 일기를 찾을 수 없으면 경고 대화상자 출력

경고 대화상자에서 〈확인〉 버튼을 클릭하면 [그림 프3-81]처럼 Home 페이지로 이동합니다. 이동한 후에는 브라우저의 뒤로 가기 아이콘이 비활성화되어 이전 페이지로 돌아갈 수 없습니다.

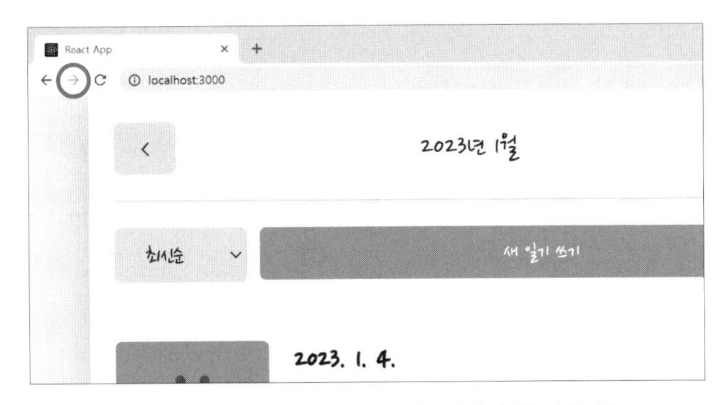

그림 프3-81 Home 페이지 이동과 뒤로 가기 아이콘 비활성화

로딩 상태를 설정하여 오류 방지하기

앞서 Diary 페이지에서 URL 파라미터 형식의 id와 일치하는 일기 데이터를 불러오기 위해 커스텀 훅 useDiary를 만들었습니다. 커스텀 훅은 자신을 호출한 컴포넌트의 라이프 사이클을 따릅니다.

Diary 컴포넌트에서 useDiary를 호출해 일기 데이터를 불러오는 과정을 순서대로 나열하면 다음과 같습니다.

1. Diary 컴포넌트 마운트

   먼저 Diary 컴포넌트를 마운트합니다. 이때 커스텀 훅 useDiary를 호출하고 State 변수 diary가 만들어집니다. useDiary에서 diary를 만들 때 useState의 인수로 아무것도 전달하지 않습니다. 따라서 이때의 diary 값은 undefined입니다. 즉, useDiary는 undefined 값을 반환합니다.

2. useDiary의 useEffect 콜백 함수 실행

   useDiary에서 호출한 useEffect의 콜백 함수가 실행됩니다. 콜백 함수는 useDiary가 매개변수로 저장한 id와 일치하는 일기 데이터로 diary를 업데이트합니다. 그 결과 useDiary의 반환값이 undefined에서 일기 데이터로 업데이트됩니다.

3. Diary 컴포넌트 업데이트

   커스텀 훅에서 State의 업데이트가 일어나면 해당 커스텀 훅을 호출한 컴포넌트도 리렌더됩니다. 즉 Diary 컴포넌트는 useDiary의 diary가 undefined에서 일기 데이터로 업데이트될 때 리렌더됩니다.

Diary 컴포넌트에서 호출한 useDiary의 반환 데이터(data)는 처음에는 undefined 값이었다가 시간이 지난 다음 일기 데이터로 업데이트됩니다. Diary 컴포넌트에 다음과 같이 console.log를 추가해 확인하겠습니다.

CODE　　file : src/pages/Diary.js

```
(...)
const Diary = () => {
  const { id } = useParams();
  const data = useDiary(id);
  console.log(data);
  (...)
};
export default Diary;
```

브라우저에서 localhost:3000/diary/mock1을 입력해 Diary 상세 페이지로 이동한 다음 콘솔을 확인합니다.

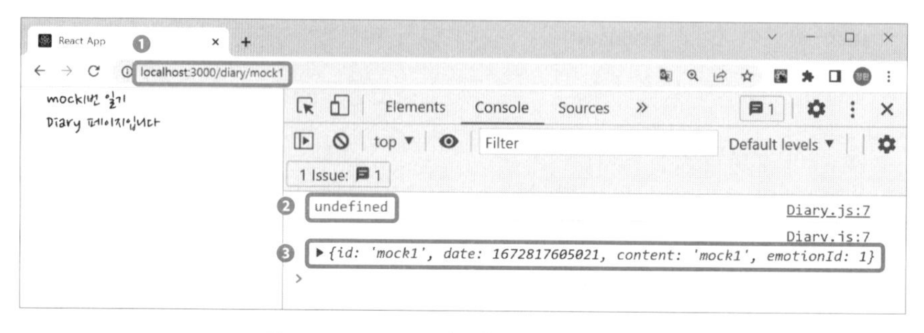

그림 프3-82 useDiary 컴포넌트 반환값 data의 변화

콘솔의 결과를 보면 useDiary가 반환하는 값(data)이 처음에는 undefined이었다가 시간이 지난 뒤 일기 데이터로 업데이트된다는 사실을 알 수 있습니다.

그런데 useDiary가 아직 일기 데이터를 불러오지 못해 undefined일 때, 이 data 배열에 접근하면 오류가 발생합니다. 따라서 Diary 컴포넌트에서는 useDiary가 일기 데이터를 불러오기 전까지는 헤더나 뷰어 섹션을 렌더링하지 않아야 합니다.

Diary 컴포넌트를 다음과 같이 수정합니다.

CODE

file : src/pages/Diary.js

```
import { useParams } from "react-router-dom";
import useDiary from "../hooks/useDiary";

const Diary = () => {
  const { id } = useParams();
  const data = useDiary(id);
  console.log(data); // 삭제합니다.

  if (!data) {
    return <div>일기를 불러오고 있습니다...</div>;
  } else {
    return (
      <div>
        <div>{id}번 일기</div>
        <div>Diary 페이지입니다</div>
      </div>
    );
  }
};
export default Diary;
```

데이터를 불러올 때 이렇듯 예외 처리를 해주면, undefined 값을 객체로 오인해 프로퍼티에 접근하려는 동작을 막을 수 있어 프로젝트의 안정성에 도움을 줍니다. 앞서 Diary 페이지에서 확인용으로 작성했던 console.log는 삭제합니다.

헤더 구현하기

이번에는 Diary 페이지의 헤더 섹션을 구현합니다.

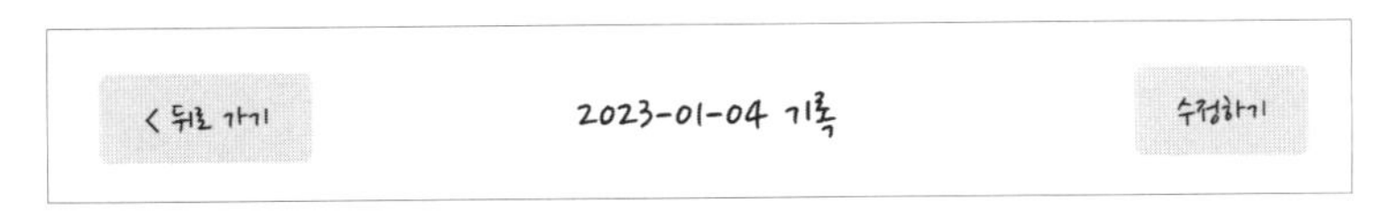

그림 프3-83 Diary 페이지의 헤더 섹션 구성

Diary 페이지의 헤더 섹션에서는 일기 작성 날짜가 정중앙에 제목으로 배치됩니다. 왼쪽에는 브라우저의 뒤로 가기 이벤트가 동작하는 〈뒤로 가기〉 버튼, 오른쪽에는 일기 수정 페이지로 이동하는 〈수정하기〉 버튼이 있습니다.

먼저 이전에 만든 공통 컴포넌트 Header를 이용해 다음과 같이 헤더를 구현합니다.

CODE file : src/pages/Diary.js

```
(...)
import Button from "../component/Button";    ①
import Header from "../component/Header";    ②
import { getFormattedDate } from "../util"; ③

const Diary = () => {
  (...)
  if (!data) {
    return <div>일기를 불러오고 있습니다...</div>;
  } else {
    const { date, emotionId, content } = data;                          ④
    const title = `${getFormattedDate(new Date(Number(date)))} 기록`; ⑤
    return (
      <div>
        <Header ⑥
          title={title}
          leftChild={<Button text={"< 뒤로 가기"} />}
          rightChild={<Button text={"수정하기"} />}
        />
        <div>{id}번 일기</div>
        <div>Diary 페이지입니다</div>
      </div>
    );
  }
};
export default Diary;
```

> ① ② Button, Header 컴포넌트를 불러옵니다.
>
> ③ 함수 getFormattedDate를 불러옵니다.
>
> ④ useDiary를 이용해 불러온 객체 형태의 일기 데이터를 구조 분해 할당합니다. 이때 일기 id는 페이지에 렌더링하지 않습니다.
>
> ⑤ 템플릿 리터럴과 함수 getFormatted를 이용해 헤더의 정중앙에 위치할 'yyyy-mm-dd 기록' 형식의 제목 문자열을 만듭니다.
>
> ⑥ Header를 배치하고 Props로 전달하는 title에는 ⑤에서 만든 문자열을, leftChild, rightChild에는 각각 <뒤로 가기>, <수정하기> Button 컴포넌트를 전달합니다.

다음으로 헤더 섹션의 〈뒤로 가기〉, 〈수정하기〉 버튼의 이벤트 핸들러를 만듭니다.

CODE file : src/pages/Diary.js

```
import { useNavigate, useParams } from "react-router-dom"; ①
(...)
const Diary = () => {
  (...)
  const navigate = useNavigate(); ②

  const goBack = () => { ③
```

```
    navigate(-1);
  };

  const goEdit = () => { ④
    navigate(`/edit/${id}`);
  };

  if (!data) {
    (...)
  } else {
    (...)
    return (
      <div>
        <Header
          title={title}
          leftChild={<Button text={"< 뒤로 가기"} onClick={goBack} />} ⑤
          rightChild={<Button text={"수정하기"} onClick={goEdit} />}   ⑥
        />
        (...)
      </div>
    );
  }
};
export default Diary;
```

> ① react-router-dom에서 useNavigate를 불러옵니다.
>
> ② useNavigate를 호출해 함수 navigate를 생성합니다.
>
> ③ <뒤로 가기> 버튼의 클릭 이벤트 핸들러를 만듭니다. 함수 navigate를 호출하고 인수로 -1을 전달하면 뒤로 가기 이벤트가 발생합니다.
>
> ④ <수정하기> 버튼의 클릭 이벤트 핸들러를 만듭니다. 이벤트 핸들러는 함수 navigate를 호출하고 인수로 /edit/${id}를 전달해 Edit 페이지로 이동합니다.
>
> ⑤ ⑥ 각 버튼의 onClick 이벤트 핸들러를 설정합니다.

렌더링 결과를 확인하고 〈뒤로 가기〉, 〈수정하기〉 버튼이 잘 동작하는지 확인합니다.

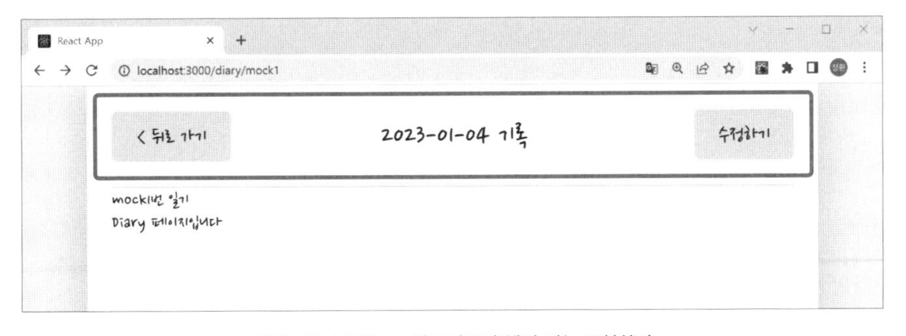

그림 프3-84 Diary 컴포넌트의 헤더 기능 구현하기

뷰어 구현하기

Diary 페이지에서 선택한 일기의 상세 정보를 보여주는 뷰어 섹션을 구현합니다.

뷰어 섹션은 감정 이미지를 보여주는 emotion_section과 일기 정보를 보여주는 content_section으로 나누어집니다. 뷰어 섹션은 별도의 스타일 설정이 필요하기 때문에 Viewer 컴포넌트를 생성해 구현하겠습니다.

component 폴더 아래에 Viewer.js와 Viewer.css를 생성하고 다음과 같이 작성합니다.

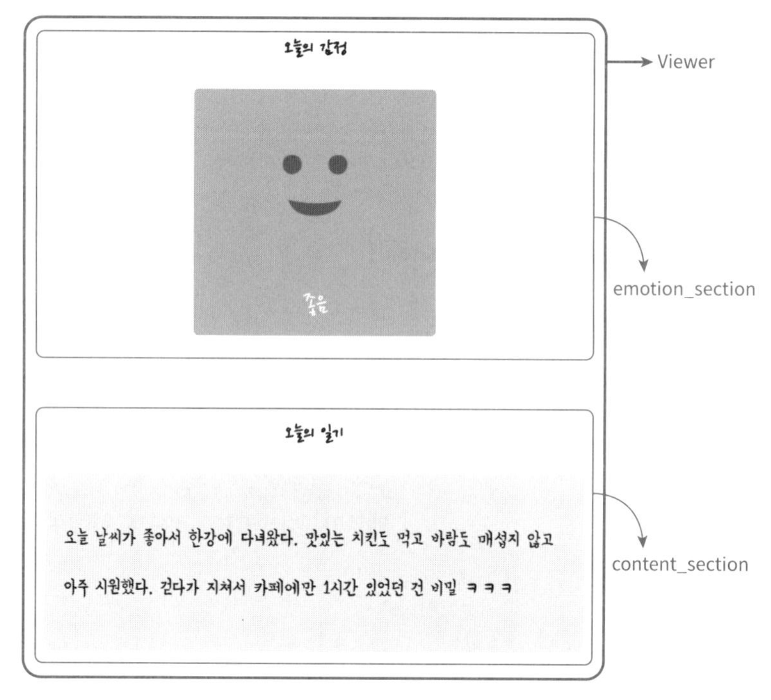

그림 프3-85 Diary 페이지의 뷰어 섹션 모습

CODE file : src/component/Viewer.js

```
import "./Viewer.css";

const Viewer = ({ content, emotionId }) => { ①
  return <div className="Viewer"></div>;
};
export default Viewer;
```

① Viewer 컴포넌트는 일기 상세 페이지를 보여주는 기능입니다. 부모 컴포넌트인 Diary에서 content와 emotionId를 Props로 받습니다.

CODE file : src/component/Viewer.css

```
.Viewer {
}
```

다음으로 Diary에서 Viewer 컴포넌트를 배치하고 Props로 필요한 데이터를 전달합니다.

CODE file : src/pages/Diary.js

```
(...)
import Viewer from "../component/Viewer"; ①
(...)
```

```
const Diary = () => {
  (...)
  if (!data) {
    return <div>일기를 불러오고 있습니다...</div>;
  } else {
    const { date, emotionId, content } = data;
    (...)
    return (
      <div>
        (...)
        <Viewer content={content} emotionId={emotionId} /> ②
      </div>
    );
  }
};
export default Diary;
```

① Viewer 컴포넌트를 불러옵니다.

② Viewer 컴포넌트를 배치하고 일기의 내용인 content와 감정 이미지 번호 emotionId를 Props로 전달합니다.

이미지 섹션 구현하기

다음으로 Viewer 컴포넌트의 이미지 섹션을 구현합니다. 우선 Props로 받은 감정 이미지 번호 emotionId로 이미지 리스트를 불러옵니다.

다음과 같이 Viewer.js를 수정합니다.

CODE file : src/component/Viewer.js

```
(...)
import { emotionList } from "../util"; ①

const Viewer = ({ content, emotionId }) => {
  const emotionItem = emotionList.find((it) => it.id === emotionId); ②
  console.log(emotionItem); ③

  return <div className="Viewer"></div>;
};
export default Viewer;
```

① util.js에서 5개의 감정 이미지를 데이터 형태로 저장한 emotionList를 불러옵니다.

② find 메서드를 이용해 emotionList에서 id가 emotionId와 일치하는 데이터를 찾아 변수 emotionItem에 저장합니다.

③ emotionItem을 콘솔에 출력합니다.

TIP
find 메서드에 대해서는 103쪽을 참고하세요.

브라우저에서 localhost:3000/diary/mock1로 이동한 후 콘솔에 나타난 결과를 확인합니다.

그림 프3-86 구현한 이미지 섹션 데이터를 콘솔에 출력

Props로 받은 emotionId로 해당 이미지를 잘 불러왔다면 이미지 섹션을 구현합니다. 다음과 같이 Viewer.js를 수정합니다. 이때 앞서 확인용으로 작성했던 console.log는 삭제합니다.

CODE file : src/component/Viewer.js

```
(...)
const Viewer = ({ content, emotionId }) => {
  (...)
  return (
    <div className="Viewer">
      <section>
        <h4>오늘의 감정</h4>
        <div ①
          className={[
            "emotion_img_wrapper",
            `emotion_img_wrapper_${emotionId}`,
          ].join(" ")}
        >
          <img alt={emotionItem.name} src={emotionItem.img} />        ②
          <div className="emotion_descript">{emotionItem.name}</div> ③
        </div>
      </section>
    </div>
  );
};
export default Viewer;
```

① Viewer 컴포넌트의 이미지 섹션 역시 EmotionItem처럼 감정 이미지 색상과 동일한 배경 색상을 갖습니다. 따라서 이미지 번호에 따라 다른 className을 갖도록 설정합니다.
② 감정 이미지를 렌더링합니다. 이때 이미지를 설명하는 alt 속성에는 감정 이미지의 이름을, 이미지 경로인 src 속성에는 감정 이미지의 주소를 전달합니다.
③ 감정 이미지의 이름을 렌더링합니다.

계속해서 Viewer 컴포넌트 이미지 섹션의 스타일 규칙을 작성합니다.

CODE　　file : src/component/Viewer.css

```
.Viewer {
}

.Viewer section {
  width: 100%;
  margin-bottom: 100px;

  display: flex;
  flex-direction: column;
  align-items: center;
  text-align: center;
}

.Viewer h4 {
  font-size: 22px;
  font-weight: bold;
}

.Viewer .emotion_img_wrapper {
  background-color: #ececec;
  width: 250px;
  height: 250px;
  border-radius: 5px;
  display: flex;
  flex-direction: column;
  align-items: center;
  justify-content: space-around;
}

.Viewer .emotion_img_wrapper_1 {
  background-color: #64c964;
}
.Viewer .emotion_img_wrapper_2 {
  background-color: #9dd772;
}
.Viewer .emotion_img_wrapper_3 {
  background-color: #fdce17;
}
```

```css
.Viewer .emotion_img_wrapper_4 {
  background-color: #fd8446;
}
.Viewer .emotion_img_wrapper_5 {
  background-color: #fd565f;
}

.Viewer .emotion_descript {
  font-size: 25px;
  color: white;
}
```

이미지 섹션이 잘 렌더링 되는지 확인합니다.

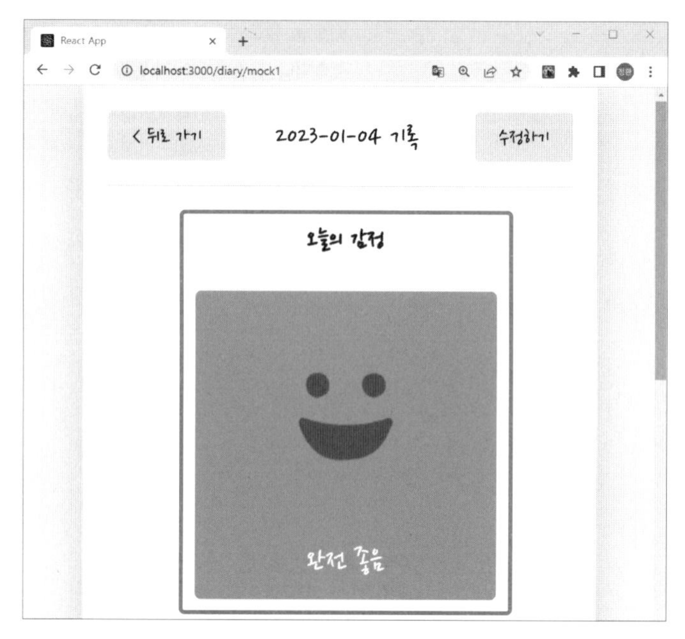

그림 프3-87 Viewer 컴포넌트의 감정 이미지 섹션 구현하기

콘텐츠 섹션 구현하기

다음으로 Viewer 페이지의 콘텐츠 섹션을 구현합니다.

```
(...)
const Viewer = ({ content, emotionId }) => {
  (...)
  return (
    <div className="Viewer">
      <section>
        (...)
      </section>
      <section>
        <h4>오늘의 일기</h4>
        <div className="content_wrapper">
          <p>{content}</p> ①
        </div>
      </section>
    </div>
  );
};
export default Viewer;
```

① Props로 받은 일기 내용 content를 페이지에 렌더링합니다.

계속해서 콘텐츠 섹션의 스타일 규칙을 작성합니다.

CODE file : src/component/Viewer.css

```
(...)
.Viewer .content_wrapper {
  width: 100%;
  background-color: #ececec;
  border-radius: 5px;
  word-break: keep-all;
  overflow-wrap: break-word;
}

.Viewer .content_wrapper p {
  padding: 20px;
  text-align: left;
  font-size: 20px;
  font-family: "Yeon Sung";
  font-weight: 400;
  line-height: 2.5;
}
```

콘텐츠 섹션이 잘 렌더링되는지 확인합니다.

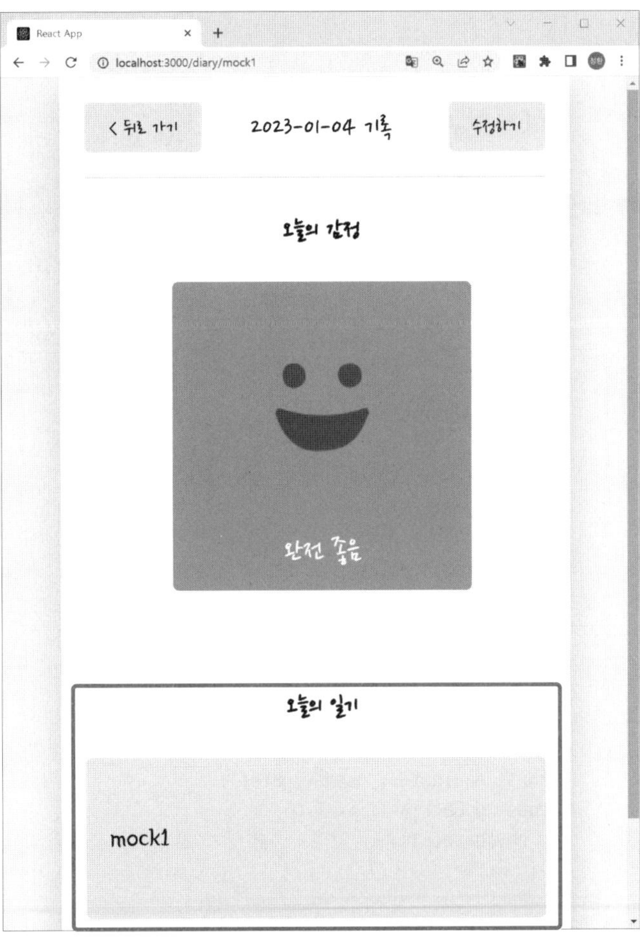

그림 프3-88 Viewer 컴포넌트의 콘텐츠 섹션 구현하기

이렇게 해서 일기 상세 페이지인 `Diary` 페이지의 모든 구현을 마쳤습니다. 다음 절에서는 새로운 일기를 작성하는 New 페이지를 구현합니다.

New 페이지 구현하기

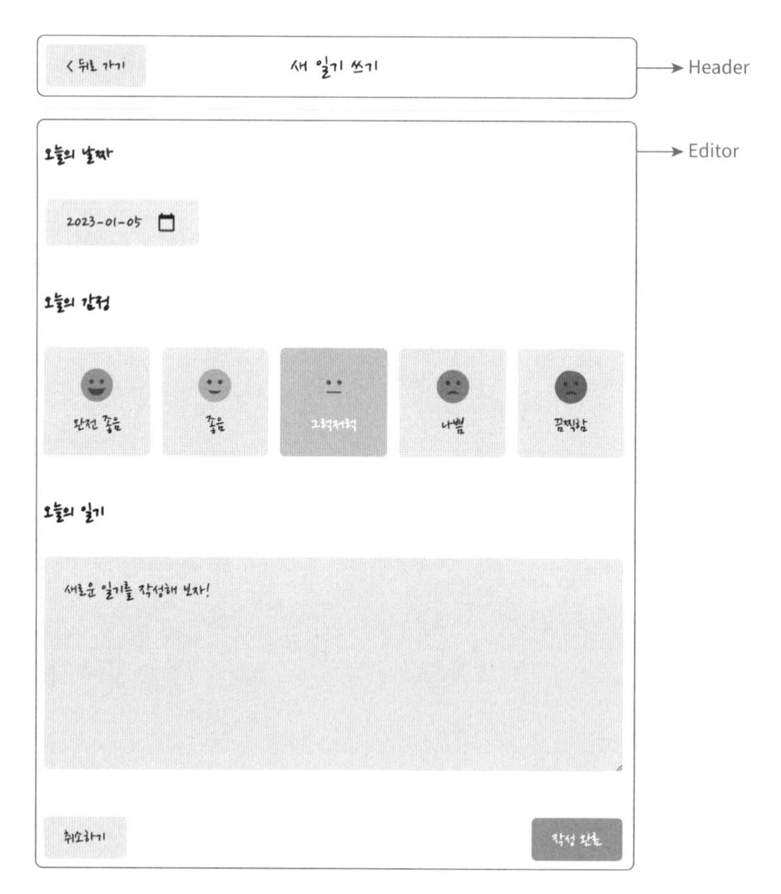

그림 프3-89 완성된 New 페이지의 구성

새 일기를 작성하는 New 페이지를 구현하겠습니다.

New 페이지는 헤더와 에디터 2개의 섹션으로 구성되어 있습니다. 이번 절에서는 헤더 → 에디터 순으로 New 페이지를 구현합니다.

헤더 섹션 구현 하기

New 페이지의 헤더 섹션에는 '새 일기 쓰기'라는 타이틀과 왼쪽에 〈뒤로 가기〉 버튼이 있고 오른쪽에는 아무것도 없습니다. 헤더 섹션은 다른 페이지처럼 공통 컴포넌트 Header로 구현합니다.

New 컴포넌트에서 다음과 같이 작성합니다.

CODE file : src/pages/New.js

```
import { useNavigate } from "react-router-dom";
import Button from "../component/Button";
import Header from "../component/Header";

const New = () => {
  const navigate = useNavigate();
  const goBack = () => { ①
    navigate(-1);
  };

  return (
    <div>
```

```
      <Header ②
        title={"새 일기 쓰기"}
        leftChild={<Button text={"< 뒤로 가기"} onClick={goBack} />}
      />
    </div>
  );
};
export default New;
```

① <뒤로 가기> 버튼을 클릭하면 뒤로 가기 이벤트가 동작하는 함수 goBack을 만듭니다.
② Header 컴포넌트를 배치하고 title로 '새 일기 쓰기', leftChild로는 '< 뒤로 가기' 버튼 컴포넌트를 전달합니다. 이때 <뒤로 가기> 버튼의 onClick 이벤트 핸들러로 ①에서 만든 함수 goBack을 설정합니다.

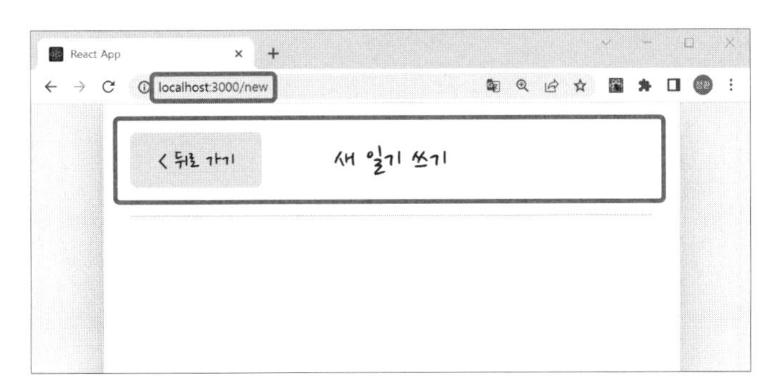

그림 프3-90 New 페이지에서 헤더 섹션 구현하기

Home에서 〈새 일기 쓰기〉 버튼을 클릭하면 New 페이지로 이동합니다. New 컴포넌트의 헤더가 잘 구현되었는지, 〈뒤로 가기〉 버튼을 클릭하면 Home 페이지로 다시 돌아가는지 확인합니다.

에디터 섹션 구현하기

이번에는 새 일기를 작성하는 에디터 섹션을 구현합니다. 앞서 만든 공통 컴포넌트 Editor를 이용하면 아주 편리하게 구현할 수 있습니다. New 페이지에 Editor 컴포넌트를 배치합니다.

CODE　　file : src/pages/New.js

```
(...)
import Editor from "../component/Editor"; ①

const New = () => {
  (...)
  return (
    <div>
      <Header
        title={"새 일기 쓰기"}
        leftChild={<Button text={"< 뒤로 가기"} onClick={goBack} />}
      />
```

```
        <Editor /> ②
      </div>
    );
};
export default New;
```

① Editor 컴포넌트를 불러옵니다.
② New 페이지에서 Editor 컴포넌트를 배치합니다. Editor 컴포넌트에 전달할 Props는 차차 설정합니다.

New 페이지에서 Editor 컴포넌트를 잘 불러오는지 확인합니다.

다음으로 New 페이지 하단에 배치한 Editor 컴포넌트에서 〈작성 완료〉 버튼을 클릭하면 App의 함수 onCreate를 호출해 새 일기를 추가합니다. 이제 이 기능을 만들겠습니다. 먼저 useContext를 이용해 함수 onCreate를 DiaryDispatchContext에서 불러와야 합니다.

New 컴포넌트에서 다음과 같이 작성합니다.

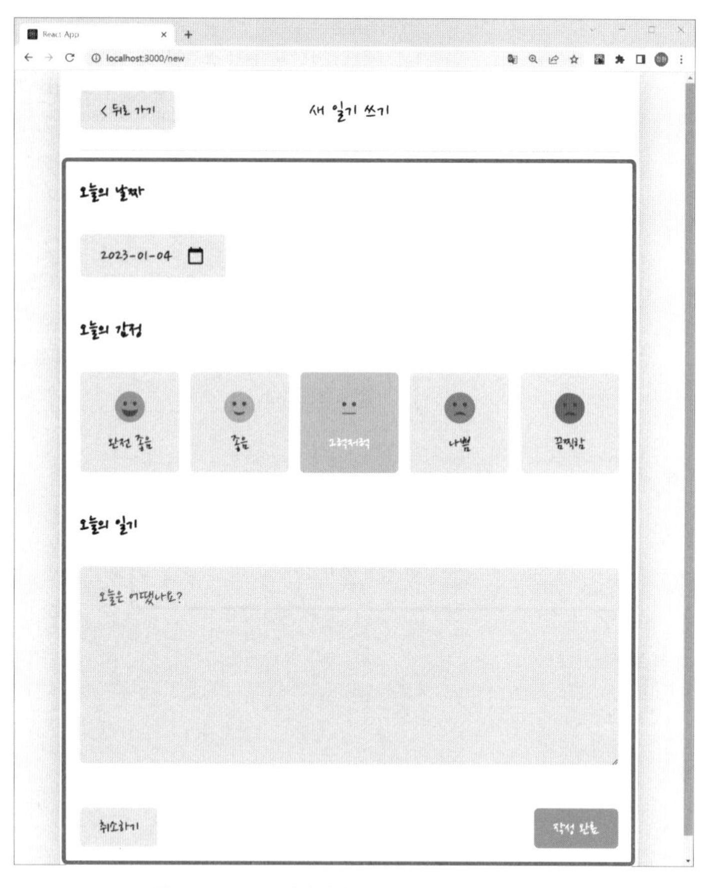

그림 프3-91 New 페이지에서 Editor 컴포넌트 불러오기

CODE file : src/pages/New.js

```
(...)
import { useContext } from "react";              ①
import { DiaryDispatchContext } from "../App"; ②

const New = () => {
  const { onCreate } = useContext(DiaryDispatchContext); ③
  (...)
};
export default New;
```

① react 라이브러리에서 useContext를 불러옵니다.
② App.js에서 DiaryDispatchContext를 불러옵니다.
③ useContext를 호출해 DiaryDispatchContext에서 함수 onCreate를 불러옵니다.

함수 onCreate를 불러오면서 구조 분해 할당하는 이유는 DiaryDispatchContext가 제공하는 값이 객체이기 때문입니다. 이 객체는 일기 State를 업데이트하는 3개의 함수 onCreate, onUpdate, onDelete를 담고 있습니다. New 컴포넌트는 일기를 생성하는 역할만 하기 때문에 함수 onCreate만 필요합니다. 따라서 구조 분해 할당을 이용해 DiaryDispatchContext가 제공하는 객체에서 함수 onCreate만 꺼내 사용합니다.

Editor 컴포넌트는 사용자가 〈작성 완료〉 버튼을 클릭하면 이벤트 핸들러 handleSubmit를 호출하며, 이때 Props로 받은 함수 onSubmit을 호출합니다. 기억을 되살리는 측면에서 Editor 컴포넌트를 다시 한번 확인하겠습니다.

TIP
Editor 컴포넌트의 함수 onSubmit 호출에 대해서는 448쪽을 참고하세요.

```
(...)
const Editor = ({ initData, onSubmit }) => {
  (...)
  const handleSubmit = () => { ①
    onSubmit(state);
  };
 (...)
  return (
    <div className="Editor">
      (...)
      <div className="editor_section bottom_section">
        <Button text={"취소하기"} onClick={handleGoBack} />
        <Button text={"작성 완료"} type={"positive"} onClick={handleSubmit} /> ②
      </div>
    </div>
  );
};
export default Editor;
```

① 함수 handleSubmit은 Props로 받은 함수 onSubmit을 호출합니다.

② <작성 완료> 버튼을 클릭하면 함수 handleSubmit을 호출합니다.

이 시점에서 새로운 일기가 생성되는 과정을 살펴볼 필요가 있습니다. [그림 프3-92]는 새로운 일기가 생성되는 과정을 도식화한 겁니다.

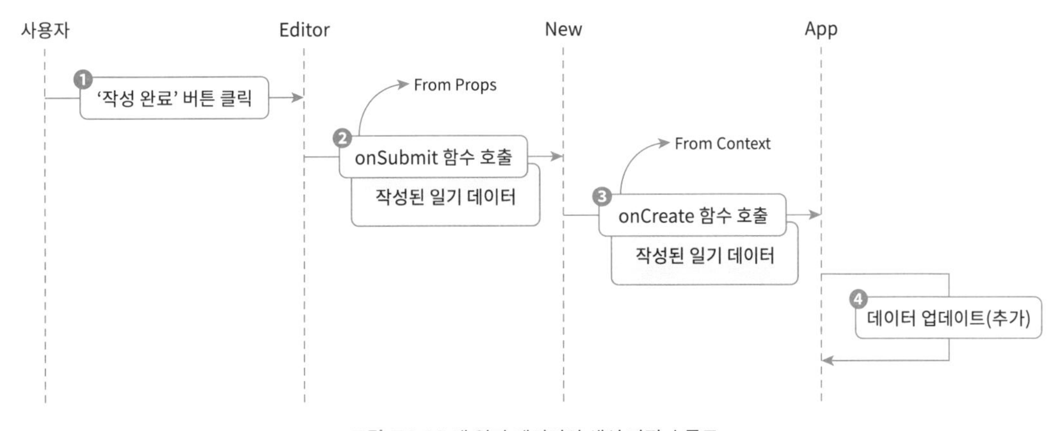

그림 프3-92 새 일기 데이터의 생성 과정 흐름도

[그림 프3-92]는 〈작성 완료〉 버튼을 클릭해 일기를 추가하는 과정을 잘 보여주고 있습니다. 이 과정을 단계별로 살펴보겠습니다.

① 사용자가 Editor 컴포넌트에서 〈작성 완료〉 버튼을 클릭합니다.

② Editor 컴포넌트는 부모인 New 페이지에서 Props로 받은 함수 onSubmit을 호출합니다.

③ New 페이지에서 함수 onSubmit을 실행해 DiaryDispatchContext에서 받은 함수 onCreate를 호출합니다.

④ App 컴포넌트에서 함수 onCreate가 실행되어 새로운 일기가 추가됩니다.

따라서 이제 New 페이지에서 함수 onSubmit을 만들어야 합니다. 이 함수는 〈작성 완료〉 버튼을 클릭하면 실행하도록 Editor 컴포넌트에 Props(onSubmit)로 전달해야 합니다.

New 컴포넌트에서 함수 onSubmit을 다음과 같이 작성합니다.

CODE file : src/pages/New.js

```
(...)
const New = () => {
  (...)
  const onSubmit = (data) => { ①
    const { date, content, emotionId } = data;
    onCreate(date, content, emotionId);
    navigate("/", { replace: true });
  };

  return (
    <div>
      <Header
        title={"새 일기 쓰기"}
        leftChild={<Button text={"< 뒤로 가기"} onClick={goBack} />}
      />
      <Editor onSubmit={onSubmit} /> ②
    </div>
  );
};
export default New;
```

① <작성 완료> 버튼을 클릭하면 호출할 함수 onSubmit을 만듭니다. 이 함수는 매개변수로 data를 저장하는데, 이 data는 현재 Editor 컴포넌트에서 사용자가 작성한 일기 정보(날짜 정보, 감정 이미지 번호, 일기)를 담은 객체입니다. 그리고 함수 onCreate를 호출하며 일기 정보를 인수로 전달합니다. 계속해서 함수 navigate를 호출해 Home 페이지로 이동합니다. 이때 브라우저에서 일기

작성 페이지로 돌아오지 못하도록 { replace: true } 옵션도 함께 전달합니다.

② ①에서 만든 함수 onSubmit을 Editor 컴포넌트에 Props로 전달합니다.

이제 새 일기를 작성한 다음, 〈작성 완료〉 버튼을 클릭해 Home 페이지에 새로운 일기 아이템이 잘 추가되는지 확인합니다. New 페이지에서 여러분이 직접 날짜, 감정, 일기 내용을 임의로 작성하고 〈작성 완료〉 버튼을 클릭합니다.

Home 페이지로 자동으로 이동합니다. 새 일기 아이템이 잘 추가되는지 확인합니다.

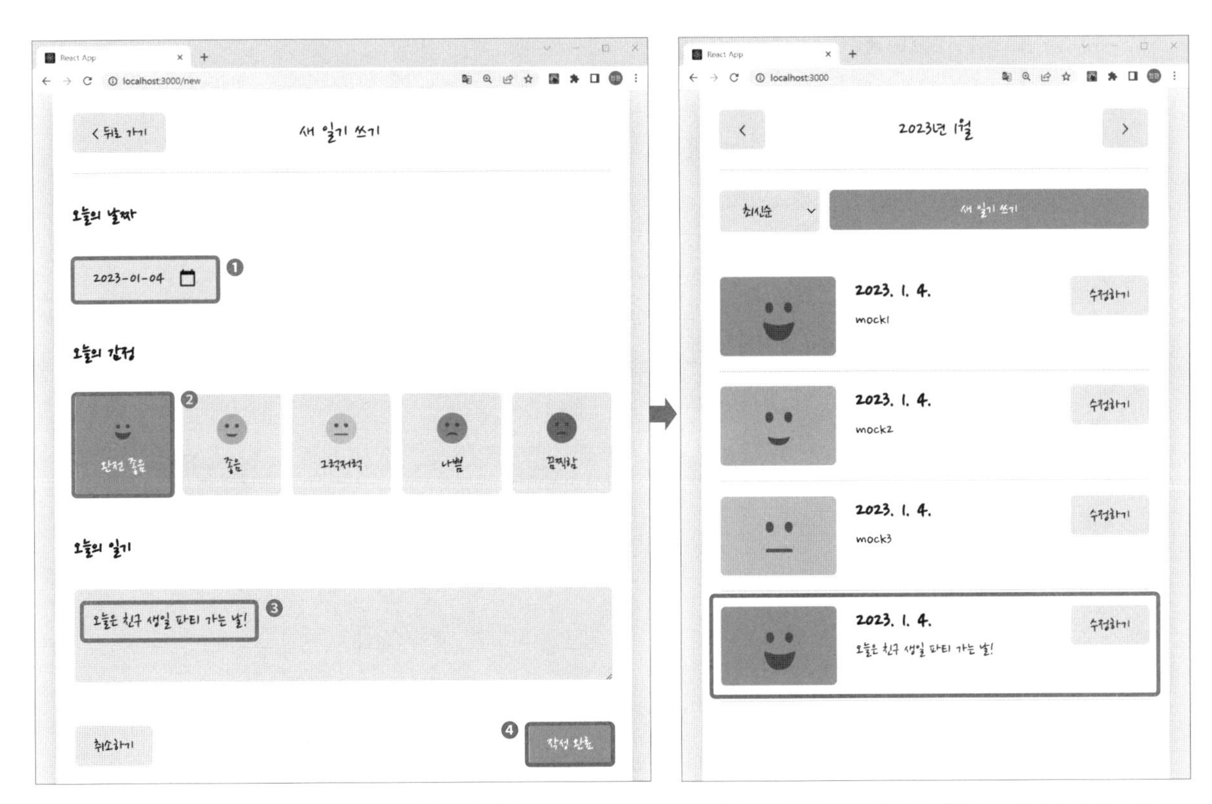

그림 프3-93 New 페이지에서 임의의 일기 작성

그림 프3-94 Home 페이지에서 일기 아이템 생성 확인하기

이것으로 New 페이지의 모든 구현 과정을 마칩니다. 다음 절에서는 일기 수정 페이지인 Edit 페이지를 만들겠습니다.

Edit 페이지 구현하기

마지막으로 [감정 일기장]의 일기 수정 페이지인 Edit 컴포넌트를 구현하겠습니다.

Edit 페이지는 New와 구성이 매우 유사합니다. 상단의 Header 섹션 아래에 Editor 섹션이 있습니다. 그러나 Edit 페이지는 URL 파라미터로 일기 데이터를 불러와 사용자가 편리하게 수정할 수 있도록 미리 폼에 데이터를 채우는 기능과 헤더에서 일기를 삭제하는 기능을 추가해야 합니다.

이번 절에서는 Edit 페이지를 URL 파라미터로 데이터 불러오기 → 헤더 구현하기→ 에디터 구현하기 순서로 만들겠습니다.

그림 프3-95 완성된 Edit 페이지의 구성

URL 파라미터로 일기 데이터 가져오기

Edit 페이지는 Diary처럼 /edit/1과 같은 URL 파라미터 형식의 id를 받습니다. 따라서 앞서 id로 데이터를 불러오는 커스텀 훅 useDiary를 사용해 일기를 불러와야 합니다.

Edit 컴포넌트에서 다음과 같이 작성합니다.

CODE　　　　file : src/pages/Edit.js

```
import { useParams } from "react-router-dom";
import useDiary from "../hooks/useDiary";

const Edit = () => {
  const { id } = useParams();
  const data = useDiary(id);
```

```
  if (!data) {
    return <div>일기를 불러오고 있습니다...</div>;
  } else {
    return <div>일기 수정 페이지</div>;
  }
};
export default Edit;
```

수정할 일기 데이터를 잘 불러오는지 확인하기 위해 먼저 Edit 페이지로 이동하겠습니다. Home 페이지에서 임의로 일기 아이템의 〈수정하기〉 버튼을 클릭해 Edit 페이지로 이동합니다. 그다음 개발자 도구의 [Components] 탭에서 Edit, Diary, State 항목을 차례로 클릭해 해당 일기 데이터를 잘 불러오는지 확인합니다.

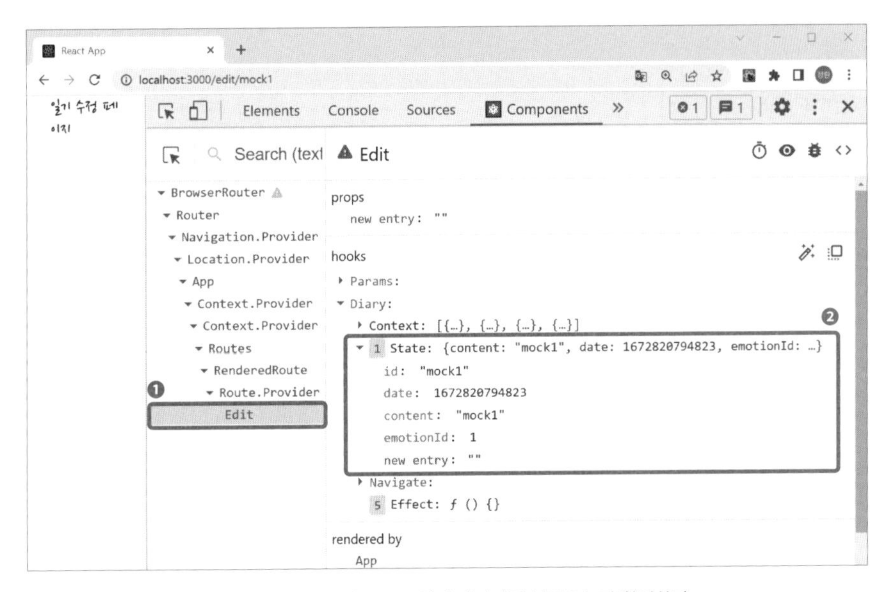

그림 프3-96 제공받은 id로 일기 데이터를 불러오는지 확인하기

Edit 페이지의 헤더 섹션 구현하기

URL 파라미터로 수정할 일기 데이터를 잘 불러왔다면, 이제 Edit 페이지의 헤더 섹션을 구현합니다. Edit 페이지의 헤더에는 왼쪽에 〈뒤로 가기〉 버튼, 오른쪽에 〈삭제하기〉 버튼이 있습니다.

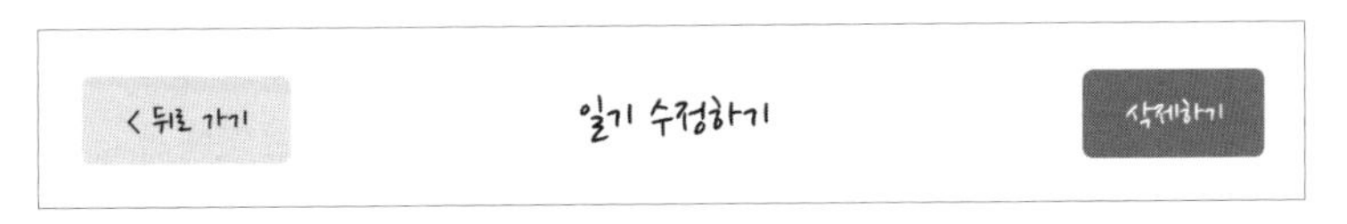

그림 프3-97 Edit 페이지의 헤더 섹션 구현하기

헤더 섹션의 기본 뼈대 및 뒤로 가기 기능 구현하기

이번에도 공통 컴포넌트 Header를 불러와 헤더 섹션을 구현합니다.

CODE file : src/pages/Edit.js

```
import { useNavigate, useParams } from "react-router-dom"; ①
import useDiary from "../hooks/useDiary";
import Button from "../component/Button"; ②
import Header from "../component/Header"; ③

const Edit = () => {
  (...)
  const navigate = useNavigate();

  const goBack = () => { ④
    navigate(-1);
  };

  if (!data) {
    return <div>일기를 불러오고 있습니다...</div>;
  } else {
    return (
      <div>
        <Header ⑤
          title={"일기 수정하기"}
          leftChild={<Button text={"< 뒤로 가기"} onClick={goBack} />}
          rightChild={<Button type={"negative"} text={"삭제하기"} />}
        />
      </div>
    );
  }
};
export default Edit;
```

> ① react-router-dom 라이브러리에서 useNavigate를 불러옵니다.
>
> ② ③ Button, Header 컴포넌트를 불러옵니다.
>
> ④ <뒤로 가기> 버튼을 클릭하면 뒤로 가기 이벤트가 동작하는 함수 goBack을 만듭니다.
>
> ⑤ Header 컴포넌트를 배치합니다. title로 '일기 수정하기', leftChild에는 '< 뒤로 가기', rightChild에는 '삭제하기' 버튼 컴포넌트를 전달합니다.

헤더에서 삭제 기능 구현하기

다음으로 헤더의 〈삭제하기〉 버튼을 클릭하면 해당 일기를 삭제하는 기능을 구현합니다. 이 기능을 구현하려면 〈삭제하기〉 버튼의 onClick 이벤트 핸들러가 App 컴포넌트의 함수 onDelete를 호출해야 합니다. 따라서 Edit 컴포넌트에서 useContext

로 함수 onDelete를 받은 다음, 이 함수를 호출하는 이벤트 핸들러를 만들어야 합니다.

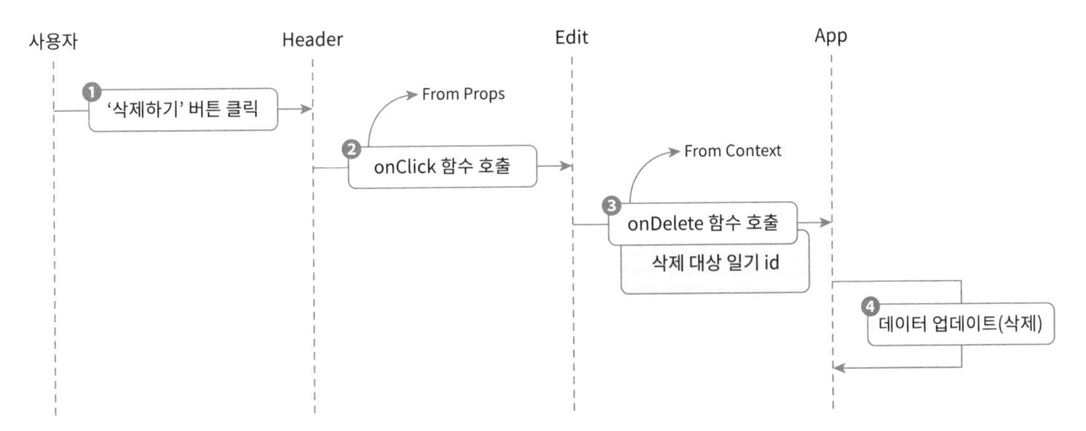

그림 프3-98 Edit 컴포넌트의 일기 삭제 기능 흐름도

Edit 컴포넌트에서 다음과 같이 작성합니다.

CODE file : src/pages/Edit.js

```
(...)
import { useContext } from "react"; ①
import { DiaryDispatchContext } from "../App"; ②

const Edit = () => {
  (...)
  const { onDelete } = useContext(DiaryDispatchContext); ③
  const onClickDelete = () => { ④
    if (window.confirm("일기를 정말 삭제할까요? 다시 복구되지 않아요!")) {
      onDelete(id);
      navigate("/", { replace: true });
    }
  };
  (...)
  if (!data) {
    return <div>일기를 불러오고 있습니다...</div>;
  } else {
    return (
      <div>
        <Header
          title={"일기 수정하기"}
          leftChild={<Button text={"< 뒤로 가기"} onClick={goBack} />}
          rightChild={
            <Button ⑤
              type={"negative"}
```

```
              text={"삭제하기"}
              onClick={onClickDelete}
            />
          }
        />
      </div>
    );
  }
};
export default Edit;
```

> ① react 라이브러리에서 useContext를 불러옵니다.
> ② App.js에서 DiaryDispatchContext를 불러옵니다.
> ③ useContext를 호출해 DiaryDispatchContext에서 함수 onDelete를 구조 분해 할당합니다.
> ④ <삭제하기> 버튼의 onClick 이벤트 핸들러 onClickDelete를 만듭니다. 이 함수는 window.confirm 메서드를 호출합니다. 반환값이 참이면 함수 onDelete를 호출하고 인수로 일기 id를 전달해 현재 수정 중인 일기를 삭제합니다. 그리고 함수 navigate를 호출해 Home 페이지로 이동합니다. window.confirm은 사용자에게 인수로 전달한 텍스트와 함께 경고 대화상자를 출력하는 브라우저 메서드입니다. 이 메서드는 경고 대화상자에서 사용자가 <확인> 버튼을 클릭하면 true를 반환합니다.
> ⑤ <삭제하기> 버튼의 onClick 이벤트 핸들러로 onClickDelete를 설정합니다.

홈페이지에서 새로고침합니다. 그리고 일기 아이템 'mock1' 오른쪽에 있는 〈수정하기〉 버튼을 클릭해 Edit 페이지로 이동합니다. 여기서 〈삭제하기〉 버튼을 클릭하면 경고 대화상자가 나타나는지 확인합니다.

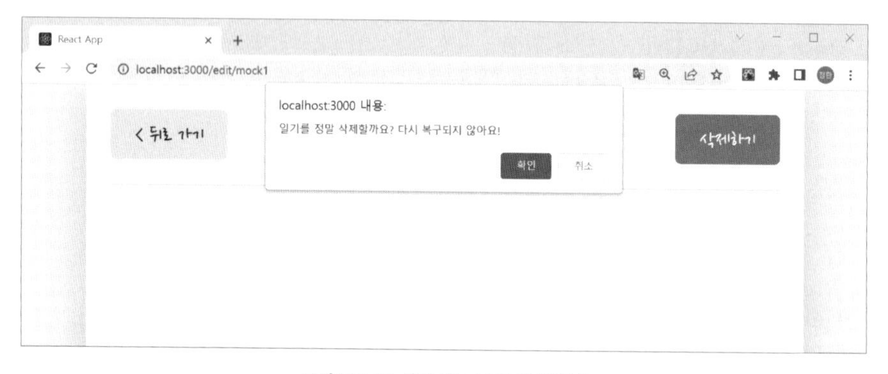

그림 프3-99 삭제 기능 구현 확인하기

대화상자에서 〈확인〉 버튼을 클릭하면 일기가 삭제되고 Home 페이지로 돌아가는지도 점검합니다.

Home 페이지 리스트에서 'mock1' 아이템이 사라진 것을 알 수 있습니다.

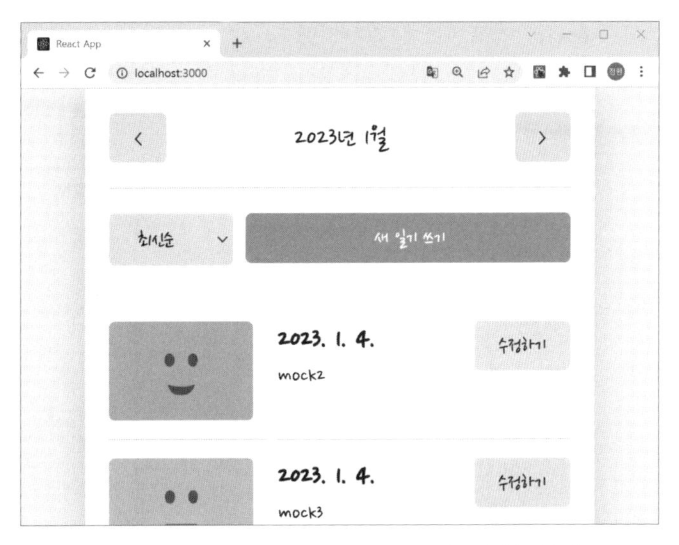

그림 프3-100 Home 페이지에서 삭제한 일기 아이템 확인하기

Editor 섹션 구현하기

이번에는 Edit 페이지 하단에 배치할 Editor 섹션을 구현합니다.

Editor 컴포넌트 배치하기

먼저 Edit 페이지에 Editor 컴포넌트를 배치합니다.

CODE　file : src/pages/Edit.js

```
(...)
import Editor from "../component/Editor"; ①

const Edit = () => {
  (...)
  if (!data) {
    return <div>일기를 불러오고 있습니다...</div>;
  } else {
    return (
      <div>
        (...)
        <Editor /> ②
      </div>
    );
  }
};
export default Edit;
```

① Editor 컴포넌트를 불러옵니다.

② Editor 컴포넌트를 배치합니다. Editor 컴포넌트에 전달할 Props는 차차 설정하겠습니다.

Editor 컴포넌트가 페이지에 잘 렌더링되는지 확인합니다. 이를 위해 Home 페이지에서 새로고침한 다음, mock1 일기의 〈수정하기〉 버튼을 클릭해 Edit 페이지로 이동합니다.

그런데 결과를 보면 이전에 작성했던 일기 데이터를 제대로 불러오지 못한다는 것을 알 수 있습니다. 아직 Editor 컴포넌트에 Props(initData)를 전달하지 않았기 때문입니다.

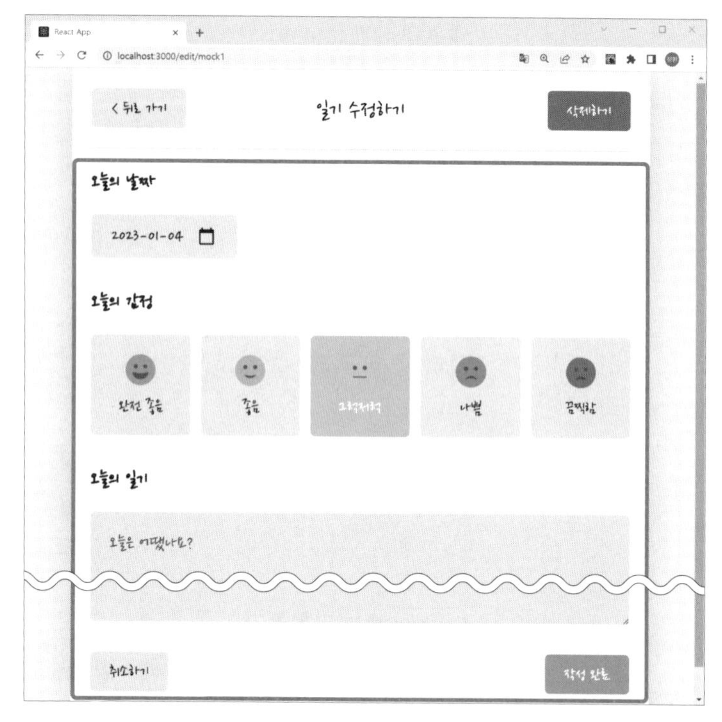

그림 프3-101 Edit 페이지에서 Editor 컴포넌트 배치하기

이전에 작성한 일기 데이터 전달하기

Edit 페이지에서 Editor 컴포넌트에 현재 수정하려는 일기 데이터를 Props로 전달합니다.

CODE　　file : src/pages/Edit.js

```
(...)
const Edit = () => {
  const { id } = useParams();
  const data = useDiary(id);
  (...)
  if (!data) {
    return <div>일기를 불러오고 있습니다...</div>;
  } else {
    return (
      <div>
        (...)
        <Editor initData={data} /> ①
      </div>
    );
  }
};
export default Edit;
```

① useDiary를 호출해 불러온 일기 데이터를 Editor 컴포넌트에 Props로 전달합니다.

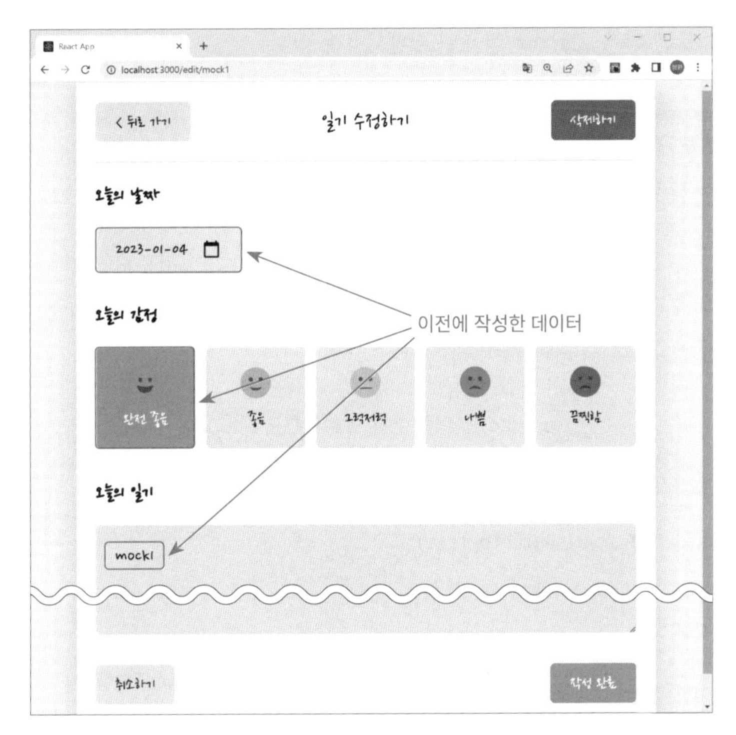

그림 프3-102 이전 데이터를 Edit 페이지에 보여주기

이제 Edit 페이지에서 이전에 입력한 일기 데이터를 자동으로 불러오는지 확인합니다. 사용자는 자신이 입력한 내용을 보면서 수정할 수 있어 훨씬 편리합니다.

페이지에서는 첫 번째 목 데이터 값을 불러오고 있습니다.

<작성 완료> 버튼 기능 구현하기

이제 Edit 페이지에서 Editor 컴포넌트의 〈작성 완료〉 버튼을 클릭하면 현재 작성한 내용으로 일기를 업데이트해야 합니다. 이를 위해 우선 Edit 컴포넌트에서 useContext를 호출하여 일기 수정 기능이 있는 함수 onUpdate를 불러와야 합니다. 그리고 〈작성 완료〉 버튼을 클릭하면 onUpdate를 호출하는 이벤트 핸들러도 만듭니다.

일기를 수정하는 과정을 순서대로 나열하면 다음과 같습니다.

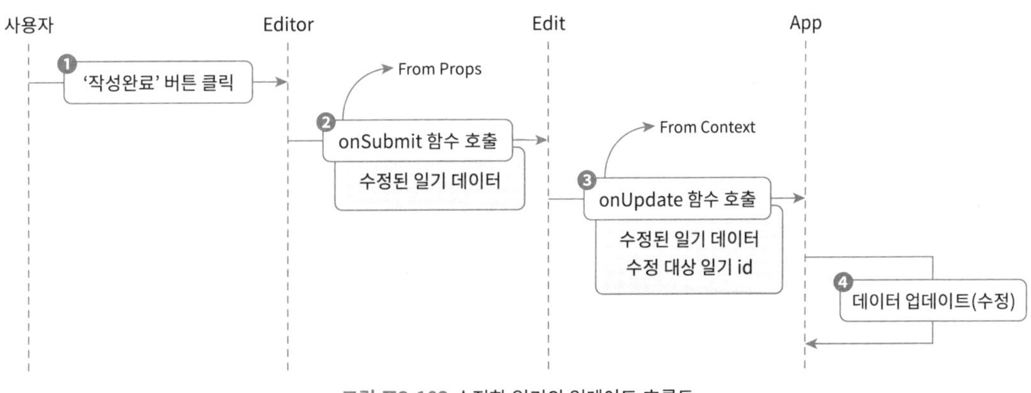

그림 프3-103 수정한 일기의 업데이트 흐름도

① 사용자가 Edit 페이지에서 일기를 수정한 다음, Editor 컴포넌트에서 〈작성 완료〉 버튼을 클릭합니다.

② Editor 컴포넌트는 부모인 Edit에서 Props로 받은 함수 onSubmit을 호출합니다.

③ Edit 컴포넌트는 DiaryDispatchContext로 가져온 함수 onUpdate를 호출합니다.

④ 일기를 업데이트합니다.

따라서 이제 Edit 컴포넌트에서 Editor 컴포넌트에 Props(onSubmit)로 전달할 이벤트 핸들러를 만들어야 합니다. Edit 컴포넌트에서 다음과 같이 작성합니다.

CODE file : src/pages/Edit.js

```
(...)
const Edit = () => {
  (...)
  const { onUpdate, onDelete } = useContext(DiaryDispatchContext); ①

  const onSubmit = (data) => { ②
    if (window.confirm("일기를 정말 수정할까요?")) {
      const { date, content, emotionId } = data;
      onUpdate(id, date, content, emotionId);
      navigate("/", { replace: true });
    }
  };
  (...)

  if (!data) {
    return <div>일기를 불러오고 있습니다...</div>;
  } else {
    return (
      <div>
        (...)
        <Editor initData={data} onSubmit={onSubmit} /> ③
      </div>
    );
  }
};
export default Edit;
```

① DiaryDispatchContext에서 함수 onUpdate를 불러옵니다.

② Editor 컴포넌트에 Props로 전달할 함수 onSubmit을 만듭니다. 이 함수는 매개변수 data로 사용자가 수정한 일기 데이터(날짜, 감정 이미지 번호, 일기) 객체를 받습니다. 그리고 경고 대화상자를 띄워 일기를 정말 수정할지 사용자에게 물어봅니다. 사용자가 <확인> 버튼을 클릭하면 함수 onUpdate를 호출해 일기를 업데이트합니다. 그리고 함수 navigate를 호출해 Home 페이지로 이동합니다.

③ Editor 컴포넌트에 Props를 전달합니다.

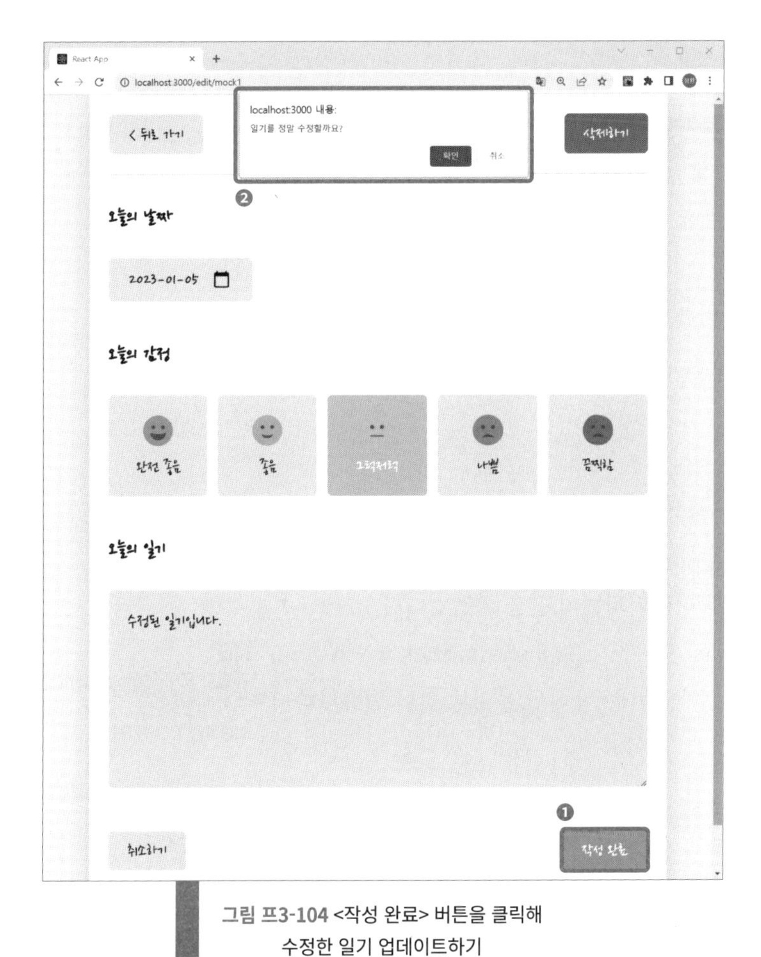

그림 프3-104 <작성 완료> 버튼을 클릭해 수정한 일기 업데이트하기

그림 프3-105 수정한 일기의 업데이트 확인하기

Home 페이지에서 새로고침합니다. 임의의 일기 아이템에서 〈수정하기〉 버튼을 클릭해 Edit 페이지로 이동합니다. Edit 페이지에서 여러분이 직접 일기를 수정하고 〈작성 완료〉 버튼을 클릭합니다. 일기를 수정할지 묻는 경고 대화상자가 나오는지 확인합니다.

〈확인〉 버튼을 클릭하면 일기가 수정됩니다. 그리고 Home 페이지로 이동합니다. 수정한 일기로 업데이트되었는지 확인합니다.

이렇게 [감정 일기장] 프로젝트의 4가지 페이지 Home, Diary, New, Edit의 구현을 모두 마쳤습니다. 프로젝트의 요구사항에 맞게 필요한 기능을 모두 구현했으므로 다음 절에서는 지금까지 만든 [감정 일기장]을 최적화하겠습니다.

최적화

웹 프런트엔드의 최적화는 이미지와 폰트와 같은 미디어 파일을 최적화하는 방법부터 특정 페이지를 정적으로 미리 생성해 놓는 방법 등 여러 가지 기법이 있습니다. 그러나 이 책에서는 리액트라는 기술에 초점을 맞춰 학습하므로 여러 최적화 기법을 모두 소개할 수는 없습니다.

이번 절에서는 리액트 앱의 렌더링 낭비를 제거하는 데 초점을 맞춰 최적화를 진행합니다.

분석하기

리액트 개발자 도구는 리렌더되는 컴포넌트에 하이라이트 기능을 제공합니다. 이 책에서는 이 기능을 이용해 [감정 일기장] 프로젝트의 모든 페이지를 순서대로 확인하며 현재 어떤 컴포넌트가 불필요하게 리렌더되는지 찾을 예정입니다.

이 기능은 개발자 도구의 [Components] 탭에서 'Highlight updates when component render' 옵션을 선택하면 사용할 수 있는데 6장에서 살펴본 적이 있습니다.

TIP 개발자 도구 [Components] 탭의 하이라이트 기능 옵션은 288쪽을 참고하세요.

Home 페이지 분석하기

먼저 `Home` 페이지를 분석합니다. 이 페이지에서는 `DiaryItem`을 리스트로 렌더링하고 있습니다. 만약 `DiaryItem`이 불필요하게 리렌더된다면 리스트의 개수가 늘어날수록 웹 서비스의 성능은 떨어집니다. 또한 `DiaryItem`은 `DiaryList`의 자식 컴포넌트입니다. 따라서 `DiaryList`가 리렌더되면 모든 `DiaryItem` 역시 리렌더될 것이 예상됩니다.

리액트 개발자 도구로 직접 확인해 보겠습니다. [Components] 탭을 열고 페이지에서 `DiaryList`의 정렬 기준을 변경해 `DiaryItem`이 어떻게 하이라이트되는지 확인합니다.

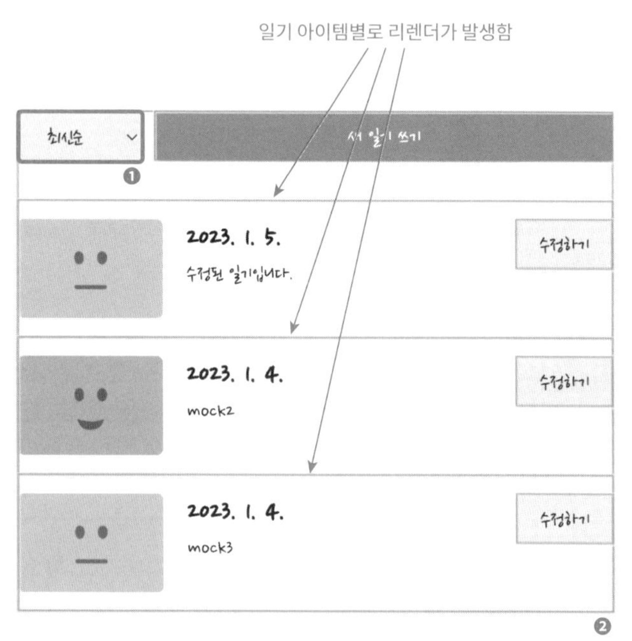

그림 프3-106 DiaryItem의 리렌더 여부 확인하기

[그림 프3-106]과 같이 하이라이트된 결

과를 보면 정렬 기준을 변경할 때마다 모든 DiaryItem이 리렌더되고 있음을 알 수 있습니다.

New & Edit 페이지 분석하기

New와 Edit 페이지는 모두 Editor 컴포넌트를 사용하기 때문에 함께 분석할 수 있습니다. 날짜와 감정 이미지, 일기를 직접 입력하면서 웹 서비스의 성능을 떨어뜨리는 불필요한 리렌더가 있는지 확인합니다.

일기를 작성하면서 하이라이트 기능으로 컴포넌트를 살펴보면, 이미지 선택 섹션인 EmotionItem 컴포넌트가 모두 리렌더된다는 사실을 알 수 있습니다.

이렇듯 여러분이 작성한 [감정 일기장] 프로젝트는 현재 Home 페이지의 DiaryItem 컴포넌트, New와 Edit 페이지가 함께 공유하는 EmotionItem 컴포넌트에서 불필요한 리렌더가 발생하고 있습니다. 알아낸 사실을 토대로 불필요한 리렌더를 순서대로 제거해 최적화하겠습니다.

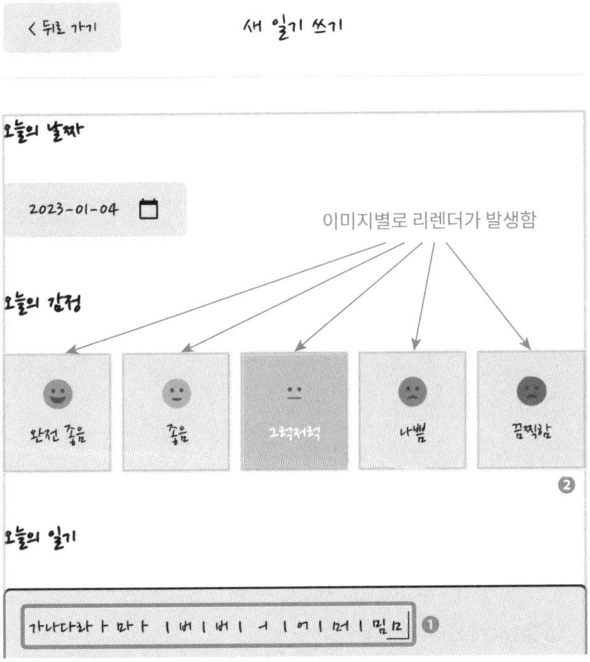

그림 프3-107 New와 Edit 페이지에서 리렌더 여부 확인하기

DiaryItem 최적화하기

먼저 Home 페이지의 DiaryItem 컴포넌트를 최적화합니다. DiaryItem 컴포넌트는 Context에서 데이터를 받거나 Props로 함수나 배열 같은 참조형 값도 받지 않습니다. 따라서 React.memo를 이용해 Props를 기준으로 메모이제이션합니다.

DiaryItem 컴포넌트에서 다음과 같이 작성합니다.

CODE　　file : src/component/DiaryItem.js

```
import React from "react"; ①
(...)
const DiaryItem = ({ id, emotionId, content, date }) => {
```

```
  (...)
};

export default React.memo(DiaryItem); ②
```

① react 라이브러리에서 기본으로 내보내진 React 객체를 불러옵니다.
② DiaryItem 컴포넌트에서 기본으로 내보내는 값을 React.memo로 메모이제이션합니다.

페이지를 새로고침한 다음 Home 페이지로 이동해 DiaryList의 정렬 기준을 계속해서 바꿔봅니다.

최적화를 적용하기 전에는 개별 일기 아이템이 모두 하이라이트되었습니다. 그러나 최적화를 적용한 후에는 리스트 전체만 하이라이트될 뿐 개별 아이템은 하이라이트되지 않습니다.

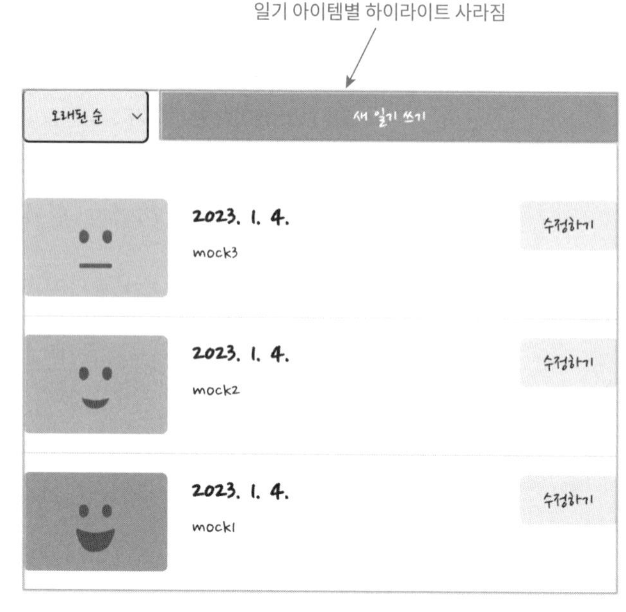

그림 프3-108 DiaryItem에 React.memo 적용하기

EmotionItem 최적화하기

New 그리고 Edit 페이지가 공유하는 Editor 컴포넌트에서 감정 이미지 하나하나를 렌더링하는 EmotionItem을 최적화합니다.

앞서 DiaryItem은 React.memo를 이용해 간단히 최적화할 수 있었던 데 반해 EmotionItem은 Editor 컴포넌트에서 Props로 함수인 handleChangeEmotion을 받기 때문에 React.memo를 적용한다고 해도 최적화가 이루어지지 않습니다. 그 이유는 컴포넌트가 리렌더되면 함수 또한 다시 생성되기 때문입니다. 즉, 사용자가 날짜나 일기를 입력해 Editor 컴포넌트가 리렌더될 때 함수 handleChangeEmotion 또한 다시 생성됩니다.

따라서 Editor 컴포넌트를 리렌더해도 함수 handleChangeEmotion을 다시 생성하지 않도록 useCallback을 사용해 메모이제이션해야 합니다.

Editor 컴포넌트를 다음과 같이 수정합니다.

CODE　　file : src/component/Editor.js

```
(...)
import { useState, useEffect, useCallback } from "react"; ①
(...)
```

```
const Editor = ({ initData, onSubmit }) => {
  (...)
  const handleChangeEmotion = useCallback((emotionId) => { ②
    setState({
      ...state,
      emotionId,
    });
  }, []);
  (...)
};
export default Editor;
```

> ① react 라이브러리에서 useCallback을 불러옵니다.
>
> ② useCallback으로 함수 handleChangeEmotion을 Editor 컴포넌트의 마운트 시점 이후에는 다시 생성되지 않도록 메모이제이션합니다.

이제 함수 handleChangeEmotion은 Editor 컴포넌트의 마운트 이후에는 다시 생성되지 않습니다. 그러나 한 가지 문제가 있는데 바로 setState에서 참조하는 state의 값이 마운트 이후 변하지 않기 때문에 State의 최신값을 유지할 수 없어 정상적으로 상태가 업데이트되지 않습니다.

TIP
함수형 업데이트에 대해서는 8장 379~380쪽을 참고하세요.

이때 사용하는 기능이 바로 '함수형 업데이트'입니다. 함수형 업데이트는 setState의 인수로 값이 아닌 함수를 전달하는 방법입니다. 이미 8장에서 살펴본 적이 있습니다. 함수 handleChangeEmotion에서 함수형 업데이트를 사용하도록 수정합니다.

CODE file : src/component/Editor.js

```
(...)
const Editor = ({ initData, onSubmit }) => {
  (...)
  const handleChangeEmotion = useCallback((emotionId) => {
    setState((state) => ({ ①
      ...state,
      emotionId,
    }));
  }, []);
  (...)
};
export default Editor;
```

> ① 함수 handleChangeEmotion에서 setState의 인수로 함수를 전달하는 함수형 업데이트를 구현합니다.

다음으로 EmotionItem에서 React.memo를 적용해 Props를 기준으로 최적화합니다.

CODE file : src/component/EmotionItem.js

```
import React from "react"; ①
(...)
const EmotionItem = ({ id, img, name, onClick, isSelected }) => {
  (...)
};
export default React.memo(EmotionItem); ②
```

① react 라이브러리에서 기본으로 내보내진 React 객체를 불러옵니다.

② EmotionItem 컴포넌트에서 기본으로 내보내는 값을 React.memo로 메모이제이션합니다.

페이지를 새로고침한 다음, Home에서 〈새 일기 쓰기〉 버튼을 클릭해 New 페이지로 이동합니다. 그다음 날짜와 일기를 입력합니다. 이때 EmotionItem에서 불필요한 리렌더가 발생하지 않는지 확인합니다.

이제 개별 이미지들의 불필요한 리렌더는 모두 사라졌을 겁니다.

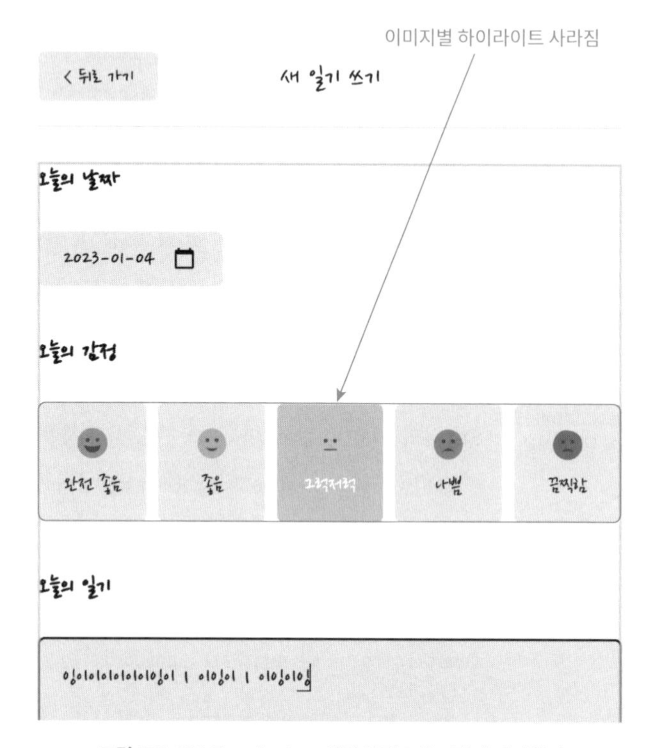

그림 프3-109 EmotionItem에서 불필요한 리렌더 제거하기

[감정 일기장] 프로젝트를 완료했지만 한 가지 아쉬운 점이 있습니다. 바로 작성한 일기들이 새로고침, 탭 종료, 재접속을 하면 모두 사라진다는 점입니다. 리액트 앱의 State나 변수에 저장한 데이터는 탭을 종료하거나 새로고침하면 모두 사라집니다. 만약 작성한 일기 데이터를 계속 저장하려면 데이터베이스나 별도의 스토리지에 저장해야 합니다. 이에 대해서는 다음 장에서 알아보겠습니다..

10장

웹 스토리지 이용하기

이 장에서 주목할 키워드

- 웹 스토리지
- 로컬/세션 스토리지
- 데이터 저장, 수정, 삭제

이 장의 학습 목표

- 웹 스토리지가 무엇인지 알아봅니다.
- [감정 일기장] 데이터를 웹 스토리지에 영구 저장하는 법을 알아봅니다.

웹 스토리지

웹 스토리지(Web Storage)는 한마디로 웹 브라우저가 제공하는 데이터베이스입니다. 이번 절에서는 웹 스토리지가 필요한 이유가 무엇인지, 어떻게 사용하는지 알아보겠습니다.

웹 스토리지가 필요한 이유

앞서 만든 프로젝트 [감정 일기장]은 새 일기를 작성하고 페이지를 새로고침하면, 일기 데이터는 모두 초기화되어 사라집니다.

실제로도 그런지 확인하겠습니다. Home에서 〈새 일기 쓰기〉 버튼을 클릭해 New 페이지로 이동합니다. 여기서 여러분이 원하는 대로 새 일기를 작성합니다. 〈작성 완료〉 버튼을 클릭해 일기를 저장한 다음, 개발자 도구의 [Components] 탭에서 App를 클릭해 일기 State의 데이터를 확인합니다.

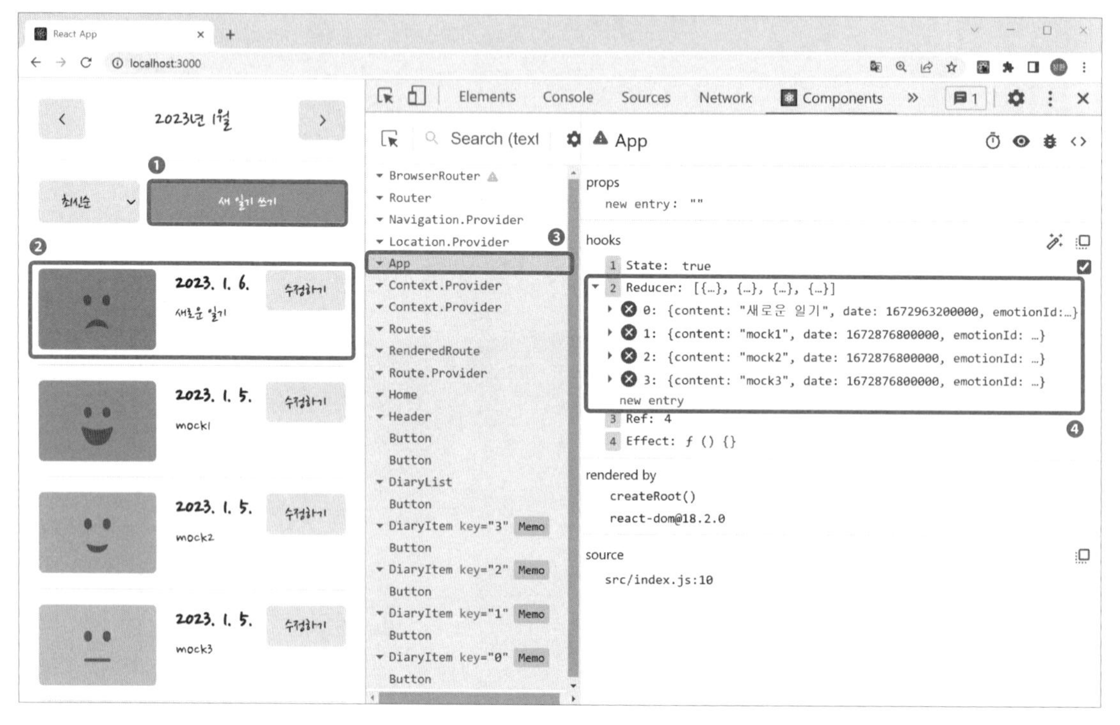

그림 10-1 새 일기를 작성하고 [Components] 탭에서 일기 State 확인하기

방금 작성한 일기까지 총 4개의 일기가 App의 일기 State에 저장되어 있습니다.

이 상태에서 페이지를 새로고침합니다. 새로고침하면 일기 State에 추가한 일기가 삭제됩니다. 더 정확히 말하면 App를 다시 마운트하면 일기 State는 초기화됩니다.

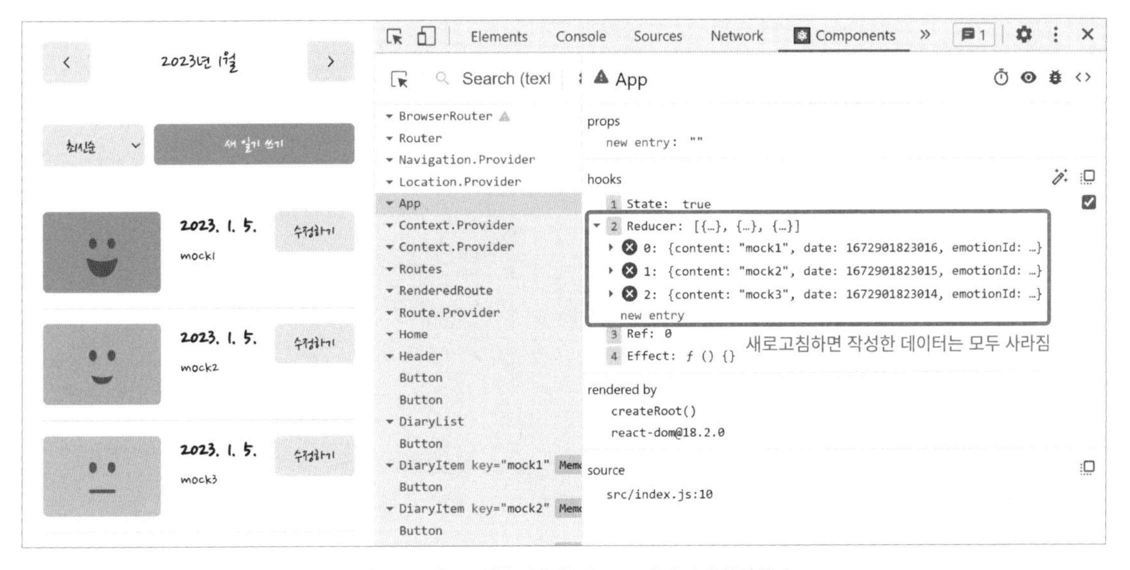

그림 10-2 새로고침한 다음 일기 State의 데이터 확인하기

3개의 일기만 남는 이유는 일기 State를 목 데이터로 초기화하기 때문입니다.

이렇듯 리액트 앱이 보관하는 데이터는 페이지를 새로고침하면 사라집니다. 그렇다면 어떤 이유로 사라지는 걸까요? 이유를 알기 위해서는 먼저 리액트 앱의 State나 변수에 저장된 데이터가 어디에 저장되는지 원리적으로 살펴볼 필요가 있습니다.

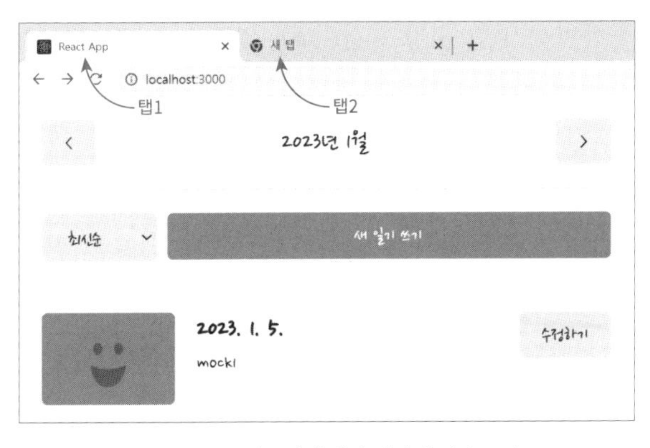

그림 10-3 브라우저의 탭에 데이터 임시 보관

브라우저는 사용자가 여러 페이지를 동시에 탐색하도록 복수의 탭을 지원합니다. 이때 탭을 새로고침하면 브라우저는 해당 탭에서 보관하던 데이터를 삭제하고 페이지를 다시 불러옵니다. 리액트 앱의 State나 변수에 저장된 데이터는 브라우저의 탭에 보관합니다. 따라서 탭을 없애거나 새로고침하면 데이터는 모두 사라집니다.

다시 정리하면 일기 데이터와 같은 리액트 앱의 State나 변수에 저장된 데이터는 탭에 임시로 보관되어 있다가 탭을 종료하거나 새로고침하면 사라집니다.

새로고침하거나 탭을 종료해도 데이터를 사라지지 않게 하려면 데이터베이스와 같은 별도의 저장 공간에 두어야 합니다.

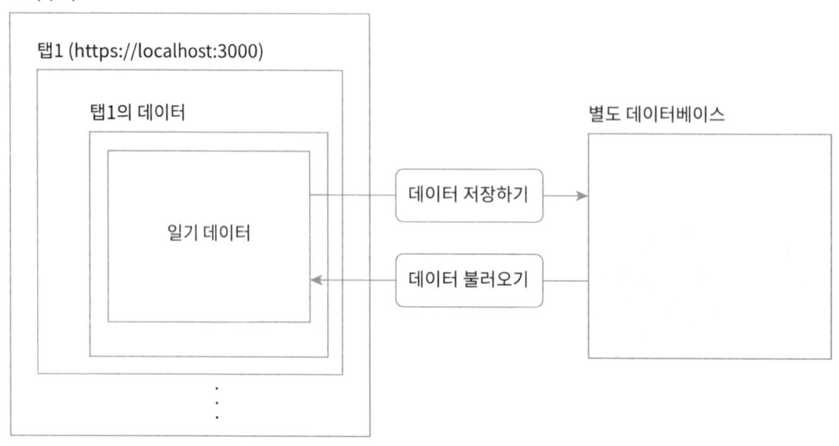

그림 10-4 데이터를 보관하려면 데이터베이스를 이용해야 함

대다수 웹 서비스는 데이터베이스를 별도의 저장 공간인 서버에 두고 사용합니다. 그러나 이 책의 독자는 서버로 활용할 컴퓨터도 없고, 데이터베이스를 구축해본 경험도 없을 겁니다. 더욱이 서버 프로그램도 따로 없기 때문에 이 방식으로 데이터를 저장할 수는 없습니다.

이때 웹 브라우저가 제공하는 데이터베이스인 웹 스토리지를 이용하면 됩니다.

웹 스토리지를 소개합니다

브라우저에는 쿠키, 웹 스토리지, indexedDB 등에 활용할 다양한 저장 공간이 있습니다. 웹 스토리지는 서버가 아닌 클라이언트, 즉 사용자의 PC를 활용해 데이터를 저장하는 HTML5의 새로운 기능입니다.

> **TIP**
> HTML5는 2014년 10월 차세대 웹 표준으로 확정된 HTML의 새로운 버전입니다. 기존의 HTML이 텍스트와 하이퍼링크만 표시하는 데 반해, HTML5는 동영상, 애니메이션 등 멀티미디어를 표현하도록 진화했습니다.

웹 스토리지는 쿠키 기능과 매우 비슷합니다. 다만 쿠키가 저장할 수 있는 공간이 4KB인반면, 웹 스토리지는 약 5MB의 데이터를 저장할 수 있습니다.

웹 스토리지는 자바스크립트 객체처럼 키(`key`)와 값(`value`) 쌍으로 이루어진 데이터를 저장합니다. 사용법도 간단하며 데이터의 유효 기간도 따로 없습니다.

웹 스토리지는 저장 방식에 따라 다음과 같이 두 가지로 구분합니다.

로컬 스토리지(Local Storage)

> **TIP**
> window 객체는 웹 브라우저의 창(window)을 표현합니다. 대부분의 브라우저가 지원합니다.

별도 라이브러리 설치 없이 `window` 객체를 이용하는 방식으로, `window.localStorage` 명령을 사용합니다. 이때 `localStorage`라는 이름으로 변수나 함수를 선언하지 않는다면, `window`는 생략할 수 있습니다. 로컬 스토리지에 저장한 데이터는 브라우저를 종료해도 유지됩니다. 직접 삭제하지 않는 한, 저장 데이터는 반영구적으로 보관할 수 있습니다. 또한 로컬 스토리지는 도메인별로도 생성할 수 있는데, 주소가 다르면 해당 도메인의 로컬 스토리지에는 접근할 수 없습니다. 탭이 다르더라도 도메인 주소가 같다면 같은 로컬 스토리지를 사용할 수 있습니다.

세션 스토리지(Session Storage)

로컬 스토리지처럼 별도의 라이브러리 설치 없이 `window` 객체를 이용하는 방식으로, `window.sessionStorage` 명령으로 사용합니다. 다만 세션 스토리지는 탭 단위로 데이터를 보관하는 방식으로 탭을 종료하면 데이터도 삭제됩니다. 당연히 브라우저를 종료하면 세션 스토리지에 보관된 데이터 역시 모두 삭제됩니다. 탭을 종료하지 않으면 직접 데이터를 삭제하지 않는 한, 데이터를 계속 보관할 수 있습니다. 즉, 새로고침이 발생해도 탭을 종료하지 않는 이상 데이터는 삭제되지 않습니다.

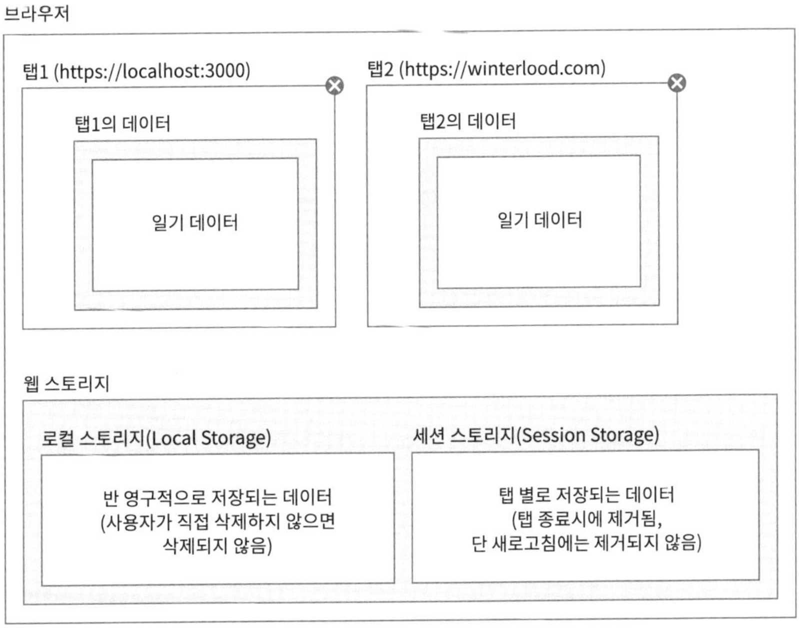

그림 10-5 스토리지의 종류

로컬 스토리지

데이터를 반영구적으로 보관하는 로컬 스토리지의 사용법을 알아보겠습니다. 로컬 스토리지는 브라우저가 기본으로 제공하는 기능이므로 별도의 라이브러리를 설치할 필요가 없습니다.

데이터 생성/수정하기

로컬 스토리지에 데이터를 보관하는 방법은 매우 간단합니다. 다음과 같이 객체 localStorage의 메서드 setItem을 호출해 인수로 key와 value를 전달하면 됩니다. 단 key는 반드시 문자열이어야 합니다.

```
localStorage.setItem("key", value);
```

로컬 스토리지는 값을 문자열로 저장합니다. 저장하려는 value가 참조형 객체라면 다음과 같이 객체를 문자열로 변환하는 JSON.stringify 메서드를 사용해야 합니다

```
localStorage.setItem("key", JSON.stringify(value));
```

setItem 메서드로 로컬 스토리지에 저장한 데이터는 삭제하지 않는 이상 반영구적으로 보관됩니다. 만약 이미 존재하는 key를 인수로 전달하면 데이터를 덮어씁니다. 실무에서는 일부로 이 기능을 이용해 데이터를 수정하기도 합니다.

데이터 꺼내기

로컬 스토리지에서 데이터를 꺼내는 방법은 getItem 메서드를 호출해 인수로 key를 전달하면 됩니다. 그럼 getItem 메서드는 key와 일치하는 value를 반환합니다. 이때도 key는 반드시 문자열이어야 합니다.

```
localStorage.getItem("key");
```

로컬 스토리지에서 꺼내려는 데이터의 value가 앞서 JSON.stringify 메서드로 객체를 문자열로 변환한 값이라면, 다음과 같이 JSON.parse 메서드로 문자열을 원래의 객체 상태로 되돌릴 수 있습니다.

```
const data = JSON.parse(localStorage.getItem("key"));
```

getItem 메서드는 일치하는 데이터가 없으면 undefined 값을 반환합니다. 한 가지

주의할 점은 JSON.parse에 전달하는 값이 undefined면 오류가 발생합니다. 따라서 다음과 같이 getItem 메서드로 꺼낸 값이 undefined인지 먼저 검사해야 합니다.

```
const rawData = localStorage.getItem("key");
if(rawData){
   const data = JSON.parse(rawData);
}
```

데이터 지우기

로컬 스토리지에 저장한 데이터를 지울 때는 removeItem 메서드를 호출합니다. 인수로 삭제하려는 데이터의 key를 전달하면 됩니다.

```
localStorage.removeItem("key");
```

세션 스토리지

세션 스토리지는 탭 단위로 생성하는 저장 공간으로서 새로고침할 때는 데이터를 유지하지만, 탭을 종료하면 세션 스토리지에 저장한 데이터는 모두 사라집니다. 세션 스토리지는 탭이 살아 있는 동안에만 데이터를 보관하므로 보통 사용자의 인증 정보나 입력 폼에 입력한 데이터를 보관할 때 사용합니다. 세션 스토리지 사용법은 로컬 스토리지 사용법과 동일합니다.

데이터 생성/수정하기

세션 스토리지에서 데이터를 생성하거나 수정하려면 로컬 스토리지와 동일하게 setItem 메서드를 호출해 인수로 key와 value를 전달합니다.

```
sessionStorage.setItem("key", value);
```

저장하려는 데이터가 객체라면 로컬 스토리지처럼 JSON.stringify 메서드로 문자열로 변환해 저장합니다.

```
sessionStorage.setItem("key", JSON.stringify(value));
```

데이터 꺼내기

데이터를 꺼낼 때도 로컬 스토리지처럼 getItem을 사용하며 key를 인수로 전달합니다.

```
sessionStorage.getItem("key");
```

꺼내려는 데이터가 원래 객체라면 로컬 스토리지처럼 JSON.parse 메서드로 문자열을 객체로 변환해 반환합니다. 이때 JSON.parse에 undefined 값을 전달하지 않도록 주의합니다.

```
const rawData = sessionStorage.getItem("key");
if(rawData){
  const data = JSON.parse(rawData);
}
```

데이터 지우기

데이터를 지울 때도 로컬 스토리지처럼 removeItem 메서드에 삭제 대상 데이터의 key를 전달하면 됩니다.

```
sessionStorage.removeItem("key");
```

웹 스토리지에서 데이터 저장하고 삭제하기

웹 스토리지에 보관한 데이터는 개발자 도구에서 확인할 수 있습니다. 이번에는 [감정 일기장] 프로젝트에 접속한 다음, 개발자 도구의 콘솔을 이용해 새로운 일기 데이터를 로컬 스토리지에 저장하겠습니다.

데이터 생성하고 확인하기

[감정 일기장] 프로젝트에서 리액트 앱을 시작합니다. [감정 일기장] 앱을 불러왔다면 개발자 도구의 콘솔에서 다음 코드를 입력합니다.

```
localStorage.setItem("test", 1);
```

이 코드는 key는 "test", value는 1인 데이터를 만들어 로컬 스토리지에 보관하라는 명령입니다. 콘솔에서 코드를 입력하고 Enter 키를 누르면 바로 실행됩니다.

이제 개발자 도구의 [Application] 탭을 클릭합니다. [Application] 탭 왼쪽 창에서 Storage, Local Storage를 차례로 클릭하면 나오는 http://localhost:3000을 클릭합니다.

오른쪽 창에 작성한 데이터가 잘 저장된 것을 볼 수 있습니다.

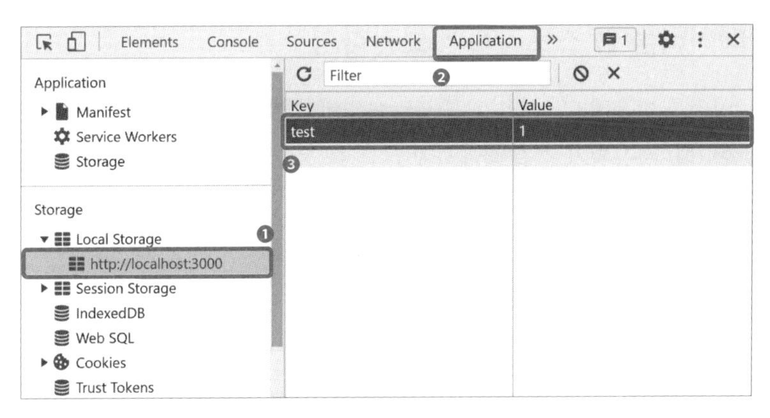

그림 10-6 로컬 스토리지에 값 입력

개발자 도구의 [Application] 탭에서 실시간으로 데이터의 종류와 값을 확인할 수 있습니다. 새로고침, 탭 종료, 브라우저 종료에도 로컬 스토리지 데이터는 사라지지 않습니다. 직접 확인하길 바랍니다.

데이터 삭제하고 확인하기

이번에는 로컬 스토리지에 저장한 데이터를 삭제합니다. 콘솔에서 다음과 같이 코드를 입력합니다.

```
localStorage.removeItem('test')
```

개발자 도구의 [Application] 탭을 열어 데이터가 삭제되는지 확인합니다.

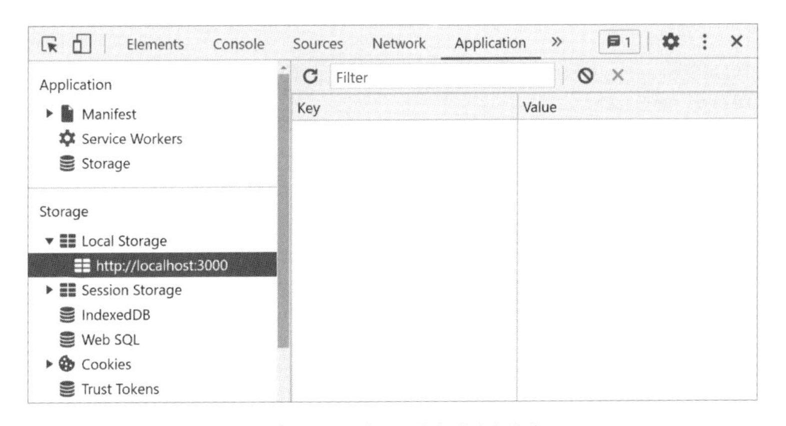

그림 10-7 로컬 스토리지 데이터 삭제

데이터가 모두 삭제되었음을 알 수 있습니다.

일기 데이터를 웹 스토리지에 보관하기

웹 스토리지를 이용해 [감정 일기장] 프로젝트에서 작성한 일기를 반영구적으로 저장하겠습니다. 사용자가 직접 삭제하지 않는 한, 컴퓨터나 브라우저를 종료해도 데이터가 삭제되지 않는 로컬 스토리지 기능을 이용합니다.

일기 데이터를 업데이트할 때마다 저장하기

생성, 수정, 삭제 등 일기 데이터를 업데이트할 때마다 로컬 스토리지에 저장할 수 있습니다. [감정 일기장] 프로젝트에서 일기 데이터는 App 컴포넌트의 일기 State로 관리하며, 함수 reducer로 업데이트합니다.

다음과 같이 함수 reducer를 수정합니다.

CODE file : src/App.js

```
(...)
function reducer(state, action) {
  switch (action.type) {
    case "INIT": {
      return action.data;
    }
    case "CREATE": { ①
      const newState = [action.data, ...state];
      localStorage.setItem("diary", JSON.stringify(newState));
      return newState;
    }
    case "UPDATE": { ②
      const newState = state.map((it) =>
        String(it.id) === String(action.data.id) ? { ...action.data } : it
      );
      localStorage.setItem("diary", JSON.stringify(newState));
      return newState;
    }
    case "DELETE": { ③
      const newState = state.filter(
        (it) => String(it.id) !== String(action.targetId)
      );
      localStorage.setItem("diary", JSON.stringify(newState));
      return newState;
    }
    default: {
      return state;
    }
  }
}
(...)
```

① action.type이 CREATE일 때 새 일기가 추가된 배열을 만들어 변수 newState에 저장합니다. 그리고 해당 변숫값을 로컬 스토리지에 저장한 다음, 반환해 일기 State를 업데이트합니다.
② action.type이 UPDATE일 때 특정 일기가 수정된 배열을 만들어 변수 newState에 저장합니다. 그리고 해당 변숫값을 로컬 스토리지에 저장한 다음, 반환해 일기 State를 업데이트합니다.
③ action.type이 DELETE일 때 특정 일기가 삭제된 배열을 만들어 변수 newState에 저장합니다. 그리고 해당 변숫값을 로컬 스토리지에 저장한 다음, 반환해 일기 State를 업데이트합니다.

함수 reducer가 받은 action 객체의 type이 CREATE, UPDATE, DELETE일 때, 일기를 로컬 스토리지에 저장하도록 작성했습니다. 이때 저장 데이터의 key는 diary로 설정합니다. CREATE, UPDATE, DELETE일 때만 일기를 로컬 스토리지에 저장하는 이유는 초기 데이터를 설정하는 INIT는 로컬 스토리지의 데이터를 불러와 사용하기 때문입니다. 만약 INIT에도 데이터를 저장하는 코드를 추가하면, 로컬 스토리지 데이터를 불러와 그대로 로컬 스토리지에 저장하는 불필요한 연산이 발생합니다.

이제 일기를 작성, 수정, 삭제하면서 로컬 스토리지에 실시간으로 일기 데이터를 저장하는지 확인하겠습니다. 먼저 [감정 일기장] 앱에서 새로운 일기를 하나 작성합니다. [그림 10-8]과 같이 새 일기를 작성하고 로컬 스토리지 왼쪽 창의 http://localhost:3000을 클릭하면 일기 데이터가 추가된 것을 볼 수 있습니다. 오른쪽 창

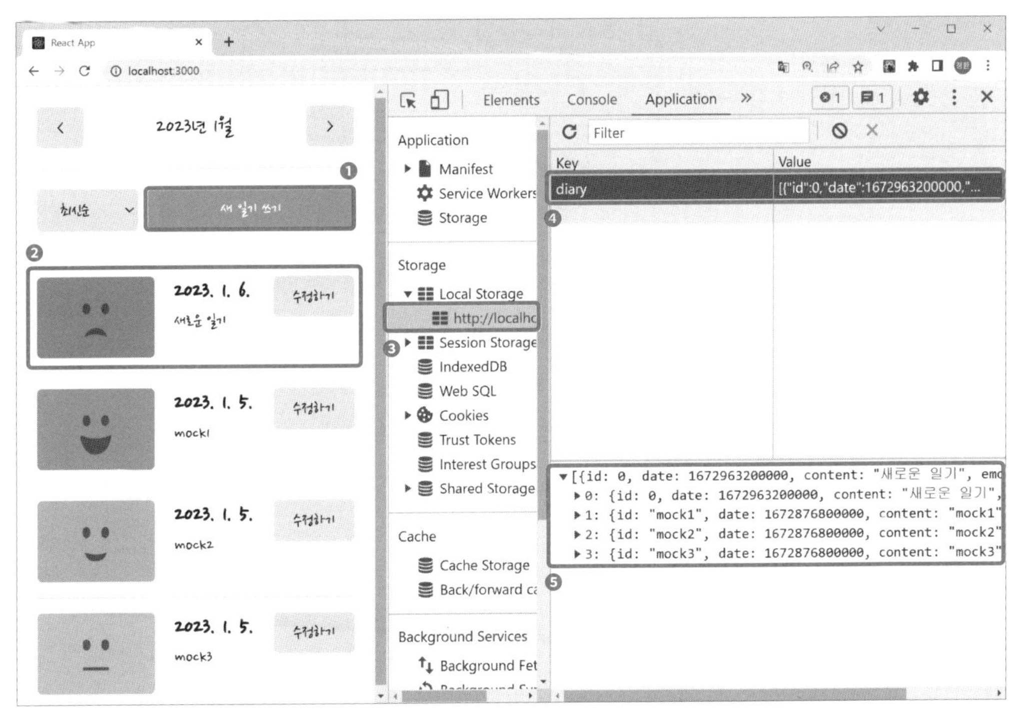

그림 10-8 일기를 작성하고 로컬 스토리지 확인하기

의 diary 항목을 클릭하면 하단에 지금까지 저장한 일기 데이터의 상세 목록이 나옵니다.

이번에는 [감정 일기장] 앱에서 앞서 작성한 일기를 수정합니다. 일기를 작성할 때와 마찬가지로 로컬 스토리지에서 수정된 일기가 잘 반영되는지 확인합니다.

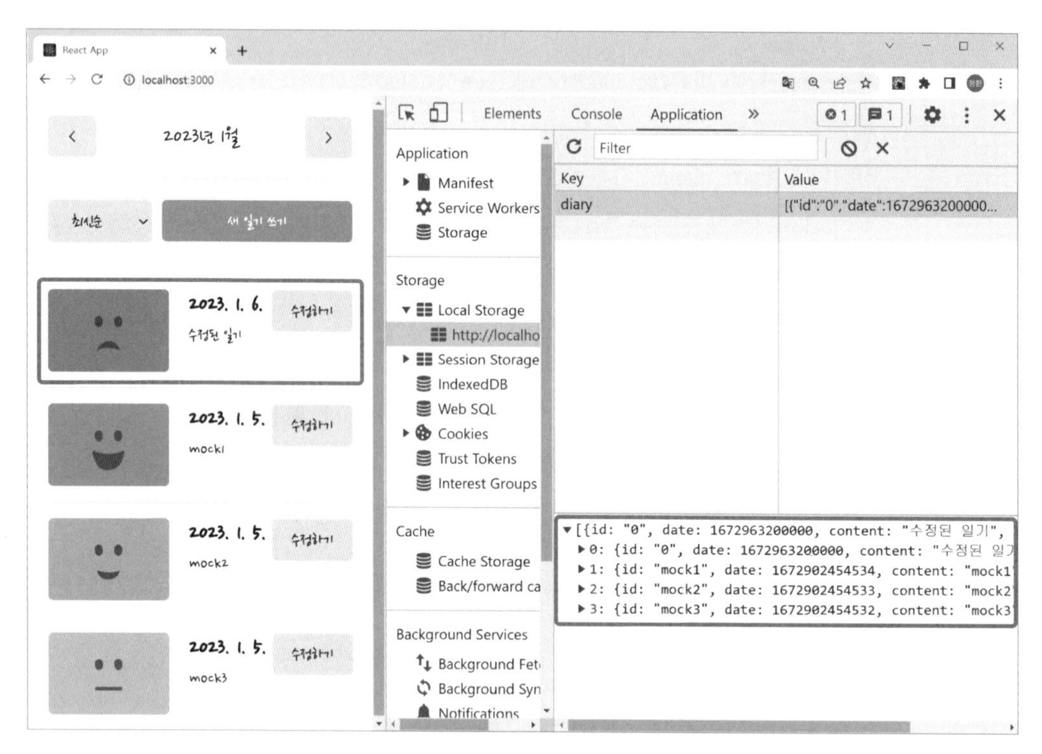

그림 10-9 일기를 수정하고 로컬 스토리지에서 확인하기

일기 데이터를 수정하면 로컬 스토리지에 실시간으로 잘 반영된다는 것을 알 수 있습니다.

마지막으로 [감정 일기장] 앱에서 방금 작성한 일기를 삭제합니다. 그리고 동일하게 로컬 스토리지에서 삭제한 데이터가 어떻게 되는지 확인합니다.

[그림 10-10]처럼 생성, 수정, 삭제 모두 잘 업데이트됩니다. 일기 데이터는 실시간으로 로컬 스토리지에 잘 저장되고 있습니다.

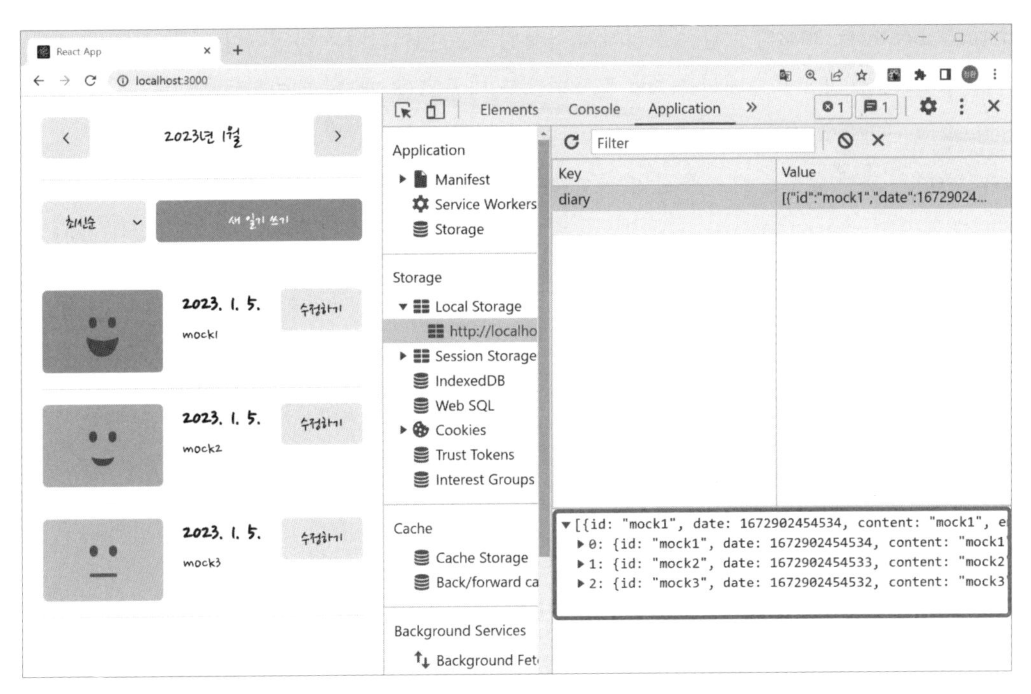

그림 10-10 작성한 일기를 삭제하고 로컬 스토리지에서 확인하기

새로고침 또는 다시 접속할 때 일기 데이터 불러오기

이번에는 새로고침하거나 다시 접속할 때 로컬 스토리지의 일기를 자동으로 불러오도록 만들겠습니다.

먼저 감정 일기장의 로컬 스토리지를 초기화합니다. 개발자 도구 [Application] 탭의 Local Storage 항목에서 http://localhost:3000을 마우스 오른쪽 버튼으로 누르면 나오는 [Clear] 명령을 실행합니다.

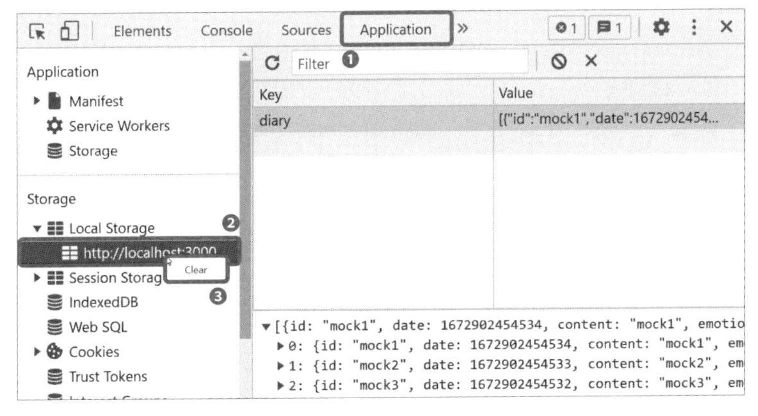

그림 10-11 Storage 항목에서 [Clear] 명령 실행

http://localhost:3000의 로컬 스토리지에 저장된 모든 데이터가 사라집니다.

[감정 일기장] 프로젝트에서는 App 컴포넌트를 마운트할 때 목 데이터로 일기 State를 초기화했습니다. 이제 목 데이터로 초기화하는 과정이 필요 없기 때문에 useEffect의 콜백 함수를 다음과 같이 수정합니다.

CODE file : src/App.js

```
(...)
function App() {
  (...)
  useEffect(() => {
  }, []);
  (...)
}
(...)
```

앞으로 이 useEffect의 콜백 함수로 로컬 스토리지에 저장한 데이터를 가져와 일기 State를 초기화하겠습니다. App 컴포넌트를 다음과 같이 수정합니다.

CODE file : src/App.js

```
(...)
function App() {
  (...)
  useEffect(() => {
    const rawData = localStorage.getItem("diary"); ①
    if (!rawData) {                                ②
      setIsDataLoaded(true);
      return;
    }
    const localData = JSON.parse(rawData); ③
  }, []);
  (...)
}
(...)
```

① localStorage에 저장한 일기 데이터를 불러옵니다. key가 diary인 값을 불러와 변수 rawData에 저장합니다.

② 불러온 일기 데이터가 없으면 변수 isDataLoaded를 true로 업데이트하고 콜백 함수를 종료합니다.

③ 일기 데이터가 있으면, JSON.parse를 이용해 객체로 복구합니다.

TIP
App 컴포넌트의 isDataLoaded는 프로젝트 3에서 일기 관리 기능을 설정할 때 만든 State 변수입니다. 483쪽을 참고하세요.

계속해서 불러온 일기 데이터의 배열 길이를 체크합니다. 0이라면 일기 데이터가 없는 것과 마찬가지이므로 데이터를 불러오지 못한 때처럼 동작해야 합니다.

CODE file : src/App.js

```
(...)
function App() {
  (...)
  useEffect(() => {
    (...)
    const localData = JSON.parse(rawData);
    if (localData.length === 0) { ①
      setIsDataLoaded(true);
      return;
    }
  }, []);
  (...)
}
(...)
```

① JSON.parse로 복구한 일기 데이터의 길이가 0이면, 변수 isDataLoaded를 true로 변경하고 콜백 함수를 종료합니다.

왜 배열의 길이를 또 체크할까요?

배열의 길이가 0이라면, 다음 동작을 수행하지 않는 게 실행면에서 유리합니다. 그렇지 않고 실행한다면, 배열의 길이가 0임에도 배열 정렬 연산을 하거나 정렬된 배열의 0번 인덱스에 접근하는 등의 동작을 수행할 수 있습니다. 이는 동작 오류를 일으킬 여지를 높입니다.

배열의 길이가 0이 아니라면, 로컬 스토리지에 저장한 일기 데이터가 있는 것이므로 이 데이터로 일기 State를 초기화합니다.

여기서 초기화 코드를 작성하기 전에 한 가지 추가할 기능이 있습니다. 새로운 일기를 추가할 때 id가 중복되지 않도록 만드는 기능입니다. 따라서 불러온 일기 데이터를 id를 기준으로 내림차순으로 정렬하고, 값이 가장 큰 id에 1을 더해 idRef의 값으로 설정해야 합니다.

App 컴포넌트의 useEffect에 다음 코드를 추가합니다.

CODE file : src/App.js

```
(...)
function App() {
  (...)
  useEffect(() => {
    (...)
    localData.sort((a, b) => Number(b.id) - Number(a.id)); ①
    idRef.current = localData[0].id + 1;                   ②
  }, []);
  (...)
```

```
}
(...)
```

> ① 불러온 일기 데이터를 id를 기준으로 내림차순으로 정렬합니다.
>
> ② idRef의 현잿값을 일기 id에서 가장 큰 값에 1 더한 값으로 설정합니다.

이제 idRef는 일기 id 중에서 가장 큰 값이므로, 향후 일기를 추가할 때마다 id가 중복되는 일이 일어나지 않습니다.

마지막으로 불러온 일기 데이터로 일기 State를 초기화합니다. 함수 dispatch를 호출해 일기 State를 불러온 값으로 업데이트해야 합니다. App 컴포넌트의 useEffect에 다음 코드를 추가합니다.

CODE file: src/App.js

```
(...)
function App() {
  (...)
  useEffect(() => {
    (...)
    dispatch({ type: "INIT", data: localData }); ①
    setIsDataLoaded(true);                        ②
  }, []);
  (...)
}
(...)
```

> ① 함수 dispatch를 호출하고 인수로 전달하는 action 객체의 type은 초깃값 설정을 의미하는 INIT을, data에는 로컬 스토리지에서 불러온 일기 데이터 localData를 전달합니다.
>
> ② isDataLoaded를 true로 업데이트합니다.

페이지를 살펴보면 목 데이터로 초기화했던 일기 리스트는 모두 사라지고 빈 리스트만 보입니다. 〈새 일기 쓰기〉 버튼을 클릭해 새로운 일기를 임의로 추가합니다. 그리고 새로 작성한 일기가 로컬 스토리지에 잘 저장되는지 확인합니다.

[그림 10-12]처럼 작성한 일기가 잘 저장되어 있음을 확인할 수 있습니다.

이 상태에서 새로고침합니다. 새로고침해도 로컬 스토리지 데이터를 잘 불러온다는 것을 알 수 있습니다. 이제 사용자가 작성한 일기는 새로고침하거나 탭 또는 브라우저를 종료해도 사라지지 않습니다. 이제 프로젝트 3에서 만들었던 App 컴포넌트의 목 데이터는 더 이상 사용하지 않으므로 모두 제거해도 좋습니다.

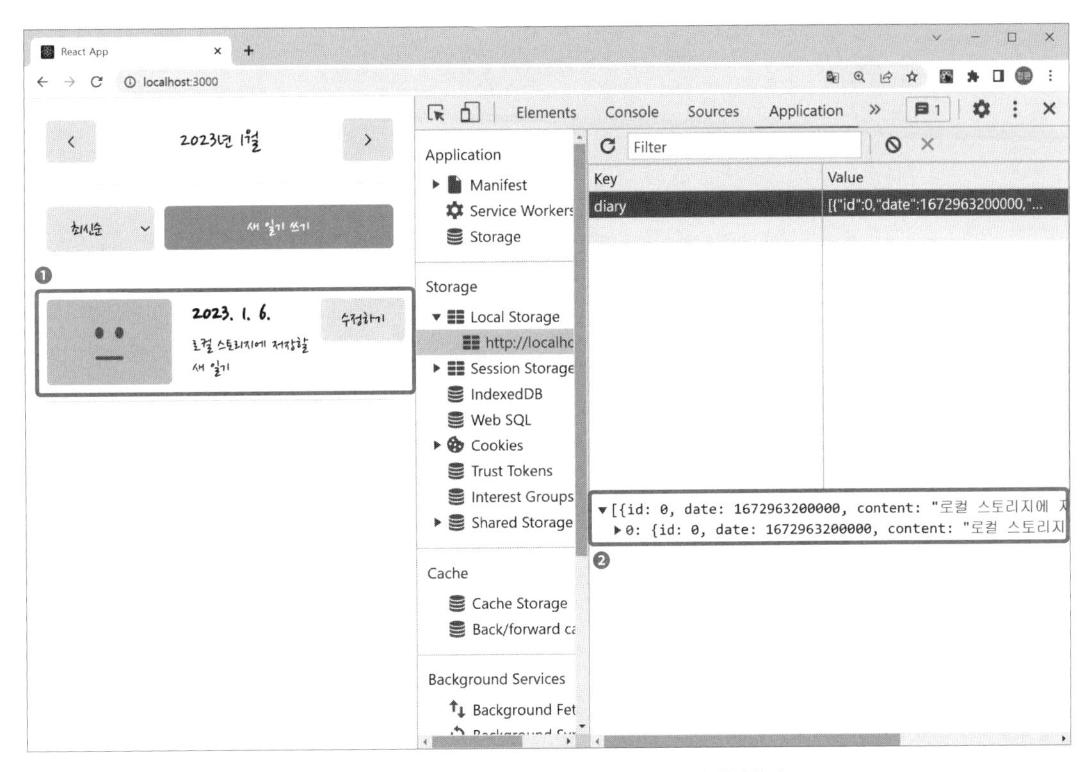

그림 10-12 새로 작성한 일기를 로컬 스토리지에서 확인하기

11장

[감정 일기장] 배포

이 장에서 주목할 키워드

- 배포
- 배포 준비하기
- 오픈 그래프 태그
- 빌드
- 파이어베이스
- 웹 호스팅 설정
- 도메인과 변경

이 장의 학습 목표

- 배포가 무엇인지 알아봅니다.
- 파이어베이스로 클라우드 호스팅 설정 방법을 알아봅니다.
- [감정 일기장] 앱을 실제로 배포하고 접속합니다.

[감정 일기장] 프로젝트 배포 준비하기

본격적으로 배포하기 전에 필요한 몇 가지 준비 작업을 하겠습니다. 배포 준비란 사용자가 보게 될 [감정 일기장] 서비스 페이지의 제목을 달거나 링크를 다른 사람에게 보낼 때 노출할 이미지를 선정하는 등의 작업을 말합니다.

페이지 제목 설정하기

배포 준비의 첫 번째 작업으로 [감정 일기장] 프로젝트에서 페이지별로 제목을 다르게 설정하는 방법을 알아보겠습니다.

기본 페이지 제목 설정하기

페이지 제목은 브라우저에서 탭 이름을 보면 알 수 있습니다. 제목은 탭에 렌더링되는 HTML의 <title> 태그로 정해집니다. 참고로 [감정 일기장] 프로젝트는 Create React App으로 생성하기 때문에 탭의 기본 제목은 'React App'입니다.

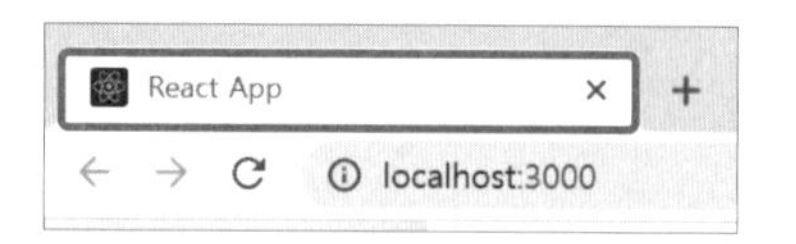

그림 11-1 [감정 일기장]에서 기본 페이지 제목 확인하기

기본으로 설정된 제목을 바꾸려면 public 폴더의 index.html에서 <title> 태그를 변경해야 합니다. 비주얼 스튜디오 코드에서 index.html을 열고 다음과 같이 수정합니다.

CODE file : public/index.html

```
<!DOCTYPE html>
<html lang="en">
  <head>
    (...)
    <title>Winterlood의 감정 일기장</title> ①
  </head>
  (...)
</html>
```

① <title> 태그의 내용을 'Winterlood의 감정 일기장'으로 수정합니다. 여러분은 자신이 원하는 이름으로 변경해도 좋습니다.

저장하면 페이지 탭의 제목이 바뀝니다.

그림 11-2 페이지의 제목 변경하기

페이지마다 다른 제목 설정하기

페이지마다 제목을 다르게 하려면 각 페이지의 <title> 태그를 수정하면 됩니다. 그러나 리액트 앱은 브라우저에서 페이지를 동적으로 생성하기 때문에 페이지마다 html 파일이 달라지지 않습니다. 따라서 페이지에서 <title> 태그를 직접 변경하는 일은 불가능합니다.

기본 제목을 페이지마다 다르게 표시하려면, 페이지 컴포넌트를 마운트할 때 자바스크립트로 <title> 태그의 값을 바꿔 주어야 합니다.

[감정 일기장] 프로젝트를 구성하는 4개의 페이지 제목을 각각 다르게 설정하겠습니다. util.js에서 페이지 제목을 받아 이를 변경하는 함수를 만듭니다.

CODE file: src/util.js

```
(...)
export const setPageTitle = (title) => {
  const titleElement = document.getElementsByTagName("title")[0]; ①
  titleElement.innerText = title; ②
};
```

① getElementsByTagName 메서드는 인수로 전달한 태그를 돔에서 모두 찾아 배열로 반환합니다. 이때 인수로 title을 전달하면, 반환 배열의 0번 요소에는 페이지 제목을 설정하는 <head>의 <title> 태그를 불러옵니다.

② 가져온 태그의 innerText 속성을 이용하면 제목을 변경할 수 있습니다. <title> 태그의 innerText 속성값으로 함수 setPageTitle에서 매개변수로 저장한 title을 설정합니다.

이제 각각의 페이지 컴포넌트가 마운트할 때마다 함수 setPageTitle을 호출하고 인수로 페이지의 제목을 전달합니다. 먼저 Home 페이지의 제목을 변경합니다.

CODE file : src/pages/Home.js

```
(...)
import { getMonthRangeByDate, setPageTitle } from "../util"; ①

const Home = () => {
  (...)
  useEffect(() => { ②
    setPageTitle("Winterlood의 감정 일기장");
  }, []);
  (...)
```

```
};
export default Home;
```

> ① util.js에서 함수 setPageTitle을 불러옵니다.
> ② Home 컴포넌트에서 useEffect를 한 번 더 호출합니다. useEffect에서는 Home 컴포넌트를 마운트할 때, 함수 setPageTitle을 호출하고 인수로 페이지 제목을 전달합니다.

TIP 마운트 시점의 useEffect 사용법에 대해서는 272쪽을 참고하세요.

저장하고 Home 페이지에 접속하면 탭의 제목은 'Winterlood의 감정 일기장'이 됩니다. [감정 일기장] Home 페이지에서 새로고침해도 페이지 제목이 잘 나타나는지 확인합니다.

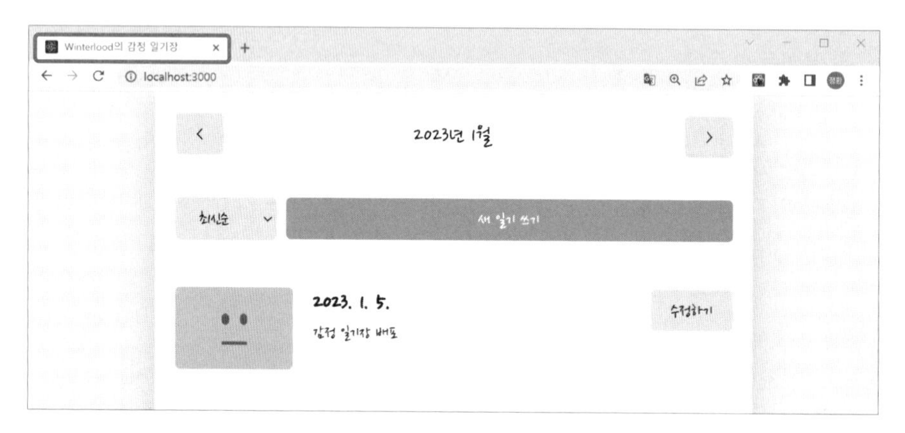

그림 11-3 Home 페이지의 제목 변경하기

다음으로 동일한 방식으로 New 페이지의 제목을 변경합니다.

CODE file : src/pages/new.js

```
(...)
import { useContext, useEffect } from "react"; ①
import { setPageTitle } from "../util";        ②

const New = () => {
  useEffect(() => { ③
    setPageTitle("새 일기 쓰기");
  }, []);
  (...)
};
export default New;
```

> ① ② react 라이브러리에서 useEffect, util.js에서 함수 setPageTitle을 불러옵니다.
> ③ useEffect를 호출합니다. New 컴포넌트를 마운트할 때 함수 setPageTitle을 호출해 페이지 제목을 변경합니다.

Home에서 〈새 일기 쓰기〉 버튼을 클릭하거나 브라우저에서 localhost:3000/new로 접속한 다음, New 페이지의 제목이 잘 변경되는지 확인합니다.

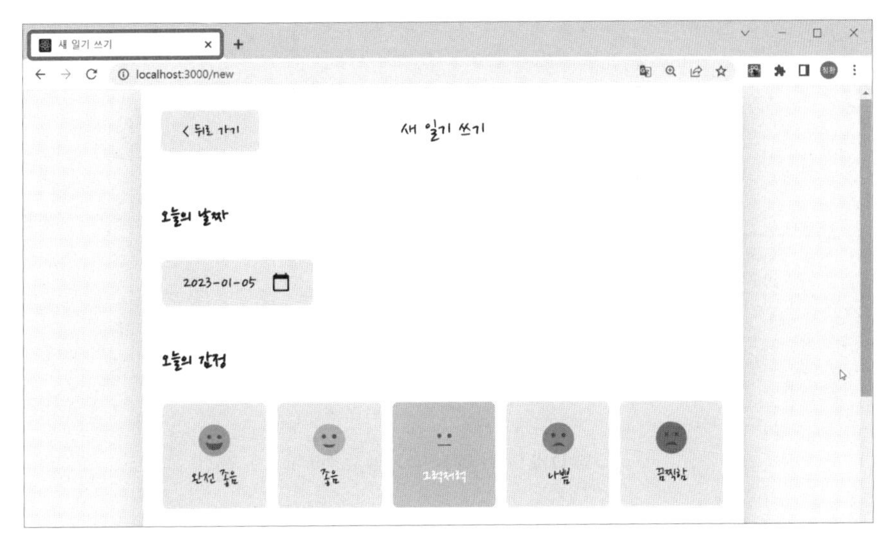

그림 11-4 New 페이지의 제목 변경하기

계속해서 Diary 페이지의 제목을 변경합니다.

CODE file : src/pages/diary.js

```
(...)
import { useEffect } from "react";        ①
import { setPageTitle } from "../util"; ②

const Diary = () => {
  const { id } = useParams();
  (...)
  useEffect(() => { ③
    setPageTitle(`${id}번 일기`);
  }, []);
  (...)
};
export default Diary;
```

> ① ② react 라이브러리에서 useEffect, util.js에서 함수 setPageTitle을 불러옵니다.
>
> ③ useEffect를 호출합니다. Diary 컴포넌트를 마운트할 때 함수 setPageTitle을 호출해 페이지 제목을 변경합니다.

Home에서 일기 아이템을 하나 클릭해 Diary 페이지로 이동합니다. 페이지 제목이 의도한 대로 변경되는지 확인합니다.

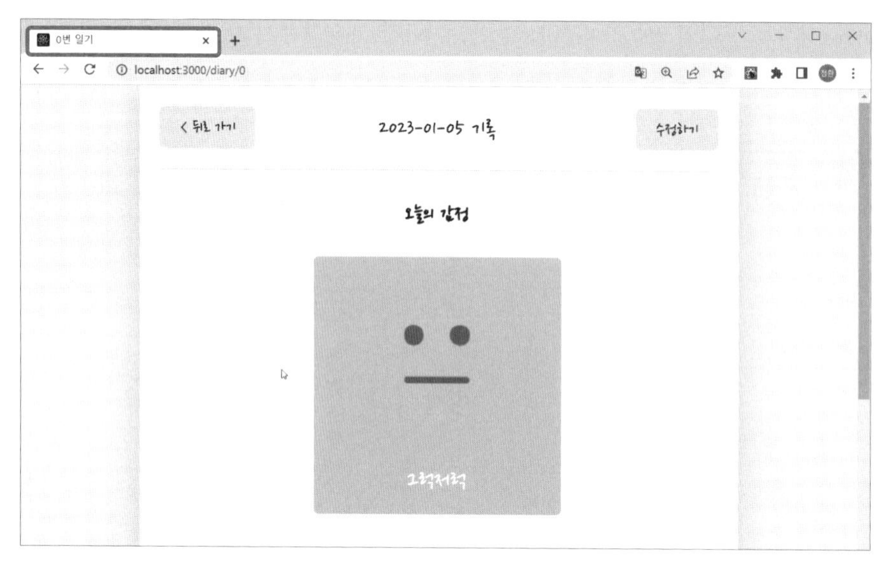

그림 11-5 Diary 페이지의 제목 변경하기

마지막으로 Edit 페이지의 제목을 변경합니다.

CODE file : src/pages/Edit.js

```
(...)
import { useContext, useEffect } from "react"; ①
import { setPageTitle } from "../util"; ②

const Edit = () => {
  const { id } = useParams();
  (...)
  useEffect(() => { ③
    setPageTitle(`${id}번 일기 수정하기`);
  }, []);
  (...)
};
export default Edit;
```

① ② react 라이브러리에서 useEffect, util.js에서 함수 setPageTitle을 불러옵니다.

③ useEffect를 호출합니다. Edit 컴포넌트를 마운트할 때 함수 setPageTitle을 호출해 페이지 제목을 변경합니다.

Home에서 특정 일기 아이템의 〈수정하기〉 버튼을 클릭해 Edit 페이지로 이동합니다. 페이지 제목이 의도한 대로 변경되는지 확인합니다.

그림 11-6 Edit 페이지의 제목 변경하기

Favicon 설정하기

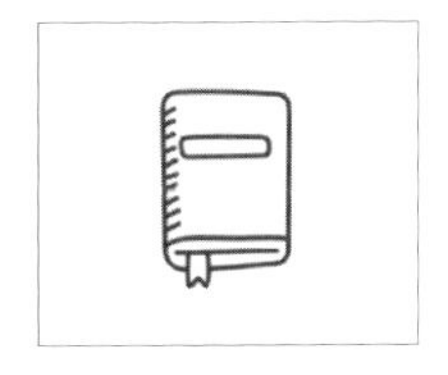

그림 11-7 [감정 일기장] 프로젝트의 Favicon

Favicon은 브라우저 탭에서 페이지 제목 왼쪽에 있는 작은 아이콘입니다. 이번에는 이 아이콘을 [감정 일기장]의 고유한 Favicon으로 변경하겠습니다. 이 책에서 사용할 아이콘은 다음과 같은 모양입니다.

이 아이콘은 여러분의 실습을 돕기 위해 직접 제작했습니다. 이 책의 예제 코드와 실습에 필요한 파일들을 보관하는 깃허브에 이 아이콘도 함께 올려 두었습니다. 아래 링크로 접속하면 '이미지 파일' 섹션에서 favicon.ico 파일을 다운로드할 수 있습니다.

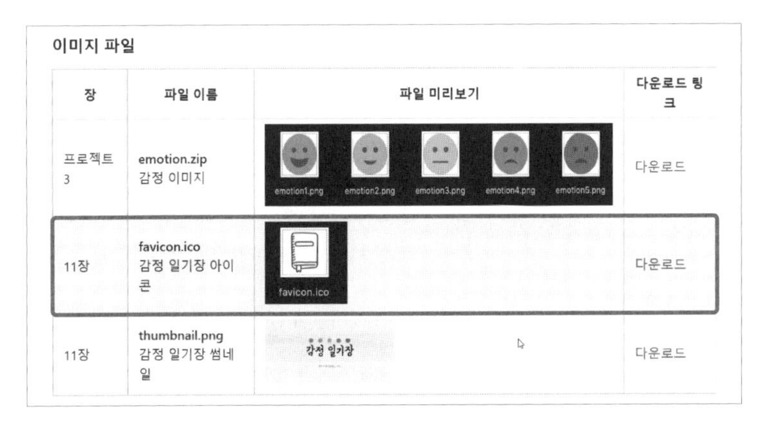

이미지 파일

장	파일 이름	파일 미리보기	다운로드 링크
프로젝트 3	emotion.zip 감정 이미지	emotion1.png emotion2.png emotion3.png emotion4.png emotion5.png	다운로드
11장	favicon.ico 감정 일기장 아이콘	favicon.ico	다운로드
11장	thumbnail.png 감정 일기장 썸네일	감정 일기장	다운로드

그림 11-8 저자의 깃허브에서 Favicon 다운로드

https://github.com/winterlood/learn-js-to-react

다운로드를 클릭해 파일을 내려받습니다. [감정 일기장] 프로젝트의 public 폴더에 있는 기존 favicon.ico 파일을 지금 다운로드한 파일로 덮어씁니다.

그림 11-9 기존 favicon.ico를 다운로드한 favicon.ico로 덮어쓰기

그림 11-10 [감정 일기장] 탭에 Favicon 적용 확인하기

이것으로 Favicon 적용을 모두 완료했습니다.

페이지를 새로고침해 바꾼 Favicon이 잘 적용되는지 확인합니다.

TIP
새로고침해도 적용되지 않는다면 브라우저를 종료했다 다시 실행하길 바랍니다.

오픈 그래프 태그 설정하기

다음 배포 준비 작업은 SNS나 기타 웹 서비스에 [감정 일기장]의 주소를 공유하면 이 앱의 미리보기 정보를 보여주는 오픈 그래프 태그 설정입니다.

오픈 그래프 태그란?

오픈 그래프 태그는 링크를 공유할 때, 섬네일, 페이지 제목, 간단한 설명 등도 함께 노출하도록 설정하는 태그입니다. HTML에서 `<meta>` 태그를 이용해 만듭니다. 웹 서비스의 링크를 SNS나 카카오톡, 슬랙 등과 같은 채팅 서비스에서 공유할 때 매우 유용합니다. 만일 오픈 그래프 태그가 설정되어 있지 않으면, 공유할 때 링크만 표시될 뿐 아무런 정보도 노출하지 않습니다.

[그림 11-11]은 페이스북이 제작한 오픈소스 웹 에디터 Lexical의 데모 페이지 링크를 카카오톡으로 공유한 결과입니다. 아직 개발 중인 lexical.dev는 단순 데모를 보여주기 위한 페이지여서, 링크를 공유하면 섬네일 등의 이미지 정보는 노출되지 않고 간단한 설명과 함께 링크만 표시됩니다.

그림 11-11 오픈 그래프 태그가 사용되지 않은 예

[그림 11-12]는 저자가 직접 만들어 배포한 [감정 일기장]의 링크를 카카오톡에 공유한 결과입니다. 이 웹 서비스는 오픈 그래프 태그가 설정되어 있습니다. 오픈 그래프 태그가 설정된 서비스는 링크를 공유할 때 이미지와 제목 그리고 설명 등을 덧

붙일 수 있기 때문에 더 효과적으로 서비스 내용을 전달할 수 있습니다.

물론 오픈 그래프 태그를 설정하지 않았다고 좋은 서비스가 아니라고 할 수 없지만, 오늘날 대다수 웹 서비스는 서비스의 특징을 더 효과적으로 전달하기 위해 이 태그를 많이 사용합니다.

그림 11-12 [감정 일기장]의 오픈 그래프 태그 사용 예

오픈 그래프 태그 설정하기

오픈 그래프 태그의 종류는 다양하지만 모두 알 필요는 없습니다. 이 책에서는 간단하게 이미지, 타이틀, 설명 태그만 설정하겠습니다. 먼저 섬네일로 활용할 이미지를 다운로드합니다. 앞서 favicon.ico 파일을 다운로드한 깃허브에 다시 접속합니다.

https://github.com/winterlood/learn-js-to-react

thumbnail.png를 다운로드합니다. 이 파일은 [감정 일기장] 프로젝트의 public 폴더에 넣습니다.

이제 이미지를 오픈 그래프 태그로 설정해 [감정 일기장] 앱의 링크 섬네일로 설정하겠습니다.

public 폴더의 index.html에서 다음과 같이 오픈 그래프 태그를 작성합니다.

CODE file: public/index.html

```
<!DOCTYPE html>
<html lang="en">
  <head>
    (...)
    <title>Winterlood의 감정 일기장</title>
    <meta property="og:image" content="%PUBLIC_URL%/thumbnail.png" /> ①
    <meta property="og:title" content="감정 일기장" />                ②
    <meta property="og:description" content="나만의 작은 감정 일기장" />   ③
  </head>
  <body>
    (...)
</html>
```

① <meta> 태그의 property를 og:image로 하면, content에서 경로가 지정된 이미지를 섬네일로 하는 오픈 그래프 태그가 만들어집니다. %PUBLIC_URL%는 public 폴더를 가리키는 경로입니다. %PUBLIC_URL%와 thumbnail.png 사이에 슬래시(/)를 꼭 넣어 구분해야 합니다.

② <meta> 태그의 property를 og:title로 하면, content에 설정한 값을 링크 제목으로 하는 오픈

그래프 태그가 만들어집니다.

③ <meta> 태그의 property를 og:description으로 하면, content에 설정한 값을 링크 설명으로 하는 오픈 그래프 태그가 만들어집니다.

지금 설정한 오픈 그래프 태그는 서비스를 배포해야 볼 수 있습니다. 따라서 다음 절에서 서비스를 모두 배포한 다음, 잘 적용되는지 확인하겠습니다.

리액트 앱 배포하기

리액트 앱을 만들면 이를 배포해 서비스를 게시해야 합니다. 앱을 열심히 만들어도 아무도 이를 사용하지 않는다면 서비스를 개발한 의미가 없습니다. 이번 장에서는 배포란 무엇인지, 어떤 과정을 거쳐 이루어지는지 살펴보겠습니다. 그리고 최종적으로 [감정 일기장]을 배포하겠습니다.

배포란?

웹 서비스에서 배포(Deploy)란 브라우저에서 주소를 입력하면 리액트 앱과 같은 웹 애플리케이션에 접속하도록 만드는 일련의 과정을 말합니다.

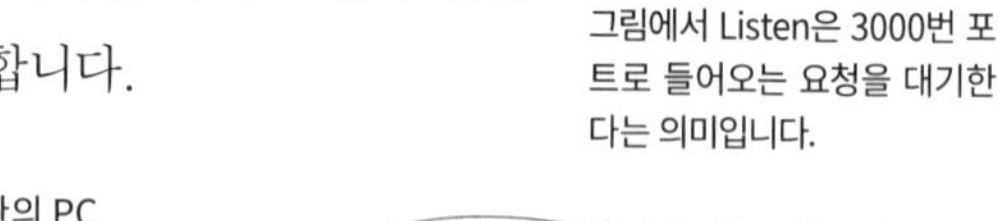

TIP
그림에서 Listen은 3000번 포트로 들어오는 요청을 대기한다는 의미입니다.

지금까지 [감정 일기장] 프로젝트에서는 주소 http://localhost:3000에서 npm run start 명령으로 앱에 접속했습니다. 그러나 'localhost'는 사용자 자신의 컴퓨터 주소일 뿐입니다. 즉, 다른 사용자의 컴퓨터에서 주소 localhost:3000을 입력해도 [감정 일기장] 서비스에 접속할 수는 없습니다.

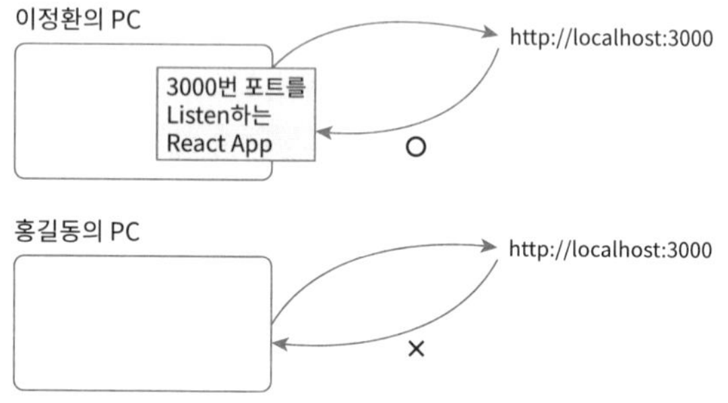

그림 11-13 localhost:3000을 입력해도 다른 PC에서는 앱에 접속할 수 없음

다른 컴퓨터에서 특정 주소를 입력해 [감정 일기장] 앱에 접속하려면, 이 서비스를 위한 웹 서버가 필요합니다. 웹 서버는 자신만의 고유한 도메인 주소가 있고, 클라이언트의 요청에 응답할 수 있는 관리 능력이 있기 때문입니다.

프로젝트를 배포하려면 지금까지 만든 리액트 앱을 빌드하여 그 결과물을 웹 서버에 올려야 합니다. 그리고 웹 서버는 빌드된 리액트 앱이 365일 내내 실행되도록 제어할 수 있어야 합니다.

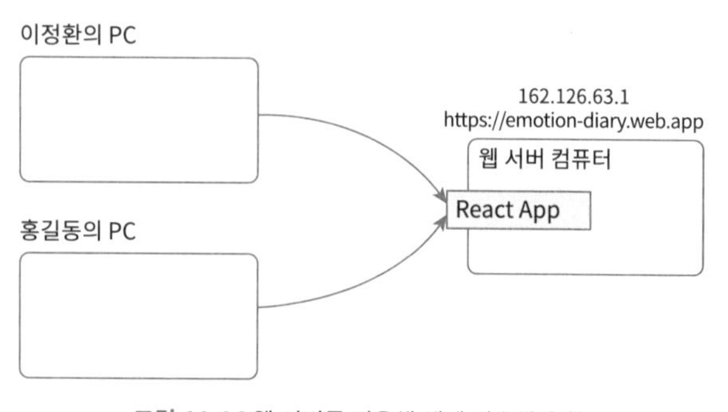

그림 11-14 웹 서버를 이용해 앱에 접속해야 함

프로젝트 빌드하기

빌드란 배포를 위해 파일을 생성하는 과정입니다. 개발 과정에서 개발자의 편의를 위해 제공했던 기능은 물론, 소스 코드의 공백 제거와 이미지 파일의 압축 작업도 모두 빌드 과정의 일환입니다. Create React App은 앱을 쉽게 배포할 수 있도록 간단한 명령어로 된 빌드 기능을 제공합니다.

지금부터 [감정 일기장]을 직접 빌드하겠습니다. 지금 가동 중인 리액트 앱을 멈추고 비주얼 스튜디오 코드 터미널에서 다음 코드를 입력합니다.

```
npm run build
```

이 명령은 프로젝트를 빌드하는 명령어입니다. 빌드 완료까지는 평균 1~2분 정도의 시간이 걸립니다. 빌드를 완료하면 [그림 11-15]와 같이 터미널에 빌드 결과를 출력합니다. 이때 출력되는 경고 메시지는 단순 경고일 뿐 동작에 전혀 영향을 주지 않으니 무시해도 괜찮습니다.

```
To ignore, add // eslint-disable-next-line to the line before.

File sizes after gzip:

  73.04 kB  build\static\js\main.d9cb0ca8.js
  1.17 kB   build\static\css\main.c4a96b74.css

The project was built assuming it is hosted at /.
You can control this with the homepage field in your package.json.

The build folder is ready to be deployed.
You may serve it with a static server:

  npm install -g serve
  serve -s build

Find out more about deployment here:

PS C:\Users\winterlood\Documents\project3>
```

그림 11-15 빌드하고 결과를 출력

빌드의 결과물은 build 폴더에 저장되는데, 이 폴더에는 배포에 필요한 모든 파일이 있습니다. 비주얼 스튜디오 코드에서 build 폴더를 클릭합니다.

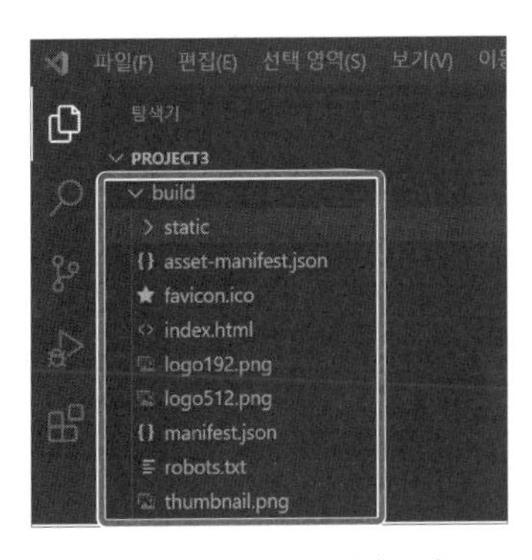

그림 11-16 build 폴더의 구성

계속해서 build 폴더의 index.html 파일을 엽니다.

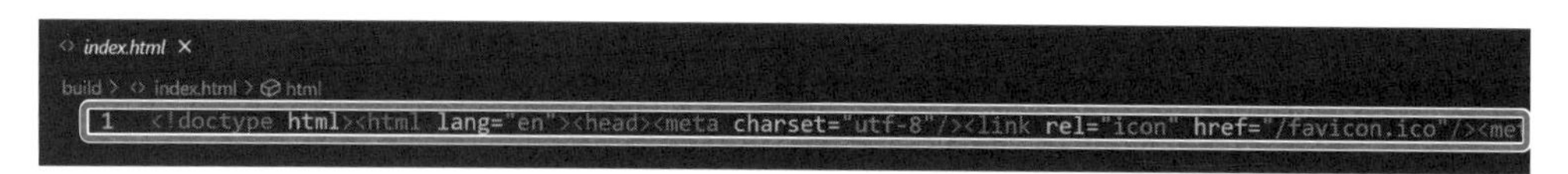

그림 11-17 build 폴더의 index.html의 모습

빌드 파일의 내용을 보면, 배포 용량을 줄이기 위해 공백이 모두 제거되어 있습니다.

빌드 과정을 거쳐 생성한 결과물을 빌드 파일이라고 합니다. 빌드 파일은 클라이언트, 즉 웹 브라우저에 전달할 파일입니다. 클라이언트 요청에 따라 빌드 파일을 전송할 수 있게 웹 서버를 설정하는 작업을 '엄밀한 의미에서의 배포'라고 합니다.

파이어베이스로 배포하기

웹 서비스는 특별한 일이 없는 한, 언제든지 사용자가 접속할 수 있도록 연중무휴로 가동되어야 합니다. 이를 위해 365일 내내 가동되는 서버 컴퓨터가 필요합니다. 개인용 실습 PC나 노트북은 외부 접속에 대한 허용 설정이 제한되거나 전원 공급 등의 문제가 발생할 수 있어 좋은 선택이 아닙니다.

따라서 이 책에서는 이미 잘 구축된 웹 서버의 일부 공간을 임대해 [감정 일기장]을 배포할 예정입니다. 이렇게 다른 컴퓨터의 일부를 빌려 배포하는 것을 '클라우드 호스팅'이라고 합니다. 이 책에서 사용할 클라우드 호스팅 서비스는 트래픽이 많지 않으면 무료로 호스팅할 수 있는 구글의 파이어베이스(Firebase)입니다.

파이어베이스 프로젝트 생성하기

다음 링크로 접속해 파이어베이스 계정을 생성합니다. 구글에서 로그인했다면 구글 계정으로 파이어베이스를 이용할 수 있으므로 추가로 계정을 생성하지 않아도 됩니다.

https://Firebase.google.com/

[그림 11-18]처럼 접속한 파이어베이스 홈페이지에서 우측 상단의 〈콘솔로 이동〉 또는 페이지 중앙의 〈시작하기〉 버튼을 클릭해 파이어베이스의 콘솔로 이동합니다.

그림 11-18 파이어베이스 홈페이지

콘솔은 파이어베이스에서 제공하는 기능을 직접 설정하고 살펴보는 페이지입니다. 콘솔에서는 프로젝트 단위로 서비스를 관리합니다. 파이어베이스의 프로젝트는 웹 호스팅, 머신 러닝, 구글 애널리틱스 등과 같은 기능을 사용할 수 있는 최상위 항목입니다.

파이어베이스를 사용한 적이 아직 없기 때문에 이 페이지에는 아무런 프로젝트도 나타나지 않을 겁니다. 새 프로젝트를 하나 생성합니다. 콘솔에서 〈프로젝트 만들기〉 버튼을 클릭합니다.

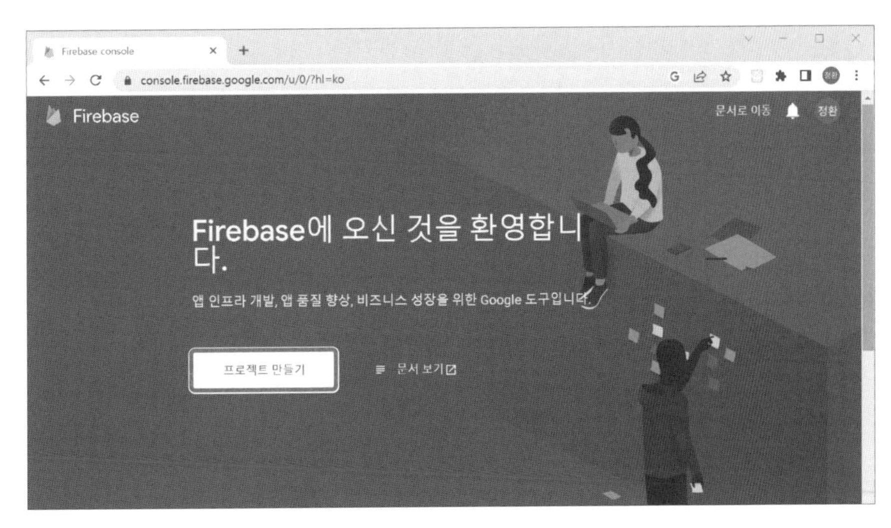

그림 11-19 파이어베이스 콘솔에서 프로젝트 추가

프로젝트의 이름을 지정하는 페이지가 나옵니다.

프로젝트 이름은 자유롭게 지정하면 됩니다. 이 책에서는 [그림 11-20]과 같이 프로젝트의 이름으로 `winterlood-emotion-diary`를 입력합니다. 이름을 입력하고 〈계속〉 버튼을 클릭합니다.

TIP
책에 나온 이름은 파이어베이스에서 중복될 수 있으니 가능한 여러분이 식별할 수 있는 이름으로 만드는 게 좋습니다.

프로젝트 만들기 2단계로 [그림 11-21]처럼 구글 애널리틱스를 설정할지 묻는 페이지가 나옵니다. 애널리틱스를 연동하지 않을 예정이므로 'Google 애널리틱스 사용 설정' 스위치를 해제합니다. 그러면 〈계속〉 버튼은 〈프로젝트 만들기〉 버튼으로 변경됩니다. 〈프로젝트 만들기〉 버튼을 클릭합니다.

그림 11-20 프로젝트의 이름 입력

그림 11-21 구글 애널리틱스 사용하지 않고 프로젝트 만들기

1분에서 2분 정도의 로딩 과정을 거쳐 새 프로젝트가 생성됩니다. 〈계속〉 버튼을 클릭합니다.

새롭게 만든 프로젝트의 상세 페이지로 이동합니다.

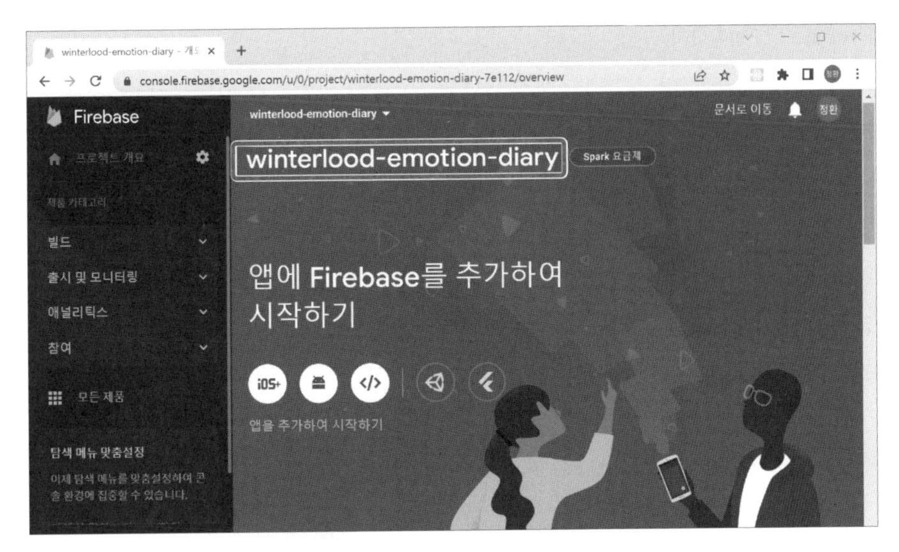

그림 11-22 새 프로젝트의 상세 페이지로 이동

Firebase 호스팅 설정 시작하기

프로젝트를 만들었다면 이제 웹 호스팅을 설정합니다. 상세 페이지 왼쪽에 있는 사이드바에서 [빌드]-[Hosting] 메뉴를 차례로 클릭합니다. 그럼 오른쪽에 호스팅(Hosting) 페이지기 나타납니다.

호스팅 페이지에서 〈시작하기〉 버튼을 클릭해 호스팅 설정을 시작합니다.

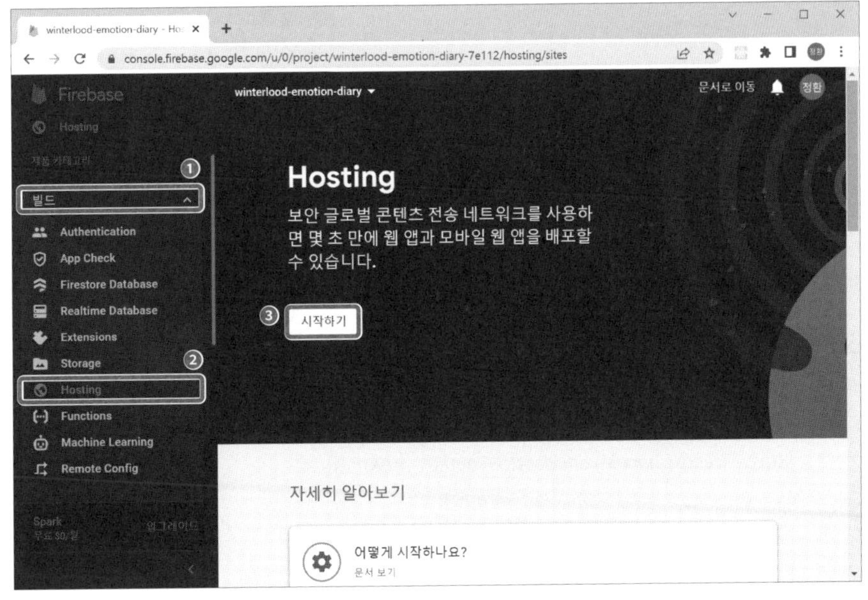

그림 11-23 호스팅 페이지로 이동

Firebase CLI 설치하기

파이어베이스 호스팅 설정 1단계로 Firebase CLI를 설치하라는 안내 페이지가 [그림 11-24]처럼 나옵니다. Firebase CLI(Command Line Interface)는 npm 명령처럼 터미널에서 호스팅을 설정하는 파이어베이스의 지원 도구입니다.

윈도우에서 명령 프롬프트를 관리자 권한으로 실행합니다. 명령 프롬프트를 관리자 권한으로 실행하려면, [그림 11-25]처럼 먼저 윈도우 작업 표시줄에 있는 검색 폼에서 cmd 혹은 **명령 프롬프트**를 입력해 검색합니다. 그리고 오른쪽 창에서 '관리자 권한으로 실행'을 클릭하면 됩니다.

> **TIP**
> password를 묻는 메시지가 나오면 사용자 PC의 비밀번호를 입력하면 됩니다.

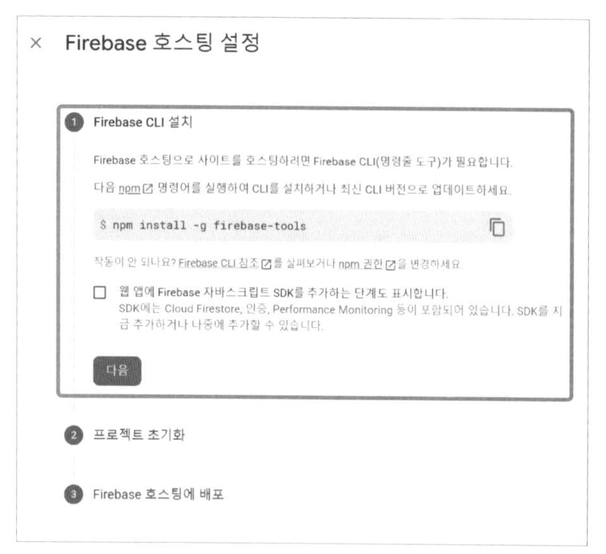

그림 11-24 Firebase CLI 설정 페이지

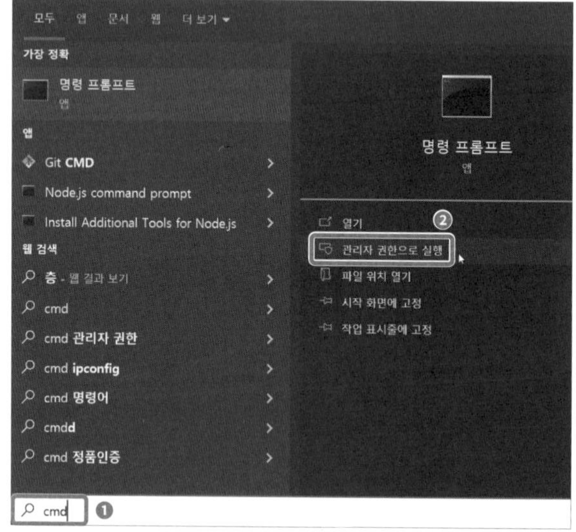

그림 11-25 윈도우 검색 폼에서 명령 프롬프트를 관리자 권한으로 실행

그럼 명령 프롬프트가 나타납니다. Firbase CLI 설치 페이지에 나와 있는 다음과 같은 명령어를 이 명령 프롬프트에 입력합니다. 작업 경로는 상관없습니다.

```
npm install -g firebase-tools
```

> **TIP**
> macOS 사용자라면 sudo npm install -g firebase-tools 명령을 입력합니다.

여기서 잠깐

오류가 발생한다면 다양한 원인이 존재할 수 있어 공식 문서를 찾아 해결할 것을 권합니다. 다음 링크로 첨부한 'Firebase CLI 참조' 문서를 살펴보길 바랍니다.

https://Firebase.google.com/docs/cli/?authuser=0&hl=ko

Firebase CLI 설치를 진행합니다.

```
added 20 packages, removed 31 packages, changed 653 packages, and audited 674 packages in 29s

36 packages are looking for funding
  run `npm fund` for details

9 vulnerabilities (4 moderate, 5 high)

To address issues that do not require attention, run:
  npm audit fix

To address all issues (including breaking changes), run:
  npm audit fix --force

Run `npm audit` for details.

C:₩WINDOWS₩system32>
```

그림 11-26 Firebase CLI 설치

사용자의 컴퓨터에 따라 "WARN…"으로 표시되는 일부 오류 메시지가 있지만 대부분 큰 문제는 아닙니다. [그림 11-26]과 같이 설치한 패키지를 보여주는 메시지(**added...**)가 나온다면 정상적으로 설치된 것입니다.

파이어베이스 호스팅 설정의 1단계인 Firebase CLI 설치 과정을 모두 마쳤습니다. 다시 파이어베이스 호스팅 설정 페이지로 돌아가 〈다음〉 버튼을 클릭합니다.

프로젝트 호스팅 구성 설정하기

2단계는 프로젝트 초기화입니다. 이 단계에서는 CLI 환경에서 구글로 로그인해 프로젝트의 호스팅 설정을 초기화합니다.

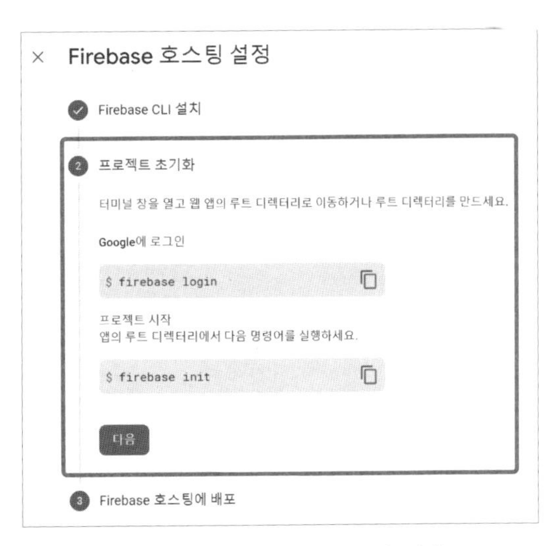

그림 11-27 프로젝트 호스팅 구성 2단계

비주얼 스튜디오 코드의 터미널은 새로운 프로그램 설치를 감지하지 못합니다. 따라서 앞서 Firebase CLI를 설치했기 때문에 터미널을 다시 열 필요가 있습니다. 비주얼 스튜디오 코드에서 [그림 11-28]과 같이 [터미널] 탭 오른쪽에 있는 아래 화살표 아이콘을 클릭한 다음, 나오는 메뉴에서 [Command Prompt]를 선택해 새 터미널을 엽니다.

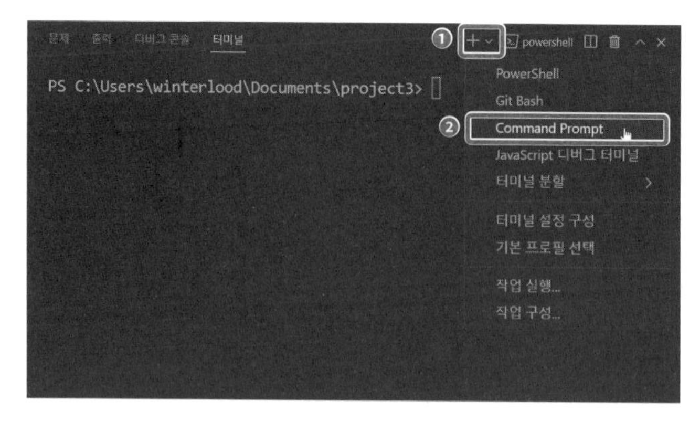

그림 11-28 비주얼 스튜디오 코드에서 새 터미널 열기

그 결과 새 터미널이 열리고 오른쪽에 현재 사용 중인 터미널이 표시됩니다.

그림 11-29 비주얼 스튜디오 코드의 새 터미널

계속해서 새 터미널에서 `firebase login`을 입력하고 Enter 키를 누릅니다. 파이어베이스가 사용자의 CLI 사용 및 에러 수집에 동의하는지 묻는 메시지가 나옵니다. 더 나은 서비스를 제공하기 위함이니 y를 입력합니다.

TIP
로그 아웃을 할 때는 터미널에서 `firebase logout`을 입력하면 됩니다.

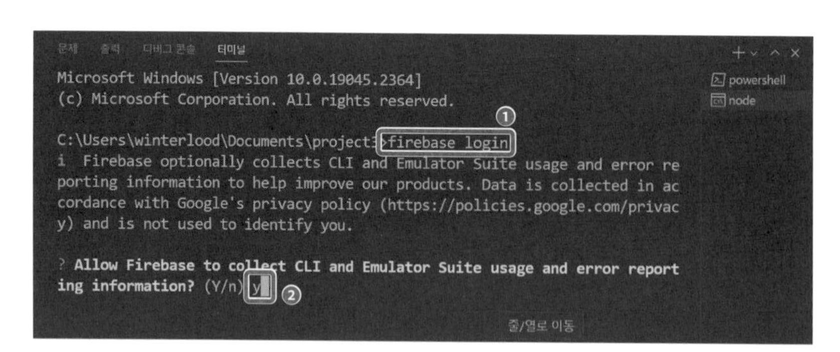

그림 11-30 터미널에서 firebase login 명령으로 접속하기

비주얼 스튜디오 코드 터미널에는 출력된 URL을 방문해 로그인하라는 메시지가 나오고, 브라우저에서는 새 탭이 열리면서 Firebase CLI 로그인 페이지로 접속합니다.

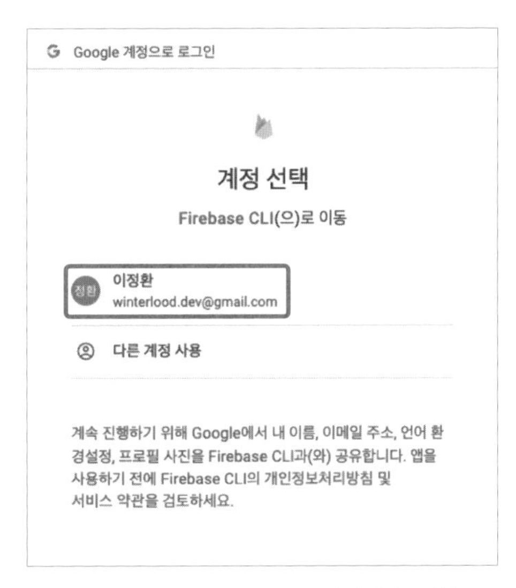

그림 11-31 Firebase CLI 로그인 페이지로 접속

이 페이지에서 본인이 접속한 구글 계정으로 로그인합니다.

브라우저에서 자동으로 로그인 페이지가 열리지 않으면, 비주얼 스튜디오 코드 하단에 나와 있는 링크로 접속해서 로그인하면 됩니다.

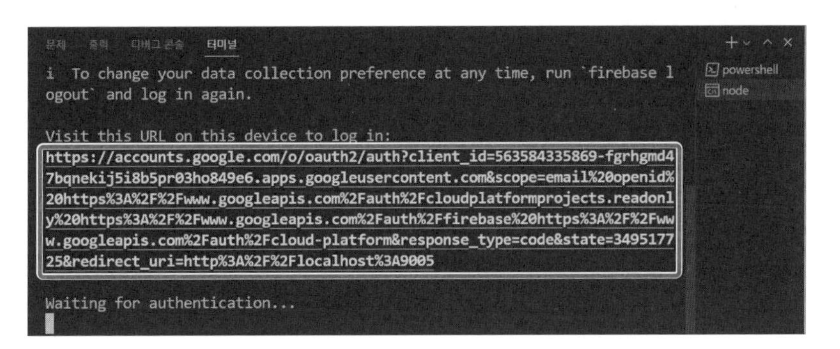

그림 11-32 비주얼 스튜디오 코드 하단의 링크로 접속

계정을 선택해 로그인하면 사용 권한을 지정하는 페이지가 나타납니다. 〈허용〉 버튼을 클릭해 다음 과정을 진행합니다.

계속해서 로그인이 완료되었음을 알리는 페이지가 나오고, 터미널에서도 로그인한 아이디로 접속했다는 메시지가 나옵니다.

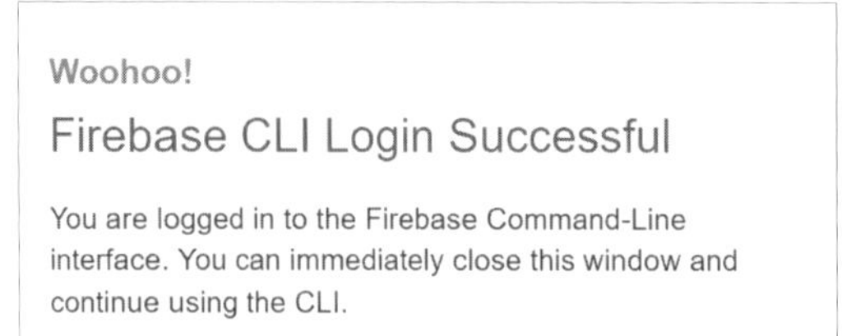

Woohoo!
Firebase CLI Login Successful
You are logged in to the Firebase Command-Line interface. You can immediately close this window and continue using the CLI.

그림 11-33 로그인 완료

이제 Firebase CLI로 로그인을 완료했습니다.

계속해서 CLI를 이용해 웹 호스팅을 초기화합니다. 터미널에서 다음 명령어를 입력합니다.

```
firebase init
```

명령어를 입력하면 "Are you ready to proceed?"라며 계속할 준비가 되었는지 물어봅니다. y를 입력합니다.

TIP
잘못 입력했다면 Ctrl + C 키를 눌러 초기화 과정을 취소한 다음, Firebase init 명령부터 다시 실행합니다.

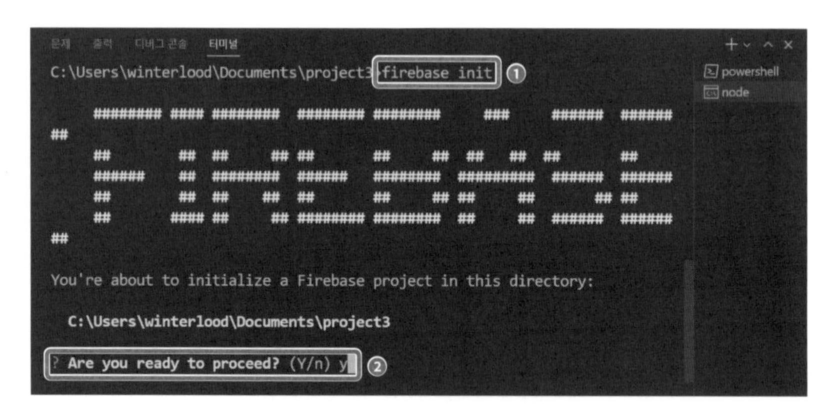

그림 11-34 파이어베이스 초기화 명령 입력

본격적인 웹 호스팅 초기화 설정이 시작됩니다. 먼저 어떤 기능을 사용할지 묻는 메시지가 나타납니다. 호스팅 기능을 이용하려면 키보드의 방향키를 이용해 'Hosting' 항목으로 이동합니다. 'Hosting' 항목에 커서를 위치하고 Space 키를 눌러 선택합니다. 그리고 Enter 키를 누르면 다음으로 이동합니다.

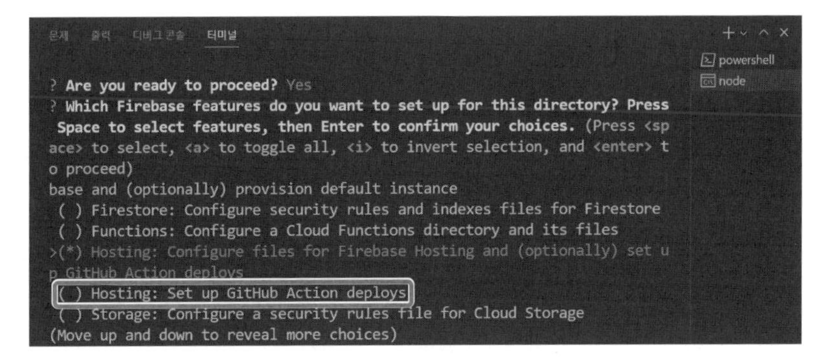

그림 11-35 파이어베이스의 호스팅 설정

초기화 설정 다음 단계로 Hosting 기능을 기존 프로젝트로 할지 아니면 새 프로젝트로 할지 선택합니다. 앞서 만든 프로젝트를 이용할 예정이므로, 방향키로 'Use an existing project'에 커서를 옮기고 Enter 키를 누릅니다.

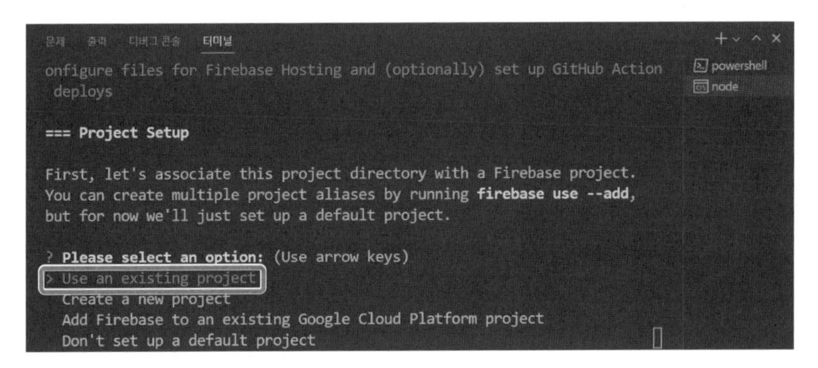

그림 11-36 어떤 프로젝트를 지정할지 선택

계속해서 어떤 프로젝트인지 물으면 앞서 만든 winterlood-emotion-diary 프로젝트를 선택하고 Enter 키를 누릅니다.

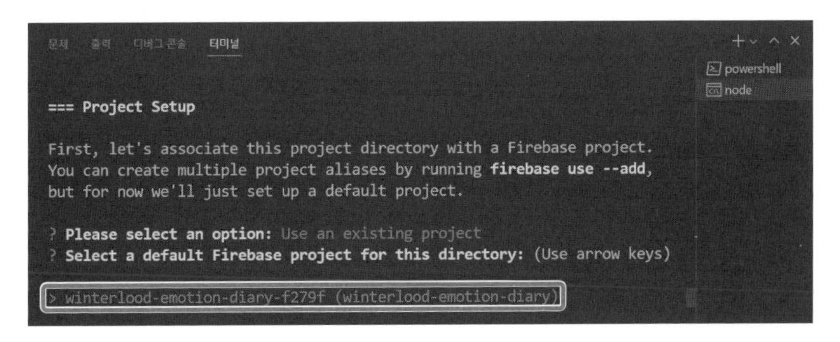

그림 11-37 앞서 작성한 프로젝트를 선택

다음으로 호스팅할 때 접근할 공개 폴더(디렉터리)가 어디 있는지 묻습니다. 빌드 결과물을 배포에 사용할 예정이므로 build를 입력하고 Enter 키를 누릅니다.

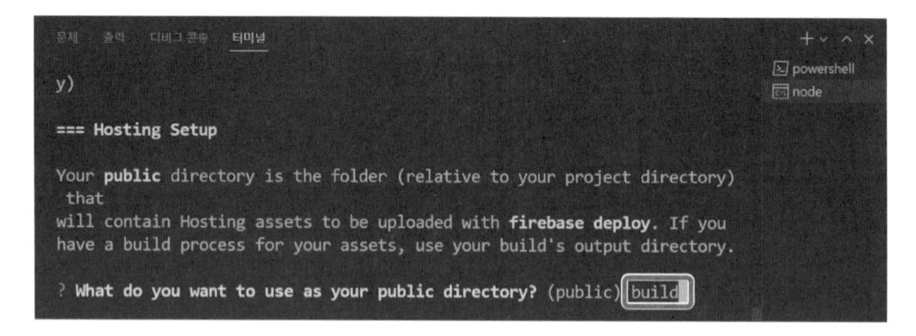

그림 11-38 공개 폴더로 build를 지정

다음으로 싱글 페이지 애플리케이션(SPA)인지 묻는 메시지가 나옵니다. 리액트 앱은 싱글 페이지 애플리케이션이므로 y를 입력하고 Enter 키를 누릅니다.

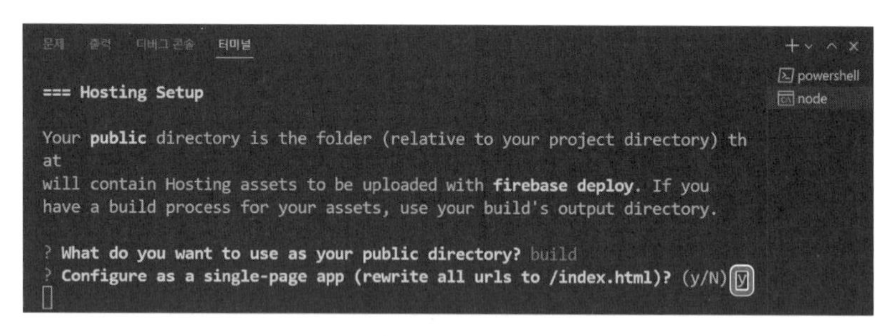

그림 11-39 싱글 페이지 애플리케이션 선택

다음으로 깃허브로 빌드와 배포를 자동화할지 묻습니다. 그렇지 않으므로 n을 입력합니다.

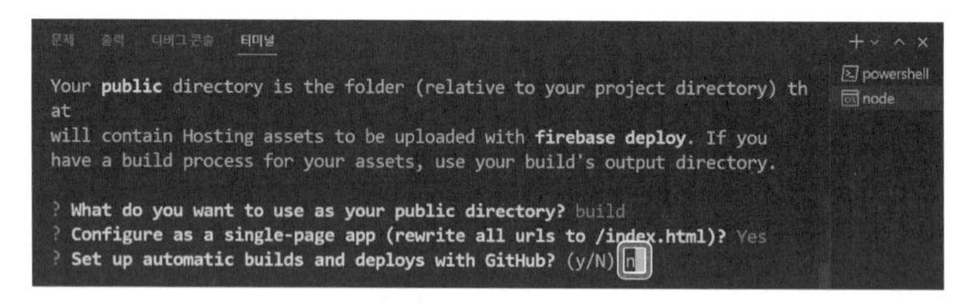

그림 11-40 깃허브로 배포는 No

마지막으로 build 폴더에 index.html 파일이 이미 존재하는데 덮어써도 되는지 묻습니다. y를 입력해 호스팅 설정을 마무리합니다.

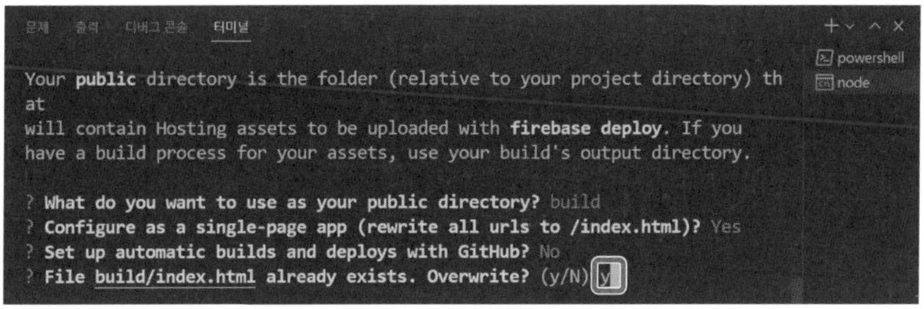
문제
출력
디버그 콘솔
터미널
powershell
node
Your public directory is the folder (relative to your project directory) that
will contain Hosting assets to be uploaded with firebase deploy. If you
have a build process for your assets, use your build's output directory.
? What do you want to use as your public directory? build
? Configure as a single-page app (rewrite all urls to /index.html)? Yes
? Set up automatic builds and deploys with GitHub? No
? File build/index.html already exists. Overwrite? (y/N) y

그림 11-41 build/index.html 덮어쓰기

호스팅 설정이 모두 끝나면 'Firebase initialization complete'라는 메시지가 나오면서 프로젝트 루트 폴더에 firebase.json, .firebaserc 2개의 파일이 새로 생성됩니다.

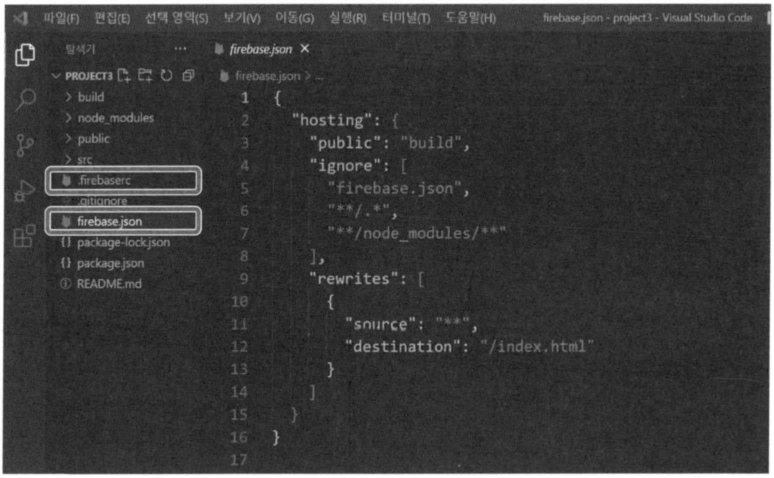
파일(F) 편집(E) 선택 영역(S) 보기(V) 이동(G) 실행(R) 터미널(T) 도움말(H)
firebase.json - project3 - Visual Studio Code
탐색기
firebase.json
PROJECT3
build
node_modules
public
src
.firebaserc
.gitignore
firebase.json
package-lock.json
package.json
README.md
{
"hosting": {
"public": "build",
"ignore": [
"firebase.json",
"**/.*",
"**/node_modules/**"
],
"rewrites": [
{
"source": "**",
"destination": "/index.html"
}
]
}
}

그림 11-42 호스팅 설정으로 만들어진 firebase.json과 .firebaserc

firebase.json과 .firebaserc는 파이어베이스에서 프로젝트를 배포할 때 사용하는 설정 파일입니다. 파일별로 저장된 설정 내용은 다음과 같습니다.

- firebase.json: 호스팅 구성을 정의합니다. 구성 정보에는 어떤 폴더를 기준으로 배포할지, 배포할 때 어떤 파일을 무시할지, 호스팅 대상 사이트는 어디에 있는지 등을 포함합니다.
- .firebaserc: 배포 대상 프로젝트를 정의합니다.

파이어베이스 초기화로 프로젝트 설정을 완료하였습니다. 이제 다시 파이어베이스 호스팅 설정 페이지로 돌아가 〈다음〉 버튼을 클릭합니다.

파이어베이스 호스팅에 배포하기

프로젝트의 3단계는 호스팅에 배포하는 과정입니다.

이 단계에서 프로젝트를 웹에 호스팅합니다. 터미널에서 다음 코드를 입력합니다.

```
npm run build && firebase deploy
```

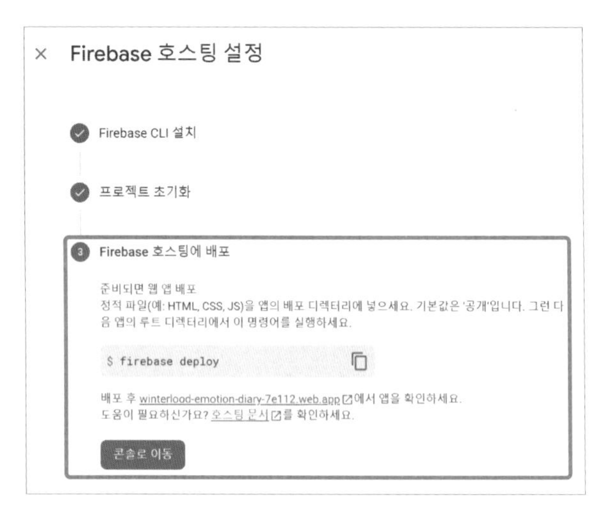

그림 11-43 프로젝트 3단계 호스팅 배포

이 명령은 프로젝트를 빌드하고, 성공하면 즉시 파이어베이스 호스팅으로 배포하라는 명령입니다. `firebase deploy` 명령을 실행하면 파이어베이스 초기화 과정에서 설정한 호스팅 구성에 따라 프로젝트를 웹에 배포합니다. 배포는 평균적으로 1~2분 사이에 완료되는데, PC 환경이나 인터넷 환경이 좋지 않으면 좀 더 걸릴 수 있습니다.

배포를 완료하면 [그림 11-44]처럼 'Deploy complete!' 메시지가 터미널에 출력됩니다. 배포 결과 아래에 Hosting URL이 나타납니다.

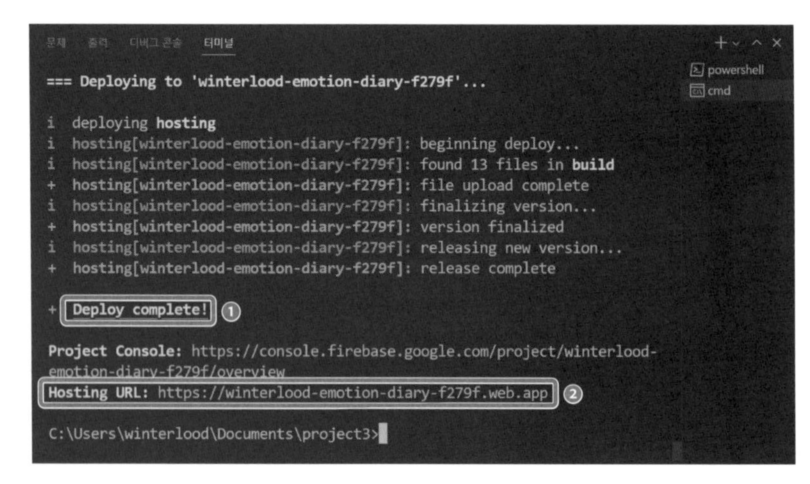

그림 11-44 파이어베이스 호스팅에 배포하기

터미널에 출력된 Hosting URL을 복사해 해당 주소로 접속합니다. 배포가 잘 이루어지는지 직접 확인합니다.

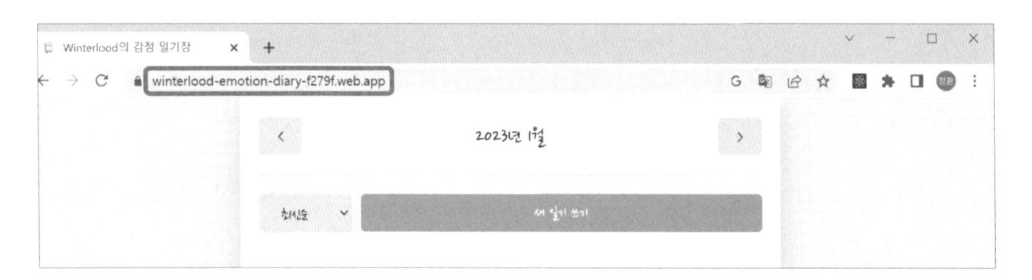

그림 11-45 Hosting URL로 접속한 [감정 일기장] Home 페이지

URL로 접속해도 [감정 일기장]이 나타나지 않고 "Firebase hosting setup complete"와 같은 메시지가 나타난다면 아직 호스팅이 완료되지 않은 상태입니다. 30분~1시간 정도 기다린 다음 다시 확인하길 바랍니다. 시간이 지난 뒤에도 [감정 일기장] 페이지가 나타나지 않는다면 프로젝트 호스팅 구성이 잘못되었을 가능성이 있습니다. `firebase init` 명령으로 프로젝트 호스팅 구성을 처음부터 다시 설정합니다.

2022년 6월 기준, 파이어베이스는 무료 호스팅으로 10GB의 스토리지, 일 360MB의 데이터를 전송할 수 있는 서비스입니다. 트래픽이 급증해 무료로 제공하는 용량을 초과하면 자동으로 프로젝트 호스팅을 중단합니다. 따라서 여러분이 예상하지 못한 비용이 발생할 염려는 없습니다.

배포를 모두 완료했다면 파이어베이스 호스팅 설정 페이지로 돌아가 〈콘솔로 이동〉 버튼을 클릭합니다. 콘솔 페이지에서 [빌드]-[Hosting] 메뉴로 이동해 하단의 '출시 내역 섹션'을 살펴보면 배포 상태, 시간, 배포자, 파일 개수와 같은 정보를 확인할 수 있습니다.

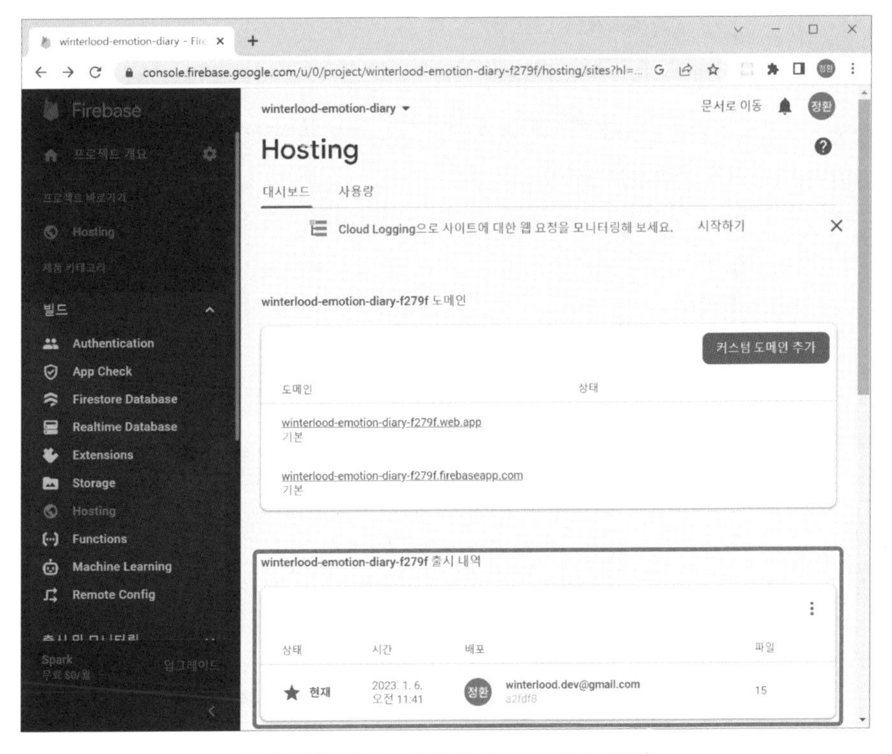

그림 11-46 Hosting 페이지에서 출시 내역 확인하기

원하는 이름으로 도메인 변경하기

파이어베이스를 이용해 웹을 호스팅하면 서비스는 자동으로 프로젝트의 이름을 딴 도메인 주소를 얻게 됩니다. 그러나 이 도메인 뒤에는 알 수 없는 문자와 숫자가 붙어 있어 마음에 들지 않습니다.

이번에는 파이어베이스 호스팅의 '사이트 추가' 기능을 이용해 사용자가 원하는 도메인으로 [감정 일기장]을 배포하겠습니다. 파이어베이스 호스팅 설정 페이지에서 아래로 스크롤하면 나오는 '고급' 항목에서 〈다른 사이트 추가〉 버튼을 클릭합니다.

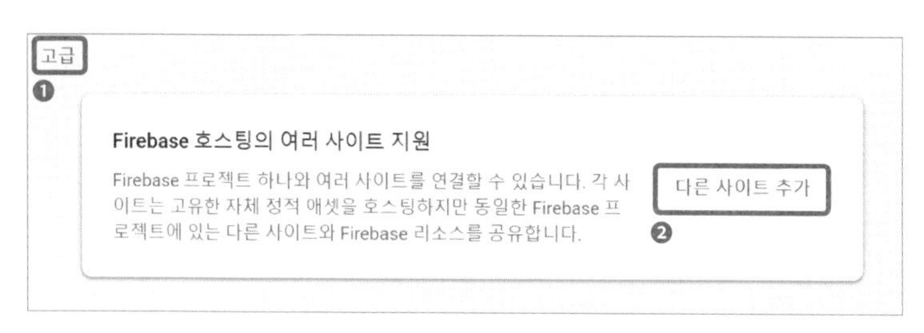

그림 11-47 호스팅 설정 페이지 고급 항목의 <다른 사이트 추가> 클릭

새로운 도메인 주소를 이 사이트에 추가할 수 있습니다. 원하는 주소를 입력하고 〈사이트 추가〉 버튼을 클릭합니다. 이 책에서는 `emotiondiary-winterlood`라는 이름으로 도메인을 추가합니다.

TIP 책에 적힌 이름은 중복 가능성이 있으니 다른 이름을 사용하길 바랍니다.

그림 11-48 새 도메인 추가 설정

〈사이트 추가〉 버튼을 클릭하면 [그림 11-49]처럼 Hosting 설정 페이지에는 방금 추가한 도메인 정보를 포함해 2개의 사이트 주소가 나타납니다.

그런데 방금 추가한 사이트를 보면 '첫 번째 출시 대기 중'이라는 문구가 나타나는데, 아직 이 사이트에서 배포하는 웹 서비스가 없기 때문입니다. [감정 일기장] 프

TIP 로딩 시간이 길어지면 크롬 브라우저를 종료했다 다시 시작한 다음, 파이어베이스 사이트에 접속해 확인하길 바랍니다.

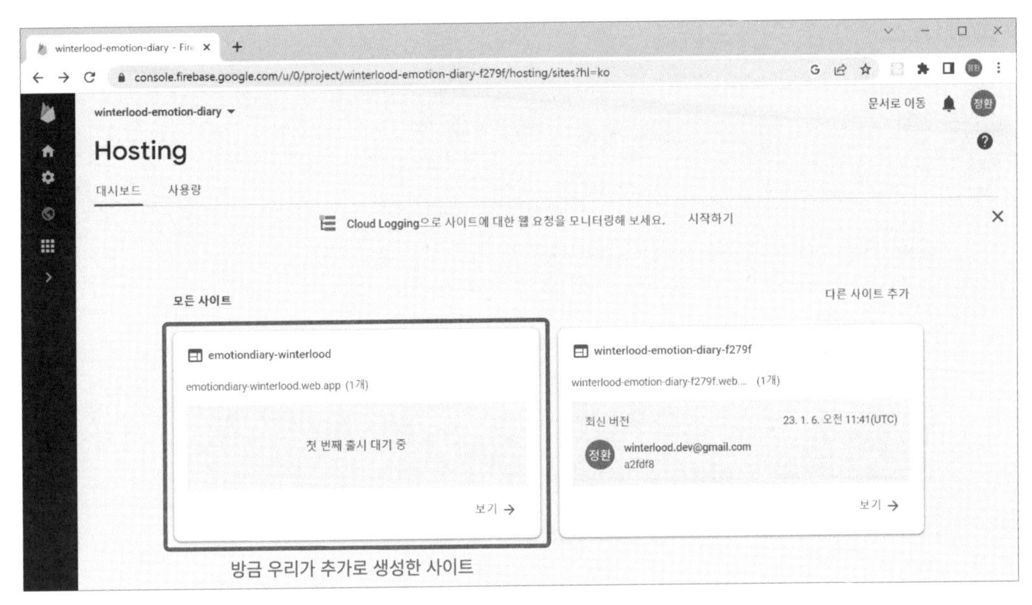

그림 11-49 Hosting 설정 페이지에 추가된 사이트 주소 정보

로젝트를 추가한 사이트의 도메인으로 배포할 수 있도록 호스팅 구성을 변경하고 다시 배포해야 합니다.

firebase.json에서 다음과 같이 `hosting` 항목 아래에 `site` 프로퍼티를 추가합니다. 이때 프로퍼티 값으로는 방금 생성한 사이트의 이름을 지정해야 합니다.

CODE file : firebase.json

```
{
  "hosting": {
    "site": "emotiondiary-winterlood",
    (...)
  }
}
```

배포 명령을 입력해 프로젝트를 다시 빌드합니다.

```
npm run build && firebase deploy
```

이 명령으로 배포를 완료했다면 파이어베이스 Hosting 페이지로 돌아가 새로고침합니다. 최신 버전이 잘 나타납니다.

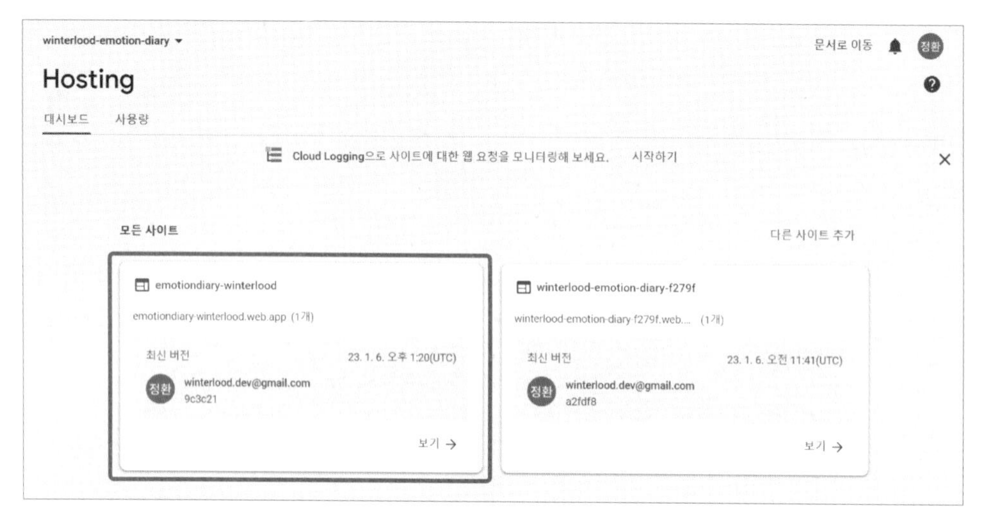

그림 11-50 Hosting 페이지에서 2개의 배포 버전 확인하기

이제 추가한 도메인으로 접속해 배포가 잘 되는지 확인합니다.

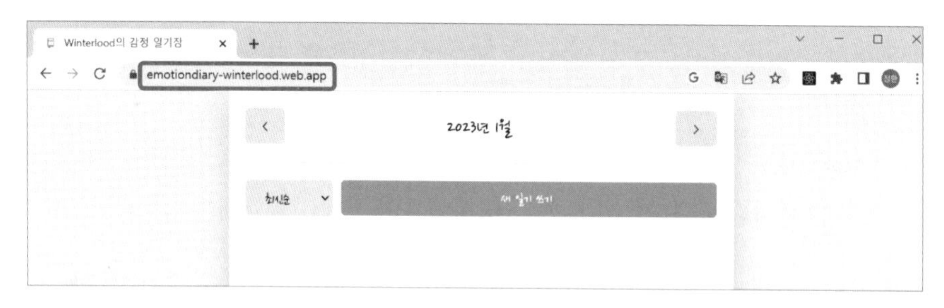

그림 11-51 추가한 도메인으로 접속한 [감정 일기장] Home 페이지

지금까지 Firebase를 이용해 리액트 앱의 배포 방법을 알아보았습니다. 이미 배포한 프로젝트에서 기능을 추가 또는 제거하는 코드 수정이 발생했을 때, `npm run build && firebase deploy` 명령으로 리빌드하면 최신 버전으로 다시 배포할 수 있습니다.

오픈 그래프 설정 확인하기

배포까지 완료하였으니 마지막으로 배포된 주소를 카카오톡이나 SNS에 업로드하여 오픈 그래프 태그 설정이 잘 적용되는지 확인하겠습니다. 사용자의 SNS에서 이 서비스 주소의 링크를 보내면 됩니다.

[그림 11-52]와 같이 오픈 그래프 태그가 설정된 링크를 볼 수 있습니다.

만약 오픈 그래프 태그가 잘 나타나지 않는다면 플랫폼이 오픈 그래프 기능을 지원하지 않을 수도 있으니 다른 플랫폼에 올려보길 바랍니다. 그래도 문제가 있다면 배포 준비를 멈추고, 오픈 그래프 설정이 잘못되었는지 살펴보길 바랍니다.

그림 11-52 SNS에 배포 주소로 업로드하기

지금까지 수고하셨습니다. 감사합니다.

찾아보기

K~M

N

O~P

R

S

T

U~Z

ㄱ

ㄴ~ㄷ

ㄹ